普通高等教育“十一五”国家级规划教材
面向21世纪课程教材
教育部普通高等教育精品教材

机械工程材料

第4版

主　编　沈　莲
副主编　范群成　孙巧艳
参　编　王红洁
主　审　金志浩

中国大学 MOOC“工程材料基础”在线课程

机械工业出版社

本书为普通高等教育“十一五”国家级规划教材、面向21世纪课程教材、教育部普通高等教育精品教材。本书重点讲授零（构）件和器件在不同服役条件下的失效方式及其对性能的要求，以及机械设计者和制造者必须具备的材料基础知识和基本理论，介绍各类工程材料的成分、组织结构与冷、热加工（或合成）工艺、性能特点和应用范围，并以实例说明如何根据零（构）件或器件的不同服役条件和性能要求进行合理选材。全书共分12章，包括机械零件（或器件）的失效分析、碳钢、钢的热处理、合金钢、铸铁、有色金属及其合金、高分子材料、陶瓷材料、复合材料、功能材料、零件的选材及工艺路线、工程材料在典型机械和生物医学上的应用。为帮助学生思考、复习、巩固所学知识，各章后均附有习题与思考题。本书力求做到加强基础、突出重点、注重应用和适应面广。

本书主要供机械设计制造及其自动化、能源与动力工程、核工程与核技术、材料成形及控制工程、工程装备与控制工程、建筑环境与设备工程、化工机械、飞行器制造工程、高分子材料与工程、工程力学、理论与应用力学、口腔医学、管理工程等专业本科生使用，参考学时数为50学时。本书也可供从事机械设计与制造等的工程技术人员参考。

西安交通大学工程材料基础在线课程网址：https://www.icourse163.org/course/XJTU-1003729003。

图书在版编目（CIP）数据

机械工程材料/沈莲主编. —4版. —北京：机械工业出版社，2018.8（2024.7重印）

普通高等教育“十一五”国家级规划教材　教育部普通高等教育精品教材　面向21世纪课程教材

ISBN 978-7-111-60115-9

Ⅰ.①机…　Ⅱ.①沈…　Ⅲ.①机械制造材料-高等学校-教材　Ⅳ.①TH14

中国版本图书馆CIP数据核字（2018）第115538号

机械工业出版社（北京市百万庄大街22号　邮政编码100037）
策划编辑：丁昕祯　责任编辑：丁昕祯　责任校对：郑　婕
封面设计：张　静　责任印制：李　昂
河北京平诚乾印刷有限公司印刷
2024年7月第4版第13次印刷
184mm×260mm · 21印张 · 513千字
标准书号：ISBN 978-7-111-60115-9
定价：59.80元

电话服务　　　　　　　　　网络服务
客服电话：010-88361066　　机　工　官　网：www.cmpbook.com
　　　　　010-88379833　　机　工　官　博：weibo.com/cmp1952
　　　　　010-68326294　　金　　书　　网：www.golden-book.com
封底无防伪标均为盗版　　　机工教育服务网：www.cmpedu.com

本书为普通高等教育“十一五”国家级规划教材、面向21世纪课程教材、教育部普通高等教育精品教材，入选西安交通大学“十三五”规划教材，也是西安交通大学国家精品课程、国家精品资源共享课“工程材料基础”的指定教材。

本书可作为机械设计制造及其自动化、能源与动力工程、核工程与核技术、材料成形与控制工程、工程装备与控制工程、工程力学、理论与应用力学、飞行器设计与制造、口腔医学等专业本科生必修的“工程材料”或者“机械工程材料”等类似课程的教材或者参考教材，参考学时50学时。

进入新世纪以来，随着可持续发展理念被普遍接受，材料学科发展迅猛，新工艺、新材料、新技术不断出现，以满足低碳环保、国防尖端科技的迫切需求。本书在保持上一版体系、结构、内容和特色不变的基础上，对内容进行了适当的修订，具体如下：①第六章增加了难熔金属及其合金，主要介绍难熔金属的特点及其在国防军工、电子信息等领域的工程应用；②第八章适当补充了陶瓷材料的分类与制备方面的内容，增加了“陶瓷材料在工程应用中应注意的几个问题”的内容；③调整了部分章节内容，删除了上一版的“第十一章　材料改性新技术”，在第十章增加了“第七节　纳米材料”，介绍了纳米材料的基本特性及其应用；④对上一版中的一些文字方面的错误做了修改。

本书分为12章，包括机械零件（或器件）的失效分析、碳钢、钢的热处理、合金钢、铸铁、有色金属及其合金、高分子材料、陶瓷材料、复合材料、功能材料、零件的选材及工艺路线、工程材料在典型机械和生物医学上的应用。

本书由西安交通大学沈莲教授编写和修改绪论及第一、二、四、五、六（第一节至第五节）、七、十一章、十二章，范群成教授编写和修改第三、九、十（第一节至第六节），王红洁教授编写和修改第八章、第十章第七节，孙巧艳教授编写第六章第六节，并负责本书文字、图表等修订。全书由沈莲教授担任主编，西安交通大学金志浩教授担任主审。华中科技大学周凤云教授、西安理工大学任润刚副教授曾参加编写本书第1版部分内容，在此表示感谢。

在编写过程中，作者参阅了国内外出版的有关教材和资料，在此对相关作者一并致谢。

由于编者水平有限，书中缺点和错误在所难免，恳请广大读者批评指正。

编　者

第1版前言

FOREWORD

本书系原机械工业部“九五”重点教材，是1996年12月在北京由“机械工程类专业教学指导委员会”委托“材料工程类专业教学指导委员会”组织编写的。

本书为机械工程、能源动力工程、化学工程、工程力学、管理工程等各类专业大学本科生必修的“机械工程材料”课程的教材，参考学时为50学时。

本书从机械制造与设计类专业培养目标出发，突出培养学生从零件的工作条件和失效方式入手，确定零件抵抗失效的性能指标，进而合理选材并正确制订零件的冷、热加工工艺路线的能力。在这个思想指导下，本书在体系、结构、内容上都进行了较大的改革。本着加强基础、突出重点、注重应用、适应面宽的原则，重点讲授零件在不同服役条件下的失效方式及其对性能的要求，以及机械制造者和设计者必须具备的材料知识和有关的基本理论，介绍各类工程材料的成分、组织结构与冷、热加工工艺及性能特点和应用范围，并以实例说明如何根据零件的不同服役条件和性能要求进行合理选材。全书共分十一章，包括机械零件的失效分析、碳钢、钢的热处理、合金钢、铸铁、有色金属及其合金、高分子材料、陶瓷材料、复合材料、材料表面改性新技术、典型零件的选材及热处理工艺分析等。

本书是根据《机械工程材料》（沈莲编，1990年11月机械工业出版社出版）教材重新编写的。原书自1990年出版以来，受到全国不少院校的好评，并获1996年机械工业部优秀教材一等奖。为了集思广益，这次编写时吸收了兄弟院校有关同行参加，并于1997年3月在西安召开了编写会议，讨论和确定了编写大纲。在保持原教材体系、结构和特色的基础上重新改写，进一步精选教材内容，压缩教学学时，注重基本概念，适当增加与机械工程和能源动力工程有关的新材料、新工艺和新技术，进一步增强选材知识，力图使修编后的教材更具有较强的理论性、系统性、先进性和广泛的实用性。本书由西安交通大学沈莲编写第一、二、十一章及第四章的部分内容，范群成编写第三、九、十章，华中理工大学周凤云编写第五章及第四章的部分内容，西安理工大学任润刚编写第六、七、八章。全书由沈莲主编，东南大学吴元康教授主审，本书所采用的金相图片由西安交通大学材料科学与工程学院谷秀莲高级工程师提供。

在编写过程中，作者参阅了国内外出版的有关教材和资料，在此一并致谢。

由于编者水平有限，书中缺点和错误在所难免，恳请广大读者批评指正。

编　者

目 录
CONTENTS

绪论

材料是人类社会生活中广泛应用的物质，它是社会发展和进步的标志。历史学家根据制造生产工具的材料不同，将人类生活的时代划分为石器时代、青铜器时代和铁器时代。现代工业技术的发展，同样与材料紧密相连。能源、信息和材料已成为现代技术的三大支柱，而能源、信息的发展又离不开材料。现今人类正处于人工合成材料的新时代，材料的品种、数量和质量已是衡量一个国家科学技术和国民经济水平以及国防力量的重要标志。

人类在地球上出现之后，最早使用的工具是石器，到了原始社会的末期，开始用火烧制陶器，由此发展为以后的瓷器，这是最早使用的陶瓷材料。我国汉代瓷器对世界文化产生了巨大的影响，已成为中国古文化的象征。

制陶技术的发展为炼铜准备了必要条件，在奴隶社会，青铜冶炼技术已得到很大发展。我国青铜冶炼技术的发展始于夏代以前，虽然晚于古埃及和西亚，但发展较快。到了商、周时代，青铜冶炼和铸造技术已发展到较高水平，普遍用于制造各种工具、食物器皿和兵器。春秋战国时期，我国劳动人民通过实践，认识了青铜成分、性能和用途之间的关系。在《周礼·考工记》中总结出“六齐”规律：“六分其金而锡居一，谓之钟鼎之齐；五分其金而锡居一，谓之斧斤之齐；四分其金而锡居一；谓之戈戟之齐；三分其金而锡居一，谓之大刃之齐；五分其金而锡居二，谓之削杀矢之齐；金、锡半，谓之鉴燧之齐”。这是世界上最早的合金化工艺的总结。此外，铅、锡、锌、金、银、汞等有色金属的冶炼及使用不断得到发展。

由青铜器过渡到铁器是生产工具的重大发展，对社会进步起着巨大的推动作用。我国从春秋战国时期开始大量使用铁器，推动了奴隶社会向封建社会的过渡。到了汉代，“先炼铁后炼钢”的技术已居世界领先地位。从西汉到明朝，我国钢铁生产的技术远远超过世界各国，而且钢铁热处理技术也得到很大发展，达到相当高的技术水平。西汉《史记·天官书》中有“水与火合为淬”。《汉书·王褒传》中有“巧冶铸干将之朴，清水焠其锋”等的记载。明代科学家宋应星在《天工开物》一书中对钢铁材料的退火、淬火、渗碳等工艺作了详细论述。

与上述陶瓷材料和金属材料发展的同时，天然高分子材料棉、麻、丝绸的生产技术也不断发展，特别是丝绸处于当时世界领先地位，并于 11 世纪沿古丝绸之路传到波斯、阿拉伯、埃及，然后在 14 世纪后期进入欧洲。

另外，功能材料在我国自古就受到重视，早在战国时期已利用天然磁铁矿制造司南（指南车），到宋代用钢针磁化制出了罗盘，为航海的发展提供了关键技术。

历史充分证明我国劳动人民在材料的制造和使用上有着辉煌的成就，为人类文明作出了

巨大贡献。

18世纪世界工业迅速发展，对材料在品种、数量和质量上都提出了越来越高的要求，推动了材料工艺的进一步发展。光学显微镜于1863年开始应用于金属研究，从此金属材料的生产和研究不再是凭经验（如听声音、看颜色、靠祖传秘方或经验），而是深入到材料内部的微观领域。在化学、物理、材料力学等学科的基础上产生了一门新学科“金属学”，它是研究金属材料的成分、组织和性能之间关系的一门科学。随着1912年X射线衍射技术和1932年电子显微镜等新技术和新仪器的相继出现及应用，“金属学”日趋完善，大大推动了金属材料的发展。

20世纪以来，以硅为代表的半导体材料的出现，为信息技术和自动化技术奠定了基础。随着晶体管、集成电路的研制成功，使以硅材料为代表的计算机的功能不断提高，体积不断缩小，加之高性能的磁性材料不断涌现，激光材料与光导纤维的问世，使人类社会进入了信息时代，加速了现代文明的发展。21世纪更是现代科学技术和生产突飞猛进的时代，能源、信息、空间技术的发展，不但要求生产更多具有高强度和特殊性能的金属材料，而且要求迅速发展更多、更好的非金属材料。今天，在发展高性能（如高温、高强度、高比强度等）金属材料的同时，正迅速发展和应用高性能（如高比强度、高比模量、耐高温和超高温、抗辐射、高导电性、高敏感性等）非金属材料，并且正在进入人工合成材料（高分子材料、陶瓷材料、复合材料）的时代。“金属学”已不能全面反映现今使用的各类材料的研究、生产和应用中的理论及实际问题，因此在金属学、高分子科学、陶瓷学的基础上形成了“材料科学”，它是研究所有固体材料的成分、组织和性能之间关系的一门科学。而“工程材料学”则是材料科学的一部分，它是以工程材料即用于工程结构和机器零件及元器件的材料为研究对象，阐述工程材料的成分、组织、加工工艺和性能之间的关系的学科。

工程材料按性能特点和用途分为结构材料和功能材料两类。结构材料是以力学性能为主要使用性能，用于制造工程结构和机器零件的材料；功能材料是以物理、化学性能或生物功能等为主要使用性能，用于制造具有特殊功能的元器件或生物组织的材料。工程材料包括金属材料、高分子材料、陶瓷材料和复合材料四大类。金属材料是最主要的工程材料，尤其以钢铁材料使用最广，约占80%以上。虽然目前高分子材料、陶瓷材料和复合材料在工程结构和机器零件中应用所占比例较少，但其发展迅速，它们是21世纪的重要工程材料。

工程材料的性能包括使用性能和工艺性能两方面。使用性能是材料在使用条件下所具备的性能，主要指力学性能（如强度、塑性、韧性等）、物理性能（如密度、导热性、导电性、磁性等）、化学性能（如氧化性、电化学腐蚀性等）及生物功能（如相容性、自恢复性、自修复性等）；工艺性能是材料在加工过程中所具备的性能，主要指切削加工性能、铸造性能、压力加工性能、焊接性能和热处理性能等。在机械设计中首先考虑的是材料的力学性能。

工程设计人员在设计某种设备或装置时，除了精心进行结构设计和计算外，还应考虑选用何种材料最佳，使之既经久耐用又经济实惠。这就要求设计人员在选材时必须具备两方面的知识：一方面应该了解材料性能和设计的关系，如进行刚度设计、强度设计和断裂力学设计时，必须考虑哪些性能，以及结构、工艺、外界条件（如温度、环境介质）改变时对性能的影响；另一方面应该了解各种材料的基本特性和应用范围。只有把两者结合起来才能正确选用材料。“机械工程材料”课程正是为适应这一要求而设置的。

“机械工程材料”是机械制造和设计类专业的技术基础课，其目的是使学生获得有关工程结构和机器零件常用的金属材料、非金属材料的基本理论知识和性能特点，并使其初步具备根据零件工作条件和失效方式，合理选材与使用材料，正确制订零件的冷、热加工工艺路线的能力。

本书的内容包括：①机械零件（或器件）的失效分析（第一章）；②金属材料的基本知识、热处理基本原理和常用金属材料的性能特点及应用（第二、三、四、五、六章）；③常用非金属材料（高分子材料、陶瓷材料）、复合材料和功能材料的基本知识和性能特点及应用（第七、八、九、十章）；④机械零（构）件设计选材的基本方法及工程材料在典型机械和生物医学上的应用（第十一、十二章）。

“机械工程材料”是以化学、物理、材料力学及金属工艺学和工程训练为基础的课程，在学习时应该联系上述基础课程的有关内容，以加深对本课程内容的理解。同时本课程又是设计选材的基础，在今后学习有关专业课程时，还应经常联系本书的有关内容，以便进一步掌握所学知识。此外，“机械工程材料”是一门从生产实践中发展起来，而又直接为生产服务的科学，所以学习时不但要注意学习基本理论，而且要注意联系实验室的实验和生产实践。

Chapter 1

第一章 机械零件（或器件）的失效分析

任何机器零件或结构件都具有一定功能，如在载荷、温度、介质等作用下保持一定几何形状和尺寸，实现规定的机械运动，传递力和能等。零件若失去设计要求的效能即为失效。

造成零件失效的原因是多方面的，它涉及到结构设计、材料选择、加工制造、装配调整及使用与保养等因素，但从本质看，零件失效都是由于外界载荷、温度、介质等的损害作用超过了材料抵抗损害的能力造成的。对于机械设计者来说，为了预防零件失效，必须做到设计正确、选材恰当和工艺合理。为此，要求设计者在设计时，不仅要熟悉零件的工作条件，掌握零件的受力和运动规律，还要把它们和材料的性能结合起来，即从零件的工作条件中找出其对材料的性能要求，然后才能做到正确选择材料和合理制订冷、热加工的技术条件及工艺路线。而研究零件的失效是深刻了解零件工作条件的基础。通过观察零件的失效特征，找出造成失效的原因，从而确定相应的失效抗力指标，为制订技术条件、正确选材和制订合理工艺提供依据。因此，研究机械零件的失效具有重要意义。本章将分别讨论机械零件常见的失效方式：过量变形、断裂、磨损和腐蚀，以及半导体器件的失效方式和机理。

第一节　零件在常温静载下的过量变形

材料在外力作用下产生的形状或尺寸的变化叫变形。根据外力去除后变形能否恢复，将变形分为弹性变形和塑性变形。能够恢复的变形叫做弹性变形；不能够恢复的变形叫做塑性变形。研究材料在常温静载荷下的变形常采用静拉伸、压缩、弯曲、扭转和硬度等试验方法，其中静拉伸试验可以全面地揭示材料在静载荷作用下的变形规律。本节首先讨论工程材料在静拉伸时的应力-应变行为。

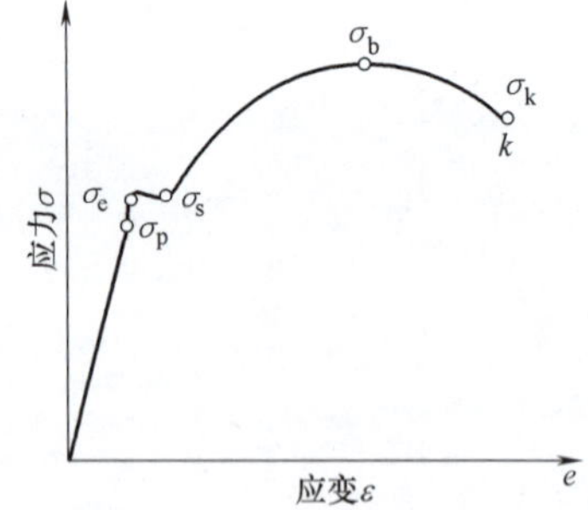

图 1-1　低碳钢拉伸时的应力-应变曲线

一、工程材料在静拉伸时的应力-应变行为

1. 低碳钢的应力-应变行为

图 1-1 为低碳钢的应力-应变曲线。由图可以看出，钢在低于弹性极限 σ_e 的应力作用下发生弹性变形，在此阶段内，当应力低于比例极限 σ_p 时，应力和应变成正比，服从胡克定律，即

$$\sigma = E\varepsilon$$

称为线弹性变形，式中 E 为弹性模量。当应力超过弹性极限后，在继续发生弹性变形的同

时，开始发生塑性变形并出现屈服现象，即外力不增加，但变形继续进行。当应力超过屈服强度（屈服点）后，随着应力增加，塑性变形逐渐增加，并伴随加工硬化，即塑性变形需要不断增加外力才能继续进行，产生均匀塑性变形，直至应力达到抗拉强度后均匀塑性变形阶段结束，试样开始发生不均匀集中塑性变形，产生缩颈，应力迅速下降至 σ_k（金属断裂时对应的应力），变形量迅速增大至 k 点而发生断裂。由此可见，低碳钢在拉伸应力作用下的变形过程分为：弹性变形、屈服塑性变形、均匀塑性变形、不均匀集中塑性变形四个阶段。除低碳钢外，正火、退火、调质态的中碳钢或低、中碳合金钢和有些铝合金及某些高分子材料也具有上述类似的应力-应变行为。

2. 其他类型材料的应力-应变行为

如上所述，低碳钢在拉伸应力作用下的变形过程分为：弹性变形、屈服塑性变形、均匀塑性变形、不均匀集中塑性变形四个阶段。但并非所有材料在拉伸应力作用下都经历上述变形过程。图 1-2 给出了其他类型材料的应力-应变曲线。图中曲线 1 为大多数纯金属（如 Al、Cu、Au、Ag 等）的应力-应变曲线，其变形过程包括弹性变形、均匀塑性变形、不均匀集中塑性变形三个阶段，不发生屈服塑性变形；曲线 2 为脆性材料（如陶瓷、白口铸铁、淬火高碳钢或高碳合金钢等）的应力-应变曲线，这类材料断裂时的应力低于屈服强度，尚未发生塑性变形就断裂了，其变形过程只有线弹性变形一个阶段；曲线 3 为高弹性材料（如橡胶等）的应力-应变曲线，其弹性变形偏离线性关系，且弹性变形能力强，弹性变形率可达 100%～1000%，直至断裂前都不发生塑性变形，其变形过程只有非线性的弹性变形一个阶段。由此可见，材料不同，其塑性变形能力不同，即塑性不同。

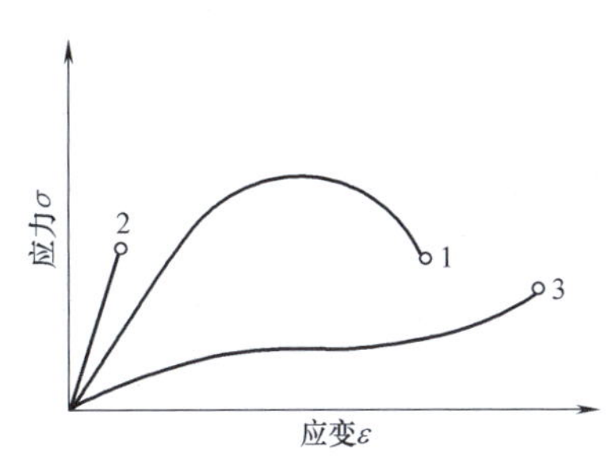

图 1-2　其他类型材料的应力-应变曲线示意图

1—纯金属　2—脆性材料　3—高弹性材料

二、静载性能指标

典型拉伸曲线与材料变形断裂动态图

1. 刚度和强度指标

（1）刚度　刚度是指零（构）件在受力时抵抗弹性变形的能力，它等于材料弹性模量与零（构）件截面积的乘积。由胡克定律可知：

单向拉伸（或压缩）时：$E=\dfrac{\sigma}{\varepsilon}=\dfrac{F/A}{\varepsilon}$，即 $EA=\dfrac{F}{\varepsilon}$

纯剪切时：$G=\dfrac{\tau}{\gamma}=\dfrac{F_\tau/A}{\gamma}$，即 $GA=\dfrac{F_\tau}{\gamma}$

式中，F 和 F_τ 为拉伸力和剪切力；A 为零（构）件截面积；E 为弹性模量；G 为切变模量；EA（或 GA）为零（构）件的刚度，代表零（构）件产生单位弹性变形所需载荷的大小。载荷一定时，EA（或 GA）越大，则 ε（或 γ）越小，即零（构）件越不易产生弹性变形。当零（构）件的截面积 A 一定时，弹性模量 E（或切变模量 G）就代表零（构）件的刚度。因此，弹性模量 E（或切变模量 G）是表征材料刚度的性能指标。

（2）强度　强度是指材料抵抗变形或断裂的能力。这里只介绍静拉伸的强度指标。由图 1-1 可以看出，低碳钢在静拉伸时的强度指标有比例极限、弹性极限、屈服强度（屈服点）、抗拉强度和断裂强度，它们的物理意义分别是：比例极限是材料应力和应变成正比的最大应力，用 σ_p 表示；弹性极限是材料不产生塑性变形的最大应力，用 σ_e 表示；屈服强度（屈服点）是材料开始产生塑性变形的应力，用 R_{eL} 表示；抗拉强度是材料产生最大均匀塑性变形的应力，用 R_m 表示；断裂强度是材料发生断裂的应力，用 σ_R 表示。

2. 弹性和塑性指标

（1）弹性　弹性是指材料弹性变形的大小。通常用弹性变形时吸收的弹性能（又称弹性比功）u 来表示。弹性能为应力-应变曲线下面弹性变形部分所包围的面积，即

$$u=\frac{1}{2}\sigma_e\varepsilon_e=\frac{1}{2}\frac{\sigma_e^2}{E}$$

由上式可以看出，材料的弹性极限 σ_e 越高、弹性模量 E 越低，则弹性能越大，材料的弹性越好。因此，弹性能（弹性比功）u 是表征材料弹性的性能指标。

（2）塑性　塑性是指材料断裂前发生塑性变形的能力。通常用断后伸长率 A 和断面收缩率 Z 来衡量材料的塑性。A 和 Z 的含义为

$$A=\frac{L_u-L_o}{L_o}\times100\%$$

$$Z=\frac{S_o-S}{S_o}\times100\%$$

式中，L_o、S_o 分别为拉伸试样的原始标距长度和原始截面积；L_u、S 分别为拉伸试样断裂后的标距长度和缩颈处最小截面积。显然，A、Z 越大，材料的塑性越好，所以断后伸长率 A 和断面收缩率 Z 是表征材料塑性的性能指标。

3. 硬度指标

硬度是表征材料软硬程度的一种性能。其物理意义随试验方法不同而不同。划痕法硬度值（如莫氏硬度）主要表征材料对切断的抗力；弹性回跳法硬度值（如肖氏硬度）主要表征材料弹性变形功的大小；压入法硬度值（如布氏硬度、洛氏硬度、维氏硬度等）则表征材料的塑性变形抗力及应变硬化能力。工业生产上应用最广的是压入法，它是以硬质合金或金刚石锥体为压头，在一定载荷下压入材料表面的硬度试验方法。用这种方法测得的硬度分别表示为布氏硬度 HBW（硬质合金球为压头）、洛氏硬度 HRC（锥角为 120°的金刚石圆锥体为压头）、维氏硬度 HV（锥面角为 136°的金刚石四棱锥体为压头）。由于压头压入时压头周围材料发生塑性变形，所以压入法硬度是材料抵抗局部塑性变形能力的性能指标，通常用布氏硬度 HBW、洛氏硬度 HRC、维氏硬度 HV 表示。

三、过量变形失效

前面讨论了工程材料在静拉伸时的应力-应变行为。而零（构）件在外力作用下所发生的弹性变形和塑性变形对零（构）件的使用寿命有着重要的影响，有时常常由于变形超过了允许量而导致零（构）件失效。

1. 过量弹性变形及其抗力指标

任何机器零件在工作时都处于弹性变形状态。有些零件在一定载荷作用下只允许一定的弹性变形，若发生过量弹性变形就会造成失效。例如镗床镗杆，为了保证被加工零件的精度，要求其在工作过程中具有较小的弹性变形；若镗杆本身由于刚度不足，产生过量弹性变

形，镗出的孔径会偏小或有锥度，影响加工精度，甚至出现废品。又如齿轮轴，为了保证齿轮的正常啮合，要求齿轮轴在工作过程中具有较小的弹性变形；若因刚度不足，产生过量弹性变形，则会影响齿轮的正常啮合，加速齿轮磨损，增加噪声。再如弹簧，弹簧是典型的弹性零件，起减振和储能驱动作用，应具有较高的弹性，工作过程中产生较大的弹性变形。但是弹簧有时也会因过量弹性变形而失效。以汽车板簧为例，要求汽车满载时板簧产生最大弹性变形。但有时由于板簧刚度不够，当汽车尚未满载时其弹性变形已达最大值，此板簧不能承受设计时汽车所要达到的装载能力。由此可见，刚度不够是零件产生过量弹性变形的根本原因。如前所述，刚度是指零（构）件在受力时抵抗弹性变形的能力。在刚度设计时，常规定零（构）件的最大弹性变形量 Δl 或 θ（扭转角）必须小于许可的弹性变形量 $[\Delta l]$ 或 $[\theta]$，即

$$\Delta l \leqslant [\Delta l] \text{ 或 } \theta \leqslant [\theta]$$

若弹性变形量 Δl 或 θ 超过许可的弹性变形量 $[\Delta l]$ 或 $[\theta]$，就造成过量弹性变形失效。由材料力学可知：

拉压条件下 $$\Delta l=\frac{Fl}{EA}$$

弯曲条件下 $$\Delta l=\frac{4l^3F}{Et^3}$$

扭转条件下 $$\theta=\frac{M_n}{GI_p}$$

由上式可以看出，当零（构）件的尺寸（长度 l、截面尺寸 t 或截面积 A、极惯性矩 I_p）和外加载荷（外力 F 或扭矩 M_n）一定时，材料的弹性模量 E（或切变模量 G）越高，零（构）件的弹性变形量越小，则刚度越好。因此，弹性模量 E 或切变模量 G 是材料抵抗弹性变形的性能指标。各类材料的室温弹性模量 E 如表 1-1 所示。由表可见，弹性模量以陶瓷材

表 1-1　各类材料的室温弹性模量 E

材　料	$E/10^4$MPa	材　料	$E/10^4$MPa
金刚石	102	铜(Cu)	12.6
WC	46~67	铜合金	12.2~15.3
硬质合金	41~55	钛合金	8.1~13.3
Ti、Zr、Hf 的硼化物	51	黄铜及青铜	10.5~12.6
SiC	46	石英玻璃	9.5
钨(W)	41	铝(Al)	7.0
Al_2O_3	40	铝合金	7.0~8.1
TiC	39	钠玻璃	7.0
钼及其合金	32.5~37	混凝土	4.6~5.1
Si_3N_4	30	玻璃纤维复合材料	0.7~4.6
MgO	25.5	木材(纵向)	0.9~1.7
镍合金	13~24	聚酯塑料	0.1~0.5

（续）

材　　料	$E/10^4$MPa	材　　料	$E/10^4$MPa
碳纤维复合材料	7~20	尼龙	0.2~0.4
铁及低碳钢	20	有机玻璃	0.34
铸铁	17.3~19.4	聚乙烯	0.02~0.07
低合金钢	20.4~21	橡胶	0.001~0.01
奥氏体不锈钢	19.4~20.4	聚氯乙烯	0.0003~0.001

料最高，钢铁材料和复合材料次之，有色金属材料再次之，高分子材料最低。显然，在要求零（构）件有较大刚度时，不宜选用高分子材料。陶瓷材料虽然弹性模量高，但其脆性大、强度低，也不宜选用。复合材料工艺复杂、价格昂贵。因此，目前大量使用的是钢铁材料。上述镗床镗杆和汽车板簧都选用合金钢制造，其原因就在于此。

弹性模量 E（或切变模量 G）主要取决于材料中原子本性和原子间结合力。熔点高低可以反映原子间结合力强弱，通常材料的熔点越高，其弹性模量也越高。另外，弹性模量对温度很敏感，随温度升高而降低。因为温度升高，原子间距离加大，原子间结合力减弱，导致 E（或 G）值降低。

应该指出，一般情况下，金属材料的弹性模量主要取决于基体金属的性质，当基体金属一定时，不能通过合金化、热处理、冷变形等方法使之改变，即对成分、显微组织不敏感。例如钢是以 Fe 为基体金属，不管其成分和显微组织如何变化，其室温下的弹性模量 E 为 20.4×10^4~21.4×10^4MPa。而陶瓷材料、高分子材料、复合材料的弹性模量对成分和组织是敏感的，可以通过改变成分和改变生产工艺来提高弹性模量。

2. 过量塑性变形及其抗力指标

绝大多数机器零件在使用过程中都处于弹性变形状态，不允许产生塑性变形。但是，由于偶然的过载或材料本身抵抗塑性变形的能力不够，零件也会产生塑性变形。当塑性变形超过允许量时，零件就失去其应有的效能。例如炮筒，为了保证每发炮弹弹道的准确性，要求炮弹通过时，只能引起炮筒内壁产生弹性变形，而且其变形与应力之间须严格保持正比关系。若炮筒的比例极限偏低，使用一段时间后产生微量塑性变形，就会使炮弹偏离射击目标。又如汽车板簧，只允许在弹性范围内工作，若其材料的弹性极限过低，使用一段时间后，板簧弓形就会变小，即产生了塑性变形，导致弹力不够，此时必须更换。再如精密机床丝杠，为了保持其精度，不允许产生塑性变形，若丝杠材料的屈服强度低，使用一段时间后丝杠会产生明显塑性变形而使机床精度下降。虽然如前所述比例极限、弹性极限和屈服强度都有明确的物理意义。然而实际使用的工程材料大多为弹塑性材料，弹性变形和塑性变形并无明显的分界点，很难测出它们的准确数值。因此工程上只能采取人为规定的方法，把产生规定的微量塑性伸长率的应力作为“条件比例极限”“条件弹性极限”“条件屈服强度”，它们之间并无本质区别，只是规定的微量塑性伸长率的大小不同而已。比例极限规定塑性伸长率最小（0.001%~0.01%）；弹性极限规定塑性伸长率次之（0.005%~0.05%）；屈服强度规定塑性伸长率最大（0.01%~0.5%）。从这个定义来说，比例极限、弹性极限、屈服强度都是材料抵抗微量塑性变形的抗力指标。

零（构）件经常因过量塑性变形而失效，所以一般不允许发生过量塑性变形。但是要

求的严格程度是不一样的。设计时应根据零（构）件工作条件所允许的残留变形量加以选择。例如炮筒和弹簧等采用 $R_{p0.001}$[⊖] ~ $R_{p0.01}$；精密机床丝杠采用 $R_{p0.01}$ ~ $R_{p0.05}$；一般机器结构如机座、机架、普通车轴等可采用 $R_{p0.2}$；桥梁、容器等结构件可允许的残留变形量较大，则采用 $R_{p0.5}$ 甚至 $R_{p1.0}$。

顺便指出，比例极限、弹性极限、屈服强度是对材料成分、组织敏感的力学性能指标，可以通过合金化、热处理、冷变形等方法使之改变，这将在后面详细介绍。

第二节　零件在静载和冲击载荷下的断裂

一、韧断和脆断的基本概念

所谓断裂是材料在应力作用下分为两个或两个以上部分的现象。根据材料断裂前所产生的宏观变形量大小，将断裂分为韧性断裂和脆性断裂。韧性断裂是断裂前发生明显宏观塑性变形。例如低碳钢在室温拉伸时，有足够大的伸长量后才断裂，其断口为杯形，呈暗灰色纤维状。而脆性断裂是断裂前不发生塑性变形，断裂后其断口齐平，由无数发亮的小平面组成。零件在静载和冲击载荷下通常具有这两种断裂形式。图 1-3 是拉伸时的断裂示意图。

由于韧性断裂前发生明显塑性变形，这就可预先警告人们注意，因此一般不会造成严重事故。而脆性断裂没有明显征兆，因而危害性极大，历史上曾发生过许多断裂事故。如汽轮机叶轮和主轴飞裂；发电机转子断裂；油船脆断沉没；核电站压力容器和大型锅炉爆炸；铁桥断毁等。

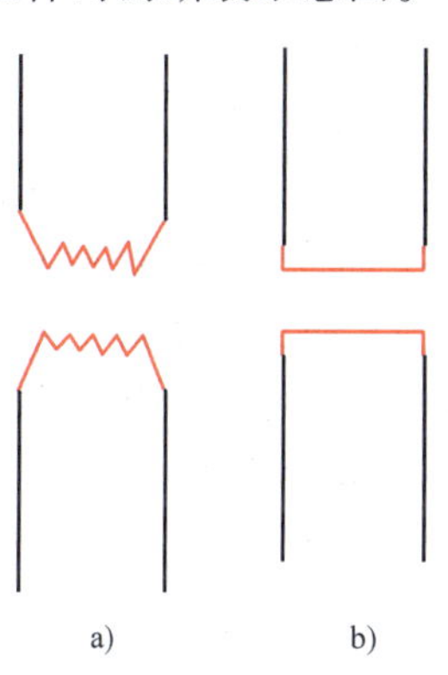

图 1-3　拉伸时的断裂示意图

a）韧性断裂　b）脆性断裂

为了防止脆性断裂，人们对材料的断裂过程进行了深入研究。研究结果表明，无论是韧性断裂还是脆性断裂，其断裂过程均包含裂纹形成和扩展两个阶段。材料在外力作用下形成微裂纹或者以原有的内部缺陷（如微裂纹、空孔、杂质等）作为裂纹源，当这些微裂纹或裂纹源逐渐扩展到一个临界裂纹长度时，立刻发生断裂。通常把裂纹自形成到扩展至临界长度的过程称为裂纹亚稳扩展阶段，在这一阶段裂纹扩展阻力大，扩展速度较慢；而把裂纹达到临界长度后的扩展阶段称为失稳扩展阶段，在这一阶段裂纹扩展阻力小，扩展速度很快，最大可达声音在该材料中的传播速度。对于韧性断裂，裂纹形成后经历很长的裂纹亚稳扩展阶段，裂纹扩展与塑性变形同时进行，变形一旦停止，裂纹也停止扩展，只有再增加外力使变形继续进行时，裂纹才相应地继续扩展。外力不断增加，塑性变形不断进行，裂纹不断扩展，直至达到临界裂纹长度，最后经历失稳扩展阶段而瞬时断裂，因此韧性断裂前有明显的塑性变形。对于脆性断裂，裂纹形成后很快达到临界长度，几乎不经历裂纹亚稳扩展阶段就进入裂纹失稳扩展阶段，裂纹扩展速度极快，故脆性断裂前无明显塑性变形。显

⊖ GB/T 228.1—2010 中，R_p 表示规定塑性延伸强度，即引伸计发生规定塑性变形百分率对应的应力 $R_{p0.2}$ 表示规定塑性伸长率为 0.2%时对应的应力。

然，韧性是表示材料在塑性变形和断裂过程中吸收能量的能力，它是材料强度和塑性的综合表现。材料韧性好，则发生脆性断裂的倾向小。评定材料韧性的力学性能是冲击韧性和断裂韧性。

二、冲击韧性及衡量指标

许多零（构）件在工作时常受冲击载荷作用，例如汽车高速行驶时紧急制动或通过道路上的凹坑、飞机起飞或降落、锻压机锻造或冲压等。因此了解材料在冲击载荷下的力学性能十分必要。冲击载荷与静载荷的主要区别是加载速率不同，前者加载速率高，后者加载速率低。由于冲击载荷加载速率提高，应变速率也随之增加，使材料变脆倾向增大，冲击韧性可以用来评定材料在冲击载荷下的脆断倾向。所谓冲击韧性，是指材料在冲击载荷作用下吸收塑性变形功和断裂功的能力，常用标准试样的冲击吸收功 A_K 表示。冲击吸收功由冲击试验测得，它是将带有 U 形或 V 形缺口的标准试样放在冲击试验机上，用摆锤将试样冲断。冲断试样所消耗的功即为冲击吸收功 A_K，其单位为 J。若将 A_K 除以试样断口处截面积 F_K 即得材料的冲击韧度 $a_K(=A_K/F_K)$，其单位为 $J\cdot cm^{-2}$。因此 A_K 或 a_K 是衡量材料冲击韧性的力学性能指标。

工程材料的冲击吸收功通常是在室温测得，若降低试验温度，在低温下不同温度进行冲击试验（称之为低温冲击试验或系列冲击试验），可以得到冲击吸收功 A_K 随温度的变化曲线，如图 1-4 所示。由图可见，材料的冲击吸收功随试验温度降低而降低，当试验温度低于 T_K 时，冲击吸收功明显降低，材料由韧性状态变为脆性状态，这种现象称为低温脆性，将 A_K-T 曲线上冲击吸收功急剧变化的温度 T_K 称为韧脆转变温度。低温脆性是中、低强度结构钢经常遇到的现象，它对桥梁、船舶、低温压力容器以及在低温下工作的机器零件是十分有害的，容易引起低温脆性断裂。显然材料的 A_K 越高和 T_K 越低，其冲击韧性越好。冲击吸收功 A_K 是对材料成分、组织敏感的力学性能指标，可以通过合金化、热处理等方法改变。由图 1-4 可以看出奥氏体钢韧性最高，没有明显的韧脆转变温度，低温韧性好；低强度铁素体钢韧性次之，有明显的韧脆转变温度，低温韧性差；高强度马氏体钢韧性最差，即使在室温其韧性也很低。

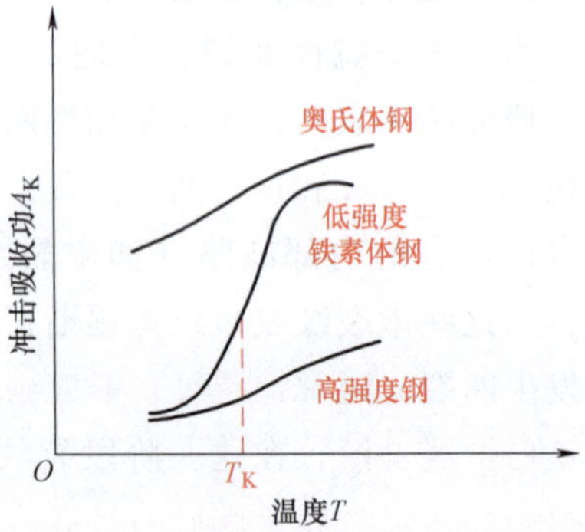

图 1-4 三种钢的冲击韧性随温度变化曲线示意图

三、断裂韧性及衡量指标

如前所述，脆性断裂是零件最危险的一种失效方式，为了防止脆性断裂，过去传统的设计方法是，一方面要求零件的工作应力 $\sigma\leqslant[\sigma]=R_{p0.2}/k$，$k$ 为安全系数；另一方面要求材料有足够的塑性 A、Z 和冲击韧性 A_K 或 a_K。即使这样，也不可能可靠地保证零件不发生低应力脆断。因为这种设计思想没有考虑到一般材料中都存在着微小的宏观裂纹，这些宏观裂纹可能是原材料中的冶金缺陷，也可能是加工过程中（如热处理裂纹、焊接裂纹、锻造裂纹等）或使用过程中（疲劳、应力腐蚀等）产生的。正是这种宏观裂纹的存在，引起材料的低应力脆性断裂，断裂力学就是在这种背景下产生的。随着断裂力学的发展，提出了评定材料抵抗脆性断裂的力学性能指标——断裂韧度 K_{IC}，

它是材料抵抗裂纹失稳扩展的能力，其单位为 $MPa \cdot m^{1/2}$ 或 $MN \cdot m^{-3/2}$。断裂力学分析证明，裂纹尖端应力场强度因子 K_{I}、零件裂纹半长度 a 和零件工作应力 σ 之间存在如下关系

$$K_{\mathrm{I}} = Y\sigma a^{1/2}$$

式中，$Y=1\sim2$，为零件中裂纹的几何形状因子。当 $K_{\mathrm{I}} \geqslant K_{\mathrm{IC}}$ 时，零件发生低应力脆性断裂；当 $K_{\mathrm{I}} < K_{\mathrm{IC}}$ 时，零件安全可靠。因此 $K_{\mathrm{I}} = K_{\mathrm{IC}}$ 是零件发生低应力脆断的临界条件，即

$$K_{\mathrm{I}} = Y\sigma a^{1/2} = K_{\mathrm{IC}}$$

由此式可知，为了使零件不发生脆断，设计者可以控制三个参数，即材料的断裂韧度 K_{IC}，工作应力 σ 和零件中裂纹半长度 a。其中任一参数发生变化均可能导致零件发生脆断。例如，若已知零件的工作应力 σ 和最大裂纹长度 $2a$，可以选择合适的材料，即选择合适的 K_{IC} 值，使 $Y\sigma a^{1/2} < K_{\mathrm{IC}}$，则即使零件中含有长度为 $2a$ 的裂纹，此裂纹在外应力 σ 作用下也不会发生失稳扩展，零件在这样的条件下工作，将是安全的。但是，如果所选择的材料不合适，其断裂韧度 K_{IC} 值较低，使 $Y\sigma a^{1/2} > K_{\mathrm{IC}}$，则裂纹将会快速扩展，导致零件脆断。若材料一定，通过实验测得其断裂韧度 K_{IC} 和零件中存在的最大裂纹尺寸 $2a$，可根据上式确定零件的最大承载能力 σ_c，即

$$\sigma_c = \frac{K_{\mathrm{IC}}}{Ya^{1/2}}$$

如果零件的工作应力 $\sigma < \sigma_c$，则零件安全可靠。反之，若零件的工作应力 $\sigma > \sigma_c$，则将会发生脆断。若已知 K_{IC} 和零件的工作应力 σ，则根据上式可确定零件中允许存在的裂纹最大尺寸 $2a_c$，即

$$a_c = (K_{\mathrm{IC}}/Y\sigma)^2$$

如果零件中实际裂纹半长度 $a < a_c$，则零件安全可靠。反之，若 $a > a_c$，则此材料制成的零件在应力 σ 作用下将会发生脆断。因此，断裂韧度已成为设计用高强度材料制造的飞机、火箭、导弹等重要零（构）件和用中低强度材料制造的大型发电机转子、汽轮机转子等大型零件的重要性能指标。这样既可以充分发挥材料强度潜力，又可以有效地防止零件发生脆性断裂。

和冲击吸收功 A_K 一样，断裂韧度 K_{IC} 也是对材料成分、组织敏感的力学性能指标，可以通过合金化、热处理等方法改变。各类工程材料的断裂韧度 K_{IC} 值见表 1-2。

表 1-2　常见工程材料的断裂韧度 K_{IC} 值

材　料	$K_{\mathrm{IC}}/(MN/m^{3/2})$	材　料	$K_{\mathrm{IC}}/(MN/m^{3/2})$
塑性纯金属（Cu、Ni、Al、Ag 等）	100～350	聚苯乙烯	2
转子钢（A533 等）	204～214	木材，裂纹平行纤维	0.5～1
压力容器钢（HY130）	170	聚碳酸酯	1.0～2.6
高强度钢	50～154	Co/WC 金属陶瓷	14～16
低碳钢	140	环氧树脂	0.3～0.5
钛合金（Ti6Al4V）	55～115	聚酯类	0.5
玻璃纤维（环氧树脂基体）	42～60	Si_3N_4	4～5
铝合金（高强度-低强度）	23～45	SiC	3

（续）

材　料	$K_{IC}/(MN \cdot m^{3/2})$	材　料	$K_{IC}/(MN \cdot m^{3/2})$
碳纤维增强的聚合物	32~45	铍	4
普通木材，裂纹和纤维垂直	11~13	MgO	3
硼纤维增强的环氧树脂	46	水泥/混凝土，未强化的	0.2
中碳钢	51	方解石	0.9
聚丙烯	3	Al_2O_3	3~5
聚乙烯（低密度）	1	油页岩	0.6
聚乙烯（高密度）	2	苏打玻璃	0.7~0.8
尼龙	3	电瓷瓶	1
钢筋水泥	10~15	冰	0.2①
铸铁	6~20		

① 除冰外，其他均为室温值。

四、影响脆断的因素

如前所述，脆断有极大危害，但是材料的“脆断”和“韧断”在一定条件下是可以相互转化的。在某些条件下，韧性材料可以发生脆性断裂，例如低碳钢在低温下拉伸时表现为脆断。而脆性材料也可发生韧性断裂，例如灰铸铁在压缩条件下则表现为韧断。为了防止脆性断裂，实现脆断向韧断方面转化，必须了解影响脆断的因素。研究表明，决定材料断裂类型的主要因素有：加载方式、材料本质、温度、加载速度、应力集中及零件尺寸。

1. 加载方式和材料本质

材料力学表明，零件在外力作用下，其内部各点的应力状态都可用三个主应力 σ_1、σ_2、σ_3（$\sigma_1>\sigma_2>\sigma_3$）来表示。根据这三个主应力，可以计算出各点所受的最大切应力 τ_{max} 和最大正应力 σ_{max}，即 $\tau_{max}=(\sigma_1-\sigma_3)/2$，$\sigma_{max}=\sigma_1-\nu(\sigma_1+\sigma_3)$，式中 ν 为泊松比。这样，任何应力状态都可用 τ_{max} 和 σ_{max} 来表示，其比值 $\alpha=\tau_{max}/\sigma_{max}$ 称为应力状态软性系数。加载方式不同，材料的应力状态不同，则 α 不同。若以 τ_{max} 为纵坐标，σ_{max} 为横坐标，就可以画出材料的力学状态图（图 1-5）。图中 τ_s 线为材料的剪切屈服强度线；τ_k 线为材料的剪切断裂强度线；σ_k 线为材料的正断裂强度线。它们分别表示要使材料产生屈服、切断和正断所需的极限应力。而由原点 O 所作的不同 α 的射线（虚线）则表示不同加载方式下的应力状态。从该图就可以直接判断加载方式对断裂类型的影响。例如某材料在三向不等拉伸（即缺口试样拉伸）情况下，由于代表该应力状态的射线（$\alpha<0.5$）直接与 σ_k 线相交，故其在断裂前只发生弹性变形，表现为宏观正断式的脆性断裂；在单向拉伸（$\alpha=0.5$）情况下，由于代表此应力状态的射线在碰到 σ_k 线以前，先与 τ_s 线相交，

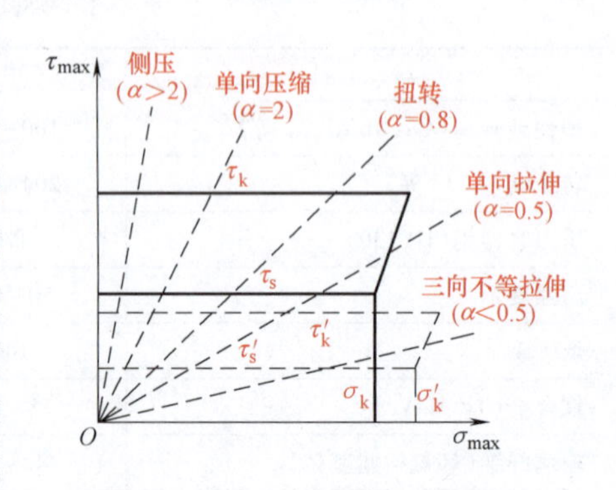

图 1-5　某材料的力学状态图

故此材料在断裂前发生塑性变形，表现为宏观正断式的韧性断裂；在扭转情况下，代表该应力状态的射线（$\alpha=0.8$）先与 τ_s 相交，然后与 τ_k 相交，故此材料表现为切断式韧性断裂。由此可见，α 值越大，应力状态越软，脆断倾向越小。反之，α 值越小，应力状态越硬，脆断倾向越大。因此 α 值大小可以表征材料在不同载荷作用下的韧断或脆断倾向。这表明，就材料而言，并不存在本质上是绝对脆性或绝对韧性的，任何材料都既有可能发生脆性断裂，也有可能发生韧性断裂。例如灰铸铁在单向拉伸（$\alpha=0.5$）时表现为典型的正断式的脆性断裂，而在作布氏硬度试验（$\alpha>2$）时可以压出一个很大的压痕窝，表现出很好的塑性。当加载方式一定时，若材料不同，因其 τ_s、τ_k、σ_k 值不同（图 1-5 虚线），则断裂方式也不同。显然，τ_s 高而 σ_k 低的材料易发生脆断（图中实线）；反之，τ_s 低而 σ_k 高的材料易发生韧断（图中虚线）。例如在三向不等拉伸（$\alpha<0.5$）时，材料 1（图中实线）表现为正断式脆性断裂；而材料 2（图中虚线）则表现为正断式韧性断裂。

2. 温度和加载速度

如前所述，在冲击载荷下，材料的冲击吸收功 A_K 随温度降低而降低。而在拉伸载荷下，屈服强度随温度降低而升高，但正断强度 σ_k 基本不变，如图 1-6 所示，T_K 为韧脆转变温度。温度低于 T_K 发生脆性断裂，高于 T_K 则发生韧性断裂。加载速度增加时，屈服强度升高，则 T_K 也随之升高，如图中虚线所示。因此，降低温度和增加加载速度都会引起材料脆化。

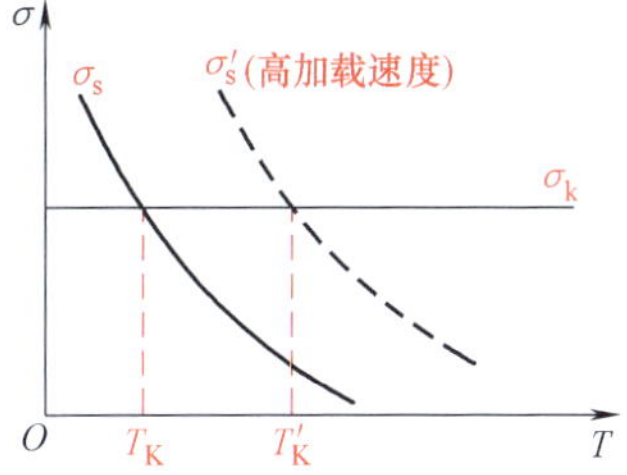

图 1-6　屈服强度随温度变化示意图

3. 应力集中

当材料有缺口时，缺口根部有应力集中，改变了该处三向应力分布，使缺口前沿最大切应力减小，导致应力状态变硬，相当于图 1-5 实线中 $\alpha<0.5$ 的三向不等拉伸的情况，表现为脆断，而该材料在无缺口拉伸时（$\alpha=0.5$）则表现为韧断。因此，应力集中引起材料脆化。

4. 零件尺寸

零件截面尺寸越大，越易发生脆断。因为薄件处于平面应力状态，而厚件中心受三向拉应力作用，处于平面应变状态而造成脆断。这可以用图 1-7 张开型（Ⅰ型）裂纹的扩展示意图说明。设板状零件表面有一裂纹，它在拉应力 σ 作用下发生扩展。当板很薄时，裂纹尖端只有 σ_x 和 σ_y，而 $\sigma_z=0$。虽然 z 方向上的应力为零，但该方向上的应变不为零，$\varepsilon_z=-\dfrac{\nu}{E}(\sigma_x+\sigma_y)$，式中 ν 为泊松比；E 为弹性模量。因此，零件处于平面应力状态，即只有 σ_x、σ_y、ε_x、ε_y、ε_z，则 $\sigma_z=0$。当裂纹沿 x 方向扩展时，z 方向可以自由变形，不受约束，表现为韧性断裂。当板很厚时，裂纹尖端，特别是其中心部分处于三向拉应力状态，σ_z 在 z 方向的弹性约束阻止了该方向上的变形，使零件处于平面应变状态，即只有 σ_x、σ_y、σ_z、ε_x、ε_y，而 $\varepsilon_z=0$，因而造成脆性断裂。可见，零件尺寸越大，脆断倾向越大。

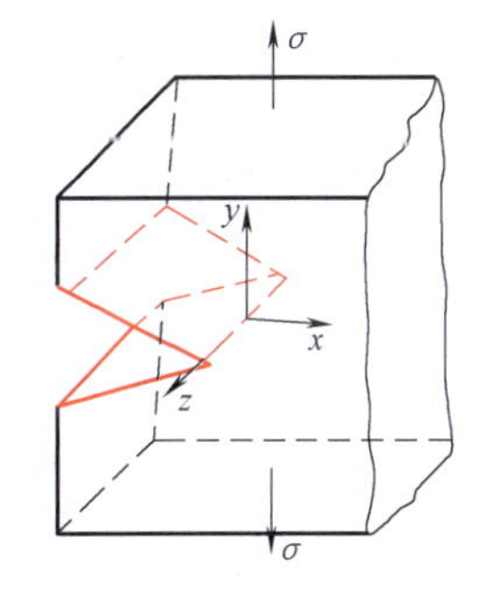

图 1-7　张开型（Ⅰ型）裂纹的扩展示意图

第三节　零件在交变载荷下的疲劳断裂

一、疲劳的基本概念

许多零件如轴、齿轮、弹簧等都是在交变载荷下工作的。所谓交变载荷，是指载荷的大小、方向随时间发生周期性变化的载荷。其特征可用最大应力 σ_{max}、最小应力 σ_{min}、应力幅 σ_a、平均应力 σ_m、应力比 r 等几个参量表示。其中 $\sigma_a=(\sigma_{max}-\sigma_{min})/2$；$\sigma_m=(\sigma_{max}+\sigma_{min})/2$；$r=\sigma_{min}/\sigma_{max}$。零件的工作条件不同，其所受的交变载荷类型也不同，如图 1-8 所示。零件在这种交变载荷下经过较长时间的工作而发生断裂的现象叫作疲劳断裂。据统计，在机械零件断裂失效中有 80%以上属于疲劳断裂。

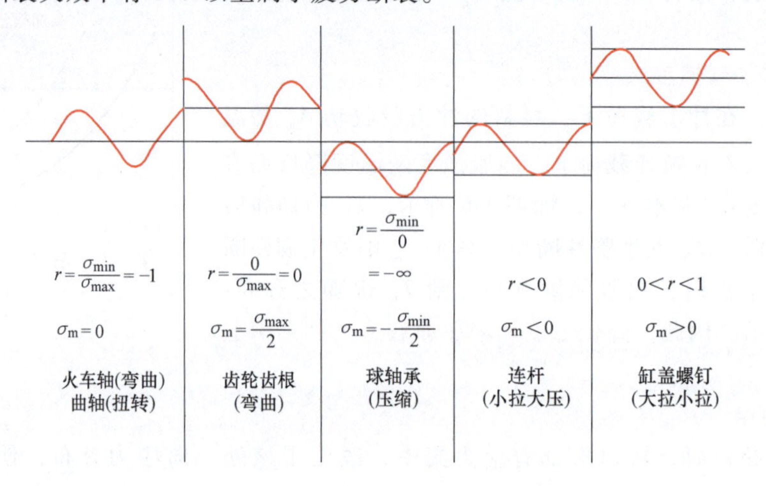

图 1-8　几种常见的交变应力

与静载荷和冲击载荷下的断裂相比，疲劳断裂有如下特点：①引起疲劳断裂的应力很小，常低于静载下的屈服强度；②断裂时无明显的宏观塑性变形，无预兆而是突然地发生，为脆性断裂，即使在静载或冲击载荷下有大量塑性变形的塑性材料，发生疲劳断裂时也显示出脆断的宏观特征，因而具有很大的危险性；③疲劳断口能清楚地显示出裂纹的形成、扩展和最后断裂三个阶段。

二、疲劳断口的特征

疲劳断裂经历裂纹形成、扩展和最后断裂三个阶段。因此典型的疲劳断口形貌由疲劳源区、疲劳裂纹扩展区和最后断裂区三部分组成，如图 1-9 所示。

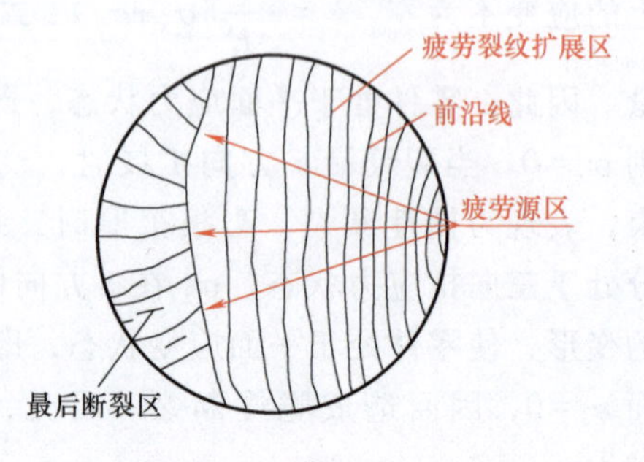

图 1-9　疲劳断口示意图

1. 疲劳源区

由于材料的内部缺陷（如夹杂物、孔洞等）、加工缺陷（如刀痕、锻造裂纹、焊接裂纹、热处理裂纹、磨削裂纹等）或结构设计不合理（如键槽、轴肩处圆

角大小）等原因，使零件的局部区域造成应力集中，这些区域便是疲劳裂纹产生地，称为疲劳源区。

2. 疲劳裂纹扩展区

疲劳裂纹形成后，在交变应力作用下继续扩展长大，由于载荷的间断或载荷大小的改变，裂纹经多次张开、闭合以及裂纹表面的相互摩擦，疲劳裂纹扩展区留下一条条光亮的弧线，称为疲劳裂纹前沿线（或疲劳线）。这些弧线开始时比较密集，以后间距逐渐增加，形成了“贝壳状”或“海滩状”的花样，即为疲劳裂纹扩展区。

3. 最后断裂区

由于疲劳裂纹不断扩展，使零件的有效截面逐渐减小，因而应力增加，当应力超过材料的断裂强度时，发生断裂，形成最后放射状的断裂区。

实际零件的疲劳断口有各种形态，它取决于载荷类型、应力大小和应力集中程度。例如单向弯曲的疲劳源只有一个，而双向弯曲的疲劳源有两个；高应力的疲劳裂纹扩展区相对面积小，最后断裂区相对面积大，出现许多疲劳源，疲劳线的密度大；应力集中大的裂纹源多，而且最终断裂区逐渐移向断口中心。当载荷类型一定时，可以根据疲劳断口上最终断裂区相对面积的大小和位置来判断零件所受应力高低及应力集中程度的大小。如果最终断裂区的面积较大，而且在断口的中心，说明该零件是在高的名义应力和大的应力集中条件下断裂的，其疲劳寿命较短；如果最终断裂区的面积较小，而且接近表面，说明该零件是在低的名义应力和小的应力集中条件下断裂的，零件寿命较长。

三、疲劳抗力指标及其影响因素

如前所述，疲劳断裂前无明显征兆，具有很大的危险性。为了防止零件的疲劳断裂，设计时必须正确确定疲劳抗力指标。根据零（构）件在疲劳前是否存在裂纹，将疲劳分为无裂纹零（构）件的疲劳和带裂纹零（构）件的疲劳，前者疲劳过程经历裂纹形成、扩展和最后断裂三个阶段，而后者只经历裂纹扩展和最后断裂两个阶段，它们应采用不同的疲劳抗力指标。

1. 无裂纹零（构）件的疲劳抗力指标

无裂纹零（构）件设计时最常用的疲劳抗力指标是疲劳极限、过载持久值、疲劳缺口敏感度。

（1）疲劳极限和过载持久值　图1-10是疲劳曲线，它是材料所承受的交变应力 σ（σ_{max} 或 σ_a）和相应的断裂循环周次 N 之间的关系曲线。由图可见，σ 越大，断裂循环周次越小；反之，σ 越小，断裂的循环周次越大。一般将断裂循环周次 $N<10^5$ 的疲劳称为低周疲劳，$N>10^5$ 的疲劳称为高周疲劳。当应力低于 σ_r 时，即使循环无限多次也不会发生疲劳断裂。因此曲线水平部分所对应的应力 σ_r 就是疲劳极限，它表示材料经受无限多次应力循环而不断裂的最大应力，r 为应力比。而疲劳曲线的斜线部分则反映了材料对过载的抗力，用过载持久值表示。所谓过载持久值，是指材料在高于

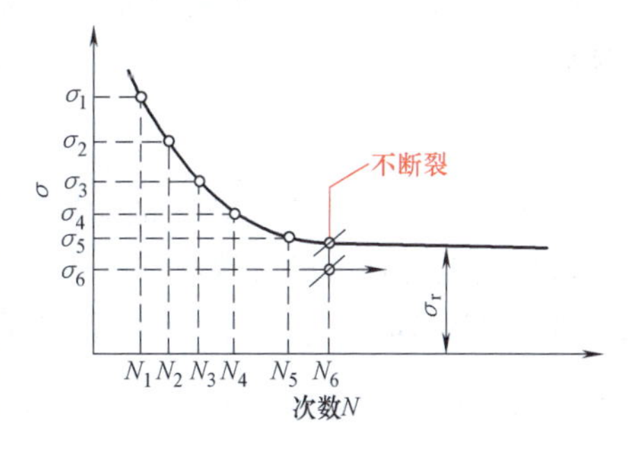

图1-10　疲劳曲线示意图

$\sigma_1>\sigma_2>\sigma_3\cdots>\sigma_6$　$N_1<N_2<N_3\cdots<N_6$

疲劳极限的应力作用下发生疲劳断裂的应力循环周次。显然，疲劳曲线上倾斜部分越陡，则过载持久值越高，材料抵抗过载能力越好。机械设计时，大多数零件是按照疲劳极限进行设计的，也有些零件，如飞机起落架和枪炮中的零件等，承受的交变应力远高于疲劳极限，这就要按照有限周次确定其疲劳寿命，这时过载持久值就具有重要意义。

应该指出，材料的疲劳曲线通常用旋转弯曲疲劳试验方法测定，$r=-1$，其疲劳极限用 σ_{-1} 表示。由于疲劳断裂时循环周次 N 很大，所以疲劳曲线的横坐标一般取对数坐标。大量试验表明，材料的疲劳曲线大致分为两种类型，如图 1-11 所示。一种类型是疲劳曲线上有明显的水平部分（图 1-11a），如钢铁材料的疲劳曲线；另一类是疲劳曲线上没有水平部分（图 1-11b），如铝合金在高温下或在腐蚀介质中的钢的某些疲劳曲线，这时就规定某一 N_0 值所对应的应力作为"条件疲劳极限"，N_0 称为循环基数。对于实际零件来说，N_0 是根据零件工作条件和使用寿命来确定的，如火车轴取 $N_0=5\times10^7$ 次，汽车发动机的曲轴取 $N_0=12\times10^7$ 次，汽轮机叶片取 $N_0=25\times10^{10}$ 次等；有色金属，$N_0=10^8$ 次，腐蚀疲劳时，$N_0=10^6$ 次。

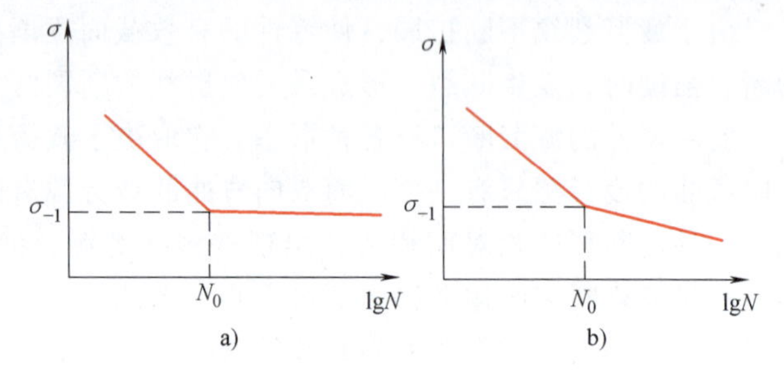

图 1-11　两种类型疲劳曲线

a）钢铁材料　b）部分有色金属（如铝合金等）

（2）疲劳缺口敏感度　由于实际机器零件常带有台阶、圆角、键槽等，不可避免地有应力集中存在，从而使零件在较低的应力或较短的寿命下产生疲劳断裂，所以必须考虑缺口对材料疲劳极限的影响。通常用疲劳缺口敏感度 q 来衡量缺口对疲劳极限的影响。q 的定义是

$$q=\frac{K_f-1}{K_t-1}$$

式中，K_t 为理论应力集中系数，即应力集中处的最大应力 σ_{max} 和平均应力 σ_m 之比 $K_t=\sigma_{max}/\sigma_m$，如图 1-12a 所示。$K_t$ 取决于缺口的几何形状，而和材料无关，在一般机械设计手册中均可查到。K_f 为有效应力集中系数，即光滑试样和缺口试样疲劳极限之比 $K_f=\sigma_{-1}/\sigma_{-1N}$，如图 1-12b 所示。显然 K_f 既和缺口的几何形状有关，又和材料特性有关。通常 $0<q<1$。当 $q\to0$ 时，$K_f\to1$ 即 $\sigma_{-1N}\to\sigma_{-1}$，表示缺口不降低疲劳极限，即对缺口不敏感。当 $q\to1$ 时，$K_t=K_f$，表示缺口严重地降低疲劳极限，即对缺口十分敏感。因此希望材料的 q 值越小越好。

2. 带裂纹零（构）件的疲劳抗力指标

对于含有原始裂纹或缺陷的实际零（构）件，**裂纹扩展是决定疲劳寿命的重要因素**，这时就应测定材料的疲劳裂纹扩展曲线。通常采用三点弯曲单边切口疲劳试样，在固定应力比 r 和应力幅 $\Delta\sigma=\sigma_{max}-\sigma_{min}$ 条件下循环加载，测定裂纹长度 a 随应力循环周次 N 的变化，直至断裂，得到疲劳裂纹扩展曲线（a-N 曲线），如图1-13所示。图中 a-N 曲线的斜率 $\frac{\mathrm{d}a}{\mathrm{d}N}$ 则表示疲劳裂纹扩展速率。由图可见，随裂纹长度 a 不断增加，裂纹扩展速率 $\frac{\mathrm{d}a}{\mathrm{d}N}$ 不断增加，

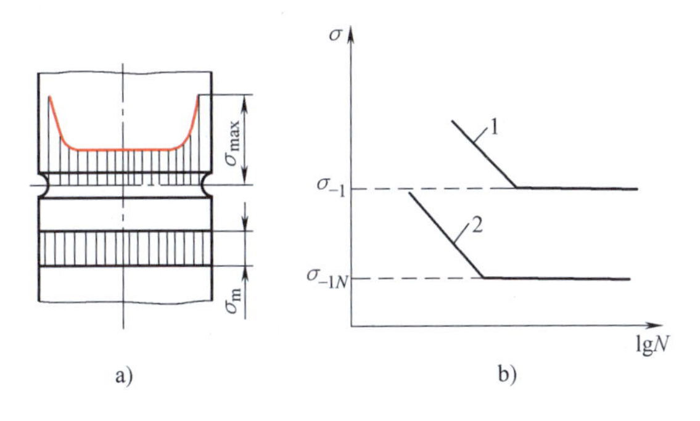

图 1-12　缺口处的应力集中及缺口对疲劳极限的影响

a）静载下缺口处的应力集中　b）光滑试样 1 与缺口试样 2 的疲劳极限

当 a 长大到临界裂纹尺寸 a_c 时，$\frac{da}{dN}$增大到无限大，则裂纹失稳扩展，试样断裂，则断裂循环周次为 N_p。若增大应力幅，将 $\Delta\sigma_1$ 提高到 $\Delta\sigma_2$，则裂纹扩展速率加快，而 a_c 和 N_p 减小。

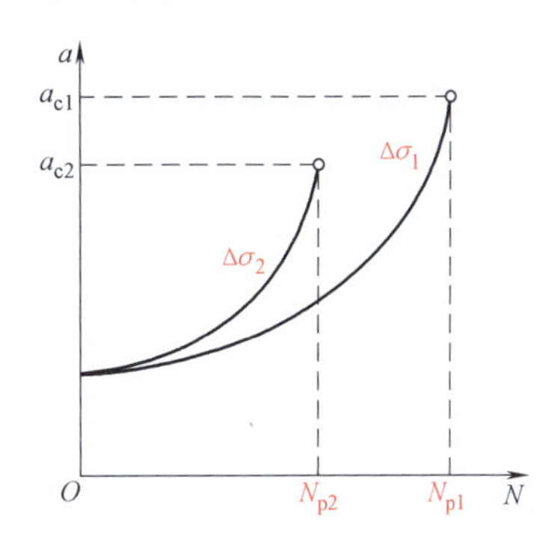

图 1-13　疲劳裂纹扩展曲线

上述结果说明，疲劳裂纹扩展速率$\frac{da}{dN}$不仅与应力幅 $\Delta\sigma$ 有关，还与裂纹长度 a 有关，应用断裂力学裂纹尖端应力场强度因子的概念，根据 $K=Y\sigma a^{1/2}$，求出循环应力幅作用下疲劳裂纹尖端应力场强度因子幅 ΔK，即

$$\Delta K=K_{max}-K_{min}=Y\sigma_{max}a^{1/2}-Y\sigma_{min}a^{1/2}=Y\Delta\sigma a^{1/2}$$

这样，ΔK 就是控制疲劳裂纹扩展的力学参量。将 a-N 曲线上各点的斜率$\frac{da}{dN}$和相应的 ΔK 值作出 $\lg\frac{da}{dN}$-$\lg\Delta K$ 曲线，如图 1-14 所示。由图可见，$\lg\frac{da}{dN}$-$\lg\Delta K$ 曲线分为三个阶段。第Ⅰ阶段是裂纹初始扩展阶段，当 $\Delta K<\Delta K_{th}$时$\frac{da}{dN}=0$，裂纹不扩展；只有当 $\Delta K>\Delta K_{th}$时裂纹才开始扩展，$\frac{da}{dN}$值很小，约为 $10^{-8}\sim10^{-6}$mm/周次。因此 ΔK_{th}是交变应力作用下裂纹不扩展的最大应力场强度因子幅值，称为疲劳裂纹扩展门槛值，它表示材料阻止裂纹疲劳扩展的能力，其单位为 $MN\cdot m^{-3/2}$或 $MPa\cdot m^{1/2}$。第Ⅱ阶段是疲劳裂纹亚稳扩展阶段，是疲劳裂纹扩展的主要阶段。在这个阶段里有两个直线段，其中 AB 为裂纹的平面应变扩展阶段，BC 为裂纹的平面应力扩展阶段，将它们处理成一条直线，其$\frac{da}{dN}$值比第Ⅰ阶段大，约为 $10^{-5}\sim10^{-2}$mm/周次，$\lg\frac{da}{dN}$和 $\lg\Delta K$ 呈线性关系，可用 Paris 公式$\frac{da}{dN}=c(\Delta K)^n$ 来表示，式中 c、n 为与材料有关的系数，通常 $n=2\sim7$。第Ⅲ阶段是疲劳裂纹失稳扩展阶段，$\frac{da}{dN}$很大并随 ΔK 迅速增大，当 $\Delta K=K_{IC}$时，试样突然断裂。

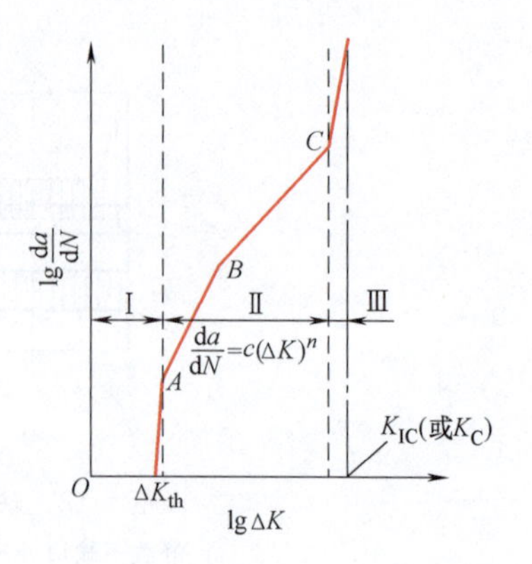

图 1-14　$\lg\frac{da}{dN}$-$\lg\Delta K$ 关系曲线

由上面讨论可知，ΔK_{th}和$\frac{da}{dN}$是带裂纹零（构）件的疲劳抗力指标。应该指出，ΔK_{th}与无裂纹零（构）件的σ_{-1}有些相似，它们都是表示材料无限寿命的疲劳性能，所不同之处只是ΔK_{th}是表示材料阻止裂纹扩展的能力，而σ_{-1}是表示材料阻止裂纹形成的能力。

机械设计中，有些带裂纹的零（构）件，如核动力装置等常用ΔK_{th}来进行安全校核，其校核公式为

$$\Delta K=Y\Delta\sigma a^{1/2}\leqslant\Delta K_{th}$$

由此式可知，为了使带裂纹零（构）件不发生疲劳断裂，设计者可以控制ΔK_{th}、a、$\Delta\sigma$三个参量。例如，若已知材料的工作应力$\Delta\sigma$和零（构）件中裂纹长度a，可以选择合适的材料，即选择合适的ΔK_{th}值，使$Y\Delta\sigma a^{1/2}\leqslant\Delta K_{th}$，即使零（构）件中含有长度为$a$的裂纹，在工作应力$\Delta\sigma$作用下也不会发生疲劳断裂。若已知裂纹尺寸$a$和材料的疲劳裂纹扩展门槛值$\Delta K_{th}$，则可确定该零（构）件的最大承载能力$\Delta\sigma_c$，即

$$\Delta\sigma_c=\frac{\Delta K_{th}}{Ya^{1/2}}$$

只要零（构）件的工作应力$\Delta\sigma<\Delta\sigma_c$，则不会发生疲劳断裂。若已知工作应力$\Delta\sigma$和材料的疲劳裂纹扩展门槛值$\Delta K_{th}$，则可求得该零（构）件中允许存在最大裂纹尺寸$a_c$，即

$$a_c=\frac{1}{Y^2}\left(\frac{\Delta K_{th}}{\Delta\sigma}\right)^2$$

只要零件中实际裂纹长度$a<a_c$，则零件安全可靠，不会发生疲劳断裂。

应该指出，由于材料的ΔK_{th}值很小，约为断裂韧度K_{IC}的5%～10%，例如钢的$\Delta K_{th}\leqslant 9\text{MPa}\cdot\text{m}^{1/2}$，铝合金的$\Delta K_{th}\leqslant 4\text{MPa}\cdot\text{m}^{1/2}$。若根据$\Delta K\leqslant\Delta K_{th}$设计时，必须牺牲材料的强度来提高断裂韧度$K_{IC}$以提高$\Delta K_{th}$值，这样设计出的零（构）件必然非常笨重，显然航空航天零（构）件不能按照此判据进行设计，否则飞机或飞船将重得不能起飞。这时就应根据裂纹扩展速率估算零（构）件的安全寿命。其方法是先测出零（构）件中原始最大裂纹长度a_0，再根据材料的断裂韧度K_{IC}和工作应力$\Delta\sigma$求出零（构）件中允许裂纹长度a_c，最后应用Paris公式积分估算出零（构）件的安全寿命N_p。具体计算过程可以查阅其他教材，这里不再详述。

3. 影响疲劳抗力的因素

零件的疲劳抗力受很多因素影响，归纳起来有载荷类型、材料本质、零件表面状态、温度、介质。

（1）载荷类型　对同一材料而言，所承受的载荷类型不同，其应力状态不同，故其疲劳极限也不同。如前所述，疲劳极限σ_{-1}是在旋转弯曲疲劳条件下求得的。但实际零件所承受的交变载荷有不同类型，如扭转、拉-压、拉-拉等，这些载荷下的疲劳极限和σ_{-1}有一定的对应关系，例如

拉-压疲劳　$\sigma_{-1p}=0.85\sigma_{-1}$（钢）

$\sigma_{-1p}=0.65\sigma_{-1}$（铸铁）

扭转疲劳　$\tau_{-1}=0.55\sigma_{-1}$（钢及轻合金）

$\tau_{-1}=0.8\sigma_{-1}$（铸铁）

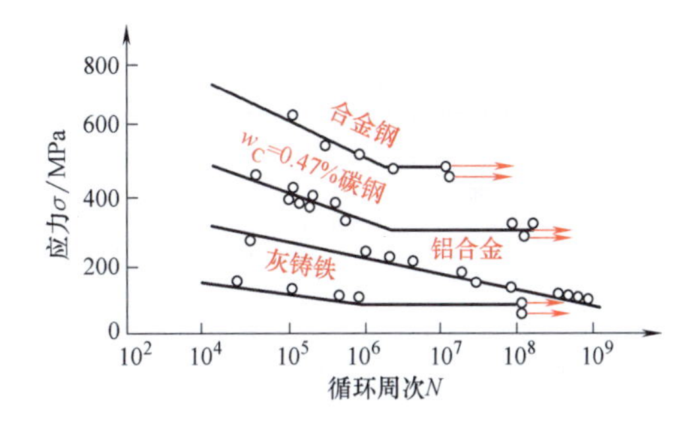

图 1-15　几种材料的疲劳曲线

载荷类型对疲劳裂纹扩展门槛值 ΔK_{th} 和裂纹扩展速率 $\frac{da}{dN}$ 也有显著影响。由于压应力使裂纹闭合而不会使裂纹扩展，故拉-拉载荷比拉-压载荷下的 ΔK_{th} 小，而 $\frac{da}{dN}$ 大。在拉-拉载荷即应力比 $r>0$ 的条件下，随应力比 r 或平均应力 σ_m 的增加，ΔK_{th} 减小，$\frac{da}{dN}$ 增大。

（2）材料本质　材料不同，其疲劳曲线不同，则疲劳极限和过载持久值不同，如图1-15所示，其疲劳缺口敏感度 q 值也不同。例如钢的 q 值为 0.6~0.8，灰铸铁的 q 值为 0~0.05。灰铸铁 q 值很低的原因是其组织中的石墨片本身就是一种缺口，所以对试样表面缺口反而不敏感。实验表明材料的疲劳极限主要取决于材料的抗拉强度，疲劳极限和抗拉强度有一定经验关系：中、低强度钢为 $\sigma_{-1}=0.5R_m$，灰铸铁为 $\sigma_{-1}=0.42R_m$，球墨铸铁为 $\sigma_{-1}=0.48R_m$，铸造铜合金为 $\sigma_{-1}=(0.35\sim0.4)R_m$。对于高强度钢（$R_m>1400$MPa），则取 $\sigma_{-1}=700$MPa，这是由于高强度钢中的残留内应力促进裂纹萌生，降低了它的疲劳极限，破坏了疲劳极限和抗拉强度间的线性关系。过载持久值不仅与材料的抗拉强度有关，还与材料的塑性、韧性有关，在过载应力较高的低周疲劳情况下，若材料的抗拉强度相近，塑性、韧性好的材料，其过载持久值反而有所增加。因此设计低周疲劳下服役的机件如飞机起落架、压力容器等，应注意在满足强度要求的前提下，尽量选用塑性、韧性好的材料。另外，材料不同，其断裂韧度 K_{IC} 不同，则其疲劳裂纹扩展门槛值 ΔK_{th} 和疲劳裂纹扩展速率 $\frac{da}{dN}$ 不同，K_{IC} 高的材料，其 ΔK_{th} 大，$\frac{da}{dN}$ 小。

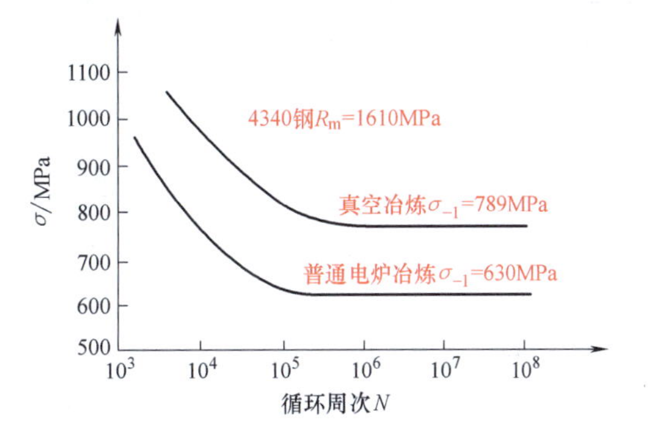

图 1-16　4340 钢（外国牌号）[㊀] 纯度对疲劳曲线的影响

当材料一定时，其纯度和组织状态对疲劳抗力有显著影响。材料中的夹杂物可以成为疲劳裂纹源，导致疲劳抗力降低（图 1-16），对于疲劳抗力要求高的零件，其材料应采用真空熔炼。另外，材料相同，而组织状态不同时，其强度、塑性、韧性不同。强度高者，疲劳极限 σ_{-1} 高（表 1-3）；K_{IC} 低者，ΔK_{th} 低、$\frac{da}{dN}$ 大（图 1-17）。

（3）零件表面状态　零件在冷、热加工过程中所产生的缺陷（如脱碳、裂纹、刀痕、碰伤等）均使疲劳极限降低。试验表明，零件表面粗糙不仅使疲劳极限下降，而且使疲劳曲线向左移即缩短了过载下的疲劳寿命。材料的强度越高，表面加工质量对疲劳极限的影

㊀　无相应中国牌号，暂保留，下同

表 1-3　40Cr 钢组织类型对疲劳极限的影响

组　织　状　态	R_m /MPa	σ_{-1} /MPa
退火（铁素体+珠光体）	650	314
淬火（马氏体）	2080	775

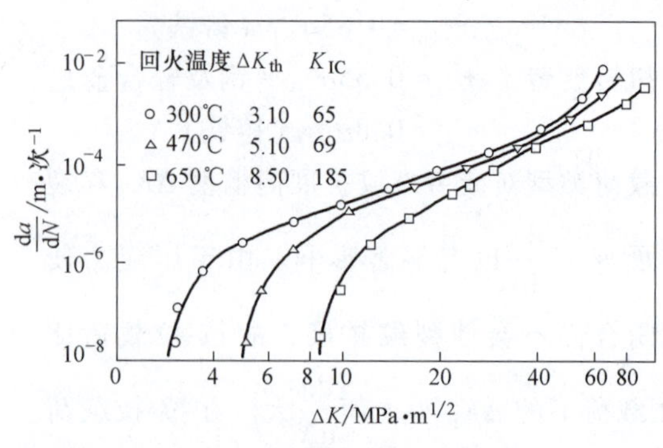

图 1-17　300M 钢（外国牌号）不同热处理对 ΔK_{th} 及 $\frac{da}{dN}$ 的影响

响越大，如表 1-4 所示。由表可见，试样表面有轻微刀痕对抗拉强度无影响，但对疲劳极限有显著影响。因此在交变载荷下工作的无裂纹零（构）件，必须改善表面粗糙度，不允许有碰伤和缺陷，材料的强度越高，表面粗糙度值要求越小。当然，对于带裂纹的零（构）件，裂纹扩展起支配作用，对表面粗糙度的要求可以降低一些。

表 1-4　试样表面轻微刀痕对抗拉强度和疲劳极限的影响

材　　料	表面状态	抗拉强度 R_m/MPa	疲劳极限 σ_{-1}/MPa
45 钢（正火）	光滑试样	656	280
	有刀痕试样	654	145
40Cr 钢（淬火+200℃回火）	光滑试样	1947	780
	有刀痕试样	1922	300

必须指出，实际使用的零件大多承受交变弯曲或交变扭转载荷，零件表面应力最大，促使疲劳裂纹在表面形成。因此，凡使表面强化的一些处理（表面冷变形如喷丸、滚压、滚压加抛光和表面热处理如渗碳、渗氮、感应加热表面淬火、激光加热表面淬火等）就成为提高疲劳极限的有效途径。例如发动机曲轴经渗氮处理后疲劳极限提高 30%～40%，轴颈经滚压后疲劳极限提高 1 倍左右。另外，由于表面强化处理使零件表面形成残留压应力，提高疲劳裂纹扩展门槛值 ΔK_{th} 和降低裂纹扩展速率 $\frac{da}{dN}$，从而延长疲劳寿命。

（4）工作温度　高温使材料的屈服强度降低，疲劳裂纹易形成和扩展，故降低了疲劳极限和疲劳裂纹扩展门槛值，增加疲劳裂纹扩展速率。某些材料如碳钢，当温度升高时，其疲劳曲线上的水平部分消失，这时就只能以某个规定的循环基数 N_0 的应力作为条件疲劳极限。相反，低温使材料的屈服强度升高，因而疲劳极限亦提高，但缺口敏感度增加。

（5）腐蚀介质　零件在腐蚀介质（如酸、碱、盐的水溶液、海水、潮湿空气等）中工作时，其表面的腐蚀坑成为疲劳裂纹源，使疲劳极限和 ΔK_{th} 降低、$\frac{da}{dN}$ 升高，并使钢铁材料疲劳曲线上的水平部分消失。腐蚀介质还破坏了疲劳极限和抗拉强度之间的线性关系。例如碳钢和低合金钢在水中疲劳极限几乎相等，而与各自的强度无关，这一点在设计选材时必须予以注意。

第四节 零件的磨损失效

机器运转时，任何在接触状态下发生相对运动的零件之间都会发生摩擦，如轴与轴承、活塞环与气缸套、十字头与滑块等。在摩擦过程中零件表面发生尺寸变化和物质耗损的现象叫作磨损。

磨损是零件失效的一种形式，也是决定机械寿命的重要因素。例如在发动机中气缸套的磨损量超过允许值或者活塞环受磨损后其开口间隙明显增大，都会引起发动机功率不足，耗油量增加，产生噪声和振动等故障，此时必须更换气缸套和活塞环。通常气缸套的磨损量大小决定发动机的大修期。此外，由于磨损有可能使零件断面削弱而断裂，或引起与该零件毗连的其他零件产生附加应力而断裂。因此研究磨损规律，提高零件耐磨性，对延长机件的使用寿命具有重要意义。

一、磨损的基本类型

磨损的种类很多，最常见的有粘着磨损、磨粒磨损、腐蚀磨损、麻点磨损（即接触疲劳）四种。鉴于接触疲劳是齿轮和滚动轴承等零件最常见的一种表面失效形式，故单独进行讨论，这里只介绍前三种形式的磨损。

1. 粘着磨损

粘着磨损又称咬合磨损，它是指滑动摩擦时摩擦副接触面局部发生金属粘着，在随后相对滑动中粘着处被破坏，有金属屑粒从零件表面被拉拽下来或零件表面被擦伤的一种磨损形式，如图 1-18 所示。由图可见，由于摩擦副表面凹凸不平，相互接触时，只有局部接触，接触面积很小，因此接触压应力很大，足以超过材料的屈服强度而发生塑性变形，致使这部分表面的润滑油膜、氧化膜被挤破，从而使摩擦副的两个金属面直接接触，发生粘着（冷焊），随后在相对滑动时，粘着点被剪断，有金属屑粒从表面被拉拽下来或零件表面被擦伤。

图 1-18 粘着磨损示意图

必须指出，粘着磨损是在滑动摩擦条件下，力学性能相差不大的两种金属之间发生的最常见的磨损形式。磨损速度大，为 10~15μm/h，具有严重的破坏性，有时会使摩擦副咬死，不能相对运动。例如蜗轮和蜗杆啮合时及不锈钢螺栓和不锈钢螺母在拧紧过程中经常产生这种磨损。

2. 磨粒磨损

磨粒磨损也叫磨料磨损，它是指滑动摩擦时，在零件表面摩擦区存在硬质磨粒（外界进入的磨料或表面剥落的碎屑），使磨面发生局部塑性变形、磨粒嵌入和被磨粒切割等过程，以致磨面材料逐渐耗损的一种磨损，如图 1-19 所示。磨粒磨损是机件中普遍存在的一种磨损形式，磨损速度较大，可达 0.5~5μm/h。例如农业机械和矿山机械的齿轮经常发生严重磨粒磨损；又如汽车、拖拉机气缸套常因空气滤清器不良带入尘埃，或润滑油不清洁带入污物而发生磨粒磨损。实际上，任何机械若润滑油滤清装置不良或缺乏，机件本身磨损产物随润滑油进入磨面，均会造成磨粒磨损。

3. 腐蚀磨损

腐蚀磨损是在摩擦力和环境介质联合作用下，金属表层的腐蚀产物剥落与金属磨面间的机械磨损（粘着磨损和磨粒磨损）相结合的一种磨损。腐蚀磨损包括各类机械中普遍存在的氧化磨损、机件嵌合部位出现的微动磨损、水利机械中出现的冲蚀磨损以及化工机械中因特殊腐蚀气氛作用而产生的腐蚀磨损。下面只简单地介绍前两种腐蚀磨损。

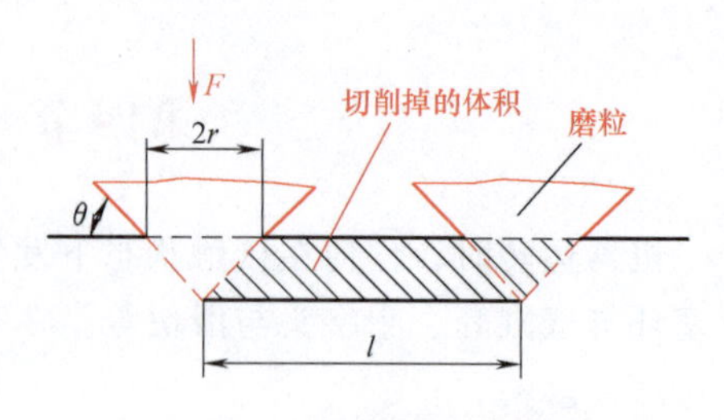

图 1-19　磨粒磨损示意图

（1）氧化磨损　当摩擦副表面相对运动时，在发生塑性变形的同时，零件表面已形成的氧化膜在摩擦接触点处遭到破坏，紧接着又在该处立即形成新的氧化膜，这种氧化膜不断自金属表面脱离又反复形成，造成金属表面物质不断耗损的过程称为氧化磨损。氧化磨损不管在何种摩擦过程中及何种摩擦速度下，也不管接触压力大小和是否存在润滑都会发生，因此它是生产上最普遍存在的一种磨损形式。但由于其磨损速度较小，为 0.1~0.5μm/h，所以是生产上唯一被允许的磨损，机件因氧化磨损而失效可以认为是正常失效。

（2）微动磨损　在机器的嵌合部位，如嵌合连接的汽轮机叶片的叶根部位，以及紧配合处，如轴套与轴的配合处（图 1-20），虽然配合面之间没有明显的相对位移，但在外部交变载荷作用和振动的影响下却产生微小的相对滑动 d*l*（2~20μm），此时配合表面上产生大量褐色（钢制机件表面）或黑色（铝或镁合金机件表面）的粉末状磨损产物，称为微动磨损。由于微动磨损集中在局部区域，又因两摩擦表面永不脱离接触，磨损产物不易往外排除，故兼有氧化磨损、磨粒磨损和粘着磨损的作用，在微动磨损区往往形成一定深度的磨痕蚀坑，所以微动磨损又称咬蚀。微动磨损的结果不仅使零件精度、性能下降，更严重的是引起应力集中，导致疲劳破坏。

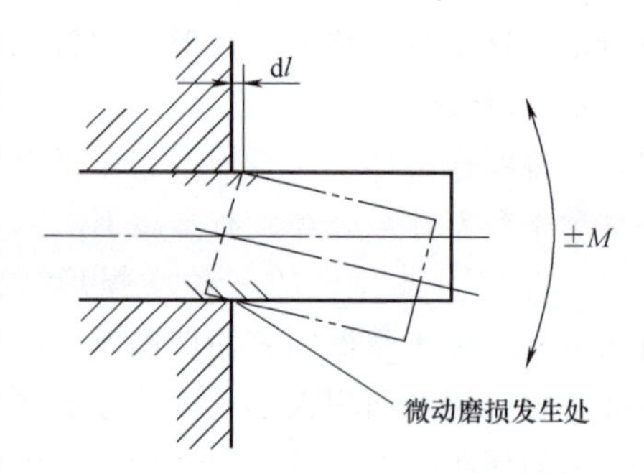

图 1-20　紧配合轴微动磨损的发生

二、接触疲劳

接触疲劳是零件（如齿轮、滚动轴承、钢轨和轮箍等）两接触面作滚动或滚动加滑动摩擦时，在交变接触压应力的长期作用下引起的一种表面疲劳剥落破坏而使物质耗损的现象，表现为在接触表面上出现许多针状或痘状的凹坑，称为麻点，也称为麻点磨损或疲劳磨损。在接触表面刚出现少数麻点时，零件仍能继续工作，但当麻点剥落现象严重时就造成零件失效。例如齿轮产生大量麻点后其啮合情况恶化，噪声增大，振动增加，产生较大的附加冲击力，磨损加剧，甚至引起齿根折断。由此可见，研究接触疲劳问题对提高这些零件的使用寿命有着重要意义。

接触疲劳也是裂纹形成和扩展的过程。由于裂纹源产生的部位不同，接触疲劳破坏有三种形式。

（1）裂纹源于表层的麻点剥落　它是零件在滚动并有滑动，其表面有沿滚动方向的摩擦力作用时，并有润滑油存在的情况下产生的。因为零件表面切应力最大，裂纹首先在表面形

成，当有润滑油楔入裂纹并被封闭时，裂纹内壁产生很大内应力，加速裂纹扩展而引起麻点剥落，剥落深度为0.1～0.2mm。例如齿轮除节圆啮合处属纯滚动外，在齿面其他部位则是带有一定滑动的滚动，因此常常在离节圆一定距离靠近齿根一侧处的齿面出现这类麻点剥落。

（2）裂纹源于次表层的麻点剥落　它是零件在纯滚动或表面光洁、摩擦力很小、接近于纯滚动的情况下产生的。零件次表层即距表面0.786b处（b为接触面半宽度），此处切应力最大，故首先发生塑性变形而形成裂纹，然后在交变切应力作用下裂纹不断向表面扩展而造成剥落，留下一个比较平直的麻坑，剥落深度为0.2～0.4mm。例如滚动轴承基本上属纯滚动，其表面常出现这类麻点剥落。

（3）硬化层剥落　这种剥落只发生在经过表面硬化处理如表面淬火、表面化学热处理等的零件上。由于零件经表面硬化处理后，硬化层中形成残留压应力，而在硬化层和心部交界处常发生残留压应力向残留拉应力的转移，当残留应力和接触应力所引起的综合切应力超过材料的剪切屈服强度时，就在该处产生塑性变形而形成裂纹，并向表面扩展而造成大块剥落。

三、提高零件磨损抗力的途径

研究表明，减小接触压力和摩擦因数、增加材料硬度、改善润滑条件都有利于提高零件磨损抗力。但磨损类型不同，提高磨损抗力的措施不尽相同，现简要介绍如下。

1. 粘着磨损

常采取如下措施：

（1）合理选择摩擦副配对材料　实践证明，异类材料配对比同类材料配对磨损量小；多相合金配对比单相合金配对磨损量小；硬度差大的材料配对比硬度差小的配对的磨损量小；金属与非金属配对磨损量小。例如滑动轴承选用钢轴与锡基或铝基合金轴瓦配对，在受力小时选用钢轴与塑料轴瓦配对，可以显著减少粘着磨损。

（2）采用表面处理减小摩擦因数或提高表面硬度　如蒸汽处理、磷化、渗硫、渗硅、渗碳、渗氮、表面淬火、热喷涂耐磨合金等方法均可显著提高粘着磨损抗力。

（3）减小接触压应力　粘着磨损量随接触压应力增大而增加，当接触压应力超过所选材料硬度值的1/3时粘着磨损量急剧增加，严重时甚至会产生咬死现象。因此设计时摩擦副的压应力必须小于1/3HBW。

（4）减小表面粗糙度值　因为零件表面粗糙度值减小可以增加接触面积，从而减小接触压应力。但表面粗糙度值过小，会因润滑油不能储存在摩擦面内而加剧粘着，因而润滑油粘度不能太低。

2. 磨粒磨损

除在设计时减小接触压力和滑动摩擦距离以及改进润滑油过滤装置以清除磨粒外，常采取如下措施：

1）合理选用高硬度材料如高碳钢、高碳合金钢、耐磨铸铁、陶瓷等。材料的硬度越高，磨粒磨损时的耐磨性越好，如图1-21所示。

2）采用表面处理（如表面淬火、渗碳、渗氮、热喷涂陶瓷和堆焊耐磨合金等）和表面加工硬化等方法提高摩擦副材料的表面硬度，可有效地提高耐磨性。

应该指出，磨粒磨损除与材料表面硬度有关外，还与磨粒硬度有关，当材料表面硬度是磨粒硬度1.3倍时，磨粒磨损已不明显。过高地提高材料表面硬度并不会得到更显著的效果，因此从减少磨粒磨损考虑，材料表面硬度不必超过磨粒硬度的1.3倍。磨粒硬度越高，要求材料表面硬度越高。

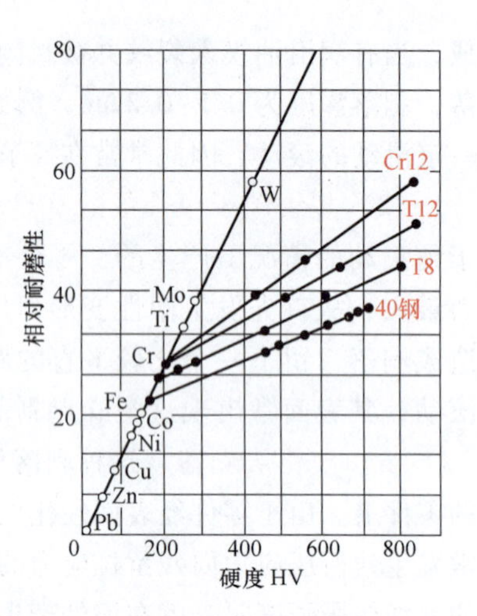

图1-21　磨粒磨损时相对耐磨性和材料硬度关系

（相对耐磨性系指采用金刚砂作磨料，以含锑锡的铅基巴氏合金作为对比的标准试样所测量的材料的耐磨性）

3. 氧化磨损

因氧化磨损是发生在金属零件表面，所以氧化磨损速度主要取决于氧化膜的性质和氧化膜与基体金属的结合力及金属表层的塑性变形抗力。显然，凡能提高基体金属表层硬度或形成与基体金属牢固结合的致密氧化膜的一切表面处理方法如渗碳、渗氮、蒸汽处理等，都可以提高零件表面抗氧化磨损的能力。

4. 微动磨损

除通过表面处理提高零件表面硬度之外，设计上比较有效地防止微动磨损的措施是：

（1）采用垫衬　通常在紧配合处加软铜皮、橡胶、塑料等，这样可以改变接触面的性质，减小振动和滑动距离。例如蒸汽锤锤杆和锤头配合处插入锰青铜衬套，可以显著减小微动磨损，提高锤杆寿命。

（2）减小应力集中　对压配合处采取卸载槽（图1-22a、b）已获得良好效果。如果既采取卸载槽，又增大接触部分轴的直径（图1-22c），效果更好。

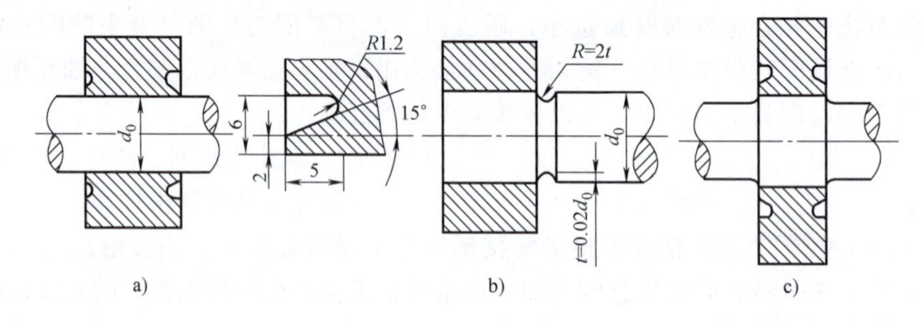

图1-22　压配合轴设计示例

5. 接触疲劳

除在设计上减小接触压应力外，常采取如下措施：

1）提高材料的硬度，以增加塑性变形抗力，延缓裂纹的形成和扩展，如采用整体淬火、表面淬火、表面化学热处理（如渗碳、渗氮等）。

2）提高材料的纯净度，减少夹杂物，从而减少裂纹源。

3）提高零件的心部强度和硬度，增加硬化层深度，细化硬化层组织。

4）减小零件表面粗糙度值，以减小摩擦力。

5）提高润滑油的粘度以降低油楔作用。

第五节　零件的腐蚀失效

腐蚀是材料表面和周围介质发生化学反应或电化学反应所引起的表面损伤现象，并分别

称之为化学腐蚀和电化学腐蚀。在化学腐蚀过程中不产生电流，如钢在高温下的氧化、脱碳，在石油、燃气和干燥氢及含氢气体中的腐蚀等都属于化学腐蚀。在电化学腐蚀过程中产生电流，如金属在潮湿空气、海水或电解质溶液中的腐蚀等都属于电化学腐蚀。腐蚀是许多金属零件和工程结构件丧失工作能力导致失效的原因之一。据统计，全世界每年因腐蚀而消耗的金属超过 1 亿 t，遭受巨大的经济损失，因此研究金属腐蚀及其防护方法具有重要意义。本节主要介绍金属的高温氧化腐蚀和电化学腐蚀。

一、高温氧化腐蚀

除少数贵金属如金、铂外，大多数金属在空气中都会发生氧化，形成氧化膜。在室温或温度不高时，氧化过程进行很慢，然而在较高温度下，氧化过程明显加速。由于氧化膜较脆，其力学性能明显低于基体金属，而且氧化又导致零（构）件的有效截面积减小，从而降低了零（构）件的承载能力。因此，有些在高温含氧气氛中工作的零（构）件，如工业加热炉的炉栅、炉底板，汽轮机燃烧室，锅炉的过热器等常常因高温氧化而失效。

金属的氧化过程分为如下三个步骤（以+2 价金属为例）：①金属原子失去电子成为金属离子，即 $M \longrightarrow M^{2+}+2e$；②氧原子吸收电子成为氧离子，即 $O+2e \longrightarrow O^{2-}$；③金属离子和氧离子结合形成氧化物即 $M^{2+}+O^{2-} \longrightarrow MO$。氧化膜形成后覆盖在金属表面将金属与氧隔开，基体金属能否继续被氧化，将取决于该氧化膜层对金属离子及电子（由内向外）和氧原子或氧离子（由外向内）穿过氧化膜的阻力。实验表明，氧化膜越致密、熔点越高，阻力越大，则其保护能力越强，越能有效地防止金属继续氧化。例如 Al_2O_3、Cr_2O_3、SiO_2 膜的熔点高、致密，覆盖在金属表面可以防止基体金属继续氧化，而 FeO、Cu_2O 膜的熔点低、疏松，不能防止基体金属继续氧化。因此，碳钢在高温（>570℃）下因形成疏松多孔的低熔点 FeO 而易氧化。若在钢中加入 Cr、Si、Al 等元素，由于这些元素与氧的亲和力较 Fe 大，优先在钢的表面形成高熔点致密氧化膜 Cr_2O_3、SiO_2、Al_2O_3，提高了钢的抗氧化能力。

二、电化学腐蚀

1. 电化学腐蚀倾向

金属发生电化学腐蚀的条件是不同金属或同一金属的各个部分之间存在着电极电位差，而且它们是相互接触并处于相互连通的电解质溶液中构成微电池。其中电位较低的一方为阳极，容易失去电子变为金属离子溶于电解质中而受腐蚀，电位较高的一方则为阴极，起传递电子的作用而不受腐蚀，只发生析氢反应或吸氧反应，其反应式（以 3 价金属为例）为：

阳极　　$M \rightarrow M^{3+}+3e$

阴极　　析氢反应（电解质中 H^+高时）$2H^++2e \longrightarrow H_2\uparrow$

　　　　或吸氧反应（电解质中 O_2 高时）$O_2+2H_2O+4e \longrightarrow 4OH^-$

在机器或金属结构中，两种金属相互接触的情况是经常发生的，它们一旦与潮湿空气或电解质相接触就会发生电化学腐蚀。即使对于同一种金属或合金，由于化学成分或组织状态、应力状态、表面粗糙度等的不同，也会导致某些相邻区域的电极电位不同，从而产生电化学腐蚀。下面以钢中珠光体在硝酸酒精中的腐蚀为例来说明电化学腐蚀过程，如图 1-23 所示。钢中珠光体是由铁素体（α）和渗碳体（Fe_3C）层片相间组成，在硝酸酒精溶液中便构成无数个微电池。由图 1-23a 可以看出，铁素体（α）的电极电位较低，成为阳极，α

中的 Fe 原子变成离子进入溶液

$$Fe \longrightarrow Fe^{3+}+3e$$

α 被腐蚀；渗碳体（Fe_3C）电极电位较高，成为阴极，它将电子传导给酸中的 H^+，变成氢气逸出，即发生析氢反应

$$3H^+ +3e \longrightarrow 1\frac{1}{2}H_2\uparrow$$

上述电化学腐蚀使 α 片不断被腐蚀而凹陷，Fe_3C 片不受腐蚀而凸起，从而使原来平滑表面出现凹凸不平（图 1-23b），显示出珠光体层片状形貌。这就是观察金属显微组织之前必须进行腐蚀的原因。

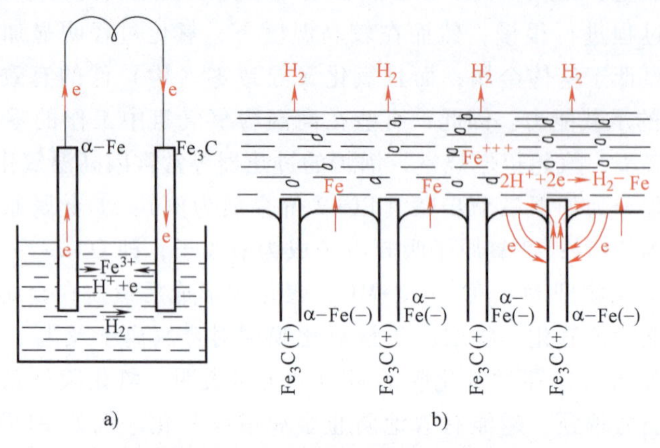

图 1-23　珠光体的电化学腐蚀

a）珠光体的电化学腐蚀原理　b）珠光体腐蚀结果示意图

应该指出，不同金属的电化学腐蚀倾向是不同的，通常用它们的电极电位来衡量。图 1-24 给出了不同金属浸于 25℃的 1mol 离子溶液中的电极电位。由图可以看出，金属的电极电位越高即越正，越不易发生电化学腐蚀。例如常用于制作冷凝器和散热器的黄铜（Cu-Zn 合金，详见第六章）在使用时容易发生脱锌现象，其原因就在于 Cu 的电极电位比 Zn 高，Zn 受腐蚀，而 Cu 不受腐蚀。黄铜脱锌后在其表面留下海绵状铜，降低力学性能，造成冷凝器等零（构）件早期失效。若在黄铜中加入少量铝、硅、镍、锡或加入微量（0.05%质量分数）砷，就可以减少或防止脱锌。

2. 局部腐蚀

如上所述，电化学腐蚀具有选择性，有时会使局部区域腐蚀严重，导致零（构）件在没有先兆的情况下突然失效，危害极大。常见的局部腐蚀有电偶腐蚀、小孔腐蚀、缝隙腐蚀、晶界腐蚀等，这里只介绍前面三种，晶界腐蚀将在第四章中讨论。

（1）电偶腐蚀　它是指异类材料连接在一起，由于电极电位不同而发生的电化学腐蚀。在实际零（构）件中经常使用螺钉或铆钉联接，如果螺钉或铆钉与被联接体材料不同时，就会发生电偶腐蚀。例如用低碳钢铆钉固定铜板或用未经镀铬的钢螺钉固定表面经镀铬处理的钢件时，铆钉或螺钉为阳极而受腐蚀，将失去紧固作用。因此，设计选材时尽量使紧固件的材料与被连接的零（构）件材料相同，以防止电偶腐蚀。

（2）小孔腐蚀　它是指金属表面微小区域因氧化膜破损或析出相和夹杂物剥落，引起

该处电极电位降低而出现小孔并向深度发展的现象，又称点蚀。实际零（构）件有时会因小孔腐蚀而失效。例如埋在土壤中输送油、水、气的钢管，常因管壁小孔腐蚀而穿孔，造成渗漏；又如内燃机气缸套，有时因小孔腐蚀使缸套壁穿孔而报废。

（3）缝隙腐蚀　它是指电解质进入零（构）件的缝隙中出现缝内金属加速腐蚀的现象。例如法兰连接面或铆钉、螺钉的压紧面处，如果存在 0.025～0.1mm 缝隙，易产生缝隙腐蚀。若以焊接代替铆接和螺栓联接避免形成缝隙或在缝隙中加入固体填料，均可防止缝隙腐蚀。

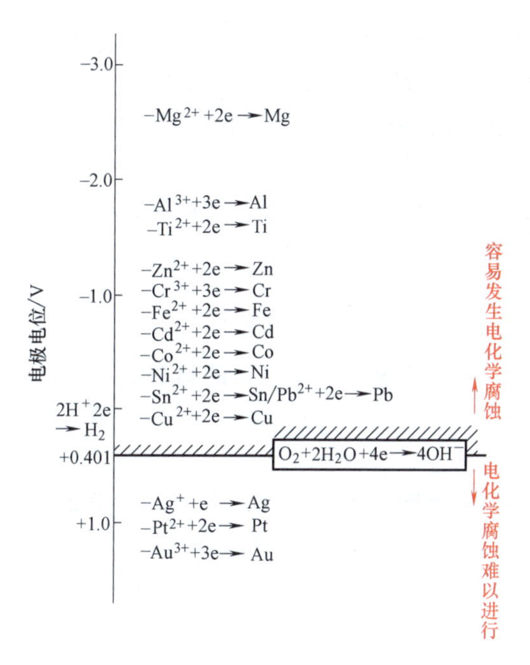

图 1-24　不同金属的电极电位

三、应力腐蚀

所谓应力腐蚀，是指零（构）件在拉应力和特定的化学介质联合作用下所产生的低应力脆性断裂现象。这里需要指出的是：①引起应力腐蚀的拉应力很小，如果没有腐蚀介质存在，零（构）件在该应力作用下可以长期工作不会发生断裂；②引起应力腐蚀的介质的腐蚀性较弱，如果没有拉应力存在，零（构）件在该介质中可以认为是耐腐蚀的。而且材料只有在特定的介质中才会产生应力腐蚀，如表 1-5 所示。正是由于应力腐蚀常发生在较小的拉应力和腐蚀性较弱的介质中，往往被人们所忽视而引起灾难性事故。历史上曾发生过大桥因钢梁在含 H_2S 的大气中应力腐蚀断裂而塌陷；飞机因高强度螺栓和起落架应力腐蚀断裂而失事；输油气钢管因在含 H_2S 的介质中应力腐蚀而爆裂；锅炉因在含少量 NaOH 的水中发生应力腐蚀即碱脆而爆炸等。

研究表明，应力腐蚀断裂也是通过裂纹的形成和扩展过程进行的，如图 1-25 所示。由图可见，在拉应力作用下，零件表面钝化膜在应力集中点处被破坏，该处成为阳极，钝化膜为阴极，构成微电池形成腐蚀坑，萌生裂纹，然后在拉应力和介质联合作用下裂纹便不断扩

表 1-5　常用金属材料发生应力腐蚀的敏感介质

金属材料	化　学　介　质
低碳钢和低合金钢	NaOH 溶液，沸腾硝酸盐溶液，海水、海洋性和工业性气氛
奥氏体不锈钢	酸性和中性氯化物溶液、熔融氯化物、海水
镍基合金	热浓 NaOH 溶液、HF 蒸气和溶液
铝合金	氯化物水溶液、海水及海洋大气、潮湿工业大气
铜合金	氨蒸气、含氨气体、含铵离子的水溶液
钛合金	发烟硝酸、300℃以上的氯化物，潮湿空气及海水

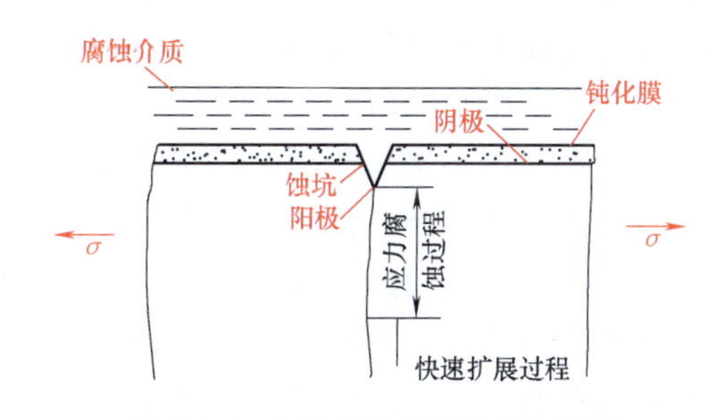

图 1-25　应力腐蚀断裂过程示意图

展导致断裂。根据断裂力学原理，提出了评定材料抵抗应力腐蚀的力学性能指标 $K_{I\,scc}$（Stress Corrosion Cracking，缩写为 SCC）即应力腐蚀临界应力场强度因子，它表示拉应力和特定腐蚀介质联合作用下材料抵抗裂纹失稳扩展的能力，可以看作在应力腐蚀条件下的断裂韧度。

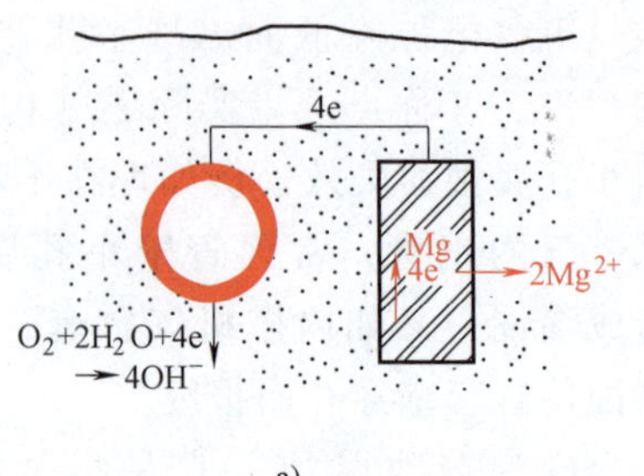

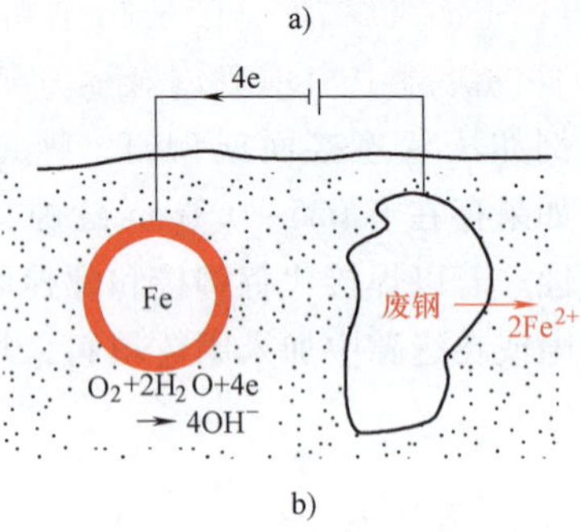

图 1-26　地下管道的牺牲阳极保护 a）外加电位的阴极保护 b）

四、改善零件腐蚀抗力的措施

对于抗氧化，常采取的措施是：①选择抗氧化材料如耐热钢、高温合金、耐热铸铁、陶瓷材料等；②表面涂层如热喷涂铝、陶瓷等。

对于抗电化学腐蚀，常采取的措施为：①选择耐蚀材料，如不锈钢、耐蚀合金、钛合金、陶瓷材料、高分子材料等；②表面涂层如电镀 Ni、Cr，热浸镀 Zn、Sn、Al、Pb，热喷涂陶瓷及喷涂涂料、搪瓷、塑料等；③电化学保护如牺牲阳极保护（图 1-26a）、外加电位的阴极保护（图 1-26b）；④加缓蚀剂降低电解质的腐蚀性，如在含氧水中加入少量重铬酸钾，在原油、天然气和含有 H_2S 的浓盐水溶液及酸中加入少量吡啶、喹啉等。

对于抗应力腐蚀，常采取的措施是：①设计时减小拉应力和应力集中；②进行去应力退火消除冷、热加工产生的残留拉应力；③根据工作介质选择在该介质中对应力腐蚀不敏感即 $K_{I\,scc}$ 高的材料；④改变介质条件，清除促进应力腐蚀的有害化学离子，例如通过水的净化处理降低冷却水与水蒸气中的 Cl^-，对预防不锈钢的应力腐蚀十分有效。

第六节　零件在高温下的蠕变变形和断裂失效

一、高温对金属力学性能的影响

在高压蒸汽锅炉、汽轮机、燃气轮机、柴油机等动力机械和化工炼油设备及航空发动机中，许多零件长期在高温条件下运转，对于制造这类零件的金属材料，如果只考虑其室温下的力学性能显然是不行的。首先，高温下材料的强度随温度升高而降低；其次，高温下材料的强度随加载时间的延长而降低。例如，蒸汽锅炉及化工设备中的一些高温、高压管道，虽然所承受的应力小于工作温度下材料的屈服强度，但在长期使用过程中，会产生缓慢而连续的塑性变形，使管径日益增大，甚至最后导致管道破裂。又如，20 钢在 450℃ 的短时抗拉强度为 330MPa。若试样仅承受 230MPa 的应力，但在该温度下持续工作 300h 左右，也会断裂，如果将应力降至 120MPa 左右，持续 10000h 还会发生断裂。这一试验结果表明，钢的抗拉强度随载荷持续时间的延长而降低。

由此可见，对于材料的高温力学性能不能简单地用室温下短时拉伸应力-应变曲线来评定，还需加入温度和时间两个因素，研究温度、应力、应变与时间的关系，建立评定材料高

温力学性能的指标——蠕变极限和持久强度。

二、蠕变极限和持久强度

1. 蠕变现象和蠕变极限

材料在长时间的恒温、恒应力作用下缓慢地产生塑性变形的现象称为蠕变。零件由于这种变形而引起的断裂称为蠕变断裂。不同材料出现蠕变的温度是不同的。高分子材料及铅、锡等在室温就产生蠕变；碳钢当温度超过 300~350℃、合金钢当温度超过 350~400℃时才出现蠕变；而高温陶瓷材料（Si_3N_4）在 1100℃以上也不会发生明显的蠕变。一般来说，金属只有当温度超过（0.3~0.4）T_m、陶瓷只有当温度超过（0.4~0.5）T_m（T_m 为材料的熔点，以 K 为单位）时才出现较明显的蠕变。

材料的蠕变过程可用蠕变曲线来描述。典型的蠕变曲线如图 1-27 所示。由图可见，蠕变曲线分为三个阶段。

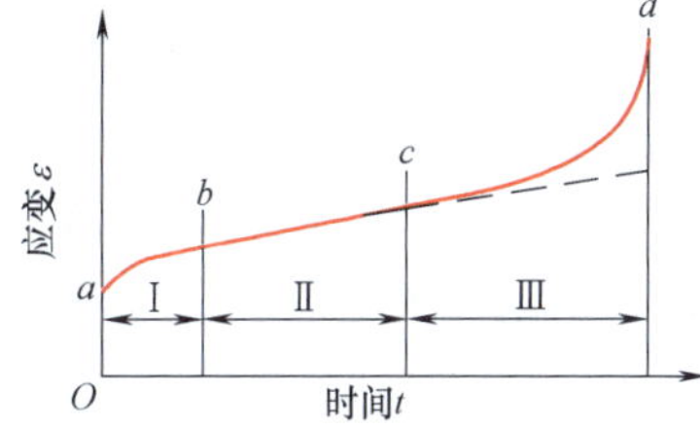

图 1-27　典型的蠕变曲线

第Ⅰ阶段 ab 是减速蠕变阶段。加载后，蠕变速度$\left(\dot{\varepsilon}=\frac{d\varepsilon}{dt}\right)$随时间延长逐渐减小。

第Ⅱ阶段 bc 是恒速蠕变阶段。这一阶段蠕变速度恒定，又称稳态蠕变阶段。通常所说的蠕变速度就是指此阶段的蠕变速度。

第Ⅲ阶段 cd 是加速蠕变阶段。随着时间延长蠕变速度逐渐增大，直至 d 点试样或零件发生蠕变断裂。

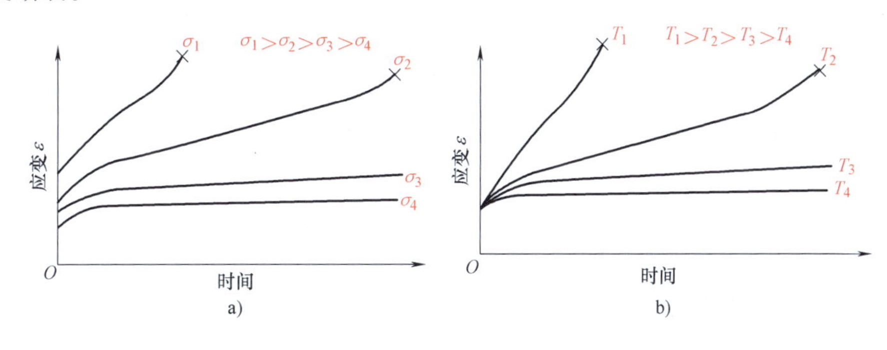

图 1-28　应力和温度对蠕变曲线的影响

a）恒定温度下改变应力　b）恒定应力下改变温度

材料不同，其蠕变曲线不同。对于同一材料，其蠕变曲线也随应力的大小和温度的高低而异（图 1-28）。由图可见，当应力较小或温度较低时，蠕变第Ⅱ阶段持续时间较长，甚至不出现第Ⅲ阶段，即不发生蠕变断裂。相反，当应力较大或温度较高时，蠕变第Ⅱ阶段很短，甚至完全消失，试样或零件在很短时间内断裂。

为了保证在高温长期载荷下机件不产生过量变形，要求材料具有一定的蠕变极限。和常温下的屈服强度相似，蠕变极限是高温长期载荷作用下材料对塑性变形的抗力指标。

材料的蠕变极限是根据蠕变曲线来确定的，一般有两种表示方法。一种方法是在规定温度 T（单位为℃）下，使试样产生规定稳态蠕变速度 $\dot{\varepsilon}$（单位为%/h）的应力值，以符号 $\sigma_{\dot{\varepsilon}}^{T}$ 表示。例如 $\sigma_{1\times10^{-5}}^{600}=60MPa$ 表示材料在 600℃温度下，稳态蠕变速度为 1×10^{-5}%/h 的蠕变极限为 60MPa。稳态蠕变速度根据零件的服役条件来确定，在电站锅炉、汽轮机和燃气轮机

设计中，通常规定稳态蠕变速度为 1×10^{-5}%/h 或 1×10^{-4}%/h。另一种方法是在给定温度 T（单位为℃）和规定时间 t（单位为 h）内使试样产生一定蠕变总变形量 δ（以%为单位）的应力值，以符号 $\sigma_{\delta/t}^{T}$ 表示。例如 $\sigma_{1/10^5}^{500}=100\text{MPa}$ 表示材料在 500℃ 温度下，10^5h 后总变形量为 1%的蠕变极限为 100MPa。试验时间及蠕变变形量的具体数值也是根据零件的工作条件来规定的，例如电站锅炉、汽轮机和燃气轮机设计寿命均在几万到十几万小时以上，并要求总变形量不超过 1%。

2. 持久强度

如上所述，蠕变极限表征了材料在高温长期载荷作用下对塑性变形的抗力，但不能反映断裂时的强度和塑性。为了使零（构）件在高温长时间使用时不破坏，要求材料具有一定持久强度。与室温下的抗拉强度相似，持久强度是材料在高温长期载荷作用下抵抗断裂的能力，是在给定温度 T（单位为℃）和规定时间 t（单位为 h）内使试样发生断裂的应力，以符号 σ_{t}^{T} 表示。例如 $\sigma_{1\times10^3}^{700}=300\text{MPa}$ 表示材料在 700℃ 温度下经 1000h 后的持久强度为 300MPa。这里所指的规定时间是以机组的设计寿命为依据，例如对于锅炉、汽轮机等机组的设计寿命为数万至数十万小时，而航空发动机则为几千小时或几百小时。

三、高温下零件的失效及其防止

和常温下零件失效相似，高温下零件的失效主要有过量塑性变形（蠕变变形）、断裂（包括蠕变断裂和冲击载荷及疲劳载荷下的断裂）、磨损、氧化腐蚀等。由于温度和应力的同时作用，加速了塑性变形、裂纹形成和扩展过程，有时同一个零件可以同时产生几种失效过程。例如，内燃机排气阀，其阀盘常因过量塑性变形而翘曲，以及氧化腐蚀和磨损，导致阀面漏气；同时引起附加应力导致阀杆折断。又如，汽轮机、燃气轮机叶片，要求运行 10^5h 变形不超过 0.1%，若蠕变变形量过大，就会使叶片末端与气缸之间的间隙消失，导致叶片与气缸相碰而断裂。再如，汽轮机和燃气轮机的组合转子或法兰及蒸汽管道接头的紧固螺栓，在预紧力作用下产生一定弹性变形，在高温下长期工作时弹性变形逐渐转变为塑性变形，使螺栓松动，造成漏气、漏水或产生附加应力导致折断。

为了提高零件在高温下工作的寿命，除了设计合理之外，常采取如下措施：

（1）正确选材　材料的蠕变极限和持久强度是对化学成分和显微组织敏感的力学性能指标。材料的熔点越高，组织越稳定，其蠕变极限和持久强度越高。工程材料中以陶瓷材料的高温强度最好，高温合金次之，耐热钢再次之。由于陶瓷脆性大，限制了它的广泛应用，目前高温合金和耐热钢是高温下应用最广的金属材料。

（2）表面处理　在高温合金和耐热钢表面镀硬铬、热喷涂铝和陶瓷以提高抗氧化性、耐腐蚀性和耐磨性。

第七节　电子器件的失效

电子器件包括半导体晶体管和电子管。本节只介绍半导体晶体管的结构、主要参数和失效方式及机理。

一、半导体晶体管的结构和参数

众所周知，掺杂半导体有 P 型半导体和 N 型半导体之分。如果把 P 型半导体和 N 型半

导体连接成整体，则在两者交界处会形成 PN 结。PN 结是构成半导体二极管、晶体管、场效应管、晶体闸流管（简称晶闸管，又称可控硅）等的基础。

1. 半导体二极管的结构和参数

半导体二极管是由一个 PN 结加上表面氧化物保护层和相应的电极引脚及管壳所组成的。二极管的两根引脚分别引自两块半导体材料，从 P 型半导体上引出正极性引脚，从 N 型半导体上引出负极性引脚。图 1-29 为半导体二极管的结构示意图。

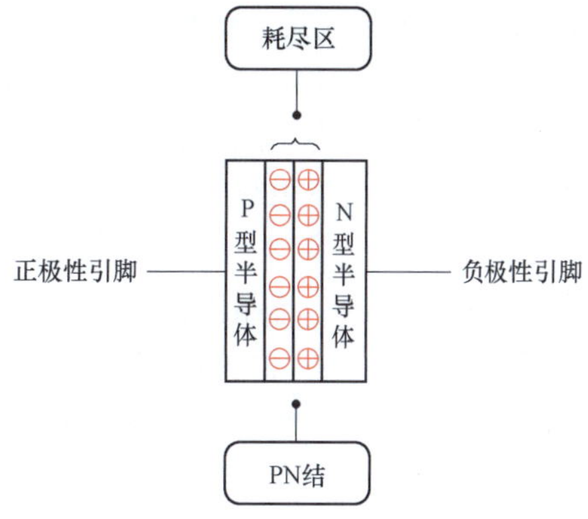

图 1-29　半导体二极管的结构示意图

半导体二极管具有单向导电的特性，其主要参数有以下几项。

(1) 最大整流电流 I_M　它是二极管两端外加正向偏置电压，即二极管正极接正电压、负极接负电压时允许通过二极管的最大正向电流。二极管工作时的正向电流应小于最大整流电流 I_M，否则将导致二极管损坏。

(2) 反向电流 I_{CO}　它是二极管两端外加反向偏置电压，即二极管正极接负电压、负极接正电压时通过二极管的电流。I_{CO}大小反映二极管单向导电性能，I_{CO}越大，二极管单向导电性能越差。

(3) 反向击穿电压 U_M　它是给二极管外加反向偏置电压时使二极管击穿的电压。二极管工作时其反向工作电压应小于反向击穿电压 U_M，通常二极管的最大反向工作电压 $U_{RM} \approx 1/2U_M$。

2. 半导体晶体管的结构和参数

半导体晶体管是由两个 PN 结（发射结和集电结）、三个极（发射极 E、基极 B、集电极 C），加上表面氧化物保护层和相应的电极引脚及管壳所组成的。晶体管中集电极与基极之间的 PN 结称为集电结，发射极与基极之间的 PN 结称为发射结。晶体管有 NPN 型和 PNP 型两种类型。图 1-30 为 NPN 型晶体管的结构示意图。

半导体晶体管具有电流放大作用的特性，其主要参数有以下几项。

(1) 直流电流放大倍数 $\bar{\beta}$　它是晶体管集电极的直流电流 I_C 与基极直流电流 I_B 的比值。

(2) 交流电流放大倍数 β　它是集电极交流电流 i_C 与基极交流电流 i_B 的比值。通常 β 值在 20~100 之间，若 β 太小，则晶体管的电流放大作用差；若 β 太大，则晶体管的性能不稳定。对于同一只晶体管，其直流电流放大倍数 $\bar{\beta}$ 要比交流电流放大倍数 β 小一些。

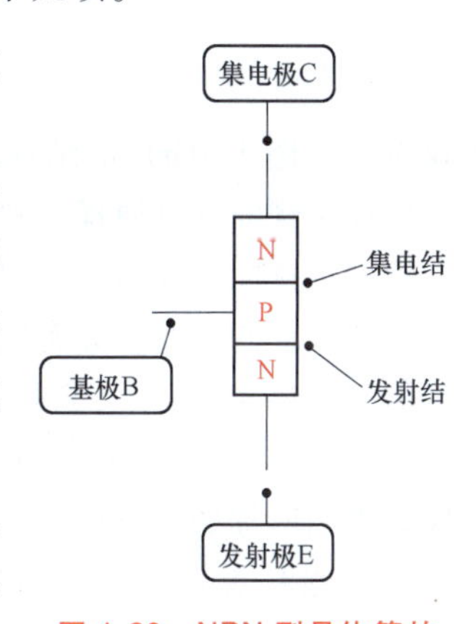

图 1-30　NPN 型晶体管的结构示意图

(3) 集电极反向截止电流 I_{CBO}　它是在发射极断路情况下，给集电结外加规定的反向偏置电压时，集电极的电流。I_{CBO}的大小标志着晶体管的质量，I_{CBO}值小，晶体管质量好。例如室温下，小功率锗管的 $I_{CBO} \approx 10\mu A$；小功率硅管的

$I_{CBO}<1\mu A$。

（4）集电极—发射极反向截止电流 I_{CEO}　又称穿透电流。它是在基极断路情况下，给发射结外加正向偏置电压，给集电结外加反向偏置电压时，集电极的电流。

I_{CEO}与I_{CBO}存在下列关系

$$I_{CEO}=(\beta+1)I_{CBO}$$

式中，β为交流电流放大倍数。

（5）集电极最大允许电流 I_{CM}　它是晶体管参数变化不超过允许值时，集电极的最大电流。当集电极电流 $I_C>I_{CM}$时，晶体管的参数开始退化，特别是交流电流放大倍数β将下降，使晶体管电流放大作用减小。

（6）集电极—发射极击穿电压 U_{CEM}　它是晶体管基极断路时，加在集电极与发射极之间的最大允许电压。若晶体管工作时的 $U_{CE}>U_{CEM}$，将导致晶体管击穿损坏。

（7）集电极最大允许耗散功率 P_{CM}　它是晶体管因受热而引起的参数变化不超过规定的允许值时，集电极所消耗的最大功率。集电极最大允许耗散功率 P_{CM}、集电极电流 I_C、集电极—发射极间电压 U_{CE}有如下关系

$$P_{CM}=I_C U_{CE}$$

3. 场效应管的结构和参数

场效应管是由两个 PN 结和一个导电沟道，三个极（源极 S、漏极 D、栅极 G），加上氧化物保护层和相应的电极引脚及管壳所组成的。场效应管按其结构分为结型场效应管、绝缘栅场效应管和薄膜场效应管。图 1-31 是 N 沟道结型场效应管（图 1-31a）和 N 沟道绝缘栅

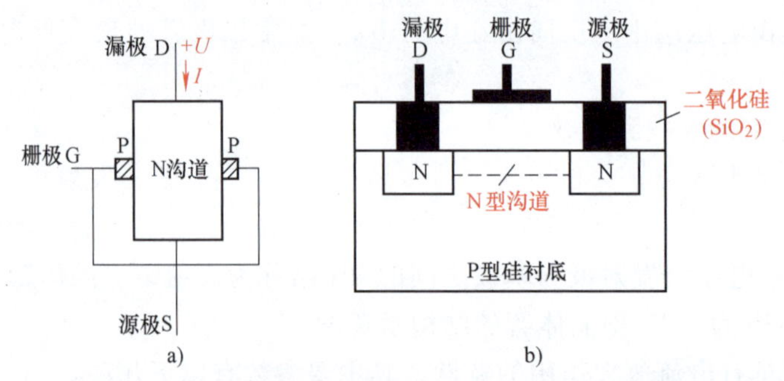

图 1-31　N 沟道结型场效应管 a）和 N 沟道绝缘栅场效应管 b）的结构示意图

场效应管（图 1-31b）的结构示意图。

场效应管的导电原理是利用外加电压使器件内部电场变化引起导电沟道变化，从而改变管子的导电特性。因而场效应管是由电压控制的器件，而二极管、晶体管是由电流控制的器件。场效应管的主要参数有以下几项。

（1）夹断电压 U_P　它是在场效应管漏极 D 和源极 S 之间电压 U_{DS}为某一固定数值的条件下，使漏极 D 和源极 S 之间电流 I_{DS}等于一个微小电流（如 1μA、10μA）时，栅极 G 和源极 S 之间所加的偏置电压 U_{GS}。

（2）饱和漏电流 I_{DSS}　它是在场效应管源极 S 和栅极 G 短路条件下，漏极 D 和源极 S 之间所加电压 U_{DS}大于夹断电压 U_P 时的沟道电流。

（3）漏源击穿电压 U_{DSM}　它是在增加场效应管漏极 D 和源极 S 之间电压 U_{DS}时，使漏

极电流 I_D 急剧增大时的 U_{DS}。

(4) 栅源击穿电压 U_{GSM}　对于结型场效应管，栅源击穿电压 U_{GSM} 是指反向饱和电流急剧增大时的 U_{GS}；对于绝缘栅场效应管，栅源击穿电压 U_{GSM} 是指二氧化硅绝缘层击穿的 U_{GS}。

(5) 直流输入电阻 R_{GS}　它是在栅极 G 和源极 S 之间所加直流电压与栅极电流之比。R_{GS} 很大，为 $10^8 \sim 10^{15}\Omega$。

(6) 低频跨导 G_M　它是场效应管在漏源电压 U_{DS} 为规定值时，漏极电流变化量 ΔI_D 与引起这个变化的栅源电压变化量 ΔU_{GS} 之比。低频跨导 G_M 是衡量场效应管栅源电压对漏极电流控制能力强弱的一个重要参数。

(7) 最大耗散功率 P_{DSM}　它是场效应管性能不变坏时所允许的最大漏源耗散功率。使用时，场效应管的实际耗散功率应小于 P_{DSM}。

(8) 最小漏源电流 I_{DSM}　它是场效应管正常工作时漏极和源极间所允许通过的最大电流。场效应管的工作电流不应超过 I_{DSM}。

4. 晶体闸流管的结构和参数

晶体闸流管简称晶闸管，过去常称可控硅。晶闸管是由四层半导体 PNPN、三个 PN 结（J_1、J_2、J_3）和三个极（阳极 A、阴极 K、控制极 G），加上氧化物保护层和相应的电极引脚及管壳所组成的。图 1-32 是晶闸管结构示意图。晶闸管也具有单向导电的特性，而且其单向导电是可以控制的，相当于一个可以控制的单方向导电的开关。晶闸管的主要参数有以下几项。

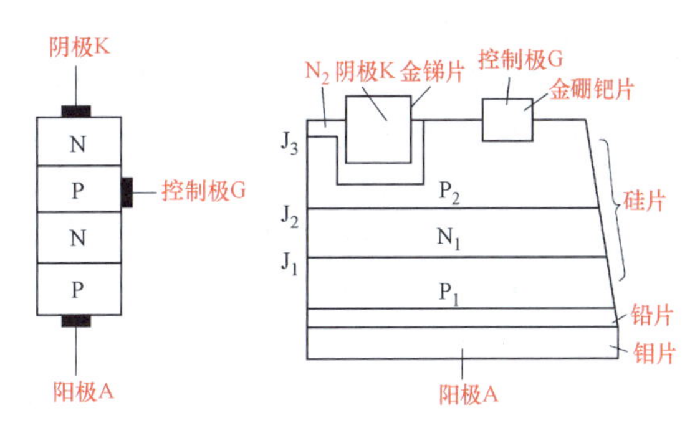

图 1-32　晶闸管结构示意图

(1) 额定正向平均电流 I_F　简称正向电流，它是在规定的环境温度和散热标准下，晶闸管可连续通过的工频正弦半波电流的平均值。

(2) 维持电流 I_H　它是在规定环境温度和控制极 G 断路情况下，维持晶闸管继续导通的最小电流。

(3) 浪涌电流定额 α　它是在一定时间内保证晶闸管不致损坏所允许流过晶闸管的故障电流倍数。

(4) 正向转折电压 U_{BO}　它是控制极断路情况下，晶闸管由截止变为导通状态的最大正向电压。当器件瞬时电压超过正向转折电压时，如果通过的电流过大，会造成器件特性下降，甚至损坏。

(5) 反向击穿电压 U_M　它是给晶闸管阳极 A 和阴极 K 之间加反向电压情况下，使反向电流急剧增大时的反向电压。当器件瞬时电压超过反向击穿电压时即可造成晶闸管永久性损坏。

(6) 正向阻断峰值电压 U_{FDM}　它是在控制极 G 断路，晶闸管处于正向截止状态下，可以重复加在阳极 A 和阴极 K 之间的正向峰值电压。晶闸管的 U_{FDM} 比正向转折电压 U_{BO} 小 100V。

(7) 反向阻断峰值电压 U_{DRM}　它是在控制极 G 断路，晶闸管处于反向截止状态下，可以重复加在阳极A和阴极K之间的反向峰值电压。通常晶闸管的 U_{DRM} 比反向击穿电压 U_M 小100V。

(8) 控制极触发电压 U_G　它是给晶闸管阳极A和阴极K之间加正向电压情况下，使晶闸管从截止转为导通所需要的最小正向电压。

(9) 控制极触发电流 I_G　它是给晶闸管阳极A和阴极K之间加正向电压，使晶闸管从截止转为导通所需要的最小控制极电流。

(10) 擎住电流 I_{La}　它是晶闸管从截止状态变为导通状态的临界电流。I_{La} 是维持电流 I_H 的2~4倍。

5. 集成电路的结构和参数

集成电路是将晶体管、电阻及其连线制造在一块半导体基片上，使其成为一个完整的并具有一定功能的电路。根据在一个一定面积的半导体基片上包含元器件数量的多少（又称集成度），集成电路分为小规模集成电路、中规模集成电路、大规模集成电路和超大规模集成电路。

集成电路包括单片式、多片式和混合型式集成电路。从结构上分析，集成电路都是由芯片（半导体硅芯片上装有构成电路的三极管、场效应管、电阻等元器件及表面钝化层和金属化层）、电极系统（焊接、粘接、键合式）、封装系统（底座、外壳、引脚）三部分组成的。集成电路的主要参数有以下几项。

(1) 静态工作电流　它是在不给集成电路输入信号情况下，电流引脚回路中的电流大小。

(2) 增益　它是集成电路放大器的放大能力。

(3) 最大输出功率　它是信号失真度为一定值（10%）时，集成电路输出引脚所输出信号功率。

(4) 电源电压　它是可以加在集成电路电源引脚与地端引脚之间的直流工作电压极限值。使用中直流工作电压不得超过此值。

(5) 功耗　它是集成电路所能承受的最大耗散功率。

(6) 工作环境温度　集成电路在工作时的最低和最高环境温度。

(7) 储存温度　集成电路在储存时的最低和最高温度。

二、半导体器件的失效方式和机理

失效方式（失效模式）是指能被观察或测量出来的失效现象，如断路（开路）、漏电等；失效机理（或失效原因）是指导致器件失效的物理、化学过程，如电致迁移、腐蚀等，在此过程中器件形状、状态、功能和参数发生变化，从而导致器件失效。下面分别讨论半导体器件基本失效方式和机理。

1. 半导体器件基本失效方式

(1) 参数退化　它是半导体器件最主要的失效方式。其原因是生产制造过程中的工艺缺陷如沾污、腐蚀、表面氧化层厚度不均匀和芯片焊接（粘接）缺陷等，以及使用过程中的过电应力（过电压、过电流、超功率）等均引起半导体器件参数退化，使器件的漏电流增加、电流增益下降、电流放大倍数变小、穿透电流增大、噪声增大、耐压性降低、阈值电压降低、跨导降低等。

(2) 短路　它也是半导体器件经常发生的失效方式。其原因是装配缺陷、沾污、芯

片缺陷、过电应力引起局部热雪崩或二次击穿，以及金属化层熔融等均使器件短路失效。

(3) 断路（开路） 它也是半导体器件的一种失效方式。其原因是内引线应力腐蚀和疲劳断裂、芯片脱落、金属化层断裂、过电应力熔断互连导线、薄膜金属化层蒸发熔断开裂、芯片中PN结短路使内引线或铝互连导线熔断等，均会使器件断路（开路）失效。

(4) 漏电 它也是半导体器件的一种失效方式。其原因是钾、钠离子使器件表面污染和氧化物-硅界面污染、过电压引起氧化物破碎、等离子体加工技术损伤氧化物等均导致半导体器件漏电。

半导体器件的失效方式和机理见表1-6。由表可见，半导体器件的失效方式只有四种，即参数退化、短路、断路（开路）、漏电，而失效机理却多种多样，下面只简要介绍与电应力有关的失效机理。

表1-6 半导体器件的失效方式和机理

失效方式	失效机理(或失效原因)
参数退化	沾污、腐蚀、内部缺陷、氧化层缺陷、金属化层缺陷、芯片焊接(粘接)缺陷、过电应力引起局部雪崩击穿和二次击穿、静电损伤、辐射损伤
短路	装配缺陷、接线布置不良、连接线与金属化层间绝缘损坏、芯片焊接(粘接)材料粘连、过电应力引起局部雪崩击穿和二次击穿、静电损伤、辐射损伤、寄生晶闸管效应、金属化层熔融、双金属层晶须生长、电致迁移、绝缘层(氧化层)中针孔
断路(开路)	内引线电化学腐蚀、应力腐蚀、疲劳断裂、芯片脱落、金属化层断裂、过电应力熔断互连导线、薄膜金属化层蒸发或熔融开裂、PN结短路使内引线或铝互连导线断裂、铝金属膜电致迁移断裂
漏电	表面钾、钠离子污染，氧化物-硅界面处钾、钠离子污染，绝缘层(氧化物层)中针孔，过电压引起氧化物层破碎，过电流引起金属层熔化隆起，密封不严，受潮，封入气体不纯

2. 半导体器件典型失效机理

(1) 二次击穿失效机理 二次击穿是相对于一次击穿而言。一次击穿是当外加反向电压超过晶体管的击穿电压时器件所发生的雪崩击穿，此时通过结区的反向电流急剧增加，器件内阻趋近于零。如果继续增大外加反向电压，则反向电流继续加大，当反向电流达到一定值后，器件两端反向电压急剧降低并过渡到低压大电流状态，这种现象称为二次击穿。二次击穿除使器件参数退化失效外，还由于产生大电流集中现象，使器件发射区局部温度急剧升高，导致发射极-集电极之间局部金属铝熔化而使电极连通，造成短路失效。

(2) 电致迁移失效机理 半导体器件的金属化层大多是金属铝薄膜，其厚度约为1μm，宽度约为0.18~1.0μm。当在强电流密度作用下，金属薄膜中的铝离子和电子向正偏压端移动，而在原铝离子处相应产生的空位则向负偏压端移动，这些铝离子和空位移动的结果，使金属铝原子在正偏压端堆积成小丘或晶须，而在负偏压端由于空位聚集而形成空洞，这种现象称为电致迁移。电致迁移结果引起金属铝薄膜厚度变得很小，或者空洞沿晶界聚集形成连续小条穿透金属铝薄膜时，导致铝薄膜断裂而发生断路失效。而在金属铝薄膜表面形成的小丘和晶须将会导致短路失效。

另外，铝金属薄膜中的纵向电致迁移还会造成器件发射结、集电结短路。例如在超功率、强电流条件下工作或在静电放电、电磁脉冲冲击下，金属铝薄膜与半导体硅接触的界面处发生铝、硅原子的互扩散。Si不断向Al中扩散而远离Al-Si界面并向Al表面迁移，与此同时Al也向Si中扩散，由于柯肯达尔（Kirkendall）效应，在Si中留下大量空位并聚合成空洞，其结果使 Si 中形成渗透坑，甚至可穿透 PN 结，造成短路失效，如图 1-33 所示。

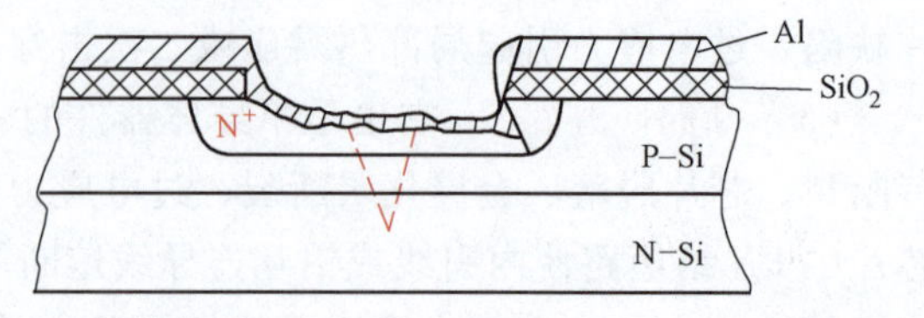

图 1-33 Si 中渗透坑引起 PN 结短路示意图

（3）CMOS 电路寄生晶闸管效应失效机理　CMOS 电路是一种互补型金属-氧化物场效应管集成电路，广泛应用于各种数字电路中，从简单的电子装置直到高可靠的航空航天装置都离不开它。但是传统工艺所制作出来的体硅结构的 CMOS 电路却存在一个潜在弊端，即寄生晶闸管（SCR）效应。下面以集成电路的基本单元 CMOS 反相器为例来分析这种效应的机理及其危害。

图 1-34a 是 CMOS 反相器的原理图。电路中驱动管 T_1 是 NMOS 场效应管，负载管 T_2 是 PMOS 场效应管。它们的栅极相连作为反相器的输入；漏极相连作为反相器的输出。T_2 的源极接至正电源 U_{DD}，T_1 的源极接至电源的负端，且使电源电压 $U_{DD} \geqslant$ 两管开启电压绝对值之和。当输入电压 $U_I=0$，T_1 截止，T_2 导通，输出电压 $U_O=U_{DD}$；当 $U_I=U_{DD}$，T_1 导通，T_2 截止，$U_O=0$。故该电路的反相功能实现逻辑非运算。

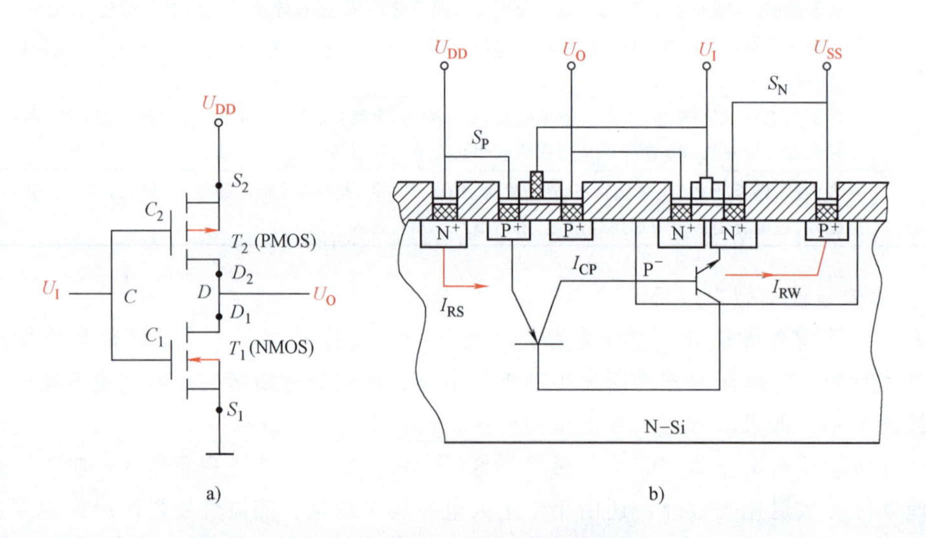

图 1-34 CMOS 反相器
a）原理图 b）结构断面图

图 1-34b 是 CMOS 反相器的结构断面图。由图可以看出，反相器的 PMOS 场效应管制作在 N 型 Si 衬底上，而 NMOS 场效应管制作在 P 阱中（P 阱是在 N 型 Si 衬底上用离子注入技术特意制作的局部 P 型 Si 材料）。在上述结构中，除 PMOS 场效应管和 NMOS 场效应管外，还存在两个由衬底、阱和源极所构成的寄生三极管 NPN（在图中呈纵向排列）和 PNP（在图中呈横向排列）。显然，这是一种 PNPN 形式的晶闸管结构。若该晶闸管被触发导通，将会在 CMOS 内产生一个低压大电流，此现象称为 CMOS 内的寄生晶闸管效应，也称闭锁效应。在正常情况下，这种寄生晶闸管是不会被触发导通的。但是，来自输入端、输出端和电源端的干扰信号以及辐射和静电效应，就可能使这个寄生晶闸管触发导通，导致上述寄生晶闸管效应发生，即在 CMOS 集成电路中产生低压大电流，导致短路失效，从而引发电路逻辑功能紊乱，甚至造成器件永久性的破坏。

(4) 离子污染失效机理　半导体的玻璃层即介电层（SiO_2）中常含有随机分布的污染物如钠离子（用“+”号表示），如图 1-35a 所示。在 PN 结反向偏置时形成过渡区，即耗尽区，P 侧相对于 N 侧为负偏压，故带正电的钠离子向介电层（SiO_2）和 P 型硅之间的界面迁移，产生局部高浓度的钠离子（图 1-35b），它将 P 型硅中的次要负离子载体吸引到介电层下方的局部区域，形成局部 N 型硅区（图 1-35c），这一区域称为倒转区。此时，即使在金属敷镀层中去除偏压，半导体也将导电，造成表面漏电。

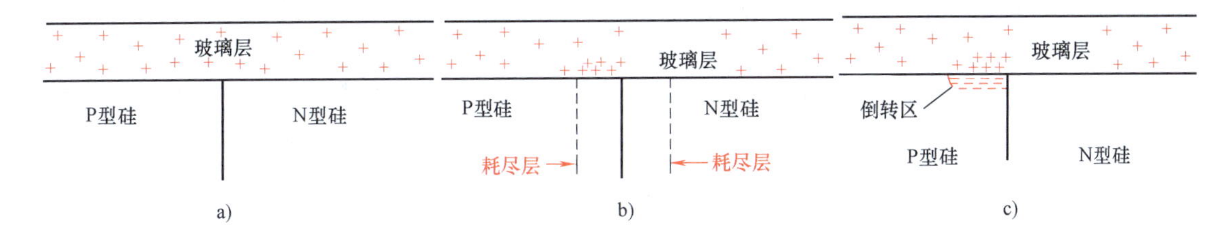

图 1-35　离子污染引发 PN 结耗尽区倒转示意图

a）玻璃层中随机分布的钠离子“+”　b）钠离子“+”在玻璃层与 P 型硅的界面处聚集

c）钠离子聚集区下方的倒转区

(5) 静电损伤失效机理　静电损伤是积累的静电电压（100V~20kV）通过低电阻的集成电路对地快速（≤1ms）放电所致。在日常生活中经常会遇到带静电的物体如人体、头发、毛衣、灰尘等。如果这些带电体与器件接触，就可能通过器件的金属导体（如管壳、管脚）放电。所产生的高压放电会使电介质击穿，损坏器件绝缘层，例如氧化物闸门，还会熔断多晶硅电阻，局部熔化硅片等，造成短路失效。此外，器件因静电损伤引起 PN 结短路，使反向漏电流增大，产生焦耳热，导致局部温度升高，加速铝向硅中的扩散形成铝钉，造成栅极漏电甚至短路，严重者熔断铝条，烧毁输入端金属化层互连线，造成断路失效，甚至引发寄生晶闸管效应。

三、影响半导体器件失效的因素

1. 材料本质

半导体的掺杂浓度、钝化层（氧化物层）的厚度和致密度、金属镀层的厚度和致密度直接影响器件的导电性能。尤其是材料中的晶体缺陷，如间隙原子、空位、位错等为原子迁移提供了通道，使绝缘层（氧化物层）中易形成空洞，增加了通过氧化物的漏电或使硅基片电阻增加，使器件导电性降低和参数不稳定；空位沿金属薄膜的晶界聚集成空洞，导致金属薄膜断裂，引起器件断路失效；另外，晶体管中磷原子从外延集电区沿位错扩散，引起集电极—发射结短路。

2. 加工制造质量

加工制造和装配过程中产生的台阶、划伤刻痕、腐蚀坑、表面污染（离子污染、粉尘污染、湿气）、氧化物裂纹、粘接裂纹、内应力等均加速内引线和外引线断裂、金属薄膜断裂、氧化物层开裂，从而导致器件断路、短路和漏电失效。

3. 工作环境

高温、过电应力（过电流、过电压、超功率）和静电放电会引起器件 PN 结短路、晶体管雪崩击穿和二次击穿及电致迁移、寄生晶闸管效应等过程发生，导致器件参数退化、短路、断路和漏电失效。

另外，辐射会严重损伤器件。例如，中子在半导体内产生位移效应，直接影响半导体特性，使器件电流增益下降、饱和压降增加、漏电流增加、跨导降低、噪声增大等；γ射线在半导体器件的表面钝化层内产生电离效应，引起表面复合电流和沟道电流，造成器件表面漏电或短路失效；瞬间γ射线在反向偏置半导体PN结中产生瞬时光电流，可能触发寄生晶闸管（PNPN）效应，损坏器件；核电磁脉冲会在器件中产生极强的感应电流，使半导体PN结局部高温而出现击穿或使绝缘层中产生针孔，导致器件漏电和短路失效。

由上面讨论可知，提高材料纯净度，减少晶体缺陷；提高加工制造精确度，减少加工缺陷；改善工作环境，降低工作温度，控制工作电流、电压和功率，消除静电源，采取屏蔽措施防辐射等，均有利于提高半导体器件的使用寿命，防止早期失效。

习题与思考题

1. 何谓失效？零件失效方式有哪些？

2. 静载性能指标有哪些？说明它们各自的含义。

3. 过量弹性变形、过量塑性变形而失效的原因是什么？如何预防？

4. 何谓韧性断裂和脆性断裂？影响脆性断裂的因素有哪些？

5. 何谓冲击韧性？如何根据冲击韧性来判断材料的低温脆性倾向？

6. 何谓断裂韧性？如何根据材料的断裂韧度 K_{IC}、零件的工作应力 σ 和零件中裂纹半长度 a 来判断零件是否会发生低应力脆断？

7. 压力容器钢的 $R_{p0.2}=1000\text{MPa}$，$K_{\mathrm{IC}}=170\text{MPa}\cdot\text{m}^{1/2}$；铝合金的 $R_{p0.2}=400\text{MPa}$，$K_{\mathrm{IC}}=25\ \text{MPa}\cdot\text{m}^{1/2}$。试问这两种材料制作压力容器时发生低应力脆断时裂纹的临界尺寸各是多少（设裂纹的几何形状因子 $Y=\sqrt{\pi}$）？何者更适宜做压力容器？

8. 说明典型疲劳断口的特征。如何根据疲劳断口形态大致判断：①循环应力大小；②应力循环周次多少；③应力集中程度大小。

9. 疲劳抗力指标有哪些？影响疲劳抗力的因素有哪些？

10. 磨损失效类型有几种？如何防止零件的各类磨损失效？

11. 腐蚀失效类型有几种？如何防止零件的各类腐蚀失效？

12. 何谓蠕变极限和持久强度？零件在高温下的失效形式有哪些？如何防止？

13. 有一根轴向尺寸很大的轴，在500℃温度下工作，承受交变扭转载荷和交变弯曲载荷，轴颈处承受摩擦力和接触压应力，试分析此轴的失效形式可能有哪几种？设计时需要考核哪几个力学性能指标？

14. 试述半导体二极管、半导体晶体管、场效应管、晶闸管、集成电路的结构和参数。

15. 简述半导体器件的基本失效方式及其原因。

16. 过电应力（过电流、过电压、超功率）会引起何种失效？其机理是什么？

17. 简述二次击穿失效机理、电致迁移失效机理、寄生晶闸管失效机理、离子污染失效机理、静电损伤失效机理。

18. 影响半导体器件失效的因素有哪些？

Chapter 2

第二章 碳钢

碳钢是一种以铁、碳两种元素为主要成分的合金。由于它具有良好的力学性能和加工性能，是机械制造工业中应用最广泛的一种金属材料。碳钢的这种优良性能是由其内部组织结构决定的，而组织结构又随成分和加工工艺条件的变化而改变。本章将在讨论纯铁的组织和性能的基础上详细分析铁碳合金的成分、组织和性能之间的关系，以及杂质元素和压力加工对碳钢组织和性能的影响。

第一节 纯铁的组织和性能

一、纯铁的结晶

1. 过冷现象和过冷度

物质从液体转变为晶体的过程称为结晶。每一种物质都有一定的平衡结晶温度或称理论结晶温度 T_0。所谓平衡结晶温度是指液体的结晶速度与晶体的熔化速度相等时的温度，在此温度下液体与固体共存，达到可逆平衡。但实际上，液体温度达到 T_0 时并不能进行结晶，而必须在平衡结晶温度 T_0 以下的某一温度 T_n 时才开始结晶，T_n 称为实际开始结晶温度。在实际结晶过程中，T_n 总是低于 T_0，这种现象称为过冷现象，两者之间的温度差 $\Delta T=T_0-T_n$ 称为过冷度，过冷度可以由热分析法测得。图 2-1 为用热分析法测出的纯铁结晶时的冷却曲线。由图可见，液态纯铁冷却至 T_0（1539℃）时并不结晶，只有冷却到 T_n 时才开始结晶。但由于结晶时放出结晶潜热，补偿了它向外逸散的热量，故使温度稍有回升，并在冷却曲线上出现了低于 T_0 的“平台”，平台温度为 1538℃，这时结晶在恒温下进行，直至熔液结晶完毕，随后在固态下温度又继续下降。实验表明，过冷度不是一个恒定值，它随物质的性质、纯度以及结晶前液体的冷却速度等因素而改变。对于同一种物质，冷却速度越大，T_n 越低，则过冷越大，冷却曲线上平台温度与平衡结晶温度 T_0 间的温度差越大，如图 2-2 所示。在非常缓慢的冷却条件下，过冷度极小，可以把平台温度近似看作平衡结晶温度。

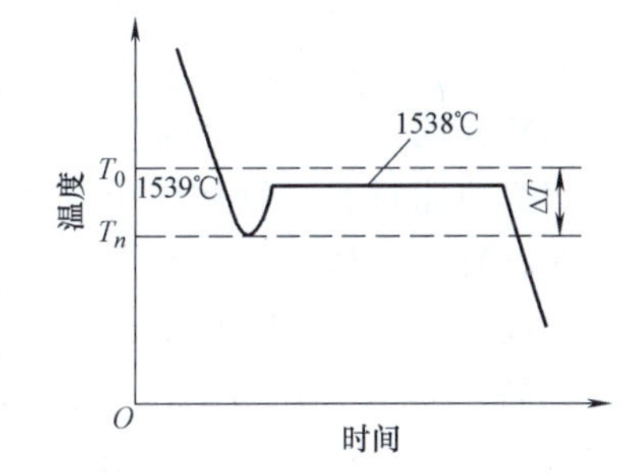

图 2-1 纯铁的冷却曲线（部分）

应当指出，过冷度是一切物质结晶的必要条件，这可以从热力学得到解释。热力学定律指出，自然界的一切自发转变过程总是从其能量较高的状态趋向能量较低的状态。对于同一

物质的液体与固体，由于状态不同，它们在不同温度下具有不同自由能。所谓自由能是物质能够对外作功的能量。图 2-3 示意地表示了液体与固体自由能随温度的变化曲线。由于液体中原子排列的规则性比固体差得多，其自由能随温度变化的曲线比固体陡，两条曲线必有一交点，在该交点上，液体和固体的自由能恰好相等，液体和固体处于可逆平衡状态，该点所对应的温度 T_0 就是平衡结晶温度。在低于 T_0 的温度范围内，固体的自由能低于液体的自由能，液体便自发结晶为固体，液体与固体间的自由能差为结晶驱动力。因此，欲使液体结晶，就必须具有一定过冷度 $\Delta T = T_0 - T_n$，以提供结晶驱动力 $\Delta F = F_{液} - F_{固}$。任何物质结晶时，液体的冷却速度越大，过冷度 ΔT 越大，液体与固体间的自由能差 ΔF 越大，即结晶的驱动力越大，则结晶倾向越大。

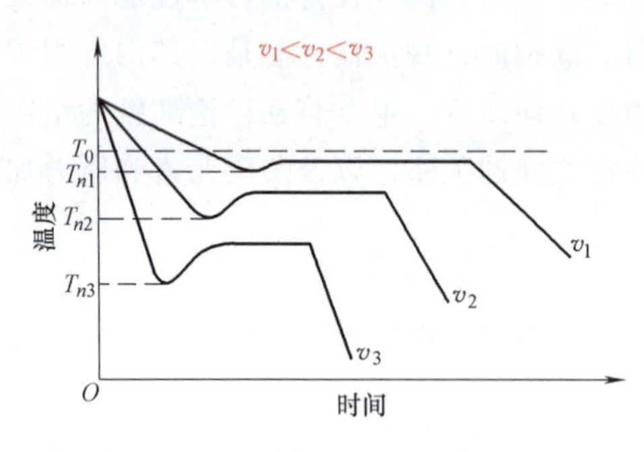

图 2-2 不同冷却速度下的冷却曲线

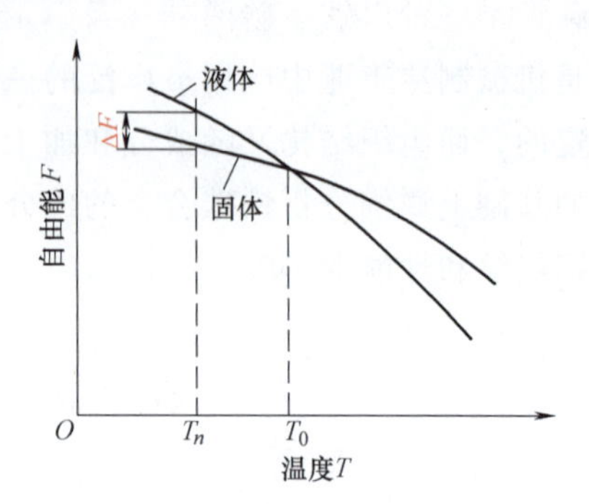

图 2-3 液体和固体自由能随温度的变化

2. 结晶过程——形核与长大

液态纯铁在冷却到 T_n 以后，是怎样进行结晶的呢？实验观察表明，结晶开始后，先自液体中产生一些稳定的微小晶体，称为晶核，然后这些晶核不断地长大，同时在液体中又不断地产生新的稳定晶核并长大，直到全部液体结晶为固体为止，最后形成由许多外形不规则的晶粒所组成的多晶体，如图 2-4 所示。这个形核和长大的过程是一切物质进行结晶的普遍规律。多晶体中一个晶粒是由一个晶核长成的，相邻晶粒之间的界面称为晶界。若一块晶体只由一个晶核长成，只有一个晶粒，称之为单晶体。单晶体一般只作为功能材料，例如作半导体的单晶硅等。实际使用的金属材料通常都是多晶体。结晶时的冷却速度越大，过冷度越大，晶核越多，晶粒越细；材料的纯度越低，增加了人工晶核数，故晶核越多，晶粒越细。金属材料的晶粒越细小，其强度越高，塑性、韧性越好。人们常采取各种工艺措施来细化金属的晶粒。例如在铸造生产中常采用的方法有两种：①把砂型铸模改为金属型铸模以增大过冷度；②在浇注前向金属熔液中添加其他杂质元素作为人工晶核，这种方法称为变质处理或孕育处理。

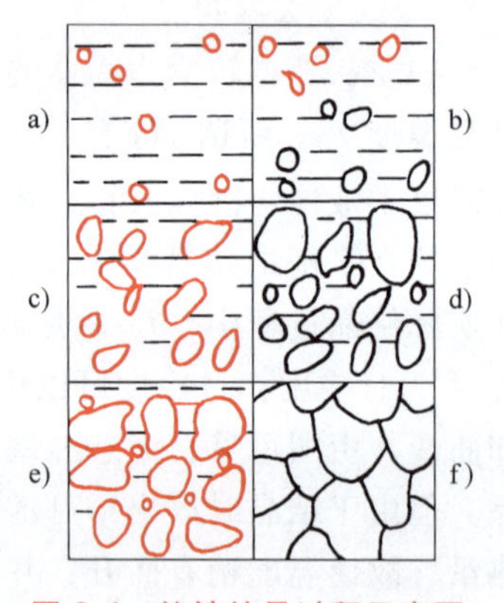

图 2-4 纯铁结晶过程示意图

二、纯铁的晶体结构

1. 晶体结构的基本概念

由上面的讨论可见，纯铁结晶完成后其显微组织是由许多小晶粒组成的，如图 2-5a 所

示。每个小晶粒就是一个小晶体。所谓晶体是指其原子（离子或分子）在空间呈规则排列的物体（图 2-5b）。晶体中原子（离子或分子）在空间的具体排列就称为晶体结构。为了便于讨论，把原子（离子或分子）抽象为规则排列于空间的几何点，称为阵点或结点。结点在空间的排列方式称为空间点阵，简称点阵。点阵中的结点所组成的平面代表晶体中的原子平面，称为晶面。点阵中的结点按直线排列代表晶体中的原子列，称为晶向。把点阵中的结点用一系列平行直线连接起来构成空间格子称为晶格（图 2-5c）。构成晶格的最基本单元称为晶胞（图 2-5d）。由于晶体中原子重复排列的规律性，可以用晶胞来描述其排列特征。晶胞的棱边长度 a、b、c 和棱间夹角 α、β、γ 是衡量晶胞大小和形状的六个参数，其中 a、b、c 称为晶格常数或点阵常数，其大小为 Å 量级（$1Å = 10^{-8}$cm）。若 $a = b = c$，$\alpha = \beta = \gamma = 90°$，这种晶胞称为立方晶胞（图 2-5e）。晶体结构类型很多，但金属中常见的晶体结构共有三种：体心立方结构，具有此类结构的金属有 α-Fe、δ-Fe、Cr、Mo、W、V 等；面心立方结构，具有此类结构的金属有 γ-Fe、Al、Cu、Ag、Au、Ni、Pb 等；密排六方结构，具有此类结构的金属有 Be、Mg、Zn、Cd 等。图 2-6 是这三种晶体结构的晶胞示意图。金属中原子结

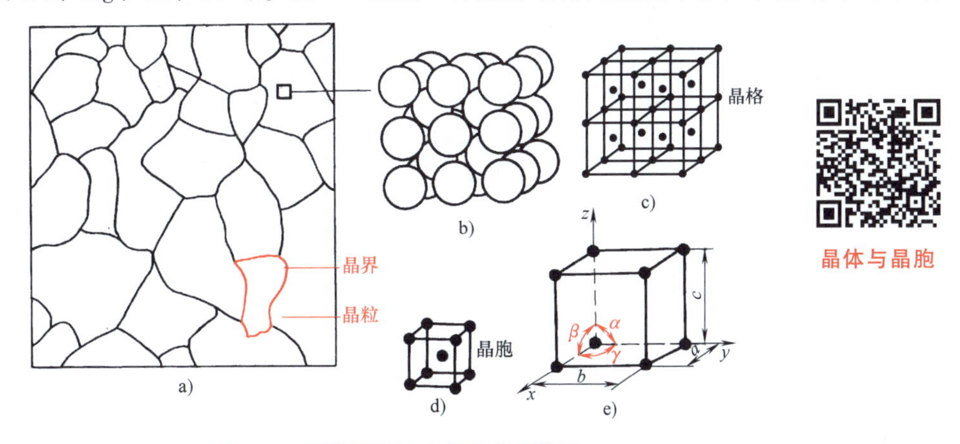

图 2-5　纯铁晶粒的内部结构示意图

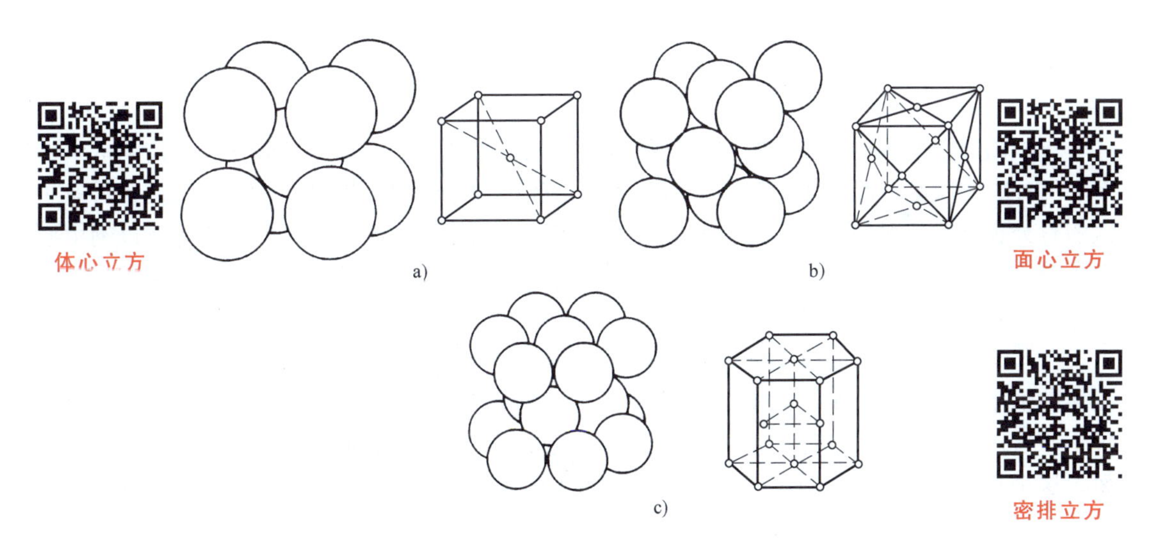

图 2-6　三种常见的金属晶胞

a）体心立方晶胞　b）面心立方晶胞　c）密排六方晶胞

构及原子间结合键的类型决定了晶胞类型和晶格常数，因而各种金属表现出不同的物理、化学及力学性能。例如面心立方结构的金属的塑性变形能力最好，可以加工成极薄的金属箔，体心立方结构的金属的塑性变形能力次之，密排六方结构的金属的塑性变形能力较差。

应当注意，对于单晶体，它是由一个晶粒组成，其晶格位向完全一致（图2-7a），但由于其不同晶面和晶向上的原子排列情况不同，故其在不同方向上的性能不同，称之为各向异性。对于多晶体，它是由许多晶粒组成，每个晶粒的内部，晶格位向完全一致，而各个晶粒之间，彼此的位向各不相同（图 2-7b），其性能是各个晶粒性能的统计平均值，故其在各个方向上的性能大致相同，称之为伪各向同性。例如纯铁的弹性模量，若为单晶体，其沿晶胞空间对角线方向的数值为，290000MPa，而沿晶胞棱边方向的数值为 135000MPa；若为多晶体，无论从哪个部位取样，所测得的数值均在 210000MPa 左右。

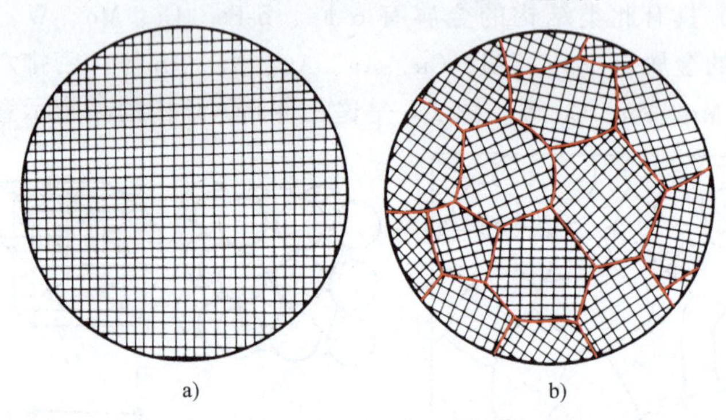

图 2-7 金属单晶体 a）和多晶体 b）结构示意图

2. 晶体缺陷的基本概念

上面讨论晶体结构时是把原子看作绝对有规则地排列的，但在实际晶体中，由于热运动以及结晶条件或冷、热加工工艺等因素的影响，在实际晶体中会出现许多原子排列不规则的区域，称为晶体缺陷。按照晶体中原子排列不规则区域的尺寸大小，将晶体缺陷分为点缺陷、线缺陷和面缺陷。

（1）点缺陷 即原子排列不规则区域在空间三个方向上尺寸都很小，如空位、间隙原子、杂质原子（图 2-8）。

点缺陷周围的晶格会发生畸变，使材料的性能发生变化，例如，屈服强度提高和电阻增大。另外，点缺陷在晶体中的移动还为原子在晶体中的移动即扩散过程创造了条件，这对于钢的热处理有着重要的意义，因为钢的退火、正火、回火、表面化学热处理等都是以钢中原子扩散为基础的。

（2）线缺陷 即原子排列不规则区域在空间一个方向上尺寸很大，而在其余两个方向上尺寸很小，例如位错。图 2-9 为位错的一种——刃型位错。由图可见，在切应力作用下，晶体的上半部相对于下半部发生了局部滑动，称为滑移。左边是未滑移区，而右边是已滑移区，原子向左移动了一个原子间距。在已滑移区和未滑移区之间出现了一个多余的半原子面，这个多余半原子面的边缘便为位错线（图中虚线）。多余半原子面的边缘好像插入晶体中的一把刀的刃口，故称为刃型位错。

通常把位错线视为晶体中已滑移区与未滑移区的交界线。晶体受力后，其滑移方式不同，可形成不同类型的位错。实际晶体中存在大量的位错，一般用位错密度（晶体中单位

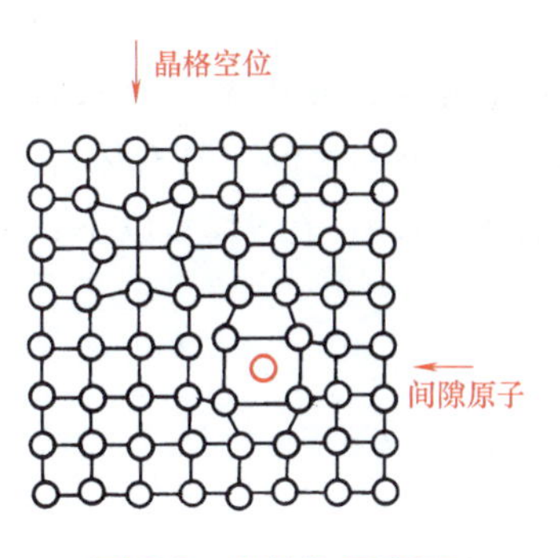

图 2-8　点缺陷示意图

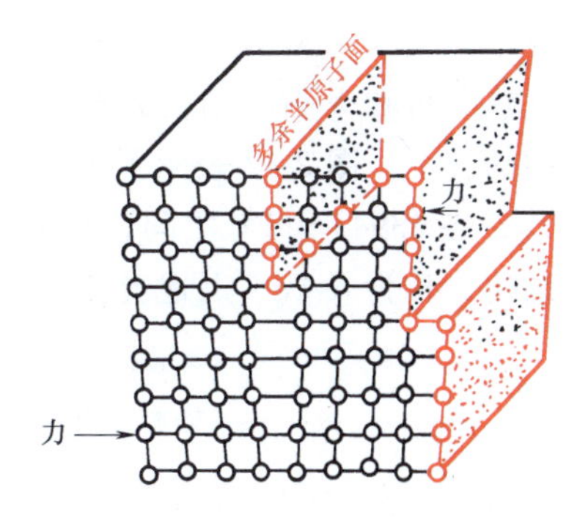

图 2-9　刃型位错示意图

体积内位错线的总长度或单位面积上位错线的根数，单位为 cm^{-2}）来度量位错的多少。

位错线附近的原子偏离了原来的平衡位置，使晶格发生畸变，对晶体的性能有显著影响。研究表明，晶体的强度与位错密度存在对应关系，如图 2-10 所示。由图可见，当位错密度很低时，晶体的强度很高。例如金属晶须，其原子排列接近理想晶体，它的强度可接近理想晶体强度，即理论强度。当位错密度很高时，晶体的强度也很高。剧烈冷加工变形可使位错密度增加到 $10^{11}\sim10^{12}cm^{-2}$，使晶体的强度大大提高，这是提高材料强度的有效途径。例如，剧烈冷拉变形可使高强度钢丝的位错密度增加到 10^{13} cm^{-2}，其抗拉强度可达 3000MPa。

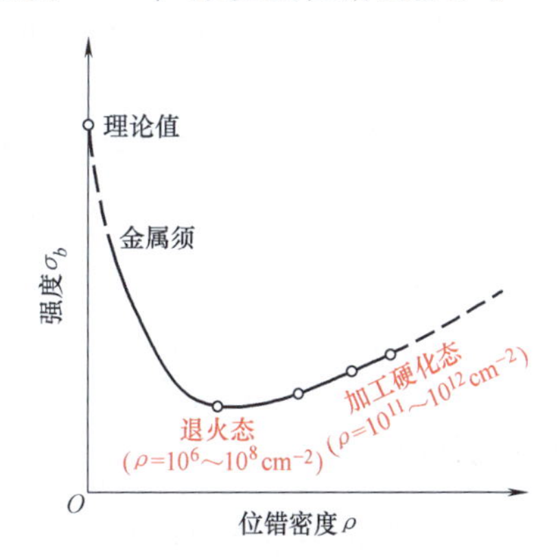

图 2-10　金属的屈服强度与其中位错密度的关系

（3）面缺陷　即原子排列不规则的区域在空间两个方向上的尺寸很大，而另一个方向上尺寸很小。例如晶界、亚晶界，如图 2-11 所示。

如前所述，晶界是相邻晶粒之间的界面，其结构如图 2-11a 所示。X 射线衍射实验发现，在每一个晶粒内，原子排列的位向也不是完全一致的。这样，一个晶粒实际上又是由一些位向差（角度）只有几分到几度的小晶块组成，这种小晶块称为亚晶粒。亚晶粒的边界称为亚晶界，它是由一系列刃型位错组成的位错墙，如图 2-11b 所示。由图可见，晶界、亚晶界处的原子偏离其平衡位置，晶格发生畸变，因而晶体各种性能发生变化。例如，前面所说的，材料的晶粒越细，晶界越多，其强度也越高。说明晶界可显著提高强度。通过细化晶粒而使材料强度提高的方法称为细晶强化，它是提高材料强度的一种途径。但是，晶界在高温下易氧化和流动，在腐蚀介质中易受侵蚀，故在上述条件下使用的材料宜为粗晶粒。

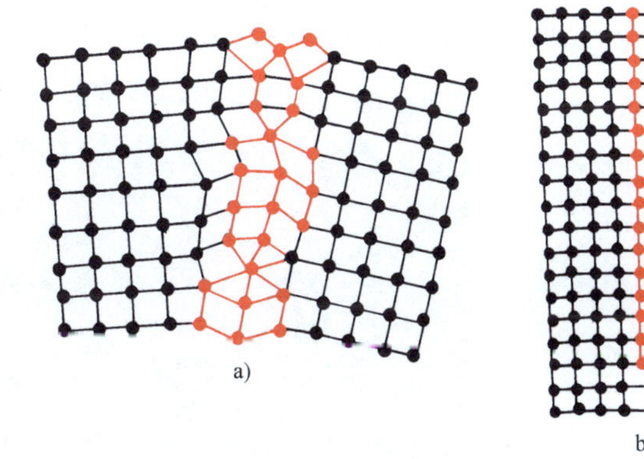

图 2-11　晶界 a) 及亚晶界 b) 的示意图

3. 纯铁的晶体结构及同素异构转变

通过热分析和 X 射线结构分析，已证实纯铁在结晶完成后，在固态下冷却时还有两次晶体结构的转变。图 2-12 表示了这一转变过程。在熔点至 1394℃之间，具有体心立方结构，称为 δ-Fe；在 1394~912℃之间，具有面心立方结构，称为 γ-Fe；在 912℃以下，又具有体心立方结构，称为 α-Fe。上述转变可表示为

$$\underset{\text{体心立方}}{\delta\text{-Fe}} \underset{}{\overset{1394℃}{\rightleftharpoons}} \underset{\text{面心立方}}{\gamma\text{-Fe}} \overset{912℃}{\rightleftharpoons} \underset{\text{体心立方}}{\alpha\text{-Fe}}$$

这种同一元素在固态下随温度变化而发生的晶体结构的转变，称为同素异构转变。此转变同样需要经过形核和长大两个过程。它是固态转变的一种基本类型，许多金属元素如 Sn、Mn、Fe、Co、Ti 等都具有这种转变。

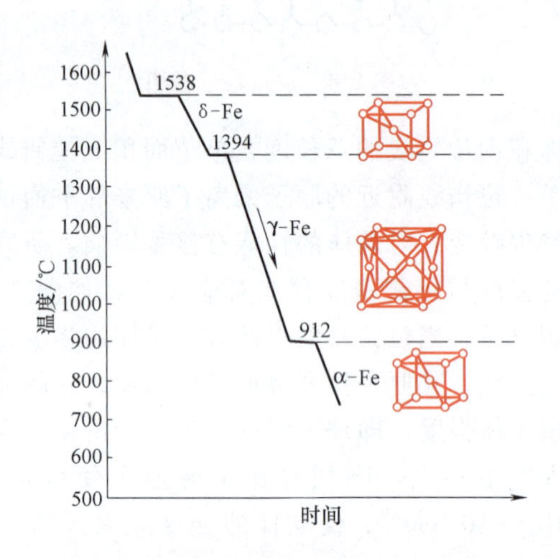

图 2-12　纯铁的冷却曲线及晶体结构变化

分析纯铁的同素异构转变，对于钢铁的热处理是十分重要的。因为 γ-Fe ⇌ α-Fe 的转变和由此引起的溶碳能力的不同，才使钢铁材料在加热和冷却过程中发生组织转变，从而改变其性能。此外，γ-Fe 和 α-Fe 具有不同性能，也是研究特殊性能钢的基础。

三、工业纯铁的组织和性能

含有少量杂质的纯铁称为工业纯铁，室温下为 α-Fe，具有体心立方结构，其显微组织是由许多晶粒组成，如图 2-13 所示。一般情况下，工业纯铁的强度很低（$R_{p0.2}$ = 100~170MPa、R_m = 180~230MPa），塑性、韧性很好（A = 30%~50%，Z = 70%~80%，a_K = 160~200J·cm^{-2}）。但冷、热加工工艺不同，纯铁的晶粒

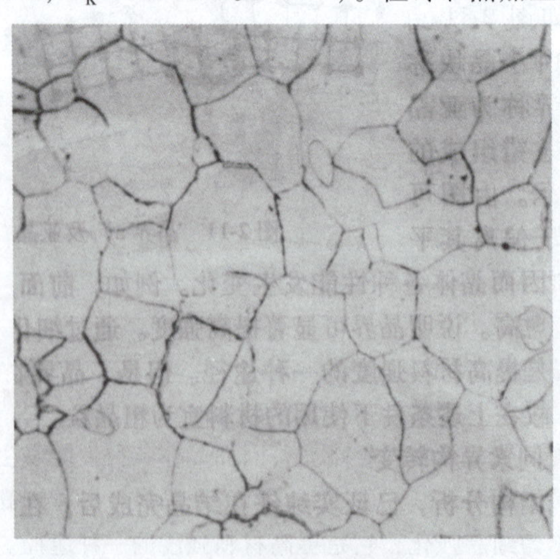

图 2-13　工业纯铁的显微组织×125

形状和大小不同，其性能也不同，如图 2-14 所示。图中晶粒大小用晶粒度表示。生产上我国将晶粒度分为 8 级，国外则分为 14 级，级数越大，晶粒越细。由图可见，纯铁的晶粒越细，屈服强度越高（图 2-14a），韧脆转变温度 T_K 越低（图 2-14b），韧性越好。因此，细化晶粒既可以提高纯铁的强度，又可以增加其塑性、韧性。

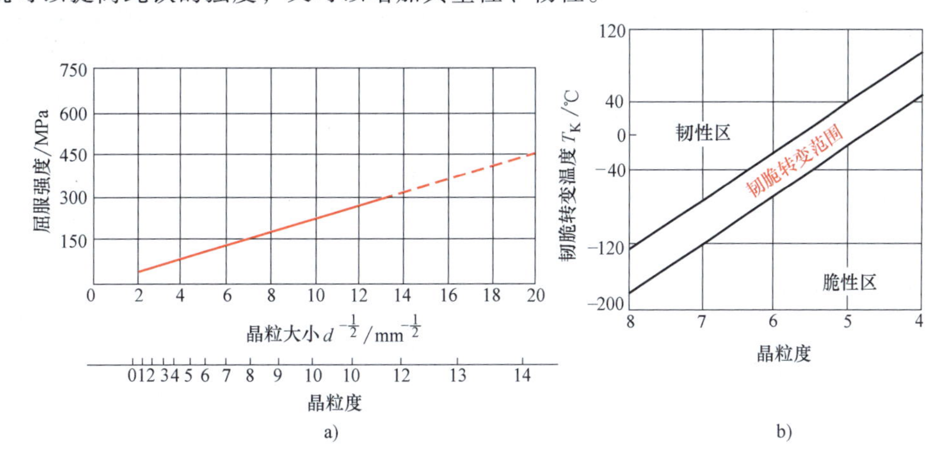

图 2-14　纯铁的屈服强度 a）和韧性 b）与晶粒大小的关系

第二节　铁碳合金中的相和组织组成物

纯铁的强度很低，不能制作受力的零（构）件。若在其中加入少量的碳以后，其硬度和强度可成倍增加（表 2-1）。碳钢就是以铁和碳为主要成分的合金。所谓合金是指通过熔炼、烧结或其他方法，将一种金属元素和其他元素（一种或几种）结合在一起所形成具有金属特性的新物质。要了解碳钢的成分、组织和性能之间的关系，首先必须了解铁和碳的相互作用。

表 2-1　工业纯铁和几种铁碳合金的成分、组织及硬度

材料名称	工业纯铁	w_C 为 0.45%的铁碳合金	w_C 为 0.77%的铁碳合金	w_C 为 1.20%的铁碳合金
组织及相对量φ	100%铁素体	44%铁素体+56%珠光体	100%珠光体	93%珠光体+7%渗碳体
硬度	80HBW	140HBW	180HBW	260HBW

一、铁和碳的相互作用

铁和碳的相互作用表现为两个方面：①形成固溶体（铁素体、奥氏体）；②形成化合物（渗碳体）。下面就它们的形成条件、晶体结构和性能特点分别加以讨论。

1. 铁和碳形成固溶体——铁素体和奥氏体

固溶体是固体溶液，它是溶质原子溶入溶剂中所形成的晶体，保持着溶剂元素的晶体结构。若两种元素的原子直径相差较小，形成固溶体时，溶质原子可以置换溶剂晶体结构中的一部分原子，形成所谓的置换固溶体，如图 2-15a 所示。例如 Mn、Si、Cr、Ni 等原子溶于铁中时，它们都置换铁晶体结构中一部分 Fe 原子的位置，形成置换固溶体。若两种元素的原子直径相差很大，形成固溶体时，溶质原子处于溶剂晶体结构的间隙位置，形成所谓的间隙固溶体，如图2-15b所示。例如 C、N、H、B、O 等小原子溶于铁中时，它们都处于铁晶

体结构的间隙位置，形成间隙固溶体。人们把碳溶于α-Fe中形成的间隙固溶体称为铁素体，用α或F表示，具有体心立方结构。而把碳溶于γ-Fe中形成的间隙固溶体称为奥氏体，用γ或A表示，具有面心立方结构。图2-16为铁素体和奥氏体的晶体结构示意图。由图可见，碳原子分别处在α-Fe和γ-Fe的八面体间隙位置上。由于γ-Fe的间隙位置比α-Fe的间隙位置大，所以γ-Fe的溶碳能力比α-Fe大得多。因此，碳在奥氏体中最大溶解度为2.11%，而在铁素体中最大溶解度只有0.0218%。这种碳在奥氏体和铁素体中溶解度的差别是钢进行热处理的基础之一。

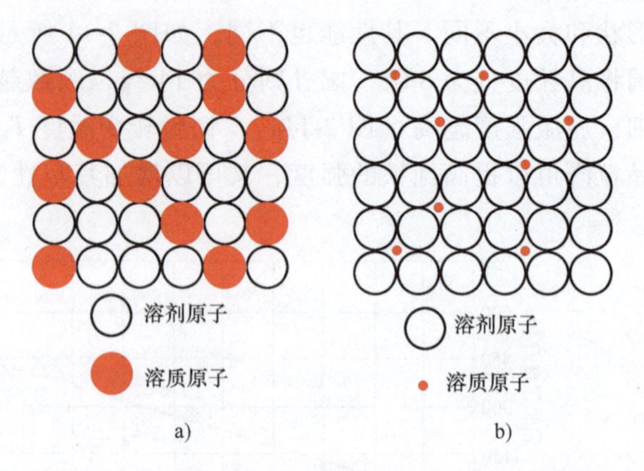

图2-15　置换固溶体a）及间隙固溶体b）示意图

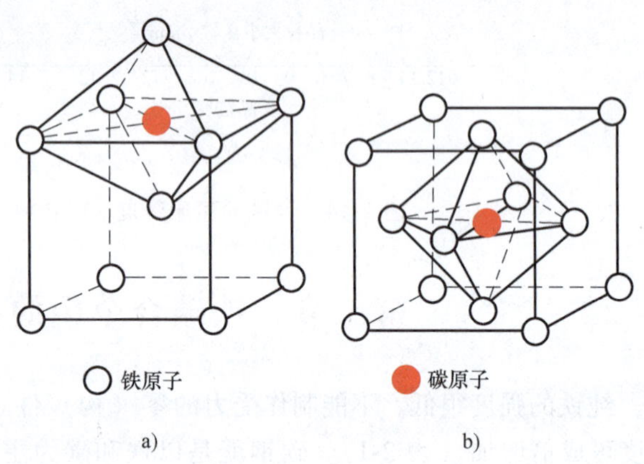

图2-16　铁素体a）和奥氏体b）晶体结构示意图

固溶体虽然保持了溶剂的晶体结构，但由于溶质原子的大小与溶剂有所不同，所以形成固溶体时要产生晶格畸变（图2-17），从而引起强度、硬度升高，塑性、韧性降低；电阻、矫顽力升高，导电性降低。通过溶入某种溶质元素形成固溶体而使材料的强度升高现象称为固溶强化，这是强化材料的方法之一，在生产上得到广泛应用。例如，钢中加入Mn、Si等元素，可置换铁素体中的铁原子而形成合金铁素体，使铁素体的强度提高，从而提高钢的强度。

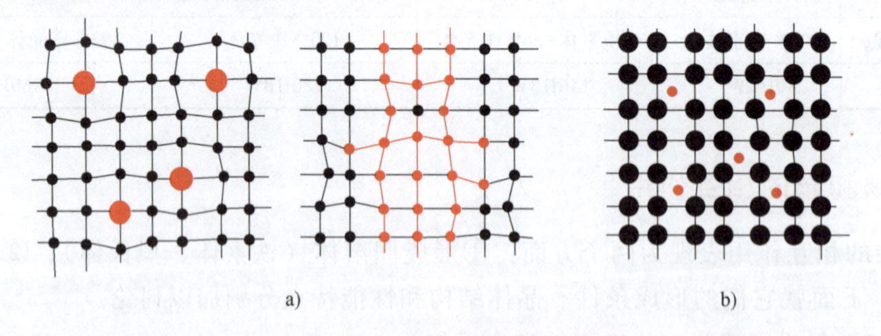

图2-17　形成固溶体时的晶格畸变

a）形成置换固溶体时的晶格畸变　b）形成间隙固溶体时的晶格畸变

2. 碳和铁形成化合物——渗碳体

化合物的特点是它的晶体结构和性能都不同于其组成元素，一般都具有复杂的晶体结构，熔点高，硬而脆。当它存在于合金中时，通常能提高合金的强度、硬度和耐磨性，但会降低合金的塑性和韧性。在铁碳合金中，当碳的质量分数超过其在γ-Fe和α-Fe中的溶解度

极限时就会形成化合物 Fe_3C，称为渗碳体。渗碳体 w_C 为 6.69%，具有正交晶体结构（图 2-18），熔点高（1227℃），硬而脆，其硬度约为 800HV，能轻易刻划玻璃，塑性几乎等于零。如果它在铁碳合金中以网状、粗大片状或作为基体出现时，将导致材料脆性增加；如果它在铁碳合金中以细小层片状或球状出现时，将起强化作用。

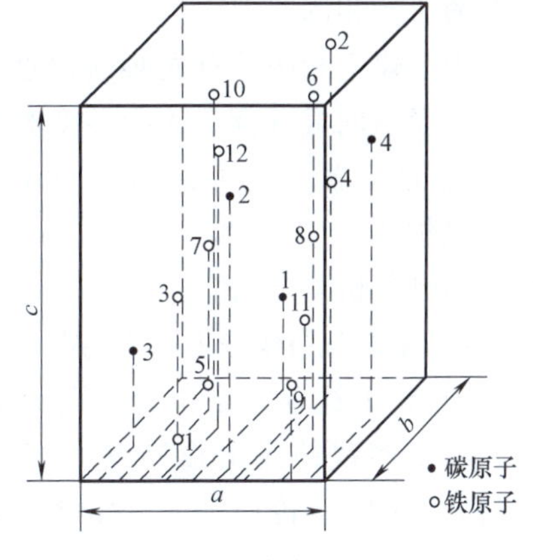

图 2-18 渗碳体晶胞结构

$a=0.4524\text{nm}$ $b=0.5089\text{nm}$ $c=0.6743\text{nm}$

渗碳体中的铁原子可以被其他金属原子如 Mn、Cr、W、Mo 等置换，形成合金渗碳体，如 $(Fe \cdot Mn)_3C$、$(Fe \cdot Cr)_3C$ 等。此外，合金元素还可以与碳相互作用形成其他碳化物，例如 TiC、VC、Mo_2C 等，这些将在合金钢一章中详细讨论。

二、铁碳合金中的相和组织组成物

所谓相是指系统中具有同一聚集状态、同一化学成分、同一结构并以界面相互隔开的均匀组成部分。例如水和油混合在一起为两相，相互以界面隔开。上述铁素体、奥氏体、渗碳体都是铁碳合金中的基本相，它们可以独立存在，也可以相互组合形成混合物。例如在一定条件下，渗碳体和铁素体可以组合成片层相间的两相混合物，称作珠光体；而和奥氏体组合成为另一种两相混合物，称做莱氏体。这些独立存在的铁素体、奥氏体、渗碳体、珠光体、莱氏体都称为铁碳合金中的组织组成物。所谓组织组成物是指构成显微组织的独立部分，它可以是单相，也可以是两相混合物或三相混合物。组织组成物的类型、数量、大小、形态、分布不同，就构成不同的显微组织。因此，分析材料的显微组织必须考虑两个方面的情况：一是该组织组成物的类型（例如铁素体、珠光体等）；二是组成物的数量（多或少）、大小（粗或细）、形状（片、球、网、针等）和分布（均匀或沿晶界、相界等）。

由于纯铁有同素异构转变以及 α-Fe 和 γ-Fe 溶碳能力有所不同，当成分、温度和冷却速度改变时，铁碳合金的组织也会发生变化。因此，成分、温度和冷却速度是决定铁碳合金组织的重要因素，必须综合考虑它们对组织的影响。$Fe\text{-}Fe_3C$ 相图就是研究在缓慢冷却即平衡条件下，铁碳合金的相和组织与温度、成分之间关系的重要工具。

第三节 $Fe\text{-}Fe_3C$ 相图

一、相图的基本概念

1. 相图的建立

相图是表示合金在缓慢冷却的平衡状态下相或组织与温度、成分间关系的图形，又称状态图或平衡图。所谓状态是指合金在一定条件下存在的相或组织，例如，纯金属在熔点以上的状态为液相；在熔点时的状态为液相与固相共存；在熔点以下的状态为固相。而在合金中将会出现更多的相，例如铁素体、奥氏体、渗碳体都是铁碳合金中的相。因此，合金的状态要比纯金属复杂得多。

由两个组元配制成的不同成分的合金系统称为二元系，其相图称为二元相图。这里的组元是指组成合金的最基本的独立的物质，在大多情况下它是纯元素，但有时也可以是化合物。例如铁碳合金中的铁和碳是组元，而渗碳体也可视为一个组元，$Fe\text{-}Fe_3C$ 相图就是一种复杂的二元相图。

为了建立相图，首先必须通过试验（如热分析法、膨胀法、磁性法等）测定出合金系中一系列不同成分合金的相转变温度，即临界点。然后将这些临界点画在温度-成分坐标图中相应的位置，便可绘得二元相图。下面以铜镍合金为例，说明二元合金相图的热分析测定法。

1）配制几组成分不同的铜镍合金。

2）将上述合金熔化后分别测定它们的冷却曲线并找出临界点（即曲线上的停歇点或转折点），如图 2-19a 所示。

3）将各合金的临界点标在以温度为纵坐标、以成分为横坐标的图中的相应的成分垂线上。

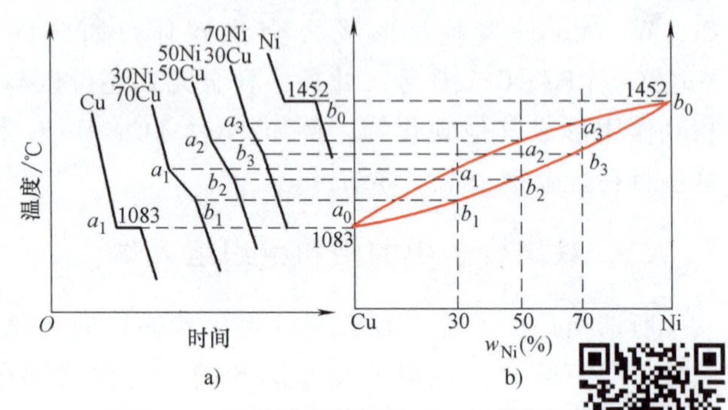

图 2-19　用热分析法测定 Cu-Ni 相图
a）冷却曲线　b）相图

Cu-Ni 相图

4）将各相同意义的临界点连接起来，即可得到铜镍合金相图，如图 2-19b 所示。

由图 2-19a 可以看出，在纯铜与纯镍的冷却曲线上各有一个“平台”，表明它们是在恒温下进行结晶的，平台温度就是它们的凝固点。而在其他合金的冷却曲线上未出现平台，但都有两次转折，表明这些合金是在一个温度范围内进行结晶的。两个转折点所对应的温度代表两个临界点，即始凝温度和终凝温度。

在图 2-19b 中，始凝温度连线 $a_0a_1a_2a_3b_0$ 称为液相线，终凝温度连线 $a_0b_1b_2b_3b_0$ 称为固相线。这两条曲线把相图分为三个区：在液相线以上为液相单相区（L），所有合金都处于液态；在固相线以下为单相固溶体区（α），所有合金都处于固态；在液相线和固相线之间为液相、固相共存的两相区（L+α），在此区内所有合金都处于结晶过程中，直接从液相中结晶出晶体相 α，即 L→α，这种转变称为匀晶转变，直至达到相应温度下的平衡成分。液相线和固相线分别给出了不同温度下液相和固相的平衡成分（图 2-20），由图可见，T_1 温度下，固相和液相的平衡成分分别为 α_1、L_1，T_2 温度下分别为 α_2、L_2，T_3 温度下分别为 α_3、L_3…。由此可见，液（固）相线又表示在缓慢冷却条件下，液、固两相平衡时，液（固）相的化学成分随温度的变化情况。但是如果冷却速度较快，原子扩散来不及进行，使结晶过程中液相和固相成分偏离了相图上的液相线和固相线，而且由于结晶是在一个温度范围内进行的，则使先结晶和后结晶的固溶体的化学成分不同，这种固溶体成分的微观不均匀现象称为显微偏析、晶内偏析或枝晶偏析。上述两相平衡规律也适合于其他类型的两相共存情况，例如两个

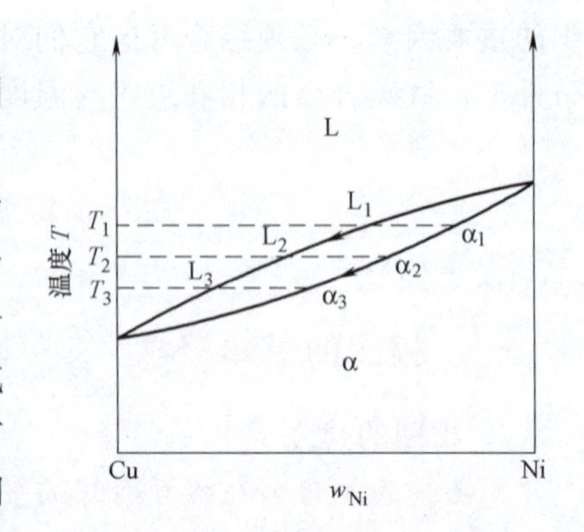

图 2-20　两相平衡时平衡相成分随温度的变化

固相共存的两相区，这将在 Fe-Fe_3C 相图中加以讨论。

2. 二元相图的杠杆定律

如上所述，在液、固两相平衡共存时，随着温度变化，液相和固相的成分分别沿液相线和固相线发生变化。要想知道图 2-21a 中成分为 x 的合金 I 在 t 温度时液、固两相的成分，可通过 t 作一水平线段 arb，与液、固相线相交于 a、b 两点，a、b 两点的横坐标 x_L、x_α 分别代表 t 温度时液、固两平衡相的成分，那么两相的相对质量各是多少呢？

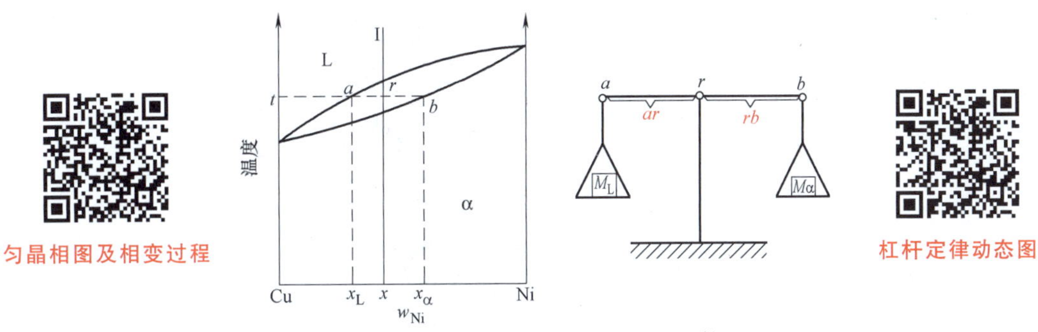

图 2-21　杠杆定律的证明和力学比喻

设合金 I 的总质量为 1，在温度 t 时液相的质量为 M_L，α 固溶体的质量为 M_α。则有

$$M_L+M_\alpha=1$$

另外，合金 I 中所含的镍的质量应等于液相中镍的质量与 α 固溶体中镍的质量之和，即

$$M_L x_L+M_\alpha x_\alpha=1x$$

由以上两式可得

$$M_L=\frac{x_\alpha-x}{x_\alpha-x_L}=\frac{rb}{ab}$$

$$M_\alpha=\frac{x-x_L}{x_\alpha-x_L}=\frac{ar}{ab}$$

或

$$\frac{M_L}{M_\alpha}=\frac{rb}{ar}$$

这个式子与力学中的杠杆定律颇为相似（图 2-21b），故称为杠杆定律。用它可以计算二元合金系中任何两相平衡状态下平衡相的相对质量。

应该注意，在二元相图中杠杆定律只适用两相区，其他情况均不适用。

上述 Cu-Ni 相图属于匀晶相图，它是两组元在液态和固态均能完全互溶时所形成的相图。除此之外，二元相图还有许多其他类型，例如共晶相图、包晶相图、共析相图等，这里不单独一一列举，而将结合 Fe-Fe_3C 相图分别加以讨论。

二、Fe-Fe_3C 相图分析

1. 相图中的点、线、区

Fe-Fe_3C 相图如图 2-22 所示。

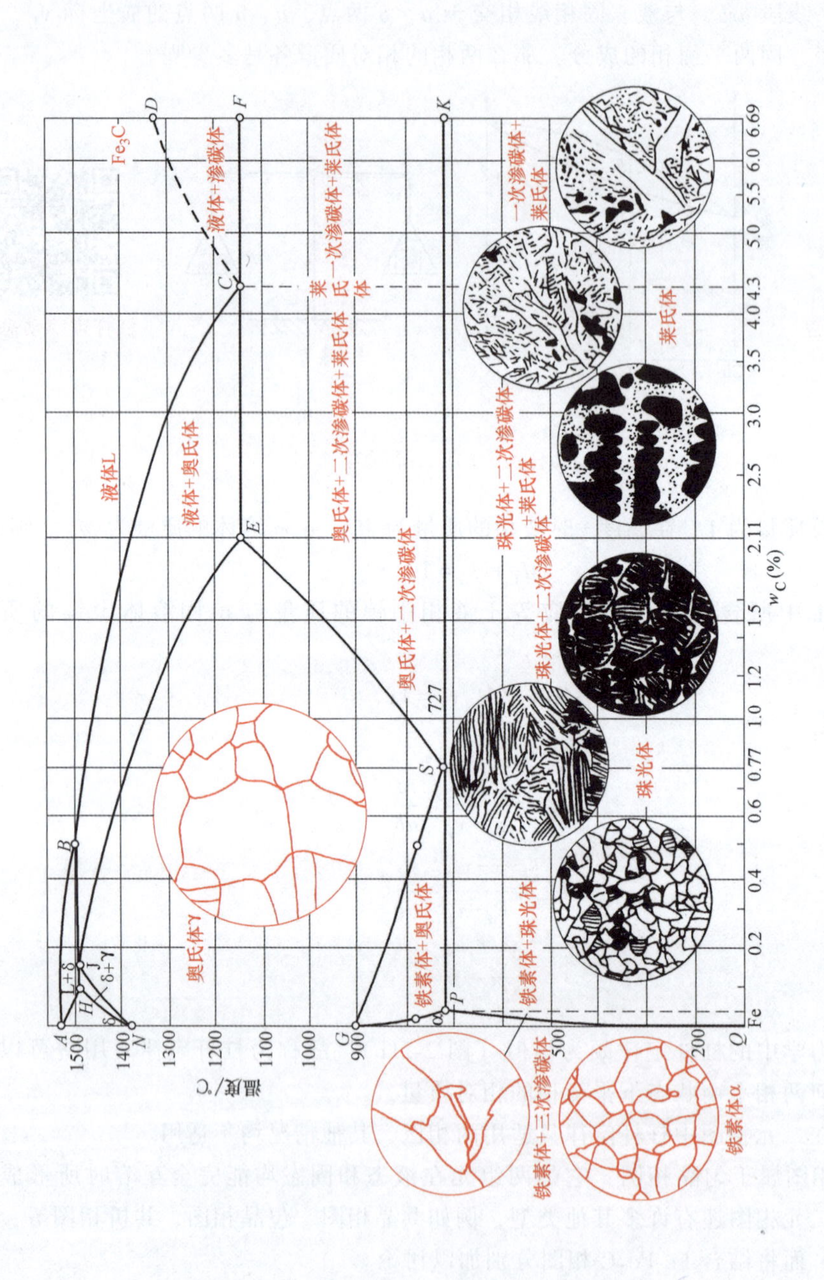

图 2-22 $Fe-Fe_3C$ 相图

相图中各主要点的温度、碳的质量分数及意义列于表 2-2 中。

表 2-2　Fe-Fe_3C 相图中各主要点的温度、碳的质量分数及意义

点的符号	温度/℃	w_C(%)	说　明
A	1538	0	纯铁熔点
B	1495	0.53	包晶反应时液态合金的浓度
C	1148	4.30	共晶点，$L_C \rightleftharpoons \gamma_E + Fe_3C$
D	1227	6.69	渗碳体熔点（计算值）
E	1148	2.11	碳在 γ-Fe 中的最大溶解度
F	1148	6.69	渗碳体
G	912	0	α-Fe⇌γ-Fe 同素异构转变点（A_3）
H	1495	0.09	碳在 δ-Fe 中的最大溶解度
J	1495	0.17	包晶点，$L_B + \delta_H \rightleftharpoons \gamma_J$
K	727	6.69	渗碳体
N	1394	0	γ-Fe⇌δ-Fe 同素异构转变点（A_4）
P	727	0.0218	碳在 α-Fe 中的最大溶解度
S	727	0.77	共析点，$\gamma_S \rightleftharpoons \alpha_P + Fe_3C$
Q	室温	0.0008	碳在 α-Fe 中的溶解度

注：因试验条件和方法的不同以及杂质的影响，常使相图中各主要点的温度和含碳量数据略有出入。

相图中各主要线的意义为：

ABCD 为液相线；*AHJECF* 为固相线。

HJB、*ECF*、*PSK* 三条水平线为恒温转变线，分别表示包晶转变$\left(\delta_H + L_B \xrightarrow{1495℃} \gamma_J\right)$、共晶转变$\left(L_C \xrightarrow{1148℃} \gamma_E + Fe_3C\right)$、共析转变$\left(\gamma_S \xrightarrow{727℃} \alpha_P + Fe_3C\right)$。

NH、*NJ* 和 *GS*、*GP* 为固溶体的同素异构转变线。在 *NH* 与 *NJ* 线之间发生 δ⇌γ 转变，*NJ* 线又称 A_4 线；在 *GS* 与 *GP* 之间发生 γ⇌α 转变，*GS* 线又称 A_3 线。

ES 和 *PQ* 为固溶度线，分别表示碳在奥氏体和铁素体中的极限溶解度随温度的变化线，*ES* 线又称 A_{cm}线。当奥氏体中碳的质量分数超过 *ES* 线时，就会从奥氏体中析出渗碳体，称为二次渗碳体，用 Fe_3C_{II} 表示。同样，当铁素体中碳的质量分数超过 *PQ* 线时，就会从铁素体中析出渗碳体，称为三次渗碳体，用 Fe_3C_{III} 表示。

上述各线将相图划分为四个单相区：L、δ、γ、α；七个两相区：L+δ、L+γ、L+Fe_3C、δ+γ、γ+α、γ+Fe_3C、α+Fe_3C；三个三相共存点：*J* 点（L+δ+γ）、*C* 点（L+γ+Fe_3C）、*S* 点（γ+α+Fe_3C）。

Fe-Fe_3C 相图的各组织分布区如图 2-22 所示；Fe-Fe_3C 相图的各相区如图 2-23 所示。

2. 相图中的恒温转变——包晶转变、共晶转变、共析转变

（1）包晶转变（*HJB* 线）——$\delta_H + L_B \xrightarrow{1495℃} \gamma_J$　*HJB* 线为包晶转变线，它所对应的温度（1495℃）称为包晶温度，*J* 点称为包晶点。所有成分位于 *HJB* 内，即碳的质量分数在 0.09%~0.53%范围内的铁碳合金，当由液相结晶时，温度降至包晶温度，均会在恒温下发

生包晶转变：$\delta_H+L_B \xrightarrow{1495℃} \gamma_J$。所谓包晶转变就是在恒温下，由一定成分的固相和一定成分的液相相互作用，生成另一个一定成分的新固相的转变。对于成分为 J 点的合金来说，当合金熔液冷却至液相线（AB）温度以下时，开始发生匀晶转变 L→δ，结晶出 δ 铁素体。随着温度下降，δ 量不断增加，液相量不断减少，δ 成分沿固相线（AH）变化，液相成分沿液相线（AB）变化。当温度到达包晶温度时，δ 成分为 H 点成分（w_C 为 0.09%），液相成分为 B 点成分（w_C 为 0.53%），根据杠杆定律求得两相的相对量为 $\frac{M_{\delta_H}}{M_{L_B}}=\frac{JB}{HJ}$，此时合金在恒温（1495℃）下发生包晶转变，转变结束后，固相 δ_H 和液相 L_B 消失，只剩下新固相 γ_J，获得单相奥氏体组织。对于成分位于 J 点以左、H 点以右，即碳的质量分数为 0.09%～0.17%的所有合金，包晶转变开始时，$\frac{M_{\delta_H}}{M_{L_B}}>\frac{JB}{HJ}$，包晶转变结束后 δ_H 相有剩余，从而获得 $\delta_H+\gamma_J$ 两相组织。对于成分位于 J 点以右、B 点以左，即碳的质量分数为 0.17%～0.53%的所有合金，包晶转变开始时，$\frac{M_{\delta_H}}{M_{L_B}}<\frac{JB}{HJ}$，包晶转变结束后液相 L_B 有剩余，获得 $L_B+\gamma_J$ 两相组织。上述成分处于 HJB 内的所有合金，在包晶转变结束后随温度下降，将继续发生转变，这将在本节后面讨论。

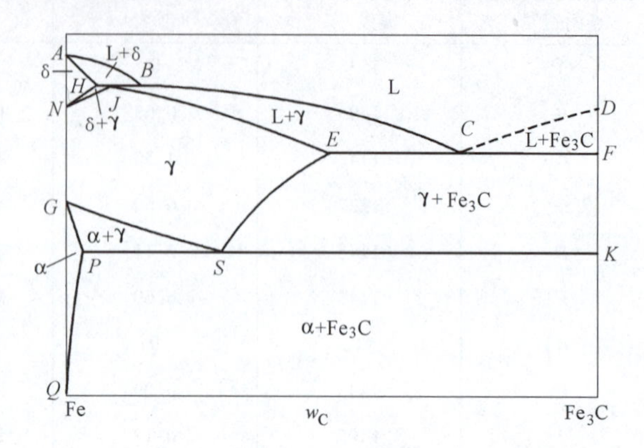

图 2-23　Fe-Fe$_3$C 相图上各相区

（2）共晶转变（ECF 线）——$L_C \xrightarrow{1148℃} \gamma_E+Fe_3C$　ECF 线为共晶转变线，它所对应的温度（1148℃）称为共晶温度，C 点为共晶点。所有成分位于 ECF 线内，即碳的质量分数为 2.11%～6.69%的铁碳合金，当由液态冷却至共晶温度时，均会在恒温下发生共晶转变：$L_C \xrightarrow{1148℃} \gamma_E+Fe_3C$。所谓共晶转变就是在恒温下，由一定成分的液相同时转变成两种一定成分的固相的转变。共晶转变产物为两相混合物，称为共晶体。在铁碳合金中共晶体是 γ_E+Fe_3C 两相混合物，称为莱氏体，用 Ld 表示，莱氏体中奥氏体呈粒状或杆状分布在渗碳体基体上。对于成分为 C 点（w_C 为 4.3%）的铁碳合金，当熔液冷却至共晶温度（1148℃）时，由于 C 点处于 γ 相的液相线 BC 和 Fe_3C 相的液相线 DC 的交点处，这时要从 C 点成分（w_C 为 4.3%）的液相中同时结晶出成分为 E 点（w_C 为 2.11%）的 γ_E 相和成分为 F 点（w_C 为 6.69%）的 Fe_3C 相。共晶转变结束时液相全部转变为莱氏体，其组织为 Ld（γ_E+Fe_3C）。对于成分位于 C 点以左、E 点以右，即碳的质量分数为 2.11%～4.3%的铁碳合金，当由液相冷却时，首先结晶出奥氏体，这种由液相中直接结晶的奥氏体称为初生相或一次相，用 $\gamma_{初}$ 表示。随着温度下降，$\gamma_{初}$ 量不断增加，液相量不断减少，$\gamma_{初}$ 成分沿固相线（JE）变化，液相成分沿液相线（BC）变化，当温度降至共晶温度时，$\gamma_{初}$ 的成分到达 E 点，剩余液相成分到达 C 点，这时剩余液相发生共晶转变。共晶转变结束时的组织为 $\gamma_{初(E)}$ +Ld

(γ_E+Fe_3C)。同理可知，成分位于 C 点以右、F 点以左，即碳的质量分数为4.3%~6.69%的铁碳合金，共晶转变结束时的组织为 Fe_3C_{I}+Ld（γ_E+Fe_3C），这里 Fe_3C_{I} 是直接从液相中结晶出的一次相，故称为一次渗碳体。上述成分处于 ECF 内的所有合金，在共晶转变结束后随温度下降，将继续发生转变，也将在下面讨论。

顺便指出，通常把共晶点成分的合金称为共晶合金；共晶点以左能发生共晶转变的合金称为亚共晶合金；共晶点以右能发生共晶转变的合金称为过共晶合金。

（3）共析转变（PSK 线）——$\gamma_S \xrightarrow{727℃} \alpha_P+Fe_3C$　PSK 线为共析转变线，它所对应的温度（727℃）称为共析温度，通常用 A_1 表示。S 点称为共析点。所有成分位于 PSK 线内，即碳的质量分数为0.0218%~6.69%的铁碳合金，当温度降至共析温度时，均会在恒温下发生共析转变：$\gamma_S \xrightarrow{727℃} \alpha_P+Fe_3C$。所谓共析转变就是在恒温下，由一定成分的固相同时转变成两种一定成分的新固相的转变。共析转变类似共晶转变，其区别在于它是一个固态下的转变。共析转变产物也是两相混合物，称为共析体。在铁碳合金中共析体是铁素体和渗碳体的混合物，即（α_P+Fe_3C），称为珠光体，用P表示。它是铁碳合金中的重要组织组成物，所有 w_C 为0.0218%~6.69%的铁碳合金，其室温平衡组织中都有珠光体。

三、典型铁碳合金结晶过程分析

铁碳合金按其碳的质量分数及室温平衡组织分为三类。

1）工业纯铁（w_C<0.0218%）——组织为铁素体和少量三次渗碳体。

2）钢（w_C 为0.0218%~2.11%），其中又分为三类：

亚共析钢（w_C<0.77%）——组织为铁素体和珠光体。

共析钢（w_C 为0.77%）——组织为珠光体。

过共析钢（w_C>0.77%）——组织为珠光体和二次渗碳体。

Fe-Fe_3C 相图分析

3）白口铸铁（w_C 为2.11%~6.69%），其中又分为三类：

亚共晶白口铸铁（w_C<4.3%）——组织为珠光体、二次渗碳体和莱氏体。

共晶白口铸铁（w_C 为4.3%）——组织为莱氏体。

过共晶白口铸铁（w_C>4.3%）——组织为一次渗碳体和莱氏体。

上述分类中，w_C 为2.11%的 E 点具有重要意义，它是钢与铸铁的理论分界线。

下面在各类铁碳合金中各选一例（图2-24），详细分析其结晶过程。

（1）w_C 为0.01%的工业纯铁　此合金为图2-24中的①，结晶过程如图2-25所示。合金熔液在1~2点温度区间按匀晶转变结晶出δ铁素体。δ铁素体冷却到3~4点间发生同素异构转变δ→γ。奥氏体γ不断在δ铁素体的晶界上形核并长大，这一转变在4点结束，合金全部呈

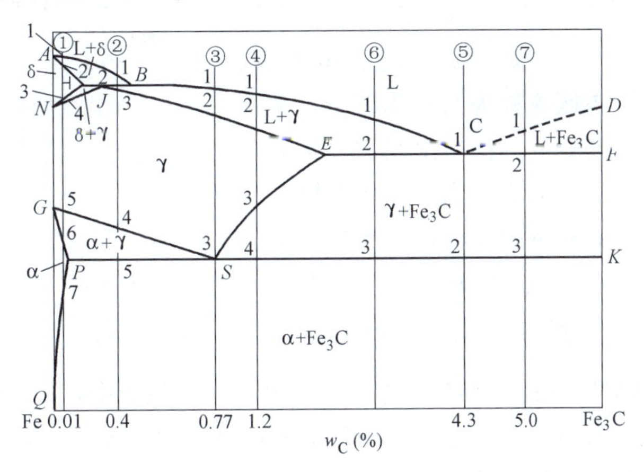

图2-24　Fe-Fe_3C 相图上几种典型合金的位置

单相奥氏体。冷到5~6点间又发生同素异构转变 $\gamma \rightarrow \alpha$，铁素体 α 同样是在奥氏体 γ 晶界上形核并长大。6点以下全部是铁素体。冷到7点时，碳在铁素体中的溶解量达到饱和。在7点以下，从铁素体中析出三次渗碳体 $Fe_3C_{Ⅲ}$。

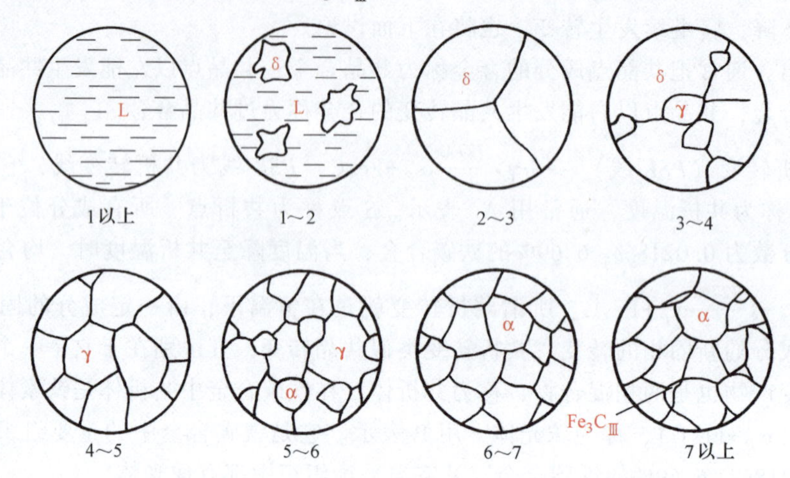

图 2-25 w_C 为0.01%的工业纯铁结晶过程示意图

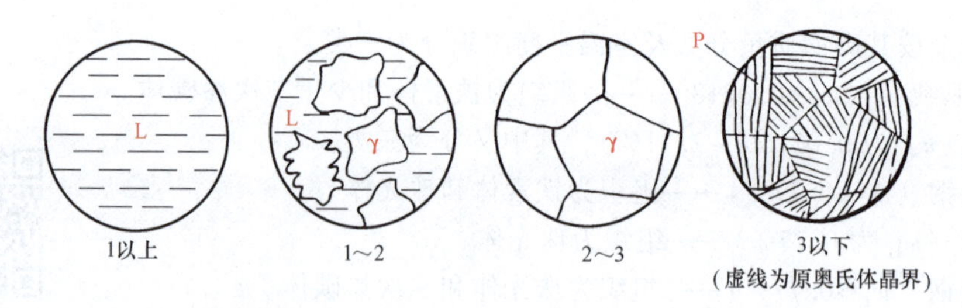

图 2-26 w_C 为0.77%的共析钢的结晶过程示意图

工业纯铁的室温组织为铁素体和少量三次渗碳体，如图2-13所示。

(2) w_C 为0.77%的共析钢　此合金为图2-24中的③，结晶过程如图2-26所示。在1~2点间合金按匀晶转变结晶出奥氏体 γ，在2点结晶结束，全部转变为奥氏体。冷到3点(727℃)，在恒温下发生共析转变：$\gamma_{0.77} \xrightarrow{727℃} \alpha_{0.0218} + Fe_3C$，转变结束时全部为珠光体。珠光体中渗碳体称为共析渗碳体，呈层片状。当温度继续下降时，珠光体中铁素体相溶碳量减少，其成分沿固溶度线 PQ 发生变化，析出三次渗碳体 $Fe_3C_{Ⅲ}$，它常和共析渗碳体长在一起，彼此分辨不出，且数量较少，故可忽略。

共析钢的室温组织为珠光体，如图2-27所示。

(3) w_C 为0.4%的亚共析钢　此合金为图2-24中的②，结晶过程如图2-28所示。合金在1~2点间按匀晶转变结晶出 δ 铁素体。冷到2点（1495℃）时，δ 铁素体的成分 w_C 为0.09%，熔液的成分 w_C 为0.53%，此时在恒温下发生包晶转变：$\delta_{0.09} + L_{0.53} \xrightarrow{1495℃} \gamma_{0.17}$。包晶转变结束时还有过剩的液相存在，冷却至2~3点间液相继续转变为奥氏体，所有的奥氏体成分均沿 JE 线变化。冷到3点时合金全部由 w_C 为0.4%的奥氏体组成。冷到4~5点间

发生同素异构转变 $\gamma \rightarrow \alpha$，奥氏体和铁素体成分分别沿 GS 线和 GP 线变化。当温度到达 S 点（727℃）时，奥氏体成分到达 S 点（w_C 为 0.77%），便发生共析转变：$\gamma_{0.77} \xrightarrow{727℃} \alpha_{0.0218} + Fe_3C$，形成珠光体。此时原先析出的铁素体保持不变，称为先共析铁素体，其成分 w_C 为 0.0218%，所以共析转变结束后，合金的组织为铁素体和珠光体。当温度继续下降时，铁素体的溶碳量沿 PQ 线变化，析出三次渗碳体，其量很少，同样可忽略。

图 2-27　共析钢的室温组织×500

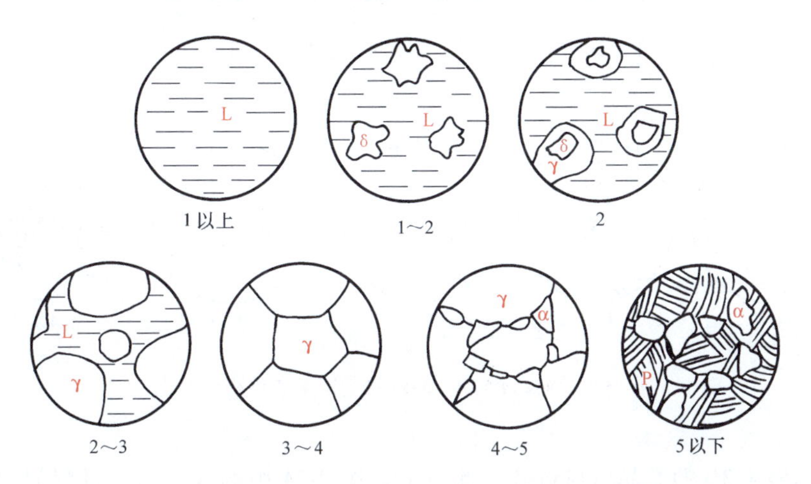

图 2-28　w_C 为 0.4%的亚共析钢结晶过程示意图

w_C 为 0.4%的亚共析钢的室温组织为铁素体和珠光体，如图 2-29 所示。

应该注意，$Fe\text{-}Fe_3C$ 相图中所有亚共析钢的组织都是由铁素体和珠光体组成，其差别仅在于珠光体与铁素体的相对量不同。碳的含量越高，则珠光体量越多，铁素体量越少。因此，可根据亚共析钢缓冷下的室温组织估计其碳的含量：$w_C = S_P \times 0.77\%$，式中 w_C 为钢中碳的质量分数，S_P 为珠光体在显微组织中所占的面积百分比，0.77%为珠光体的碳的质量分数。

（4）w_C 为 1.2%的过共析钢　此合金为图 2-24 中的④，结晶过程如图 2-30 所示。合金在 1~2 点间按匀晶转变结晶出奥氏体 γ，2 点结晶结束，合金为单相奥氏体。3~4 点之间从奥氏体中析出二次渗碳体，Fe_3C_{II} 沿奥氏体晶界析出，因此呈网状分布，奥氏体成分沿 *ES* 线变化，当到达 4 点（727℃）时其成分为 *S* 点（w_C 为 0.77%），在恒温下发生共析转变：$\gamma_{0.77} \xrightarrow{727℃} \alpha_{0.0218} + Fe_3C$。此时先析出的 Fe_3C_{II} 保持不变，称为先共析渗碳体。所以共析转变结束后的组织为网状二次渗碳体和珠光体，可忽略 Fe_3C_{III}，故室温组织仍为二次渗碳体和珠光体（图 2-31）。

图 2-29　w_C 为 0.4%的亚共析钢的室温组织×500

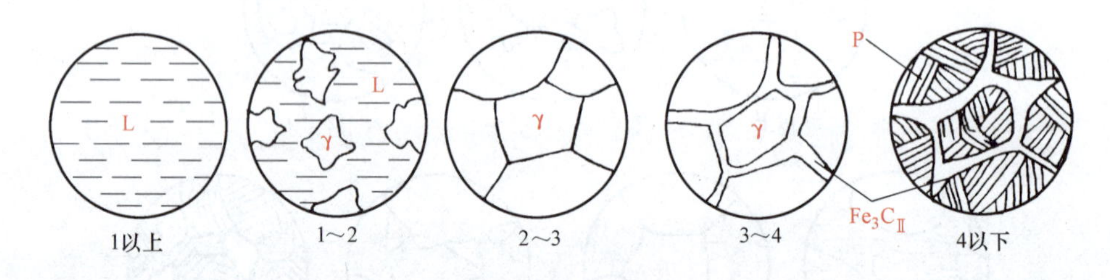

图 2-30　w_C 为 1.2%的过共析钢结晶过程示意图

（5）w_C 为 4.3%的共晶白口铸铁　此合金为图 2-24 中的⑤，结晶过程如图 2-32 所示。合金熔液冷到 1 点（1148℃）时，在恒温下发生共晶转变：$L_{4.3} \xrightarrow{1148℃} \gamma_{2.11} + Fe_3C$，转变结束时，全部为莱氏体，其中的奥氏体称为共晶奥氏体，而渗碳体称为共晶渗碳体。1~2 点间从共晶奥氏体中析出二次渗碳体，Fe_3C_{II} 通常依附在共晶渗碳体上，不能分辨。当温度降至 2 点（727℃）时，共晶奥氏体成分为 *S* 点（w_C 为 0.77%），此时在恒温下发生共析转变：$\gamma_{0.77} \xrightarrow{727℃} \alpha_{0.0218} + Fe_3C$，形成珠光体，而共晶渗碳体不发生变化。忽略 2～室温之间 Fe_3C_{III} 的析出，室温组织为莱氏体，它是由珠光体和渗碳体组成，用 L′d 表示。而共析转变前的莱氏体由奥氏体和渗碳体组成，用 Ld 表示，二者形貌相同。

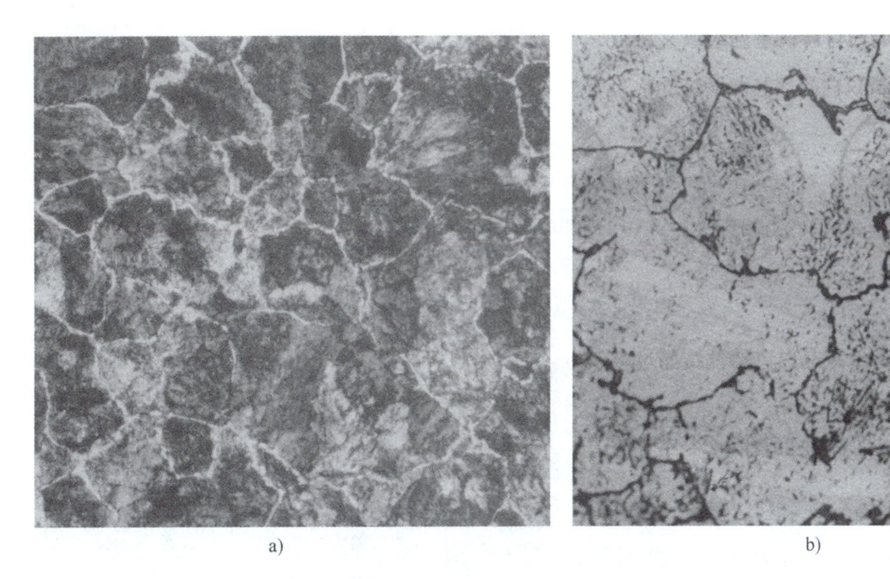

图 2-31　w_C 为 1.2%的过共析钢的室温组织

a）硝酸酒精浸蚀，白色网为二次渗碳体，暗黑色为珠光体×400

b）苦味酸钠浸蚀，黑色网为二次渗碳体，浅白色为珠光体×500

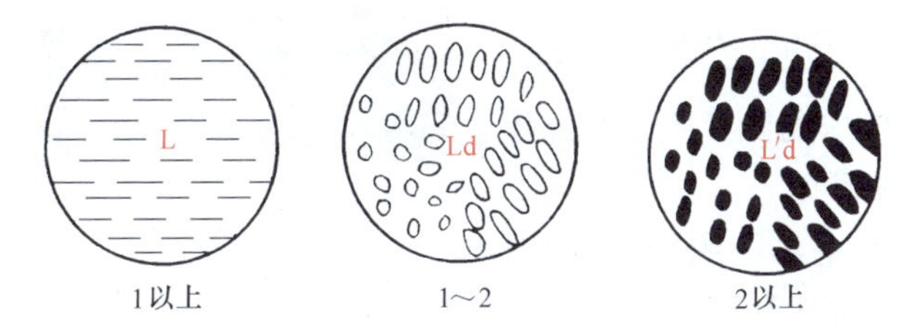

图 2-32　w_C 为 4.3%的共晶白口铸铁结晶过程示意图

共晶白口铸铁的室温组织为莱氏体，其中黑斑区为珠光体，白色为渗碳体，如图 2-33 所示。

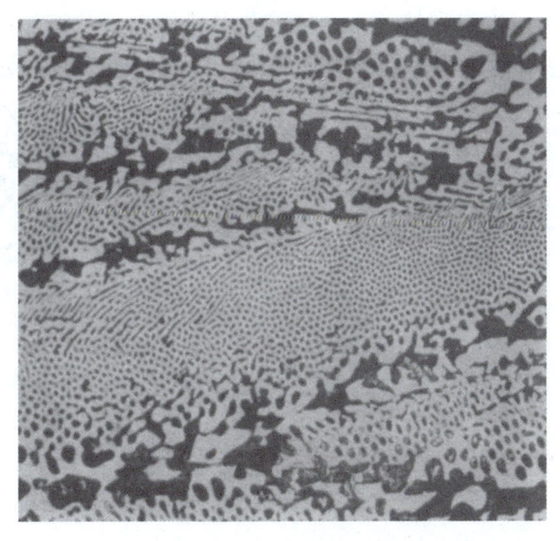

图 2-33　共晶白口铸铁室温组织×200

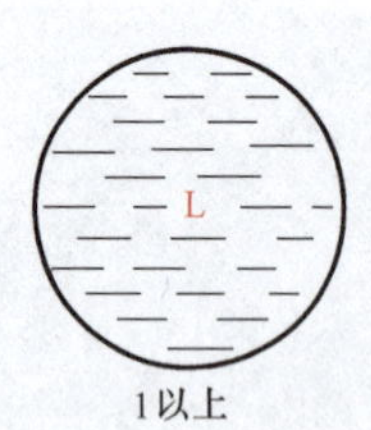

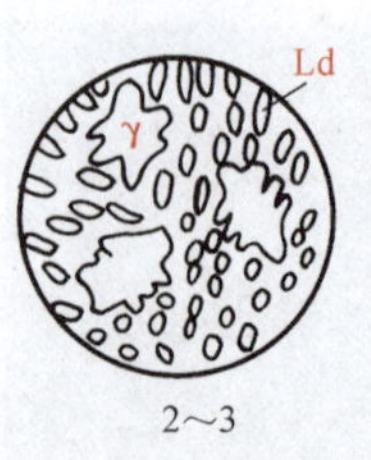

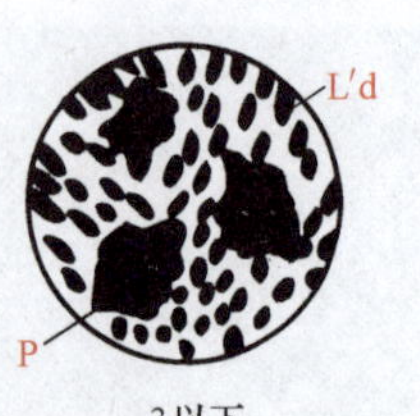

图 2-34　w_C 为 3.0%的亚共晶白口铸铁结晶过程示意图

（6）w_C 为 3.0%的亚共晶白口铸铁　此合金如图 2-24 中的⑥，结晶过程如图 2-34 所示。1~2点之间熔液按匀晶转变结晶出初生奥氏体。当温度到达 2 点时，初生奥氏体成分为 E 点（w_C 为 2.11%），液相成分为 C 点（w_C 为 4.3%），在恒温下发生共晶转变：$L_{4.3} \xrightarrow{1148℃} \gamma_{2.11} + Fe_3C$，形成莱氏体，此时初生奥氏体保持不变。共晶转变结束时的组织为初生奥氏体和莱氏体。在 2~3 点之间，初生奥氏体和共晶奥氏体中不断析出二次渗碳体，当温度到达 3 点（727℃）时，所有奥氏体的成分 w_C 均为 0.77%，发生共析转变：$\gamma_{0.77} \xrightarrow{727℃} \alpha_{0.0218} + Fe_3C$，形成珠光体。此时共晶渗碳体和二次渗碳体保持不变。

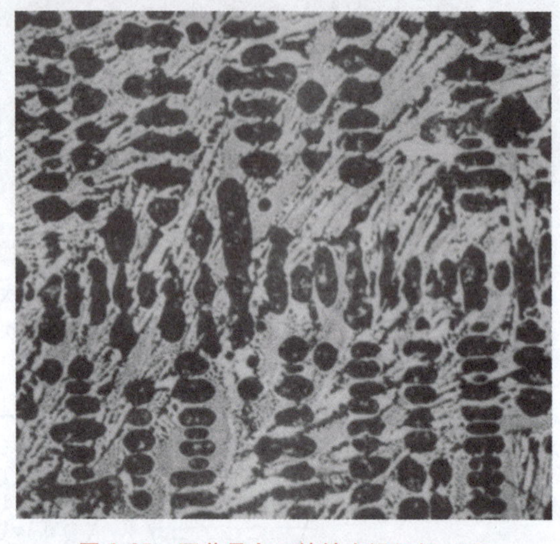

图 2-35　亚共晶白口铸铁室温组织×250

亚共晶白口铸铁的室温组织为珠光体、二次渗碳体和莱氏体，如图 2-35 所示。图中大块黑色组成体为珠光体和二次渗碳体，它是由初生奥氏体转变而来，其余部分为莱氏体。由初生奥氏体中析出的二次渗碳体较细小，常依附在共晶渗碳体上，放大倍数不高的情况下很难分辨。

（7）w_C 为 5.0%的过共晶白口铸铁　此合金为图 2-24 中的⑦，结晶过程如图 2-36 所示。合金在 1~2 点之间结晶出一次渗碳体，其余转变与共晶白口铸铁结晶过程相同。

过共晶白口铸铁的室温组织为一次渗碳体和莱氏体，如图 2-37 所示。

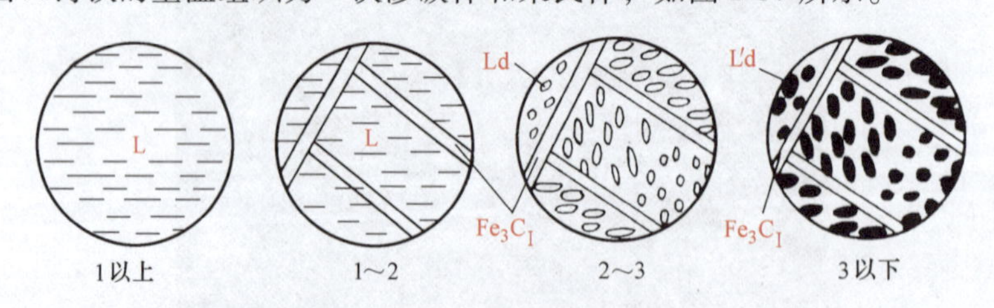

图 2-36　w_C 为 5.0%的过共晶白口铸铁结晶过程示意图

四、碳对铁碳合金平衡组织和性能的影响

1. 对平衡组织的影响

由上面的讨论可知，随着碳的质量分数增高，铁碳合金的组织发生如下变化：

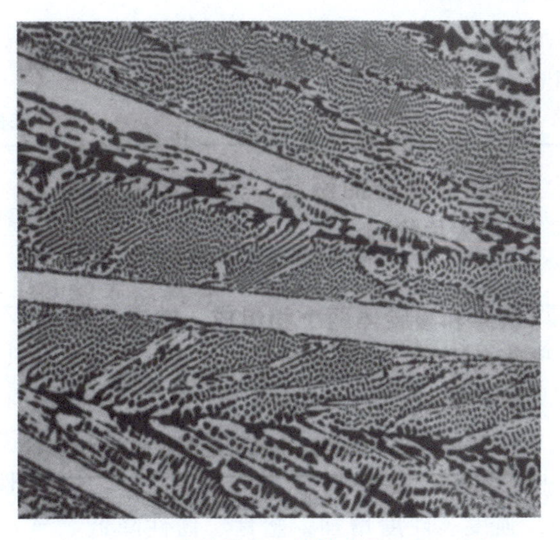

图 2-37　过共晶白口铸铁室温组织×100

$\alpha+Fe_3C_{Ⅲ}$ ⟶ α+P ⟶ P ⟶ $P+Fe_3C_{Ⅱ}$ ⟶

工业纯铁　亚共析钢　共析钢　过共析钢

$P+Fe_3C_{Ⅱ}+L'd$ ⟶ $L'd$ ⟶ $Fe_3C_{Ⅰ}+L'd$

亚共晶白口铸铁　共晶白口铸铁　过共晶白口铸铁

根据杠杆定律可以计算出铁碳合金中相组成物和组织组成物的相对量与碳的质量分数的关系，如图 2-38 所示。

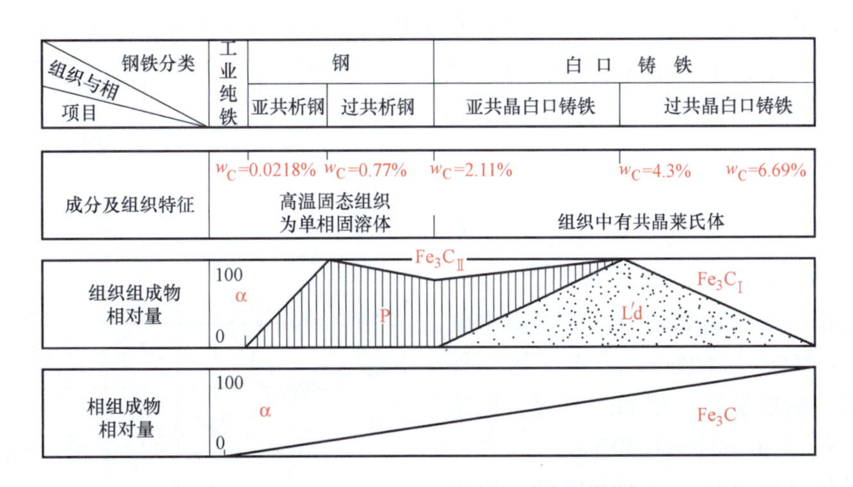

图 2-38　铁碳合金中相组成物和组织组成物的相对量与碳的质量分数的关系

当碳的质量分数增高时，不仅其组织中的渗碳体数量增加，而且渗碳体的分布和形态发生如下变化：

$Fe_3C_{Ⅲ}$（沿铁素体晶界分布的薄片状）⟶共析 Fe_3C（分布在铁素体内的层片状）⟶$Fe_3C_{Ⅱ}$（沿奥氏体晶界分布的网状）⟶共晶 Fe_3C（为莱氏体的基体）⟶$Fe_3C_{Ⅰ}$（分布在莱氏体上的粗大片状）。

2. 对力学性能的影响

室温下铁碳合金由铁素体和渗碳体两个相组成。铁素体为软、韧相；渗碳体为硬、脆

相。当两者以层片状组成珠光体时，则兼具两者的优点，即珠光体具有较高的硬度、强度和良好的塑性、韧性，如表 2-3 所示。

表 2-3　铁碳合金平衡组织中几种组织组成物的力学性能

组织组成物	R_m/MPa	硬度　HBW	A(%)	A_K/J
铁素体(α)	230	80	50	160
渗碳体(Fe_3C)	30	800	≈0	≈0
珠光体(P)	750	180	20~25	24~32

渗碳体是铁碳合金中的强化相。工业纯铁中的渗碳体量极少，其强度、硬度很低，不能制作受力的零件，但它具有优良的铁磁性，可作铁磁材料。碳钢具有良好的力学性能和压力加工性能，经热处理其力学性能可以大幅度提高，工业中应用广泛。碳钢中渗碳体量越多，分布越均匀，其强度越高，图 2-39 是碳的质量分数对缓冷碳钢力学性能的影响。由图可知，随着碳质量分数的增加，强度、硬度增加，塑性、韧性降低。当 $w_C>1.0\%$ 时，由于网状 Fe_3C_{II} 出现，导致钢的强度下降。为了保证工业用钢具有足够的强度和适宜的塑性、韧性，其 w_C 一般不超过 1.3%~1.4%。$w_C>2.11\%$ 的铁碳合金（白口铸铁），由于其组织中存在大量渗碳体，具有很高的硬度，但性脆，难以切削加工，且不能锻造，故除作少数耐磨零件外，很少应用。

五、Fe-Fe_3C 相图的实际应用

1. 为选材提供成分依据

Fe-Fe_3C 相图描述了铁碳合金的平衡组织随碳质量分数的变化规律，又分析了合金的性能和碳的质量分数之间的关系，这就为我们根据零（构）件的性能要求来选择不同成分的铁碳合金打下基础。

若零（构）件要求塑性、韧性好，例如建筑结构和容器等，应选用低碳钢（w_C 为 0.10%~0.25%）；若零（构）件要求强度、塑性、韧性都较好，例如轴等，应选用中碳钢（w_C 为 0.25%~0.60%）；若零（构）件要求硬度高、耐磨性好，例如工具等，应选用高碳钢（w_C 为 0.60%~1.30%）。

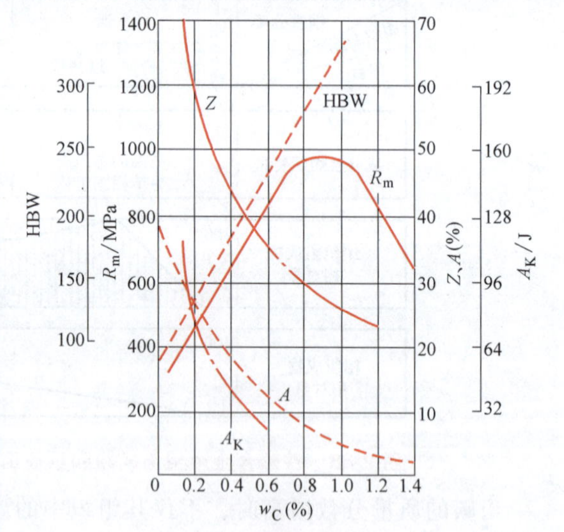

图 2-39　碳的质量分数对缓冷碳钢力学性能的影响

白口铸铁具有很高的硬度和脆性，应用很少。但因其具有很高的抗磨损能力，可应用于少数需要耐磨而不受冲击的零件，例如拔丝模、轧辊和球磨机的铁球等。

2. 为制订热加工工艺提供依据

Fe-Fe_3C 相图总结了不同成分的铁碳合金在缓慢冷却时组织随温度的变化规律，这就为制订热加工工艺提供了依据，无论在铸造、锻造、焊接、热处理等方面都具有重要意义。

对铸造来说，根据 Fe-Fe_3C 相图可以找出不同成分的钢或铸铁的熔点，确定铸造温度（图 2-40）；根据相图上液相线和固相线间距离估计铸造性能的好坏，距离越小，铸造性能越好，例如纯铁、共晶成分或接近共晶成分的铸铁铸造性能比铸钢好。因此，共晶成分的铸铁常用来浇注铸件，其流动性好，分散缩孔小，显微偏析少。

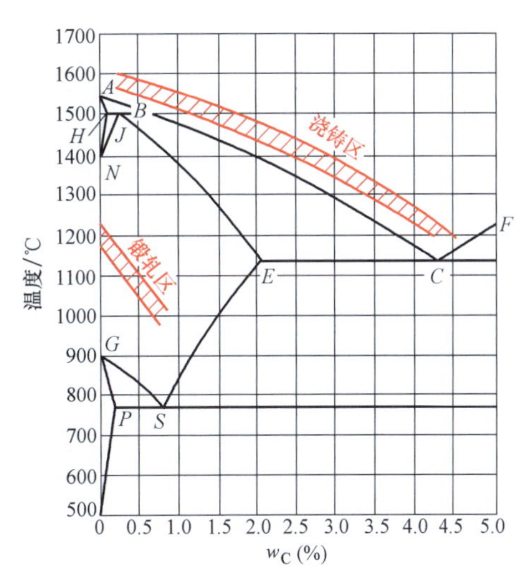

图 2-40　Fe-Fe_3C 相图与铸锻工艺的关系

对锻造来说，根据相图可以确定锻造温度（图 2-40）。钢处于奥氏体状态时，强度低、塑性高，便于塑性变形。因此锻造或轧制温度必须选择在单相奥氏体区的适当温度范围内。始轧和始锻温度不能过高，以免钢材氧化严重和发生奥氏体晶界熔化（称为过烧）。一般控制在固相线以下 100～200℃。而终轧和终锻温度也不能过高，以免奥氏体晶粒粗大。但又不能过低，以免钢材塑性差，导致裂纹产生。一般对亚共析钢的终轧和终锻温度应控制在稍高于 *GS* 线即 A_3 线；过共析钢控制在稍高于 *PSK* 线即 A_1 线。实际生产中各种碳钢的始轧和始锻温度为 1150～1250℃，终轧和终锻温度为 750～850℃。

对焊接来说，由焊缝到母材在焊接过程中处于不同的温度条件，因而整个焊缝区会出现不同组织，引起性能不均匀，可以根据相图来分析碳钢的焊接组织，并用适当热处理方法来减轻或消除组织不均匀性和焊接应力。

对热处理来说，Fe-Fe_3C 相图更为重要。热处理的加热温度都以相图上的临界点 A_1、A_3、A_{cm}为依据，这将在第三章中详细讨论。

六、合金性能和相图关系小结

从上面铁碳合金的讨论可知，合金的性能取决于合金的成分和组织，而相图直接反映了合金的成分和平衡组织的关系。因此，具有平衡组织的合金的性能与相图之间存在着一定的联系。可以利用相图大致判断不同成分合金的性能变化，概括如下：

1. 合金的使用性能与相图的关系

图 2-41 为具有匀晶相图、包晶相图、共晶或共析相图、稳定化合物相图的合金系的力学性能（硬度、强度）和物理性能（电导率）随成分而变化的一般规律。由图可见，当合金形成单相固溶体时，随溶质溶入量的增加，合金的硬度、强度升高，而电导率降低，呈透镜形曲线变化，在合金性能与成分的关系曲线上有一极大值或极小值（图 2-41a）。当合金形成两相混合物时，随成分变化，合金的强度、硬度、电导率等性能在两组成相的性能间呈线性变化（图 2-41b、c）。对于共晶成分或共析成分的合金，其性能还与两组成相的致密程度有关，组织越细，性能越好，如图 2-41c 和 d 中虚线所示。当合金形成稳定化合物时，在化合物处性能出现极大值或极小值（图 2-41d 和 e）。

2. 合金的工艺性能与相图的关系

合金的工艺性能与相图也有密切联系。例如铸造性能（包括流动性、缩孔分布、偏析

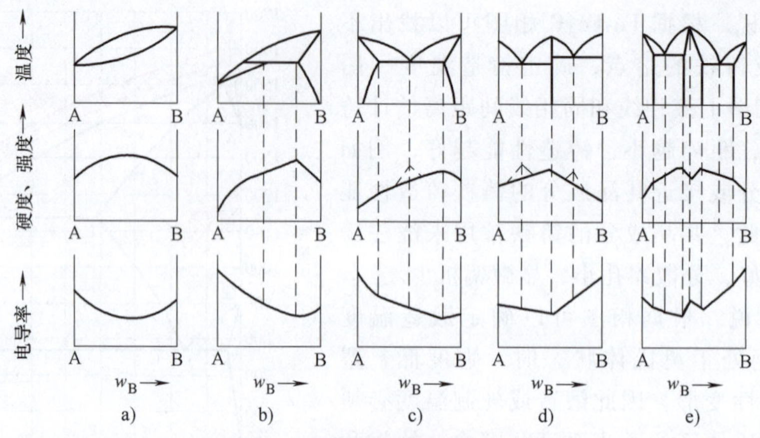

图 2-41　合金性能与相图的关系

a）匀晶相图　b）包晶相图　c）共晶或共析相图　d）、e）有化合物的相图

大小）与相图中液相线和固相线之间的距离密切相关。液相线与固相线的距离越宽，形成枝晶偏析的倾向越大，同时先结晶的树枝晶阻碍未结晶的液体的流动，则流动性越差，分散缩孔越多。图 2-42 表明铸造性能与相图的关系。由图可见，固溶体中溶质含量越多，铸造性能越差；共晶成分的合金铸造性能最好，即流动性好，分散缩孔少，偏析程度小，所以铸造合金常选共晶成分或接近共晶成分。又如压力加工性能好的合金是相图中的单相固溶体。因为固溶体的塑性变形能力大，变形均匀；而两相混合物的塑性变形能力差，特别是组织中存在较多脆性化合物时，不利于压力加工，所以相图中两相区合金的压力加工性能差。再如相图中的单相合金不能进行热处理，只有相图中存在同素异构转变、共析转变、固溶度变化的合金才能进行热处理。

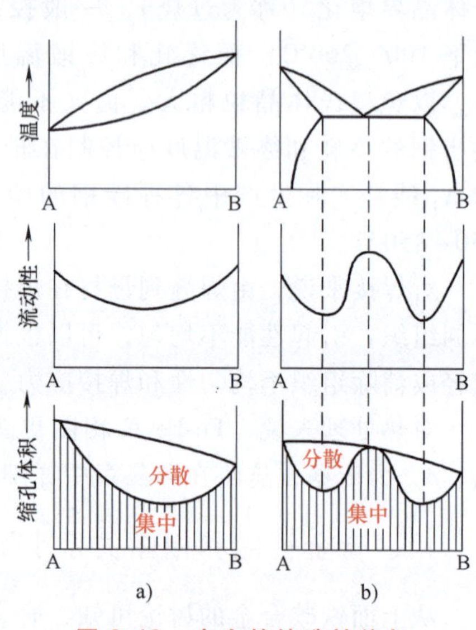

图 2-42　合金的铸造性能与相图的关系

a）匀晶相图　b）共晶相图

第四节　钢中常存杂质元素对钢性能的影响

在上面讨论 $Fe\text{-}Fe_3C$ 相图时，把 $w_C<2.11\%$的铁碳合金称为钢，而且只考虑碳对钢的组织和性能的影响。但炼钢时不可能除尽杂质，所以实际使用的碳钢中，除含有碳以外，还含有少量的硅、锰、硫、磷、氢、氮、氧等元素，它们的存在会影响钢的性能。

一、硅和锰的影响

硅和锰是炼钢过程中随脱氧剂进入钢中的元素，它们均可以固溶于铁素体中，使铁素体的强度、硬度增加，产生固溶强化，对钢的性能有利。但硅与氧的亲和力很强，可形成

SiO_2；锰与硫的亲和力很强，可形成 MnS。SiO_2 和 MnS 都是钢中的夹杂物，对钢的性能不利。因此，碳钢中一般规定 $w_{Si}<0.5\%$、$w_{Mn}<0.8\%$，使大部分 Si、Mn 都溶于铁素体中，起有利作用。

二、硫和磷的影响

硫、磷是生铁中带来而在炼钢时又未能除尽的有害元素。硫不溶于铁，而与铁形成熔点为 1190℃的 FeS。FeS 常与 γ-Fe 形成低熔点（989℃）的共晶体，分布在奥氏体晶界上，当钢材在 1000～1200℃锻造或轧制时，共晶体会熔化，使钢材变脆，沿奥氏体晶界开裂，这种现象称为热脆。适当增加钢中锰的质量分数，使 Mn 与 S 优先形成高熔点（1620℃）的 MnS，避免热脆。但 MnS 是钢中夹杂物，锻造或轧制时变形呈条状，沿受力方向分布形成流线，使钢材横向的塑性、韧性显著低于纵向。例如一根 45 钢曲轴，MnS 夹杂物严重时其横向塑性只为纵向的一半，而韧性成倍降低。另外，对于承受交变应力的零件如弹簧、轴承等，MnS 还可以成为疲劳裂纹源，导致零件早期疲劳断裂。磷在钢中全部固溶于铁素体中，虽然有较强的固溶强化作用，但它剧烈地降低钢的塑性和韧性，特别是低温韧性，使钢在低温下变脆，这种现象称为冷脆。磷还使钢的偏析严重。此外，硫、磷均降低钢的焊接性能。

由于硫、磷是钢中的有害元素，一般情况下需要严格控制其含量。普通碳钢中 $w_S\leqslant0.035\%$、$w_P\leqslant0.035\%$，优质钢中 $w_S\leqslant0.030\%$、$w_P\leqslant0.030\%$，高级优质钢中 $w_S\leqslant0.020\%$、$w_P\leqslant0.030\%$。但是有时为了提高切削加工性，使切屑易碎断，在易切削钢中硫的质量分数可以提高到 0.18%～0.35%，磷的质量分数可以提高到 0.08%～0.15%。这种易切削钢主要用在自动机床上加工批量大、要求表面粗糙度值小而受力不大的零件，如螺钉、螺母等各种标准件和自行车、缝纫机上的小零件等。另外，磷还可以增强钢在大气中的耐蚀性，若在炼钢时加入少量稀土、钛等元素，可以抑制磷的冷脆作用。目前我国已生产出 Cu-P-RE（稀土）、Cu-P-Ti 等合金系的低碳低合金高强度结构钢，用作桥梁或钢轨。

三、钢中气体的影响

钢中气体对钢材性能的影响往往被人们忽视，因而钢材中未限定氢、氮、氧等元素的含量。实际上它们对钢材性能的影响并不亚于硫、磷，有时更加危险。

氢在钢中含量甚微，但对钢的危害极大。钢中微量的氢（0.5～3mL/100g）可以引起“氢脆”，甚至在钢材内产生大量微裂纹，使钢的塑性、韧性显著下降，导致零件在使用中突然断裂。国外曾因钢中含微量氢而造成汽轮机主轴突然断裂，引起电站爆炸；飞机发动机曲轴突然断裂，造成飞机失事等事故。氢对焊接性能不利，在焊缝处产生裂纹。

氮固溶于铁素体中产生“应变时效”。所谓应变时效是指冷变形低碳钢在室温放置或加热一定时间后强度增加，塑性、韧性降低的现象。“应变时效”对锅炉、化工容器及深冲零件是不利的，增加零件脆性，影响安全可靠性。从应变时效角度考虑，氮是有害元素。但是当钢中含有 Al、V、Ti、Nb 等元素时，它们可与 N 形成细小弥散氮化物，能细化晶粒，提高钢的强度并减低 N 的应变时效作用，在这种情况下 N 又是有益元素。在某些耐热钢中常把 N 作为合金元素以提高钢的耐热性。

显然，为了提高碳钢的性能，除了在炼钢时保证钢中碳的质量分数在规定的范围内，还必须控制杂质元素含量。但是炼出了一炉合格的钢液并不等于得到合格的钢锭和钢材，而钢材的大部分冶金缺陷是在浇注成钢锭的过程中形成的。因此，钢锭的组织和质量是影响钢材质量的重要环节。

第五节 钢锭的组织和缺陷

按照浇注前钢液脱氧程度不同，将钢锭分为镇静钢锭、沸腾钢锭和介于两者之间的半镇静钢锭三类。所谓镇静钢是指钢液在浇注前用锰铁、硅铁、铝进行充分脱氧，注入锭模后钢液不发生碳-氧反应而处于镇静状态。铸成的钢锭称为镇静钢锭。所谓沸腾钢是指在冶炼后期将钢液用少量锰铁进行轻度脱氧，钢液氧含量较高，注入锭模后发生碳-氧反应，析出大量 CO 气体，引起钢液沸腾。铸成的钢锭称为沸腾钢锭。本节只讨论镇静钢锭的组织和缺陷，它也适用于其他金属铸锭和铸件。

一、镇静钢锭的组织

图 2-43 为镇静钢锭的宏观组织，和其他金属锭一样分为三个区：表层细晶粒区、柱状晶区、中心等轴晶区。

1）表层细晶粒区。钢液注入锭模后，模壁温度较低，和锭模接触的钢液冷却速度快，过冷度大，形成大量晶核，模壁也能起人工晶核的作用，因此形成细晶粒区。

2）柱状晶区。在表层细晶粒区形成后，随着模壁温度升高，钢液冷却速度有所降低。但垂直模壁方向向外散热的速度最快，晶粒沿着与散热方向相反的方向优先长大而形成柱状晶区。

3）中心等轴晶区。柱状晶长到一定程度，锭模中心的钢液远离模壁，冷却速度变小，过冷度小，晶核少，而散热的方向性不明显，故形成粗大的等轴晶粒区。

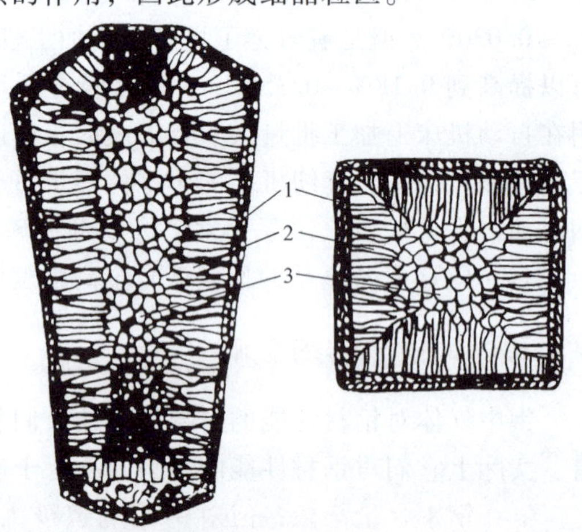

图 2-43 镇静钢锭宏观组织示意图

1—表面细晶粒区 2—柱状晶区 3—中心等轴晶区

如果在浇注过程中进行变质处理，加入变质剂作为人工晶核或采用振动、搅拌等措施，可以使整个铸锭（或铸件）全部由均匀细晶粒组成，例如铝合金和铸铁浇注时常采用变质处理措施获得细晶粒组织，以提高铸件强度、塑性和韧性；如果在浇注过程中采取定向散热措施，可以使整个铸锭（或铸件）均由柱状晶组成，例如高温合金铸造涡轮叶片时采用定向凝固方法，使整个叶片由平行于其长度方向的柱状晶组成，提高了叶片的蠕变抗力。

二、镇静钢锭的缺陷

镇静钢锭的缺陷有缩孔和疏松、气泡（图 2-44）、偏析等。

1）缩孔和疏松。由钢锭结晶时的体积收缩所引起。集中体积收缩称为缩孔；分散体积收缩称为疏松。缩孔表面严重氧化，其附近含有大量夹杂物，锻造和轧制时不能焊合，必须

完全切除，钢材中不允许有缩孔残留。疏松在锻造或轧制时可以焊合，其危害比残留缩孔小，但若疏松未被焊合，会降低钢的力学性能，特别是使塑性明显降低。

2）区域偏析。钢锭先结晶部位和后结晶部位化学成分不同。钢锭上部杂质元素如 S、P 等含量高，夹杂物多；锭中部杂质元素含量少，夹杂物少，成分均匀；锭下部高熔点氧化物多，如 SiO_2、$SiO_2 \cdot FeO$ 等。因此同一钢锭轧成钢材后，其各部分的化学成分不均匀，对钢材的性能有重要影响。例如汽车、拖拉机的连杆螺栓在使用时受轴向拉力，要求横截面上组织、性能均匀一致。但如果钢材中区域偏析严重，使横截面上成分不均匀，因而组织不均匀，造成螺栓使用寿命降低。严重的硫偏析使钢材在轧制过程中产生热脆而报废。严重的磷偏析引起冷脆，使零件工作时发生早期脆性断裂。因此，在进行零件的失效分析时，不仅要分析钢材的平均化学成分及显微组织，还要了解区域偏析情况。

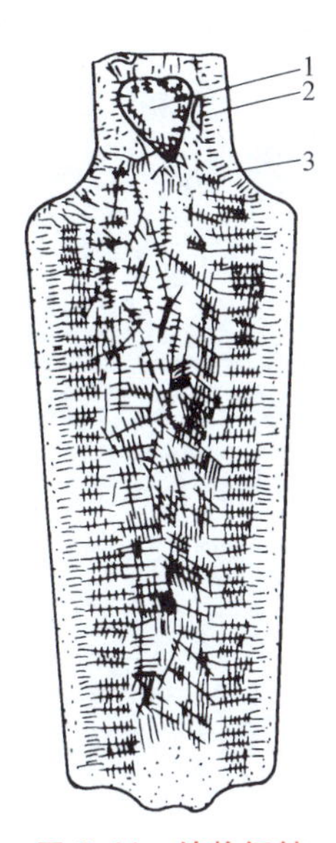

图 2-44　镇静钢锭中的缺陷

1—缩孔　2—气泡　3—疏松

3）气泡。钢液凝固时钢中气体来不及逸出而以气泡形式保留在钢内。钢锭内部的气泡在锻造或轧制过程中可以被焊合，而靠近钢锭表面的皮下气泡，在轧制过程中容易破裂，使钢材表面出现裂纹，降低钢材表面质量。

由上面讨论可以看出，铸锭（或铸件）的晶粒粗大，成分不均匀，存在疏松和气泡，因而其强度和塑性、韧性较低。若通过压力加工（锻造或轧制）可以显著提高材料的力学性能。因此，除了不能进行压力加工的材料如铸铁、铸造铝合金、铸造铜合金等采用铸造成形之外，大多数钢制零件都是用轧制钢材或锻造毛坯制成，都经过压力加工改善了钢的性能。

第六节　压力加工对钢组织和性能的影响

钢和其他金属的一个重要特性就是具有塑性，能够在外力作用下发生塑性变形。压力加工过程就是塑性变形过程。钢材和绝大部分钢制零件都是经过各种压力加工而成形的。例如钢厂将钢锭锻造、轧制、挤压、拉拔成各种型钢、钢板、钢管、钢丝、钢带。机械制造厂锻造生产各种零件的毛坯，或冲压、挤压等工艺使零件成形。压力加工的目的不仅是使钢材或钢制零件获得规定的形状和尺寸，更重要的是改变钢的组织和性能。

一、冷压力加工对钢组织和性能的影响

1. 塑性变形的主要方式——滑移

一块抛光和腐蚀的工业纯铁试样，未经变形时其显微组织是由等轴状铁素体晶粒和晶界组成（图 2-13），若将这块试样进行轻微变形后就会发现铁素体晶粒外形不变，仍为等轴状，而在晶粒内部出现许多平行线条（图 2-45），称为滑移带。进一步应用电子显微镜作高倍分析，发现每一条滑移带是由许多密集在一起的平行滑移线群所组成。因为试样变形时，晶内各部分在切应力作用下，沿原子排列最密的晶面（称为滑移面）和原子排列最密的晶

图 2-45　工业纯铁晶粒表面的滑移带×250

向（称为滑移方向）发生相对滑移，在试样表面产生许多台阶（图 2-46），所以平行滑移线群就是这些台阶在试样表面的痕迹。显然滑移线就是滑移面与试样表面的交线。滑移线间的距离为几十纳米，而沿每一滑移线的滑移量可达几百纳米。晶体中大量滑移线的滑移量就构成了宏观塑性变形。金属材料在大多数情况下都是以这种滑移方式进行塑性变形的。实验证实，滑移不是晶体两部分沿滑移面作整体的相对滑动，而是通过位错运动来实现的，如图 2-47 所示。由图可见，晶体滑移面右侧有一个刃型位错（图 2-47a），在切应力作用下该位错沿滑移面逐步由右向左运动（图 2-47b、c），当其运动出晶体时便在左侧表面形成了滑移量为一个原子间距大小的台阶（图 2-47d）。若大量位错在该滑移面上移动出晶体时，就会在晶体表面产生滑移量达几百纳米的宏观可见的台阶。

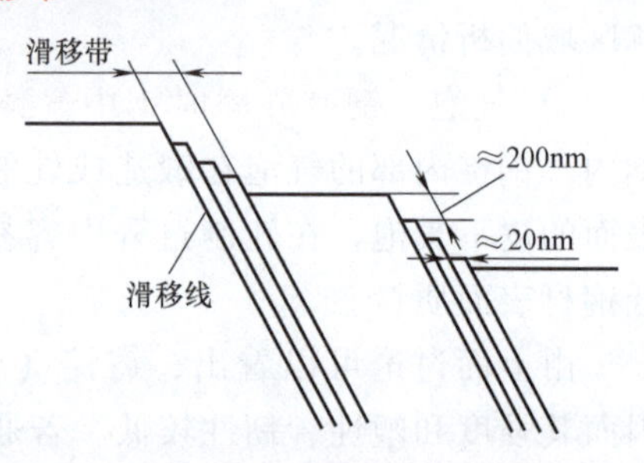

图 2-46　滑移线和滑移带示意图

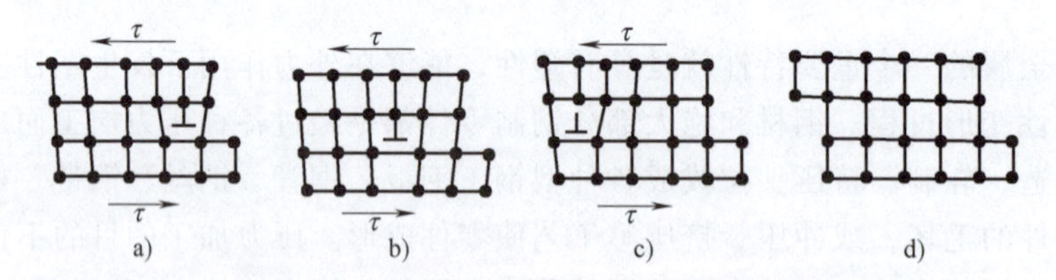

图 2-47　通过位错运动进行滑移的示意图

2. 纯铁和钢在塑性变形过程中的组织变化

如上所述，工业纯铁试样经轻微变形后，铁素体晶粒仍保持等轴状，而在晶粒表面出现滑移带（图 2-45）。若将其继续变形，随变形度的增加，滑移带逐渐增多，铁素体晶粒被拉长（拉伸时）或压扁（压缩时）（图 2-48）。当变形度很大时，各晶粒会被拉长或压扁为细条状或纤维状，称为纤维组织。

碳钢的塑性变形过程和工业纯铁相似，只是碳钢除含有铁素体外，还含有渗碳体，渗碳体硬而脆，阻碍铁素体变形。随钢中碳的质量分数增加，渗碳体数量增多，阻碍变形的作用

越显著。实验发现，w_C 为0.2%的亚共析钢当拉伸变形度达50%时，铁素体晶粒已明显被拉长，而珠光体仍未变形，保持原来的形态，这证明珠光体中的渗碳体阻碍其中铁素体的变形。此外，渗碳体形态不同，其对变形的阻力也不同。在共析钢中，若渗碳体以层片状分布于铁素体中，使铁素体变形困难，渗碳片越细，阻碍作用越大；若渗碳体呈球状时，阻碍作用比片状小。在过共析钢中渗碳体呈网状，对变形阻力更大，并使钢的脆性增加。

图2-48　工业纯铁变形度为80%的显微组织×125

3. 纯铁和钢在塑性变形过程中的性能变化

由于塑性变形过程中材料内部原子排列发生畸变，引起晶格扭曲，晶粒破碎为亚晶粒，晶体缺陷（空位、位错、晶界、亚晶界）增多，因而其性能也发生明显变化。随变形度增加，硬度、强度升高，塑性、韧性降低；电阻增加，耐蚀性降低。人们把金属材料经冷塑性变形后，随变形度增加，强度、硬度升高，塑性、韧性降低的现象称为加工硬化或形变强化。图2-49表示了工业纯铁和低碳钢的加工硬化。由图可见，纯铁和低碳钢经70%变形度的冷轧变形后，它们的抗拉强度均比未经变形时的数值增加400～500MPa。当碳钢中渗碳体为细片状时，加工硬化效果最大，例如当把 w_C 为1.0%的高碳钢处理成细片状珠光体，变形度达80%时，钢的抗拉强度比未经变形的数值增加1100～1200MPa。高强度钢丝就是将 w_C 为1.0%的高碳钢处理成细片状珠光体，然后冷拔变形90%以上，其抗拉强度可高达3000MPa。

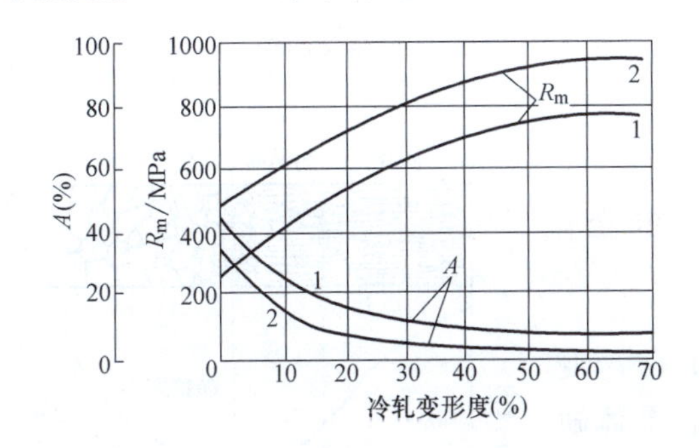

图2-49　工业纯铁和低碳钢的加工硬化

1—工业纯铁　2—低碳钢

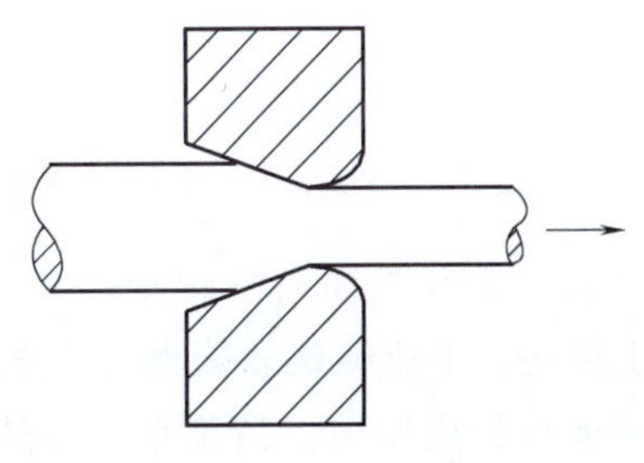

图2-50　拔丝示意图

加工硬化现象具有重要的实际意义。首先，它是提高金属材料强度的重要方法之一，尤其对纯金属以及不能用热处理方法强化的合金更为重要。上述高碳钢丝就是形变强化的典型例子。又如不锈钢、高锰钢、形变铝合金、压力加工铜合金等经冷加工变形后其强度成倍增加。其次，利用加工硬化可使各种冷变形成形工艺得以进行。图2-50是拔丝示意图，钢丝被拉的一端由于塑性变形而变细并产生加工硬化，强度增加，不再继续变形。而未经变形的粗端，通过拔丝模时可继续变形，从而获得粗细均匀的钢丝。另外，由于金属材料具有加工

硬化能力，当零件在偶然超载时可防止突然断裂，因此设计零件时对材料要求有一定塑性。

应当指出，当工业纯铁和碳钢（或其他金属）在冷加工变形度达70%~80%，形成纤维组织时，各晶粒内原子排列位向都趋于一致，称为织构或择优取向，如图2-51所示，这时材料表现出各向异性。在某些情况下，可以利用这种各向异性，提高材料的性能。例如在轧制变压器铁心的硅钢片时，由于各向异性会使材料的磁导率沿轧制方向显著增高，磁滞损耗大为减少，大大提高了变压器的效率。但是各向异性也会对生产带来某些不利。例如用具有织构的冷轧薄钢板冲制杯形工件时，由于钢板上各方向上的塑性伸长率不同，因而在拉深后出现制耳现象，使杯口边缘不齐，杯壁厚薄不匀，如图2-52所示。此外，在冷压力加工过程中由于材料各部分的变形不均匀或晶粒内各部分和各晶粒间的变形不均匀，材料内部会形成残留内应力，引起零件尺寸不稳定和降低零件耐蚀性能。因此，对尺寸精度要求高的零件或者防止应力腐蚀的零件，在冷压力加工成形后必须进行"去应力退火"。例如用冷拔钢丝卷制弹簧，在冷卷成形后要加热至250~300℃保温，以降低内应力并使其定型。但在某些情况下则可利用零件中的残留内应力以提高使用寿命，例如对承受交变载荷的零件进行喷丸强化，即用一定直径的钢丸或白口铸铁丸，以高速喷向零件表面，使其产生一层极薄的塑性变形层；或进行滚压强化，即用具有一定压力的滚轮在零件表面滚动，使表面产生一层塑性变形层。零件经喷丸或滚压后，在表面变形层中产生残留压应力，显著提高疲劳强度。例如汽车钢板弹簧经喷丸强化后，其使用寿命可提高2.5~3倍；45钢曲轴轴颈经滚压强化后，可使其弯曲疲劳强度由原来的80MPa提高到125MPa。

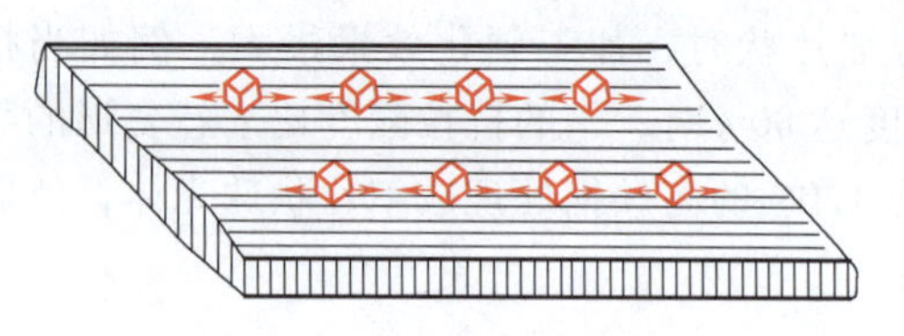

图2-51　工业纯铁的织构示意图

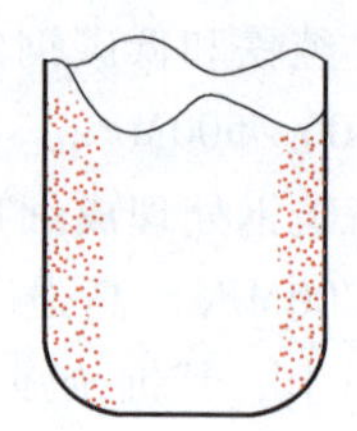

图2-52　拉深件的制耳现象

二、冷变形钢在加热过程中组织和性能的变化

1. 回复、再结晶和晶粒长大

如上所述，工业纯铁和碳钢（或其他金属）经冷变形后晶粒被拉长或压扁，晶粒破碎，晶格扭曲，晶体缺陷增多，内应力升高，因而其内部能量比冷变形前高，处于不稳定状态，有自发恢复到变形前的稳定组织状态的倾向。但在低温或室温时，由于原子活动能力弱，此过程不易进行，仍保持这种不稳定的变形组织。若对其加热，原子活动能力提高，其组织将随加热温度升高依次通过回复、再结晶、晶粒长大三个阶段发生变化，因而性能也发生相应的变化，如图2-53所示。

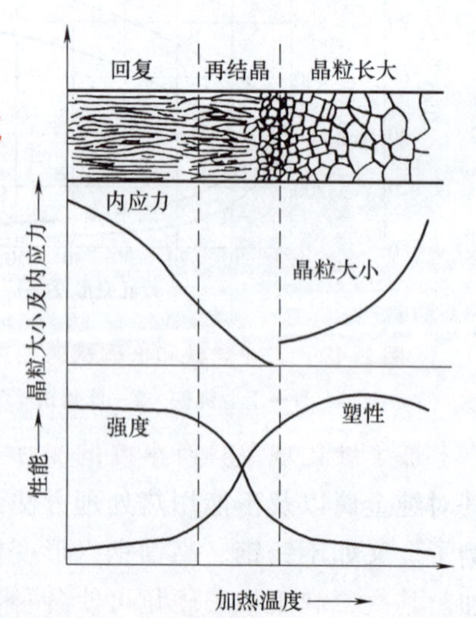

图2-53　变形金属在不同加热温度时组织和性能变化示意图

（1）回复　当加热温度不高时，原子活动能力尚

小，不能引起显微组织变化，仍保持破碎的、拉长的晶粒外形，但其内部原子排列畸变程度减轻，空位急剧减少，位错重新排列，内应力明显下降，因而电阻等性能明显降低，强度、硬度略有降低，塑性、韧性略有升高，但变化均不大，基本保持加工硬化效果，这个阶段称为回复。工业生产中常利用“回复”现象将冷加工金属进行低温加热，亦称为去应力退火，以降低内应力，使零件尺寸稳定，或防止应力腐蚀开裂，或提高导电性，并保留加工硬化性能，上述冷卷弹簧去应力退火就是典型例子。

（2）再结晶　当加热温度继续升高时，原子活动能力增大，位错密度大大降低，显微组织发生明显变化，由破碎的、拉长或压扁的变形晶粒变成细小均匀的无变形的等轴晶粒，内应力完全消除，因而性能也发生相应变化，如强度、硬度降低，塑性、韧性升高，消除了加工硬化，这个阶段称为再结晶或再结晶退火。图 2-54 为冷压力加工纯铁在加热时力学性能的变化情况。由图可见，工业纯铁 800℃时已完全再结晶。再结晶同样是通过形核和长大两个过程而进行的。首先在变形晶粒的晶界或晶粒内滑移带上形成晶核，然后这些晶核逐渐长大，与此同时又形成新的晶核并长大，如此不断进行，直至变形晶粒全部消失，形成细小无变形的等轴晶粒，再结晶过程便告结束。顺便指出，冷变形钢中渗碳体和铁素体界面也可作为再结晶形核地点，而且渗碳体还可以阻碍铁素体晶粒长大，所以冷变形钢再结晶后铁素体晶粒比相同变形度的工业纯铁再结晶后的铁素体晶粒要细得多。必须注意，再结晶过程无晶体结构变化，这同前面所讲的固态转变（如同素异构转变、共析转变等）概念有本质区别。

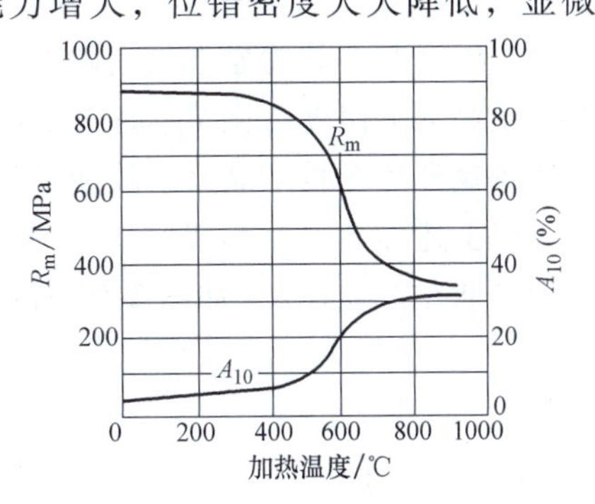

图 2-54　冷压力加工纯铁在加热时力学性能的变化

再结晶退火主要应用于金属材料冷压力加工工艺过程中，使冷压力加工得以进一步进行。例如冷拔钢丝，在最后成形前往往要经过数次中间再结晶退火。

（3）晶粒长大　再结晶结束后，若再继续升高温度或延长加热时间，便会出现大晶粒并吞小晶粒的现象，这一阶段称为晶粒长大。晶粒长大对材料的力学性能不利，使强度、塑性、韧性下降，尤其对塑性、韧性影响更为明显。

2. 影响再结晶晶粒大小的因素

为了保证变形金属再结晶退火后获得细晶粒，必须了解影响再结晶晶粒大小的因素。研究表明，影响因素主要有：变形度、加热温度和时间、成分、杂质、原始晶粒度等，这里着重讨论变形度和加热温度的影响。

（1）变形度　图 2-55 表示金属的冷变形度与再结晶后晶粒大小的关系。由图可见，当变形度很小时，由于晶格畸变很小，不足以引起再结晶，故加热时无再结晶现象。晶粒仍保持原来的大小。当变形度增加到某一临界值（大约 2%～10%，视具体金属而定），由于此时只有部分晶粒发生变形，变形极不均匀，再结晶晶核少，再结晶时晶粒极易相互并吞而长大，因而再结晶后晶粒特别粗大，这个变形度称为“临界变形度”。当变形度大于临界变形度后，随变形度增加，越来越多的晶粒发生变形，变形越趋均匀，再结晶晶核多，所以再结晶后晶粒越来越细。前已指出，粗大晶粒对金属的力学性能是不利的，故冷压力加工时应注意避免在临界变形度范围内加工，以免再结晶后产生粗大晶粒。此外，在锻造零件时，如锻造工艺或模具设计不当，使局部地区的变形度在临界范围内，则会造成局部粗晶粒区，零件工作时易在此处产生裂纹，造成早期损坏。

（2）退火温度　图2-53表明再结晶是在一个温度范围内进行的，若温度过低，不能发生再结晶；若温度过高，则会发生晶粒长大，因此欲获得细小的再结晶晶粒，必须在一个合适的温度范围内加热。实验表明，每种金属都有一个最低再结晶温度$T_{再}$，它和熔点$T_{熔}$之间存在着如下的大致关系

$$T_{再}=0.4T_{熔}$$

式中，温度T是热力学温度，单位为K。再结晶退火温度必须在$T_{再}$以上。生产中实际使用的再结晶退火温度常比$T_{再}$高150～250℃，例如钢的再结晶退火温度一般选用600～700℃，这样既保证完全再结晶又不致使晶粒粗化。

将上述加热温度和变形度两个因素对再结晶晶粒大小的影响综合画在立体坐标图中，便得到“再结晶全图”，如图2-56所示。它可作为制订金属热加工和再结晶退火工艺的参考。

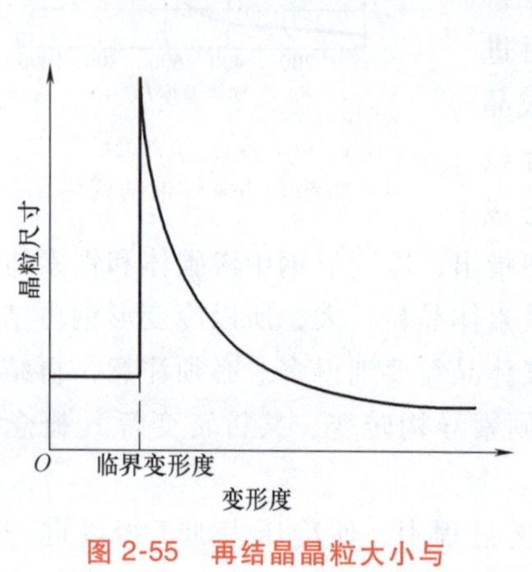

图2-55　再结晶晶粒大小与冷变形度的关系

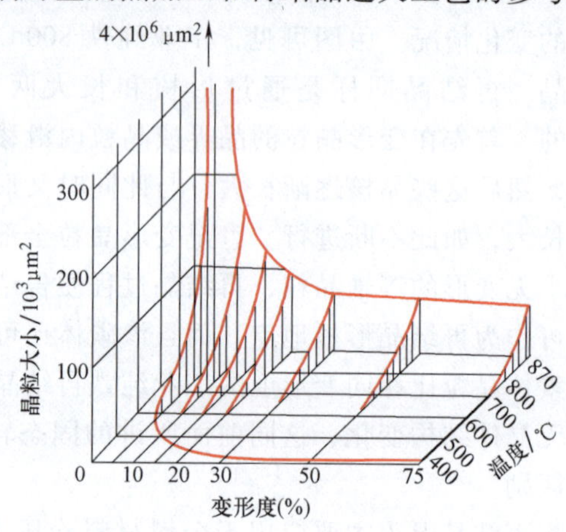

图2-56　纯铁的再结晶全图

三、热压力加工对钢组织和性能的影响

1. 热加工与冷加工的区别

对于大尺寸或难于冷加工变形的金属材料，生产上往往采用热加工变形，如锻造、轧制等。热加工变形是将材料加热到再结晶温度以上的一定温度进行压力加工，这时将会同时发生加工硬化和再结晶软化两个过程。因此，再结晶温度是热加工与冷加工的分界线。高于再结晶温度的压力加工为热加工，而低于再结晶温度的压力加工为冷加工。例如钢在500℃压力加工为冷加工；铅、锡在室温压力加工为热加工。

2. 热压力加工钢的组织和性能

钢的热加工是在奥氏体状态下进行的，首先将钢加热到单相奥氏体状态。各种碳钢的具体加热温度根据Fe-Fe_3C相图选取。然后进行轧制或锻造，这时奥氏体同时经历变形强化和再结晶软化两个过程，如图2-57所示。热加工的变形度、变形温度和时间及冷却速度影响热加工后奥氏体的晶粒大小，从而影响钢的室温组织和性能。如果正确选择热加工工艺（温度、时间、变形度、冷却速度等）可使亚共析钢得到均匀和细小的铁素体和珠光体组

织，共析钢得到细片状珠光体组织，过共析钢得到二次渗碳体均匀分布在细片状珠光体基体上的组织。近年来发展起来的控制轧制钢板就是采用加大热加工变形度，降低终轧温度，轧后快冷，并在钢中加入微量V、Nb等元素以有效阻碍奥氏体晶粒长大等措施而获得极细小的奥氏体晶粒，从而使控轧钢具有优良的力学性能。此外，热加工还能消除钢锭中的某些缺陷，如将疏松和气泡焊合，粗大柱状晶打碎，提高钢的性能。在热加工过程中钢中夹杂物会沿变形方向分布形成“流线”，使钢的力学性能呈现各向异性，纵向（沿流线方向）塑性和韧性显著大于横向（垂直于流线方向），见表2-4。如果合理利用热加工流线，尽量使流线与零件工作时承受的最大拉应力方向一致，而与外加切应力或冲击力垂直，可提高零件使用寿命。例如45钢锻造成的曲轴（图2-58a）比切削成的曲轴（图2-58b）的性能要好。

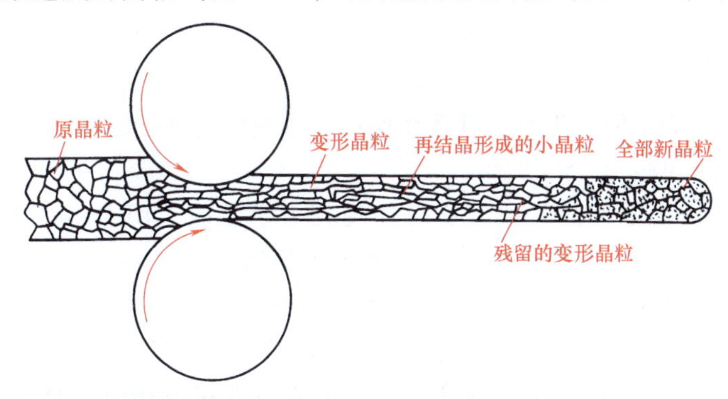

图2-57　钢在热轧时奥氏体的变形和再结晶

表2-4　w_C 为0.45%的钢经热轧后力学性能与流线方向的关系

试样方向	R_m/MPa	$R_{p0.2}$/MPa	A(%)	Z(%)	a_K/(J/cm^2)
纵向	715	470	17.5	62.8	62
横向	672	440	10.0	31.0	30

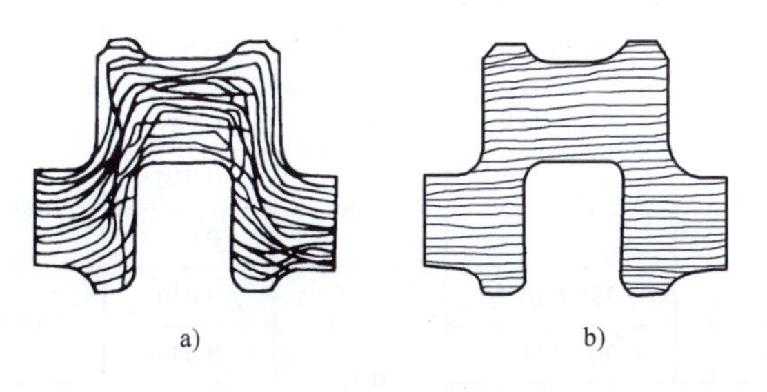

图2-58　曲轴流线分布示意图

第七节　碳钢的分类、牌号及用途

一、碳钢的分类

碳钢的分类方法很多，比较常用的有三种，即按钢中碳的含量、质量和用途分类。

1. 按碳的含量分类

可分为：低碳钢（$w_C \leqslant 0.25\%$）、中碳钢（$w_C = 0.30\% \sim 0.60\%$）和高碳钢（$w_C > 0.60\%$）。

2. 按质量（即硫、磷的含量）分类

可分为：普通碳素钢（$w_S \leqslant 0.035\%$、$w_P \leqslant 0.035\%$）、优质碳素钢（$w_S \leqslant 0.030\%$、$w_P \leqslant 0.030\%$）和高级优质碳素钢（$w_S \leqslant 0.020\%$、$w_P \leqslant 0.030\%$）。

3. 按用途分类

可分为：

（1）碳素结构钢　用于制造工程构件（如桥梁、船舶、建筑构件等）及机器零件（如齿轮、轴、连杆、螺钉、螺母等）。

（2）碳素工具钢　用于制造各种刃具、量具、模具等，一般为高碳钢，在质量上都是优质钢或高级优质钢。

二、碳钢的牌号和用途

钢的品种繁多，为了便于生产、管理和使用，必须将钢进行编号。

1. 普通碳素结构钢

这类钢主要保证力学性能，故其牌号体现其力学性能，用Q+数字表示，其中“Q”为屈服强度“屈”字的汉语拼音字首，数字表示屈服强度，例如Q275表示屈服强度为275MPa。若牌号后面标注字母A、B、C、D，则表示钢材质量等级不同，含S、P的量依次降低，钢材质量依次提高。若在牌号后面标注字母“F”则为沸腾钢，标注“Z”为镇静钢。例如Q235AF表示屈服强度为235MPa的A级沸腾钢，Q235C表示屈服强度为235MPa的C级镇静钢。表2-5和表2-6分别列出了普通碳素结构钢的牌号、化学成分和力学性能。

表2-5　普通碳素结构钢的牌号和化学成分（GB/T 700—2006）

牌号	等级	质量分数 w(%,不大于)					脱氧方法
		C	Mn	Si	S	P	
Q195	—	0.12	0.25~0.50	0.30	0.050	0.045	F、Z
Q215	A	0.15	0.25~0.55	0.30	0.050	0.045	F、Z
	B				0.045		
Q235	A	0.22	0.30~0.65[1]	0.30	0.050	0.045	F、Z
	B	0.20	0.30~0.70[1]		0.045		
	C	0.17	0.35~0.80		0.040	0.040	Z
	D	0.17			0.035	0.035	TZ
Q275	—	0.28~0.38	0.50~0.80	0.35	0.050	0.045	Z

注：1. Q235A、B级沸腾钢锰的质量分数上限为0.60%。
2. “F”沸腾钢，“b”半镇静钢，“Z”镇静钢，“TZ”特殊镇静钢。

普通碳素结构钢一般情况下都不经热处理，而在供应状态下直接使用。通常Q195、Q215、Q235钢碳的质量分数低，焊接性能好，塑性、韧性好，有一定强度，常轧制成薄板、钢筋、焊接钢管等，用于桥梁、建筑等结构和制造普通铆钉、螺钉、螺母等零件。Q275钢碳的质量分数稍高，强度较高，塑性、韧性较好，可进行焊接，通常轧制成型钢、

表 2-6　普通碳素结构钢的力学性能（GB/T 700—2006）

牌号	等级	拉伸试验													冲击试验(V形缺口)	
		屈服强度 $R_{p0.2}$/MPa						抗拉强度 R_m/MPa	伸长率 A_5（%）					温度/℃	冲击吸收功（纵向）/J
		钢材厚度（直径）/mm							钢材厚度（直径）/mm						
		≤16	>16~40	>40~60	>60~100	>100~150	>150		≤40	>40~60	>60~100	>100~150	>150~200		
		不小于							不小于						不小于
Q195	—	195	185	—	—	—	—	315~430	33	—	—	—	—	—	—
Q215	A	215	205	195	185	175	165	335~410	31	30	29	27	26	—	—
	B													20	27
Q235	A	235	225	215	215	195	185	375~500	26	25	24	22	21	—	—
	B													20	27
	C													0	
	D													-20	
Q275	A	275	265	255	245	225	215	410~540	22	21	20	18	17	+20	27
	B													0	
	C													-20	

条钢和钢板作结构件以及制造简单机械的连杆、齿轮、联轴器、销等零件。

2. 优质碳素结构钢

这类钢必须同时保证化学成分和力学性能。其牌号是采用两位数字表示钢中平均碳的质量分数的万分数（w_C×10000）。例如 45 钢表示钢中平均碳的质量分数为 0.45%；08 钢表示钢中平均碳的质量分数为 0.08%。

优质碳素结构钢主要用于制造机器零件。一般都要经过热处理以提高力学性能。根据碳的质量分数不同，有不同的用途。08、10 钢，塑性、韧性高，具有优良的冷成形性能和焊接性能，常冷轧成薄板，用于制作仪表外壳、汽车和拖拉机上的冷冲压件，如汽车车身、拖拉机驾驶室等；15、20、25 钢用于制作尺寸较小、负荷较轻、表面要求耐磨、心部强度要求不高的渗碳零件，如活塞销、样板等；30、35、40、45、50 钢经热处理（淬火+高温回火）后具有良好的综合力学性能，即具有较高的强度和较高的塑性、韧性，用于制作轴类零件，例如 40、45 钢常用于制造汽车、拖拉机的曲轴、连杆、一般机床主轴、机床齿轮和其他受力不大的轴类零件；55、60、65 钢经热处理（淬火+中温回火）后具有高的弹性极限，常用于制作负荷不大、尺寸较小（截面尺寸小于 12~15mm）的弹簧，如调压和调速弹簧、柱塞弹簧、冷卷弹簧等。优质碳素结构钢的化学成分和力学性能分别列于表 2-7 和表 2-8中。

3. 碳素工具钢

这类钢的牌号用 T+数字表示，其中“T”为“碳”字的汉语拼音字首，数字表示钢中

表 2-7 优质碳素结构钢的化学成分（GB/T 699—2015）

牌号	化学成分 w(%)							
	C	Si	Mn	P	S	Ni	Cr	Cu
				不大于				
08	0.05~0.11	0.17~0.37	0.35~0.65	0.035	0.035	0.30	0.10	0.25
10	0.07~0.13	0.17~0.37	0.35~0.65	0.035	0.035	0.30	0.15	0.25
15	0.12~0.18	0.17~0.37	0.35~0.65	0.035	0.035	0.30	0.25	0.25
20	0.17~0.23	0.17~0.37	0.35~0.65	0.035	0.035	0.30	0.25	0.25
25	0.22~0.29	0.17~0.37	0.50~0.80	0.035	0.035	0.30	0.25	0.25
30	0.27~0.34	0.17~0.37	0.50~0.80	0.035	0.035	0.30	0.25	0.25
35	0.32~0.39	0.17~0.37	0.50~0.80	0.035	0.035	0.30	0.25	0.25
40	0.37~0.44	0.17~0.37	0.50~0.80	0.035	0.035	0.30	0.25	0.25
45	0.42~0.50	0.17~0.37	0.50~0.80	0.035	0.035	0.30	0.25	0.25
50	0.47~0.55	0.17~0.37	0.50~0.80	0.035	0.035	0.30	0.25	0.25
55	0.52~0.60	0.17~0.37	0.50~0.80	0.035	0.035	0.30	0.25	0.25
60	0.57~0.65	0.17~0.37	0.50~0.80	0.035	0.035	0.30	0.25	0.25
65	0.62~0.70	0.17~0.37	0.50~0.80	0.035	0.035	0.30	0.25	0.25

表 2-8 优质碳素结构钢的力学性能（GB/T 699—2015）

牌号	试样毛坯尺寸/mm	推荐热处理/℃			力学性能					钢材交货状态硬度 HBW	
		正火	淬火	回火	R_m/MPa	$R_{p0.2}$/MPa	A_5(%)	Z(%)	A_K/J	不大于	
					不小于					未热处理	退火钢
08	25	930	—	—	325	195	33	60	—	131	—
10	25	930	—	—	335	205	31	55	—	137	—
15	25	920	—	—	375	225	27	55	—	143	—
20	25	910	—	—	410	245	25	55	—	156	—
25	25	900	870	600	450	275	23	50	71	170	—
30	25	880	860	600	490	295	21	50	63	179	—
35	25	870	850	600	530	315	20	45	55	197	—
40	25	860	840	600	570	335	19	45	47	217	187
45	25	850	840	600	600	355	16	40	39	229	197
50	25	830	830	600	630	375	14	40	31	241	207
55	25	820	—	—	645	380	13	35		255	217
60	25	810	—	—	675	400	12	35		255	229
65	25	810	—	—	695	410	10	30		255	229

平均碳的质量分数的千分数（w_C×1000）。例如 T8、T10 分别表示钢中平均 w_C 为 0.80%和 1.0%的碳素工具钢。若为高级优质碳素工具钢，则在钢号最后附以“A”字，例如 T12A 等。

碳素工具钢经热处理（淬火+低温回火）后具有高硬度，用于制造尺寸较小要求耐磨性高的量具、刃具和模具等。随钢中碳的质量分数增加，由于未溶渗碳体数量增多，则钢的耐磨性增加，而韧性则降低，因此它们适用于在不同场合下使用。表 2-9 列出了常用碳素工具钢的牌号、成分、热处理和用途。

表 2-9　常用碳素工具钢的牌号、成分、热处理和用途（GB/T 1298—2008）

钢号	化学成分 w(%)					淬火			交货状态硬度 HBW		应用举例
	C	Mn	Si	S	P	温度/℃	冷却介质	硬度 HRC ≥	退火 /℃	退火后冷却 ≥	
T7	0.65～0.74	≤0.40	≤0.35	≤0.030	≤0.035	800～820	水	62	187	241	制造承受振动与冲击载荷、要求较高韧性的工具，如凿子、打铁用模、各种锤子、木工工具、石钻（软岩石用）等
T7A	0.65～0.74			≤0.020	≤0.030	800～820	水	62	187	241	
T8	0.75～0.84			≤0.030	≤0.035	780～800	水	62	187	241	制造承受振动与冲击载荷、要求足够韧性和较高硬度的各种工具，如简单模子、冲头、剪切金属用剪刀、木工工具、煤矿用凿等
T8A	0.75～0.84			≤0.020	≤0.030	780～800	水	62	187	241	
T10	0.95～1.04			≤0.030	≤0.035	760～780	水	62	197	241	制造不受突然振动、在刃口上要求有少许韧性的工具，如刨刀、冲模、丝锥、板牙、手锯锯条、卡尺等
T10A	0.95～1.04			≤0.020	≤0.030	760～780	水	62	197	241	
T12	1.15～1.24			≤0.030	≤0.035	760～780	水	62	207	241	制造不受振动、要求极高硬度的工具，如钻头、丝锥、锉刀、刮刀等
T12A	1.15～1.24			≤0.020	≤0.030	760～780	水	62	207	241	

习题与思考题

1. 何谓过冷度？为什么结晶需要过冷度？它对结晶后晶粒大小有何影响？

2. 何谓晶体、单晶体、多晶体、晶体结构、点阵、晶格、晶胞？

3. 金属中常见的晶体结构类型有哪几种？α-Fe、γ-Fe、Al、Cu、Ni、Pb、Cr、V、Mg、Zn各属何种晶体结构？

4. 何谓同素异构转变？纯铁在常压下有哪几种同素异构体？各具有何种晶体结构？

5. 实际晶体中的晶体缺陷有哪几种类型？它们对晶体的性能有何影响？

6. 固溶体和化合物有何区别？固溶体类型有哪几种？Si、N、Cr、Mn、Ni、B、V、Ti、W与铁和碳形成何种固溶体或化合物？

7. 何谓匀晶转变、共晶转变、包晶转变、共析转变、固溶体的二次析出转变？根据$Fe\text{-}Fe_3C$相图写出它们的转变反应式，并说明转变产物的名称、形态及对铁碳合金力学性能的影响。

8. 根据所学相图知识回答下列问题：

（1）图2-59a和b中的A-B二元合金相图各属于什么类型的相图？

（2）分析图2-59a中合金①、②、③、④分别从液态缓慢冷却至室温时的结晶过程和室温组织。并应用杠杆定律计算各合金室温下的组织组成物和相组成物的质量分数。

（3）分析图2-59b中合金①、②、③分别从液态缓慢冷却至室温时的结晶过程和室温组织。并应用杠杆定律计算各合金室温下的组织组成物和相组成物的质量分数。

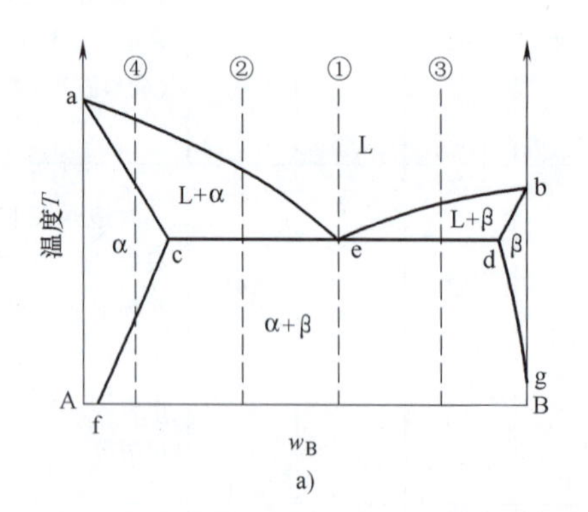

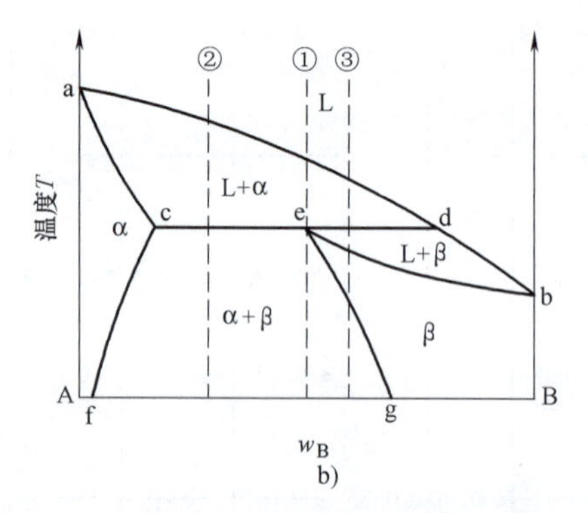

图2-59　A-B二元合金相图

9. 画出$Fe\text{-}Fe_3C$相图，填出图中各区的相和组织。并分析工业纯铁、w_C为0.3%、w_C为0.77%、w_C为1.2%、w_C为3.0%、w_C为4.3%、w_C为5.0%的铁碳合金从液态缓冷至室温时的结晶过程和室温组织。并应用杠杆定律计算室温下的组织组成物和相组成物的质量百分数。

10. 根据$Fe\text{-}Fe_3C$相图说明产生下列现象的原因：

（1）$w_C=1.0\%$的钢比$w_C=0.5\%$的钢硬度高。

（2）$w_C=0.77\%$的钢比$w_C=1.2\%$的钢强度高。

（3）钢可进行压力加工（如锻造、轧制、挤压、拔丝等）成形，而铸铁只能铸造成形，而且铸铁的铸造性能比钢好。

11. 钢中常存杂质元素有哪些？对钢的性能有何影响？

12. 何谓冷压力加工和热压力加工？钢经冷压力加工和热压力加工后的组织和性能有何不同？

13. 何谓临界变形度？为什么冷、热压力加工时都要避开临界变形度？

14. 何谓加工硬化？它给生产带来哪些好处和困难？钢丝在冷拔过程中为什么要进行中间退火？如何选择中间退火温度？并以工业纯铁为例，说明中间退火过程中组织和性能的变化。

15. 用冷拔高碳钢丝缠绕螺旋弹簧，最后要进行何种退火处理？为什么？

16. 指出下列钢的类别、主要特点及用途：

①Q215AF；②Q255B；③10 钢；④45 钢；⑤65 钢；⑥T12A。

Chapter 3

第三章 钢的热处理

热处理是改善金属材料性能的一种重要加工工艺。它是在固态下通过加热、保温和冷却的方法，改变合金的内部组织，从而获得所需性能的一种工艺操作。钢的热处理主要有普通热处理（退火、正火、淬火、回火）和表面热处理（表面淬火和表面化学热处理）。一般说来，大部分钢的热处理，如退火、正火、淬火等，都是将钢加热到临界点（A_1、A_3、A_{cm}）以上获得全部或部分晶粒细小的奥氏体组织，然后根据不同的冷却方式，奥氏体转变（等温转变或连续冷却转变）为不同的组织，从而使钢具有不同的性能。

第一节　钢在加热时的转变

一、奥氏体的形成

加热是热处理的第一道工序。生产中有两种本质不同的加热，一种是在 A_1（727℃）温度以下的加热，另一种是在 A_1 温度以上的加热。在这两种加热条件下所发生的组织转变是截然不同的，本节讨论钢在加热到 A_1 温度以上时所发生的转变。由 $Fe\text{-}Fe_3C$ 相图（图 2-22）可知，任何成分的钢加热到 A_1 温度以上时，都会发生珠光体向奥氏体的转变。将共析钢、亚共析钢和过共析钢分别加热到 A_1、A_3 和 A_{cm} 以上时，都完全转变为单相奥氏体，通常把这种加热转变称为奥氏体化。显然，加热的目的就是为了使钢获得奥氏体组织，并利用加热规范控制奥氏体晶粒大小。钢只有处于奥氏体状态才能通过不同的冷却方式使其转变为不同的组织，从而获得所需要的性能。

1. 共析钢的奥氏体形成过程

如前所述，共析钢在室温的平衡组织为珠光体。当将其加热至略高于 A_1 温度时，就会发生珠光体向奥氏体的转变。和其他转变过程一样，这种转变也是以形核与长大的方式进行的，其基本过程包括形核、长大、残留渗碳体溶解和奥氏体成分均匀化四步，如图 3-1 所示。奥氏体首先在铁素体与渗碳体的相界面处形核，它是通过同素异构转变 $\alpha \to \gamma$ 和渗碳体的溶解来实现的。奥氏体晶核形成后，立即向铁素体和渗碳体两方面长大，它同样是通过同素异构转变 $\alpha \to \gamma$ 和渗碳体的溶解来实现的。由于 $\alpha \to \gamma$ 的转变速度大于渗碳体的溶解速度，当铁素体完全转变为 γ 时，还有一部分渗碳体尚未溶解，这部分未溶渗碳体将随加热时间的延长而逐步溶解。当渗碳体刚溶解完毕时，奥氏体的成分是不均匀的，在原来渗碳体处含碳量较高，而在原来铁素体处含碳量较低。只有经过足够长时间保温，通过碳原子扩散才能使奥氏体的成分逐渐趋于均匀，最终得到成分均匀的单相奥氏体等轴晶粒，其 w_C

为0.77%。

奥氏体形成速度与加热温度、加热速度及钢的原始组织有关。加热温度越高，过热度越大，奥氏体晶核数越多，同时碳的扩散速度越快，则奥氏体晶核的长大速度越大，因而奥氏体形成速度越快。因此，提高加热温度可加速珠光体向奥氏体的转变。加热速度越快，发生转变的温度越高，转变的温度范围越宽，完成转变所需的时间也越短，因此提高加热速度可加速珠光体向奥氏体的转变过程。另外，原始组织中铁素体和渗碳体的相界面越多，奥氏体形成速度越快。层片状珠光体比粒状珠光体的相界面多，细片状珠光体比粗片状珠光体的相界面多，所以层片状珠光体比粒状珠光体容易奥氏体化，而细片状珠光体又比粗片状珠光体容易奥氏体化。

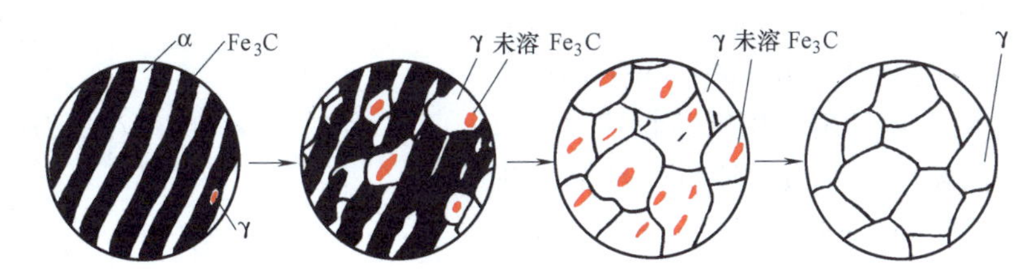

图 3-1　共析钢的奥氏体形成过程示意图

2. 亚共析钢和过共析钢的奥氏体形成过程

亚共析钢和过共析钢中奥氏体的形成过程基本上与共析钢相同。只是由于亚共析钢中存在先共析铁素体，过共析钢中存在先共析二次渗碳体，它们在完成珠光体向奥氏体的转变之后，还要分别发生先共析铁素体转变为奥氏体和先共析二次渗碳体溶入奥氏体的过程。由 $Fe\text{-}Fe_3C$ 相图可知，亚共析钢加热到 A_3 以上温度，过共析钢加热到 A_{cm} 以上温度时，才能获得单相奥氏体。

二、奥氏体晶粒大小

1. 奥氏体的实际晶粒度

奥氏体转变刚完成时，其晶粒是比较细小的。如果继续升高温度或在较高温度下长时间保温，则奥氏体晶粒会自发合并成较大的晶粒，这就是通常所说的奥氏体晶粒的长大。加热温度和保温时间对奥氏体晶粒长大有显著影响。加热温度越高，保温时间足够长，晶粒长得越大。加热温度一定时，随保温时间延长，晶粒也会不断长大，但当保温时间足够长之后，奥氏体晶粒就几乎不再长大而趋于相对稳定。若加热时间很短，即使在较高的加热温度下，也能得到细小的奥氏体晶粒。这种在具体加热条件下所得到的奥氏体晶粒大小称为奥氏体的实际晶粒大小或奥氏体的实际晶粒度，它对钢冷却后的组织和性能有明显影响。对同一种钢而言，当奥氏体晶粒细小时，冷却后的组织也细小，其强度较高，塑性、韧性较好；当奥氏体晶粒粗大时，以同样条件冷却后的组织也粗大。粗大的奥氏体晶粒会导致钢的力学性能降低，特别是韧性下降，甚至在淬火时形成裂纹。当加热时奥氏体晶粒大小超过规定尺寸时就成为一种加热缺陷，称之为“过热”。因此，凡是重要的工件，如高速切削刀具等，淬火时都要对奥氏体晶粒度进行金相评级，以保证淬火后具有足够的强度和韧性。

2. 奥氏体的本质晶粒度

生产中发现，不同牌号的钢，其奥氏体晶粒的长大倾向是不同的。如图 3-2 所示，有些

钢的奥氏体晶粒随加热温度升高会迅速长大；而有些钢的奥氏体晶粒则不容易长大，只是加热到更高温度时才开始迅速长大。一般把前者称为“本质粗晶粒钢”，而把后者称为“本质细晶粒钢”。显然，本质晶粒度只表示钢在加热时奥氏体晶粒长大倾向的大小，并不表示奥氏体实际晶粒大小。通常用铝脱氧的钢或含有 Nb、Ti、V 等元素的钢都是本质细晶粒钢，这是由于这些元素易形成 AlN、Al_2O_3、NbC、TiC、VC 等不易溶解的小粒子，分布于奥氏体晶界上，能阻止奥氏体晶粒的长大。但是当加热温度很高时，这些化合物会聚集长大或者溶解消失，从而失去阻碍晶界迁移的作用，奥氏体晶粒便会突然长大。而用 Si、Mn 脱氧的钢则为本质粗晶粒钢，由于其晶界上不存在细小化合物粒子，奥氏体晶粒容易长大。

钢的本质晶粒度在热处理生产中具有重要意义。因为有些热处理工艺需在高温下进行长时间加热才能实现，例如渗碳需在 900~950℃ 温度下加热 5~8h，这就必须采用本质细晶粒钢以获得细小的奥氏体晶粒。此外，焊接本质细晶粒钢时，其焊缝热影响区的过热程度要比本质粗晶粒钢轻微得多。因此，在设计时，凡是需经热处理或经焊接的零件一般尽量选用本质细晶粒钢，可以减小过热倾向。

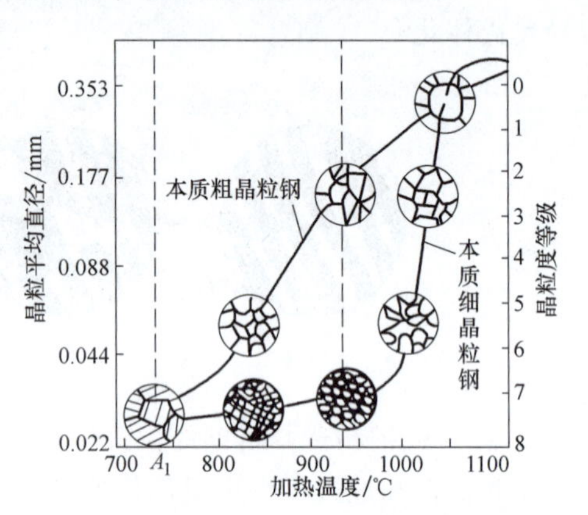

图 3-2　钢的本质晶粒度示意图

为了区别奥氏体的晶粒度，工业生产中，相关标准将奥氏体晶粒度分为 8 级，数字越大，晶粒越细。一般认为 1~3 级为粗晶粒，4~6 级为中等晶粒，7~8 级为细晶粒。在评定钢的本质晶粒度时，将钢加热至 930℃ 保温 3~8h，冷却后制成金相样品，在放大 100 倍的显微镜下与标准晶粒度等级图进行比较，晶粒度是 1~4 级的定为本质粗晶粒钢，5~8 级的定为本质细晶粒钢。

应当指出，除“过热”外，钢在加热时的缺陷还有“氧化”和“脱碳”。采用脱氧良好的盐浴加热或采用高温短时快速加热等方法可使氧化和脱碳程度减轻，但防止氧化和脱碳的根本办法是采用真空热处理或可控气氛热处理，这将在本章第五节中加以介绍。

第二节　奥氏体转变图

钢经加热和保温转变为奥氏体后，将其冷却至临界点（A_1、A_3、A_{cm}）以下，奥氏体并不立即发生转变而处于热力学不稳定状态，通常将这种在临界点以下尚未发生转变的不稳定奥氏体称为过冷奥氏体。过冷奥氏体在不同温度下经不同时间后开始发生转变，并转变为不同产物，描述过冷奥氏体的“温度-时间-转变”三者之间关系的曲线称为奥氏体转变图。常用的冷却方式有等温冷却和连续冷却，因此奥氏体转变图分为等温转变图和连续冷却转变图。

一、奥氏体等温转变图

1. 奥氏体等温转变图测定原理

现以共析钢为例。首先将共析钢制成 ϕ10mm×1.5mm 的薄片试样，分为几组，每组数

个试样，把它们同时加热到 A_1 温度以上某一温度，使之得到均匀的奥氏体，然后把各组试样分别迅速放入 A_1 温度以下不同温度（如 700℃、650℃、600℃、550℃、500℃、……）的恒温盐（或金属）浴中保温，同时记录时间，每隔一定时间取出一块试样，立即淬入水中。然后测量其硬度并在显微镜下观察其组织，找出各个等温温度下的转变开始时间和转变终了时间，并画在“温度-时间”的坐标系中，将所有的转变开始点和转变终了点分别连接起来，便形成了奥氏体转变开始线和转变终了线，如图 3-3 所示。这种描绘奥氏体等温转变时温度-时间-转变三者之间关系的曲线，称为奥氏体等温转变图。由于其形状类似“C”字，故曾称为“C 曲线”。

图 3-3　共析钢奥氏体等温转变图测定原理

2. 奥氏体等温转变图分析

以图 3-4 所示共析钢的奥氏体等温转变图为例。图的左边一条线为转变开始线，右边一条线为转变终了线，它们分别表示转变开始时间和终了时间随等温温度的变化，其中转变开始前时间称为孕育期。由图可以看出，过冷奥氏体等温转变具有如下特点。

（1）孕育期和转变速度随等温温度而变化　在 560℃ 孕育期最短，转变速度最快。在 A_1 ~ 560℃ 之间，随等温温度降低，过冷度增加，相变驱动力增大，孕育期缩短，转变速度变快。在“鼻温”以下时，即在 560℃ ~ *Ms* 之间，随等温温度降低，虽然过冷度增加使相变驱动力增大，但此时原子活动能力显著减小，因而孕育期增长，转变速度变慢。

（2）转变类型随等温温度而变化　A_1 ~ 560℃ 之间为珠光体转变；560℃ ~ *Ms* 之间为贝氏体转变；*Ms* ~ *Mf* 之间为马氏体转变。*Ms* 为马氏体转变开始温度，*Mf* 为马氏体转变终了温度，它们与冷却速度无关，所以在奥氏体等温转变图上是水平线。

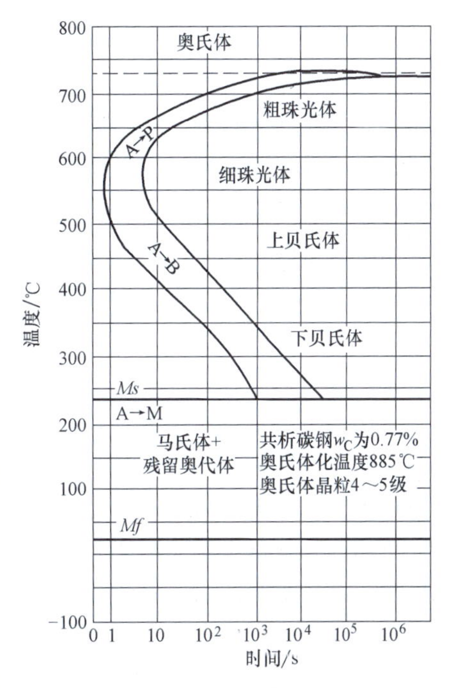

图 3-4　共析钢的奥氏体等温转变图

3. 过冷奥氏体等温转变过程及产物

（1）珠光体转变　珠光体转变就是前面介绍过的共析转变，它也是一个形核和长大的过程，如图 3-5 所示。当奥氏体过冷到 A_1 ~ 560℃ 之间的某一温度保温时，首先在奥氏体晶界处形成片状渗碳体核心（近年研究表明，也可以形成铁素体核心）（图 3-5a），Fe_3C 的长大使周围奥氏体贫碳，为铁素体的形核创造了条件，α 晶核便在 Fe_3C 两侧形成，这样就形成了一个珠光体晶核（图 3-5b），α 的长大使周围奥氏体中碳量升高，这又为产生新的 Fe_3C

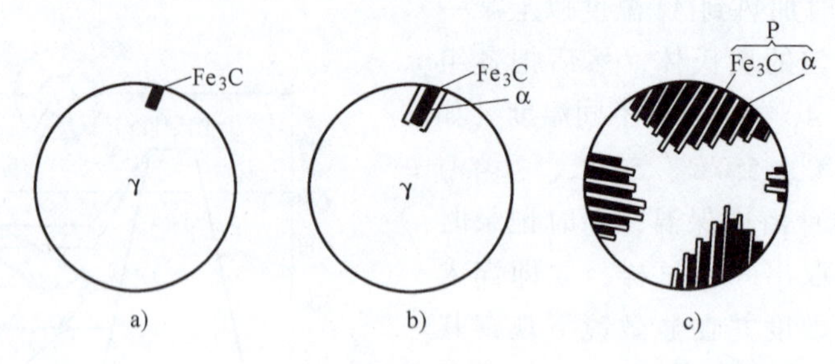

图 3-5　珠光体形成示意图

片创造了条件。随着 Fe_3C 的长大，又产生新的 α 片，如此反复进行，便形成了 α 与 Fe_3C 片层相间的珠光体领域。与此同时又有新的珠光体晶核形成并长大（图 3-5c），直到各个珠光体领域彼此相碰，奥氏体完全消失，转变便告结束。

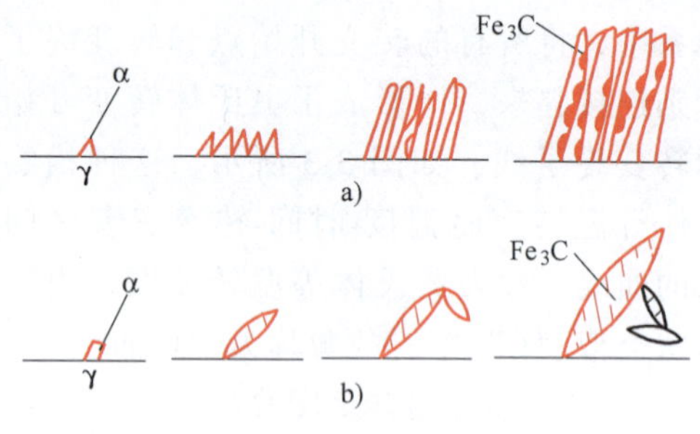

图 3-6　贝氏体形成示意图

a）上贝氏体　b）下贝氏体

等温温度越低，转变速度越快，珠光体片层越细。通常把片层较粗的珠光体称为珠光体，用 P 表示；片层较细的珠光体称为索氏体，用 S 表示；片层极细的珠光体称为托氏体，用 T 表示。显然，珠光体片层越细，其强度、硬度越高，同时塑性、韧性也有所增加。以硬度为例，P 的为 5~20HRC，S 的为 20~30HRC，T 的为 30~40HRC。冷拔高碳钢丝先等温处理成索氏体组织，再冷拔变形 80%以上，强度可达 3000MPa 以上而不会拔断，其原因就在于此。

（2）贝氏体转变　贝氏体转变也是形核和长大的过程，但它和上述珠光体转变不同。当把奥氏体过冷到 560℃ ~ Ms 温度范围内某一温度保温时，首先沿奥氏体晶界形成含碳过饱和的铁素体晶核并长大，随后在这种铁素体中析出细小渗碳体，其形成过程如图 3-6 所示。

贝氏体是由过饱和铁素体和渗碳体组成的混合物。等温温度不同，贝氏体形态不同。在 560~350℃范围内，贝氏体呈羽毛状，它是由许多互相平行的过饱和铁素体片和分布在片间的断续细小的渗碳体组成的混合物，称之为“上贝氏体”，用 $B_上$ 表示，其形成示意图如图 3-6a 所示，其显微组织如图 3-7 所示。上贝氏体硬度较高，可达40~45HRC，但由于铁素体片较粗，且呈平行排列，故塑性、韧性较差，在生产上应用较少。在 350℃ ~ Ms 范围内，贝氏体呈针叶状，它是由针叶状的过饱和铁素体和分布在其中的极细小的渗碳体粒子组成，称之为“下贝氏体”，用 $B_下$ 表示，其形成示意图如图 3- 6b，显微组织如图 3-8 所示。下贝氏体硬度更高，可达50~60HRC，因其铁素体针叶较细，故在具有高硬度的同时其塑性、韧性也较好。生产中有时对中碳合金钢和高碳合金钢采用“等温淬火”方法获得下贝氏体以提高钢的强度、硬度，同时保持一定的塑性和韧性，其原因就在于此。

（3）马氏体转变　马氏体转变是在连续冷却过程中在 Ms ~ Mf 温度范围内进行的，也是一个形核和长大过程，但它的孕育期短到很难测出。当奥氏体过冷至 Ms 点时，便有第一批马氏体针叶沿奥氏体晶界形核并迅速向晶内长大，由于长大速度极快（约 10^{-7}s），它们很快横贯整个奥氏体晶粒或很快彼此相碰而立即停止长大，必须继续降低温度才能有新的马氏

体针叶形成，如此不断连续冷却便有一批又一批的马氏体针叶不断形成，直到 *Mf* 点，转变结束，其形成过程示意图如图 3-9 所示。

a)

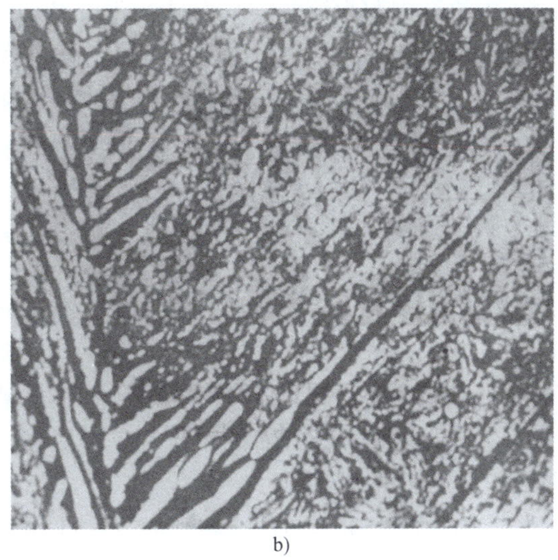
b)

图 3-7　上贝氏体的显微组织

a）×500　b）×10000

a)

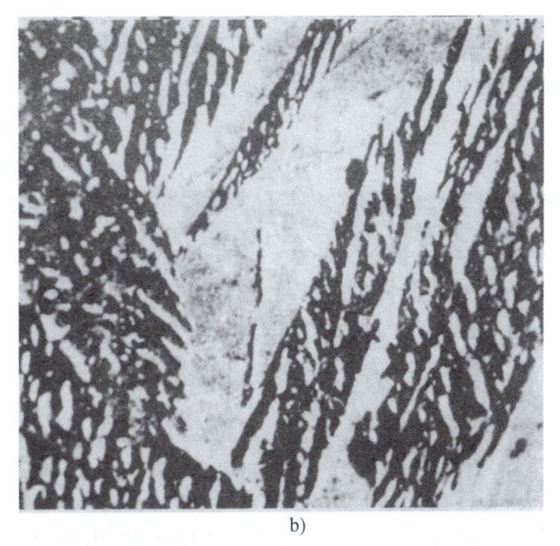
b)

图 3 8　下贝氏体的显微组织

a）×500　b）×10000

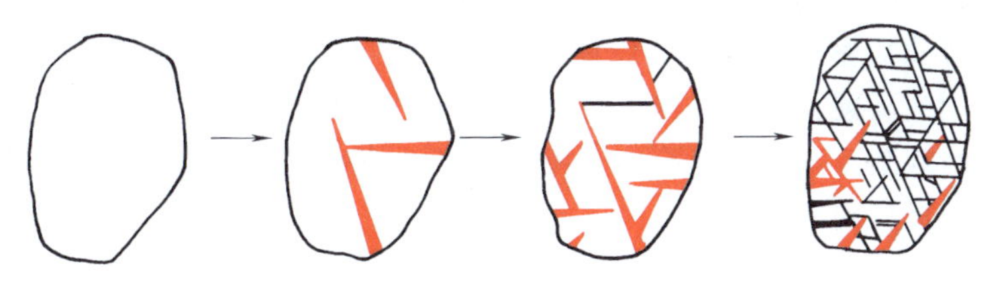

图 3-9　马氏体针叶的形成过程示意图

由于马氏体转变温度低，转变速度快，只发生铁素体的晶体结构转变，而碳原子来不及重新分布，被迫保留在马氏体中，其碳的质量分数与母相奥氏体相同，因此马氏体是碳在α-Fe中的过饱和固溶体，具有体心正方结构。大量碳原子的过饱和造成原子排列发生畸变，产生较大内应力，因此马氏体具有高的硬度和强度。马氏体中碳的质量分数越高，其硬度和强度越高，但脆性越大，必须进行回火后才能使用。例如 w_C 为 0.10%~0.25%的低碳马氏体的性能大致为：$R_{p0.2}$ = 800~1300MPa，R_m = 1000~1500MPa，硬度为 35~45HRC，A = 9%~17%，Z = 40%~65%，a_K = 60~180J/cm²；而 w_C 为 0.8%的高碳马氏体的性能则为：$R_{p0.2}$ = 1500~2000MPa，R_m = 1800~2300MPa，硬度为 62~64HRC，A = 1%，Z = 30%，a_K = 10J/cm²。因此，在设计时，对于要求高硬度、耐磨损的零件应选用高碳钢或高碳合金钢淬火成高碳马氏体；对于要求强度和韧性都较高的零件，则宜选用低碳钢或低碳合金钢淬火成低碳马氏体。近年来，低碳马氏体的应用得到了很大发展，用低碳合金钢淬火成低碳马氏体代替中碳合金调质钢可以大幅度减轻零件重量，延长使用寿命，改善工艺性能和提高产品质量，并已成功应用于石油钻井的吊环、吊钳、吊卡和汽车上的高强度螺栓，如连杆螺栓、缸盖螺栓、半轴螺栓等零件。

应当指出，由于马氏体转变时发生体积膨胀，马氏体转变结束时总有少量奥氏体被保留下来，这部分奥氏体称为残留奥氏体，用 γ′或 A′表示。

4. 影响奥氏体等温转变图的主要因素

影响奥氏体等温转变图的因素有多种，主要是奥氏体中的碳含量及合金元素含量。

（1）碳含量的影响　与共析钢的奥氏体等温转变图相似，亚共析钢和过共析钢的奥氏体等温转变图中也存在高温区的珠光体转变、中温区的贝氏体转变和低温区的马氏体转变。所不同的是亚共析钢在珠光体转变之前先有铁素体析出，过共析钢则先有渗碳体析出，它们的奥氏体等温转变图分别如图 3-10a 和图 3-10c 所示。由图还可看出，共析钢的奥氏体等温转变图距纵坐标的距离比亚共析钢和过共析钢更远。随含碳量增加，亚共析钢的奥氏体等温转变图逐渐右移，而过共析钢的奥氏体等温转变图逐渐左移。因此，在碳钢中，共析钢的奥氏体等温转变图最靠右。另外，随含碳量增加，碳钢奥氏体等温转变图上的 *Ms* 和 *Mf* 点逐渐降低。

（2）合金元素的影响　除钴以外，所有的合金元素溶入奥氏体后都使奥氏体等温转变图右移。而除铝和钴外，其他元素溶入奥氏体后都使奥氏体等温转变图上 *Ms* 和 *Mf* 点降低。另外，有些合金元素溶入奥氏体后还会改变奥氏体等温转变图的形状（详见第四章合金钢）。

奥氏体等温转变图距纵坐标的距离远近会直接影响钢的淬透性（本章第三节详细讨论）。奥氏体等温转变图上 *Ms* 和 *Mf* 点的降低将使钢淬火至室温后残留奥氏体量增加。例如共析钢的 *Mf* 点为-50℃，淬火后室温下保留 3%~6%的残留奥氏体；过共析钢的 *Mf* 点降至-100℃左右，淬火后室温下残留奥氏体量可达 8%~15%。大量残留奥氏体会降低钢的硬度，因此，高碳钢或高碳合金钢在淬火后常常进行“冷处理”，即在淬火至室温后，立即将钢件放入干冰酒精等制冷剂中继续冷却至零下温度，使残留奥氏体继续转变为马氏体，以减少残留奥氏体量，提高硬度。

二、奥氏体连续冷却转变图

在实际的热处理工艺中，零件常常被连续冷却，此时过冷奥氏体的转变是在连续冷却过

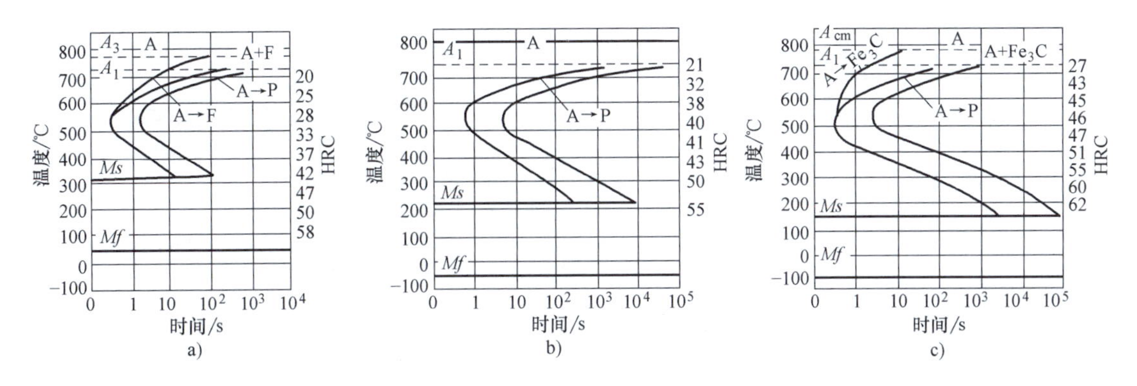

图 3-10　亚共析钢、共析钢及过共析钢的奥氏体等温转变图比较

a）亚共析钢　b）共析钢　c）过共析钢

程中进行的。描述过冷奥氏体连续冷却时的温度-时间-转变曲线称为连续冷却转变图（Continuous Cooling Transformation diagram），简称 CCT 图。连续冷却可以看成无数个不同温度下等温时间很短的等温冷却，因此，CCT 图与奥氏体等温转变图既有区别，又有联系，图 3-11是共析碳钢 CCT 图与其奥氏体等温转变图的比较。由图可见，CCT 图位于奥氏体等温转变图的右下方，也有珠光体转变开始线和终了线，却无贝氏体转变，而多了一条珠光体转变中止线（图中 *K* 线），即凡冷却速度线碰到 *K* 线时，过冷奥氏体就不再继续向珠光体转变，而一直保持到 *Ms* 点以下才转变为马氏体。同样，过共析碳钢的 CCT 图上也无贝氏体转变。但亚共析碳钢则不然，它在连续冷却时在一定温度范围内过冷奥氏体会部分转变为贝氏体。

由于奥氏体的连续冷却转变图的测定比较困难，实际热处理时常参照奥氏体等温转变图来定性地估计连续冷却转变过程。其方法是将连续冷却速度线画在钢的奥氏体等温转变图上，根据冷却速度线与奥氏体等温转变图相交的位置便能大致估计在某种冷却速度下实际转变所获得的组织。以共析碳钢的冷却为例进行讨论（图 3-12）。图中 v_1 相当于炉冷（退火）的情况，获得粗片状珠光体组织；v_2 相当于空气中冷却（正火）的情况，获得索氏体组织；v_3 相当于油中冷却（油淬）的情况，先有一部分奥氏体转变为托氏体，此时冷却速度线未与奥氏体等温转变图的转变终了线相交，剩余奥氏体在随后冷却到 *Ms* 点以下转变为马氏体，获得托氏体+马氏体的混合组织；v_4 相当于水中冷却（水淬）的情况，冷却速度线不与奥氏体等温转变图相交，在 A_1 ~ *Ms* 温度范围内奥氏体不发生转变，只有过冷到 *Ms* 点以下时才转变成马氏体，得到马氏体+残留奥氏体的组织。$v_{临}$ 冷却速度线恰好与奥氏体等温转变图中的转变开始线相切，它表示奥氏体在冷却时中途不发生转变，而直接转变为马氏体组织的最小冷却速度，称之为“临界冷却速度”，有时将 $v_{临}$ 用 v_C 或 v_K 表示。显然，$v_{临}$ 与奥氏体等温转变图的位置有关，奥氏体等温转变图越右移，则 $v_{临}$ 越小，在较慢的冷却速度下也能得到马氏体组织，这对热处理的工艺操作具有十分重要的意义。例如用碳钢做成零件，由于它的奥氏体等温转变图靠左，$v_{临}$ 很大，必须在水中冷却才能得到马氏体，在零件形状比较复杂的情况下，便容易开裂。如果用合金钢做成零件，由于其奥氏体等温转变图靠右，$v_{临}$ 较小，在油中冷却也能得到马氏体。油的冷却速度较慢，故零件产生的热应力较小，不易变形和开裂，这正是合金钢的重要优越性之一，将在合金钢一章中详细论述。

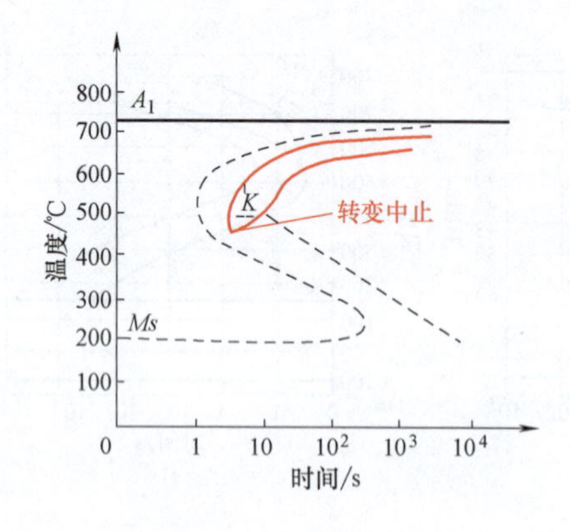

图 3-11　共析碳钢奥氏体连续冷却转变图（实线）与等温转变图（虚线）的比较

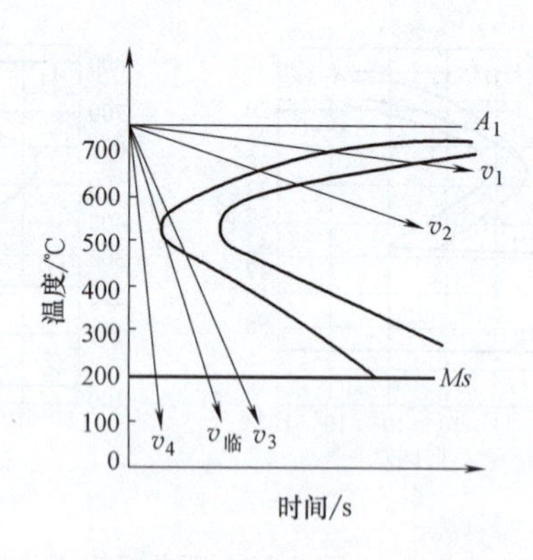

图 3-12　共析碳钢奥氏体等温转变图在连续冷却时应用示意图

第三节　钢的普通热处理

钢的普通热处理是将工件整体进行加热、保温和冷却，使其获得均匀的组织和性能的一种操作，它包括退火、正火、淬火和回火四种。普通热处理是钢制零件制造过程中不可缺少的工序。对重要的零部件，其制造工艺路线常采用铸造（或锻造）→退火（或正火）→粗加工→淬火→回火→精加工→成品，其中退火或正火作为预备热处理，而淬火和回火作为最终热处理。对一般零部件，其制造工艺路线常采用铸造（或锻造）→退火（或正火）→切削加工→成品，其中退火或正火也可作为最终热处理。

一、钢的退火

所谓退火是将工件加热到临界点（A_1、A_3、A_{cm}）以上或在临界点以下某一温度保温一定时间后，以十分缓慢的冷却速度（炉冷、坑冷、灰冷）进行冷却的一种工艺操作。最常用的退火工艺有完全退火、球化退火和去应力退火等。

1. 完全退火

完全退火主要用于亚共析成分的碳钢及合金钢的铸件、锻件及热轧型材，有时也用于焊接结构件。它是将工件加热至 Ac_3（Ac_3 为实际加热时亚共析钢完全转变为奥氏体的最低温度）以上 30~50℃，保温一定时间后十分缓慢地冷却至 500℃以下，然后在空气中冷却，室温下的组织为铁素体与球光体的混合物。其目的是改善组织，细化晶粒，降低硬度，改善切削加工性。一般常作为一些对强度要求不高的零件的最终热处理，或作为某些重要零件的预备热处理。

2. 球化退火

球化退火主要用于共析和过共析成分的碳钢及合金钢。它是将钢件加热到 Ac_1（Ac_1 为实际加热时珠光体转变为奥氏体的最低温度）以上 30~50℃，保温一定时间后随炉缓慢冷至 600℃以下出炉空冷，钢中的片层状渗碳体和网状二次渗碳体发生球化，得到硬度更低韧性更好的球状珠光体组织。球化退火的目的是降低硬度，改善切削加工性，并为以后淬火做

准备，减小工件淬火变形和开裂。

3. 去应力退火

去应力退火主要用于消除铸件、锻件、焊接件、冷冲压件（或冷拉件）及机加工件的残留应力，以防止零件变形或产生裂纹，降低机器精度，避免发生事故。钢的去应力退火操作是将工件随炉缓慢加热至500~650℃，保温一段时间后，随炉缓慢冷却至200℃以下出炉空冷的工艺。与退火前相比，去应力退火后的组织不发生明显变化，其性能（如硬度、强度、塑性、韧性等）也无明显变化，仅是残留应力得到松弛。例如汽轮机的隔板是由隔板体和静叶片焊接而成，焊接后若不进行去应力退火，则可能在运转过程中产生变形而打坏转子叶片，发生严重事故。为此，大型铸件如机床床身、内燃机气缸体，重要的焊接件如汽轮机隔板，冷成形件如冷卷弹簧等必须进行去应力退火。

除上述三种退火外，还有使铸件成分均匀化的均匀化退火和消除加工硬化的再结晶退火，这里不再一一介绍。

二、钢的正火

所谓正火是将工件加热至Ac_3或Ac_{cm}（Ac_{cm}是实际加热时过共析钢完全转变为奥氏体的最低温度）以上30~80℃，保温后从炉中取出在空气中冷却。与退火的明显区别是正火的冷却速度较快，正火后形成的组织要比退火组织细，因而使钢的硬度和强度有所提高。正火的目的主要是细化组织，适当提高硬度和强度，用于普通结构件作为最终热处理；或用于低、中碳钢作为预备热处理，改善切削加工性；还可用于过共析钢消除网状渗碳体，以利于球化退火的进行。

由以上讨论可以看出退火与正火在某种程度上有相似之处，设计时应根据不同情况加以选择，通常从以下两方面考虑：

（1）从切削加工性考虑　低碳钢硬度低，切削加工时切屑不易断开而粘刀，切削刃容易损坏，加工后零件表面粗糙度值大。通过正火可以适当提高硬度以利于切削加工，故低碳钢和低碳合金钢以正火作为预备热处理；高碳钢硬度高，难以切削加工，切削具易磨损，通过退火可以适当降低硬度，以利于切削加工，故高碳结构钢和工具钢及中碳以上多元合金钢均采用退火作为预备热处理；中碳钢和中低碳合金钢采用退火或正火作为预备热处理，切削加工性是个重要考虑因素。但从经济上考虑，正火比退火的生产周期短，耗能少，且操作简便，尽可能以正火代替退火。

（2）从使用性能考虑　如果工件的性能要求不高，则以正火为最终热处理，以提高力学性能。但如果工件形状复杂，则应采用退火作为最终热处理，以防止出现裂纹。

三、钢的淬火

1. 淬火的目的

所谓淬火就是将钢件加热到Ac_3（对亚共析钢）或Ac_1（对共析和过共析钢）以上30~50℃，保温一定时间后快速冷却（一般为油冷或水冷）以获得马氏体（或下贝氏体）组织的一种工艺操作。因此，淬火的目的就是获得马氏体（或下贝氏体）。淬火及随后的回火处理是许多机器零件必不可少的最终热处理，是发挥钢铁材料性能潜力的重要手段之一。例如用T8钢制造切削刀具，退火后的硬度很低，为163~187HBW（相当于<20HRC），甚至与被

切削零件的硬度相近，显然无法切削零件。若将其淬火成马氏体，再配之以低温回火，硬度可达60~64HRC，则可切削零件，并具有较高的耐磨性。又如用45钢制造轴类零件，正火后力学性能为：硬度为250HBW，$R_{p0.2}\approx 320$MPa，$R_m\approx 750$MPa，$A\approx 18\%$，$a_K\approx 70\text{J/cm}^2$。若将其淬火成马氏体，再配之以高温回火（调质），其力学性能为：硬度为250HBW，$R_{p0.2}\approx 450$MPa，$R_m\approx 800$MPa，$A\approx 23\%$，$a_K\approx 100\text{J/cm}^2$，具有良好的强度与塑性和韧性的配合，这样就可以延长零件的使用寿命。

2. 淬火介质

（1）理想的淬火冷却速度　淬火冷却是决定淬火质量的关键。为了使钢淬成马氏体，淬火冷却速度必须大于临界冷却速度 $v_{临}$（图3-12），但快冷又会产生较大的内应力，容易引起工件变形和开裂。图3-13所示钢的理想冷却速度兼顾了上述相互矛盾的两个方面。由图可见，在奥氏体等温转变图中孕育期较短处的快速冷却保证了过冷奥氏体在向马氏体转变前不转变为其他组织，而在该处以上及以下温度范围的较慢冷却，既减小了由于工件表层与其心部温差造成的热应力，也减小了马氏体转变引起的组织应力，从而在保证淬成马氏体的前提下，减轻工件变形和开裂倾向。

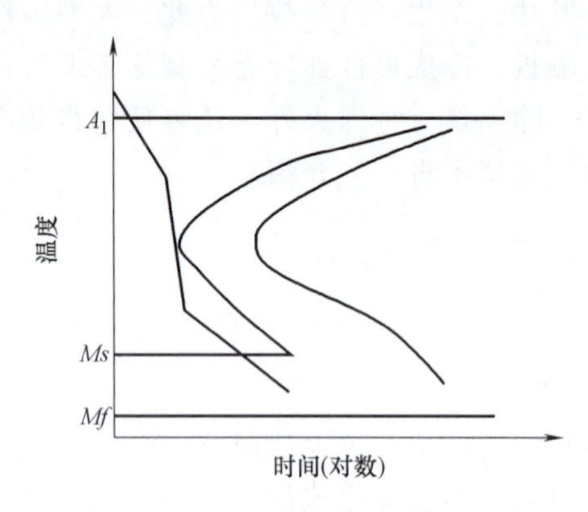

图3-13　钢的理想淬火冷却速度

（2）常用淬火介质　最常用的淬火介质是水、盐水和油。水的淬冷能力很强，且价廉易得，是碳素钢常用的淬火介质。但水易在工件表面形成蒸汽膜，降低工件的冷却速度，工件表面易存在一些未淬硬的软点。另外，工件淬火变形及开裂倾向较大。浓度为10%左右的盐水具有比水更强的淬冷能力，且在工件表面析出的盐晶体具有“爆炸”作用，使工件表面的蒸汽膜破坏，氧化皮脱落，因而淬火件表面光洁，且不易产生软点。但盐水同样使工件变形严重，甚至开裂。应用较广的机油淬冷能力较弱，减小了钢淬火时的变形和开裂倾向，却不易使钢淬成马氏体，故仅适用于合金钢。柴油的冷却能力比机油强，冬季也不发黏，工厂常用于合金钢和小截面碳素钢零件的淬火。此外，还有硝盐浴、碱浴、聚乙烯醇水溶液和三硝水溶液等，它们的冷却能力介于水和油之间，适用于油淬不硬而水淬开裂的碳素钢零件。

3. 常用淬火方法

无论哪种淬火介质都不能使工件获得理想的淬火冷却速度。为了使工件既淬成马氏体又能防止变形和开裂，除选择合适的淬火介质外，还必须采取正确的淬火方法。最常用的淬火方法有四种，如图3-14所示。

（1）单液淬火法　如图3-14a所示，将加热工件淬入一种介质中一直冷到室温，例如碳钢在水中淬火，合金钢在油中淬火。该方法操作简单，容易实现机械化、自动化，但水淬容易产生变形和开裂，油淬容易产生硬度不足或硬度不均匀等现象。

（2）双液淬火法　如图3-14b所示，将加热的工件先在淬冷能力较强的介质中冷却至300℃左右，立即转入另一种淬冷能力较弱的介质中冷却至室温。例如形状复杂的碳钢件先在水中冷却再在油中冷却，即水淬油冷，而合金钢件常采用油淬空冷。如能恰当地掌握好在第一种介质中的停留时间，则可有效防止变形和开裂。

（3）分级淬火法　如图 3-14c 所示，将加热的钢件先放入温度稍高于该钢 Ms 点的硝盐浴或碱浴中保温 2~5min，待其表面与心部的温度均匀后，立即取出在空气中冷却。该法可有效减小内应力，防止变形和开裂。但由于硝盐浴和碱浴的淬冷能力较弱，故只适用于尺寸较小，要求变形小、尺寸精度高的工件，如模具、刀具等。

（4）等温淬火法　如图 3-14d 所示，将加热的工件放入温度稍高于 Ms 点的硝盐浴或碱浴中，保温足够长的时间使其完成贝氏体转变，获得下贝氏体组织。下贝氏体与回火马氏体相比，在碳量相近、硬度相当的情况下，前者比后者具有较高的塑性与韧性。此法适用于尺寸较小、形状复杂、要求变形小、具有高硬度和强韧性的工具、模具以及重要的结构件，如飞机起落架等。

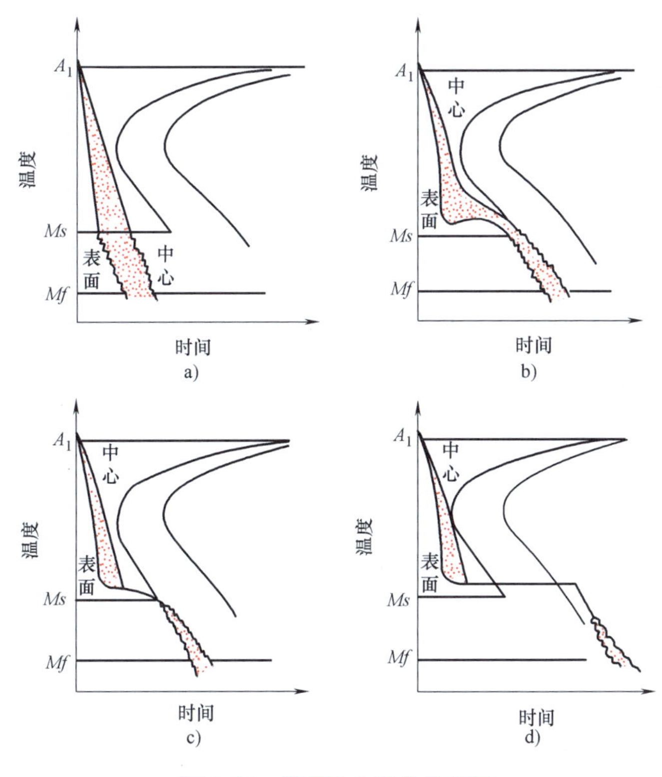

图 3-14　常用淬火方法示意图

a）单液淬火法　b）双液淬火法　c）分级淬火法　d）等温淬火法

4. 钢的淬透性

（1）淬透性及其测定　淬火时，工件表面与心部的冷却速度不同，表面比心部冷得快，如图 3-14 所示。对于截面较小的工件，其表面和心部都能满足 $v>v_{临}$，均能获得马氏体。但对于截面较大的工件，仅能在表层满足 $v>v_{临}$，获得马氏体，其心部则因 $v<v_{临}$ 获得部分马氏体甚至完全没有马氏体。通常规定工件表面至半马氏体层（马氏体量占 50%）之间的区域为淬硬层，它的深度叫淬硬层深度。对于用不同钢材制成的截面尺寸完全相同的工件，由于它们的奥氏体等温转变图不同，$v_{临}$ 不同，获得淬硬层的能力也不同，$v_{临}$ 小的工件能获得较大的淬硬层深度。钢在淬火时获得淬硬层深度大小的能力称为钢的淬透性。

为了便于比较各种钢的淬透性，必须在统一标准的冷却条件下来测定和比较。测定淬透

性的方法很多，最常用的方法有两种。

1）临界直径法。它是将同一种钢的不同直径的圆棒加热至单相奥氏体区，然后在同一淬火介质（水或油）中冷却，测出其能全部淬成马氏体的最大直径 D_0 即为临界直径，如图 3-15 所示。图中未画影线的部分为淬硬层，D_0 越大，淬透性越好。这样就可以根据不同钢在同一淬火介质（水或油）中的临界直径来比较它们的淬透性大小。

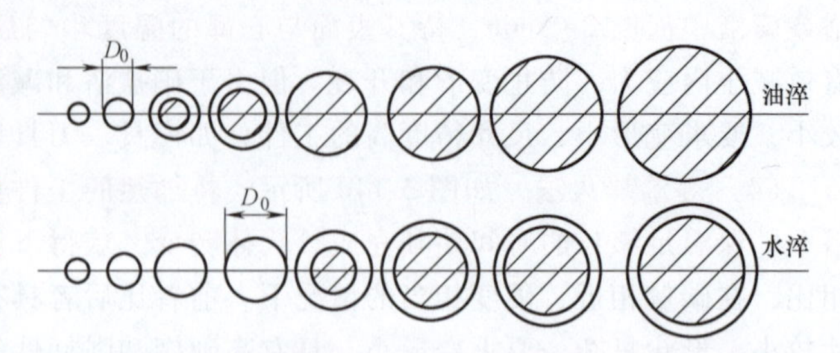

图 3-15 不同截面的钢淬火时淬硬层深度的变化

（D_0 为获得全部马氏体的最大直径）

2）顶端淬火法。这是国内外普遍采用的方法，如图 3-16 所示。它是将一个标准尺寸的试棒加热至单相奥氏体区后放在支架上，从它的一端进行喷水冷却（图 3-16a），然后在试棒表面从端面起依次测定硬度，便可得到硬度随距顶端距离的变化曲线，称之为淬透性曲线（图 3-16b），各种常用钢的淬透性曲线都可以在手册中查到，比较钢的淬透性曲线便可比较出不同钢的淬透性。从图 3-16b 可见，40Cr 钢的淬透性大于 45 钢。

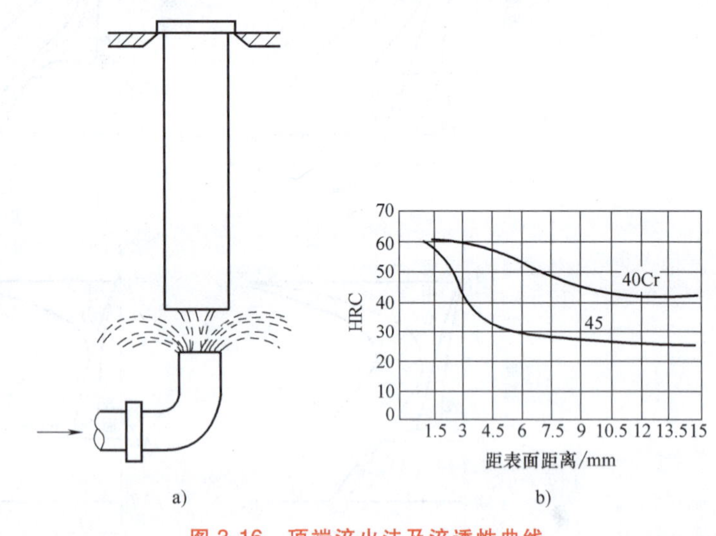

图 3-16 顶端淬火法及淬透性曲线

a）顶端淬火法 b）淬透性曲线

（2）影响淬透性的主要因素 钢的淬透性大小取决于钢的奥氏体等温转变图上临界冷却速度 $v_{临}$ 的大小，奥氏体等温转变图位置越靠右，则其 $v_{临}$ 越小，淬透性就越大，各种钢的奥氏体等温转变图都可以在手册中查到。因此，凡影响奥氏体等温转变图的因素都影响钢的淬透性，最重要的是合金元素，其次是钢的含碳量。除钴以外，其他合金元素都能提高钢的淬透性，因此合金钢的淬透性好于碳钢，如图 3-16b 中 40Cr 钢与 45 钢淬透性曲线的比较。对碳钢来说，亚共析钢的淬透性随含碳量增加而增大，过共析钢的淬透性随含碳量增加而变小，因此淬透性最好的碳钢是共析钢。

（3）如何在选材中考虑钢的淬透性 钢的淬透性对机械设计是很重要的，设计人员必须对钢的淬透性有所了解，以便能根据工件的工作条件和性能要求进行合理选材。机械制造中许多大截面零件和动载荷下工作的重要零件，以及承受拉力和压力的许多重要零件，如螺栓、拉杆、锻模、锤杆等常常要求表面和心部力学性能一致，此时应当选用淬透性高的钢，以使工件全部淬透；当某些零件的心部力学性能对零件的使用寿命无明显影响时，例如承受

弯曲和扭转的轴类零件，则可选用淬透性较低的钢，获得一定深度的淬硬层，通常淬硬层深度为工件半径或厚度的1/2～1/4即可。有些工件则不能或不宜选用淬透性高的钢，例如焊接工件，若选用淬透性高的钢，就容易在焊缝热影响区内出现淬火组织，造成工件变形和开裂；又如承受强力冲击和复杂应力的冷镦凸模，工作部分常因全部淬硬而脆断；再如齿轮可用较低淬透性钢经表面淬火获得一定深度淬硬层，若用高淬透性的钢淬火易使整个齿淬透而导致工作过程中断齿。

四、钢的回火

所谓回火是将淬火钢重新加热至 A_1 点以下的某一温度，保温一定时间后冷却至室温的一种工艺操作。如前所述，在淬火过程中，钢中的过冷奥氏体转变为马氏体，并残留部分残留奥氏体。马氏体和残留奥氏体极不稳定，在使用过程中会发生转变，引起工件尺寸和形状改变。此外，淬火钢硬度高、脆性大、具有较大的内应力，不宜直接使用。回火的目的就是降低淬火钢的脆性，减小或消除内应力，使组织趋于稳定并获得所需要的力学性能。

a)

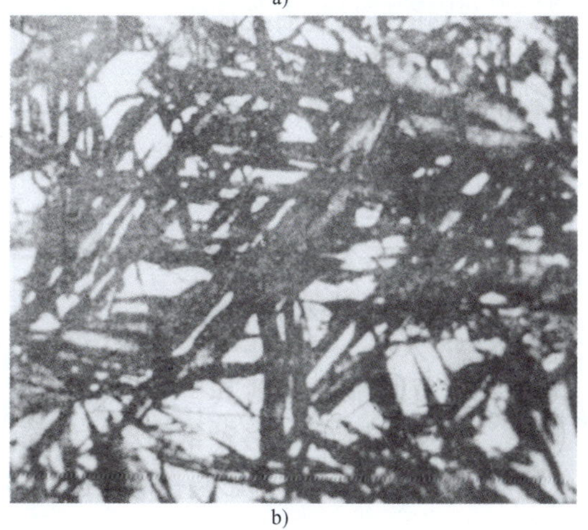

b)

图3-17　淬火马氏体和回火马氏体的显微组织

a）淬火马氏体×5000　b）回火马氏体×1500

1. 淬火钢回火时组织和性能的变化

（1）组织变化　一般来说，随回火温度升高，淬火钢的组织变化可分为四个阶段，现以共析钢为例加以讨论。

1）80～200℃为马氏体分解阶段。在淬火马氏体基体上析出薄片状细小ε碳化物（分子式为 $Fe_{2.4}C$，密排六方结构），马氏体中碳的过饱和度降低，但仍为碳在α-Fe中的过饱和固溶体，通常把这种过饱和α+ε碳化物的组织称为回火马氏体。在此过程中，内应力逐步减小。

2）200～300℃残留奥氏体分解为过饱和α+碳化物。

3）250～400℃马氏体分解完成。α中含碳量降低到正常饱和状态，ε碳化物转变为极细的颗粒状渗碳体。在此过程中，内应力大大降低。

4）400℃以上为渗碳体颗粒聚集长大并形成球状，铁素体发生回复、再结晶。

综上所述，回火温度不同，钢的组织也不同。在300℃以下回火时，得到由具有一定过饱和度的α与ε碳化物组成的回火马氏体组织，可用 $M_{回}$ 表示。回火马氏体易腐蚀为黑色针叶状，但其硬度与淬火马氏体相近，图3-17是淬火马氏体（图a）与回火马氏体（图b）的显微组织。在300~500℃范围内回火，得到由针叶状铁素体与极细小的颗粒状渗碳体共同组成的回火托氏体组织，可用$T_{回}$表示。$T_{回}$的硬度虽比$M_{回}$低，但因渗碳体极细小，铁素体只发生回复而未再结晶，仍保持针叶状，故仍具有较高的硬度和强度，特别是具有较高的弹性极限和屈服强度以及一定的塑性和韧性。在500~650℃范围内回火时，得到等轴状铁素体和球状渗碳体组成的回火索氏体组织，可用$S_{回}$表示。由于渗碳体颗粒聚集长大并球化及铁素体再结晶，故与$T_{回}$相比，$S_{回}$的硬度、强度较低，而塑性、韧性较高。顺便指出，$T_{回}$与T，以及$S_{回}$与S相比，它们不但组织形态不同，而且前者具有更优异的综合力学性能。例如在硬度相同时，前者比后者具有更高的强度和塑性、韧性。这是因为前者的渗碳体为颗粒状或球状，后者的渗碳体为片状。

（2）性能变化　淬火钢经不同温度回火后，其力学性能与回火温度的关系如图3-18所示。由图可见，总的变化趋势是，随回火温度升高，硬度、强度降低，而塑性、韧性升高。可见，欲使钢具备所需性能，必须正确选择回火温度。

2. 回火的种类及应用

按照回火温度范围不同，钢的回火可分为下列三种，并应根据对工件性能的不同要求，正确选择回火种类。

（1）低温回火　回火温度范围为150~250℃，回火后的组织为$M_{回}$。钢具有高硬度和高耐磨性，但内应力和脆性降低。主要应用于高碳钢和高碳合金钢制造的工模具和滚动轴承，以及经渗碳和表面淬火的零件，回火后的硬度一般为58~64HRC。

（2）中温回火　回火温度范围为350~500℃，回火后的组织为$T_{回}$，主要应用于w_C为0.5%~0.7%的碳钢和合金钢制造的各类弹簧。其硬度为35~45HRC，具有一定韧性和高的弹性极限及屈服强度。

（3）高温回火　回火温度范围为500~650℃，回火后的组织为$S_{回}$。主要应用于w_C为0.3%~0.5%的碳钢和合金钢制造的各类连接和传动的结构零件，如轴、齿轮、连杆、螺栓等。其硬度为25~35HRC，具有适当的强度与足够的塑性和韧性，即良好的综合力学性能。生产上习惯将淬火并高温回火称为“调质处理”。

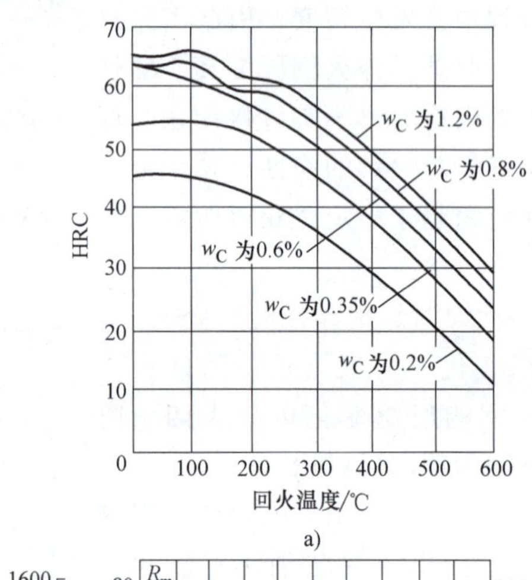

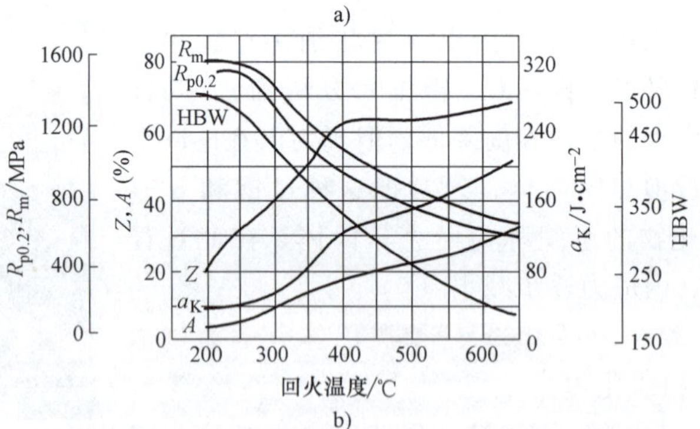

图3-18　钢的力学性能随回火温度的变化

a）不同含碳量钢的硬度变化　b）35钢的各种力学性能变化

第四节　钢的表面热处理

机械制造中很多机器零件是在动载荷和摩擦条件下工作的，例如汽车和拖拉机齿轮、曲轴、凸轮轴、精密机床主轴等，它们要求其表面具有高硬度和高耐磨性，以保证高精度，而心部具有足够的塑性和韧性，以防止脆性断裂。显然，仅靠选材和普通热处理无法满足性能要求。若选用高碳钢淬火并低温回火，硬度高，表面耐磨性好，但心部韧性差；若选用中碳钢则只进行调质处理，心部韧性好，但表面硬度低，耐磨性差。解决上述问题的正确途径是采用表面热处理，即表面淬火和化学热处理。

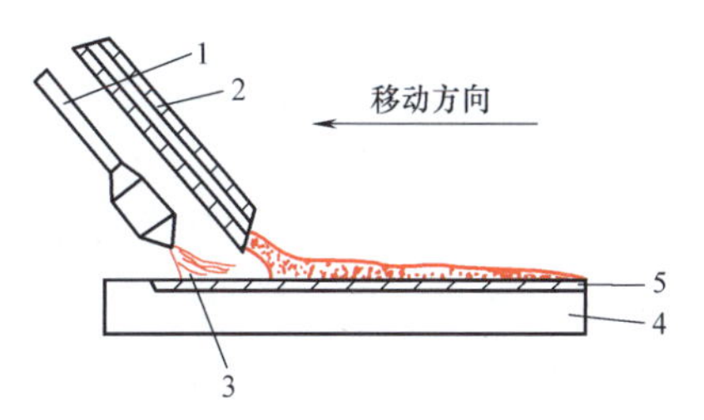

图 3-19　火焰淬火示意图
1—烧嘴　2—喷水管　3—加热层
4—工件　5—淬硬层

一、表面淬火

表面淬火是将工件表面快速加热到奥氏体区，在热量尚未传到心部时立即迅速冷却，使表面得到一定深度的淬硬层，而心部仍保持原始组织的一种局部淬火方法。工业上广泛应用的有火焰淬火、感应淬火和激光淬火。

1. 火焰淬火

火焰淬火示意图如图 3-19 所示。它是将乙炔-氧或煤气-氧的混合气体燃烧的火焰喷射到工件表面，使表面快速加热至奥氏体区，立即喷水冷却，使表面淬硬的工艺操作。淬硬层深度一般为 2～6mm。此方法简便，无需特殊设备，适用于单件或小批量生产的各种零件，如轧钢机齿轮、轧辊，矿山机械的齿轮、轴，机床导轨和齿轮等。缺点是要求熟练工操作，否则加热不均匀，质量不稳定。

2. 感应淬火

感应淬火示意图如图 3-20 所示。它是利用通入交流电的加热感应器在工件中产生一定频率的感应电流，感应电流的集肤效应使工件表面层被快速加热到奥氏体区后，立即喷水冷却，工件表层获得一定深度的淬硬层。电流频率越高，淬硬层越浅。根据电流频率不同，感应加热可分为：高频感应加热（100～1000kHz），淬硬层为 0.2～2mm，适用于中小型齿轮、轴等零件；中频感应加热（0.5～10kHz），淬硬层为 2～8mm，适用于大中型齿轮、轴等零件；工频感应加热（50Hz），淬硬层深度 10～15mm，适用于直径大于 300mm 的轧辊、轴等大型零件。

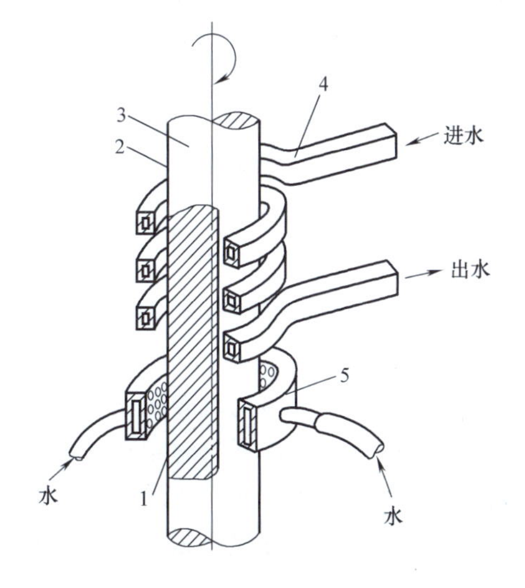

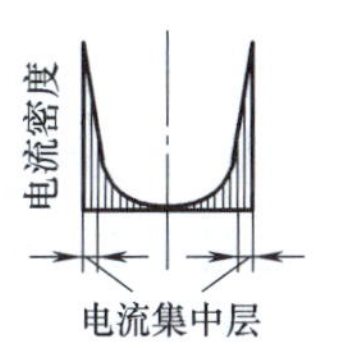

图 3-20　感应加热表面淬火示意图
1—加热淬火层　2—间隙　3—工件
4—加热感应圈　5—淬火喷水套

感应淬火的优点是淬火质量好，表层组织细，硬度高（比常规淬火高 2~3HRC），脆性小，生产效率高，便于自动化。缺点是设备较贵，形状复杂的感应器不易制造，不适于单件生产等。

必须注意，工件在感应淬火之前需进行预备热处理，一般为调质或正火，以保证工件表面在淬火后获得均匀细小的马氏体，改善工件心部的硬度、强度和韧性以及切削加工性，并减小淬火变形；工件在感应淬火后还需进行低温回火（180~200℃），使表层获得回火马氏体，在保证表面高硬度的同时，降低内应力和脆性。生产中常采用“自回火”，即当淬火冷却至 200℃时停止喷水，利用工件中的余热传到表面而达到回火的目的，这样既可省去回火工序，又可减小淬火开裂的危险。

对感应淬火零件，其设计技术条件应注明表面淬火部位、淬硬层深度、表面硬度等。

感应淬火的工件常选用中碳钢或中碳合金钢制造，常用的工艺路线为：锻造→退火或正火→粗加工→调质或正火→精加工→感应淬火→低温回火→精磨→ 时效[㊀] → 精磨 →成品 。

3. 激光淬火

激光淬火是将高功率密度的激光束照射到工件表面，使表面层快速加热到奥氏体区或熔化温度，依靠工件本身热传导迅速自冷而获得一定的淬硬层或熔凝层。由于激光束光斑尺寸只有 20~50mm²，要使工件整个表面淬硬，工件必须转动或平动使激光束在工件表面快速扫描。激光束的功率密度越大和扫描速度越慢，淬硬层或熔凝层深度越深。调整功率密度和扫描速度，硬化层深度可达 1~2mm。激光淬火已应用于汽车和拖拉机的气缸、气缸套、活塞环、凸轮轴等零件。目前我国应用较多的是 1~5kW 激光发生装置。

激光淬火的优点是淬火质量好，表层组织超细化，硬度高（比常规淬火高 6~10HRC），脆性极小，工件变形小，自冷淬火，无需回火，节约能源，无环境污染，生产效率高，便于自动化。缺点是设备昂贵，在生产中大规模应用受到了限制。

二、表面化学热处理

化学热处理是将工件置于某种化学介质中，通过加热、保温和冷却使介质中某些元素渗入工件表层以改变工件表层的化学成分和组织，从而使其表面具有与心部不同性能的一种热处理。与表面淬火相比，表面化学热处理的主要特点是工件表面层不仅与心部组织不同，而且成分也不同。渗入不同的元素，可赋予钢件表面不同的性能。例如渗碳、渗氮、碳氮共渗可提高硬度、耐磨性及疲劳强度，渗硼、渗铬可提高耐磨和耐腐蚀性，渗铝、渗硅可提高耐热抗氧化性，渗硫可提高减摩性等。在一般机器制造业中，最常用的是渗碳、渗氮和碳氮共渗。

1. 钢的渗碳

渗碳是向低碳钢或低碳合金钢工件表层渗入碳原子的过程。其目的是提高工件表层的碳含量，使工件经热处理后表面具有高的硬度和耐磨性，而心部具有一定的强度和较高的韧性。这样，工件既能承受大的冲击，又能承受大的摩擦。齿轮、活塞销等零件常采用渗碳处理。

㊀ 时效是在 100~150℃进行长时间（10~50h）加热，以消除内应力，从而稳定工件尺寸的一种操作，常用于对尺寸精度要求高的零件。

根据渗碳剂的不同，渗碳可分为固体渗碳、液体渗碳和气体渗碳。这里仅介绍工业上常用的气体渗碳。

气体渗碳法示意于图 3-21。工件被置于充有气体渗碳剂的渗碳炉中，在渗碳温度（900~950℃）下加热至奥氏体状态并保温，气体渗碳剂分解出的活性碳原子被工件表面吸收并向工件内部扩散，形成一定深度的渗碳层。常用的气体渗碳剂是裂化混合气体（天然气或煤气+CH_4+C_3H_8）或有机液体（煤油、苯、甲醇、丙酮等）在高温下分解成的混合气体（CO、CH_4、C_2H_4 等）。现在企业一般采用连续式气体渗碳，整个过程采用机械化和自动化控制。

渗碳后工件中的碳浓度从表面向心部逐渐降低。表面碳的质量分数最高，通常在 0.8%~1.1%范围内，心部则保持原始成分。低碳钢渗碳缓冷后的组织如图 3-22 所示，由表面向心部依次为过共析组织、共析组织、过渡亚共析组织、原始亚共析组织。通常把过渡亚共析组织区一半处到表面的深度（对低碳钢）或过渡亚共析组织区终止处到表面的深度（对低碳合金钢）作为渗碳层深度。显然，渗碳温度越高，渗碳时间越长，则渗碳层深度越大。

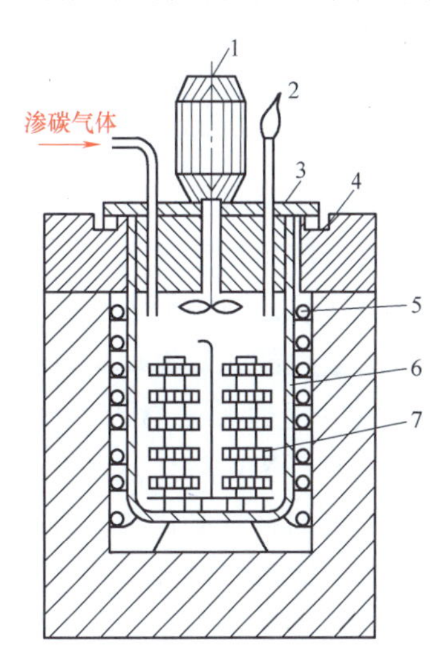

图 3-21　气体渗碳法示意图

1—风扇电动机　2—排出废气火焰
3—炉盖　4—砂封　5—电炉丝
6—耐热罐　7—工件

工件渗碳后还需进行淬火和低温回火处理，才能使表面具有高硬度、高耐磨性和较高的接触疲劳强度及弯曲疲劳强度，心部具有一定强度和高韧性。淬火可采用直接淬火法（自渗碳温度直接淬火）、一次淬火法（渗碳后出炉空冷，再重新加热进行淬火）或二次淬火法（渗碳后出炉空冷，先根据工件心部成分重新加热进行淬火，再根据工件表面成分加热进行淬火）。经淬火+低温回火后，工件表层组织为高碳回火马氏体+粒状渗碳体或碳化物+少量残留奥氏体，其硬度为 58~64HRC，而心部组织则随钢的淬透性而定。对于普通低碳钢如 15、20 钢，其心部组织为铁素体+珠光体，硬度相当于 10~15HRC；对于低碳合金钢如 20CrMnTi，其心部组织为回火低碳马氏体+铁素体，硬度为 35~45HRC，具有较高的心部强度及足够的塑性和韧性。

图 3-22　低碳钢渗碳缓冷后的组织　×500

渗碳是汽车和拖拉机齿轮、活塞销等零件常用的表面热处理工艺，工件表面的碳含量及渗碳层深度对零件的性能有很大影响。对承受磨损的零件，表面 w_C 以 1.0%～1.1%为宜；对于承受多次冲击压缩负荷或接触疲劳负荷的零件，表面 w_C 以 0.8%～0.9%为宜。渗碳层深度随零件的截面尺寸及工作条件而定，可在 0.3～3mm 范围内变化。以齿轮为例，通常规定渗碳层深度为模数的 15%～20%。当冲击或弯曲疲劳是主要危险时，应取下限，渗碳层较薄；当接触疲劳是主要危险时，应取上限，渗碳层较厚。对渗碳零件，其设计技术条件应注明渗碳层深度、表面硬度、心部硬度、不允许渗碳的部位等。

采用渗碳工艺的零件常选用低碳钢或低碳合金钢制造，常用的工艺路线为：锻造→正火→机械加工→渗碳→淬火→低温回火→精加工→成品。

2. 钢的渗氮

渗氮是向钢件表层渗入氮原子的过程。其目的是提高工件表面硬度、耐磨性、疲劳强度和耐蚀性以及热硬性（在 600～650℃温度下仍保持较高硬度）。使钢渗氮的方法很多，如气体渗氮、液体渗氮、低温氮碳共渗、离子渗氮、镀钛渗氮等，这里仅介绍工业中应用最广泛的气体渗氮。

气体渗氮是将工件放入充有氨气的渗氮炉中，在渗氮温度（500～560℃）下加热并保温，氨气分解出的活性氮原子被工件表面的铁素体吸收并向内部扩散，形成一定深度的渗氮层。工件在渗氮前一般先经调质处理，获得回火索氏体组织，以保证渗氮后工件心部有良好的综合力学性能，渗氮后不再进行淬火、回火处理。

渗氮用钢通常是含有 Al、Cr、Mo、V、Ti 等的合金钢，典型的是 38CrMoAlA，还有 35CrMo、18CrNiW 等。这些合金元素极易与氮元素形成颗粒细小、分布均匀、硬度很高而且非常稳定的各种氮化物，对提高工件性能有重要作用。采用渗氮工艺制造的零件常用的工艺路线为：锻造→退火（或正火）→粗加工→调质→半精加工→去应力退火→粗磨→渗氮→精磨（或研磨）→成品。

渗氮后工件表面氮浓度最高，并向心部逐渐降低。钢的氮化层显微组织如图 3-23 所示。表层组织为氮化物 $Fe_2N(\varepsilon)+Fe_4N(\gamma')$，其硬度为 1000～1100HV，耐磨性和耐蚀性好；过渡

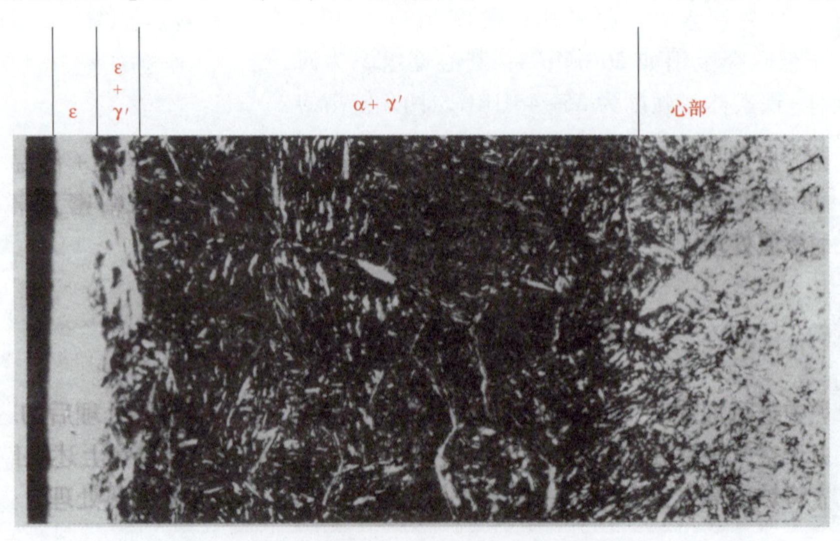

图 3-23　钢的氮化层显微组织　×400

区组织为 $Fe_4N(\gamma')$+含氮铁素体（α）；心部组织为回火索氏体，具有良好的综合力学性能。通常把从工件表面到过渡区终止处的深度作为渗氮层深度，一般为 0.15~0.75mm。实际上，由于钢中含有一定量的碳，渗氮层内要形成碳氮化合物。工件最表层的ε相是脆性的，在工作过程中易产生龟裂及剥落，故不应过厚，通常在渗氮后精磨时将该层磨去后再用。

与渗碳相比，渗氮的主要优点是工艺温度低，变形小，渗层薄，硬度高，耐磨性好，疲劳强度高，并具有一定耐蚀性和热硬性。其主要缺点是生产周期长（30~50h），渗氮层脆性大，而且需要使用专用合金钢以形成合金氮化物来提高渗层的硬度和耐磨性。因此，渗氮主要应用于在交变载荷下工作的、要求耐磨和尺寸精度高的重要零件，如高速传动精密齿轮，高速柴油机曲轴，高精密机床主轴，镗床镗杆，压缩机活塞杆等，也可用于在较高温度下工作的耐磨、耐热零件，如阀门、排气阀等。对于渗氮零件，其设计技术条件应注明渗氮部位、渗氮层深度、表面硬度、心部硬度等，对轴肩或截面改变处应有 $R>0.5$mm 的圆角以防止渗氮层脆裂。

3. 钢的碳氮共渗

碳氮共渗是同时向钢的表层渗入碳、氮原子的过程。它是将工件放入充有渗碳介质（如煤油、甲醇等）和氨气的炉中，在 840~860℃温度下加热、保温，共渗介质分解出活性碳、氮原子被工件表面奥氏体吸收并向内部扩散，形成一定深度的碳氮共渗层。与渗碳相比，碳氮共渗温度低，速度快，零件变形小。在 840~860℃保温 4~5h 即可获得深度为0.7~0.8mm 的共渗层。经淬火+低温回火处理后，工件表层组织为细针状回火马氏体+颗粒状碳氮化合物 $Fe_3(C、N)$+少量残留奥氏体，具有较高的耐磨性和疲劳强度及抗压强度，并兼有一定的耐蚀性，常应用于低中碳合金钢制造的重、中负荷齿轮。近年来国内外都在发展深层碳氮共渗以代替渗碳，效果很好。其缺点是气氛较难控制。

上述各种表面热处理方法都能使钢件获得“表硬心韧”的性能，从而具有既耐磨又抗冲击和疲劳的能力。但是，它们又各有其特点，应根据不同零件的工作条件合理选用。以齿轮为例，对于齿面硬度要求 45~55HRC 的齿轮，若模数大，如矿山、冶金机械上的大型齿轮，应选用中碳合金钢如 40Cr 钢制造，进行火焰淬火或中频感应加热单齿表面淬火；若模数较小，如机床上的齿轮，则用中碳钢如 40、45 钢制造，进行高频感应淬火；对于齿面硬度要求 58~62HRC 并承受较大负荷及冲击力的齿轮，如汽车、拖拉机的变速器齿轮，应选用低碳合金钢如 20CrMnTi 钢制造，进行渗碳和淬火+低温回火处理；对于齿面硬度要求 65~72HRC 的齿轮，如冲击力小的高速传动精密齿轮，应选用 38CrMoAlA 钢渗氮处理。

第五节　钢的特种热处理

在空气炉中进行加热时，钢件表面常发生氧化、脱碳，影响工件热处理后的表面质量和性能，这是由于空气中存在 21%左右（体积分数）氧气的缘故。为了避免上述缺陷，工件在加热过程中应将炉内氧气排除掉。一种方法是把空气抽掉，这就是真空热处理；另一种方法是向热处理炉内通入能够保护钢件不氧化、不脱碳的气体，这就是可控气氛热处理。另外，如前所述，塑性变形和热处理都能使钢强化，若将两者紧密结合，会收到更好的强化效果，这就是形变热处理。

一、真空热处理

真空是指压强远低于一个大气压（101325Pa）的气态空间。在真空中进行的热处理称为真空热处理，包括真空退火、真空淬火、真空回火及真空化学热处理等，通常可在低真空（$133.3\sim133.3\times10^{-3}$Pa）、高真空（$133.3\times10^{-4}\sim133.3\times10^{-6}$Pa）或超高真空（$<133.3\times10^{-6}$Pa）热处理炉内进行。

1. 真空热处理的作用

（1）表面保护作用　在真空下，金属的氧化反应很少进行或完全不能进行。因此，真空热处理能够防止钢件表面的氧化和脱碳，具有表面保护作用。

（2）表面净化作用　在真空状态下，氧化物分解所产生气体的压力（称为分解压力）大于真空炉内氧的压力，反应只能向氧化物进行分解的方向进行。因此，当钢件表面有氧化物时，就可使其中的氧除掉，使表面得到净化。

（3）脱脂作用　真空热处理时，钢件表面油污中的碳、氢、氧的化合物易分解为氢、水蒸气和二氧化碳气体，随后被抽走。

（4）脱气作用　在真空下长时间加热时，零件在前几道工序（熔炼、铸造、热处理等）中所吸收的氢、氧等气体会慢慢地释放出来，从而降低钢件的脆性。

2. 真空热处理的应用

真空状态对固态相变的热力学、动力学不产生明显影响，因此完全可以依据常压下固态相变的原理，并参考常压下各种类型组织转变的数据进行真空热处理。

（1）真空退火　采用真空退火的主要目的是使零件在退火的同时表面具有一定的光亮度。除了钢、铜及其合金外，还可用于处理一些与气体亲和力较强的金属，如钛、钽、铌、锆等。

（2）真空淬火　采用真空淬火的主要目的是实现零件的光洁淬火。零件的淬火冷却在真空炉内进行，淬火介质主要是气（如惰性气体）、水和真空淬火的油等。真空淬火已大量应用于各种渗碳钢、合金工具钢、高速工具钢和不锈钢的淬火，以及各种时效合金、硬磁合金的固溶处理。

（3）真空渗碳　真空渗碳是近年来在高温渗碳和真空淬火的基础上发展起来的一种新工艺。它是将工件入炉后先抽真空，随即通电加热升温至渗碳温度（1030~1050℃）。工件经脱气、净化并均热保温后，通入渗碳剂进行渗碳，渗碳结束后将工件进行油淬。与普通渗碳相比，真空渗碳主要有以下优点：①由于渗碳温度高，加之净化作用使工件表面处于活化状态，渗碳过程被大大加速，时间显著缩短；②工件表面光洁，渗层均匀且碳浓度梯度平缓，渗层深度易精确控制，无反常组织和晶间氧化产生，因此渗碳质量好；③改善了劳动条件，减少了环境污染。

3. 真空热处理的优点

与普通热处理相比，真空热处理的主要优点是：

1）工件变形小，特别是在淬火的情况下。其主要原因是真空状态下加热缓慢，工件内温差很小，此时主要靠辐射传热，而在600℃以下辐射传热作用很弱。

2）工件的力学性能较好。由于真空热处理有防止氧化和脱碳及脱气（尤其是脱氢）等良好作用，对钢件的力学性能会带来有益影响，主要表现在使强度有所提高，特别是使与钢件表面状态有关的疲劳性能和耐磨性等提高。对模具寿命来说，真空热处理比盐浴处理的一

般高 40%～400%；对工具寿命来说可提高 3～4 倍。

3）工件尺寸精度较高。

由于真空热处理存在设备投资大、辅助材料（保护性气体、淬火油等）价格高等缺点，目前仅适宜于处理下述产品；刀具、模具和量具；性能要求高的结构件和精密零件；形状与结构复杂的渗碳件及难以渗碳的特殊材料。

二、可控气氛热处理

为了一定的目的，向热处理炉内通入某种经过制备的气体介质，这些气体介质总称为可控气氛，工件在可控气氛中进行的各种热处理叫可控气氛热处理。

1. 可控气氛的组成及性质

常用的可控气氛主要由一氧化碳（CO）、氢（H_2）、氮（N_2）及微量的二氧化碳（CO_2）、水分（H_2O）和甲烷（CH_4）等气体及氩、氦等惰性气体组成。根据这些气体与钢铁发生化学反应的性质（见表 3-1），可将它们分为四类。

（1）具有氧化和脱碳作用的气体　除了氧是强烈氧化和脱碳性气体外，二氧化碳和水蒸气同样使钢铁零件在高温下产生氧化和脱碳。因此，必须严格控制气氛中的这两种气体。

表 3-1　各种气体与钢铁的化学反应

气体成分	无氧化条件 φ(体积分数,%)	化　学　反　应	性　　质	不脱碳条件 φ(体积分数,%)
O_2	0	$2Fe+O_2 \rightarrow 2FeO$ $Fe_3C+O_2 \rightarrow 3Fe+CO_2$	强氧化性 强脱碳性	0
N_2	100	—	中性	100
CO_2	≤5	$Fe+CO_2 \rightarrow FeO+CO$ $Fe_3C+CO_2 \rightarrow 3Fe+2CO$	强氧化性 强脱碳性	0
H_2O	≤3 （24℃以下）	$Fe+H_2O \rightarrow FeO+H_2$ $Fe_3C+H_2O \rightarrow 3Fe+H_2+CO$	氧化性 强脱碳性	≤0.25 （-11℃以下）
H_2	2～100	$FeO+H_2 \rightarrow Fe+H_2O$	强还原性	
CO	8～20	$Fe+2CO \rightarrow Fe(C)+CO_2$ $FeO+CO \rightarrow Fe+CO_2$	弱渗碳性 还原性	
CH_4	1	$Fe+CH_4 \rightarrow Fe(C)+2H_2$	强渗碳性	1

（2）具有还原性的气体　氢和一氧化碳不仅能够保护在高温下不氧化，而且还具有将氧化铁还原成铁的作用。一氧化碳还是一种增碳性气体。

（3）具有强烈渗碳作用的气体　甲烷是一种强渗碳性气体，在高温下能分解出大量活性碳原子，渗入钢的表层，使之增碳。

（4）中性气体　氩、氦、氮气等高温下与钢铁零件既不发生氧化、脱碳，也不还原，也无渗碳作用。

实际上通入炉内的可控气氛常采用多种气体的混合气体。在高温下，这些混合气体究竟使钢铁氧化、脱碳，还是不氧化不脱碳，或是增碳，这取决于组成混合气体的各种气体的性质及相对含量。控制上述混合气体的相对含量，便可使加热炉内分别获得渗碳性、还原性和中性气氛，以进行各种热处理。

2. 可控气氛的类型及应用

目前尚无统一的可控气氛分类方法。若根据气体制备的特点，可分为放热式气氛、吸热式气氛、分解氨气体以及氮气和惰性气体等，前两种是可控气氛的主要类型。

（1）放热式气氛　燃料气（如甲烷或丙烷、丁烷等）与一定比例的空气混合后通入发生器，靠自身的放热燃烧反应而制成的气体，称为放热式气氛，这是可控气氛中最便宜的一种。气氛中除大量 N_2，部分 CO、H_2，微量 CH_4 外，尚有部分 CO_2 和微量 H_2O，只能用作防止氧化的保护气氛，而不能作为防止脱碳的气氛。因此，放热式气氛常用于低碳钢零件的光亮退火以及短时加热的中碳钢小件的光洁淬火。

（2）吸热式气氛　燃料气（如丙烷或丁烷、甲烷等）与一定比例（较放热式气氛为低）的少量空气混合后，通入发生器进行加热，在触媒的作用下，经吸热反应而制成的气体，称为吸热式气氛。气氛中的主要成分是 N_2、H_2、CO 及少量 CH_4，几乎不含 CO_2 和 H_2O，因此可以保护中碳钢和高碳钢在热处理时不氧化、不脱碳。吸热式气氛的用途较广，可用于各种碳钢的光亮热处理，以及作为渗碳或碳氮共渗的稀释气体，还可以进行钢板的穿透渗碳或进行对脱碳钢的复碳处理。

（3）分解氨气氛　分解氨气氛是将氨气（NH_3）分解为氢气和氮气的混合气体，其中氢气的摩尔分数 χ_{H_2} 为 75%，氮气为 25%。由于氮气为中性气体，因此分解氨气体的性质和氢气是一样的。分解氨气氛可用于各种金属的光亮处理，最适于含铬较高的钢和合金钢、不锈钢的光亮退火，光亮淬火及钎焊等。此外还用于硬质合金的粉末冶金烧结处理。如果在分解氨气体中加些水蒸气则具有强烈的脱碳作用，可用于硅钢片的脱碳退火。分解氨的制备较简单，原料价廉，储运方便，但需专用设备，目前中、小型厂应用较广。分解氨气体具有强烈的可燃性，在制备和使用时应注意不可使其与空气混合，以防发生爆炸事故。

此外，还有氮气和惰性气体。氮气无爆炸危险，且价廉；惰性气体保护效果好，但较昂贵，适用于精密机器零件热处理。

3. 可控气氛热处理的优点

可控气氛热处理主要有以下优点：①减轻或避免钢件加热过程中的氧化和脱碳，改善热处理后的表面质量，提高零件的耐磨性、抗疲劳性和使用寿命，达到光亮热处理的目的；②可进行钢件的渗碳或碳氮共渗处理，使表面含碳量控制在合理范围内，确保产品质量；③对于某些形状复杂、且要求高弹性或高强度的薄形工件，若用高碳钢制造，则加工不便，可选用低碳钢冲压成形，然后进行穿透渗碳，以代替高碳钢，大大节省加工程序；④所需设备比真空热处理简单，成本较低，易于推广。

三、形变热处理

形变热处理就是将塑性变形与热处理操作相互结合，使金属材料同时受到形变强化和相变强化的一种综合强化工艺。这不仅能获得由单一强化方法难以达到的良好强韧化效果，而且还可简化工艺流程，节省能耗，实现连续化生产，带来很大经济效益。它可适用各类金属材料，这里仅简单介绍钢的形变热处理。钢的形变热处理工艺方法繁多，其中主要的工艺方法示意于图 3-24。若按形变与相变过程的先后顺序分类，可将形变热处理分为三种基本类型：相变前变形的形变热处理、相变中变形的形变热处理以及相变后变形的形变热处理。

1. 相变前变形的形变热处理

这类形变热处理是将钢加热奥氏体化，在奥氏体转变前先进行塑性变形，其工艺如图 3-24 中曲线 1～6 所示。从图中可见，塑性变形可以在奥氏体化温度下进行，也可以在过冷

奥氏体温度范围进行（这要求过冷奥氏体有较高的稳定性）。变形后或淬火，或正火，或等温转变，分别获得马氏体（如曲线 1、4 的情况）、珠光体（如曲线 2、5 的情况）或贝氏体（如曲线 3、6 的情况）组织。

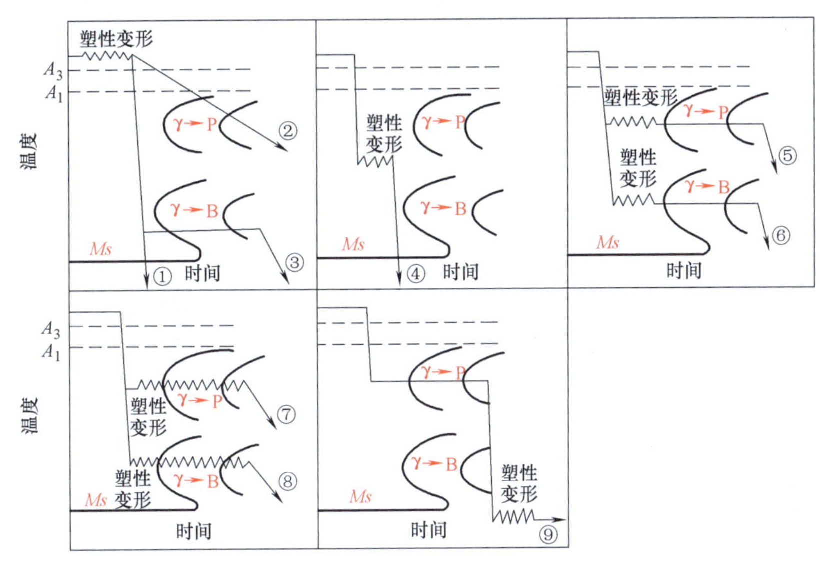

图 3-24　钢的形变热处理工艺方法示意图

相变前的变形细化了奥氏体晶粒，提高了位错密度，使转变产物的组织细化、位错密度提高，从而提高了强度，改善了塑性和韧性。例如，V63 钢（w_C 为 0.63%，w_{Cr}为 3%，w_{Ni}为 1.6%，w_{Si}为 1.5%）普通热处理后的性能为：$R_{P0.2}=1700\text{MPa}$，$R_m=2250\text{MPa}$，$\delta=1\%$。当将其加热奥氏体化后，在 540℃ 变形 90%，立即淬火并经 100℃ 回火后，其性能为：$\sigma_{0.2}=2250\text{MPa}$，$R_m=3200\text{MPa}$，$A=8\%$，其强度和塑性都得到明显提高。对强度要求很高的零部件，如飞机起落架、固体火箭壳体、板弹簧、炮弹及穿甲弹壳、模具、冲头等，都可采用类似图 3-24 中曲线 4 的形变热处理工艺。

2. 相变中变形的形变热处理

将钢加热奥氏体化后快速冷至过冷奥氏体区，在珠光体转变温度或贝氏体转变温度下进行等温变形，使奥氏体在变形中发生转变，获得珠光体组织（如曲线 7 的情况）或贝氏体组织（如曲线 8 的情况）。

在过冷奥氏体向珠光体转变的过程中，同时发生的变形使珠光体中的渗碳体倾向于以球状颗粒析出，而铁素体中位错密度提高且组织细化，在最佳工艺条件下，形成细小的球状渗碳体弥散分布于铁素体细小亚晶粒基体上的球状珠光体。这种组织在提高强度方面效果并不大，但大大提高冲击韧性和降低韧脆转化温度。如 En18 钢（w_C 为 0.48%，w_{Cr}为 0.98%，w_{Ni}为 0.18%，w_{Mn}为 0.86%）经 950℃ 奥氏体化后，速冷至 600℃ 进行总变形量为 70% 的轧制后空冷，与普通轧制空冷工艺相比，其 $R_{P0.2}$、A 和 Z 均有相当提高，特别是其室温夏氏冲击吸收功提高 30 多倍。这种获得珠光体组织的等温形变热处理工艺适用于低碳或中碳的低合金钢。获得贝氏体组织的等温形变热处理能够使强度、塑性和韧性均得到提高，适用于通常进行等温淬火的小型零件，如细小轴类、小齿轮、弹簧、垫圈、链节等。

3. 相变后变形的形变热处理

其典型的例子是高强度钢丝的铅淬冷拔工艺。将钢丝坯料加热至奥氏体状态后通过铅

浴，使之发生等温转变，得细片状珠光体，随后进行冷拔（如图 3-24 中曲线 9）。大量冷变形使珠光体中的渗碳体和铁素体层片的取向与拔丝方向趋于一致，构成了类似复合材料的强化组织，而且珠光体的片间距变小，铁素体中的位错密度大大提高，故可获得极高的屈服强度。铅浴温度越低，冷变形量越大，则钢丝强度越高。但铅淬和冷拔工艺参数的选择也必须考虑到防止钢丝的断裂。

习题与思考题

1. 何谓过冷奥氏体？如何测定钢的奥氏体等温转变图？奥氏体等温转变有何特点？

2. 共析钢奥氏体等温转变产物的形成条件、组织形态及性能各有何特点？

3. 影响奥氏体等温转变图的主要因素有哪些？比较亚共析钢、共析钢、过共析钢的奥氏体等温转变图。

4. 比较共析碳钢过冷奥氏体连续冷却转变图与等温转变图的异同点。如何参照奥氏体等温转变图定性地估计连续冷却转变过程及所得产物？

5. 钢获得马氏体组织的条件是什么？钢的含碳量如何影响钢获得马氏体组织的难易程度？

6. 钢在被处理成马氏体组织时为什么还会有残留奥氏体存在？对钢的性能有何影响？

7. 生产中常用的退火方法有哪几种？下列钢件各选用何种退火方法？它们退火加热的温度各为多少？并指出退火的目的及退火后的组织：

（1）经冷轧后的 15 钢钢板，要求保持高硬度；

（2）经冷轧后的 15 钢钢板，要求降低硬度；

（3）ZG270—500（原 ZG35）的铸造齿轮毛坯；

（4）锻造过热的 60 钢锻坯；

（5）具有片状渗碳体的 T12 钢坯。

8. 指出下列零件的锻造毛坯进行正火的主要目的、正火加热的温度及正火后的显微组织：

（1）20 钢齿轮；（2）45 钢小轴；（3）T12 钢锉刀。

9. 什么是淬火？常用几种淬火介质各有何优缺点并适用于何种情况？

10. 如何确定碳钢的淬火加热温度？为什么要如此确定？常用淬火方法有哪几种？

11. 何谓钢的淬透性？影响淬透性的因素有哪些？在选材中如何考虑钢的淬透性？

12. 回火的目的是什么？常用的回火方法有哪几种？指出各种回火的加热温度、回火组织、性能及应用范围。说明回火马氏体、回火托氏体、回火索氏体与马氏体、托氏体、索氏体的组织和性能有何不同。

13. 对钢进行表面热处理的目的何在？比较表面淬火、渗碳、渗氮处理在用钢、处理工艺、表层组织、性能、应用范围等方面的差别。

14. 选择下列零件的热处理方法，并制订工艺路线（各零件均选用锻造毛坯，且钢材具有足够的淬透性）：

（1）某机床主轴，要求良好的综合力学性能，轴颈部分要求耐磨（50~58HRC）。材料选用 45 钢；

（2）某机床变速箱齿轮（模数 $m=4$），要求齿面耐磨，心部强度和韧性要求不高。材料选用 45 钢；

（3）镗床镗杆，在重载荷下工作，精度要求极高，并在滑动轴承中运转，要求镗杆表面有极高的硬度，心部有极高的综合力学性能。材料选用 38CrMoAlA；

（4）形状简单的车刀，要求耐磨（60~62HRC）。材料选用 T10 钢。

15. 何谓真空热处理？真空热处理有何作用？真空热处理有哪些应用，有什么优点？

16. 何谓可控气氛热处理？可控气氛主要由哪些气体组成，它们与钢铁发生哪些反应？说明可控气氛的类型及应用，以及可控气氛热处理的优点。

17. 何谓形变热处理，它有哪几种基本类型？各类形变热处理对提高材料性能有何作用，其原因何在，在何种情况下应用？

Chapter 4

第四章 合金钢

第一节 概述

碳钢经热处理后具有良好的力学性能，且冶炼工艺简单、压力加工和机械加工性能好，价格低廉，是工业生产中应用最广的金属材料。但由于它存在淬透性低、回火抗力低、强度不够高和不具备特殊性能（如耐高温、耐低温、耐磨损、耐腐蚀）等缺点，使它不能用于制造要求减轻自重的大型结构件及受力复杂、负荷大、速度快的重要机器零件和工具以及在高温、低温、腐蚀、磨损等恶劣环境下工作的零构件。合金钢则弥补碳钢性能上的不足。所谓合金钢就是指为了改善钢的性能，在碳钢中特意地加入某些合金元素的钢种。常用合金元素有 Cr、Mn、Ni、Co、Cu、Si、Al、B、W、Mo、V、Ti、Nb、Zr、RE（稀土元素）等。

一、合金元素在钢中的作用

合金元素在钢中可以与铁和碳形成固溶体（包括合金奥氏体、合金铁素体、合金马氏体）和碳化物（包括合金渗碳体、特殊碳化物），也可以相互之间形成金属间化合物，从而改变钢的组织和性能，它们在钢中的具体作用可归纳如下。

1. 合金元素改善钢的热处理工艺性能

（1）细化奥氏体晶粒　除 Mn 以外，所有的合金元素都阻碍钢在加热时奥氏体晶粒长大，尤其以 Ti、V、Nb、Zr、Al 的作用最大，它们在钢中分别形成 TiC、VC、NbC、ZrC、AlN 细微质点，阻碍晶界移动，显著细化奥氏体晶粒，从而使钢热处理后的组织细化。

（2）提高淬透性　除 Co 以外，几乎所有的合金元素固溶于奥氏体中都增加奥氏体的稳定性，从而减慢过冷奥氏体的分解速度，使奥氏体等温转变图右移，如图 4-1 所示，因而降低了钢淬火时的临界冷却速度，提高了淬透性。这样，大尺寸的零件淬火后，整个截面上组织较均匀，性能较一致，而且还可以选用较低冷却速度的淬火介质（如油），避免淬火时的变形开裂。如果合金元素含量很高，在空气中冷却就能得到马氏体。

另外，有些合金元素如 Mn、Cr、W、Mo 等，除使奥氏体等温转变图右移外，还能改变奥氏体等温转变图形状，形成珠光体转变与贝氏体转变明显分开的两个转变图。其中 Mn 和 Cr 使贝氏体转变图右移的作用大于使珠光体转变图右移的作用（图 4-1b）；而 Mo、W 的作用刚好相反，其使珠光体转变图右移的作用大于贝氏体转变图右移的作用（图 4-1c），因而某些合金钢采用空冷就能得到贝氏体。

值得指出的是除 Co 和 Al 外，大多数合金元素都会使钢的马氏体转变温度 *Ms*、*Mf* 下

降，引起淬火后残留奥氏体量的增加。

（3）提高回火抗力，产生二次硬化，防止第二类回火脆性　回火抗力是指淬火钢在回火过程中抵抗硬度下降的能力，又称耐回火性。硬度下降越慢，则回火抗力越高。合金元素固溶于淬火马氏体中减慢了碳的扩散，阻碍碳化物从过饱和固溶体中析出，推迟了马氏体的分解，延缓硬度下降，因而合金钢具有较高的回火抗力，如图 4-2 所示。与同等含碳量的碳钢相比，在同一温度回火，合金钢有较高的强度和硬度，而回火至同一硬度，合金钢的回火温度高，内应力的消除比较彻底，因而其塑性和韧性比碳钢好。

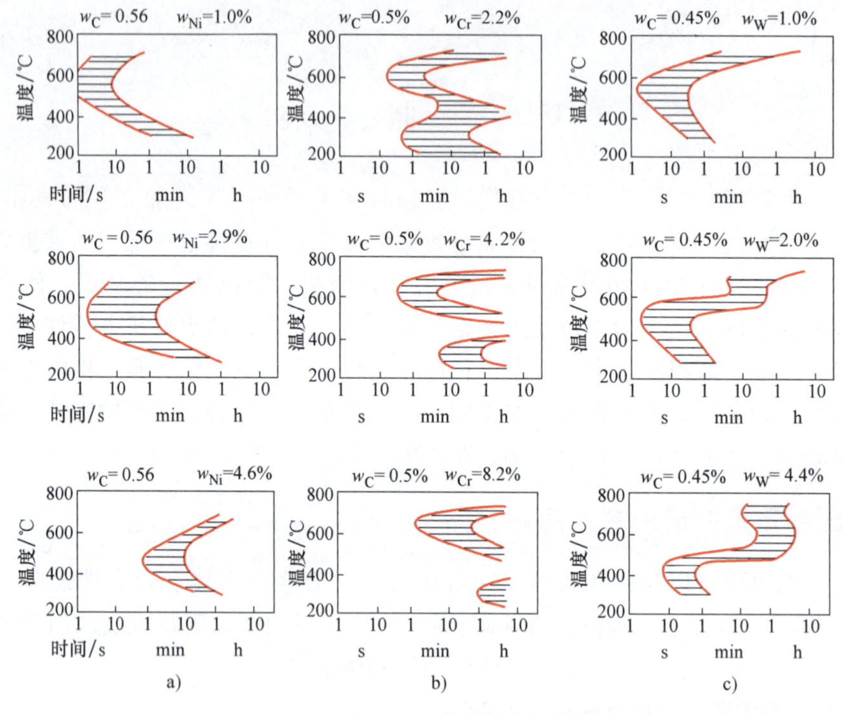

图 4-1　合金元素对奥氏体等温转变图的影响

a）Ni 的影响　b）Cr 的影响　c）W 的影响

当钢中 Cr、W、Mo、V 等碳化物形成元素的含量超过一定量时，在 400℃以上还会形成弥散分布的特殊碳化物 Cr_7C_3、W_2C、Mo_2C、VC 等，使硬度重新升高，直至 500～600℃硬度达最高值（图 4-2b）。这种淬火钢在较高温度回火，硬度不降低反而升高的现象称为二次硬化。二次硬化对高合金工具钢十分重要，使刃具、模具在较高温度下仍保持高硬度，这将在合金工具钢一节中论述。

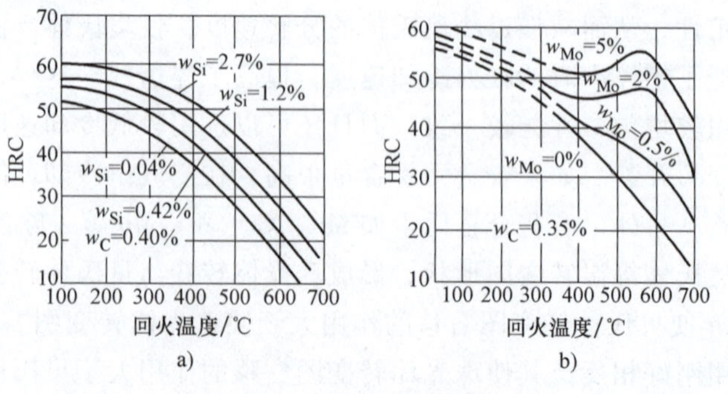

图 4-2　合金元素对回火的影响

a）Si 的影响　b）Mo 的影响

所谓回火脆性是指淬火钢回火后出现韧性下降的现象，如图 4-3 所示。在 250～400℃出现的冲击韧性下降现象称为“第一类回火脆性”。

这类回火脆性与钢的成分及回火后的冷却速度无关，无论在碳钢还是在合金钢中都会出现，但是合金元素可以使发生这种回火脆性的温度范围向高温推移，其中以 Si、Cr 两种元素的影响最为明显。一般认为这类回火脆性与马氏体和残留奥氏体分解时沿马氏体针条边界析出薄片状渗碳体有关，目前尚无有效的方法消除它，通常只有避免在此温度范围内回火。在 500~650℃ 回火后缓慢冷却出现的冲击韧性下降现象称为“第二类回火脆性”，如图 4-3 中隐线区所示。它不仅使钢的室温冲击韧度降低，而且显著降低钢的低温韧度。这类回火脆性只在含 Cr、Mn 或 Cr-Ni、Cr-Mn 的合金钢中出现，若回火后快冷（水冷或油冷）脆性便不会出现。一般认为第二类回火脆性与钢中 P、S、Mn、Si 等元素在晶界偏聚有关，若回火后快冷或在钢中加入 Mo（w_{Mo}为 0.2%~0.3%）或 W（w_W 为 0.4%~0.8%），可以防止偏聚发生，从而防止或减轻回火脆性。在实际生产中，为了防止第二类回火脆性，对于小尺寸零件，常采用回火后快冷的办法，对于大尺寸零件，则选用含 W、Mo 的钢制造。

2. 合金元素提高钢的使用性能

（1）合金元素使钢得到强化　如第二章所述，钢或其他金属的塑性变形是位错在滑移面上运动的结果。钢中的溶质原子、第二相粒子、晶界等都是位错运动的障碍，从而都会使钢的强度、硬度升高，产生固溶强化、第二相强化、细晶强化。

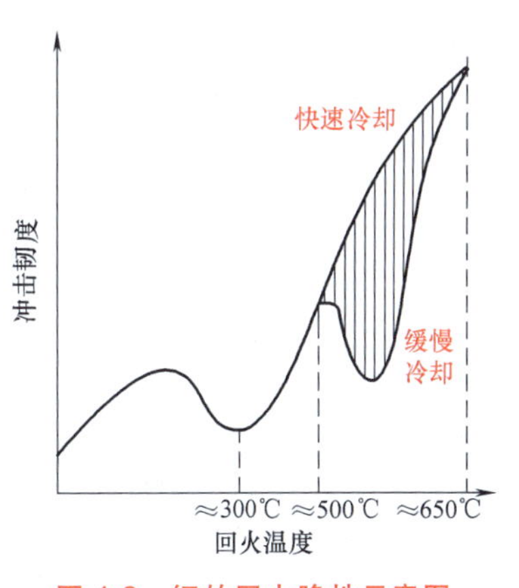

图 4-3　钢的回火脆性示意图

1）固溶强化。合金元素 Ni、Si、Al、Co、Cu、Mn、Cr、Mo、W 等固溶于铁素体、奥氏体、马氏体中引起晶格畸变，增加位错运动阻力，产生固溶强化。合金元素与铁的原子半径和晶体结构相差越大，强化效果越显著，但会引起韧性降低。图 4-4 为合金元素对铁素体硬度和冲击韧度的影响。由图可见，Si（金刚石结构）、Mn（复杂立方结构）与铁素体（体心立方结构）的晶体结构相差最大，其强化效果最显著，当其含量超过一定量（$w_{Si}>1.0\%$、$w_{Mn}>1.5\%$）时就会使铁素体韧性急剧降低。

2）第二相强化。合金元素 Mn、Cr、Mo、W 等可以固溶于渗碳体中，形成合金渗碳体 $(Fe\cdot Mn)_3C$、$(Fe\cdot Cr)_3C$、$(Fe\cdot Mo)_3C$、$(Fe\cdot W)_3C$，增加了铁和碳的亲和力，提高了渗碳体的稳定性。这种稳定性较高的合金渗碳体在钢加热形成奥氏体时，难以溶于奥氏体中，也难以聚集长大，冷却后保留在钢中，成为位错运动的障碍，提高钢的强度和硬度。合金元素 V、Ti、Nb 等常与碳形成特殊碳化物 VC、TiC、NbC；另外，当 Cr、W、Mo 含量较高时，也会与碳形成特殊碳化物 $Cr_{23}C_6$、W_2C、Mo_2C。这些特殊碳化物熔点高、硬度高、稳定性高，加热时更难溶于奥氏体中，当

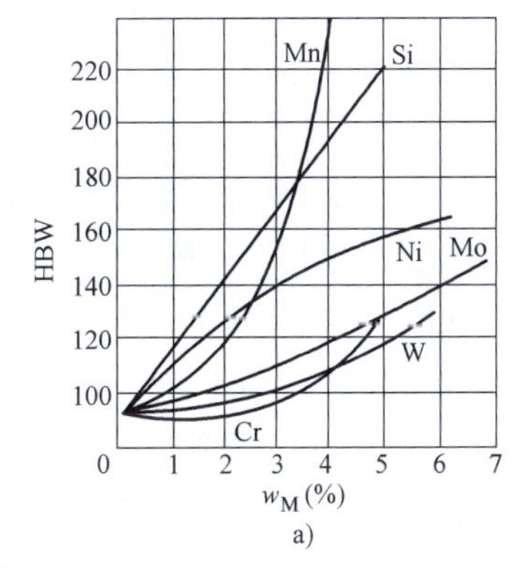

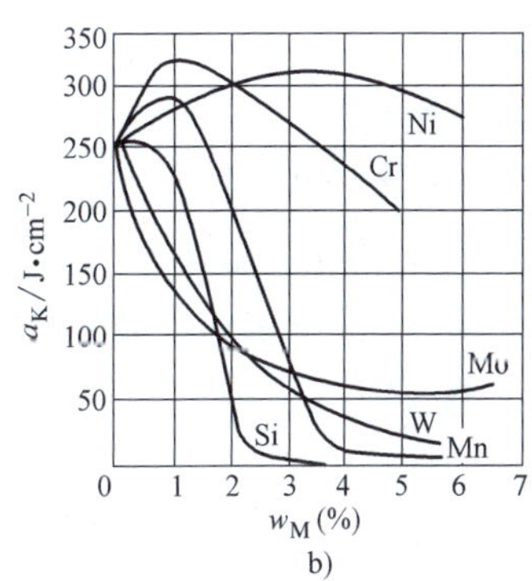

图 4-4　合金元素对铁素体硬度和冲击韧度的影响

它们以细小质点分布在钢中时，更能有效地提高钢的强度和硬度。表 4-1 列出了合金钢中常见碳化物的类型及基本性质。

3）细晶强化。大多数合金元素都能细化奥氏体和铁素体晶粒及马氏体针条，尤其以 V、Ti、Nb、Zr、Al 的细化作用最显著，晶界或马氏体针条边界成为位错运动的障碍。奥氏体和铁素体晶粒或马氏体针条越细，位错运动阻力越大，强化效果越大。值得注意的是细化晶粒不仅可以提高钢的强度和硬度，而且可同时提高钢的塑性和韧性，这是其他强化方法不可能做到的。近年来，人们正在研究纳米材料，如果能将钢中奥氏体和铁素体晶粒或马氏体针条的尺寸细化到纳米（nm）尺度，则钢的强度、硬度和塑性、韧性将会大幅度提高。

表 4-1　钢中常见碳化物的类型及基本性质

碳化物类型	M_3C		$M_{23}C_6$	M_7C_3	M_2C		M_6C		MC		
常见碳化物	Fe_3C	$(Fe,Me)_3C$①	$Cr_{23}C_6$	Cr_7C_3	W_2C	Mo_2C	Fe_3W_3C	Fe_3Mo_3C	VC	NbC	TiC
硬度 HV	900～1050	稍大于（900～1050）	1000～1100	1600～1800	—	—	1200～1300		1800～2200		
熔点	≈1600℃		1550℃	1670℃	2700℃	2750℃			2750℃	3500℃	3200℃
在钢中溶解的温度范围	Ac_1 至 950～1000℃	Ac_1 至 1050～1200℃	950～1100℃	大于950℃，可直到熔点	回火时析出，大于650～700℃时转变为 M_6C		1150～1300℃		大于1100～1150℃	几乎不溶解	
含有此类碳化物的钢种	碳钢	合金结构钢和低合金工具钢	高合金工具钢及不锈钢和耐热钢	少数高合金工具钢	高合金工具钢，如高速钢，Cr12MoV，3Cr2W8V 等		同左		w_V>0.3%的所有含钒合金钢	几乎所有含铌，钛的钢种	

① Me 可以是 Mn、Cr、W、Mo、V 等碳化物形成元素。

（2）合金元素使钢获得特殊性能　合金元素加入钢中可以使钢形成稳定的单相组织或形成致密的氧化膜和金属间化合物，从而使钢获得耐蚀、耐热等特殊性能。

1）形成稳定的单相组织。合金元素固溶于铁素体和奥氏体中时，可以使 $Fe\text{-}Fe_3C$ 相图中 $\delta \rightleftharpoons \gamma$ 和 $\gamma \rightleftharpoons \alpha$ 的同素异构转变温度 A_4（NJ 线）和 A_3（GS 线）、共析温度 A_1、S 点和 E 点的位置发生改变。Ni、Mn、Cu、N 等元素使 A_4 升高、A_3 和 A_1 降低，S 点和 E 点向左下方移动，导致相图中奥氏体区扩大，如图 4-5a 所示。当这些元素含量较高时，例如 w_{Ni} 为 9%或 w_{Mn} 为 13%，则可使 A_3 降至室温以下，此时钢在室温呈单相奥氏体组织，称为奥氏体钢，它有着碳钢不具备的耐腐蚀、耐高温、抗磨损等特殊性能。Si、Cr、W、Mo、V、Ti、Al 等元素使 A_4（NJ 线）降低、A_3（GS 线）和 A_1 升高，S 点和 E 点向左上方移动，导致相图中奥氏体区缩小，如图 4-5b 所示。当这些元素的含量较高时，例如 w_{Cr} 为 17%～28%，则可使奥氏体区消失，此时钢在室温呈单相铁素体组织，称为铁素体钢，此类钢也具有耐腐蚀、耐高温等特殊性能。

2）形成致密氧化膜和金属间化合物。在不锈钢和耐热钢中，合金元素 Si、Cr、Al、Ni、W、Mo、Ti 等可以形成致密氧化膜 SiO_2、Cr_2O_3、Al_2O_3 和金属间化合物 FeSi、FeCr、Ni_3Al、Ni_3Ti、Fe_2W、Fe_2Mo 等。致密氧化膜覆盖在钢的表面，提高钢的耐腐蚀性和高温抗氧化性；金属间化合物则阻碍位错在高温下运动，提高钢的蠕变抗力，特别当它们呈弥散分布的细小颗粒时，可以显著提高钢的高温强度。

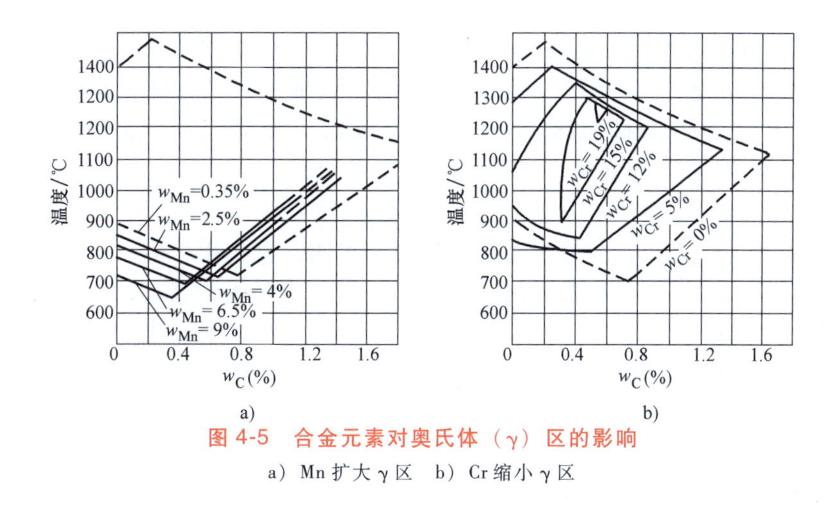

图 4-5　合金元素对奥氏体（γ）区的影响

a）Mn 扩大 γ 区　b）Cr 缩小 γ 区

由上面的讨论可知，合金元素在钢中的存在形式对钢的性能有着显著的影响。为帮助读者掌握，现将合金元素在钢中的存在形式归纳如下：

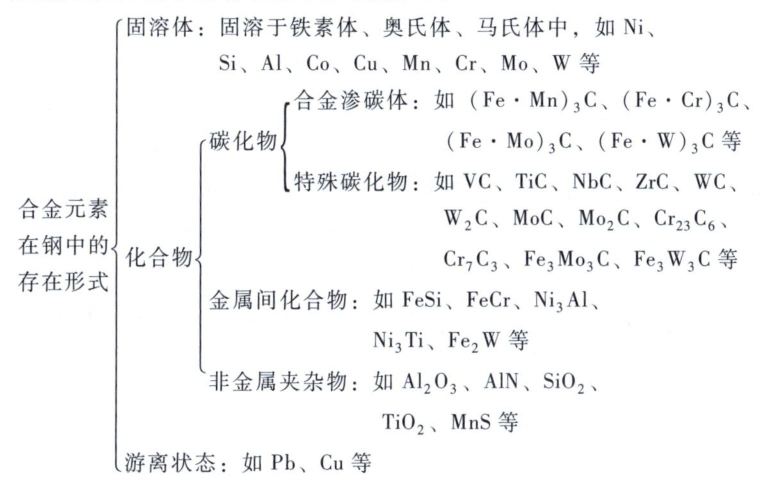

合金元素在钢中的存在形式
- 固溶体：固溶于铁素体、奥氏体、马氏体中，如 Ni、Si、Al、Co、Cu、Mn、Cr、Mo、W 等
- 化合物
  - 碳化物
    - 合金渗碳体：如 $(Fe \cdot Mn)_3C$、$(Fe \cdot Cr)_3C$、$(Fe \cdot Mo)_3C$、$(Fe \cdot W)_3C$ 等
    - 特殊碳化物：如 VC、TiC、NbC、ZrC、WC、W_2C、MoC、Mo_2C、$Cr_{23}C_6$、Cr_7C_3、Fe_3Mo_3C、Fe_3W_3C 等
  - 金属间化合物：如 FeSi、FeCr、Ni_3Al、Ni_3Ti、Fe_2W 等
  - 非金属夹杂物：如 Al_2O_3、AlN、SiO_2、TiO_2、MnS 等
- 游离状态：如 Pb、Cu 等

二、合金钢的分类及牌号

合金钢的分类方法很多，最常用的方法是按用途将合金钢分为合金结构钢、合金工具钢、特殊性能钢三大类。下面介绍这三类钢的牌号表示方法。

1. 合金结构钢

合金结构钢的牌号是用数字+合金元素符号+数字表示，前面的数字表示钢的平均碳的质量分数的万分数（$w_C \times 10000$），后面的数字表示合金元素平均质量分数的百分数（$w_M \times 100$）。当合金元素的平均质量分数<1.5%时，牌号中只标明合金元素，而不标明含量；如果平均质量分数≥1.5%、2.5%、3.5%…时，则相应地以 2、3、4…表示。例如 w_C 为 0.37%～0.44%、w_{Cr}为 0.8%～1.1%的钢以 40Cr 表示；w_C 为 0.57%～0.65%、w_{Si}为 1.5%～2.0%、w_{Mn}为 0.6%～0.9%的钢以 60Si2Mn 表示。对于高碳铬轴承钢，其牌号前注明“滚”字的汉语拼音字首“G”，后面的数字则表示平均铬的质量分数的千分数（$w_{Cr} \times 1000$），例如 GCr15 钢的平均 w_{Cr}为 1.5%。含 S、P 量较低（w_S<0.02%、w_P<0.03%）的高级优质钢，则在牌号的最后加“A”，如 38CrMoAlA。易切削钢，在牌号前冠以“易”字的汉语拼音字

首“Y”，如 Y40Mn。对于低合金高强度结构钢，其牌号用 Q+数字+质量等级（A、B、C、D、E）表示。其中“Q”为屈服强度“屈”字的汉语拼音字首；数字表示屈服强度数值；A、B、C、D、E 则表示钢材中 S、P 的质量分数依次降低，钢的质量依次提高。例如 Q345E 表示屈服点为 345MPa 的 E 级低合金高强度结构钢。

2. 合金工具钢

合金工具钢的牌号表示方法与合金结构钢大致相同，也是用数字+合金元素符号+数字表示，其差别只是前面的数字是表示钢的平均碳的质量分数的千分数，如果钢的平均 $w_C \geqslant 1\%$ 时不标此数字，如 9Mn2V 钢，其平均 w_C 为 0.9%，CrWMn 钢，其平均 $w_C > 1.0\%$。但高速钢例外，其平均 $w_C < 1\%$ 时也不标此数字，例如 w_C 为 0.7%～0.8%、w_W 为 17.5%～19.0%、w_{Cr} 为 3.8%～4.4%、w_V 为 1.0%～1.4%的高速钢用 W18Cr4V 表示。

3. 特殊性能钢

我国已采用新的不锈钢与耐热钢体系。不锈钢代号体系以 S 开头（S 为 Stainless and Heat Resisting Steel 的第一个字母），代号形式如 S×××××，S 后的第一位数字代表不锈钢的种类，例如 S1××××代表铁素体型不锈钢，S2××××代表铁素体-奥氏体型不锈钢，S3××××代表奥氏体型不锈钢，S4××××代表马氏体型不锈钢，S5××××代表沉淀硬化型不锈钢。对于铁素体型（S1××××）和铁素体-奥氏体型不锈钢（S2××××），S 后第二位和第三位数字代表铬的质量分数（铬含量中间值的 100 倍），第四位和第五位数字分别代表钢中的不同元素和区别顺序号。奥氏体型（S3××××）和马氏体型（S4××××）不锈钢，代号 S 后第一、二、三位数字作为钢组，奥氏体不锈钢的第四位和第五位数字分别表示含有不同合金元素或区别顺序号或者表示碳质量分数的千分之几。沉淀硬化型不锈钢（S5××××），S 后第 2～5 位数字按照 Cr-Ni 元素含量及顺序编号，其中第 2、3 位数字代表铬含量（铬含量中间值的 100 倍），镍含量（镍含量中间值的 100 倍）占第 4、5 位数字或者占第四位+-号顺序号。不锈钢的牌号主要体现了碳含量和合金元素种类与含量，新牌号体系与合金结构钢类似，形式为数字+合金元素符号+数字，前面的数字代表含碳量的万分数，$w_C = 0.04\%$时，推荐两位数字，$w_C = 0.03\%$，推荐三位数字；合金元素符号后面的数字代表其质量分数。以一种奥氏体不锈钢（S30408）为例，S30408 是其代号，牌号为 06Cr18Ni10（旧牌号为 0Cr18Ni9），含碳量 $w_C = 0.08\%$，$w_{Cr} = 18\% \sim 20\%$，$w_{Ni} = 8\% \sim 11\%$。其他特殊性能钢，比如低温钢和耐磨钢仍沿用以前的牌号体系。

通常，当钢中的合金元素的总质量分数小于或等于 5%，称为低合金钢，合金元素总质量分数为 5%～10%，为中合金钢，合金元素总质量分数大于 10%，称为高合金钢。

第二节　合金结构钢

合金结构钢主要用于制造重要工程结构和机器零件，它是工业上应用最广、用量最多的钢种。合金结构钢中 w_C 可在 0.1%～1.1%范围内变化，碳的质量分数不同，其热处理和用途也不同，据此将合金结构钢分为低合金高强度结构钢、合金渗碳钢、合金调质钢、合金弹簧钢、高碳轴承钢。下面分别介绍它们的成分、性能特点及用途。

一、低合金高强度结构钢

低合金高强度结构钢广泛用于制造在大气和海洋中工作的大型焊接结构件，如建筑结

构、桥梁、车辆、船舶、输油输气管道、压力容器等。

1. 成分及性能特点

低合金高强度结构钢的碳含量较低（$w_C \leqslant 0.2\%$），合金元素含量较少（总质量分数不超过3%），这样可以保证钢具有良好的塑性、韧性及焊接性能。常加入的合金元素有Mn、Ti、V、Nb、RE，它们的主要作用是强化铁素体，细化晶粒，从而提高钢的强度。此外，还可以提高钢的大气腐蚀抗力。因此，低合金高强度结构钢的强度显著高于相同碳量的普通低碳结构钢，并具有较好的塑性、韧性以及良好的焊接性和耐大气腐蚀性。显然，用这类钢制作大型构件不仅安全可靠，而且减轻自重、节约钢材。例如南京长江大桥采用Q345（原牌号16Mn）钢建造，比采用普通低碳结构钢节约了15%钢材。

2. 常用牌号及热处理

低合金高强度结构钢通常在热轧空冷后使用，有时在焊接后进行一次正火处理后使用，其组织为铁素体+珠光体。只有在个别要求高强度的情况下，例如高压容器才进行调质处理，获得回火索氏体组织。

表4-2列出了低合金高强度结构钢的牌号、成分、力学性能与用途。Q345钢相应于原牌号12MnV、14MnNb、16Mn、16MnRE、18Nb，其中16Mn钢是我国低合金高强度结构钢中发展最早、使用量最大的钢种，经热轧空冷后$R_{p0.2} \geqslant 325$MPa，广泛用于制造桥梁、车辆、船舶等结构件；Q390钢相应于原牌号15MnV、15MnTi、16MnNb，主要用于制造桥梁、船舶、港口工程结构等结构件；Q420钢相应于原牌号15MnVN、14MnVTiRE，其中15MnVN钢经热轧空冷后$R_{eL} \geqslant 420$MPa，用于制造要求强度较高的大型桥梁、大型船舶及大型车辆；Q460钢主要用于制造中温高压容器（<120℃）、锅炉、石油化工高压厚壁容器（<100℃）；屈服点高于500MPa的钢多用于制造高压锅炉、高压容器。例如14CrMnMoVB钢经调质后$R_{eL} \geqslant 650$MPa，用于制造中温高压容器（<560℃）。

在低合金高强度结构钢的基础上，调整合金元素含量，通过亚温淬火或控制轧制，获得铁素体+马氏体或铁素体+岛状马氏体+奥氏体的组织，可以进一步提高钢的强度和冷成形性能，减轻构件重量。

表4-2　低合金高强度结构钢的牌号、成分、力学性能与用途（GB/T 1591—2008）

牌号	质量等级	化学成分 w(%)								力学性能(25mm≤公称厚度≤40mm)			用途
		C≤	Mn≤	Si≤	P≤	S≤	V≤	Nb≤	Ti	$R_{p0.2}$/MPa≥	R_m/MPa	A_5(%)≥	
Q345	A B C D E	0.20 0.20 0.20 0.18 0.18	1.70	0.50	0.035 0.035 0.030 0.030 0.025	0.035 0.035 0.030 0.025 0.020	0.15	0.07	0.20	345	470~630	20 20 21 21 21	桥梁、车辆、船舶、压力容器、建筑结构
Q390	A B C D E	0.20 0.20 0.20 0.20 0.20	1.70	0.50	0.035 0.035 0.030 0.030 0.025	0.035 0.035 0.030 0.025 0.020	0.20	0.07	0.20	390	490~650	20 20 20 20 20	桥梁、船舶、起重设备、压力容器
Q420	A B C D E	0.20 0.20 0.20 0.20 0.20	1.70	0.50	0.035 0.035 0.030 0.030 0.025	0.035 0.035 0.030 0.025 0.020	0.20	0.07	0.20	420	520~680	19 19 19 19 19	桥梁、高压容器、大型船舶、电站设备、管道
Q460	C D E	0.20 0.20 0.20	1.80	0.60	0.030 0.030 0.025	0.030 0.025 0.020	0.20	0.011	0.20	460	550~720	17 17 17	中温高压容器(<120℃)、锅炉、石油化工高压厚壁容器(<100℃)

二、合金渗碳钢

合金渗碳钢是指经过渗碳热处理后使用的低碳合金结构钢，主要用于制造在摩擦力、交变接触应力和冲击条件下工作的零件如汽车、拖拉机、重型机床中的齿轮，内燃机的凸轮轴等。这些零件的表面要求有高的硬度和耐磨性及高的接触疲劳强度，心部则要求有良好的韧性，只有采用合金渗碳钢经渗碳热处理后才能满足上述性能要求。

1. 成分及性能特点

渗碳钢的碳含量较低，w_C 仅为 0.10%~0.25%，这样可以保证零件心部有足够的韧性。常加入的合金元素有 Cr、Ni、Mn、B，这些元素除了提高钢的淬透性，改善零件心部组织与性能外，还能提高渗碳层的强度与韧性，尤其以 Ni 的作用最为显著。此外钢中还加入微量的 V、Ti、W、Mo 等元素以形成特殊碳化物，阻止奥氏体晶粒在渗碳温度下长大，使零件在渗碳后能进行预冷直接淬火，并提高零件表面硬度、接触疲劳强度及韧性。由此可见，渗碳钢具有较高的强度和韧性，较好的淬透性，同时具有优良的工艺性能，即使在 930~950℃ 高温下渗碳，其奥氏体晶粒也不会长大，这样既能使零件渗碳后表面获得高的硬度和耐磨性，又能使心部有足够的强度和韧性。

2. 常用牌号及热处理

根据淬透性高低，将合金渗碳钢分为三类。

(1) 低淬透性合金渗碳钢（R_m = 800~1000MPa）　如 20Mn2、20MnV、20Cr、20CrV 等，用于制造尺寸较小的零件，如小齿轮、活塞销等。

(2) 中淬透性合金渗碳钢（R_m = 1000~1200MPa）　如 20CrMn、20CrMnTi、20MnTiB、20CrMnMo 等，其中应用最广的是 20CrMnTi 钢，用于制造承受高速、中速、冲击和在剧烈摩擦条件下工作的零件，如汽车、拖拉机的变速箱齿轮、离合器轴等。

(3) 高淬透性合金渗碳钢（R_m>1200MPa）　如 18Cr2Ni4WA 等，用于制造大截面、高负荷以及要求高耐磨性及良好韧性的重要零件，如飞机、坦克的曲轴、齿轮及内燃机车的主动牵引齿轮等。

合金渗碳钢的热处理一般都是渗碳后直接进行淬火和低温回火，其表层组织为细针状回火高碳马氏体+粒状碳化物+少量残留奥氏体，硬度为 58~64HRC，心部组织为铁素体（或托氏体）+低碳马氏体，硬度为 35~45HRC。图 4-6 为 20CrMnTi 钢制造汽车、拖拉机变速箱齿轮的热处理工艺规范。

常用合金渗碳钢的成分、热处理、力学性能和用途列于表 4-3 中。

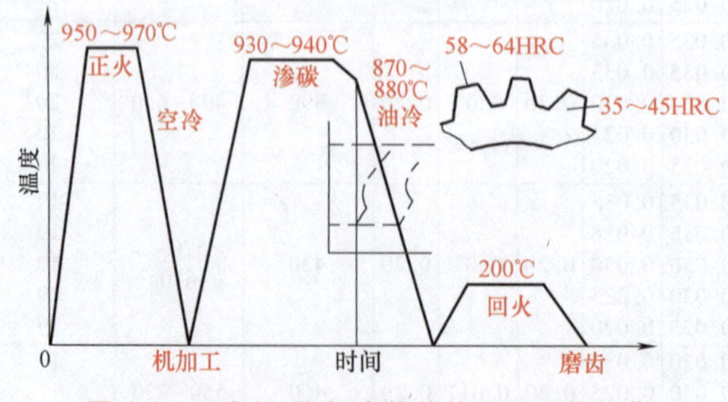

图 4-6　20CrMnTi 钢齿轮的热处理工艺规范

表 4-3 常用合金渗碳钢的成分、热处理、力学性能和用途（GB/T 3077—2015）

钢号	主要化学成分 w(%) C	Mn	Si	Cr	Ni	V	其他	热处理/°C 第一次淬火	第二次淬火	回火	力学性能（不小于） R_m/MPa	$R_{p0.2}$/MPa	A_5(%)	Z(%)	A_{KU2}/J	毛坯尺寸/mm	用途
20Mn2	0.17～0.24	1.40～1.80	0.17～0.37					850 水、油		200 水、空	785	590	10	40	47	15	小齿轮、小轴、活塞销等
								880 水、油		440 水、空							
20Cr	0.18～0.24	0.50～0.80	0.17～0.37	0.70～1.00				880 水、油	780～820 水、油	200 水、空	835	540	10	40	47	15	齿轮、小轴、活塞销等
20MnV	0.17～0.24	1.30～1.60	0.17～0.37			0.07～0.12		880 水、油		200 水、空	785	590	10	40	55	15	同上。也用作锅炉、高压容器管道等
20CrMo	0.17～0.23	0.90～1.20	0.17～0.37	0.90～1.20				850 油		200 水、空	930	735	10	45	47	15	齿轮、轴、蜗杆、活塞销、摩擦轮
20CrMnMo	0.17～0.23	0.90～1.20	0.17～0.37	1.10～1.40			Mo0.20～0.30	850 油		200 水、空	1180	885	10	45	55	15	汽车、拖拉机上的后桥齿轮
20CrMnTi	0.17～0.23	0.80～1.10	0.17～0.37	1.00～1.30			Ti0.04～0.10	880 油	870 油	200 水、空	1080	850	10	45	55	15	汽车、拖拉机上的变速箱齿轮
20MnTiB	0.17～0.24	1.30～1.60	0.17～0.37				Ti0.04～0.10 B0.0008～0.0035	860 油		200 水、空	1130	930	10	45	55	15	代 20CrMnTi
20Cr2Ni4	0.17～0.23	0.30～0.60	0.17～0.37	1.25～1.65	3.25～3.65			880 油	780 油	200 水、空	1180	1080	10	45	63	15	大型渗碳齿轮和轴类
18Cr2Ni4W	0.13～0.19	0.30～0.60	0.17～0.37	1.35～1.65	4.00～4.50		W0.80～1.20	950 空	850 空	200 水、空	1180	835	10	45	78	15	大型渗碳齿轮和轴类

注：渗碳零件应先经渗碳处理后再进行热处理。

三、合金调质钢

合金调质钢是指经过调质处理（淬火+高温回火）后使用的中碳合金结构钢，主要用于制造受力复杂、要求综合力学性能的重要零件如精密机床的主轴、汽车的后桥半轴、发动机的曲轴、连杆螺栓、锻床的锤杆等，这些零件在工作过程中承受弯曲、扭转或拉-拉、拉-压交变载荷与冲击载荷的复合作用，它们既要有高的强度，又要有高的塑性、韧性，即要有良好的综合力学性能。

1. 成分及性能特点

合金调质钢的 w_C 为 0.25%~0.50%，多为 0.40%左右，以保证钢经调质处理后有足够的强度和塑性、韧性。常加入的合金元素有 Mn、Cr、Si、Ni、B 等，它们的主要作用是增加淬透性，强化铁素体，有时加入微量的 V，以细化晶粒。对于含 Cr、Mn、Cr-Ni、Cr-Mn 的钢中常加入适量的 Mo、W，以防止或减轻第二类回火脆性。因此，合金调质钢淬透性好，调质处理后具有优良的综合力学性能，其力学性能的平均值为 $R_{p0.2}$>800MPa，R_m>980MPa，A>10%，Z>45%，a_K>50J · cm^{-2}。

2. 常用牌号及热处理

根据淬透性，将合金调质钢分为三类。

（1）低淬透性合金调质钢　如 40Cr、40MnB 等，用于制造截面尺寸较小或载荷较小的零件，如连杆螺栓、机床主轴等。

（2）中淬透性合金调质钢　如 35CrMo、38CrSi 等，用于制造截面尺寸较大、载荷较大的零件，如火车发动机曲轴、连杆等。

（3）高淬透性合金调质钢　如 38CrMoAlA、40CrNiMoA 等，用于制造截面尺寸大、载荷大的零件，如精密机床主轴、汽轮机主轴、航空发动机曲轴、连杆等。

合金调质钢的热处理为淬火+高温回火，即调质，其组织为回火索氏体，具有良好的综合力学性能。此外，有些调质钢制零件除了要求较高的强度、塑性、韧性配合外，还要求局部区域有良好的耐磨性，为此，经过调质处理后，还要对局部区域进行感应加热表面淬火或渗氮。例如火车内燃机曲轴用 42CrMo 钢制造，调质后再对轴颈进行中频感应加热表面淬火和低温回火；又如精密机床的主轴用 38CrMoAlA 钢制造，调质后再进行表面渗氮处理。对于带有缺口的零件，为了减少缺口引起的应力集中，调质以后在缺口附近再进行喷丸或滚压强化，可以大大提高疲劳抗力，延长使用寿命。

常用合金调质钢的化学成分、热处理、力学性能和用途列于表 4-4 中。

近年来，利用低碳合金结构钢经淬火+低温回火获得强韧性好的低碳马氏体来代替中碳合金调质钢，提高了零件的承载能力，减轻了质量，并已在汽车、石油、矿山工业中得到了应用，取得了较好的效果。例如冷镦钢 LD20MnTiB，经过 840~860℃ 淬火和 180~220℃ 回火，获得回火低碳马氏体组织，其屈服强度和抗拉强度分别为 930MPa 和 1130MPa，断后伸长率和断面收缩率分别为 10%和 45%，实现了强度和塑性的良好匹配，满足大功率新车型的设计要求；又如采用 20SiMnMoV 钢代替 35CrMo 钢制造石油钻井用的吊环，使吊环质量由原来的 97kg 减小为 29kg，大大减轻了钻井工人的劳动强度。这两种钢的性能见表 4-5。

四、合金弹簧钢

合金弹簧钢是用于制造弹簧或其他弹性零件的钢种。在机械及仪表中弹簧的主要作用是

表 4-4　常用合金调质钢的化学成分、热处理、力学性能和用途（GB/T 3077—2015）

钢号	主要化学成分 w(%)								热处理			力学性能					退火或高温回火状态 HBW ≤	用途
	C	Mn	Si	Cr	Ni	Mo	V	其他	淬火/°C	回火/°C	毛坯尺寸/mm	R_m/MPa	$R_{p0.2}$/MPa	A_s(%)	Z(%)	a_K/(J/cm²)		
												≥						
45Mn2	0.42 ~ 0.49	1.40 ~ 1.80	0.17 ~ 0.37						840 油	550 水、油	25	885	735	10	45	47	217	代替直径小于 50mm 的 40Cr 作重要螺栓和轴类件等
40MnB	0.37 ~ 0.44	1.10 ~ 1.40	0.17 ~ 0.37					B0.0005 ~ 0.0035	850 油	500 水、油	25	980	785	10	45	47	207	代替直径小于 50mm 的 40Cr 作重要螺栓和轴类件等
40MnVB	0.37 ~ 0.44	1.10 ~ 1.40	0.17 ~ 0.37				0.05 ~ 0.10	B0.0005 ~ 0.0035	850 油	520 水、油	25	980	785	10	45	47	207	可代替 40Cr 及部分代替 40CrNi 作重要零件，也可代替 38CrSi 作重要销钉
35SiMn	0.32 ~ 0.40	1.10 ~ 1.40	1.10 ~ 1.40						900 水	570 水、油	25	885	735	15	45	47	229	除低温（< -20°C）韧性稍差外，可全面代替 40Cr 和部分代替 40CrNi
40Cr	0.37 ~ 0.44	0.50 ~ 0.80	0.17 ~ 0.37	0.80 ~ 1.10					850 油	520 水、油	25	980	785	9	45	47	217	作重要调质件，如轴类、连杆螺栓、进气阀和重要齿轮等
38CrSi	0.35 ~ 0.43	0.30 ~ 0.60	1.00 ~ 1.30	1.30 ~ 1.60					900 油	600 水、油	25	980	835	12	50	55	255	作承受大载荷的轴类件及车辆上的重要调质件
40CrMn	0.37 ~ 0.45	0.90 ~ 1.20	0.17 ~ 0.37						840 油	550 水、油	25	980	835	9	45	47	229	代替 40CrNi
30CrMnSi	0.27 ~ 0.34	0.80 ~ 1.10	0.90 ~ 1.20	0.80 ~ 1.10					880 油	520 水、油	25	1080	885	10	45	39	229	高强度钢，作高速载荷砂轮轴、车轴上内外摩擦片等
35CrMo	0.32 ~ 0.40	0.40 ~ 0.70	0.17 ~ 0.37	0.80 ~ 1.10		0.15 ~ 0.25			850 油	550 水、油	25	980	835	12	45	63	229	重要调质件，如曲轴，连杆及代替 40CrNi 作大截面轴类件

（续）

钢号	主要化学成分 w(%)								热处理			力学性能					退火或高温回火状态 HBW ≤	用途
	C	Mn	Si	Cr	Ni	Mo	V	其他	淬火/°C	回火/°C	毛坯尺寸/mm	R_m/MPa ≥	$R_{p0.2}$/MPa ≥	A_s(%) ≥	Z(%) ≥	a_K/(J/cm²) ≥		
38CrMoAlA	0.35～0.42	0.30～0.60	0.20～0.45	1.35～1.65		0.15～0.25		Al0.70～1.10	940 水、油	640 水、油	30	980	835	14	50	71	229	作渗氮零件，如精密机床主轴、高压阀门、缸套等
40CrNi	0.37～0.44	0.50～0.80	0.17～0.37	0.45～0.75	1.00～1.40				820 油	500 水、油	25	980	785	10	45	55	241	作较大截面和重要的曲轴、主轴、连杆等
37CrNi3	0.34～0.41	0.30～0.60	0.17～0.37	1.20～1.60	3.00～3.50				820 油	500 水、油	25	1130	980	10	50	47	269	作大截面并需要高强度、高韧性的零件
37SiMn2MoV	0.33～0.39	1.60～1.90	0.60～0.90			0.40～0.50	0.05～0.12		870 水、油	650 水、空	25	980	835	12	50	63	269	作大截面、重载荷的轴、连杆、齿轮等，可代替40CrNiMo
40CrMnMo	0.37～0.45	0.90～1.20	0.17～0.37	0.90～1.20		0.20～0.30			850 油	600 水、油	25	980	785	10	45	63	217	相当于40CrNiMo的高级调质钢
25Cr2Ni4WA	0.21～0.28	0.30～0.60	0.17～0.37	1.35～1.65	4.00～4.50			W0.80～1.20	850 油	550 水	25	1080	930	11	45	71	269	制造机械性能要求很高的大断面零件
40CrNiMoA	0.37～0.44	0.50～0.80	0.17～0.37	0.60～0.90	1.25～1.65	0.15～0.25			850 油	600 水、油	25	980	835	12	55	78	269	作高强度零件，如航空发动机轴，在<500°C工作的喷气发动机承力零件
45CrNiMoVA	0.42～0.49	0.50～0.80	0.17～0.37	0.80～1.10	1.30～1.80	0.20～0.30	0.10～0.20		860 油	460 油	试样	1470	1330	7	35	31	269	作高强度、高弹性零件如车辆上扭力轴等

通过弹性变形储存能量，从而传递力和缓和机械的振动与冲击，如汽车、拖拉机和火车上的板弹簧和螺旋弹簧；或使其他零件完成设计规定的动作如气门弹簧、仪表弹簧等。显然，弹簧应具有高的弹性极限和屈服强度，以保证其能吸收大量的弹性能而不发生塑性变形。此外，还应具有较高的疲劳强度和足够的塑性、韧性，以防止弹簧发生疲劳断裂和冲击断裂。

表 4-5　低碳马氏体钢 20SiMn2MoV 与调质钢 35CrMo 的性能对比（GB/T 3077—2015）

钢　号	状　态	$R_{p0.2}$ /MPa	R_m /MPa	A(%)	Z(%)	KU_2/J
20SiMn2MoV	低碳马氏体	—	1380	10	45	55
35CrMn	调质态	835	980	12	45	63

1. 成分及性能特点

为保证弹簧具有高强度和高弹性极限，合金弹簧钢的碳的质量分数比合金调质钢高，一般 w_C 为 0.45%~0.70%。常加入的合金元素有 Si、Mn、Cr、V、Nb、Mo、W，它们的主要作用是提高钢的淬透性和耐回火性，强化铁素体，提高弹性极限和屈强比。另外，Mo、W、V、Nb 还可以降低因 Si 的加入造成的脱碳敏感性。因此，合金弹簧钢的淬透性好、耐回火性好，脱碳敏感性小，具有高的弹性极限、屈服强度、抗拉强度和屈强比及较高的疲劳强度与足够的塑性、韧性。

2. 常用牌号及热处理

合金弹簧钢按所含合金元素大致分为两类。

（1）含 Si、Mn 元素的合金弹簧钢　典型代表为 60Si2Mn，用于制造截面尺寸≤25mm 的弹簧，如汽车、拖拉机、火车的板弹簧和螺旋弹簧等。

（2）含 Cr、V 元素的合金弹簧钢　典型代表为 50CrVA，用于制造截面尺寸≤30mm、并在 350~400℃温度下工作的重载弹簧，如阀门弹簧、内燃机的汽阀弹簧等。

合金弹簧钢的热处理为淬火+中温回火，获得回火托氏体组织，其硬度为 43~48HRC，具有最好的弹性。必须指出，弹簧的表面质量对使用寿命影响很大，微小的表面缺陷如脱碳、裂纹、夹杂等均降低疲劳强度。因此，弹簧在热处理后常采用喷丸处理，使其表面产生残留压应力，以提高疲劳强度，从而提高使用寿命，例如用 60Si2Mn 钢制作的汽车板簧，经喷丸处理后使用寿命提高 5~6 倍。

生产上根据成形工艺将弹簧分为冷成形弹簧和热成形弹簧，它们具有不同的加工工艺路线，分述如下：

（1）冷成形弹簧　对于截面尺寸<10mm 的小型弹簧，如钟表、仪表中的螺旋弹簧、发条、弹簧片，压缩机直流阀阀片及阀弹簧等，都采用冷成形。成形前，钢丝或钢带先经冷拉（冷轧）或热处理（淬火+中温回火），使其具有高的弹性极限和屈服强度，然后冷卷或冷冲压成形，成形后的弹簧再在 200~400℃温度下进行去应力退火，其工艺路线为：

冷拉（冷轧）钢丝（钢带）或淬火+中温回火钢丝（钢带）→冷卷（冷冲压）成形→去应力退火→成品。

（2）热成形弹簧　对于截面尺寸>10mm 的大型弹簧或形状复杂的弹簧，如汽车、拖拉机、火车的板弹簧和螺旋弹簧等，都采用热成形。先将剪裁好的扁钢或圆钢料加热至高温进行压弯或卷绕成形，然后经淬火+中温回火热处理，最后对弹簧进行喷丸处理，以产生表面残留压应力，提高疲劳强度，其工艺路线大致如下：

扁钢（圆钢）下料→加热压弯（卷绕）成形→淬火+中温回火→喷丸→成品。

常用合金弹簧钢的成分、热处理、力学性能和用途列于表 4-6 中。

表 4-6 合金弹簧钢的成分、热处理、力学性能和用途（GB/T 1222—2016）

钢号	主要化学成分 w(%)						热处理/℃		力学性能					用途
	C	Mn	Si	Cr	V	其他	淬火	回火	$R_{p0.2}$/MPa	R_m/MPa	$A(\%)$ A_5	$A(\%)$ A_{10}	Z(%)	
									不小于					
65	0.62～0.70	0.50～0.80	0.17～0.37	≤0.25			840 油	500	800	1000		9	35	截面＜12mm 的小弹簧
65Mn	0.62～0.70	0.90～1.20	0.17～0.37	≤0.25			830 油	540	800	1000		8	30	截面＜25mm 的各种螺旋弹簧，板弹簧
60Si2Mn	0.56～0.64	0.60～0.90	1.50～2.00	≤0.35			870 油	480	1200	1300		5	25	截面＜25mm 的各种螺旋弹簧，板弹簧
60Si2CrA	0.56～0.64	0.40～0.70	1.40～1.80	0.70～1.00			870 油	420	1600	1800	6		20	制造高温（≤350°C），截面＜50mm 的强度要求较高的弹簧
50CrVA	0.46～0.54	0.50～0.80	0.17～0.37	0.80～1.10	0.10～0.20		850 油	500	1150	1300	10		40	制造截面＜30mm 重载荷板簧和螺旋弹簧，以及工作温度＜400°C 的各种弹簧
55CrMnA	0.52～0.60	0.65～0.95	0.17～0.37	0.65～0.95			830～860 油	460～510	1100 ($\sigma_{0.2}$)	1250	9		20	车辆、拖拉机上用直径＜50mm 的圆弹簧和板弹簧
60CrMnA	0.56～0.64	0.70～1.00	0.17～0.37	0.70～1.00			830～860 油	460～520	1100 ($\sigma_{0.2}$)	1250	9		20	同上
60CrMnBA	0.56～0.64	0.70～1.00	0.17～0.37	0.70～1.00		B0.0005～0.004	830～860 油	460～520	1100 ($\sigma_{0.2}$)	1250	9		20	同上
30W4Cr2VA①	0.26～0.34	≤0.40	0.17～0.37	2.00～2.50	0.50～0.80	W4.0～4.5	1050～1100 油	600	1350	1500	7		40	制造工作温度≤450°C 的圆弹簧和板弹簧

① 除抗拉强度 R_m 外，其他性能检验结果供参考。

五、轴承钢

轴承钢是用于制造滚动轴承的滚珠、滚柱和套圈等的钢种，也可用于制作精密量具、冷冲模、机床丝杠及柴油机油泵的精密偶件如针阀体、柱塞、柱塞套等。

滚动轴承在工作时，承受高达3000~5000MPa的交变接触压应力及很大的摩擦力，还会受到大气、润滑油的浸蚀，它常因接触疲劳引起麻点剥落和过度磨损而失效，有时也因腐蚀而使精度下降。因此，滚动轴承应具有高的接触疲劳强度和高而均匀的硬度和耐磨性及一定的韧性和耐蚀性能。

1. 成分及性能特点

传统的轴承钢是一种高碳低铬钢，其w_C为0.95%~1.05%，这样可以保证钢具有高硬度和高强度，w_{Cr}为0.35%~1.95%，其作用是提高钢的淬透性，并形成合金渗碳体$(Fe \cdot Cr)_3C$，使钢具有高的接触疲劳强度和耐磨性。对于大型轴承用钢，还需加入Si、Mn、Mo等元素，以进一步提高钢的淬透性和弹性极限与抗拉强度。对于无铬轴承钢中还需加入V，以形成VC提高钢的耐磨性并细化晶粒。另外，轴承钢要求纯度极高，非金属夹杂物及S、P含量很低（$w_S<0.020\%$、$w_P<0.027\%$）。由此可见，轴承钢具有高的硬度和高的弹性极限及高的接触疲劳强度和适当的韧性，并具有一定的耐蚀能力。

2. 常用牌号及热处理

轴承钢按所含合金元素大致分为两类。

（1）高碳铬轴承钢　如GCr4、GCr15、GCr15SiMn、GCr15SiMo、GCr18Mo，其中GCr4、GCr15的淬透性较低，用于制作中、小型滚动轴承及冷冲模、量具、丝杠等；GCr15SiMn、GCr15SiMo、GCr18Mo的淬透性高，用于制作大型滚动轴承。

（2）高碳无铬轴承钢　如GMnMoVRE、GSiMoMnV，其性能和用途与GCr15相同。

轴承钢的热处理主要是球化退火、淬火和低温回火。球化退火的目的是获得球状珠光体，使钢的硬度降低到207~220HBW，以利于切削加工并为淬火作组织准备。淬火和低温回火是决定轴承钢性能的关键热处理技术，淬火和低温回火后的组织为细针状回火马氏体+细粒状（或球状）碳化物+少量残留奥氏体，硬度为62~66HRC。由于低温回火不能彻底消除内应力及残留奥氏体，在长期使用中会发生应力松弛和组织转变，引起尺寸变化，所以在生产精密轴承时，在淬火后应立即进行一次冷处理（-60~-80℃），并分别在低温回火和磨削加工后再进行120~130℃保温5~10h的低温时效处理，以进一步减少残留奥氏体和消除内应力，保证尺寸稳定。滚动轴承的加工工艺路线如下：

轧制或锻造→球化退火→机加工→淬火→低温回火→磨削→成品

↓ ↗　↓ ↗　↓ ↗

冷处理　时效　时效

常用高碳铬轴承钢的化学成分及轴承零件淬火、回火后的硬度列于表4-7中。

六、超高强度钢

工程上一般把R_m>1500MPa以上的钢称为超高强度钢，它在航空、航天工业中使用较为广泛，主要用来制造飞机起落架、机翼大梁、火箭发动机壳体、液体燃料氧化剂贮箱、高压容器以及常规武器的炮筒、枪筒、防弹板等。作为飞行器的构件必须有较轻的自重，有抵抗高速气流的剧烈冲击与耐高温（300~500℃）的能力，还有能在强烈的腐蚀介质中工作的能力。

1. 成分及性能特点

此类钢的碳含量范围较宽，w_C 为 0.03%~0.45%，合金元素按少量多元的原则加入钢中。常加的元素有 Cr、Mn、Ni、Si、Mo、V、Nb、Ti、Al。其中 Cr、Mn、Ni 和 Si 能显著提高钢的淬透性；Si 还使钢的耐回火性大大提高，导致第一类回火脆性区向高温方向偏移，从而使钢可在较高的温度下回火，利于塑性、韧性的改善；Mo、V、Ti、Nb、Al 等元素的加入能形成特殊碳化物（Mo_2C、V_4C_3 等）与金属间化合物（Ni_3Mo、Ni_3Ti、$[(Ni\cdot Fe)_3(Ti\cdot Al)]$ 等）使钢产生二次硬化；V、Ti、Nb 等元素还有细化晶粒的作用。

表 4-7　高碳铬轴承钢的化学成分及轴承零件淬火、回火后的硬度
（GB/T 18254—2016 及 JB/T 1255—2014）

牌　号	主要化学成分 w(%) C	Si	Mn	Cr	Mo	热处理 淬火/℃	常规回火/℃
G8Cr15	0.75~0.85	0.15~0.35	0.20~0.40	1.30~1.65	≤0.1	800~820	150~160
GCr15	0.95~1.05	0.15~0.35	0.25~0.45	1.40~1.65	≤0.1	800~820	150~160
GCr15SiMn	0.95~1.05	0.45~0.75	0.95~1.25	1.40~1.65	≤0.1	820~840	170~190
GCr15SiMo	0.95~1.05	0.65~0.85	0.20~0.40	1.40~1.70	0.30~0.40	820~840	170~190
GCr18Mo	0.95~1.05	0.20~0.40	0.25~0.40	1.65~1.95	0.15~0.25	820~840	170~190

零件名称	成品尺寸/mm	硬度 HRC 淬火后不小于	常规回火后	高温回火后 200℃	250℃	300℃	350~400℃
套圈有效壁厚	≤12	63	60~65	59~64	57~62	55~59	52
	12~30	62	59~64	57~62	56~60	54~58	52
	>30	60	58~63	56~61	55~59	53~57	52
钢球公称直径	≤30	64	61~66	60~65	58~63	56~60	52
	30~50	62	59~64	58~63	57~61	55~59	52
	>50	61	58~64	57~62	56~60	54~58	52
滚子有效直径	≤20	64	60~65	60~65	60~63	56~60	52
	20~40	63	58~64	58~63	57~61	55~59	52
	>40	61	57~63	57~62	56~60	54~58	52

注：中、小尺寸轴承零件选用 G8Cr15、GCr15 钢，大尺寸轴承零件选用 GCr15SiMn、GCr15SiMo、GCr18Mo 钢制造。

超高强度钢有着与铝合金相近的比强度（强度/密度），因此用它制造飞行器的构件可以使重量大大减轻；它有足够的耐热性，适应在气动力加热的条件下工作，此外，它还有一定的塑性、冲击韧性及断裂韧性，能抵抗高速气流剧烈而长时间的冲击；加之有良好的切削性能、焊接性能及价格低于钛合金等优点，使它成为可以替代钛合金用于制造高温（250~450℃）气流条件下工作的飞行器材料。

2. 常用牌号及热处理

按成分和使用性能的不同，超高强度钢可分为三类：低合金超高强度钢、中合金超高强度钢以及高合金超高强度钢。

（1）低合金超高强度钢　低合金超高强度钢的抗拉强度一般在 1500~2300MPa，它是由

合金调质钢发展而来的。钢中 w_C 为 0.30%～0.45%，随着碳的质量分数的增加，钢的抗拉强度 R_m 明显地提高，其大致规律是：w_C 为 0.30%，R_m 约为 1700～1800MPa；w_C 为 0.35%，R_m 约 2000～2100MPa，w_C 为 0.40%，R_m 约 2200～2300MPa。钢中合金元素的总质量分数≤5%。常加入的合金元素有 Si、Mn、Ni、Cr、Mo、W、V 等，它们的主要作用是提高钢的淬透性和耐回火性及强化马氏体和铁素体，从而提高钢的强度。此外，Mo 还能防止第二类回火脆性；Si 还能使第一类回火脆性出现的温度向高温推移，例如 w_{Si} 为 0.20%～0.35%的钢，在 260℃左右出现此类回火脆性，而 w_{Si} 为 1.45%～1.80%的钢在 350℃才开始出现此类回火脆性。

此类钢主要用于制造飞机上一些负荷很大的零件，如主起落架的支柱、轮叉、机翼主梁等。可采用 900℃加热，650℃等温的方式进行预先热处理，以达到改善切削加工性能的目的。为了获得超高的强度，钢的最终热处理不采用调质，而采用淬火后低温回火，钢件在细针状的回火马氏体组织状态下使用。为了减少淬火应力和变形，还可采用等温淬火处理，其工艺为 900℃加热，置入 280～330℃硝盐中或在 180～280℃下等温，得到下贝氏体或马氏体组织。钢件经最后精加工后，还应在 200～250℃下加热并保温 2～3h，以消除切削加工应力，减弱钢对应力集中的敏感性。

国内外常用的低合金超高强度钢的牌号综合于表 4-8 中。

（2）中合金超高强度钢　中合金超高强度钢是指在 300～500℃的使用温度下能保持较高比强度与热疲劳强度的钢。从所含的碳量来看，此类钢又分为两个系列，即中合金中碳超高强度钢（是在热作模具钢的基础上发展起来的）与中合金低碳超高强度钢，这里着重介绍前者。此类钢的 w_C 为 0.30%～0.40%，合金元素的总质量分数为 5%～10%，其中以 Cr、Mo 元素为主。这类钢有高的淬透性与抗氧化能力，可以空冷淬火，且 500～600℃回火时能从马氏体中析出弥散细小的 M_2C 和 MC 型碳化物（如 Mo_2C、VC 等），产生二次硬化。

此类钢可用于制造超声速飞机中承受中温的强力构件、轴类和螺栓等零件。常用的牌号、成分、热处理工艺及性能见表 4-9、表 4-10 和表 4-11。

（3）高合金超高强度钢　马氏体时效钢是高合金超高强度钢中的一个系列，它是一种以铁-镍为基础的高合金钢，具有极好的强韧性。此类钢的高强度是靠时效处理（指固溶处理后的合金，随加热至某一温度、析出第二相而发生进一步强化的现象），使金属间化合物从马氏体中析出而获得的。其成分特点是钢中含镍量极高（w_{Ni} 为 18%～25%），而含碳量极低（w_C<0.03%），并含有 Mo、Ti、Al、Nb 等元素。

此类钢的热处理分为两步，首先是固溶处理，即加热得到溶入大量合金元素的奥氏体，再冷却成为含大量合金元素的单相马氏体，第二步是进行时效，即在一定温度下使金属间化合物［Ni_3Mo、Ni_3Ti、Ni_3Nb、Ni_3（Al·Ti）等］同马氏体保持一定的晶格联系沉淀析出。

研究表明，Ni 的作用是使钢在加热时获得合金化的单相奥氏体，并保证冷却时马氏体的形成，Ni 还与钢中加入的其他元素形成金属间化合物。此外，由于超高的 Ni 与超低的 C，使此类钢在空冷条件下即可得到硬度不高（30～35HRC）、塑性及韧性都很好的低碳板条马氏体，使之机械加工就在此状态下也易进行。

根据镍含量，马氏体时效钢可分为多种类型，主要用于航空航天上尺寸精度高而其他超高强度钢又难于满足要求的重要构件，如火箭发动机壳体与机匣、空间运载工具的扭力棒悬挂体、高压容器等。典型马氏体时效钢的牌号、成分、热处理规范及性能见表 4-12、表4-13。

表 4-8　国内外常用低合金超高强度钢的化学成分、热处理规范和力学性能

牌号	主要化学成分 w(%)							热处理规范	力学性能					
	C	Si	Mn	Mo	V	Cr	其他		R_m /MPa	$R_{p0.2}$ /MPa	A_5 (%)	Z (%)	a_K /(J/cm²)	K_{IC} /MPa·m$^{1/2}$
30CrMnSiNi2A	0.27 ~ 0.34	0.90 ~ 1.2	1.0 ~ 1.30	—	—	0.90 ~ 1.20	1.40 ~ 1.80Ni	900°C，淬油 + 250 ~ 300°C 回火	1600 ~ 1800	—	8 ~ 9	35 ~ 45	40 ~ 60	260 ~ 274
40CrMnSiMoV	0.37 ~ 0.42	1.2 ~ 1.6	0.8 ~ 1.2	0.45 ~ 0.60	0.07 ~ 0.12	1.20 ~ 1.50	—	920°C，淬油 + 200°C 回火	1943	—	13.7	45.4	79	203 ~ 230
30Si2Mn2MoWV	0.27 ~ 0.31	2.0 ~ 2.5	1.5 ~ 2.0	0.55 ~ 0.75	0.05 ~ 0.15	—	0.40 ~ 0.60W	950°C，淬油 + 250°C 回火	≥1900	≥1500	10 ~ 12	≥25	≥50	≥350
32Si2Mn2MoV	0.31 ~ 0.36	1.45 ~ 1.75	1.6 ~ 1.9	0.35 ~ 0.45	0.20 ~ 0.35	—	—	920°C，淬油 + 320°C 回火	1845	1580	12.0	46	58	250 ~ 280
35Si2MnMoV	0.32 ~ 0.36	1.4 ~ 1.7	0.9 ~ 1.2	0.5 ~ 0.6	0.1 ~ 0.2	—	—	930°C，淬油 + 300°C 回火	1800 ~ 2000	1600 ~ 1800	8 ~ 10	30 ~ 35	50 ~ 70	—
40SiMnCrMoVRE	0.38 ~ 0.43	1.4 ~ 1.7	0.9 ~ 1.2	0.35 ~ 0.45	0.08 ~ 0.18	1.0 ~ 1.3	0.15RE	930°C，淬油 + 280°C 回火	2050 ~ 2150	1750 ~ 1850	9 ~ 14	40 ~ 50	70 ~ 90	—
GC—19	0.32 ~ 0.37	0.8 ~ 1.2	0.8 ~ 1.2	2.0 ~ 2.5	0.4 ~ 0.5	1.3 ~ 1.7	—	1020°C，淬油 + 550°C 回火两次	1895	—	10.5	46.5	63	—
40CrNiMoA (AISI4340)	0.38 ~ 0.43	0.20 ~ 0.35	0.6 ~ 0.8	0.2 ~ 0.3	—	0.7 ~ 0.9	1.65 ~ 2.0Ni	900°C，淬油 + 230°C 回火	1820	1560	8	30	55 ~ 75	177 ~ 232
AMS6434(美制)	0.31 ~ 0.38	0.20 ~ 0.35	0.6 ~ 0.8	0.3 ~ 0.4	0.17 ~ 0.23	0.65 ~ 0.9	1.65 ~ 2.0Ni	900°C，淬油 + 240°C 回火	1780	1620	12①	33	—	—
300M(美制)	0.41 ~ 0.46	1.45 ~ 1.80	0.65 ~ 0.90	0.3 ~ 0.4	≥ 0.05	0.65 ~ 0.95	1.6 ~ 2.0Ni	871°C，淬油 + 315°C 回火	2020	1720	9.5①	34	—	—
D6AC(美制)	0.42 ~ 0.48	0.15 ~ 0.30	0.6 ~ 0.9	0.9 ~ 1.1	0.05 ~ 0.1	0.9 ~ 1.2	0.4 ~ 0.7Ni	880°C，淬油 + 510°C 回火	1700 ~ 2080	1500 ~ 1600	9 ~ 11①	40	—	—
ЭИ643(原苏制)	0.4	0.8	0.7	—	—	1.0	2.8Ni 1.0W	910°C，淬油 + 250°C 回火	1600 ~ 1900	—	8	35	5	—

① 表示用标距为 50.8mm（2in）的试样测出的断后伸长率。

表 4-9　中合金超高强度钢的牌号及质量分数　（%）

牌　号	C	Si	Mn	Cr	Mo	V
4Cr5MoSiV（美 H11）	0.32～0.42	0.8～1.2	≤0.4	4.5～5.5	1～1.5	0.3～0.5
4Cr5MoSiV1（美 H13）	0.32～0.42	0.8～1.2	≤0.4	4.5～5.5	1～1.5	0.8～1.1
HST140（英）	0.4	0.35	0.6	5.0	2.0	0.5

表 4-10　中合金超高强度钢热处理工艺及力学性能（室温）

牌　号	热处理工艺	R_m /MPa	$R_{p0.2}$ /MPa	A （%）	Z （%）	a_K /（J/cm^2）	HRC
4Cr5MoSiV	1000℃淬火，580℃二次回火	1745		13.5	45	55	51
4Cr5MoSiV1	1000℃淬火，580℃二次回火	1830	1670	9	28	19	51
HST140	1050℃淬火，600℃回火	2150	1630	13	45	60	—

表 4-11　4Cr5MoSiV 钢在不同温度下的疲劳极限

试样类别	在下列温度时的疲劳极限 σ_{-1}/MPa				
	室　温	300℃	400℃	500℃	600℃
光滑试样	880	680	640	630	610
缺口试样	570	440	430	—	420

表 4-12　典型的马氏体时效钢的质量分数　（%）

牌　号	C	Si	Mn	Ni	Mo	Ti	Al	其　他
Ni18Co9Mo5TiAl（18Ni）	≤0.03	≤0.1	≤0.1	17～19	4.7～5.2	0.5～0.7	0.05～0.15	Co8.5～9.5
Ni20Ti2AlNb（20Ni）	≤0.03	≤0.1	≤0.1	19～20	—	1.3～1.6	0.15～0.30	Nb0.3～0.5
Ni25Ti2AlNb（25Ni）	≤0.03	≤0.1	≤0.1	25～26	—	1.3～1.6	0.15～0.30	Nb0.3～0.5

表 4-13　典型马氏体时效钢的热处理规范及性能

牌　号	热处理工艺	R_m /MPa	$R_{p0.2}$ /MPa	A （%）	Z （%）	a_{KV} /（J/cm^2）	HRC	K_{IC} /MPa·m$^{1/2}$
Ni18Co9Mo5TiAl（18Ni）	815℃固溶处理 1h 空冷+480℃时效 3h 空冷	1400～1550	1350～1450	14～16	65～70	83～152	46～48	88～176
Ni20Ti2AlNb（20Ni）	815℃固溶处理 1h 空冷+480℃时效 3h 空冷	1800	1750	11	45	21～28	—	—
Ni25Ti2AlNb（25Ni）	815℃固溶处理 1h+705℃时效 4h+冷处理+435℃时效 1h	1900	1800	12	53	—	—	—

第三节　合金工具钢

工具钢是用于制造刃具、模具、量具的钢种。它包括两大类，即碳素工具钢与合金工具钢。碳素工具钢虽然价格低廉，但由于它的淬透性低、耐回火性差，多用于制造手动或低速运动的机用工具，对于截面尺寸大，形状复杂，要求热稳定性好的工具，则需采用合金工具钢制造。因此本节重点介绍合金工具钢。

一、工具的服役条件

1. 刃具

刃具是用来进行切削加工的工具，主要指车刀、铰刀、刨刀、钻头等。在切削过程中，切削刃与切屑及工件之间会发生强烈的摩擦，造成严重的磨损，伴随切屑的形成还会产生大量的热，使刃部温度升至很高；另外，在刃口的局部区域会因极大的切削力作用，导致刃部的崩缺，加之断续切削还会带给刃具过大的冲击与振动，使刃具发生折断。

2. 模具

模具是用于进行压力加工的工具。根据坯料的加工温度，可将模具分为冷作模具和热作模具两大类。冷作模具是使常温金属变形的模具，如冷挤压模、冷镦模、冷拉延模、冷弯曲模及切边模等。这类模具工作时实际温度不超过200~300℃。热作模具是使热态金属变形的模具，如热挤压模、热锻模、热冲裁模等。这类模具工作时，型腔表面的温度可达到600℃以上。

模具工作时，由于金属坯料的剧烈变形，模具的型腔及刃口部分会受到强烈的摩擦与挤压，若凸模与凹模间的间隙越小，则摩擦与挤压作用越严重，从而导致型腔壁的磨损、刃口钝化。此外，模具工作时，还会受到冲击与热的作用，尤其是热作模具，在巨大的冲击载荷与周期性高温—急冷（因模具表面喷洒润滑剂）复合作用下，型腔表面会出现塌陷、沟槽、热疲劳裂纹，甚至断裂。

3. 量具

量具是机械加工过程中控制加工精度的测量工具。如卡尺、千分尺、螺旋测微器、量块、塞尺及样板等。工作过程中，量具必须以极低的粗糙度值与被测工件相接触，以保证测量尺寸的精确，然而，由于量具与被测工件长期反复地接触，又会导致工作面的磨损、碰撞，甚至变形，使其失去原有的尺寸精度而不能继续使用。

综上所述，各类工具的服役条件虽不尽相同，但大多数在工作中既要承受很大的局部压力与磨损，又要承受冲击、振动与热的作用。由此可见，工具既要有高的硬度和耐磨性，又要有足够的韧性。对于刃口或型腔温度高的工具还应具有热硬性（即在较高温度下仍保持高硬度）或耐热疲劳性（即在反复加热和冷却过程中表面不易龟裂）。为了满足不同服役条件下的工具的性能要求，合金工具钢的碳和合金元素的含量范围较宽，w_C 在0.35%~2.30%之间变化，合金元素的质量分数为1%~19%，常加入的合金元素有Si、Mn、Cr、Mo、W、V等，显然，碳和合金元素的质量分数不同就构成不同类型的合金工具钢。

二、常用合金工具钢及其热处理

根据碳和合金元素的质量分数，将合金工具钢分为高碳低合金工具钢、高碳高合金工具钢、中碳合金工具钢，现将它们的特点分述如下。

1. 高碳低合金工具钢

这类钢的 w_C 为0.85%~1.10%，w_M 的总量不超过5%，常加入的合金元素有Si、Mn、

Cr、W、V 等。其中 Si、Mn、Cr 的作用是提高钢的淬透性和耐回火性、固溶强化马氏体，从而提高钢的强度；W、V 的作用是形成特殊碳化物，提高钢的硬度和耐磨性并细化晶粒，从而改善钢的韧性。因此，高碳低合金工具钢的淬透性和耐回火性及耐磨性与韧性均比碳素工具钢好。例如 9SiCr 钢在油中淬火时，其淬透直径可达 35~40mm，而 T10 钢在油中只能淬透 5~7mm；9SiCr 钢在 250~300℃ 回火时，其硬度仍保持在 60HRC 以上，而 T10 钢的硬度则明显降低，如图 4-7 所示。

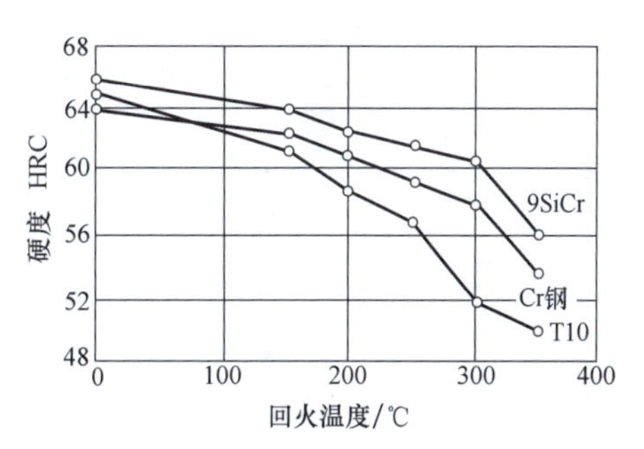

图 4-7　T10、Cr、9SiCr 钢的硬度与回火温度的关系

高碳低合金工具钢的预先热处理为球化退火，以获得细小均匀的颗粒状碳化物，改善切削加工性；最终热处理为淬火+低温回火，回火后的组织是细针状回火马氏体+细粒状碳化物+少量残留奥氏体，硬度为 60~65HRC。如果要求工具尺寸稳定，还需增加冷处理和时效处理，以减少残留奥氏体量和消除应力。图 4-8 为 CrWMn 钢制量块的最终热处理工艺规范。

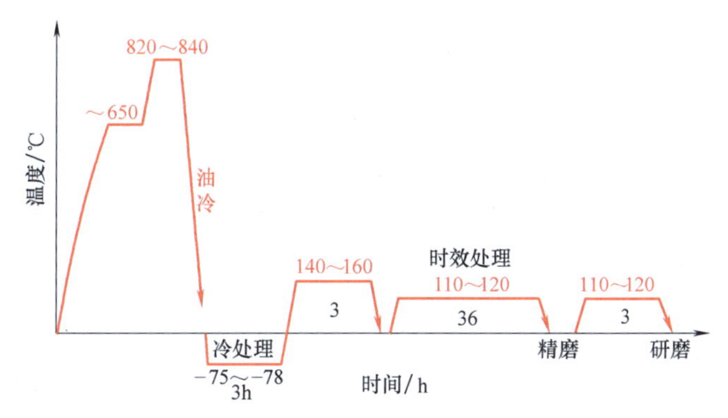

图 4-8　CrWMn 钢制量块最终热处理工艺规范图

常用合金工具钢的牌号、成分、热处理及用途列于表 4-14 中，其中 9Mn2V、9SiCr、Cr2、CrWMn 为高碳低合金工具钢，主要用于制作低速和中速切削刀具、中等负荷的冷作模具及量具。

2. 高碳高合金工具钢

虽然高碳低合金工具钢的淬透性、耐回火性及耐磨性比碳素工具钢好，但是当回火温度高于 300℃时，其硬度便急剧下降（见图 4-7）。而在实际生产中，有些刀具是在高速切削条件下工作，其刃口温度往往可达 600℃以上，有些模具是在 500℃温度下工作，这时要求刀具或模具的硬度仍保持在 60HRC 以上，显然高碳低合金工具钢已不能胜任，必须采用热硬性好的高碳高合金工具钢。

高碳高合金工具钢通常是指高速钢和高铬钢，w_C 为 0.70%~2.30%，w_M 的总量>10%，具有优异的淬透性、耐回火性、热硬性与耐磨性。

（1）高速钢　高速钢是用于制造高速切削刀具的钢种，故因此而得名。高速钢的种类很多，按所含主要合金元素可以分为钨系、钼系、钒系。它们的共同特点是含有较高的碳和

表 4-14 常用合金工具钢牌号、成分、推荐的热处理及用途举例（GB/T 1299—2000）

牌号	化学成分 w(%)							热处理					应用举例
								淬火			回火		
	C	Mn	Si	Cr	W	V	Mo	淬火加热温度/ °C	冷却介质	硬度 HRC	回火温度/ °C	次数 2h/次	
9Mn2V	0.85 ~ 0.95	1.70 ~ 2.00	≤0.40	—	—	0.10 ~ 0.25	—	780 ~ 810	油	≥62	200	1	小冲模，冲模及剪刀、冷压模、雕刻模、落料模、各种变形小的量规、样板、丝锥、板牙、铰刀等
9SiCr	0.85 ~ 0.95	0.30 ~ 0.60	1.20 ~ 1.60	0.95 ~ 1.25	—	—	—	860 ~ 880	油	≥62	200	1	板牙、丝锥、钻头、铰刀、齿轮铣刀、冷冲模、冷轧辊等
Cr2	0.95 ~ 1.10	≤0.40	≤0.4	1.30 ~ 1.65	—	—	—	830 ~ 860	油	≥62	200	1	切削工具、车刀、铣刀、插刀、铰刀等。测量工具、样板等。凸轮销、偏心轮、冷轧辊等
CrWMn	0.90 ~ 1.05	0.80 ~ 1.10	≤0.40	0.90 ~ 1.20	1.20 ~ 1.60	—	—	800 ~ 830	油	≥62	200	1	板牙、拉刀、量规、形状复杂高精度的冲模等
Cr12	2.00 ~ 2.30	≤0.40	≤0.40	11.50 ~ 13.00	—	—	—	950 ~ 1000	油	≥60	200	1	冷冲模冲头，冷切剪刀（硬薄的金属），钻套、量规、螺纹滚模、粉末冶金模、落料模、拉丝模、木工切削工具等
Cr12MoV	1.45 ~ 1.70	≤0.40	≤0.40	11.00 ~ 12.50	—	0.15 ~ 0.30	0.40 ~ 0.60	950 ~ 1000	油	≥58	200	1	冷切剪刀、圆锯、切边模、滚边模、缝口模、标准工具与量规、拉丝模、螺纹滚模等
5CrNiMo	0.50 ~ 0.60	0.50 ~ 0.80	≤0.40	0.50 ~ 0.80	Ni1.40 ~ 1.80	—	0.15 ~ 0.30	830 ~ 860	油		500	2	热压模、大型锻模等
5CrMnMo	0.50 ~ 0.60	1.20 ~ 1.60	0.25 ~ 0.60	0.60 ~ 0.90	—	—	0.15 ~ 0.30	820 ~ 850	油		500	2	中型锻模等
3Cr2W8V	0.30 ~ 0.40	≤0.40	≤0.40	2.20 ~ 2.70	7.50 ~ 9.00	0.20 ~ 0.50	—	1075 ~ 1125	油		500	2	高应力压模、螺钉或铆钉热压模，热剪切刀、压铸模等

大量碳化物形成元素 Cr、W、Mo、V，其大致质量分数为：w_C = 0.70% ~ 1.5%，w_{Cr} = 3.8%~4.0%，w_W = 6.0% ~ 19.0%，w_{Mo} = 0% ~ 6.0%，w_V = 1.0% ~ 5.0%。其中 C 的作用是除了保证淬火后马氏体有足够的硬度外，更主要的是与合金元素作用形成足够数量的特殊碳化物，如 $Cr_{23}C_6$、W_2C、Mo_2C、Fe_3W_3C、Fe_3Mo_3C、VC，以保证钢的高硬度、高耐磨性和热硬性；Cr 的主要作用是提高钢的淬透性和耐回火性，增加钢的抗氧化、抗脱碳和耐腐蚀的能力；W、Mo 的作用是除提高淬透性外，更主要的是提高钢的耐回火性和热硬性，含有大量 W、Mo 的马氏体具有高的耐回火性，而且在 500 ~ 600℃ 回火温度下还会析出弥散的特殊碳化物（W_2C、Mo_2C）产生二次硬化，使高速钢刀具在高速切削条件下保持高硬度；V 的主要作用是形成细小的高硬度的 VC，提高钢的硬度和热硬性，并细化晶粒，改善钢的韧性。为了进一步提高热硬性，许多国家在钨系、钼系高速钢中加入 w_{Co}5% ~ 12%，用来制作特殊刀具，以切削高硬度或高韧性的材料。

由于合金元素使 $Fe\text{-}Fe_3C$ 相图中的 E 点左移，导致高速钢中含有大量共晶碳化物，如 Fe_3W_3C、Fe_3Mo_3C 等，它们在钢锭中呈鱼骨状，轧制成钢材后，这些共晶碳化物被破碎为大块、大颗粒，呈带状、网状或堆集状沿轧制方向分布，而且不能用热处理方法消除，显著降低钢的强度、塑性和韧性，容易引起工具崩刃或脆断。因此，用高速钢制造工具时，首先必须进行锻造，采用大的锻压比（>10）并反复镦粗、拔长（三镦三拔），才能使粗大碳化物进一步破碎呈小颗粒均匀分布，以提高钢的强度、塑性和韧性。

高速钢的预先热处理为球化退火，以进一步细化碳化物、降低硬度，改善切削加工性，并为淬火作组织上的准备。球化退火后的组织为索氏体+细粒状碳化物；最终热处理为淬火+高温回火。由于钢中合金碳化物十分稳定，淬火时必须加热到 1200 ~ 1300℃ 的高温，使碳化物大部分溶于奥氏体中，这种含有较多合金元素的奥氏体，Ms 点较低，淬火后得到马氏体并保留大量残留奥氏体。因此高速钢的淬火组织为隐晶马氏体+细粒状碳化物+大量残留奥氏体，如图 4-9 所示。由于淬火马氏体和残留奥氏体中的合金元素含量高，它们的耐回火性极好，在 550 ~ 570℃ 回火时，硬度不但不降低，反而因析出弥散碳化物（W_2C、Mo_2C、VC），以及回火冷却时残留奥氏体转变为马氏体而使硬度重新升高，产生二次硬化，如图 4-10 所示。为了使残留奥氏体尽量减少，提高硬度和消除内应力，高速钢通常是在 550 ~ 570℃ 回火 3 次，每次 1h，或是淬火后立即在 −80℃ 进行冷处理，然后再于上述温度进行一次回火，回火后的组织为细针状回火马氏体+粒状碳化物+少量残留奥氏体，如图 4-11 所示，其硬度为 63 ~ 66HRC。图4-12是 W18Cr4V 钢的全部热处理工艺规范图。

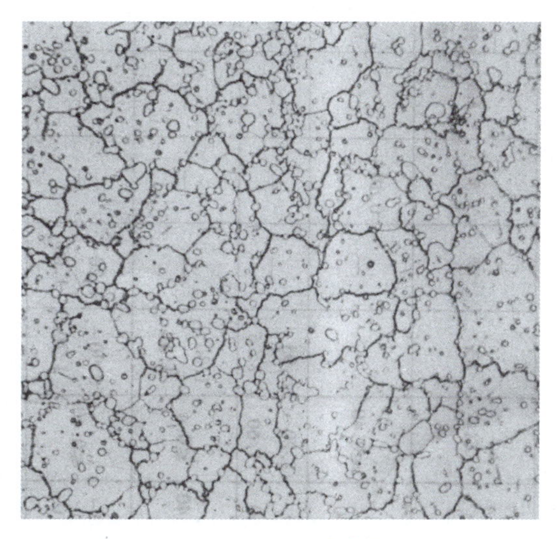

图 4-9　W18Cr4V 钢淬火组织×500

为了进一步提高高速钢刀具的切削性能，在淬火回火后还可进行表面处理，如蒸汽处理、低温碳氮共渗、离子渗氮、离子注入等。

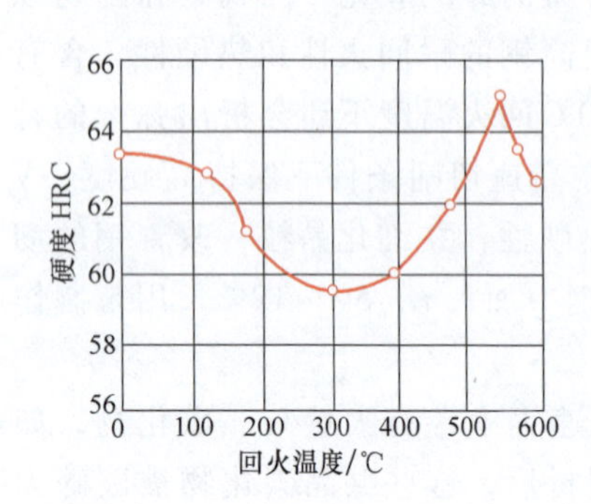

图 4-10　W18Cr4V 钢的硬度与回火温度的关系

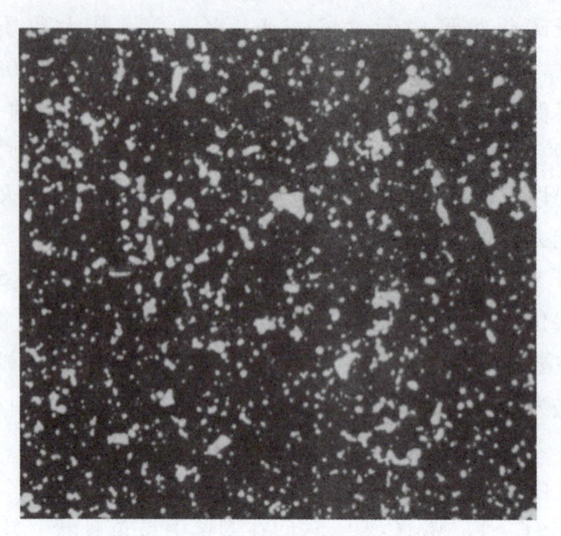

图 4-11　W18Cr4V 钢的回火组织×500

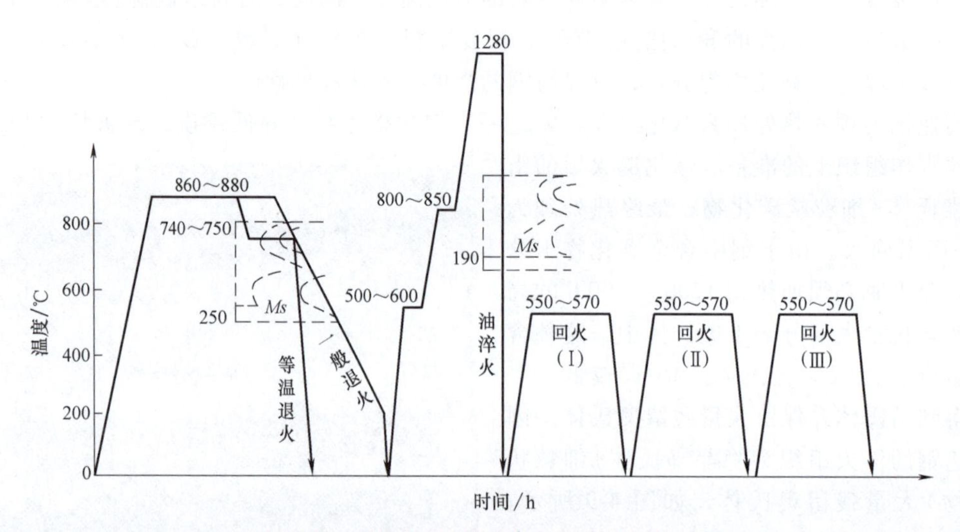

图 4-12　W18Cr4V 钢的热处理工艺规范图

常用高速钢为 W18Cr4V、W6Mo5Cr4V2 等，它们的化学成分、热处理、硬度及用途见表 4-15。应当注意，高速钢除应用于制造高速切削或形状复杂的刃具外，还广泛应用于冷作、热作模具。

（2）高铬钢　高铬钢是用于制作承受重负荷、形状复杂、要求变形小、耐磨性高、热硬性好的模具材料。高铬钢中碳和铬的质量分数都很高，典型牌号是 Cr12 和 Cr12MoV（见表 4-14）。高铬钢的组织和性能与高速钢有许多相似之处，在其铸态组织中也存在较多的共晶碳化物，热轧后沿轧制方向呈条带分布，必须通过反复锻造加以破碎，并使其均匀分布，若碳化物分布不均，则会导致模具的加工性能和使用性能变坏。锻造后的高铬钢经球化退火，使其硬度降低为 207～267HBW，以利于切削加工，并为淬火作组织上准备，退火后的组织为索氏体+粒状碳化物。最后进行淬火和回火，回火后的组织为回火马氏体+粒状碳化

表 4-15　常用高速钢的化学成分、热处理、硬度及用途（GB/T 9943—2008）

牌号	主要化学成分 w(%)						交货退火硬度 HBW 不大于	热处理温度/℃				回火后硬度 HRC 不小于	用途
	C	W	Mo	Cr	V	Al 或 Co		预热	淬火 盐浴炉	淬火 箱式炉	回火		
W18Cr4V	0.73~0.83	17.20~18.70	—	3.80~4.50	1.00~1.20		255	800~900	1250~1270 油	1260~1280 油	550~570	63	制造一般高速切削用车刀、刨刀、钻头、铣刀等
W12Cr4V5Co5	1.50~1.60	11.75~13.00	—	3.75~5.00	4.50~5.25	Co4.75~5.25	277	800~900	1220~1240 油	1230~1250 油	540~560	65	制造形状简单截面较粗的刀具，用于加工难切削材料，如高温合金、难熔金属、超高强度钢、钛合金以及奥氏体不锈钢等
W6Mo5Cr4V2	1.00~1.10	5.90~6.70	5.50~6.50	3.80~4.50	2.3~2.60		262	800~900	1190~1210 油	1190~1210 油	550~570	63(箱式炉) 64(盐浴炉)	制造要求耐磨性和韧性很好配合的高速切削刀具，如丝锥、钻头等
W6Mo5Cr4V3	1.15~1.25	5.90~6.70	4.70~5.20	3.75~4.50	2.75~3.20		262	800~900	1200~1220 油	1200~1220 油	540~560	64	制造要求耐磨性和热硬性较高、耐磨性和韧性较好配合、形状稍为复杂的刀具，如拉刀、铣刀等
W6Mo5Cr4V2Co5	0.70~0.95	5.90~6.70	4.70~5.20	3.80~4.50	1.70~2.10	Co4.50~5.00	277	800~900	1220~1240 油	1230~1250 油	540~560	64	制造形状简单截面较粗的刀具，如直径在 15mm 以上的钻头及某些刀具，用于加工难切削材料，例如高温合金、难熔金属和合金、超高强度钢、钛合金以及奥氏体不锈钢等，也用于切削硬度 ≤ 300 ~ 350HBW 的合金调质钢
W7Mo4Cr4V2Co5	1.05~1.15	6.25~7.00	3.25~4.25	3.75~4.50	1.75~2.25	Co4.75~5.75	269	800~900	1180~1200 油	1190~1210 油	530~550	66	
W2Mo9Cr4VCo8	1.05~1.15	1.15~1.85	9.00~10.00	3.50~4.25	0.95~1.35	Co7.75~8.75	269	800~900	1170~1190 油	1180~1200 油	530~550	66	
W6Mo5Cr4V2Al	1.05~1.15	5.50~6.75	4.50~5.50	3.80~4.40	1.75~2.20	Al0.80~1.20	285	800~900	1230~1240 油	1230~1240 油	540~560	65	在加工一般材料时，刀具使用寿命为 W18Cr4V 的 2 倍，在切削难加工的超高强度钢和耐热钢时，其使用寿命接近含钴高速钢

物+残留奥氏体，具有高耐磨性。高铬钢的淬火和回火工艺有两种。

1）低温淬火及低温回火。此工艺又称一次硬化法。它是将模具加热至950~1000℃淬油，然后在160~180℃回火，回火硬度可达61~64HRC。这种处理使模具具有较高的耐磨性与韧性，而且变形小。凡承受较大负荷和精度要求高、形状复杂的模具都宜选用这种方法。若模具承受较大冲击力，则可适当提高回火温度（250~270℃），使硬度适当降低（58~60HRC），在保证耐磨性的条件下有足够的强度与韧性。

2）高温淬火及高温回火。此工艺又称二次硬化法。它是将模具加热至1100~1150℃淬油，淬火后由于保留了大量残留奥氏体，硬度较低（40~45HRC），如图4-13所示。然后于510~520℃回火2~3次，使之发生二次硬化，硬度提高到60~62HRC。这种处理方法能提高模具的热硬性和耐磨性。由于淬火温度高，晶粒粗大，韧性较低，热处理变形较大，只适用于承受强烈磨损并在400~500℃温度下工作的模具或需要进行渗氮处理的模具。

3. 中碳合金工具钢

这类钢主要用于制造热作模具，如热锻模、热挤压模、压铸模等。钢中 w_C 从0.35%至0.60%，所加入的合金元素有Mn、Ni、Si、Cr、W、Mo、V等，以提高钢的淬透性和耐回火性及强化铁素体，其中W、Mo等元素可抑制高温回火脆性，且Cr、W、Mo、Si还能提高钢的耐热疲劳性能，因为这些元素提高钢的相变温度，使模具在交替受热和冷却中不致发生比体积变化较大的相变，如奥氏体向马氏体的转变，从而提高了耐热疲劳性能。

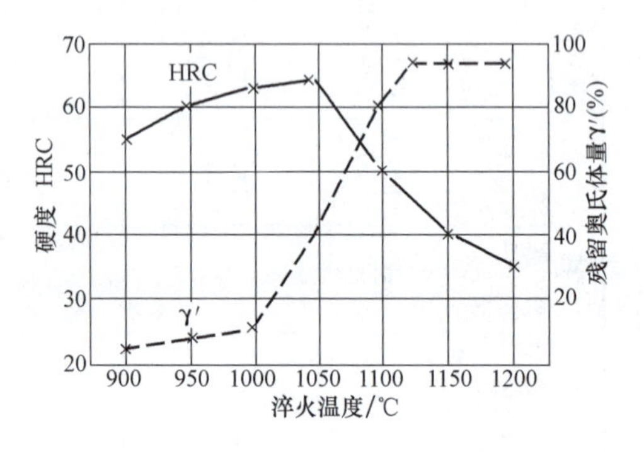

图4-13　Cr12MoV钢不同淬火温度下的残留奥氏体量、硬度与淬火温度的关系

此类钢的代表牌号有5CrNiMo、5CrMnMo、3Cr2W8V等，它们的成分、热处理及用途见表4-14。值得说明的是这类钢也必须进行反复的镦、拔锻造，以消除轧材组织的方向性。虽然它们都采用淬火+高温回火的热处理工艺，但回火后的组织并不相同，对于3Cr2W8V高合金钢而言，在560~580℃回火三次会出现二次硬化现象，其组织为回火马氏体+碳化物+少量残留奥氏体，而5CrNiMo、5CrMnMo低合金钢高温回火后的组织为回火托氏体+索氏体。此外，4Cr5MoV1Si（相当美制钢号H13）常用来取代3Cr2W8V钢制造热作模具。

三、新型合金工具钢

近年来为了提高工具的寿命，适应科学技术的发展，并结合我国矿产资源情况，相继研制出一些具有高强度、高韧性的工具钢，大体可归纳为以下几类。

1. 基体钢

所谓基体钢是指含有高速钢淬火组织中除过剩碳化物外的基体化学成分的钢种，见表4-16。这种钢具有高速钢的高强度、高硬度，又不含大量碳化物，所以其韧性、塑性及疲劳抗力均优于高速钢，可以用来制造冷作、热作模具。如：65Cr4W3Mo2VNb（代号65Nb）钢适于作形状复杂、冲击载荷较大或尺寸较大的冷作模具；6Cr4Mo3Ni2WV钢及

5Cr4Mo3SiMnVAl 钢既可用于冷作模具，也可以兼作热作模具。表 4-17 是我国研制的部分基体钢。

2. 冷作模具钢

新型冷作模具钢与 Cr12MoV 钢相比，其奥氏体合金化程度高，二次硬化效果更为显著，且具有高的强韧性，耐磨性及良好的工艺性能。如 7Cr7Mo3VSi（代号 LD_1）钢，其含碳量与合金元素都高于基体钢，其综合力学性能好，适于制造要求较高强韧性的冷锻、冷冲模具。

表 4-16 高速钢淬火状态下碳化物和基体的成分

钢种	热处理状态	碳化物		基体成分 w(%)				
		w(%)	类型	C	W	Mo	Cr	V
W18Cr4V	退火态	27.0	$M_6C+M_{23}C_6+MC$	—	2.1	—	3.1	0.1
	1100℃油冷	27.2	M_6C	0.34	5.2	—	4.5	0.35
	1200℃油冷	18.9	M_6C	0.45	6.6	—	4.5	0.65
	1300℃油冷	15.9	M_6C	0.57	8.7	—	4.5	1.0
W6Mo5Cr4V2	退火态	21.4	$M_6C+M_{23}C_6+MC$	—	0.9	1.5	2.2	0.2
	1050℃油冷	16.5	M_6C+MC	0.33	0.9	1.5	4.3	1.1
	1150℃油冷	15.0	M_6C+MC	0.42	1.3	1.8	4.3	1.5
	1250℃油冷	13.5	M_6C+MC	0.53	2.1	2.4	4.4	1.8

表 4-17 我国研制的基体钢的化学成分

钢号	代号	化学成分 w(%)							
		C	Cr	W	Mo	V	Nb	Si	Mn
65Cr4W3Mo2VNb	65Nb	0.60~0.70	3.8~4.4	2.5~3.0	2.0~2.5	0.8~1.1	0.20~0.35	≤0.35	≤0.4
6Cr4Mo3Ni2WV	CG-2	0.55~0.64	3.8~4.4	0.9~1.2	2.8~3.3	0.9~1.2	1.9~2.2Ni	≤0.4	≤0.4
5Cr4Mo3SiMnVAl	012Al	0.47~0.55	3.8~4.5	—	2.8~3.5	0.9~1.2	0.3~0.7Al	0.80~1.10	0.8~1.10

9Cr6W3Mo2V2（代号 GM）钢具有最佳二次硬化能力和磨损抗力，其冷、热加工和电加工性能良好，硬化能力接近高速钢而强韧性优于高速钢和高铬工具钢，适于制作精密、耐磨的冷冲裁、冷挤、冷剪等模具及高强度螺栓滚丝轮；6CrNiSiMnMoV（代号 GD）钢是一种高强韧性低合金钢，其碳化物偏析小，可以不改锻，直接下料使用，适合制造各类易崩刃、易断裂的冷冲、冷弯、冷镦模具。

3. 热作模具钢

35Cr3Mo3W2V（代号 HM-1）钢是一种新型热作模具钢，该钢在保持较高强度和热稳定性的同时，还具有高的韧性和抗热疲劳性能，特别适于制造高速、高负荷、水冷、连续大批量条件下工作的凹模、冲头、辊锻模等热作模具。另一种新型热作模具钢是 5Cr2NiMoVSi 钢，具有高的淬透性和耐回火性，在 500~600℃的工作温度下有较高的强度和韧性，较好的抗热疲劳、热磨损性能，适于制作 300mm×300mm 以上的大截面热锻模。

第四节　特殊性能钢

特殊性能钢是指具有特殊物理、化学、力学性能的钢种，其中有不锈钢、耐热钢、低温钢及耐磨钢。这些钢制成的机械零构件可在一定的高温、低温及酸、碱、盐介质中或磨损条件下工作。

一、不锈钢和镍基耐蚀合金

在自然环境或一定工业介质中具有耐腐蚀性能的钢和合金称为不锈钢和耐蚀合金。广泛应用于石油、化工、原子能、航天、航海等工业部门，制造要求耐腐蚀的零构件，如化工管道、阀门、泵、压力容器，飞行器蒙皮，反应堆包壳管和回路管道，手术刀和滚动轴承等。

1. 性能要求及成分特点

对不锈钢和耐蚀合金的性能要求主要是耐蚀性，但对于制作机器零件和结构件及工具的不锈钢还应具有高强度和良好的加工性能，如冷成形性能和焊接性能及热处理性能等。

不锈钢的碳的质量分数范围很宽，w_C 为 0.03%~0.95%。从耐蚀性考虑，含碳量越低越好，因为碳容易与合金元素 Cr 形成碳化物 $Cr_{23}C_6$ 和 $(Cr\cdot Fe)_{23}C_6$，降低基体的电极电位并增加微电池数目，加速电化学腐蚀；从提高强度考虑，则应尽量提高含碳量，以形成马氏体和特殊碳化物，从而提高钢的强度。不锈钢中合金元素的质量分数高，其总量为 12%~38%，常加入的合金元素有 Cr、Ni、Si、Al、Mo、Ti、Nb 等，它们的主要作用是：①提高基体的电极电位，当钢中 w_{Cr}>12%时，铁素体的电极电位由-0.56V 提高到+0.12V，从而提高了耐蚀性能；②使钢在室温呈单相组织，当钢中 w_{Cr}>17%时，可获得单相铁素体组织，w_{Ni}>9%时，可获得单相奥氏体组织，从而减少了微电池数量，减轻电化学腐蚀；③在钢表面形成致密氧化膜，Cr、Si、Al 形成致密氧化膜 Cr_2O_3、SiO_2、Al_2O_3 覆盖在钢的表面，保护其内部不受腐蚀；④形成稳定碳化物和金属间化合物，Ni、Al、Mo、Ti、Nb 在钢中可以形成稳定碳化物 TiC、NbC 和金属间化合物 Ni_3Al、Nb_3Mo、$Ni_3(Ti\cdot Nb)$等在晶内析出，防止晶间腐蚀和提高钢的强度。

镍基耐蚀合金中碳的质量分数低，w_C 为 0.03%~0.2%，合金元素的质量分数高，其总量为 30%~48%，常加入的合金元素有 Cu、Cr、Fe、Mn、Mo、Nb、Ti 等。其中 Cu、Fe、Mn 溶于 Ni 中形成单相固溶体组织，减少了微电池数量，减轻电化学腐蚀；Cr 提高基体电极电位，从而提高耐蚀性能，同时 Cr 还能形成致密氧化膜 Cr_2O_3 覆盖在合金表面，保护其内部不受腐蚀；Mo、Nb、Ti 形成稳定碳化物 NbC、TiC 和金属间化合物 Nb_3Mo、Ni_3Ti、Ni_3Nb，提高合金的室温强度和高温强度。

2. 常用不锈钢及其热处理

不锈钢按其正火组织分为马氏体型、铁素体型、奥氏体型、奥氏体-铁素体型、沉淀硬化型五类。

（1）马氏体型不锈钢　此类钢 w_C 为 0.1%~1.0%、w_{Cr}为 12%~18%，淬透性好，空冷时可形成马氏体。但由于合金元素单一，这类钢只在氧化性介质中（如大气、水蒸气、海水、氧化性酸）有较好的耐蚀性，而在非氧化介质中（如盐酸、碱溶液等）耐蚀性很低。此外，钢的耐蚀性还随碳的质量分数增加而降低，但钢的强度、硬度、耐磨性及切削加工性

则随之而增高。

马氏体不锈钢的代号为 S4×××常用的马氏体不锈钢有 12Cr13（S41010）、20Cr13（S42020）、30Cr13（S42030）、40Cr13（S2040）、95Cr18（S44090）。由于钢中加入了较多的铬元素，使 Fe-Fe_3C 相图的共析点移至 w_C=0.3%附近，因此，30Cr13 和 40Cr13 便分别属于共析钢与过共析钢，故工业上一般把 12Cr13、20Cr13 作为结构钢使用，而把 30Cr13、40Cr13、95Cr18 作为工具钢使用。

由于这类钢锻造空冷便可获得马氏体，使硬度较高。为了便于切削加工，通常还需将锻件加热至 850~900℃保温 1~3h，然后慢冷至 600℃后再空冷进行退火处理。对于 12Cr13 与 20Cr13 钢一般进行调质处理，得到回火索氏体组织。常用作汽轮机叶片和蒸汽管附件；对于 30Cr13 及 40Cr13、95Cr18 钢则采用淬火+低温回火处理，获得回火马氏体组织。30Cr13 和 4Cr13 钢低温回火后硬度可达 50HRC 以上，常用作医疗器械和不锈钢刃具；95Cr18 钢低温回火后硬度可达 56~59HRC，常用作耐蚀的滚动轴承和刃具。

（2）铁素体型不锈钢　这类钢 w_C 低于 0.15%，w_{Cr}为 12%~30%，由于碳的质量分数相应地降低，铬的质量分数又相应地提高，致使钢从室温加热到高温（1000℃左右）均为单相铁素体组织，即不发生 $\alpha \to \gamma$ 的相变，故不能用淬火方法强化。所以铁素体不锈钢的耐蚀性、塑性、焊接性均优于马氏体不锈钢，但其强度偏低。这类钢主要用于对力学性能要求不高，而对耐蚀性要求很高的机器零件和结构件，如硝酸的吸收塔及热交换器、磷酸槽等，也可作高温下抗氧化的材料使用。铁素体不锈钢的代号为 S1×××常用铁素体不锈钢有 06Cr13Al（S11348）、10Cr17（S11710）等都是在退火或正火状态使用。

（3）奥氏体型不锈钢　这类钢含有较低的碳（w_C<0.12%），含有较高的铬（w_{Cr}=17%~25%）和较高的镍（w_{Ni}=8%~29%），由于镍的加入，扩大了奥氏体区域，使钢在室温下得到单相奥氏体组织，而 Cr 提高电极电位并在钢的表面形成致密的钝化膜从而使钢的耐蚀性比马氏体不锈钢有进一步提高。

奥氏体不锈钢不仅有高的耐蚀性，还有高的塑性、低温韧性、加工硬化能力与良好的焊接性能，广泛用于制造硝酸、有机酸、盐、碱等工业中的机械零件及构件。这类钢典型的钢种主要成分为 $w_{Cr} \geq 18\%$、$w_{Ni} \geq 8\%$的 18-8 型奥氏体不锈钢。奥氏体不锈钢的代号为 S3×××，常用的奥氏体牌号有 06Cr19Ni10（S30408）、06Cr17Ni12Mo2（S31608）等。

18-8 型不锈钢在退火状态下呈现奥氏体+碳化物组织，碳化物的存在，会使钢的耐腐蚀性有所下降，故通常采用固溶处理的方法，使碳化物溶于高温奥氏体中，再通过快冷至室温，获得单一的奥氏体组织（即把钢加热到 1100℃后水冷）。固溶处理后钢的强度很低（$\sigma_b \approx 600$MPa），不适于作结构材料用，但由于这类钢有很好的加工硬化能力，可以用冷变形方法获得显著强化，经冷变形后 $\sigma_b \approx 1200 \sim 1400$MPa。值得注意的是，冷变形后的奥氏体不锈钢必须进行去应力退火，即加热至 300~350℃保温一定时间后出炉空冷，以防出现应力腐蚀。

奥氏体不锈钢的主要缺点是容易产生晶间腐蚀，其原因是沿晶界析出 $Cr_{23}C_6$、$(Cr \cdot Fe)_{23}C_6$ 等碳化物，造成晶界附近区域贫铬（w_{Cr}<12%），使该处电极电位降低，当受到腐蚀介质作用时便沿晶界的贫铬区发生腐蚀，如图 4-14 所示。此时钢的表面看起来十分光亮，但敲击时已失去金属声，若稍许用力即碎裂，常引起突然断裂事故，危害极大。为防止晶间腐蚀，通常采用三种方法：①降低钢中碳的质量分数（w_C<0.06%），使之不形成铬的碳化物；②在钢中加入适量强碳化物形成元素 Ti 和 Nb，优先形成 TiC 和 NbC 而不形成 $Cr_{23}C_6$ 等铬的

碳化物，不产生贫铬区；③进行固溶处理或退火处理，使奥氏体成分均匀化，抑制 $Cr_{23}C_6$ 等铬的碳化物形成。顺便指出，10Cr17、10Cr15 等铁素体不锈钢中如果沿铁素体晶界析出 $Cr_{23}C_6$ 等铬的碳化物也会引起晶间腐蚀。同样，通过退火使铁素体成分均匀化或在钢中加入 Ti 和 Nb 也可以消除之。

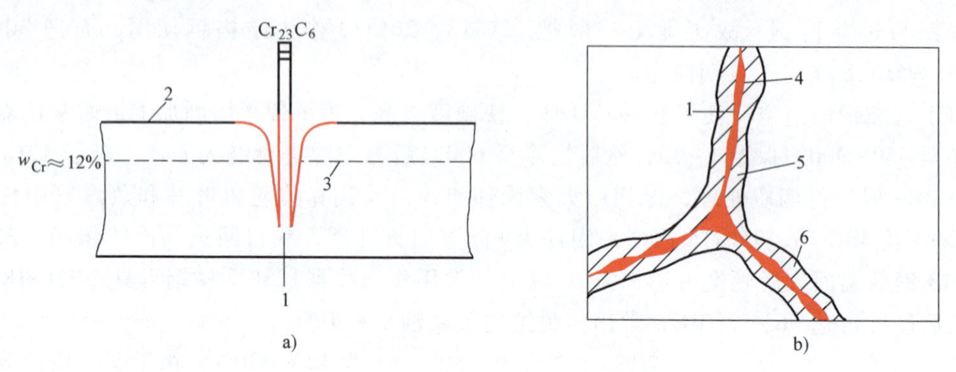

图 4-14 不锈钢的晶界贫铬 a）和晶间腐蚀 b）示意图

1—晶界 2—铬含量 3—化学稳定的最小含铬量 4—析出的碳化铬
5—晶界附近的贫铬区（阳极） 6—晶内（阴极）

（4）奥氏体-铁素体型不锈钢 此类钢是在 18-8 型奥氏体不锈钢基础上调整 Cr、Ni 的含量，并加入适量的 Mn、Mo、W、Cu、N 等而形成的双相不锈钢，兼有奥氏体不锈钢和铁素体不锈钢的特性。通常采用 1000~1100℃淬火韧化，使之获得体积分数为 60%的铁素体的双相组织。这类钢不仅具有较好的耐蚀性，还有较高的抗应力腐蚀能力、抗晶间腐蚀能力及良好的焊接性能。适于制作硝酸工业与尿素、尼龙生产的设备及零件。奥氏体-铁素体不锈钢的代号 S2××××，常用的双相不锈钢有 12Cr21Ni5Ti（S22160）、14CH8Ni11Si4AlTi（S21860）和 022Cr22NiSiMo3N（S22253）等。

（5）沉淀硬化型不锈钢 如前所述奥氏体不锈钢可通过冷变形予以强化，但对于大截面的零件，特别是形状复杂的零件，由于各处变形程度不同，因此各处强化程度不可能均匀一致，为了解决这个难题，发展了沉淀硬化型不锈钢。该类钢在 18-8 型奥氏体不锈钢基础上降低了镍的含量，并加入了适量的 Al、Cu、Mo、Nb 等元素，以便在热处理过程中析出金属间化合物，实现沉淀硬化。例如 0Cr17Ni7Al 钢经 1060℃加热后空冷（即固溶处理）获得单相奥氏体，其硬度低（85HBW），易于冷轧、冲压成形和焊接；然后再加热至 750~760℃空冷获得奥氏体-马氏体双相组织；最后在 560~570℃进行时效（或称沉淀）硬化处理，以析出 Ni_3Al 等金属间化合物，使其硬度增至 43HRC。这类钢主要用作高强度、高硬度而又耐腐蚀的化工机械设备、零件以及航天用的设备、零件等。沉淀硬化型不锈钢代号为S5××××，常用的沉淀硬化型不锈钢有 07Cr17Ni7Al（S51370）、07Cr15Ni7Mo2Al（S51570）。

常用不锈钢的牌号、成分、热处理、力学性能和用途列于表 4-18。

3. 常用镍基耐蚀合金及其热处理

不锈钢是石油化工装置、仪器仪表、航空航天器、核反应堆上耐蚀结构件的常用材料。但是不锈钢并不是绝对不受腐蚀，在处理不当或使用不当时，仍会发生严重的腐蚀现象。例如铬不锈钢在大气、淡水、稀硝酸中具有良好的耐蚀性，而在盐酸、硫酸、亚硫酸、热硝酸、熔融碱中并不耐蚀；又如镍铬奥氏体不锈钢具有好的耐蚀性，但它容易产生晶间腐蚀，

表 4-18　常用不锈钢的牌号、成分、热处理、力学性能及用途（摘自 GB/T 1220—2007）

类别	代号	新牌号（旧牌号）	主要化学成分（质量分数，%）				热处理		力学性能				用途举例
			C	Cr	Ni	其他	淬火温度/℃	回火温度/℃	$R_{p0.2}$/MPa	R_m/MPa	A(%)	HBW	
马氏体型	S41010	12Cr13（1Cr13）	0. 08~0. 15	11. 50~13. 50	≤0. 60	Si 1. 00 Mn 1. 00	950~1000 油	700~750 快冷	≥343	≥540	≥25	≥159	制造抗弱腐蚀性介质、受冲击负荷、要求较高韧性的零件，比如汽轮机叶片、水压机、结构架、螺栓、螺母等
	S42020	20Cr13（2Cr13）	0. 16~0. 25	12. 00~14. 00	≤0. 60	Si 1. 00 Mn 1. 00	920~980 油	600~750 快冷	≥440	≥635	≥20	≥192	
	S42030	30Cr13（3Cr13）	0. 26~C. 35	12. 00~14. 00	≤0. 60	Si 1. 00 Mn 1. 00	920~980 油	600~750 快冷	540	≥735	≥12	≥217	有较高硬度要求及耐磨性的热油泵轴、阀片、阀门、弹簧、手术刀片、医疗器械等
	S42040	40Cr13（4Cr13）	0.35~0.45	12.00~14.00	≤0.60	Si 0.60 Mn 0.80	1050~1100（油冷）	200~300				50（HRC）	用于外科医疗用具、阀门轴承和弹簧
	S44090	95Cr18（9Cr18）	0.85~0.95	17.00~19.00	≤0.60	Si 0.80 Mn 0.80	1000~1050（油冷）	200~300				55（HRC）	用于较高强度要求的耐硝酸及某些有机酸腐蚀的零件及设备不锈钢刀片机械刃具、剪切刃具、手术刀片、高耐磨、耐蚀的零件
	S46990	90Cr18MoV（9Cr18MoV）	0.85~0.95	17.00~19.00	≤0.60	Si 0.80 Mn 0.80 Mo 1.00~3.00 V 0.07~0.12	1050~1075（油冷）	100~200				55（HRC）	
	S44070	68Cr17（7Cr17）	≤0. 60	0. 60~0. 75	16. 00~18. 00	Si 1. 00 Mn 1. 00	1010~1070 油	100~180 快冷	—	—	—	≥54HRC	制作轴承、刀具、阀门、量具等
铁素体型	S11348	06Cr13Al（0Cr13Al）	0. 08	11. 50~14. 50	≤0. 60	Al0. 10~0. 30	780~830 空冷或缓冷	—	≥177	≥410	≥20	≤183	用于石油精制装置、压力容器衬里、蒸汽透平叶片
	S11710	10Cr17（1Cr17）	0. 12	16. 00~18. 00	≤0. 60	Si 1. 00 Mn 1. 00	780~850 空冷或缓冷	—	≥205	≥450	≥22	≤183	硝酸工厂设备，如吸收塔、硝酸热交换器、酸槽、输油管道、食品工厂设备等
	S11790	10Cr17Mo（1Cr17Mo）	0.12	16.00~18.00	≤0.60	Si 1.00 Mn 1.00 Mo 0.75~1.25	780~850（空冷）	—	205	450	22	183（HBW）	使用同上，比 10Cr17 抗盐溶液性强

(续)

类别	代号	新牌号(旧牌号)	主要化学成分(质量分数,%)				热处理		力学性能				用途举例
			C	Cr	Ni	其他	淬火温度/℃	回火温度/℃	$R_{p0.2}$/MPa	R_m/MPa	$A(\%)$	HBW	
铁素体型	S13091	008Cr30Mo2(00Cr30Mo2)	0.010	28.50~32.00	—	Mo 1.50~2.50	900~1050快冷	—	≥295	≥450	≥20	≤228	C、N含量极低,耐蚀性很好,制造氢氧化钠设备及有机酸设备
铁素体型	S11203	022Cr12(00Cr12)	0.03	11.00~13.00	≤0.60	Si 1.00 Mn 1.00	700~820(空冷)	—	196	265	22	183(HBW)	制造汽车排气处理装置、锅炉燃烧室、喷嘴等
奥氏体型	S30210	12Cr8Ni9(1Cr18Ni9)	0.15	17.00~19.00	8.00~10.00	Si 1.00 Mn 2.00	1010~1150(水冷)	—	205	520	40	≤187(HBW)	制作耐硝酸、冷凝器、有机酸及盐、碱溶液腐蚀的零件
奥氏体型	S30403	022Cr19Ni10(00Cr19Ni10)	0.03	18.00~20.00	8.00~12.00	Si 1.00 Mn 2.00	1010~1150(水冷)	—	177	480	40	≤187(HBW)	具有良好的耐蚀及耐晶间腐蚀性能,用于化学工业的耐蚀材料
奥氏体型	S32168	06Cr19Ni10Ti(0Cr18Ni10Ti)	0.08	17.00~19.00	9.00~12.00	Si 1.00 Mn 2.00	920~1150(水冷)	—	205	520	40	≤187(HBW)	具有良好的耐蚀及耐晶间腐蚀性能,用于化学工业的耐蚀材料
奥氏体型	S30408	06Cr18Ni10(0Cr18Ni9)	0.08	18.00~20.00	8.00~11.00	Si 1.00 Mn 2.00	1010~1150(水冷)	—	205	520	40	≤187(HBW)	耐酸容器及设备衬里、输送管道等设备零件,抗磁仪表、医疗器械等
奥氏体型	S31608	06Cr17Ni12Mo2(0Cr17Ni12Mo2)	0.08	16.00~18.00	10.00~14.00	Si 1.00 Mn 2.00	1010~1150(水冷)	—	205	520	40	≤187(HBW)	用于制作抗硫酸、磷酸、蚁酸以及醋酸等腐蚀介质的设备,有良好的抗晶间腐蚀性能
奥氏体型	S31603	022Cr17Ni14Mo2(00Cr17Ni14Mo2)	0.03	16.00~18.00	10.00~14.00	Si 1.00 Mn 2.00	1010~1150(水冷)	—	177	480	40	≤187(HBW)	用于耐蚀性要求高的焊接件,尤其是尿素、硫铵维尼龙生产设备

类型	统一数字代号	牌号	C	Cr	Ni	其他	热处理	时效					特性及用途
铁素体-奥氏体	S21860	14Cr18Ni11Si4AlTi (1Cr18Ni11Si4AlTi)	0.10~0 18	17.50~19.50	10.00~12.00	Si 3.40~4.00 Ti 0.40~0.70 Al 0.10~0.30	固溶处理 950~1100 快冷	—	≥440	≥715	≥25	—	可用于制作抗高温、浓硝酸介质的零件和设备，如排酸阀门等
	S21953	022Cr19Ni5Mo3Si2N (0Cr18Ni5Mo3Si2)	≤0.03	18.00~19.50	4.50~5.50	Si 1.30~2.00 Mo 2.50~3.00	固溶处理 950~1100 快冷	—	≥390	≥588	≥20	≤30HRC	含氯离子的环境中耐应力腐蚀开裂性好、耐点蚀性好，用于制造炼油、化肥、造纸、石油、化工等工业的热交换器和冷凝器
沉淀硬化型	S51770	07Cr17Ni7Al (0Cr17Ni7Al)	≤0.09	16.00~18.00	6.50~7.75	Al 0.75~1.50	固溶处理 100~1100 快冷	565℃ 时效	≥960	≥1140	≥5	≥363	制作高强度、高硬度而又耐腐蚀的化工机械设备和零件，如轴、高速离心机转鼓、弹簧以及航天设备的零件和汽轮机部件
	S51740	05Cr17Ni4Cu4Nb (0Cr17Ni4Cu4Nb)	≤0.09	16.00~18.00	3.00~5.00	Si 1.00 Mn 1.00 Cu 3.50~5.00	固溶处理 1020~1060℃ (水冷)	470~490℃ 回水 (空冷)	≥1180	≥1310	≥10	≥375	

而且在氢氟酸和苛性碱溶液和稀硫酸中并不耐蚀；另外，在生产塑料、合成纤维的有机合成过程中，不锈钢中的铁离子会发生催化作用，使塑料、合成纤维受到污染，影响产品质量。而镍和镍基耐蚀合金则能弥补不锈钢的不足。常用镍基耐蚀合金有锻造镍、镍-铜合金、镍-铬-铁合金。

（1）锻造镍　它是商业纯镍，具有优良的耐腐蚀性，在大多数腐蚀介质中都不受侵蚀，同时强度较高、塑性和韧性好，耐高温和耐低温。常用商业纯锻造镍为200和201，用于制作与强酸、强碱接触的泵壳、容器，火箭、导弹耐蚀零（构）件，如推进剂泵壳、贮箱等。

（2）镍-铜合金——蒙乃尔（Monel）合金　它是以Cu为主要合金元素，并加入少量Fe和Mn以提高强度。蒙乃尔合金具有优异的耐蚀性，能耐大气、淡水、海水及各种酸、碱、盐溶液及熔融碱的侵蚀，尤其在氢氟酸中的耐蚀性居所有金属材料之首，而且具有较高的强度和硬度。常用蒙耐尔合金为Ni-29.5Cu（即Monel K-500）、Ni-31Cu-1.5Mn-1.4Fe（即Ni66Cu31Fe）、Ni-28Cu-1.5Mn-2.5Fe（即Ni68Cu28Fe3）。这类合金通常是在固溶处理或固溶+时效处理后使用，前者是提高合金耐蚀性，后者是提高合金强度。蒙耐尔合金主要用于制作与氢氟酸接触的零（构）件，如生产氢氟酸的反应器、热交换器、贮槽等；还可用于制作有机合成反应器及航空发动机和火箭发动机的燃料（推进剂）泵轴、涡轮等。

（3）镍-铬-铁合金——因科镍（Inconel）合金　它是以Cr和Fe为主要合金元素，再加入适量Nb、Ti、Mo以提高高温强度。因科镍合金具有优良的耐蚀性和高的室温强度和高温强度及辐照稳定性。常用因科镍合金有Inconel 600（Ni-15.5Cr-10Fe）、Inconel 706（Ni-16Cr-27.6Fe-2.9Nb-1.8Ti）、Inconel 718（Ni-19Cr-18.5Fe-5.1Nb-3Mo-0.9Ti）。这类合金通常是在固溶+时效处理后使用，以提高合金强度。因科镍合金主要用于制作高温下要求耐蚀的受力零（构）件，如航空发动机和火箭发动机燃料（推进剂）泵轴、涡轮及水冷核反应堆蒸发器零件等。

我国耐蚀合金根据合金的基本组成元素分为铁镍基和镍基合金，铁镍基合金中镍的质量分数为30%～50%，且镍加铁不小于60%，镍基合金中镍的质量分数不小于50%；根据成形方式分为变形耐蚀合金和铸造耐蚀合金。变形耐蚀合金的牌号用“耐蚀”二字汉语拼音字首NS后接四位阿拉伯数字表示，即NS××××。NS后第一位数字表示分类号，即NS1×××表示固溶强化型铁镍基合金，NS2×××表示时效硬化型铁镍基合金，NS3×××表示固溶强化型镍基合金，NS4×××表示时效硬化型镍基合金；NS后第二位数字表示不同合金系列号，即NS×1××表示镍-铬系，NS ×2××表示镍-钼系，NS×3××表示镍-铬-钼系，NS×4××表示镍-铬-钼-铜系。第三位和第四位数字表示不同合金牌号顺序号。铸造耐蚀合金在牌号前加“铸”字汉语拼音字首Z，即采用ZNS后接三个阿拉伯数字，各数字的意义与变形耐蚀合金相同。常用变形耐蚀合金的成分、力学性能和用途如表4-19所示。

二、耐热钢和高温合金

耐热钢和高温合金是指在高温下具有高热稳定性和热强性的特殊钢和合金。它们主要用于制造工业加热炉、高压锅炉、汽轮机、内燃机、航空发动机、热交换器等在高温下工作的构件和零件。

表 4-19　常用变形耐蚀合金的成分、力学性能和用途（GB/T 15007—2008）

牌号	化学成分 w(%)						热处理	力学性能①			用途举例
	C	Cr	Ni	Fe	Mo	其他		R_m/MPa	$R_{p0.2}$/MPa	A_5(%)	
NS1101	≤0.10	19.0~23.0	30.0~35.0	余量	—	Al0.15~0.60 Ti0.15~0.60	固溶	520	205	30	热交换器及蒸汽发生器管、合成纤维的加热管
NS1103	≤0.03	24.0~26.5	34.0~37.0	余量	—	Al0.15~0.45 Ti0.15~0.60	—	—	—	—	核电站的蒸汽发生器
NS1301	≤0.05	19.0~21.0	42.0~44.0	余量	12.5~13.5	—	固溶	590	240	30	湿法冶金、制盐、造纸及合成纤维工业的含氯离子环境
NS1401	≤0.03	25.0~27.0	34.0~37.0	余量	2.0~3.0	Cu3.0~4.0 Ti0.40~0.90	固溶	540	215	35	硫酸及含有多种金属离子和卤族离子的硫酸装置
NS1402	≤0.05	19.5~23.5	38.0~46.0	余量	2.5~3.5	Cu1.5~3.0 Al≤0.20 Ti0.60~1.20	固溶	585	240	30	热交换器及冷凝器、含多种离子的硫酸环境
NS3102	≤0.15	14.0~17.0	余量	6.0~10.0	—	Cu≤0.50	固溶	550	240	30	热处理及化学加工工业装置
NS3104	≤0.03	35.0~38.0	余量	≤1.0	—	Al0.20~0.50	固溶	520	195	35	核工业中靶件及元件的溶解器
NS3105	≤0.05	27.0~31.0	余量	7.0~11.0	—	Cu≤0.50	—	—	—	—	核电站热交换器、蒸发器管、核工程化工后处理耐蚀构件
NS3202	≤0.02	≤1.0	余量	≤2.0	26.0~30.0	Co≤1.0	固溶	760	350	40	盐酸及中等浓度硫酸环境(特别是高温下)的装置
NS3301	≤0.03	14.0~17.0	余量	≤8.0	2.0~3.0	Ti0.40~0.90	固溶	540	195	35	化工、核能及有色冶金中高温氟化氢炉管及容器
NS3304	≤0.02	14.5~16.5	余量	4.0~7.0	15.0~17.0	W3.0~4.5 V≤0.35 Co≤2.50	固溶	690	285	40	强腐蚀性氧化-还原复合介质及高温海水中的焊接结构
NS3306	≤0.10	20.0~23.0	余量	≤5.0	8.0~10.0	Al≤0.40 Ti≤0.40 Nb3.15~4.15 Co≤1.0	固溶	690	275	30	化学加工工业中苛刻腐蚀环境或海洋环境
NS3401	≤0.03	19.0~21.0	余量	≤7.0	2.0~3.0	Cu1.0~2.0 Ti0.40~0.90	—	—	—	—	化工及湿法冶金冷凝器和炉管、容器
NS4101	≤0.05	19.0~21.0	余量	5.0~9.0	—	Al0.40~1.00 Ti2.25~2.75 Nb0.75~1.20	—	—	—	—	硝酸等氧化性酸中工作的球阀及承载构件

① 力学性能摘自 GB/T 15009—2008。

1. 性能要求及成分特点

对耐热钢和高温合金的性能要求主要是：①高的热稳定性，即具有高温抗氧化能力，使零件表面形成致密的氧化膜，保护其内部不被氧化；②高的热强性，即具有高的蠕变抗力和持久强度，使零件在高温下具有抵抗塑性变形和断裂的能力。

为了获得上述性能，耐热钢和高温合金中常加入的合金元素有 Cr、Ni、W、Mo、V、Ti、Nb、Al、Si 等。其中 Cr、Ni、W、Mo 的主要作用是固溶强化和形成单相组织并提高再结晶温度，从而提高钢和合金的高温强度；V、Ti、Nb、Al 的作用是形成弥散分布且稳定的 VC、TiC、NbC 等碳化物和 Ni_3Ti、Ni_3Nb、Ni_3Al、$Ni_3(Ti \cdot Al)$ 等金属间化合物，它们在高温下不易聚集长大，有效地提高钢和合金的高温强度；Cr、Si、Al 可以形成致密氧化膜 Cr_2O_3、SiO_2、Al_2O_3，尤其是 Cr 的作用最大，当钢和合金中加入 w_{Cr}15%，其抗氧化温度可达 900℃，加入 w_{Cr}20%~25%，抗氧化温度可达 1100℃。

2. 常用耐热钢及其热处理

耐热钢按其正火组织可分为马氏体型、铁素体型、奥氏体型、沉淀硬化型。分述如下。

（1）马氏体型耐热钢　这类钢淬透性好，空冷就能得到马氏体，包括两种类型。

1）低碳高铬钢。它是在 Cr13 型不锈钢基础上加入 Mo、W、V、Ti、Nb 等合金元素，以便强化铁素体，形成稳定的碳化物，提高钢的高温强度。常用的牌号有 14Cr11MoV、15Cr12WMoV 等，它们在 500℃以下具有良好的蠕变抗力和优良的消振性，最宜制造汽轮机的叶片，故又称叶片钢。

2）中碳铬硅钢。其抗氧化性好、蠕变抗力高，还有较高的硬度和耐磨性。常用的牌号有 42Cr9Si2、40Cr10Si2Mo 等，主要用于制造使用温度低于 750℃的发动机排气阀，故又称气阀钢。此类钢通常是在淬火（1000~1100℃加热后空冷或油冷）及高温回火（650~800℃空冷或油冷）后获得具有马氏体形态的回火索氏体状态下使用。

（2）铁素体型耐热钢　这类钢在铁素体不锈钢的基础上加入了 Si、Al 等合金元素以提高抗氧化性。此类钢的特点是抗氧化性强，但高温强度低，焊接性能差，脆性大，多用于受力不大的加热炉构件，常用的牌号有 06Cr13Al、10Cr7、022Cr12 等。此类钢通常采用正火处理（700~800℃加热空冷），得到铁素体组织。

（3）奥氏体型耐热钢　这类钢在奥氏体不锈钢的基础上加入了 W、Mo、V、Ti、Nb、Al 等元素，用以强化奥氏体，形成稳定碳化物和金属间化合物，以提高钢的高温强度。此类钢具有高的热强性和抗氧化性，高的塑性和冲击韧性，良好的焊接性和冷成形性。主要用于制造工作温度在 600~850℃间的高压锅炉过热器、汽轮机叶片、叶轮、发动机气阀等，常用的牌号有 06Cr8Ni1Ti、16Cr20Ni4Si2、45Cr14Ni14W2Mo 等。奥氏体耐热钢一般采用固溶处理（1000~1150℃加热后水冷或油冷）或是固溶+时效处理，获得单相奥氏体+弥散碳化物和金属间化合物的组织。时效的温度应比使用温度高 60~100℃，保温 10h 以上。

（4）沉淀硬化型耐热钢　这类钢的化学成分、热处理及沉淀硬化机理与沉淀硬化型不锈钢相同，这里不再重复。常用沉淀硬化型耐热钢有 05Cr17Ni4Cu4Nb 和 07Cr17Ni7Al，前者用于制造高温燃气透平压缩机和透平发动机的叶片和轴等，后者用于制造高温下工作的弹簧、膜片、波纹管等。

3. 常用高温合金及其热处理

对于航空、航天飞机的零构件如喷气发动机的压气机燃烧室、涡轮、尾喷管等，都在 800℃以上温度下长期服役，耐热钢已不能满足抗氧化和高温强度的要求，这时就应选用高温合金。高温合金包括铁基、镍基、钴基、铌基、钼基等类型，下面简单介绍铁基和镍基两类高温合金。

（1）铁基高温合金　这类合金是在奥氏体耐热钢基础上增加了 Cr、Ni、W、Mo、V、Ti、Nb、Al 等合金元素，用以形成单相奥氏体组织提高抗氧化性，并提高再结晶温度，以及形成弥散分布的稳定碳化物和金属间化合物，从而提高合金的高温强度。这类合金的常用牌号有 GH1035、GH2036、GH1131、GH2132、GH2135，“GH”是“高合”二字的汉语拼音字首，它们的热处理为固溶处理或固溶+时效处理。其中 GH1035、GH1131 采用固溶处理，获得单相奥氏体组织，抗氧化性好，冷压力加工成形性和焊接性好，用于制造形状复杂、需经冷压和焊接成形，但受力不大，主要要求在 800~900℃ 温度下抗氧化能力强的零件，如喷气发动机的燃烧室、火焰筒等；GH2036、GH2132、GH2135 采用固溶+时效处理，高温强度好，用于制造在 650~750℃ 温度下受力的零构件，如涡轮盘、叶片、紧固件等。

（2）镍基高温合金　这类合金是以 Ni 为基，加入 Cr、W、Mo、Co、V、Ti、Nb、Al 等合金元素，以形成 Ni 为基的固溶体，也称它为奥氏体，产生固溶强化并提高再结晶温度和形成弥散分布的稳定碳化物及金属间化合物，故这类合金的抗氧化性好，具有好的高温强度。常用牌号有 GH3030、GH4033、GH4037、GH3039、GH3044、GH4049，它们的热处理为固溶处理或固溶+时效处理。其中 GH3030、GH3039、GH3044 采用固溶处理，获得单相奥氏体组织，具有好的塑性和冷压力加工性能及焊接性能，用于制造形状复杂而需冷压和焊接成形，但受力不大，主要要求在 800~900℃ 温度下抗氧化能力强的零件，如喷气发动机的燃烧室、火焰筒等；GH4033、GH4037、GH4049 采用固溶+时效处理，抗氧化性好、高温强度高，用于制造在 800~900℃ 温度下受力的零件，如涡轮叶片等。

常用耐热钢的化学成分、热处理、力学性能及用途列于表 4-20 中，常用变形高温合金的成分、力学性能及用途列于表 4-21 中。

三、低温钢

低温钢是指用于工作温度在 0℃ 以下的零件和结构件的钢种。它广泛用于低温下工作的设备，如冷冻设备、制氧设备、石油液化气设备、航天工业用的高能推进剂液氢、液氟等液体燃料的制造、贮运装置以及海洋工程，寒冷地区（如北极、南极）开发所用的机械设备等。

1. 性能要求及成分特点

工程上常用的中、低强度结构钢，当其使用温度低于某一温度时，材料的冲击韧度显著下降，这一现象称为韧脆转变，把对应冲击韧度下降的温度称为韧脆转变温度。低温钢主要工作在低温下，因此，衡量它的主要性能指标是低温冲击韧度和韧脆转变温度，即低温冲击韧度越高，韧脆转变温度越低，则其低温韧性越好。

研究表明，影响低温冲击韧度的主要因素有：

1）钢的成分。如图 4-15 所示，钢中所含的 C、P、Si 元素使韧脆转变温度升高，尤其是 C、P 更为显著，故其含量必须严格加以控制。通常要求 $w_C \leqslant 0.20\%$，$w_P \leqslant 0.04\%$，$w_{Si} \leqslant 0.60\%$。而 Mn 与 Ni 使韧脆转变温度降低，对低温韧性有利，尤以 Ni 最为显著，当钢中的 Ni 含量增高时，可在很低的温度下，保持相当高的冲击韧度。例如 18-8 型奥氏体不锈钢在 −200℃ 时的冲击韧度仍在 $70J \cdot cm^{-2}$ 以上。此外，钢中的 V、Ti、Nb、Al 等元素可以细化晶粒，有利于低温韧性的提高。

表 4-20 常用耐热钢的化学成分、热

类别	牌号	化学成分 w(%)									
		C	Si	Mn	Cr	Ni	Mo	W	V	Ti	其他
马氏体型	12Cr13	0.08~0.15	1.00	1.00	11.50~13.50	(0.60)					P0.040 S0.030
	20Cr13	0.16~0.25	1.00	1.00	12.00~14.00	(0.60)					P0.040 S0.030
	14Cr11MoV	0.11~0.18	0.50	0.60	10.00~11.50	0.60	0.50~0.70		0.25~0.40		
	15Cr12WMoV	0.12~0.18	≤0.50	0.50~0.90	11.00~13.00	0.70	0.50~0.70	0.70~1.10	0.18~0.30		
	42Cr9Si2	0.35~0.50	2.00~3.00	0.70	8.00~10.00	0.60					P0.035 S0.030
	40Cr10Si2Mo	0.35~0.45	1.90~2.60	0.70	9.00~10.50	0.60	0.70~0.90				P0.035 S0.030
铁素体型	06Cr13Al	0.08	1.00	1.00	11.50~14.50						P0.035 Al0.10~0.30 S0.030
	10Cr17	0.12	1.0	1.00	16.00~18.00						P0.040 S0.030
	16Cr25N	0.20	1.00	1.50	23.00~27.00						P0.040 N≤0.25 S0.030
	022Cr12	0.03	1.00	1.00	11.00~13.50						
奥氏体型	06Cr18Ni11Ti	0.08	1.00	2.00	17.00~19.00	9.00~12.00					Ti5C~0.70
	16Cr20Ni14Si2	0.20	1.50~2.50	1.50	19.00~22.00	12.00~15.00					P0.040 S0.030
	26Cr18Mn12Si2N	0.22~0.30	1.40~2.20	10.50~12.50	17.00~19.00						P0.050 N0.22~0.33 S0.030
	45Cr14Ni14W2Mo	0.40~0.50	0.80	0.70	13.00~15.00	13.00~15.00	0.25~0.40	2.00~2.75			P0.040 S0.030
	06Cr17Ni2Mo2Ti	0.08	1.00	2.00	17.00~18.00	10.00~14.00	2.00~3.00			5.00	
沉淀硬化型	05Cr17Ni4Cu4Nb	0.07	1.00	1.00	15.50~17.50	3.00~5.00					P0.040 Cu3.00~5.00 Nb0.15~0.45 S0.030
	07Cr17Ni7Al	0.09	1.00	1.00	16.00~18.00	6.50~7.75					P0.040 Al0.75~1.50 S0.030

处理、力学性能及用途举例（GB/T 1221—2007）

热处理规范				力学性能（不小于）						用途举例
淬火温度/℃	冷却剂	回火温度/℃	冷却剂	$R_{p0.2}$/MPa	R_m/MPa	A_5(%)	Z(%)	A_{KU2}/J	HBW	
950~1000	油	700~750	水	345	540	25	55	78	150	制造800℃以下抗氧化部件及400~450℃工作的汽轮机叶片、阀、螺栓、导管等
920~980	油	600~750	水	440	635	20	50	63	192	
1050~1100	空	720~740	空	490	685	16	55	47		制造535~540℃工作的汽轮机叶片及透平叶片和导向叶片等
1000~1050	油	680~700	空	585	735	15	45	47		制造550~580℃工作的汽轮机叶片、紧固件及透平叶片、紧固件、转子和轮盘等
1020~1040	油	700~780	油	590	885	19	50			制造内燃机进气阀和工作温度<700℃的轻负荷发动机排气阀等
1010~1040	油	120~160	空	685	885	10	35			
780~830	空、炉			177	410	20	60		183	制造燃气透平压缩机叶片、退火箱、淬火台架等
780~850	空、炉			205	450	22	50		183	制造900℃以下抗氧化部件、散热器、炉用部件、油喷嘴等
780~880	水			275	510	20	40		≤201	制造工作温度<1080℃的抗氧化部件、燃烧室等
700~820	空、炉			196	365	22	60		183	制造汽车排气阀净化装置、锅炉燃烧室、喷嘴等
920~1150	水、油			205	520	40	50		≤187	制造加热炉管、燃烧室筒体、退火炉罩、及工作温度<700℃的内燃机排气阀等
1080~1130	水、油			295	590	35	50		≤187	制造管壁温度<800℃的加热炉管及承受应力的各种炉用构件
1100~1150	水、油			390	685	35	45		≤248	制造工作温度<900℃的加热炉构件如吊挂支架、渗碳炉构件、加热炉传送带、料盘、炉爪等
820~850	水、油			315	705	20	35		≤248	制造工作温度<800℃的内燃机重负荷排气阀等
965~995	水、油			590	900	15	18		248	制造耐700℃高温的汽轮机转子、叶片、螺栓、轴及<800℃的涡轮盘、紧固件等
1020~1060℃（水）									≤363	制造燃气透平压缩机叶片、燃气透平发动机轴、汽轮机部件等
1020~1060℃（水）+470~490℃回火4h（空）				1180	1310	10	40		375（40HRC）	
1020~1060℃（水）+540~560℃回火4h（空）				1000	1060	12	45		331（35HRC）	
1020~1060℃（水）+610~630℃回火4h（空）				725	930	16	50		277（28HRC）	
1000~1100℃（水）				380	1030	20			≤229	制造高温弹簧、膜片、固定器波纹管等
1000~1100℃（水）+760℃，90min（空）+565℃回火90min（空）				960	1140	5	25		363	
1000~1100℃（水）+955℃，10min（空）+（-73℃）冷处理8h+510℃回火60min（空）				1030	1230	4	10		388	

表 4-21 常用变形高温合金的成分、热处理工艺、力学性能及用途举例[1]（GB/T 14992—2005）

类别	牌号	化学成分 w(%)														热处理	力学性能(不小于)				用途举例
		C	Si	Mn	Cr	Ni	W	Mo	V	Ti	Nb	Al	Co	Fe	其他		R_m/MPa	$R_{p0.2}$/MPa	A(%)	持久强度/MPa	
铁基高温合金	GH1035	0.06~0.12	≤0.80	≤0.70	20.0~23.0	35.0~40.0	2.50~3.50			0.70~1.20	1.20~1.70	≤0.50		余	Ce≤0.05	固溶	600	300	35	$\sigma_{100}^{800}=50$	700~800°C 燃烧室、火焰筒等
	GH2036	0.34~0.40	0.30~0.80	7.50~9.50	11.5~13.5	7.0~9.0		1.10~1.40	1.25~1.55	≤0.12	0.25~0.50			余		固溶+时效	940	600	16	$\sigma_{100}^{650}=350$	600~700°C 涡轮盘等
	GH1131	≤0.10	≤0.80	≤1.20	19.0~22.0	25.0~30.0	4.80~6.00	2.80~3.50			0.70~1.30			余	N0.15~0.30	固溶	850	450	41	$\sigma_{100}^{800}=110$	850~900°C 燃烧室、火焰筒等
	GH2132	≤0.08	≤1.00	≤2.00	13.5~16.0	24.0~27.0		1.00~1.50	0.10~0.50	1.75~2.30		≤0.40		余		固溶+时效	1000	600	25	$\sigma_{100}^{650}=450$	650~700°C 涡轮盘等
	GH2135	≤0.08	≤0.50	≤0.40	14.0~16.0	33.0~36.0	1.70~2.20	1.70~2.20		2.10~2.50		2.00~2.80		余	Ce≤0.03 B≤0.015	固溶+时效	1100	600	20	$\sigma_{100}^{650}=570$	700~750°C 涡轮盘等
镍基高温合金	GH3030	≤0.12	≤0.80	≤0.70	19.0~22.0	余				0.15~0.35		≤0.15		≤1.50		固溶	750	280	39	$\sigma_{100}^{800}=45$	700~800°C 燃烧室、火焰筒等
	GH4033	0.03~0.08	≤0.65	≤0.35	19.0~22.0	余				2.40~2.80		0.60~1.00		≤4.0	Ce≤0.01 B≤0.01	固溶+时效	1020	660	22	$\sigma_{100}^{800}=250$	700°C 涡轮叶片等
	GH4037	0.03~0.10	≤0.40	≤0.50	13.0~16.0	余	5.00~7.00	2.00~4.00	0.10~0.50	1.80~2.30		1.70~2.30		≤5.0	Ce≤0.02 B≤0.02	固溶+时效	1140	750	14	$\sigma_{100}^{800}=280$	800°C 涡轮叶片等
	GH3039	≤0.08	≤0.80	≤0.40	19.0~22.0	余		1.80~2.30		0.35~0.75	0.90~1.30	0.35~0.75		≤3.0		固溶	850	400	45	$\sigma_{100}^{800}=70$	800~850°C 燃烧室、火焰筒等
	GH3044	≤0.10	≤0.80	≤0.50	23.5~26.5	余	13.0~16.0	≤1.50		0.30~0.70		≤0.50		≤4.0		固溶	830	350	55	$\sigma_{100}^{800}=110$	850~900°C 燃烧室、火焰筒等
	GH4049	≤0.10	≤0.50	≤0.50	9.5~11.0	余	5.00~6.00	4.50~5.50	0.20~0.50	1.40~1.90		3.70~4.40	14.0~16.0	≤1.5	Ce≤0.02 B≤0.015	固溶+时效	1100	770	9	$\sigma_{100}^{800}=430$	900°C 涡轮叶片等

① GH 是高温合金。第一个数字：1 为铁基固溶强化，2 为铁基时效硬化，3 为镍基固溶强化，4 为镍基时效硬化；其余数字为合金编号。

2）晶体结构。一般具有体心立方结构的金属，随着温度的降低，韧性显著降低，而面心立方结构的金属，其韧性随温度的变化则较小。低碳钢的基体是体心立方结构的铁素体，其冲击韧度随温度降低比面心立方的奥氏体钢及铝、铜等要显著得多。

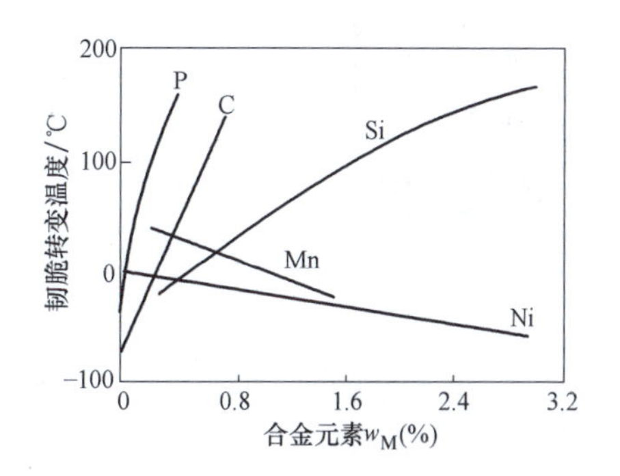

图 4-15　合金元素对韧脆转变温度的影响

2. 常用低温钢及其热处理

常用的低温钢有低碳锰钢、镍钢及奥氏体不锈钢，可根据需用的温度进行选择。

用 Al 脱氧的低碳锰钢经正火处理后，可在−45℃使用；调质处理后可用于−60℃；若加入 Ni 及 Nb、V、Ti 和稀土元素（RE）进一步细化晶粒，其使用温度还可降低，如 09MnNiDR、09Mn2VRE 和 09MnTiCuRE 正火态就可在−70℃使用。

w_{Ni}为 9%的低碳镍钢采用二次正火处理或淬火+回火处理后，其使用温度可达−196℃。

奥氏体型低温用钢就是奥氏体不锈钢，此类钢具有良好的低温韧性，使用温度可达−269℃，其中 0Cr18Ni9、1Cr18Ni9 钢使用最为广泛。我国低温压力容器用低合金钢板的成分、力学性能及低温冲击韧性列于表 4-22 中。

四、耐磨钢

广义地讲耐磨钢是指用于制造高耐磨零件及构件的一些钢种。这些钢种有高碳铸钢、硅锰结构钢、高碳工具钢以及轴承钢等，但通常是指高锰耐磨钢。

1. 高锰钢的性能及成分特点

高锰钢经热处理后能获得单一的奥氏体组织。这种组织的韧性很好，硬度不高，约 200HBW，但当它受到剧烈冲击及高压力作用时，其表层的奥氏体将迅速产生加工硬化，同时伴有奥氏体向马氏体的转变，导致表层的硬度提高到 450~550HBW，从而形成硬而耐磨的表面，但其内部仍保持原有的低硬度状态。当表面一层磨损后，新的表面将继续产生加工硬化，并获得高硬度。正是由于高锰钢的这种特性，所以它才适用于制造受剧烈冲击的耐磨件。

此外，由于高锰钢具有很高的加工硬化能力，切削加工十分困难，所以基本上都是铸造成形的，故其钢号表示为 ZGMn13（ZG 为铸钢二字汉语拼音字首）。

高锰钢中含有高的碳（w_C = 0.9% ~ 1.5%），高的锰（w_{Mn} = 11% ~ 14%），适量的硅（w_{Si} = 0.3% ~ 0.8%）及低的硫（w_S<0.05%）、低的磷（w_P<0.10%）。碳的质量分数增加可提高钢的耐磨性及强度，但碳的质量分数太高，易导致高温下碳化物的析出，使钢的冲击韧性下降，故一般 w_C 为 1.15% ~ 1.25%。

锰有扩大并稳定奥氏体区的作用，从图4-16可以看出当 w_C 在 0.9% ~ 1.3%范围，w_{Mn}在 11% ~ 14%时，经高温加热快冷后可得到单相奥氏体组织。锰量的高低取决于构件对耐磨性的要求及碳量，一般将锰与碳的比例（w_{Mn}/w_C）控制在 9 ~ 11。对于耐磨性要求高，冲击韧度要求低的薄壁件，锰碳比可取低限。相反，对于耐磨性要求略低，冲击韧度要求高的厚壁件，锰碳比可适当提高。

硅提高钢中固溶体的硬度和强度，从而有利于提高钢的耐磨性。但含硅量不能过高，否则易促使碳化物析出，降低钢的冲击韧度，并导致开裂。

表 4-22　低温压力容器用低合金钢板的成分、力学性能及低温冲击韧性（GB/T 3531—1996）

牌　号	化学成分 w(%)								热处理	钢板厚度 /mm	力学性能			冲击试验	
	C	Si	Mn	Ni	Alt①	其他	P	S			R_m /MPa	R_{eL} /MPa	A_5 (%)	试验温度 /°C	KV_2/J
							不大于					不小于			不小于
16MnDR	≤0.20	0.15～0.50	1.20～1.60	≤0.40	≥0.020		0.020	0.010	正火或正火＋回火	6～16	490～620	315	21	-40	47
										>16～36	470～600	295			
										>36～60	450～580	285		-30	
										>60～100	450～580	275			
15MnNiDR	≤0.18	0.15～0.50	1.20～1.60	0.20～0.60	≥0.020	V≤0.05	0.020	0.008	正火或正火＋回火	6～16	490～630	325	20	-45	60
										>16～36	470～610	315			
										>36～60	460～600	305			
15MnNiNbDR	≤0.18	0.15～0.50	1.20～1.60	0.30～0.70	≥0.020	Nb0.015～0.040	0.030	0.025	正火或正火＋回火	10～16	530～630	370	20	-50	60
										>16～36	530～630	360			
09MnNiDR	≤0.12	0.15～0.50	1.20～1.60	0.30～0.80	≥0.020	Nb≤0.04	0.025	0.020	正火或正火＋回火	6～16	440～570	300	23	-70	60
										>16～36	430～560	280			
										>36～60	430～560	270			

注：DR 是指低温压力容器用钢，为“低容”汉语拼音字首。

① 可以用测定 Als 代替 Alt，此时，Als 质量分数不小于 0.015%；当钢中 Nb+V+Ti≥0.015 时，Al 含量不作验收要求。

2. 高锰钢的热处理

高锰钢一般在1290~1350℃温度下浇注，在随后的冷却过程中，沿奥氏体晶界有碳化物析出，使钢呈现很大的脆性，且耐磨性也差，不能直接使用。为此，必须进行"水韧处理"（即固溶处理），它是将铸件加热到1060~1100℃保温一定时间，使碳化物完全溶入奥氏体中，然后在水中快冷，使碳化物来不及析出，从而获得单相奥氏体组织。水韧处理后不再回火，因为重新加热至350℃以上时，碳化物会析出，有损钢的性能。

常用的高锰钢就是ZGMn13型钢。主要用于要求耐磨性特别好并在冲击与压力条件下工作的零、构件，如坦克、拖拉机、挖掘机的履带板、破碎机的牙板、铁路道岔等。

值得指出的是，高锰钢具有的高耐磨性是通过加工硬化而获得的，如果它不是用在剧烈冲击或挤压条件下经受摩擦，那么它的高耐磨性就发挥不出来。

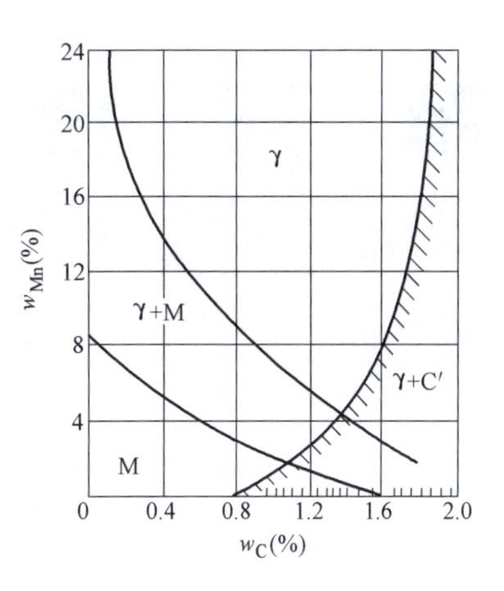

图 4-16　高锰钢1000℃加热水淬组织图

γ—奥氏体　M—马氏体　C′—碳化物

习题与思考题

1. 哪些合金元素可使钢在室温下获得铁素体组织？哪些合金元素可使钢在室温下获得奥氏体组织？并说明理由。

2. 合金元素对钢的奥氏体等温转变图和 *Ms* 点有何影响？为什么高速钢加热得到奥氏体后经空冷就能得到马氏体，而且其室温组织中含有大量残留奥氏体？

3. 何谓耐回火性、回火脆性、热硬性？合金元素对回火转变有哪些影响？

4. 为什么高速切削刀具要用高速钢制造？为什么尺寸大、要求变形小、耐磨性高的冷作模具要用Cr12MoV钢制造？它们的锻造有何特殊要求？为什么？其淬火、回火温度应如何选择？

5. 比较合金渗碳钢、合金调质钢、合金弹簧钢、轴承钢的成分、热处理、性能的区别及应用范围。

6. 比较不锈钢和镍基耐蚀合金、耐热钢和高温合金、低温钢的成分、热处理、性能的区别及应用范围。

7. 比较低合金工具钢和高合金工具钢的成分、热处理、性能的区别及应用范围。

8. 下列零件和构件要求材料具有哪些主要性能？应选用何种材料（写出材料牌号）？应选择何种热处理？并制订各零件和构件的工艺路线。

（1）大桥　（2）汽车齿轮　（3）镗床镗杆　（4）汽车板簧　（5）汽车、拖拉机连杆螺栓　（6）拖拉机履带板　（7）汽轮机叶片　（8）硫酸、硝酸容器　（9）锅炉　（10）加热炉炉底板

9. 判断下列钢号的类别、成分、常用的热处理方法及使用状态下的显微组织和用途：

Q345、ZGMn13、40Cr、35CrMo、20CrMnTi、40Cr13、GCr15、60Si2Mn、Cr12MoV、06Cr19Ni10Ti 3Cr2W8V、9SiCr、5CrNiMo、W18Cr4V、CrWMn、10Cr17Mo、38CrMoAlA。

Chapter 5

第五章 铸铁

铸铁是碳的质量分数大于2.11%（一般为2.5%~5.0%）并含有Si、Mn、S、P等元素的多元铁基合金。它与钢相比，虽然抗拉强度、塑性、韧性较低，但却具有优良的铸造性、可切削加工性、减振性，生产成本也较低，因此在工业上得到了广泛的应用。铸铁的性能是与其组织中含有石墨密切相关的，本章从石墨的形成过程出发，讨论各类铸铁的组织、性能及用途。

第一节 铸铁的石墨化

一、石墨化过程

铸铁中的碳除了少部分固溶于铁素体和奥氏体外，还可以化合态的渗碳体（Fe_3C）与游离态的石墨（G）两种形式存在。通常把铸铁中石墨的形成过程称为石墨化过程。

1. 石墨的特性

石墨具有简单六方晶格结构，如图5-1所示，晶体中的碳原子是分层排列的，同一层上的原子间距较小（为0.142nm），其结合力较强；而层与层之间的原子间距较大（为0.340nm），其结合力较弱。由于石墨晶体具有这样的结构特点，使之从液态铸铁中结晶时，沿六方晶格每个原子层方向上的生长速度大于原子层间方向上的生长速度，即层的扩大较快，而层的加厚慢，使之易形成片状。

图5-1 石墨的晶体结构示意图

石墨的碳的质量分数近似于100%，其强度、塑性和韧性极低，几乎为零，硬度仅为3HBW。它的存在相当于完整的基体上出现了孔洞和裂缝一样。

2. 石墨形成的三个阶段

实践证明，铸铁中的石墨既可在液体结晶时直接析出，也可由Fe_3C分解而来，即$Fe_3C \rightarrow 3Fe+G$，这表明，铁碳合金的结晶过程和组织转变除了按Fe-Fe_3C相图进行外，还可按Fe-C(G)相图进行，为此，铁碳合金便具有双重相图，如图5-2所示，图中实线表示Fe-Fe_3C相图，虚线表示Fe-C(G)相图。

若将含有铸铁成分的“铁碳合金”从液态以极缓慢的平衡状态进行冷却时，则其组织转变将按照Fe-G相图进行，且石墨化过程可分为三个阶段：

第一阶段，称为液态石墨化阶段，是从过共晶熔液中直接结晶出一次石墨（G_I）和在

1154℃时通过共晶转变而形成的共晶石墨，即 $L_{C'} \rightarrow \gamma_{E'} + G_{共晶}$。

第二阶段，称为中间石墨化阶段，是从1154~738℃的冷却过程中，自奥氏体中析出二次石墨 $G_{Ⅱ}$。

上述第一阶段和第二阶段也可以统称为高温石墨化阶段。

第三阶段，称为低温石墨化阶段，是在738℃通过共析转变形成的共析石墨，即 $\gamma_{S'} \rightarrow \alpha_{P'} + G_{共析}$。

由于高温下原子扩散能力强，所以第一阶段和第二阶段的石墨化比较容易进行，而第三阶段的石墨化温度较低，扩散条件差，有可能部分或全部不能形成石墨。于是出现三种不同的组织，即 α+G；α+P+G；P+G。

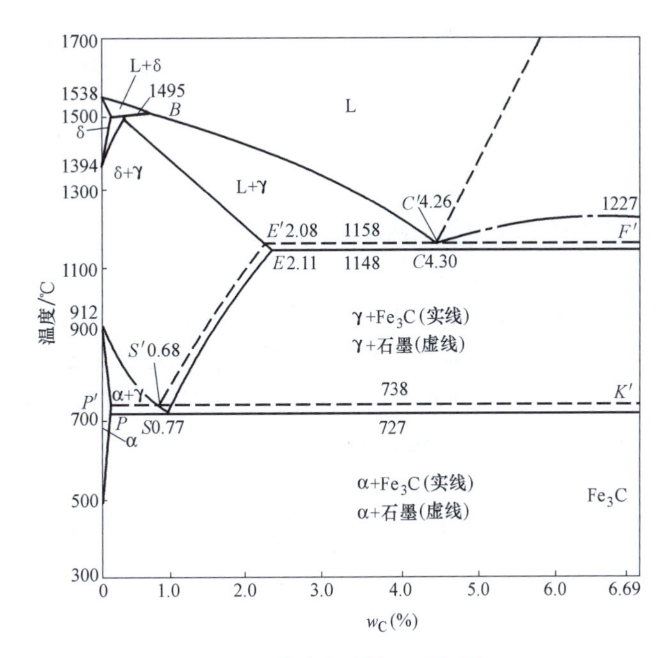

图 5-2　铁碳合金的双重相图

二、影响石墨化的因素

铸铁的组织决定于石墨化三阶段进行的程度，而石墨化程度又受许多因素的影响，实践表明铸铁的化学成分和凝固时的冷却速度是两个最主要的因素。

1. 化学成分的影响

铸铁中的C和Si是促进石墨化的元素，它们的含量越高，石墨化过程越易进行。这是因为随着C含量的增加，石墨的形核越有利；Si溶于铁中，一方面削弱铁原子间的结合力，同时使共晶温度提高、共晶点碳的质量分数降低，也有利于石墨的析出。在生产中，调整C、Si的含量是控制铸铁组织的措施之一。实验证明，铸铁中 w_{Si} 每增加1%，共晶点碳的质量分数相应降低1/3。为了综合考虑C和Si的影响，通常把硅量折合成相当的碳量，并把这个碳的总量称为碳当量 $\left(w_C + \frac{1}{3}w_{Si}\right)$。由于共晶成分的铸铁具有最佳的铸造性能，一般将其配制在接近共晶成分。此外，P、Al、Cu、Ni、Co等元素也会促进石墨化，而S、Mn、Cr、W、Mo、V等元素则阻碍石墨化。

2. 冷却速度的影响

冷却速度越慢，越有利于石墨化过程的进行。从图5-2可知，同一化学成分的液态铸铁，若缓冷到1154~1148℃，因为这时还不具备形成 Fe_3C 的温度条件，所以只能形成石墨。若快冷到1148℃以下时，其凝固过程既可按 $Fe\text{-}Fe_3C$ 相图进行，也可按Fe-G相图进行，但由于 Fe_3C 的成分（w_C6.69%）比石墨成分（w_C100%）更接近液态成分，并且 Fe_3C 的成分和结构与石墨相比也更接近奥氏体，因此从液态或奥氏体中形成 Fe_3C 比形成石墨容易。可见，冷却速度越快，越不利于石墨化过程的进行。

第二节　各类铸铁的特点及应用

一、铸铁的分类

铸铁通常采用以下两种方法进行分类。

1. 按石墨化程度分类

根据铸铁在凝固过程中石墨化程度不同，可分为两种不同的铸铁。

(1) 灰铸铁　是第一和第二阶段石墨化过程充分进行而得到的铸铁，其中碳主要以石墨形式存在，断口呈灰暗色，由此得名，是工业上应用最多最广的铸铁。

(2) 白口铸铁　是三个阶段石墨化过程全部被抑制，完全按照 $Fe\text{-}Fe_3C$ 相图进行转变而得到的铸铁，其中碳几乎全部以 Fe_3C 形式存在，断口呈银白色，由此得名为白口铸铁。性能硬而脆、不易加工，除用作少数不受冲击的耐磨零件外，主要用做炼钢原料。

2. 按石墨形态分类

铸铁中的石墨可具有不同的形态（片状、团絮状、球状、蠕虫状），根据石墨的形态，可分为四种不同的铸铁。

(1) 灰铸铁　在显微组织中，石墨呈片状的铸铁。此类铸铁生产工艺简单、价格低廉，工业应用最广。

(2) 可锻铸铁　在显微组织中，石墨呈团絮状的铸铁。此类铸铁生产工艺时间很长，成本较高，故应用不如灰铸铁广。可锻铸铁并不能锻造。

(3) 球墨铸铁　在显微组织中，石墨呈球状的铸铁。此类铸铁生产工艺比可锻铸铁简单，且力学性能较好，工业应用较多。

(4) 蠕墨铸铁　在显微组织中，石墨呈蠕虫状的铸铁，蠕虫状是介于片状与球状之间的一种结晶形态，此类铸铁是在前几类铸铁的基础上发展起来的一种新型铸铁，颇有应用前景。

二、不同石墨形态铸铁的特性及用途

如前所述，按石墨的形态铸铁可分为四类，它们都是常用的铸铁，以下分述各类的特性及用途。

1. 灰铸铁

灰铸铁的成分大致为：$w_C=2.5\%\sim4.0\%$，$w_{Si}=1.0\%\sim2.5\%$，$w_{Mn}=0.5\%\sim1.4\%$，$w_S\leqslant0.10\%\sim0.15\%$，$w_P\leqslant0.12\%\sim0.25\%$。由于碳、硅含量较高，所以具有较大的石墨化能力，铸态显微组织有三种，即铁素体+片状石墨，铁素体+珠光体+片状石墨、珠光体+片状石墨，如图 5-3 所示。

此类铸铁具有高的抗压强度、优良的耐磨性和消振性，低的缺口敏感性。由于石墨的强度与塑性几乎为零，因而灰铸铁的抗拉强度与塑性远比钢低，且石墨的量越大，石墨片的尺寸越大、越尖，分布越不均匀，铸铁的抗拉强度与塑性则越低。灰铸铁主要用于制造汽车、拖拉机中的气缸、气缸套、机床的床身等承受压力及振动的零件。

若将液态灰铸铁进行孕育处理，即浇注前在铸铁液中加入少量孕育剂（如硅铁或硅钙铁合金）作为人工晶核，细化石墨片，这种铸铁称为孕育铸铁或变质铸铁，其显微组织为

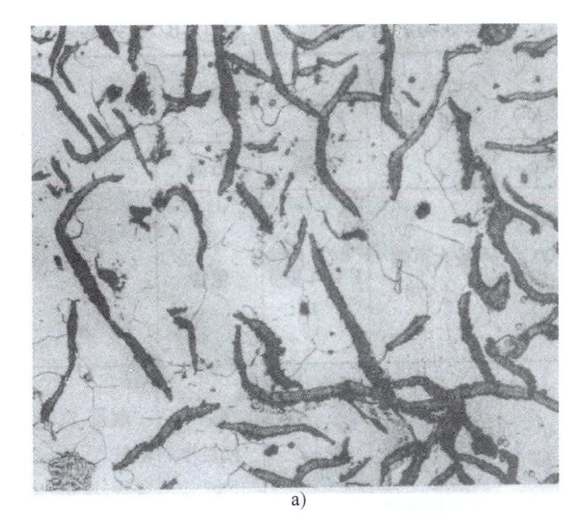

a)

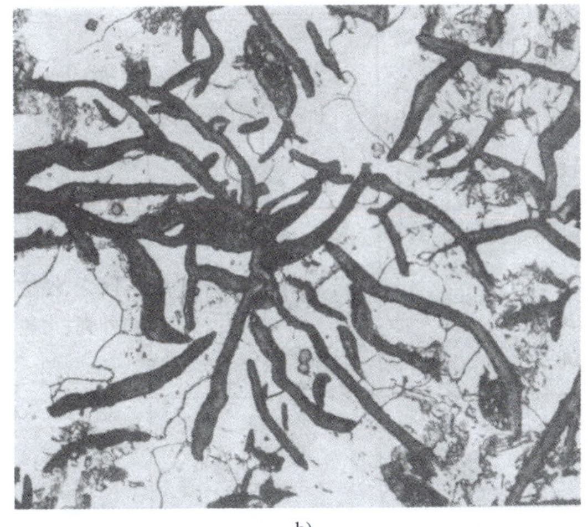

b)

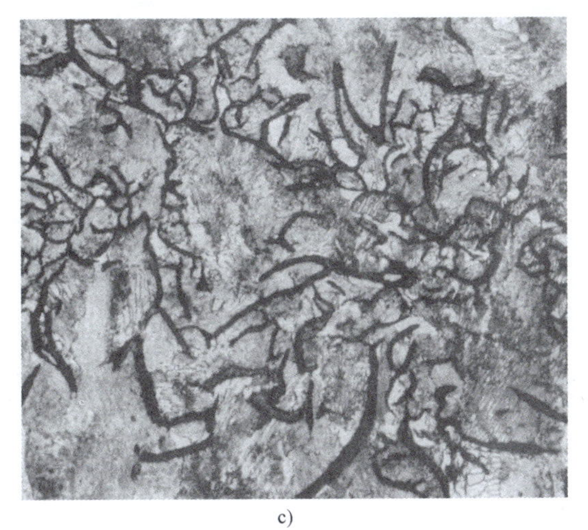

c)

图 5-3 灰铸铁的显微组织

a）铁素体基体×200 b）铁素体+珠光体基体×400 c）珠光体基体×200

细珠光体+细石墨片，强度、硬度都比变质前高，可用于制造压力机的机身、重负荷机床的床身，高压液压筒等机件。

灰铸铁的牌号、性能及应用见表 5-1。牌号中“HT”为灰铁二字的汉语拼音字首，其后数字表示最低抗拉强度。

表 5-1 灰铸铁的牌号、性能及应用（GB/T 9439—2010）

牌号	铸件壁厚/mm		最小抗拉强度 MPa	硬度 HBW	显微组织		应用举例
	大于	至			基体	石墨	
HT100	5	40	100	最大不超过 170	F+P(少)	粗片	

（续）

牌号	铸件壁厚/mm		最小抗拉强度	硬度 HBW	显微组织		应用举例
	大于	至	MPa		基体	石墨	
HT150	5	10	—	125～205	F+P	较粗片	端盖、汽轮泵体、轴承座、阀壳、管子及管路附件、手轮；一般机床底座、床身及其他复杂零件、滑座、工作台等
	10	20	—				
	20	40	120				
	40	80	110				
	80	150	100				
	150	300	90				
HT200	5	10	—	150～230	P	中等片状	气缸、齿轮、底架、机体、飞轮、齿条、衬筒；一般机床床身及中等压力（8MPa 以下）液压筒、液压泵和阀的壳体等
	10	20	—				
	20	40	170				
	40	80	150				
	80	150	140				
	150	300	130				
HT250	5	10	—	180～250	细珠光体	较细片状	阀壳、油缸、气缸、联轴器、机体、齿轮、齿轮箱外壳、飞轮、衬筒、凸轮、轴承座等
	10	20	—				
	20	40	210				
	40	80	190				
	80	150	170				
	150	100	160				
HT300	10	20	—	200～275	索氏体或托氏体	细小片状	齿轮、凸轮、车床卡盘、剪床、压力机的机身；导板、转塔、自动车床及其他重负荷机床的床身；高压液压筒、液压泵和滑阀的壳体等
	20	40	250				
	40	80	220				
	80	150	210				
	150	300	190				
HT350	10	20	—	220～290			
	20	40	290				
	40	80	260				
	80	150	230				
	150	300	210				

2. 球墨铸铁

球墨铸铁的成分大致为：$w_C=3.8\%\sim4.0\%$，$w_{Si}=2.0\%\sim2.8\%$，$w_{Mn}=0.6\%\sim0.8\%$，$w_S<0.04\%$，$w_P<0.1\%$，$w_{RE}<0.03\%$。其铸态显微组织为铁素体+球状石墨，铁素体+珠光体+球状石墨，珠光体+球状石墨，如图 5-4 所示。生产上使用多的为前、后两种组织的球墨铸铁。

为了使石墨呈球形，浇注前需向液态铸铁中加入一定量的球化剂（如 Mg、Ce、RE）进行球化处理，同时在球化处理后还要加少量的硅铁或硅钙铁合金进行孕育处理，以促进石墨化，增加石墨球的数量，减小球的尺寸。

由于此类铸铁中的石墨呈球状，对基体的割裂作用小，应力集中也小，使基体的强度得到了充分的发挥。研究表明，球墨铸铁的基体强度利用率可达 70%～90%，而灰铸铁的基体强度利用率仅为 30%～50%。因此，球墨铸铁既具有灰铸铁的优点，如良好的铸造性、耐磨性、可切削加工性及低的缺口敏感性，又具有与中碳钢媲美的抗拉强度、弯曲疲劳强度及良好的塑性与韧性。此外，还可以通过合金化及热处理来改善与提高它的性能。所以，生产上已用球墨铸铁代替中碳钢及中碳合金钢（如 45 钢、42CrMo 钢等）制造发动机的曲轴、连杆、凸轮轴和机床的主轴等。

球墨铸铁的牌号、性能及应用见表 5-2，牌号中的“QT”为球铁二字的汉语拼音字首，其后面的两组数字分别代表最低抗拉强度和最低断后伸长率。

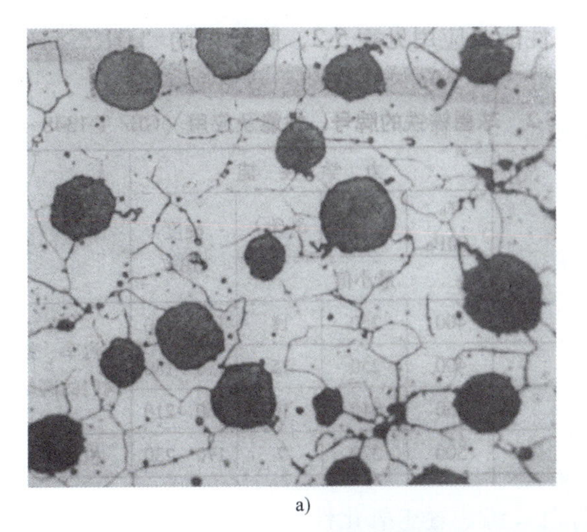

a)

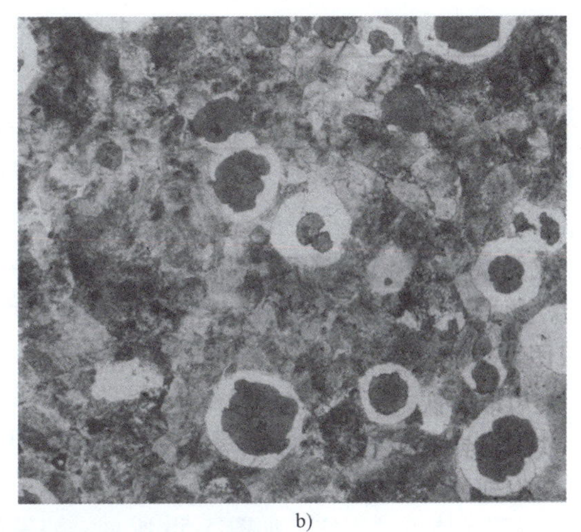

b)

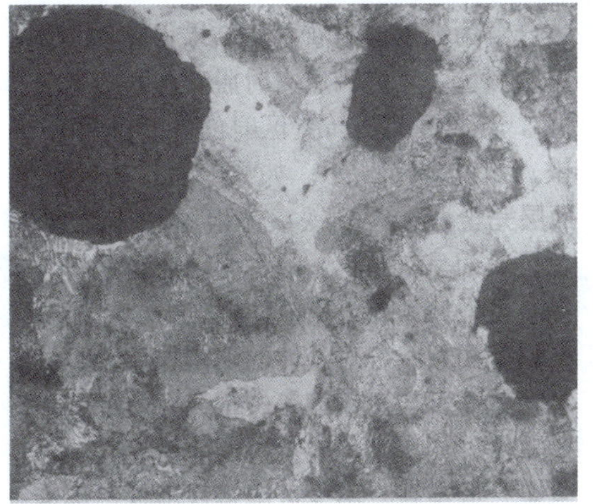

c)

图 5-4　球墨铸铁的显微组织

a）铁素体基体×100　b）铁素体+珠光体基体×200　c）珠光体基体×400

表 5-2　球墨铸铁的牌号、性能及应用（GB/T 1348—2009）

牌号	基体组织	力学性能				应用举例
		R_m/MPa	$R_{p0.2}$/MPa	A(%)	硬度 HBW	
		最小值				
QT400-18	铁素体	400	250	18	120~175	汽车、拖拉机底盘零件；1600~6400MPa 阀门的阀体和阀盖
QT400-15	铁素体	400	250	15	120~180	
QT450-10	铁素体	450	310	10	160~210	
QT500-7	铁素体+珠光体	500	320	7	170~230	机油泵齿轮
QT600-3	珠光体+铁素体	600	370	3	190~270	柴油机、汽油机曲轴；磨床、铣床、车床的主轴；空压机、冷冻机缸体、缸套等
QT700-2	珠光体	700	420	2	225~305	
QT800-2	珠光体或回火组织	800	480	2	245~335	
QT900-2	贝氏体或回火马氏体	900	600	2	280~360	汽车、拖拉机传动齿轮

3. 可锻铸铁

可锻铸铁的成分大致为 $w_C=2.4\%\sim2.8\%$、$w_{Si}=1.2\%\sim2.0\%$，$w_{Mn}=0.4\%\sim1.2\%$，$w_S\leqslant0.1\%$，$w_P\leqslant0.2\%$。此类铸铁是将亚共晶成分的白口铸铁进行石墨化退火，使其中的 Fe_3C 在固态下分解形成团絮状的石墨而获得的。根据石墨化退火工艺不同，可以形成铁素体基体及珠光体基体的两类可锻铸铁。

将浇铸成的白口铸铁加热到 900~980℃，在高温下经 15h 左右的长时间保温，使其组织中的渗碳体发生分解，得到奥氏体与团絮状的组织，随后在缓慢冷却的过程中，奥氏体将沿着已形成团絮状石墨的表面再析出二次石墨，冷至共析转变温度范围（750~720℃）时，进行长时间保温，奥氏体分解为铁素体与石墨，结果得到铁素体+团絮状石墨组织。因其断口心部存在大量石墨而呈灰黑色，表层因退火时脱碳，石墨数量少而呈灰白色，故称为黑心可锻铸铁。如图 5-5a 所示。若通过共析转变区时的冷却速度较快，则奥氏体直接变为珠光体，获得珠光体可锻铸铁，如图 5-5b 所示。如果将白口铸铁置于氧化性介质中退火，使深度为 1.5~2.0mm 的表面层完全脱碳得到铁素体组织，其心部仍为珠光体+团絮状石墨组织，其断口中心呈白亮色，表面呈灰暗色，故称为白心可锻铸铁，由于其生产工艺复杂，退火周期长，其性能又和黑心可锻铸铁相近，故应用较少。

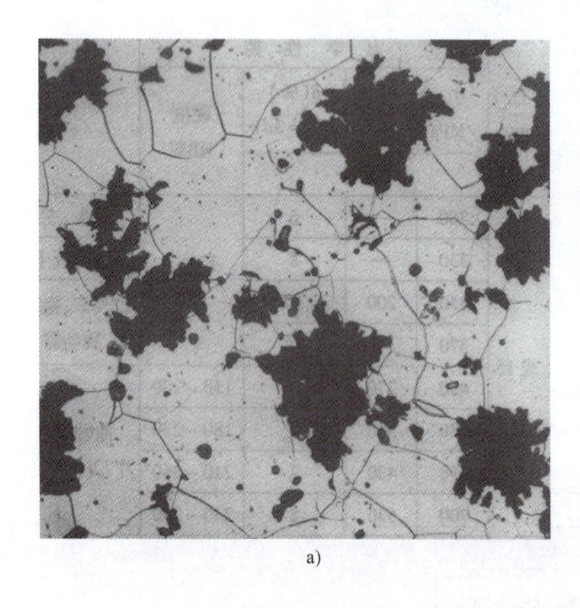
a)

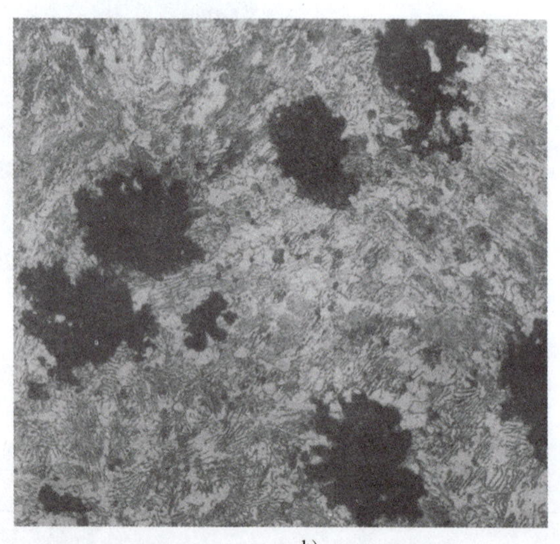
b)

图 5-5　可锻铸铁的显微组织

a）黑心可锻铸铁（α+G 团絮）×400　b）珠光体可锻铸铁（P+G 团絮）×200

由于可锻铸铁中的石墨呈团絮状，对基体的切割作用小，故其强度、塑性及韧性均比灰铸铁高，尤其是珠光体可锻铸铁可与铸钢媲美，但是不能锻造。通常可用于铸造形状复杂、要求承受冲击载荷的薄壁零件，如汽车、拖拉机的前后轮壳、减速器壳、转向节壳等。但由于其生产周期长，工艺复杂，成本高，不少可锻铸铁零件已逐渐被球墨铸铁所代替。

可锻铸铁的牌号、性能及应用见表 5-3。牌号中“KT”为可铁二字的汉语拼音字首，“KTH”表示黑心可锻铸铁，“KTZ”表示珠光体可锻铸铁，“KTB”表示白心可锻铸铁，它们后面的两组数字分别表示最低抗拉强度和最低断后伸长率。

表 5-3 可锻铸铁牌号、性能及应用（GB/T 9440—2010）

分类	牌号	试样直径 d/mm	力学性能				应用举例
			R_m/MPa	$R_{p0.2}$/MPa	$A(\%)$ ($L_0=3d$)	硬度 HBW	
			不小于				
黑心可锻铸铁和珠光体可锻铸铁	KTH300-06	12 或 15	300	—	6	不大于 150	弯头、三通等管件
	KTH330-08[①]		330	—	8		螺栓扳手等，犁刀、犁柱、车轮壳等
	KTH350-10		350	200	10		汽车、拖拉机前后轮壳、减速器壳、转向节壳、制动器等
	KTH370-12[①]		370	—	12		
	KTZ450-06		450	270	6	150~200	曲轴、凸轮轴、连杆、齿轮、活塞环、轴套、耙片、万向接头、棘轮、扳手、传动链条
	KTZ550-04		550	340	4	180~230	
	KTZ650-02		650	430	2	210~260	
	KTZ700-02		700	530	2	240~290	
白心可锻铸铁	KTB350-04	6	270	—	10	不大于 230	因工艺复杂，常用黑心可锻铸铁代替，生产上应用较少
		9	310	—	5		
		12	350	—	4		
		15	360	—	3		
	KTB360-12	6	280	—	16	不大于 200	
		9	320	170	15		
		12	360	190	12		
		15	370	200	7		
	KTB400-05	6	300	—	12	不大于 220	
		9	360	200	8		
		12	400	220	5		
		15	420	230	4		
	KTB450-07	6	330	—	12	不大于 220	
		9	400	230	10		
		12	450	260	7		
		15	480	280	4		

① 为过渡牌号。

4. 蠕墨铸铁

蠕墨铸铁的成分大致为 $w_C=3.5\%\sim3.9\%$，$w_{Si}=2.2\%\sim2.8\%$，$w_{Mn}=0.4\%\sim0.8\%$，w_P、$w_S<0.1\%$。其铸态显微组织为铁素体+蠕虫状石墨、铁素体+珠光体+蠕虫状石墨、珠光体+蠕虫状石墨。

为了使石墨呈蠕虫状，浇注前向高于 1400℃ 的液态铸铁中加入稀土硅钙合金（$w_{RE}=10\%\sim15\%$，$w_{Si}\approx50\%$，$w_{Ca}=15\%\sim20\%$）进行蠕化处理，处理后加入少量孕育剂（硅铁或硅钙铁合金）以促进石墨化。由于蠕化剂中含有球化元素 Mg、稀土（RE）等，故在大多数情况下，蠕虫状石墨总是与球状石墨共存。

与片状石墨相比，蠕虫状石墨的长宽比值明显减小，尖端变圆变钝，对基体的切割作用减小，应力集中减小，故蠕墨铸铁的抗拉强度、塑性、疲劳强度等均优于灰铸铁，而接近铁素体基体的球墨铸铁。此外，这类铸铁的导热性、铸造性、可切削加工性均优于球墨铸铁，而与灰铸铁相近。

常用于制造在热循环载荷条件下工作的零件，如钢锭模、玻璃模具、柴油机气缸、气缸盖、排气管、制动件等，以及结构复杂、要求高强度的铸件，如液压阀的阀体，耐压泵的泵体等。

蠕墨铸铁的牌号、性能及用途见表5-4。牌号中“RuT”为蠕铁二字的汉语拼音字首，其后面的数字表示最低抗拉强度。

表5-4　蠕墨铸铁的牌号、性能及用途（GB/T 26655—2011）

牌　　号	蠕化率(%)≥	抗拉强度/MPa≥	0.2%屈服强度/MPa≥	伸长率(%)≥	硬度HBW	基体组织	应用举例
RuT500	50	500	350	0.5	140~210	P	气缸套、高负荷内燃机缸体
RuT450	50	450	315	11.0	160~220	P+F	气缸套、活塞环
RuT400	50	400	280	1.0	180~240	P+F	内燃机的缸体和缸盖
RuT350	50	350	245	1.5	200~250	F	机床底座、液压件
RuT300	50	300	210	2.0	220~260	F	排气歧管件

三、合金铸铁

为了发展铸铁的性能，有意识地向铸铁中加入一些合金元素，形成合金铸铁，以满足工业应用对铸铁提出的高强度、耐热、耐蚀、耐磨等特殊的物理、化学性能要求。下面对合金铸铁仅作简单介绍。

1. 高强度合金铸铁

在灰铸铁、球墨铸铁、蠕墨铸铁中加入少量的Cr、Ni、Cu、Mo等元素，可以增加基体中的珠光体数量并细化珠光体，从而显著提高铸铁强度。目前我国应用最多的高强度铸铁是在稀土镁球墨铸铁的基础上加入w_{Cu}=0.5%~1.0%、w_{Mo}=0.3%~1.2%的稀土镁钼系和稀土铜钼系合金铸铁，用于制造要求较高强度的重要结构零件，如代替45钢和40Cr钢制造柴油机的曲轴、连杆及代替20CrMnTi钢制造变速齿轮等。

2. 耐热合金铸铁

铸铁的耐热性是指它在高温下抵抗氧化和“生长”的能力。氧化则是高温下的气氛使铸铁表层发生化学腐蚀的现象。生长是指铸铁在600℃以上反复加热冷却时产生的不可逆的体积长大现象。研究表明，这种生长的原因是：①渗碳体在高温下分解为密度小、体积大的石墨，导致体积膨胀；②铸铁内氧化。空气中的氧通过铸铁的微孔和石墨边界渗入内部，生成疏松的FeO或者与石墨作用产生气体，导致体积膨胀。铸铁件一旦发生生长，其表面龟裂，脆性增大，强度急剧降低，甚至损坏。

为了提高铸铁在高温下的抗氧化、抗生长能力，可向其中加入Al、Cr、Si等合金元素，使其在铸件的表面形成致密的氧化膜，防止内氧化，并获得单相铁素体基体，以防渗碳体的分解，从而阻止铸铁的生长。

常用的耐热铸铁有中硅球墨铸铁（w_{Si}=5.0%~6.0%）；高铝球墨铸铁（w_{Al}=21%~24%）；高铬耐热铸铁（w_{Cr}=26%~30%），主要用于制造加热炉炉底板、炉条、烟道挡板、

热处理炉内渗碳罐及传送链条等。

3. 耐蚀合金铸铁

普通铸铁的组织通常是由石墨、渗碳体、铁素体三个电极电位不同的相组成，其中石墨的电极电位最高（+0.37V），渗碳体次之，铁素体最低(-0.44V)。当铸铁处在电解质溶液中时，铁素体相不断被腐蚀掉，结果使铸件过早失效。

为了提高铸铁的抗腐蚀能力，通常在灰铸铁和球墨铸铁中加入 Si、Al、Cr、Mo、Cu、Ni 等元素，以提高基体电极电位、形成单相基体上分布着彼此孤立的石墨，并在铸件的表面形成致密的氧化膜。

耐蚀合金铸铁常用的有稀土高硅球墨铸铁（$w_{Si}=14\%\sim16\%$）、中铝耐蚀铸铁（$w_{Al}=4\%\sim6\%$）、高铬耐蚀铸铁（$w_{Cr}=26\%\sim30\%$），主要用于制作化工机械中的管道、阀门、离心泵、反应锅及盛贮器等。

4. 耐磨合金铸铁

铸件经常在各种摩擦条件下工作，受到不同形式的磨损，为了使这些铸件保持精度并延长使用寿命，要求铸铁除有一定的强度外，还要有好的耐磨性。根据铸件不同的工作条件及磨损形式，耐磨铸铁可分为两大类：一类是在磨粒磨损条件下工作的抗磨铸铁；另一类是在粘着磨损条件下工作的减摩铸铁。

抗磨铸铁通常是在干摩擦条件下经受着各种磨粒的作用（如球磨机的衬板、磨球、轧辊等)，因此要求具有高而均匀的硬度。应该说白口铸铁就是一种很好的抗磨铸铁，我国早就用它制作犁铧等耐磨铸件。但因其脆性极大，不能制作承受冲击载荷的铸件，如车轮、轧辊等，为此，生产中常在灰铸铁基础上加入 $w_{Ni}=1.0\%\sim1.6\%$，$w_{Cr}=0.4\%\sim0.7\%$，并采用“激冷”的办法使铸件表面得到白口铸铁组织，心部仍为灰铸铁组织，从而使铸件既有高耐磨性，又有一定的强度和适当的韧性，这种铸铁又称冷硬铸铁。此外，在稀土镁球墨铸铁中加入 $w_{Mn}=5\%\sim9.5\%$，$w_{Si}=3.3\%\sim5.0\%$，经球化处理和孕育处理后，适当控制冷却速度，使铸件获得马氏体+残留奥氏体+碳化物+球状石墨的组织。这种抗磨铸铁主要用于制造中、小型球磨机的磨球、衬板和中、小型粉碎机的锤头。还有一类是在白口铸铁的基础上加入 $w_{Cr}=14\%\sim15\%$，$w_{Mo}=2.5\%\sim3.5\%$，使组织中的 Fe_3C 改变为 Cr_7C_3 和 $(Cr\cdot Fe)_7C_3$，由于后种碳化物的硬度极高（1300~1800HV）耐磨性好，且分布不连续，故使铸铁的韧性也得到了改善。这种高铬白口铸铁已用于大型球磨机衬板和大型粉碎机的锤头等零件。

减摩铸铁通常是在润滑条件下经受粘着磨损作用（如机床床身、导轨、发动机的气缸、气缸套、活塞环等)，因此要求它具有小的摩擦因数，显微组织应是软基体上分布有硬强化相，以便铸件磨合后，软基体形成沟槽，可保持油膜以利润滑，符合这一组织要求的是珠光体基的灰铸铁，其中铁素体为软基体，渗碳体为硬强化相，同时石墨片也可起贮油润滑作用，故具有好的耐磨性。为了进一步改善珠光体灰铸铁的耐磨性，通常在其基础上加入 P、Cu、Cr、Mo、V、Ti、RE 等元素，并进行孕育处理，得到细珠光体+细小石墨片的组织，同时还形成细小分散的高硬度 Fe_3P 或 VC、TiC 等起强化相作用，使耐磨性显著提高。常用的减摩铸铁有高磷铸铁、磷铜钛铸铁、铬钼铜铸铁等。

习题与思考题

1. 何谓石墨化？铸铁石墨化过程分哪三个阶段？对铸铁组织有何影响？

2. 试述石墨形态对铸铁性能的影响？

3. 灰铸铁中有哪几种基本相？可以组成哪几种组织形态？

4. 为什么铸铁的 R_m、A、a_K 比钢低？为什么铸铁在工业上又被广泛应用？为什么球墨铸铁有时可以代替中碳钢？

5. 简述铸铁的使用性能及各类铸铁的主要应用。

6. 可锻铸铁是如何获得的？所谓黑心、白心可锻铸铁的含义是什么？可锻铸铁可以锻造吗？

7. 下列铸件宜选择何种铸铁制造：

①机床床身；②汽车、拖拉机曲轴；③1000～1100℃加热炉炉体；④硝酸盛贮器；⑤汽车、拖拉机转向壳；⑥球磨机衬板。

Chapter 6

第六章 有色金属及其合金

在工业生产中，通常将铁及其合金称为黑色金属，将其他非铁金属及其合金称为有色金属。

有色金属及其合金与钢铁材料相比具有许多优良特性，如特殊的电、磁、热性能，耐腐蚀性能，高的比强度（强度/密度）等。虽然有色金属的年消耗量仅占金属材料年消耗量的5%，但任何工业部门都离不开它，尤其在航空航天、电子信息、能源、化工等部门更占据重要地位。

本章仅对机械、仪表、飞机、电子等工业中广泛使用的铝、镁、铜、钛及其合金、轴承合金以及难熔金属做扼要介绍。

第一节　铝及铝合金

一、工业纯铝

铝是轻金属，密度为 2.72g/cm^3，仅为铁的 1/3，纯铝熔点 660℃，具有良好的导电性和导热性；磁化率极低，为非铁磁性材料；耐大气腐蚀性能好；铝为面心立方结构，无同素异构转变；具有极好的塑性（$A=30\%\sim50\%$，$Z=80\%$），易于压力加工成形；有良好的低温韧性，直到-253℃温度时其塑性和韧性并不降低。但其强度过低（R_m 为 70～100MPa），通过加工硬化可使纯铝的强度提高（R_m 可达 150～250MPa），同时塑性下降（$Z=50\%\sim60\%$）。

工业纯铝中铝的质量分数不小于 99.00%，含有一些杂质，常见杂质元素有铁、硅、铜等。杂质含量越多，其电导率、耐蚀性及塑性降低越多。纯铝的牌号用国际四位字符体系表示。牌号中第一、三、四位为阿拉伯数字，第二位为英文大写字母 A、B 或其他字母（有时也可用数字）。纯铝牌号中第一位数为 1，即其牌号用 1×××表示；第三、四位数为最低铝的质量分数中小数点后面的两位数字，例如铝的最低质量分数为 99.70%，则第三、四位数为 70。如果第二位的字母为 A，则表示原始纯铝；如果第二位字母为 B 或其他字母，则表示原始纯铝的改型情况，即与原始纯铝相比，元素含量略有改变；如果第二位不是英文字母而是数字时，则表示杂质极限含量的控制情况，0 表示纯铝中杂质极限含量无特殊控制，1～9 则表示对一种或几种杂质极限含量有特殊控制。例如 1A99 表示铝的质量分数为 99.99%的原始纯铝；1B99 表示铝的质量分数为 99.99%的改型纯铝，1B99 是 1A99 的改型牌号；1A85 表示铝的质量分数为 99.85%的原始纯铝；1B85 则是 1A85 的改型牌号，表示铝的质量分数

为99.85%的改型纯铝；1070表示杂质极限含量无特殊控制、铝的质量分数为99.70%的纯铝；1145表示对一种杂质的极限含量有特殊控制、铝的质量分数为99.45%的纯铝；1235表示对两种杂质的极限含量有特殊控制、铝的质量分数为99.35%的纯铝。显然，纯铝牌号中最后两位数字越大，则其纯度越高。纯铝常用牌号有1A99（原LG5）、1A97（原LG4）、1A93（原LG3）、1A90（原LG2）、1A85（原LG1）、1070A（代L1）、1060（代L2）、1050A（代L3）、1035（代L4）、1200（代L5）。纯铝的主要用途是配制铝合金，在电气工业中用铝代替铜作导线、电容器等，还可制作质轻、导热、耐大气腐蚀的器具及包覆材料。

二、铝合金

纯铝的硬度、强度很低、不适宜制作受力的机械零构件。向铝中加入适量的合金元素制成铝合金，可改变其组织结构，提高其性能。常加入的合金元素有铜、镁、硅、锌、锰等，有时还辅加微量的钛、锆、铬、硼等元素。这些合金元素通过固溶强化和第二相强化作用，可提高强度并仍保持纯铝的特性。不少铝合金还可以通过冷变形和热处理方法，进一步强化，其抗拉强度可达500~1000MPa，相当于低合金结构钢的强度，因此铝合金可以制造承受较大载荷的机械零件和构件，是工业中广泛使用的有色金属材料，由于其比强度比一般高强度钢高得多，故成为飞机的主要结构材料。

1. 铝合金分类及主要强化途径

（1）铝合金分类　铝合金一般都具有如图6-1所示的共晶类型相图。根据铝合金的成分和工艺特点可将铝合金分为变形铝合金和铸造铝合金两大类。

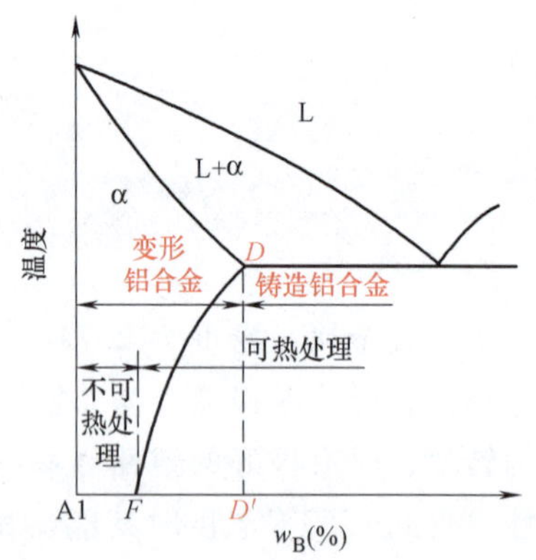

图6-1　铝合金相图的一般形式

图6-1中成分在D′点以左的合金，在加热至固溶线以上温度时，可得到单相α固溶体，塑性好，适于压力加工，称为变形铝合金。成分在D′点以右的合金，由于凝固时发生共晶反应出现共晶体，合金塑性较差，不宜压力加工，但熔点低、流动性好，适宜铸造，称为铸造铝合金。

在变形铝合金中，成分在F点以左的合金，α固溶体成分不随温度发生变化，因而不能用热处理方法强化，称为不能热处理强化的铝合金；成分在F~D′之间的铝合金，α固溶体成分随温度而变化，可用热处理方法强化，称为能热处理强化的铝合金。由于铸造铝合金中也有α固溶体，故也能用热处理强化。但随距D′越远，合金中α相越少，其强化效果越不明显。

（2）铝合金的主要强化途径　提高铝及铝合金强度的主要途径有：冷变形（加工硬化）、变质处理（细晶强化）和热处理（时效强化）。以下介绍后两种强化方法。

1）铝合金的时效强化。铝合金的热处理是固溶（淬火）+时效处理。现以铝铜合金为例说明时效强化的基本规律。Al-Cu合金相图的铝端部分如图6-2所示。由图可见，铜在铝中的溶解度随温度下降而减少，在548℃时，α固溶体中溶解度最大，溶铜量可达5.7%，而低于200℃时，溶铜量不足0.5%。图中θ相为$CuAl_2$化合物。若将w_{Cu}为4%的铝合金加热到高于固溶线的某一温度（如550℃）并保温一段时间后，得到均匀的单相α固溶体，再将

其放入水中迅速冷却，使第二相 θ（$CuAl_2$）来不及从 α 固溶体中析出而获得过饱和的 α 固溶体组织，这种处理称为固溶处理（即淬火）。此时由于 α 相产生固溶强化，使该合金的抗拉强度由退火状态的 200MPa 略提高到 250MPa。之后把淬火后的铝合金在室温下放置 4~5 天，其强度、硬度明显提高，R_m 可达 400MPa。因此将淬火后铝合金在室温或低温加热下保温一段时间，随时间延长其强度、硬度显著升高的现象，称为时效强化（或时效硬化）。在室温下进行的时效称自然时效；在人工加热条件下的时效称人工时效。图 6-3为该合金的自然时效强化曲线。由图可见，在自然时效的初期几小时内，强度不发生明显变化，这段时间称为孕育期。合金在此期间保持良好塑性，便于进行铆接、弯曲、矫直等操作。其后合金的强度显著提高，在 5~15h 内强化速度最快，经 4~5 天后强度达到最大值。

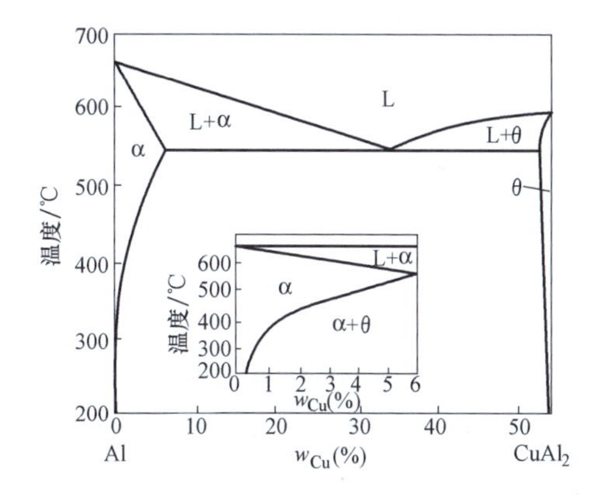

图 6-2 Al-Cu 合金相图的铝端部分

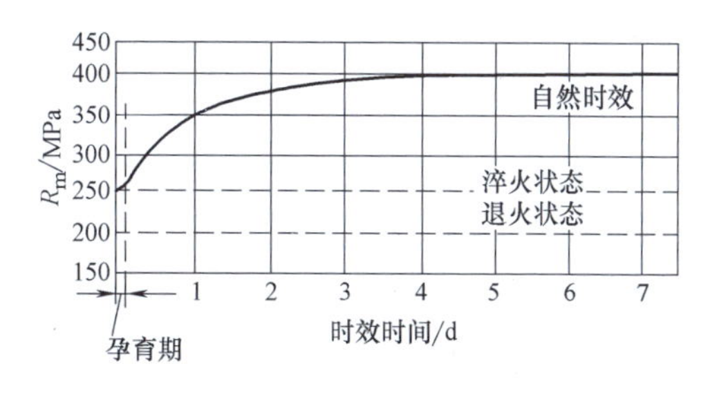

图 6-3 w_{Cu} 为 4%的铝合金自然时效曲线

铝合金时效强化效果还与加热温度有关。图 6-4 所示为不同温度下该合金的时效强化曲线。由图可知，提高时效温度，可使孕育期缩短，时效速度加快，但时效温度越高，强化效果越低。在室温以下则温度越低，时效强化效果越小，当温度低于 -50℃时，强度几乎不增加，即低温可以抑制时效的进行。若时效温度过高或保温时间过长，合金会软化，将此现象称为过时效。为充分发挥铝合金时效强化效果，应避免产生过时效。

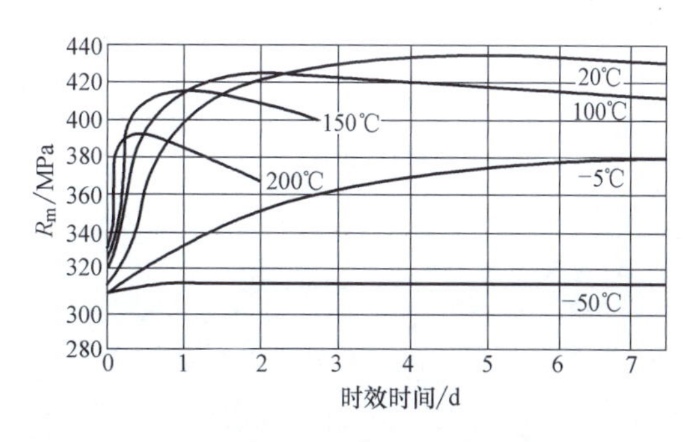

图 6-4 w_{Cu} 为 4%的铝合金在不同温度下的时效曲线

铝合金时效强化过程的实质，是过饱和固溶体的脱溶分解过程。当铝合金淬火后得到过饱和固溶体，是处于不稳定状态，有析出第二相的倾向。但在室温或加热较低温度下，由于溶质原子移动缓慢，在固溶体内形成许多区域极小的溶质原子偏聚区（GP[Ⅰ]区、GP[Ⅱ]区），造成晶格严重畸变，使位错运动受阻，从而促使合金强度明显提高。若时效温度过高或保温时间过长，溶质原子偏聚区转化为过渡相 θ′，使晶格畸变减弱，则合金开始趋向软化。当最终形成稳定化合物 θ 相，并从固溶体中析出，此时合金强化效果消失，即产生

“过时效”。

上述铝铜合金时效机理和效果，也基本适用于其他铝合金，如 Al-Cu-Mg、Al-Zn-Mg、Al-Si-Mg 等，而且在其他许多合金中也有时效强化现象。

2）铝及铝合金的变质处理（细晶强化）。变质处理工艺是在浇注前向合金熔液中加入变质剂，增加结晶核心、抑制晶粒长大，可有效地细化晶粒，从而提高合金强度，故称细晶强化，如纯铝在浇注前加入 Ti 的变质处理；变形铝合金在半连续铸造中加入变质剂 Ti、B、Nb，Zr、Na 等进行变质处理。变质处理最常应用的是铸造铝合金。

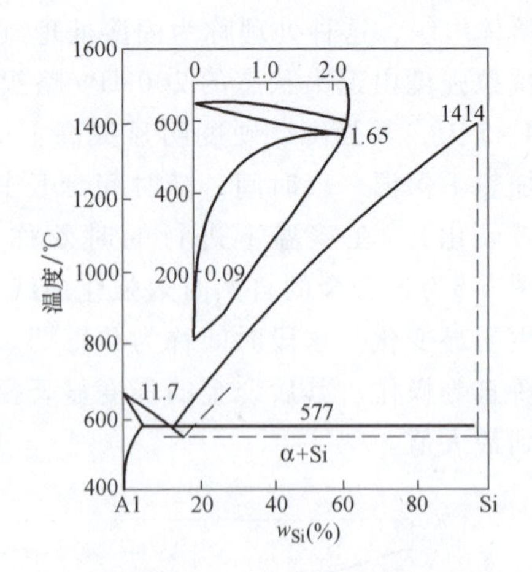

图 6-5　Al-Si 合金相图

典型的铸造铝合金是 Al-Si 合金系。由图 6-5 Al-Si 合金相图可知，w_{Si} = 11%～13%的二元铝硅合金处于共晶成分（w_{Si} = 11.7%）左右，铸造结晶后的室温组织几乎全部为（α+Si）共晶体，共晶体中的 Si 晶体为硬脆相，且呈粗大针状（图 6-6a），故该合金的强度低和塑性差（砂型铸造时 R_m = 140MPa，A = 3%），不宜作为工业合金使用。在实际生产中常采用变质处理，以改善其组织和性能。在浇注前向合金熔液中加入 2%～3%的变质剂（2 份 NaF 和 1 份 NaCl），溶入合金熔液中的活性钠能促进硅形核，并阻碍晶粒长大，可将针状 Si 改变为细小颗粒 Si，钠还使相图中共晶点向右下方移动（图 6-5 中虚线），使变质处理后得到细小均匀的共晶体和初生 α 固溶体的亚共晶组织，即（α+Si）+α（见图 6-6b），显著提高合金的强度和塑性（砂型铸造时 R_m = 180MPa，A = 8%）。

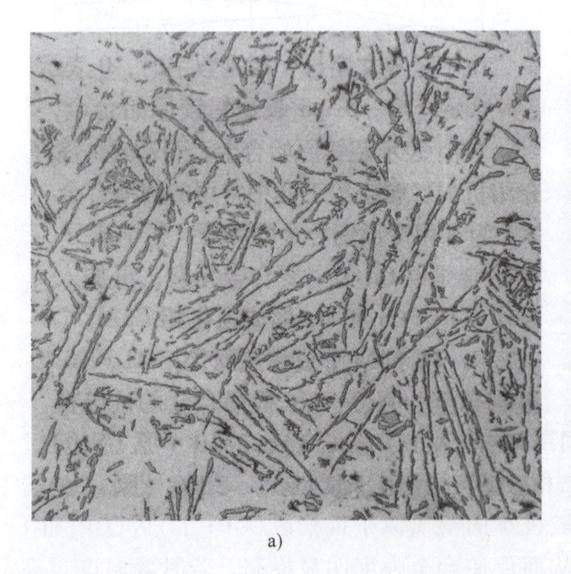

a)

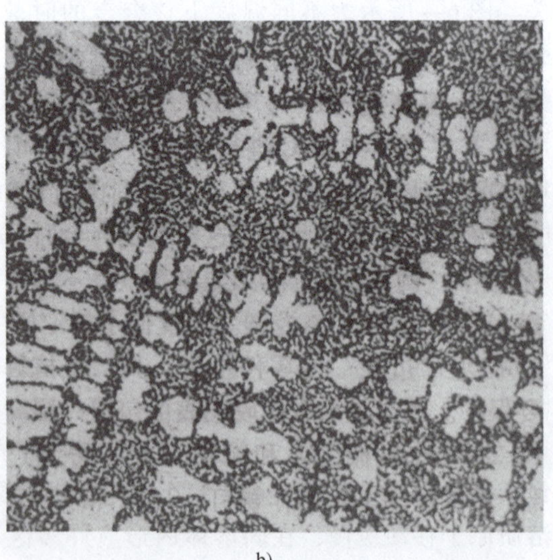

b)

图 6-6　ZAlSi12 的铸态组织

a）变质前×150　b）变质后×350

2. 变形铝合金

变形铝合金均是以压力加工（轧、挤、拉等）方法，制成各种型材、棒料、板、管、线、箔等半成品供应，供应状态有退火态、淬火自然时效态、淬火人工时效态等。变形铝合金的牌号也是用国际四位字符体系来表示。牌号中第一、三、四位为阿拉伯数字，第二位为英文大写字母 A、B 或其他字母（有时也可用数字）。第一位数字为 2~9，分别表示变形铝合金的组别，其中 2×××表示以铜为主要合金元素的铝合金即铝铜合金，3×××表示以锰为主要合金元素的铝合金即铝锰合金，4×××表示以硅为主要合金元素的铝合金即铝硅合金，5×××表示以镁为主要合金元素的铝合金即铝镁合金，6×××表示以镁和硅为主要合金元素并以 Mg_2Si 相为强化相的铝合金即铝镁硅合金，7×××表示以锌为主要合金元素的铝合金即铝锌合金，8×××表示以其他合金元素为主要合金元素的铝合金如铝锂合金，9×××表示备用合金组；最后两位数字为合金的编号，没有特殊意义，仅用来区分同一组中的不同合金；如果第二位字母为 A，则表示原始合金，如果是 B 或其他字母，则表示原始合金的改型合金，如果第二位不是英文字母，而是数字时，0 表示原始合金，1~9 表示改型合金。例如 2A01 表示铝铜原始合金；5A05 表示铝镁原始合金，5B05 表示铝镁改型合金，5B05 是 5A05 的改型牌号；7075 表示铝锌原始合金，7475 表示铝锌改型合金，7475 是 7075 的改型牌号。下面简要介绍机械、航空等工业中常用的铝铜合金、铝锰合金、铝镁合金、铝锌合金、铝锂合金。表 6-1 为常用变形铝合金的牌号、化学成分、力学性能和用途。

（1）铝铜合金　这类合金是以 Cu 为主要合金元素，再加入 Si、Mn、Mg、Fe、Ni 等元素，这些合金元素的主要作用是：Cu 和 Mg 形成强化相 $CuAl_2$（θ 相）及 $CuMgAl_2$（S 相），Mg 和 Si 形成强化相 Mg_2Si 相，Fe 和 Ni 形成耐热强化相 Al_9FeNi 相。这些强化相通过自然时效或人工时效而析出，提高合金的强度。Mn 提高合金的耐蚀性，也有一定固溶强化作用。常用变形铝铜合金的牌号有 2A01（原 LY1）、2A10（原 LY10）、2A11（原 LY11）、2A12（原 LY12）、2A14（原 LD10）、2A50（原 LD5）、2B50（原 LD6）、2A70（原 LD7）。

2A01、2A10、2A11、2A12 基本上是 Al-Cu-Mg 合金，其中还含有少量的 Mn 和 Fe。它们都可时效强化，即通过时效处理析出 $CuAl_2$（θ 相）或 $CuMgAl_2$（S 相）而使合金的强度、硬度提高。通常采用自然时效，也可采用人工时效，自然时效强化过程在 5 天内完成，其抗拉强度由原来的 280~300MPa 提高到 380~470MPa，硬度由 75~85HBW 升至 120HBW 左右，而塑性基本保持不变。若在 100~150℃进行人工时效时，可在 2~3h 内加速完成时效强化过程，但比自然时效的强化水平要低些，而且保温时间过长便会引起“过时效”，并且合金的耐蚀性也不如自然时效好。在加工和使用这些铝铜合金时，必须注意其两个缺点，其一是热处理的淬火温度范围窄，例如 2A11 淬火温度为 505~510℃，2A12 为 495~505℃，一般淬火温度范围不超过±5℃，必须严格控制。温度低于规定则强化效果降低；温度高于规定则易发生晶界熔化，产生“过烧”使零件报废。其二是耐蚀性差，易产生晶间腐蚀，在海水中尤甚，因而需要保护。通常是采取在硬铝表面包覆一层高纯度铝。

2A01、2A10、2A11、2A12 在机械工业和航空工业中得到广泛应用。2A01、2A10 中 Mg、Cu 含量低，强度低、塑性好，主要用作铆钉；2A11 和 2A12 中 Mg、Cu 含量较多，时效处理后抗拉强度可分别达 400MPa 和 470MPa，通常将它们制成板材、型材和管材，主要用于飞机构件、蒙皮或挤压成螺旋桨、叶片等重要部件。

表 6-1 常用变形铝合金的牌号、化学成分、力学性能及用途（GB/T 3190—2008）

组别	牌号（旧牌号）	化学成分 w(%)						半成品状态[1]	力学性能[2] ≥			用途
		Si	Cu	Mn	Mg	Zn	其他		R_m/MPa	$R_{p0.2}$/MPa	$A_{11.5}$(%)	
铝铜合金	2A01（LY1）	0.50	2.20~3.00	0.20	0.20~0.50	0.10	Fe 0.50 Ti 0.15	线材 CZ	300	—	24	工作温度不超过100°C的结构用中等强度铆钉
	2A11（LY11）	0.70	3.80~4.80	0.40~0.80	0.40~0.80	0.30	Fe 0.70 Ti 0.15	板材 CZ	363~373	177~196	15	中等强度的结构零件，如骨架、模锻的固定接头、支柱、螺旋桨叶片、局部镦粗的零件、螺栓和铆钉
	2A12（LY12）	0.50	3.80~4.90	0.30~0.90	1.20~1.80	0.30	Fe 0.50 Ni 0.10	板材 CZ	407~427	270~275	11~13	高强度的结构零件，如骨架、蒙皮、隔框、肋、梁、铆钉等150°C以下工作的零件
	2A14（LD10）	0.60~1.20	3.90~4.80	0.40~1.00	0.40~0.80	0.30	Fe 0.70 Ti 0.15	板材 CS	422	333	5	承受重载荷的锻件和模锻件
	2A50（LD5）	0.70~1.20	1.80~2.60	0.40~0.80	0.40~0.80	0.30	Fe+Ni0.7 Ti 0.15	板材 CS	420	330	7	形状复杂中等强度的锻件及模锻件
	2A70（LD7）	0.35	1.90~2.50	0.20	1.40~1.80	0.30	Fe 0.90~1.50 Ni 0.90~1.50 Ti 0.02~0.10	板材 CS	415	270	13	内燃机活塞和在高温下工作的复杂锻件，板材可作高温下工作的结构件

铝锰合金	3A21 (LF21)	0.60	0.20	1.00~1.60	0.05	0.10	Fe 0.70	板材 M	95~147	—	18~22	焊接油箱、油管、铆钉以及轻载荷零件及制品
铝镁合金	5A05 (LF5)	0.50	0.10	0.30~0.60	4.80~5.50	0.20	Fe 0.50	板材 M	280	150	15	焊接油箱、油管、焊条、铆钉以及中等载荷零件及制品
	5B05 (LF10)	0.40	0.20	0.20~0.60	4.70~5.70	—	Fe 0.40 Ti 0.15	板材 M	280	150	15	焊接油箱、油管、焊条、铆钉以及中等载荷零件及制品
铝锌合金	7A04 (LC4)	0.50	1.40~2.00	0.20~0.60	1.80~2.80	5.00~7.00	Fe 0.50 Cr 0.10~0.25	板材 CS	481~490	402~412	7	结构中主要受力件，如飞机大梁、桁架、加强框、蒙皮接头及起落架
	7A09 (LC9)	0.50	1.20~2.00	0.15	2.00~3.00	5.10~6.10	Fe 0.50 Cr 0.16~0.30 Ti 0.10	板材 CS	481~490	412~422	7	结构中主要受力件，如飞机大梁、桁架、加强框、蒙皮接头及起落架
铝锂合金	8090	0.20	1.00~1.60	0.10	0.60~1.30	0.25	Li 2.20~2.27 Ti 0.10 Zr 0.04~0.16	板材 CS	—	—	—	飞机结构件、火箭和导弹壳体、燃料箱等

① M—包铝板材退火状态；CZ—包铝板材淬火自然时效状态；CS—包铝板淬火人工时效状态。

② 力学性能主要摘自 GB/T 3380.2—2012。

2A14、2A50、2B50 基本上是 Al-Cu-Mg-Si 合金，其中 Mg 和 Si 形成强化相 Mg_2Si 相。这类合金的热塑性好，适宜进行锻造、挤压、轧制、冲压等工艺加工，主要用于制造要求中等强度、较高塑性及耐蚀零件的锻件或模锻件，如喷气发动机的压气机叶轮、导风轮及飞机上的接头、框架、支杆等；2A70、2A80、2A90 基本上是 Al-Cu-Mg-Fe-Ni 合金，其中 Fe 和 Ni 形成耐热强化相 Al_9FeNi 相。这三种合金的耐热强度依次递减，在 300℃、100h 下的持久强度分别为 45MPa、40MPa、35MPa，主要用于制造在 150～225℃工作温度范围内的铝合金零件，如发动机的压气机叶片、超音速飞机的蒙皮、隔框、桁条等。应该注意，2A14、2A50、2B50、2A70、2A80、2A90 等合金都是经淬火+人工时效后使用，其淬火加热温度为 500～530℃，人工时效温度为 150～190℃。淬火后若在室温停留时间过长，由于有 Mg_2Si 自然析出，会显著降低随后的人工时效强化效果。

（2）铝锰合金　这类合金是以 Mn 为主要合金元素，其中还含有适量的 Mg 和少量的 Si 和 Fe。这些合金元素的主要作用是：Mn 和 Mg 提高合金的耐蚀性和塑性，并起固溶强化作用；Si 和 Fe 主要起固溶强化作用。

铝锰合金锻造退火后为单相固溶体组织，耐蚀性高，塑性好，易于变形加工，焊接性好，但切削性差，不能进行热处理强化，常用冷变形加工产生加工硬化以提高其强度。常用变形铝锰合金的牌号有 3A21（原 LF21）、3003、3103、3004，其耐蚀性和强度均高于纯铝，用于制造需要弯曲、冲压加工的零件，如油罐、油箱、管道、铆钉等。

（3）铝镁合金　这类合金是以 Mg 为主要合金元素，再加入适量的 Mn 和少量的 Si、Fe 等元素。这些合金元素的主要作用是：Mg 减小合金的密度、提高耐蚀性和塑性，并起固溶强化作用；Mn 提高合金的耐蚀性和塑性，也起固溶强化作用；Si、Fe 主要起固溶强化作用。

和铝锰合金类似，铝镁合金锻造退火后也为单相固溶体组织，耐蚀性高，塑性好易于变形加工，焊接性好，但切削加工性差，不能进行热处理强化，常用冷变形加工产生加工硬化以提高其强度。常用变形铝镁合金的牌号有 5A03（原 LF3）、5A05（原 LF5）、5B05（原 LF10）、5A06（原 LF6），它们的密度比纯铝小，强度比铝锰合金高，有较高的疲劳强度和抗振性，在航空工业中得到广泛应用，如制造管道、容器、铆钉及承受中等载荷的零件。

（4）铝锌合金　这类合金以 Zn 为主要合金元素，再加入适量的 Cu、Mg 和少量的 Cr、Mn 等元素，基本上是 Al-Zn-Cu-Mg 合金，其时效强化相除有 θ 及 S 相外，主要强化相有 $MgZn_2$（η 相）和 $Al_2Mg_3Zn_3$（T 相）。铝锌合金在时效时产生强烈的强化效果，是时效后强度最高的一种铝合金。铝锌合金的常用牌号为 7A04（原 LC4）和 7A09（原 LC9）。

铝锌合金的热态塑性好，一般经热加工后，进行淬火+人工时效。其淬火温度为 455～480℃，人工时效温度为 120～140℃，7A04 时效后的抗拉强度可达 600MPa，7A09 可达 680MPa。这类铝合金的缺点是耐蚀性差，一般采用 $w_{Zn}=1\%$ 的铝锌合金或纯铝进行包铝，以提高耐蚀性。另外，耐热性也较差。

铝锌合金主要用于要求重量轻、工作温度不超过 120～130℃的受力较大的结构件，如飞机的蒙皮、壁板、大梁、起落架部件和隔框等，以及光学仪器中受力较大的结构件。

（5）铝锂合金　铝锂合金是近年来国内外致力研究的一种新型变形铝合金，它是在 Al-Cu 合金和 Al-Mg 合金的基础上加入 0.9%～2.8%的锂和 0.08%～0.16%的锆（质量分数）而发展起来的。已研制成功的铝锂合金有 Al-Cu-Li 系、Al-Mg-Li 系和 Al-Cu-Mg-Li 系，它们的牌号和化学成分如表 6-2 所示。研究表明，铝锂合金中的强化相有 δ′（Al_3Li）相、θ′

（$CuAl_2$）相和 T_1（Al_2MgLi）相，它们都有明显的时效强化效果，可以通过热处理（固溶处理+时效）来提高铝锂合金的强度。

表 6-2　国内外常用铝锂合金的牌号和化学成分　（质量分数，%）

合金牌号	Li	Cu	Mg	Zr	其他元素
2020	0.9~1.7	4.0~5.0	0.03	—	Mn 0.3~0.8
2090	1.9~2.6	2.4~3.0	<0.05	0.08~0.15	Fe 0.12
1420	1.8~2.1	—	4.9~5.5	0.08~0.15	Mn 0.6
1421	1.8~2.1	—	4.9~5.5	0.08~0.15	Se 0.1~0.2
2091	1.7~2.3	1.8~2.5	1.1~1.9	0.1	Fe 0.12
8090	2.3~2.6	1.0~1.6	0.6~1.3	0.08~0.16	Mn 0.1、Fe 0.2
8091	2.4~2.8	2.0~2.2	0.5~1.0	0.08~0.16	Fe 0.2
CP276	1.9~2.6	2.5~3.3	0.2~0.8	0.04~0.16	Fe 0.2

铝锂合金具有密度低、比强度和比刚度高（优于传统铝合金和钛合金）疲劳强度较好、耐蚀性和耐热性好等优点，是取代传统铝合金制作飞机和航天器结构件的理想材料，可减轻重量 10%~20%。目前，2090 合金（Al-Cu-Li 系）、1420 合金（Al-Mg-Li 系）和 8090 合金（Al-Cu-Mg-Li 系）已成功用于制造波音飞机、F-15 战斗机、EFA 战斗机、新型军用运输机的结构件及火箭和导弹的壳体、燃料箱等，取得了明显的减重效果。

3. 铸造铝合金

用于制造铸件的铝合金为铸造铝合金，它的力学性能不如变形铝合金，但其铸造性能好，可进行各种铸造成形，生产形状复杂的零件毛坯。为此，铸造铝合金必须有适量的共晶体，合金元素总含量 w_M 为 8%~25%。铸造铝合金的种类很多，主要有铝-硅系、铝-铜系、铝-镁系及铝-锌系四种，其中以铝-硅系应用最多。

根据 GB/T 1173—2013 规定，铸造铝合金代号用“铸铝”两字的汉语拼音字首“ZL”及三位数字表示，如 ZL102、ZL203、ZL302、ZL401 等。ZL 后的第一位数字表示合金系列，其中 1 为铝硅系、2 为铝铜系、3 为铝镁系、4 为铝锌系。后两位数字表示合金顺序号，序号不同者，化学成分也不同。

表 6-3 为常用铸造铝合金的代号、化学成分、力学性能和用途。

（1）Al-Si 系铸造铝合金　这类合金是铸造性能与力学性能配合最佳的一种铸造合金。其中最简单者为 ZL102（ZAlSi12），w_{Si} = 10%~13%，相当于共晶成分（图 6-5），铸态组织为 α+Si 共晶体。它的最大优点是铸造性能好，此外，密度小，耐蚀性、耐热性和焊接性能也相当好。但强度低，用钠盐进行变质处理后，抗拉强度也不超过 180MPa，而且不能热处理强化。其仅适于制造形状复杂但强度要求不高的铸件，如仪表壳体等。

在该合金的基础上，加入适量的 Cu、Mn、Mg、Ni 等元素，发展成为可时效强化的铝硅合金，称复杂（或特殊）铝硅合金。这类合金经淬火时效形成 $CuAl_2$、Mg_2Si、$CuMgAl_2$ 等强化相，使合金的强度显著提高。此外，还可进行变质处理，以提高强度。

特殊铝硅合金具有良好的铸造性能，较高的耐蚀性和足够的强度，在工业上广泛应用。常用的代号有 ZL101、ZL104、ZL105、ZL107、ZL108、ZL109、ZL111 等。这类合金用于制造低、中强度的形状复杂铸件，如气缸体、变速箱体、风机叶片等。尤其是 ZL108 和 ZL109 合金，由于密度小、耐蚀性好、线膨胀系数小、强度和硬度较高、耐磨性和耐热性都比较好，因而是制造发动机活塞的常用材料。

表 6-3　常用铸造铝合金的代号、成分、力学性能及用途（GB/T 1173—2013）

类别	牌号	代号	化学成分 w（%）						铸造方法	热处理	力学性能 ≥			用途
			Si	Cu	Mg	Mn	其他	Al			R_m /MPa	A (%)	HBW	
铝硅合金	ZAlSi12	ZL 102	10.0～13.0					余量	SB JB SB J	F F T2 T2	145 155 135 145	4 2 4 3	50 50 50 50	形状复杂的零件，如飞机、仪器零件、抽水机壳体
铝硅合金	ZAlSi9Mg	ZL 104	8.0～10.5		0.17～0.35	0.2～0.5		余量	J J	T1 T6	200 240	1.5 2	65 70	工作温度为220°C以下形状复杂的零件，如电动机壳体、气缸体
铝硅合金	ZAlSi5Cu1Mg	ZL 105	4.5～5.5	1.0～1.5	0.40～0.60			余量	J J	T5 T7	235 175	0.5 1	70 65	工作温度为250°C以下形状复杂的零件，如风冷发动机的气缸头、机匣、液压泵壳体
铝硅合金	ZAlSi7Cu4	ZL 107	6.5～7.5	3.5～4.5				余量	SB J	T6 T6	245 275	2 2.5	90 100	强度和硬度较高的零件
铝硅合金	ZAlSi12Cu1Mg1Ni1	ZL 109	11.0～13.0	0.5～1.5	0.8～1.3		Ni0.8～1.5	余量	J J	T1 T6	195 245	0.5 —	90 100	较高温度下工作的零件，如活塞
铝硅合金	ZAlSi9Cu2Mg	ZL 111	8.0～10.0	1.3～1.8	0.4～0.6	0.10～0.35	Ti0.10～0.35	余量	SB J	T6 T6	255 315	1.5 2	90 100	活塞及高温下工作的其他零件
铝铜合金	ZAlCu5Mn	ZL 201		4.5～5.3		0.6～1.0	Ti0.15～0.35	余量	S S	T4 T5	295 335	8 4	70 90	砂型铸造工作温度为175～300°C的零件，如内燃机气缸头、活塞
铝铜合金	ZAlCu4	ZL 203		4.0～5.0				余量	J J	T4 T5	205 225	6 3	60 70	中等载荷、形状比较简单的零件
铝镁合金	ZAlMg10	ZL 301			9.5～11.5			余量	S	T4	280	9	60	大气或海水中工作的零件，承受冲击载荷、外形不太复杂的零件，如舰船配件、氨用泵体等
铝镁合金	ZAlMg5Si1	ZL 303	0.8～1.3		4.5～5.5	0.1～0.4		余量	S，J	F	143	1	55	
铝锌合金	ZAlZn11Si7	ZL 401	6.0～8.0		0.1～0.3		Zn9.0～13.0	余量	J	T1	245	1.5	90	
铝锌合金	ZAlZn6Mg	ZL 402			0.5～0.65		Cr0.4～0.6 Zn5.0～6.5 Ti0.15～0.25	余量	J	T1	235	4	70	结构形状复杂的汽车、飞机、仪器零件，也可制造日用品

注：J—金属型铸造；S—砂型铸造；B—变质处理；F—铸态；T1—人工时效；T2—退火；T4—固溶处理+自然时效；T5—固溶处理+不完全人工时效；T6—固溶处理+完全人工时效；T7—固溶处理+稳定化处理。

(2) Al-Cu 系铸造铝合金　这类铝合金的 w_{Cu} 不低于 4%，可通过热处理提高强度，具有较高的强度和耐热性。但由于合金中只含有少量共晶体，因而铸造性能不好，耐蚀性和比强度也不如 Al-Si 合金。常用的代号有 ZL201、ZL203 等，主要用于制造在 200~300℃ 工作的要求高强度的零件，如增压器的导风叶轮、静叶片等。

(3) Al-Mg 系铸造铝合金　这类铝合金的优点是耐蚀性好，密度小（为 2.55g/cm^3），比纯铝还轻。但铸造性能不好（Mg 易燃），耐热性低。Al-Mg 合金通常采用自然时效强化。常用的代号有 ZL301、ZL303，主要用于制造在海水中承受较大冲击力和外形不太复杂的铸件，如舰船和动力机械零件，也可用来代替不锈钢制造某些耐蚀零件，如氨用泵体等。

(4) Al-Zn 系铸造铝合金　这类铝合金的铸造性能好，与 ZL102 相似。经变质处理后可获得较高的强度，可以不经热处理直接使用。但由于含 Zn 量较多，密度大，耐蚀性差，热裂倾向较大。常用的代号有 ZL401、ZL402，主要用于制造汽车、拖拉机发动机零件及形状复杂的仪器零件。

第二节　镁及镁合金

一、工业纯镁

纯镁为银白色，属轻金属，密度为 1.74g/cm^3 比铝小。具有密排六方结构，熔点为 649℃；在空气中易氧化，高温下（熔融态）可燃烧，耐蚀性较差，在潮湿大气、淡水、海水和绝大多数酸、盐溶液中易受腐蚀；弹性模量小，吸振性好，可承受较大的冲击和振动载荷，但强度低、塑性差，不能用作结构材料。纯镁主要用于制作镁合金、铝合金等；也可用作化工槽罐、地下管道及船体等阴极保护的阳极及化工、冶金的还原剂；还可用于制作照明弹、燃烧弹、镁光灯和烟火等。此外，镁还可制作储能材料 MgH_2，1m^3MgH_2 可蓄能 19×10^{9}J。工业纯镁的牌号用 Mg 加数字表示，Mg 后的数字表示其质量分数。

二、镁合金

纯镁强度低、塑性差，不能制作受力零（构）件。在纯镁中加入合金元素制成镁合金，就可以提高其力学性能。常用合金元素有 Al、Zn、Mn、Zr、Li 及稀土元素（RE）等。Al 和 Zn 既可固溶于 Mg 中产生固溶强化，又可与 Mg 形成强化相 $Mg_{17}Al_2$ 和 MgZn，并通过时效强化和第二相强化提高合金的强度和塑性；Mn 可以提高合金的耐热性和耐蚀性，改善合金焊接性能；Zn 和 RE 可以细化晶粒，通过细晶强化提高合金的强度和塑性，并减少热裂倾向，改善铸造性能和焊接性能；Li 可以减轻镁合金重量。根据镁合金的成分和生产工艺特点，将镁合金分为变形镁合金和铸造镁合金两大类。

1. 变形镁合金

变形镁合金均是以压力加工（轧、挤、拉等）方法制成各种半成品，如板材、棒材、管材、线材等，供应状态有退火态、人工时效态等。变形镁合金按化学成分分为 Mg-Mn 系、Mg-Al-Zn 系、Mg-Zn-Zr 系三类，其化学成分见表 6-4。

(1) Mg-Mn 系变形镁合金　这类合金具有良好的耐蚀性能和焊接性能，可以进行冲压、挤压、锻压等压力加工成形。其牌号为 M2M 和 ME20M，通常在退火态使用，板材用于制作

飞机和航天器的蒙皮、壁板等焊接结构件，模锻件可制作外形复杂的耐蚀件。

表 6-4 工业纯镁及镁合金牌号和化学成分（GB/T 5153—2016）

类别	合金牌号	元素含量 w(%)											
		Al	Mn	Zn	Ce	Zr	Cu	Ni	Si	Fe	Be	其他杂质总和	Mg
工业纯镁	Mg99.50	—	—	—	—	—	—	—	—	—	—	—	99.50
	Mg99	—	—	—	—	—	—	—	—	—	—	—	99.00
变形镁合金	M2M	0.20	1.3~2.5	0.30	—	—	0.05	0.007	0.10	0.05	0.01	0.20	余量
	AZ40M	3.0~4.0	0.15~0.50	0.20~0.8	—	—	0.05	0.005	0.10	0.05	0.01	0.30	余量
	AZ41M	3.7~4.7	0.30~0.60	0.8~1.4	—	—	0.05	0.005	0.10	0.05	0.01	0.30	余量
	AZ61M	5.5~7.0	0.15~0.50	0.50~1.5	—	—	0.05	0.005	0.10	0.05	0.01	0.30	余量
	AZ62M	5.0~7.0	0.20~0.50	2.0~3.0	—	—	0.05	0.005	0.10	0.05	0.01	0.30	余量
	AZ80M	7.8~9.2	0.15~0.50	0.20~0.8	—	—	0.05	0.005	0.10	0.05	0.01	0.30	余量
	ME20M	0.20	1.3~2.2	0.30	0.15~0.35	—	0.05	0.007	0.10	0.05	0.01	0.30	余量
	ZK61M	0.05	0.10	5.0~6.0	—	0.30~0.9	0.05	0.005	0.05	0.05	0.01	0.30	余量

注：1. 纯镁 $w_{Mg}=100\%-(w_{Fe}+w_{Si})-$(质量分数大于 0.01%的其他杂质之和)。

2. 表中变形镁合金栏中只有一个数值的为元素上限含量。

（2）Mg-Al-Zn 系变形镁合金　这类合金强度较高、塑性较好。其牌号为 AZ40M、AZ41M、AZ61M、AZ62M、AZ80M，其中 AZ40M 和 AZ41M 具有较好的热塑性和耐蚀性，应用较多，而其余三种合金因应力腐蚀倾向较明显，应用受到限制。

（3）Mg-Zn-Zr 系变形镁合金　其牌号为 ZK61M。该合金经热挤压等热变形加工后直接进行人工时效，其屈服强度 $R_{p0.2}$ 可达 275MPa、抗拉强度 R_m 可达 329MPa，是航空工业中应用最多的变形镁合金。因其使用温度不能超过 150℃，且焊接性能差，一般不用作焊接结构件。

近年来国内外研制成功的 Mg-Li 系变形镁合金，因加入合金元素 Li，使该合金系的密度较原有变形镁合金降低 15%~30%，同时提高了弹性模量和比强度、比模量。另外，Mg-Li 系合金还具有良好的工艺性能，可进行冷加工和焊接及热处理强化。因此，Mg-Li 系合金在航空和航天领域具有良好的应用前景。

2. 铸造镁合金

铸造镁合金分为高强度铸造镁合金和耐热铸造镁合金两大类，其牌号由 Z（“铸”字汉语拼音字首）Mg+主要合金元素的化学符号及其平均质量分数（w×100）组成。如果合金元素的平均质量分数不小于 1，该数字用整数表示；如果合金元素的平均质量分数小于 1，一般不标数字。例如 ZMgZn5Zr 表示 $w_{Zn}=5\%$、$w_{Zr}<1\%$ 的铸造镁合金。铸造镁合金的代号用“铸镁”的汉语拼音字首 ZM 后面加顺序号表示，如 ZM1、ZM2 等八个代号，其化学成分见表 6-5。

表 6-5 铸造镁合金①化学成分（GB/T 1177—1991）

合金牌号	合金代号	化学成分w(%)										
		Zn	Al	Zr	RE	Mn	Ag	Si	Cu	Fe	Ni	杂质总量
ZMgZn5Zr	ZM1	3.5~5.5	—	0.5~1.0	—	—	—	—	0.10	—	0.01	0.30
ZMgZn4RE1Zr	ZM2	3.5~5.0	—	0.5~1.0	0.75②~1.75	—	—	—	0.10	—	0.01	0.30
ZMgRE3ZnZr	ZM3	0.2~0.7	—	0.4~1.0	2.5②~4.0	—	—	—	0.01	—	0.01	0.30
ZMgRE3Zn2Zr	ZM4	2.0~3.0	—	0.5~1.0	2.5②~4.0	—	—	—	0.10	—	0.01	0.30
ZMgAl8Zn	ZM5	0.2~0.8	7.5~9.0	—	—	0.15~0.5	—	0.30	0.20	0.05	0.01	0.50
ZMgRE2ZnZr	ZM6	0.2~0.7	—	0.4~1.0	2.0③~2.8	—	—	—	0.10	—	0.01	0.30
ZMgZn8AgZr	ZM7	7.5~9.0	—	0.5~1.0	—	—	0.6~1.2	—	0.10	—	0.01	0.30
ZMgAl10Zn	ZM10	0.6~1.2	9.0~10.2	—	—	0.1~0.5	—	0.30	0.20	0.05	0.01	0.50

① 合金可加入 Be，其 w_{Be}≤0.002%。

② w_{Ce}≥45%的铈混合稀土金属，其中稀土金属总量不小于 98%。

③ w_{Nd}≥85%的钕混合稀土金属，其中 $w_{Nd}+w_{Pr}$≥95%。

（1）高强度铸造镁合金　这类合金有 Mg-Al-Zn 系的 ZMgAl8Zn（ZM5）、ZMgAl10Zn（ZM10）和 Mg-Zn-Zr 系的 ZMgZn5Zr（ZM1）、ZMgZn4RE1Zr（ZM2）、ZMgZn8AgZr（ZM7），这些合金具有较高的室温强度、良好的塑性和铸造性能，适于铸造各种类型的零（构）件。其缺点是耐热性差，使用温度不能超过 150℃。航空和航天工业中应用最广的高强度铸造镁合金是 ZM5（ZMgAl8Zn），在固溶处理或固溶处理加人工时效状态下使用，用于制造飞机、发动机、卫星及导弹仪器舱中承受较高载荷的结构件或壳体。

（2）耐热铸造镁合金　这类合金为 Mg-RE-Zr 系的 ZMgRE3ZnZr（ZM3）、ZMgRE3Zn2Zr（ZM4）、ZMgRE2ZnZr（ZM6），这些合金具有良好的铸造性能，热裂倾向小，铸造致密性高，耐热性好，长期使用温度为 200~250℃，短时使用温度可达 300~350℃。其缺点是室温强度和塑性较低。耐热铸造镁合金主要用于制作飞机和发动机上形状复杂要求耐热性的结构件。

近年来国内外研究者为了提高铸造镁合金的使用性能和工艺性能，正致力于研究铸造稀土镁合金、铸造高纯耐蚀镁合金、快速凝固镁合金及铸造镁或镁合金基复合材料，以扩大铸造镁合金在航空、航天工业中的应用。

第三节　铜及铜合金

一、工业纯铜

纯铜俗称紫铜，属于重金属，密度为 8.91g/cm^3，熔点为 1083℃，无磁性，具有面心立方结构，无同素异构转变。纯铜的突出优点是具有优良的导电性、导热性，很高的化学稳定性，在大气、淡水和冷凝水中有良好的耐蚀性。但纯铜的强度不高（R_m = 200~250MPa），硬度低（40~50HBW），塑性很好（A = 45%~55%）。经冷变形加工后，纯铜 R_m 提高到 400~450MPa，硬度升高到 100~200HBW，但断后伸长率 A 下降到 1%~3%。因此，纯铜通常经塑性加工制成板材、带材、线材等。

工业纯铜中常含有 w_M 为 0.1%~0.5%的杂质（Pb、Bi、O、S、P 等），杂质使铜的导电能力下降，Pb、Bi 能与 Cu 形成低熔点共晶体并分布在铜的晶界上。当铜进行热加工时，由于晶界上共晶体熔化而引起脆性断裂，这种现象称“热脆”。此外，S、O 与 Cu 形成脆性化合物，降低铜的塑性和韧性，造成“冷脆”。因此对铜的杂质含量要有一定限制。

常用工业纯铜为加工铜，根据其杂质含量又分为纯铜、无氧铜、磷脱氧铜、银铜四组。加工纯铜代号有 T1、T2、T3，其中“T”是“铜”字汉语拼音字首，数字表示顺序号，数字越大则纯度越低；无氧铜中含氧量极低，不大于 0.003%，代号有 TU0、TU1、TU2，其中“U”是英文“无氧”Unoxygen 的第一个字母，数字表示顺序号，数字越大则纯度越低；磷脱氧铜中磷含量较高（w_P = 0.004%~0.04%），其他杂质含量很低，代号有 TP1、TP2，P 为磷的化学符号，数字表示顺序号，数字越大，磷含量越高；银铜中含少量银（w_{Ag} = 0.06%~0.12%），导电性好，其代号为 TAg0.1。

加工纯铜由于强度、硬度低，不能作受力的结构材料，主要压力加工成板、带、箔、管、棒、线、型七种形状，用作导电材料、导热及耐蚀器件和仪表零件；无氧铜主要压力加工成板、带、箔、管、棒、线六种形状，用于制作电真空器件及高导电性铜线，这种导线能抵抗氢的作用，不发生氢脆现象；磷脱氧铜主要压力加工成板、带、管三种形状，用于制作导热、耐蚀器件及仪表零件；银铜主要压力加工成板、管、线三种形状，用作导电、导热材料和耐蚀器件及仪表零件。

二、铜合金

在纯铜中加入合金元素制成铜合金。常用合金元素为 Zn、Sn、Al、Mg、Mn、Ni、Fe、Be、Ti、Si、As、Cr 等。这些元素通过固溶强化、时效强化及第二相强化等途径，提高合金强度，并仍保持纯铜优良的物理化学性能。因此，在机械工业中广泛使用的是铜合金。

铜合金按生产加工方式可分为压力加工铜合金（简称加工铜合金）和铸造铜合金两大类。

1. 加工铜合金

加工铜合金按化学成分分为加工黄铜、加工青铜和加工白铜三类。

（1）加工黄铜　以锌为主要加入元素的加工铜合金称为加工黄铜。按其含合金元素种类又分为普通黄铜和特殊黄铜两类。普通黄铜牌号为“黄铜”二字前面加数字，该数字是平均铜的质量分数（×100），如“68 黄铜”即表示含 w_{Cu} = 68%的铜锌合金。为便于使用，常以代号替代牌号，普通黄铜代号表示方法为 H（“黄”字汉语拼音字首）+平均铜的质量分数（×100），如 H68；特殊黄铜的代号为 H+主加元素的化学符号（除锌以外）+铜及各合金元素含量（质量分数×100）。如 HPb59-1 表示含 w_{Cu} = 59%，w_{Pb} = 1%的 59-1 铅黄铜。

表 6-6 为常用加工黄铜的代号、成分、产品形状及用途。

表 6-6　常用加工黄铜的代号、成分、产品形状及用途（GB/T 5231—2012）

组别	代号	化学成分 w(%)			产品形状	用途举例
		Cu	Zn	其他		
普通黄铜	H95	94.0~96.0	余量	Pb0.05,Fe0.05	板、带、管、棒、线	冷凝管、散热器管及导电零件
	H90	89.0~91.0	余量	Pb0.05,Fe0.05	板、带、棒、线、管、箔	奖章、双金属片、供水和排气管

（续）

组别	代号	化学成分 w(%)			产品形状	用途举例
		Cu	Zn	其他		
普通黄铜	H85	84.0~86.0	余量	Pb0.05，Fe0.05	管	虹吸管、蛇形管、冷却设备制件及冷凝器管
	H80	78.5~81.5	余量	Pb0.05，Fe0.05	板、带、管、棒、线	造纸网、薄壁管
	H70	68.5~71.5	余量	Pb0.1，Fe0.03	板、带、管、棒、线	弹壳、造纸用管、机械和电气用零件
	H68	67.0~70.0	余量	Pb0.1，Fe0.03	板、带、箔、管、棒、线	复杂的冷冲件和深冲件、散热器外壳、导管
	H65	63~68.5	余量	Pb0.07，Fe0.09	板、带、线、管、箔	小五金、小弹簧及机械零件
	H62	60.5~63.5	余量	Pb0.15，Fe0.08	板、带、管、箔、棒、线、型	销钉、铆钉、螺母、垫圈、导管、散热器
	H59	57.0~60.0	余量	Pb0.3，Fe0.5	板、带、线、管	机械、电器用零件、焊接件、热冲压件
镍黄铜	HNi65-5	64.0~67.0	余量	Ni5.0~6.5 Fe0.15	板、棒	压力计和船舶用冷凝器
铁黄铜	HFe59-1-1	57.0~60.0	余量	Pb0.03，Fe0.6~1.2 Mn0.5~0.8，Pb0.2 Sn0.3~0.7 Al0.1~0.5	板、棒、管	在摩擦及海水腐蚀下工作的零件，如垫圈、衬套等
铅黄铜	HPb63-3	62.0~65.0	余量	Pb2.4~3.0， Fe0.1	板、带、棒、线	钟表、汽车、拖拉机及一般机器零件
	HPb63-0.1	61.5~63.5	余量	Pb0.05~0.3， Fe0.15	管、棒	钟表、汽车、拖拉机及一般机器零件
	HPb62-0.8	60.0~63.0	余量	Pb0.5~1.2， Fe0.2	线	钟表零件
	HPb61-1	58.0~62.0	余量	Pb0.6~1.2，Fe0.15	板、带、棒、线	结构零件
	HPb59-1	57.0~60.0	余量	Pb0.8~1.9，Ni1.0， Fe0.5	板、带、管、棒、线	热冲压及切削加工零件，如销子、螺钉、垫圈等
铝黄铜	HAl67-2.5	66.0~68.0	余量	Al2.0~3.0， Fe0.6，Pb0.5	板、棒	海船冷凝器及其他耐蚀零件
	HAl60-1-1	58.0~61.0	余量	Al0.7~1.5， Fe0.7~1.5，Pb0.4， Mn0.1~0.6	板、棒	齿轮、蜗轮、衬套、轴及其他耐蚀零件
	HAl59-3-2	57.0~60.0	余量	Al2.5~3.5，Ni2.0~3.0，Fe0.5，Pb0.1	板、管、棒	船舶、电机等常温下工作的高强度耐蚀零件
锰黄铜	HMn58-2	57.0~60.0	余量	Mn1.0~2.0， Fe1.0，Pb0.1	板、带、棒、线	船舶和弱电用零件

（续）

组别	代号	化学成分 w(%)			产品形状	用途举例
		Cu	Zn	其他		
锡黄铜	HSn90-1	88.0~91.0	余量	Sn0.25~0.75，Fe0.1 Pb0.03	板、带	汽车、拖拉机弹性垫片
	HSn62-1	61.0~63.0	余量	Sn0.7~1.1，Fe0.1，Pb0.1	板、带、棒、线、管	船舶、热电厂中高温耐蚀冷凝器管
	HSn60-1	59.0~61.0	余量	Sn1.0~1.5，Fe0.1，Pb0.3	线、管	与海水和汽油接触的船舶零件
加砷黄铜	HAS85-0.05A	84.0~86.0	余量	As0.02~0.08，Fe0.1，Pb0.03	管	虹吸管、蛇形管、冷凝器管
	HAS70-0.05	68.5~71.0	余量	As0.02~0.08 Fe0.05 Pb0.05	管	弹壳、造纸用管
	HAS68-0.04	67.0~70.0	余量	As0.03~0.06，Fe0.1，Pb0.03	管	散热器导管
硅黄铜	HSi80-3	79.0~81.0	余量	Si2.5~4.0，Fe0.6，Pb0.1	棒	耐磨锡青铜的代用品

1）**普通黄铜**。**Cu-Zn二元合金为普通黄铜**，其相图如图6-7所示。由图可见，Zn溶入Cu中形成α固溶体，室温下最大溶解度达39%。超过此含量则有β′相形成，β′相是以电子化合物CuZn为基的有序固溶体。普通黄铜按其平衡组织有两种类型：当w_{Zn}<39%时，室温下平衡组织为单相α固溶体，称为**α黄铜**（又称单相黄铜）；当w_{Zn}=39%~45%时，室温下平衡组织为α+β′，称**α+β′黄铜**（又称两相黄铜）。图6-8为普通黄铜的显微组织。

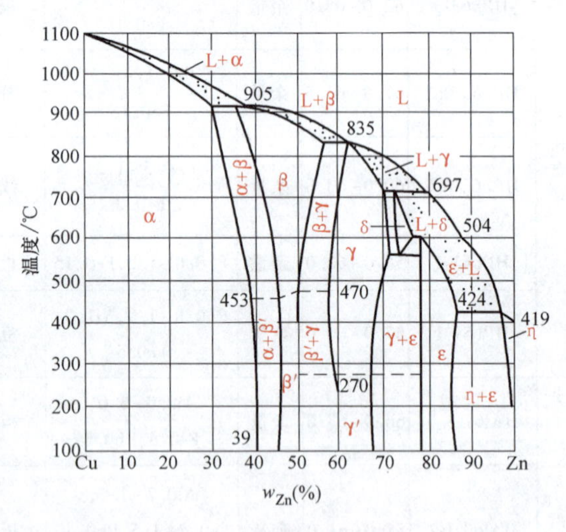

图6-7　Cu-Zn合金相图

普通黄铜的力学性能与含Zn量有很大关系，如图6-9所示。当w_{Zn}<30%~32%时，随着含Zn量增加，由于固溶强化作用使黄铜的强度提高，塑性也有改善。当w_{Zn}>32%后，在实际生产条件下，组织中已出现β′硬脆相，塑性开始下降，而一定数量的β′相能起强化作用，使强度继续升高。但当w_{Zn}>45%后，组织中已全部为脆性的β′相，使黄铜的强度和塑性急剧下降，无实用价值。

单相黄铜塑性好、强度较低，退火后通过冷塑性加工制成冷轧板材、冷拔线材、管材及深冲压零件。常用代号有H80、H70、H68，尤其是H68、H70大量用作枪、炮弹壳，故有

“弹壳黄铜”之称，在精密仪器上也有广泛应用。

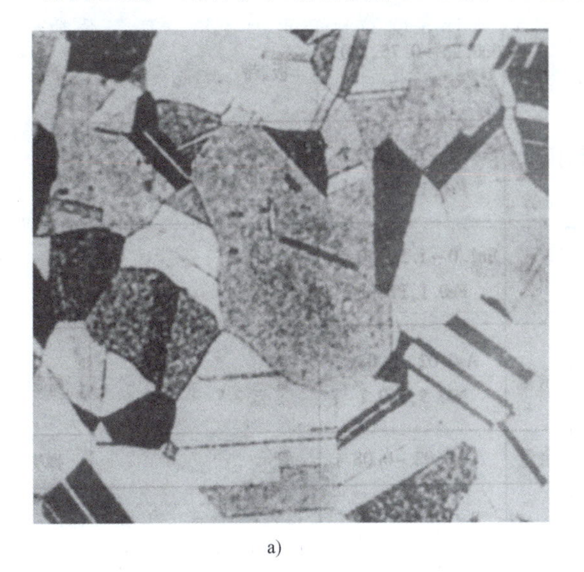

a)

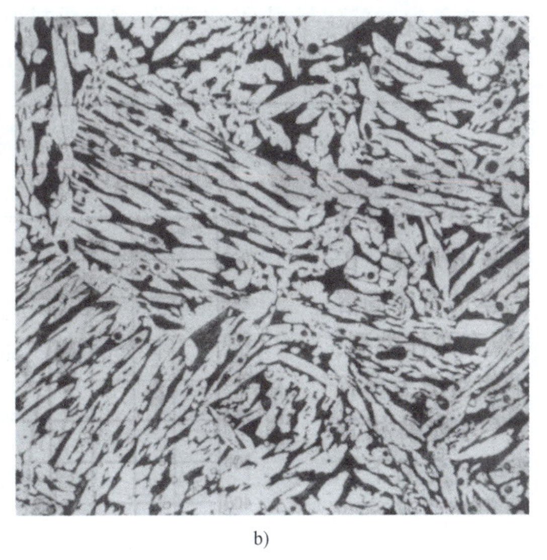

b)

图 6-8　普通黄铜的显微组织

a）退火 α 黄铜（H68）×150　b）铸态 α+β′黄铜（H62）×160

两相黄铜由于组织中有硬脆 β′相，只能承受微量冷变形。而在高于 453~470℃时，发生 β′→β 的转变，β 相为以 CuZn 化合物为基的无序固溶体，热塑性好适宜热加工。所以这类黄铜一般经热轧制成棒材、板材。常用代号有 H62、H59，主要用于水管、油管、散热器等。

普通黄铜的耐蚀性好，与纯铜相近似。但 w_{Zn}>7%（尤其是>20%后），经冷加工后的黄铜，由于存在残留应力，并在海水、湿气、氨的作用下，容易产生应力腐蚀开裂现象（又称季裂）。为防止季裂，冷加工后的黄铜零件（如弹壳），必须进行去应力退火（250~300℃保温 1h）。

2）特殊黄铜。在普通黄铜的基础上，加入 Al、Fe、Si、Mn、Pb、Sn、As、Ni 等元素形成特殊黄铜。根据所加入元素种类，相应地称为锡黄铜、铅黄铜、铝黄铜、硅黄铜等。合金元素的加入都可相应地提高强度；加入 Al、Mn、Si、Ni、Sn 可提高黄铜的耐蚀性；加入 As 可以减少或防止黄铜脱锌；而加入 Pb 则可改善切削加工性。

工业上常用特殊黄铜代号有 HPb63-3、HA160-1-1、HSn62-1、HFe59-1-1，主要用于制造船舶上零件，如冷凝管、蜗杆、齿轮、钟表零件等。

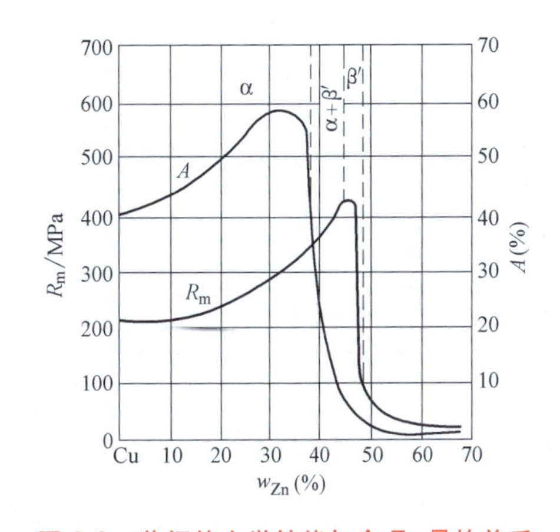

图 6-9　黄铜的力学性能与含 Zn 量的关系

黄铜的热处理除去应力退火之外，还有再结晶退火（加热温度 500~700℃），目的是消除黄铜的加工硬化，恢复塑性。

（2）加工青铜　除黄铜、白铜之外的其他铜合金统称为青铜。根据主要加入元素如 Sn、Al、Si、Be、Mn、Zr、Cr、Cd 等，分别称为锡青铜、铝青铜、硅青铜、铍青铜、锰青铜、

锆青铜、铬青铜、镉青铜等。

加工青铜的代号用 Q（“青”字汉语拼音字首）+主加元素符号及平均含量（质量分数×100）+其他元素的平均含量（质量分数×100），例如 QAl5 表示含 $w_{Al}=5\%$的铝青铜；QSn4-3 表示含 $w_{Sn}=4\%$、$w_{Zn}=3\%$的锡青铜。

常用加工青铜的代号、成分、产品形状及用途列于表 6-7。

表 6-7　常用加工青铜的代号、成分、产品形状及用途（GB/T 5231—2012）

组别	代号	化学成分 w(%) 主加元素	化学成分 w(%) 其他	产品形状	用途举例
锡青铜	QSn4-3	Sn 3.5~4.5	Zn 2.7~3.3；P 0.03；Cu 余量	板、带、箔、棒、线	弹性元件,化工机械耐磨零件和抗磁零件
锡青铜	QSn-4-4-2.5	Sn 3.0~5.0	Zn 3.0~5.0；Pb 1.5~3.5；Al 0.002；Cu 余量	板、带	航空、汽车、拖拉机用承受摩擦的零件,如轴套等
锡青铜	QSn-4-4-4	Sn 3.0~5.0	Zn 3.0~5.0；Pb 3.5~4.5；Al 0.002；Cu 余量	板、带	航空、汽车、拖拉机用承受摩擦的零件,如轴套等
锡青铜	QSn6.5-0.1	Sn 6.0~7.0	P 0.1~0.25；Al 0.002；Zn 0.3；Cu 余量	板、带、箔、棒、线、管	弹簧接触片,精密仪器中的耐磨零件和抗磁元件
锡青铜	QSn6.5-0.4	Sn 6.0~7.0	P 0.26~0.4；Al 0.002；Zn 0.3；Cu 余量	板、带、箔、棒、线、管	金属网,弹簧及耐磨零件
铝青铜	QAl5	Al 4.0~6.0	Mn 0.5；Zn 0.5；P 0.01；Fe 0.5；Cu 余量	板、带	弹簧
铝青铜	QAl7	Al 6.0~8.5	Ni 0.5；Fe 0.5；Cu 余量	板、带	弹簧
铝青铜	QAl9-2	Al 8.0~10.0	Mn 1.5~2.5；Zn 1.0；P 0.01；Fe 0.5；Cu 余量	板、带、箔、棒、线	海轮上的零件,在250℃以下工作的管配件和零件
铝青铜	QAl9-4	Al 8.0~10.0	Fe 2.0~4.0；Al 0.002；Mn 0.5；P 0.01；Cu 余量	管、棒	船舶零件及电气零件
铝青铜	QAl10-3-1.5	Al 8.5~10.0	Fe 2.0~4.0；Mn 1.0~2.0；Zn 0.5；P 0.01；Cu 余量	管、棒	船舶用高强度耐蚀零件,如齿轮、轴承等
铝青铜	QAl10-4-4	Al 9.5~11.0	Fe 3.5~5.5；P 0.01；Mn 0.3；Zn 0.5；Cu 余量	管、棒	高强度耐磨零件和400℃以下工作的零件,如齿轮、阀座等
铝青铜	QAl11-6-6	Al 10.0~11.5	Fe 3.5~6.5；P 0.01；Mn 0.5；Zn 0.6；Cu 余量	棒	高强度耐磨零件和500℃以下工作的零件
硅青铜	QSi3-1	Si 2.70~3.5	Mn 1.0~1.5；Zn 0.5；Cu 余量	板、带、箔、棒、线、管	弹簧、耐蚀零件以及蜗轮、蜗杆、齿轮、制动杆等
硅青铜	QSi1-3	Si 0.6~1.1	Ni 2.4~3.4；Mn 0.1~0.4；Cu 余量	棒	发动机和机械制造中结构零件,300℃以下的摩擦零件

1）锡青铜。以 Sn 为主要加入元素的铜合金称为锡青铜。Cu-Sn 二元合金相图如图 6-10 所示。由图可知，Sn 溶入 Cu 中形成 α 固溶体，其最大溶解度为 15.8%，由于锡青铜在铸造条件下难以达到平衡状态，当 $w_{Sn}>6\%$时，其铸态组织中就会出现 δ 相（如相图中虚线所

示），此时室温组织为 α+(α+δ) 共析体。而 δ 相是以 $Cu_{31}Sn_8$ 电子化合物为基的固溶体，呈复杂立方结构，性硬而脆。

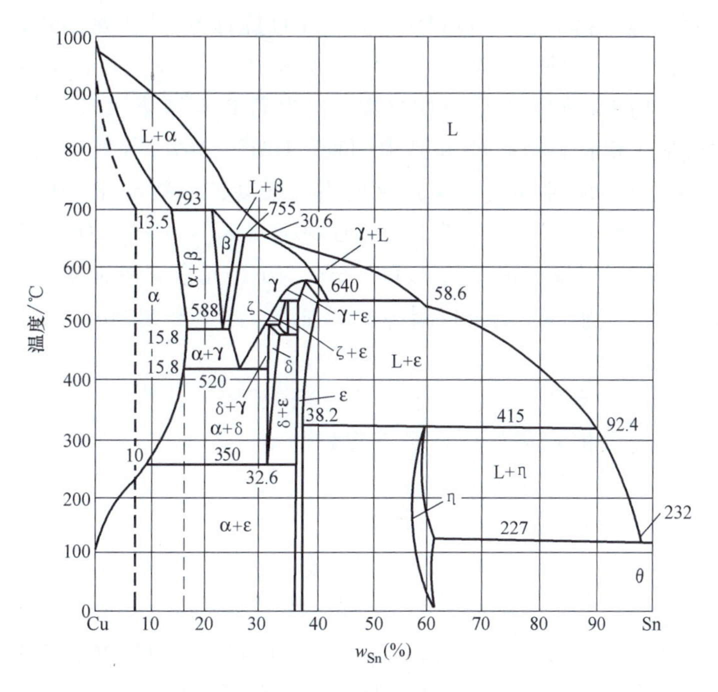

图 6-10　Cu-Sn 相图

含 Sn 量对锡青铜的力学性能影响很大，如图 6-11 所示。当 w_{Sn}<6%时，室温组织为单相 α 固溶体，由于 Sn 的溶入产生固溶强化，使锡青铜的强度随含锡量增加而升高，塑性略有改善。当 w_{Sn}>6%时，由于组织中出现硬脆的 δ 相，使塑性急剧下降，但强度还继续升高。当 w_{Sn}>20%时，由于 δ 相大量增加，使合金变脆，以致强度急剧下降。因此，工业锡青铜的含锡量一般在 w_{Sn} = 3%～14%之间。

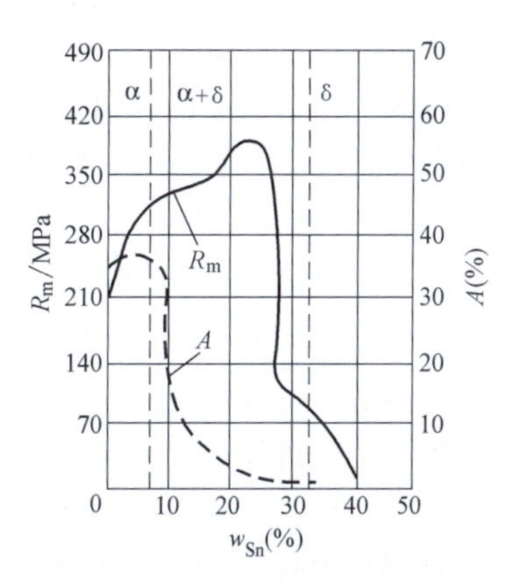

图 6-11　含 Sn 量对锡青铜力学性能的影响

w_{Sn}<5%的锡青铜适宜冷变形加工；w_{Sn} = 5%～7%的锡青铜宜于热加工；w_{Sn} = 10%～14%之间的锡青铜只适宜铸造生产，将在铸造铜合金中介绍。锡青铜具有较好的减摩性、抗磁性和低温韧性。在海水、蒸汽、淡水中的耐蚀性超过纯铜和黄铜，但在酸和氨水中的耐蚀性较差。

为进一步改善锡青铜的性能，在锡青铜中加入 Zn、Pb、P 等元素。其中 Zn 可增加流动性改善铸造性能；Pb 可以提高减磨性和切削加工性；P 可以提高弹性极限、疲劳强度和耐磨性。

工业上常用加工锡青铜有 QSn4-3、QSn6. 5-0. 4 等，主要用于制造弹性元件、轴承等耐磨零件、抗磁及耐蚀零件。

2）铝青铜。以 Al 为主要加入元素的铜合金，含铝量一般为 w_{Al} = 5%～10%。铝青铜的强度、硬度、耐磨性、耐热性、耐蚀性都高于黄铜和锡青铜，但其焊接性能较差。含铝量对铝青铜的力学性能有重要影响。随着含Al量的增加，合金的强度、塑性均有升高，但当w_{Al}>7%~8%后，塑性急剧下降，当w_{Al}>11%时，由于硬脆性γ_2相大量出现，而使其强度也急剧下降。所以铝青铜的含铝量一般是w_{Al}<11%。铝青铜还可以通过淬火得到β′马氏体，若β′相数量适当，分布均匀，则合金强度明显提高，但若β′相数量太多，则合金的脆性增大。

工业上所用的加工铝青铜有低铝和高铝两种。QAl5、QAl7等属于低铝青铜，退火后为单相α固溶体，塑性好、耐蚀性高，又具有适当的强度，一般在压力加工状态下使用，主要用于制造要求高耐蚀性的弹簧及弹性元件。QAl9-4（w_{Fe}=4%）、QAl10-3-1.5（w_{Fe}=3%、w_{Mn}=1.5%）等属于高铝青铜，由于加入Fe、Mn、Ni等元素，故强度、耐磨性、耐蚀性显著提高，主要用于制造船舶、飞机及仪器中的高强度、耐磨和耐蚀零件，如齿轮、轴承、轴套、蜗轮、阀座等。

(3) 加工白铜　白铜是以Ni为主要加入元素的铜合金。Ni与Cu在固态下无限互溶，所以各类铜镍合金均为单相α固溶体。具有很好的冷、热加工性能和耐蚀性。可通过固溶强化和加工硬化提高强度。实验表明，随含Ni量增加，白铜的强度、硬度、电阻率、热电势、耐蚀性显著提高，而电阻温度系数明显降低。

工业上应用的白铜分普通白铜和特殊白铜两类。普通白铜是Cu-Ni二元合金，常用的代号有B5、B9（“B”为“白”字汉语拼音字首、数字为镍的质量分数×100）等。特殊白铜是在Cu-Ni合金基础上，加入Zn、Mn、Al等元素，以提高强度、耐蚀性和电阻率。它们又分别称为锌白铜、锰白铜、铝白铜等。常用的代号有BZn15-20（w_{Ni}=15%、w_{Zn}=20%）、BMn40-1.5（w_{Ni}=40%、w_{Mn}=1.5%）。

按应用特点白铜又分为结构（耐蚀）用白铜和电工用白铜。结构用白铜包括普通白铜和铁白铜、锌白铜和铝白铜。其广泛用于制造精密机械、仪表中零件和冷凝器、蒸馏器及热交换器等。其中锌白铜BZn15-20应用最广。电工用白铜是含Mn量不同的锰白铜（又名康铜）。它们一般具有高的电阻率、热电势和低的电阻温度系数，有足够的耐热性和耐蚀性，用以制造热电偶（低于500~600℃）补偿导线和工作温度低于500℃的变阻器和加热器。常用的代号为BMn40-1.5、BMn43-0.5等。

2. 铸造铜合金

用于制造铸件的铜合金为铸造铜合金。铸造铜合金包括铸造黄铜和铸造青铜，其牌号表示方法是：Z（“铸”字汉语拼音字首）+铜元素化学符号+主加元素的化学符号及平均含量（质量分数×100）+其他合金元素化学符号及平均含量（质量分数×100）。例如ZCuZn38表示含w_{Zn}=38%、余量为铜的铸造黄铜即38黄铜；ZCuZn40Mn2表示含w_{Zn}=40%、w_{Mn}=2%、余量为铜的铸造锰黄铜即40-2锰黄铜；ZCuSn5Zn5Pb5表示w_{Sn}=5%、w_{Zn}=5%、w_{Pb}=5%、余量为铜的铸造锡青铜即5-5-5锡青铜。

(1) 铸造黄铜　和加工黄铜一样，铸造黄铜中除含有主要加入元素Zn以外，还常加入Al、Mn、Pb、Si等元素，相应地称为铝黄铜、锰黄铜、铅黄铜、硅黄铜，这些合金元素都可以提高铸造黄铜的强度和耐蚀性，同时Pb还可以改善切削加工性，Si还可以改善铸造性能。

铸造黄铜具有良好的铸造性能和切削加工性能并可以焊接。其铸造性能特点是结晶温度范围较窄，分散缩孔少，铸件致密性好；熔液流动性好，偏析倾向小。此外，铸造黄铜具有

较高的力学性能，在空气、淡水、海水中有好的耐蚀性。常用的牌号有ZCuZn25Al6Fe3Mn3、ZCuZn38Mn2Pb2、ZCuZn40Mn3Fe1、ZCuZn33Pb2、ZCuZn16Si4，主要用于制造机械、船舶、仪表上的耐磨、耐蚀零件，如蜗轮、螺母、滑块、衬套、螺旋桨、泵、阀体、管接头　轴瓦等。

(2) 铸造青铜　和加工青铜一样，铸造青铜根据主要加入元素如 Sn、Pb、Al 等，分别称为锡青铜、铅青铜、铝青铜等。

1) 锡青铜。铸造锡青铜具有良好的铸造性能和切削加工性能。其铸造性能特点是结晶温度范围较宽，凝固时体积收缩率小，有利于获得形状精确与复杂结构的铸件。但其熔液流动性差，偏析倾向大，易产生分散缩孔而使铸件的致密性较低。此外，铸造锡青铜具有较好的减摩性、耐磨性和耐蚀性，在海水、蒸汽、淡水中的耐蚀性超过铸造黄铜。常用铸造锡青铜有 ZCuSn3Zn8Pb6Ni1、ZCuSn5Pb5Zn5、ZCuSn10P1、ZCuSn10Zn2，主要用于制造耐磨、耐蚀零件，如轴瓦、衬套、蜗轮、齿轮、阀门、管配件等。

2) 铅青铜。铸造铅青铜具有良好的自润滑性能、较高的耐磨和耐蚀性能，在稀硫酸中耐蚀性好。此外，铅青铜还具有优良的切削加工性，但铸造性能较差。常用铸造铅青铜有ZCuPb10Sn10 和 ZCuPb15Sn8，主要用于制造滑动轴承、双金属轴瓦等。

3) 铝青铜。铸造铝青铜具有良好的铸造性能、高的强度和硬度、良好的耐磨性，在大气、淡水、海水中有良好的耐蚀性。另外，铝青铜可以焊接，但不易钎焊。铸造铝青铜常用牌号有 ZCuAl8Mn13Fe3、ZCuAl8Mn13Fe3Ni2，主要用于制造要求强度高、耐磨、耐腐蚀的重要铸件，如船舶螺旋桨、高压阀体、泵体、蜗轮、齿轮、法兰、衬套等。

常用铸造铜合金的牌号、化学成分、力学性能及用途见表 6-8。

表 6-8　常用铸造铜合金的牌号、化学成分、力学性能及用途（GB/T 1176—2013）

牌号（名称）	化学成分 w(%)		铸造方法	力学性能，不低于			用途举例
	主加元素	其他		R_m /MPa	A (%)	HBW	
ZCuSn3Zn8Pb6Ni1（3-8-6-1 锡青铜）	Sn 2.0~4.0	Zn6.0~9.0，Pb4.0~7.0，Ni0.5~1.5，Cu 余量	S J	175 215	8 10	60 70	在各种液体燃料、海水、淡水和蒸汽（≤225℃）中工作的零件，压力不大于2.5MPa的阀门和管配件
ZCuSn3Zn11Pb4（3-11-4 锡青铜）	Sn 2.0~4.0	Zn9.0~13.0，Pb3.0~6.0，Cu 余量	S J	175 215	8 10	60 60	海水、淡水、蒸汽中，压力不大于2.5MPa的管配件
ZCuSn5Pb5Zn5（5-5-5 锡青铜）	Sn 4.0~6.0	Zn4.0~6.0，Pb4.0~6.0，Cu 余量	S J	200 200	13 13	60① 65①	在较高负荷，中等滑动速度下工作的耐磨、耐腐蚀零件，如轴瓦、衬套、缸套、活塞离合器、泵件压盖以及蜗轮等
ZCuSn10P1（10-1 锡青铜）	Sn 9.0~11.5	P0.5~1.0，Cu 余量	S J	220 310	3 2	90① 90①	用于高负荷（20MPa 以下）和高滑动速度（8m/s）下工作的耐磨零件，如连杆、衬套、轴瓦、齿轮、蜗轮等

（续）

牌号（名称）	化学成分 w(%) 主加元素	其他	铸造方法	力学性能，不低于 R_m/MPa	A(%)	HBW	用途举例
ZCuSn10Pb5（10-5锡青铜）	Sn 9.0~11.0	Pb4.0~6.0，Cu余量	S J	195 245	10 10	70 70	结构材料。耐蚀、耐酸的配件以及破碎机衬套、轴瓦
ZCuSn10Zn2（10-2锡青铜）	Sn 9.0~11.0	Zn1.0~3.0，Cu余量	S J	240 245	12 6	70① 80①	在中等及较高负荷和小滑动速度下工作的重要管配件，以及阀、旋塞、泵体、齿轮、叶轮和蜗轮等
ZCuPb10Sn10（10-10铅青铜）	Pb 8.0~11.0	Sn9.0~11.0，Cu余量	S J	180 220	7 5	65① 70①	表面压力高，又存在侧压的滑动轴承，如轧辊、车辆用轴承、负荷峰值60MPa的受冲击的零件及内燃机的双金属轴瓦等
ZCuPb15Sn8（15-8铅青铜）	Pb 13.0~17.0	Sn7.0~9.0，Cu余量	S J	170 200	5 6	60① 65①	表面压力高，又有侧压的轴承，冷轧机的铜冷却管、耐冲击负荷达50MPa的零件，内燃机双金属轴瓦、活塞销套等
ZCuPb17Sn4Zn4（17-4-4铅青铜）	Pb 14.0~20.0	Sn3.5~5.0，Zn2.0~6.0，Cu余量	S J	150 175	5 7	55 60	一般耐磨件，高滑动速度的轴承
ZCuPb20Sn5（20-5铅青铜）	Pb 18.0~23.0	Sn4.0~6.0，Cu余量	S J	150 150	5 6	45① 55①	高滑动速度的轴承，抗腐蚀零件，负荷达70MPa的活塞销套等
ZCuPb30（30铅青铜）	Pb 27.0~33.0	Cu余量	J	—	—	25	高滑动速度的双金属轴瓦、减摩零件等
ZCuAl8Mn13Fe3（8-13-3铝青铜）	Al 7.0~9.0	Fe2.0~4.0，Mn12.0~14.5，Cu余量	S J	600 650	15 10	160 170	重型机械用轴套以及只要求强度高、耐磨、耐压零件，如衬套、法兰、阀体、泵体等
ZCuAl8Mn13Fe3Ni2（8-13-3-2铝青铜）	Al 7.0~8.5	Ni1.8~2.5，Fe2.5~4.0，Mn11.5~14.0，Cu余量	S J	645 670	20 18	160 170	要求强度高、耐蚀的重要铸件，如船舶螺旋桨，高压阀体，以及耐压、耐磨零件，如蜗轮、齿轮等
ZCuAl9Mn2（9-2铝青铜）	Al 8.0~10.0	Mn1.5~2.5，Cu余量	S J	390 440	20 20	85 95	管路配件和要求不高的耐磨件

牌号（名称）	化学成分 w(%) Cu	其他	铸造方法	力学性能（不低于） R_m/MPa	A(%)	HBW②	应用举例
ZCuZn38（38黄铜）	60.0~63.0	Zn余量	S J	295 295	30 30	60 70	一般结构件和耐蚀零件，如法兰、阀座、支架、手柄和螺母等
ZCuZn25Al6Fe3Mn3（25-6-3-3铝黄铜）	60.0~66.0	Al4.5~7.0，Fe2.0~4.0，Mn1.5~4.0，Zn余量	S J	725 740	10 7	160① 170①	高强、耐磨零件，如桥梁支承板、螺母、螺杆、耐磨板、滑块和涡轮等

（续）

牌　号（名称）	化学成分 w（%）		铸造方法	力学性能（不低于）			应　用　举　例
	Cu	其他		R_m /MPa	A（%）	HBW	
ZCuZn26Al4Fe3Mn3（26-4-3-3 铝黄铜）	60.0～66.0	Al2.5～5.0，Fe1.5～4.0，Mn1.5～4.0，Zn余量	S J	600 600	18 18	120① 130①	要求强度高、耐蚀的零件
ZCuZn31Al2（31-2 铝黄铜）	66.0～68.0	Al2.0～3.0，Zn余量	S J	295 390	12 15	80 90	适用于压力铸造，如电机、仪表等压铸件，以及造船和机械制造业的耐蚀零件
ZCuZn38Mn2Pb2（38-2-2 锰黄铜）	57.0～65.0	Pb1.5～2.5，Mn1.5～2.5，Zn余量	S J	245 345	10 18	70 80	一般用途的结构件，船舶、仪表等外型简单的铸件如套筒、衬套、轴瓦、滑块等
ZCuZn40Mn2（40-2 锰黄铜）	57.0～60.0	Mn1.0～2.0，Zn余量	S J	345 390	20 25	80 90	在空气、淡水、海水、蒸汽（<300℃）和各种液体燃料中工作的零件和阀体、阀杆、泵、管接头等
ZCuZn40Mn3Fe1（40-3-1 锰黄铜）	53.0～58.0	Mn3.0～4.0，Fe0.5～1.5，Zn余量	S J	440 490	18 15	100 110	耐海水腐蚀的零件，以及300℃以下工作的管配件，制造船舶螺旋桨等大型铸件
ZCuZn33Pb2（33-2 铅黄铜）	63.0～67.0	Pb1.0～3.0 Zn余量	S	180	12	50①	煤气和给水设备的壳体，机器制造业、电子技术、精密仪器和光学仪器的部分构件和配件
ZCuZn40Pb2（40-2 铅黄铜）	58.0～63.0	Pb0.5～2.5 Al0.2～0.8 Zn余量	S J	220 280	15 20	80① 95①	一般用途的耐磨、耐蚀零件，如轴套、齿轮等
ZCuZn16Si4（16-4 硅黄铜）	79.0～81.0	Si2.5～4.5，Zn余量	S J	345 390	15 20	90 100	接触海水工作的管配件，以及水泵、叶轮、旋塞和在空气、淡水中工作的零部件

① 该数据为参考值。

第四节　钛及钛合金

一、工业纯钛

纯钛是灰白色金属，密度小（4.507g/cm³），熔点高（1688℃），在882.5℃发生同素异构转变 α-Ti⇌β-Ti，882.5℃以上的 β-Ti 为体心立方结构，882.5℃以下的 α-Ti 为密排六方结构。

纯钛的塑性好、强度低，易于冷加工成形，其退火状态的力学性能与纯铁相接近。但钛的比强度高，低温韧性好，在-253℃（液氮温度）下仍具有较好的综合力学性能。钛的耐蚀性好，其抗氧化能力优于大多数奥氏体不锈钢。但钛的热强性不如铁基合金。

钛的性能受杂质的影响很大，少量的杂质就会使钛的强度激增，塑性显著下降。工业纯钛中常存杂质有 N、H、O、Fe、Mg 等。根据杂质含量，工业纯钛有三个等级牌号 TA1、TA2、TA3，“T”为“钛”字汉语拼音字首，其后顺序数字越大，表示纯度越低。

钛具有良好的加工工艺性，锻压后经退火处理的钛可碾压成 0.2mm 的薄板或冷拔成极细的丝。钛的切削加工性与不锈钢相似，焊接须在氩气中进行，焊后退火。

工业纯钛常用于制作 350℃以下工作、强度要求不高的零件及冲压件，如石油化工用热交换器、海水净化装置及船舰零部件。

二、钛合金

1. 钛合金类型及编号

纯钛的强度很低，为提高其强度，常在钛中加入合金元素制成钛合金。不同合金元素对钛的强化作用、同素异构转变温度及相稳定性的影响都不同。有些元素在 α-Ti 中固溶度较大，形成 α 固溶体，并使钛的同素异构转变温度升高，这类元素称为 α 稳定元素，如 Al、C、N、O、B 等；有些元素在 β-Ti 中固溶度较大，形成 β 固溶体，并使钛的同素异构转变温度降低，这类元素称 β 稳定元素，如 Fe、Mo、Mg、Cr、Mn、V 等；还有一些元素在 α-Ti 和 β-Ti 中固溶度都很大，对钛的同素异构转变温度影响不大，这类元素称为中性元素，如 Sn、Zr 等。所有钛合金中均含有铝，就像钢中必须含碳一样。Al 增加合金强度，由于 Al 比 Ti 还轻，加入 Al 后提高钛合金的比强度。Al 还能显著提高钛合金的再结晶温度，加入 w_{Al} = 5%的钛合金，其再结晶温度由 600℃升至 800℃，提高了合金的热稳定性。但当 w_{Al}>8%时，组织中出现硬脆化合物 Ti_3Al，使合金变脆。当前钛的合金化是朝着多元化方向发展。

根据退火或淬火状态的组织，将钛合金分为三类：α 型钛合金（用 TA 表示）、β 型钛合金（用 TB 表示）、(α+β)型钛合金（用 TC 表示），其合金牌号是在 TA、TB、TC 后附加顺序号，如 TA4、TB2、TC3 等。常用钛合金的牌号及力学性能如表 6-9 所示。

表 6-9　钛合金的牌号及力学性能（GB/T 3620.1—2007）

合金牌号	名义化学成分 w(%)	材料状态（尺寸/mm）	室温力学性能(不小于)			高温力学性能(不小于)		
			R_m /MPa	$R_{p0.2}$ /MPa	A_5 (%)	试验温度 /℃	R_m /MPa	σ_{100} /MPa
TA1	工业纯钛(0.18O,0.03N,0.08C,0.20Fe)	板材,退火(0.3~2.0)	370~530	250	40	—	—	—
TA2	工业纯钛(0.25O,0.03N,0.08C,0.30Fe)	板材,退火(0.3~2.0)	440~620	320	30~35	—	—	—
TA3	工业纯钛(0.35O,0.05N,0.08C,0.30Fe)	板材,退火(0.3~2.0)	540~720	410	25~30	—	—	—
TA4	Ti-3Al	棒材,退火	685	585	15	—	—	—
TA5	Ti-4Al-0.005B	棒材,退火	685	585	15	—	—	—
TA6	Ti-5Al	棒材,退火	685	585	10	350	420	390
TA7	Ti-5Al-2.5Sn	棒材,退火	785	680	10	350	490	440
TB2	Ti-5Mo-5V-8Cr-3Al	板材(1.0~3.5)固溶+时效	1320	—	8	—	—	—
TB3	Ti-3.5Al-10Mo-8V-1Fe	—	—	—	—	—	—	—
TB4	Ti-4Al-7Mo-10V-2Fe-1Zr	—	—	—	—	—	—	—

（续）

合金牌号	名义化学成分 w(%)	材料状态（尺寸/mm）	室温力学性能(不小于)			高温力学性能(不小于)		
			R_m /MPa	$R_{p0.2}$ /MPa	A_5 (%)	试验温度 /℃	R_m /MPa	σ_{100} /MPa
TC1	Ti-2Al-1.5Mn	棒材,退火	585	460	15	350	345	325
TC4	Ti-6Al-4V	棒材,退火	895	825	10	400	620	570
TC6	Ti-6Al-1.5Cr-2.5Mo	棒材,退火	980	840	10	400	735	665
TC9	Ti-6.5Al-3.5Mo-2.5Sn-0.3Si	棒材,固溶+时效	1060	910	9	500	785	590

注：力学性能摘自 GB/T 3621—2007 和 GB/T 2965—2007。

2. 常用钛合金

（1）α型钛合金　钛中加入Al、B等α稳定元素及中性元素Sn、Zr等，在室温或使用温度下均处于单相α状态，故称α型钛合金。α型钛合金的室温强度低于β型钛合金和（α+β）型钛合金，但高温（500~600℃）强度比后两种钛合金高，并且组织稳定，抗氧化、抗蠕变性能好，焊接性能也很好。除Ti-2.5Cn合金外，这类合金不能进行淬火强化，主要是合金元素的固溶强化，通常在退火状态下使用。

α型钛合金的牌号有：TA4、TA5、TA6、TA7等。其中TA7是常用的α型钛合金，表示成分常写为Ti-5Al-2.5Sn，即 $w_{Al}=5\%$、$w_{Sn}=2.5\%$，其余为Ti。该合金具有较高的室温强度、高温强度及优越的抗氧化和耐蚀性，还具有优良的低温性能，在-253℃下其力学性能为 $R_m=1575$MPa、$R_{p0.2}=1505$MPa、$A=12\%$，主要用于制造使用温度不超过500℃的零件，如航空发动机压气机叶片和管道，导弹的燃料缸，超音速飞机的涡轮机匣及火箭、飞船的高压低温容器等。而TA4、TA5、TA6主要用作钛合金的焊丝材料。

（2）β型钛合金　钛中加Mo、Cr、V等β稳定元素及少量Al等α稳定元素，经淬火后得到介稳定的单相β组织，故称为β型钛合金。其典型代表是Ti-5Mo-5V-8Cr-3Al合金（TB2）。淬火后合金的强度不高（$R_m=850\sim950$MPa），塑性好（$A=18\%\sim20\%$），具有良好的成形性。通过时效处理，从β相中析出细小的α相粒子，提高合金的强度（480℃时效后，$R_m=1300$MPa，$A=5\%$）。

β型钛合金有TB2、TB3、TB4三个牌号，主要用于使用温度在350℃以下的结构零件和紧固件，如压气机叶片、轴、轮盘、飞机、宇航工业的结构材料。

（3）（α+β）型钛合金　在钛合金中同时加入α稳定元素和β稳定元素，如Al、V、Mn等，其室温组织为α+β，它兼有α型钛合金和β型钛合金的优点，强度高、塑性好、耐热强度高，耐蚀性和耐低温性能好，具有良好的压力加工性能，并可通过淬火和时效强化，使合金的强度大幅度提高。但热稳定性较差，焊接性能不如α型钛合金。

（α+β）型钛合金的牌号有TC1、TC2、TC3…TC10等，其中以TC4用途最广、使用量最大（约占钛总用量的50%以上）。其成分表示为Ti-6Al-4V（意义同前），V固溶强化β相，Al固溶强化α相。因此，TC4在退火状态就具有较高的强度和良好的塑性（$R_m=950$MPa，$A=10\%$），经淬火（930℃加热）和时效处理（540℃、2h）后，其 R_m 可达1274MPa，R_{eL} 为1176MPa，$A>13\%$。并有较高的蠕变抗力、低温韧性和耐蚀性良好。TC4合金适于制造400℃以下和低温下工作的零件，如火箭发动机外壳、火箭和导弹的液氢燃料

箱部件等。α+β、α 钛合金是低温和超低温的重要结构材料。

第五节　轴承合金

在许多机器设备中广泛使用滑动轴承，用以支撑轴作旋转运动。与滚动轴承相比较，滑动轴承具有承压面积大，工作平稳，无噪声及拆装方便等优点。滑动轴承是由轴承体和轴瓦组成。制造轴瓦及其内衬的耐磨合金，称为轴承合金。

一、轴承合金的性能要求与组织

滑动轴承支承轴进行高速旋转工作时，轴承承受轴颈传来的交变载荷和冲击力，轴颈与轴瓦或内衬发生强烈的摩擦，造成轴颈和轴瓦的磨损。为减少轴颈的磨损，并保证轴承的良好的工作状态，要求轴承合金必须具备如下性能：

1）在工作温度下具有足够的力学性能，特别是抗压强度、疲劳强度和冲击韧性。

2）要求摩擦因数小，减摩性好，良好的磨合性和抗咬合能力，蓄油性好，以减少轴颈磨损并防止咬合。

3）具有小的膨胀系数和良好的导热性和耐蚀性，以保证轴承不因温升而软化或熔化，耐润滑油的腐蚀。

轴瓦及内衬要满足上述性能要求，必须配制成软硬不同的多相合金。理想的轴承合金组织有两种类型。一类是在软的基体上均匀分布一定数量和大小的硬质点，如图 6-12 所示。当轴运转时、轴瓦（或内衬）的软基体易于磨损而凹陷，可储存润滑油，形成油膜，而硬质点抗磨则相对凸起以支撑轴颈，使轴颈与轴瓦的接触面积减少，这样既保证良好的润滑条件又减小摩擦因数，减少了磨损。同时软基体有较好的磨合性和承受冲击振动能力，而且有嵌藏性，使偶然进入的硬粒杂物能被压入软基体内，不致擦伤轴颈。另一类组织是在较硬的基体（硬度低于轴颈）上分布着软质点，同样也能构成较理想的摩擦条件。这类组织能承受较高载荷，但磨合性较差。

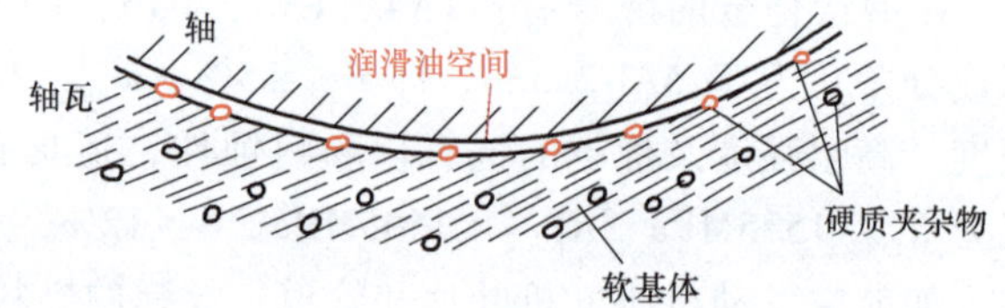

图 6-12　软基体硬质点轴瓦与轴的分界面示意图

二、轴承合金的类型及应用

轴承合金主要是有色金属合金，常用的有锡基和铅基轴承合金（巴氏合金），此外，还有铜基、铝基和铁基等数种轴承合金。铸造轴承合金的牌号表示方法是：Z（“铸”字汉语拼音字首）+基体元素化学符号（Sn、Pb、Cu、Al 等）+主加元素的化学符号及平均含量（质量分数 × 100）+其他合金元素的化学符号及平均含量（质量分数 × 100）。例如 ZSnSb12Pb10Cu4 表示含 $w_{Sb}=12\%$、$w_{Pb}=10\%$、$w_{Cu}=4\%$、余量为 Sn 的铸造锡基轴承合金：ZPbSb16Sn16Cu2 表示含 $w_{Sb}=16\%$、$w_{Sn}=16\%$、$w_{Cu}=2\%$、余量为 Pb 的铸造铅基轴承合金。表 6-10 为铸造轴承合金的牌号、成分、硬度及主要应用举例。

1. 锡基和铅基轴承合金

它们属于低熔点轴承合金，又称巴氏合金。

表 6-10 铸造轴承合金的牌号、成分、硬度和用途（GB/T 1174—1992）

种类	合金牌号	化学成分 w(%)									硬度 HBW ≥	主要应用举例
		Sn	Pb	Cu	Zn	Al	Sb	As	其他	杂质总量 ≤		
锡基	ZSnSb12Pb10Cu4	其余	9.0~11.0	2.5~5.0	—	—	11.0~13.0	0.1	Fe0.1	0.55	29	性硬、耐压，适用于一般发动机的主轴承，但不适用于高温部件
锡基	ZSnSb11Cu6	其余	0.35	5.5~6.5	—	—	10.0~12.0	0.1	Fe0.1	0.55	27	较硬，适用于功率较大的高速汽轮机和涡轮机，透平压缩机，透平泵及高速内燃机等的轴承
锡基	ZSnSb8Cu4	其余	0.35	3.0~4.0	—	—	7.0~8.0	0.1	Fe0.1	0.55	24	韧性与 ZSnSb4Cu4 相同，适用于一般大型机械轴承及轴衬
锡基	ZSnSb4Cu4	其余	0.35	4.0~5.0	—	—	4.0~5.0	0.1	—	0.50	20	耐蚀、耐热、耐磨，适用于涡轮机及内燃机高速轴承及轴衬
铅基	ZPbSb16Sn16Cu2	15.0~17.0	其余	1.5~2.0	0.15	—	15.0~17.0	0.3	Bi0.1 Fe0.1	0.60	30	轻负荷高速轴衬，如汽车、轮船、发动机等
铅基	ZPbSb15Sn5Cu3Cd2	5.0~6.0	其余	2.5~3.0	0.15	—	14.0~16.0	0.6~1.0	Cd1.75~2.25	0.40	32	重负荷柴油机轴衬
铅基	ZPbSb15Sn10	9.0~11.0	其余	0.7	—	—	14.0~16.0	0.6	Bi0.1 Fe0.1	0.45	24	中负荷中速机械轴衬
铅基	ZPbSb15Sn5	4.0~5.5	其余	0.5~1.0	0.15	—	14.0~15.5	0.2	Bi0.1 Fe0.1	0.75	20	汽车和拖拉机发动机轴衬
铅基	ZPbSb10Sn6	5.0~7.0	其余	0.7	—	—	9.0~11.0	0.25	Bi0.1 Fe0.1	0.70	18	重负荷高速机械轴衬
铜基	ZCuSn5Pb5Zn5	4.0~6.0	4.0~6.0	其余	4.0~6.0	—	0.25	—	Ni2.5 Fe0.3	0.70	60	高强度，适用于中速及受较大固定载荷的轴承，如电动机、泵、机床用轴瓦
铜基	ZCuSn10P1	9.0~11.5	0.25	其余	—	—	—	—	P0.5~1.0	0.70	90	
铜基	ZCuPb15Sn8	7.0~9.0	13.0~17.0	其余	2.0	—	0.50	—	Ni2.0 Fe0.25	1.0	65	高耐磨性、高导热性，适用于高速、高温（350℃）、重负荷下工作的轴承，如航空发动机、高速柴油机等的轴瓦
铜基	ZCuPb30	1.0	27.0~33.0	其余	—	—	0.20	—	Mn0.3	1.0	25	
铜基	ZCuAl10Fe3	0.3	0.2	其余	0.4	8.5~11.0	—	Fe2.0~4.0	Ni3.0 Mn1.0	1.0	110	高强度，适用于中速及受较大固定载荷的轴承
铝基	ZAlSn6Cu1Ni1	5.5~7.0	—	0.7~1.3	—	其余	—	Fe0.7 Si0.7	Ni0.7~1.3	1.5	40	耐磨、耐热、耐蚀，适用于高速、重载发动机轴承

（1）锡基轴承合金　它是以 Sn 为主再加入少量的 Sb、Cu 等元素组成的合金，是软基体硬质点组织类型的轴承合金。其显微组织照片如图 6-13 所示。图中暗色基体是 Sb 溶于 Sn 的 α 固溶体（软基体）；白色方块是以 SbSn 化合物为基的固溶体 β′相（硬质点），为防止 β′相产生比重偏析，在合金中加入 Cu，先形成 Cu_3Sn 化合物，即图中白色针状、星状骨架（硬质点）。

图 6-13　ZSnSb11Cu6 轴承合金的显微组织×100

锡基轴承合金的主要特点是耐磨性、导热性、耐蚀性和嵌藏性较好，摩擦因数小。其缺点是工作温度低（<150℃），疲劳强度较低，价格高。这类轴承合金广泛用于重型动力机械，如汽轮机、涡轮压缩机和高速内燃机的滑动轴承。

（2）铅基轴承合金　它是以 Pb 为主再加入少量 Sb、Sn、Cu 等元素的合金，也是软基体硬质点组织类型的轴承合金。其室温组织照片如图 6-14 所示。该软基体为（α+β）共晶体，α 相是 Sb 溶入 Pb 所成的固溶体，β 相是以 SnSb 化合物为基的含 Pb 的固溶体；硬质点是初生的 β 相（白色方块）及化合物 Cu_2Sb（白色针状）。Cu_2Sb 首先结晶析出，可有效地阻止比重偏析㊀。

图 6-14　ZPbSb16Sn16Cu2 轴承合金的显微组织×100

铅基轴承合金的突出优点是成本低，虽然其性能较锡基轴承合金低，但在工业上仍得到广泛应用。通常用于制造低速、低负荷或静载中负荷机器的轴承合金，如汽车、拖拉机的曲轴轴承等。

无论锡基或铅基轴承合金，其熔点和强度都比较低。为了提高承压能力和使用寿命，在生产上常采用离心浇注法，将它们镶铸在低碳钢轴瓦上，形成一层薄（<0.7mm）而均匀的内衬，这样才能充分发挥它们的作用，为“双金属”轴承。

㊀“比重偏析”一词暂保留。

2. 铜基轴承合金

铜基轴承合金有锡青铜和铅青铜等。锡青铜常用的牌号有 ZCuSn10P1 和 ZCuSn5Pb5Zn5 等，其组织是软基体 α 固溶体和硬质点 δ 相（$Cu_{31}Sn_8$）和 Cu_3P 相，而且合金内存在较多的分散缩孔，有利于储存润滑油。这类合金具有高强度，适宜制造中速及受较大固定载荷的轴承，如电动机、泵、机床用轴瓦。

铅青铜常用的牌号是 ZCuPb30，由于 Cu 与 Pb 互不相溶，故其显微组织为 Cu+Pb，Cu 为硬基体，在其上均匀分布颗粒状铅为软质点。这种合金具有高耐磨性、高疲劳强度、高导热性及低摩擦因数，工作温度可达 350℃。适用于高速、高温、重负荷下工作的轴承，如航空发动机、高速柴油机及其他大马力发动机中的轴瓦。由于铜基轴承合金的强度较低，和上述巴氏合金一样，常将其浇注在钢管或钢板上，形成一层薄的内衬材料，以增强支承强度，发挥其耐磨性能。

3. 铝基轴承合金

铝基轴承合金是以 Al 为主并加入 Sn、Sb、Cu、Mg、C（石墨）等元素的合金。其密度小，导热性好，疲劳强度高，价格低廉。广泛用于高速、高载荷下工作的轴承，可代替巴氏合金和铜基轴承合金。目前广泛使用的是铝锑镁轴承合金和高锡铝基轴承合金两种。其中以高锡铝基轴承合金应用最广。

（1）铝锑镁轴承合金　该合金为 $w_{Sb}=3.5\%\sim5\%$、$w_{Mg}=0.3\%\sim0.7\%$ 的铝合金，其显微组织为 Al+β。Al 为软基体，β 相（AlSb 化合物）作硬质点，加入 Mg 可使针状 AlSb 变成片状。从而提高合金的疲劳强度和韧性。该合金常以低碳钢作衬背，将其浇注在钢背上做成双金属轴承，或者使其与低碳钢带复合在一起轧制成双金属钢带，以提高轴瓦的承载能力。

铝锑镁轴承合金有较高的疲劳强度，适宜制造高速、载荷不超过 20MPa 和滑动速度不大于 10m/s 的工作条件下的柴油机轴承。

（2）高锡铝基轴承合金　它是以 Al 为主加入 $w_{Sn}=5\%\sim40\%$ 的铝合金。其中以 ZAl-Sn6Cu1Ni1 合金最为常用。这种合金是以 Al 为硬基体，粒状 Sn 为软质点的组织类型的轴承合金。

该轴承合金具有高疲劳强度，良好的耐磨性、耐热性和耐蚀性，其性能优于铝锑镁合金。它也要以低碳钢为衬背，一起轧制成双金属带。故适于制造高速、重载的发动机轴承。目前已在汽车、拖拉机、内燃机上广泛使用。但铝基轴承合金的膨胀系数较大，抗咬合性不如巴氏合金。

除上述轴承合金外，珠光体灰铸铁也常作为滑动轴承材料。它的显微组织是由硬基体（珠光体）与软质点（石墨）构成，石墨还有润滑作用。铸铁轴承可承受较大压力，价格低廉，但摩擦因数较大，导热性差，故只适宜作低速（$v<2$m/s）的不重要轴承。其他塑料轴承、含油轴承等在相关章节中介绍。

各种轴承合金的性能比较如表 6-11 所列。

表 6-11　各种轴承合金性能比较

种　类	抗咬合性	磨合性	耐蚀性	耐疲劳性	合金硬度 HBW	轴颈处硬度 HBW	最大允许压力/MPa	最高允许温度/℃
锡基巴氏合金	优	优	优	劣	20~30	150	600~1000	150
铅基巴氏合金	优	优	中	劣	15~30	150	600~800	150
锡青铜	中	劣	优	优	50~100	300~400	700~2000	200

（续）

种　类	抗咬合性	磨合性	耐蚀性	耐疲劳性	合金硬度 HBW	轴颈处硬度 HBW	最大允许压力/MPa	最高允许温度/℃
铅青铜	中	差	差	良	40～80	300	2000～3200	220～250
铝基合金	劣	中	优	良	45～50	300	2000～2800	100～150
铸铁	差	劣	优	优	160～180	200～250	300～600	150

第六节　难熔金属及合金

钨、钼、钽、铌、铼等金属的熔点高于2400 ℃，工业上称为难熔金属。难熔金属具有耐高温、耐蚀、抗蠕变和抗高温冲击与疲劳性能，并且有优异的电子发射性能，在航空航天、能源、兵器、电子、电力和核聚变等领域得到越来越广泛的应用，已成为某些尖端技术和装备的关键材料。

一、纯钨、钨合金的性质及其工程应用

1. 纯钨的性质

钨的熔点为3410℃，密度为19.30g/cm^3，属于重金属，元素符号为W。在常温常压下，钨具有稳定的体心立方结构（a=0.31nm），称为α-W；在有氧的条件下，温度低于630℃时，钨又具有立方晶格（a=0.50nm），称为β-W。温度升高到630℃以上时，β-W转变为α-W，但这种转变不可逆。

室温下钨具有高的化学稳定性，能耐各种酸、碱的侵蚀（氢氟酸和硝酸混合酸除外）。通常情况下，钨在空气和氧气的气氛下稳定，温度高于400℃开始发生反应；在氢气和氨气的气氛下钨不发生化学反应。高温下钨可以耐受铝、镁、锌、锂等熔融金属的侵蚀。

室温下钨的弹性模量为396GPa。再结晶态钨的硬度为3600HV，抗拉强度为980～1190MPa。随着温度降低，钨发生韧脆转变，其韧脆转变温度范围为200～500℃，并受晶粒度、杂质、加工方法、材料表面状态和应变速率的影响。

工业使用的板、棒、带、丝等不同规格的钨材料都是采用钨粉末烧结坯经热塑性加工制成。纯钨粉通过氢还原WO_3或蓝钨获得，也可以将仲钨酸铵（APT）直接还原成钨粉。我国钨粉牌号和化学成分见表6-12。FW-1钨粉主要用于制作碳化钨原料、大型坯板、加工用材和钨铼热电偶，FW-2钨粉主要用于制作触头合金和高密度合金原料，FWP-1用于等离子喷镀材料。

表6-12　我国钨粉牌号与化学成分（GB/T 3458—2006）

杂质种类	FW-1	FW-2	FWP-1
	杂质含量（质量分数，%）		
Fe	粒度<10μm：0.005 粒度≥10μm：0.010	0.030	0.030
Al	0.0010	0.0040	0.0050
Si	0.0020	0.0050	0.0100

（续）

杂质种类	FW-1	FW-2	FWP-1
	杂质含量(质量分数,%)		
Mg	0.0010	0.0040	0.0040
Mn	0.0010	0.0020	0.0040
Ni	0.0030	0.0040	0.0050
As	0.0015	0.0020	0.0020
Pb	0.0001	0.0005	0.0007
Bi	0.0001	0.0005	0.0007
Sn	0.0003	0.0005	0.0007
Sb	0.0010	0.0010	0.0010
Cu	0.0007	0.0010	0.0020
Ca	0.0020	0.0040	0.0040
Mo	0.0050	0.0100	0.0100
K+Na	0.0030	0.0030	0.0030
P	0.0010	0.0040	0.0040
C	0.0050	0.0100	0.0100
O	与钨粉粒度有关,可参考钨材料专著		0.20

2. 钨的强化机制

固溶强化是钨合金常用的强化机制，除此之外，钨合金还有弥散强化和掺杂强化（钾泡强化）等。

（1）钨的固溶强化和固溶软化　钼、铌、钽等元素固溶于钨的晶格中产生固溶强化。固溶原子尺寸、弹性性能与钨原子的差异越大，其强化效果越显著。图 6-15 给出了 1650℃下 W-Mo、Wo-Nb、W-Ta 合金的强度随合金元素含量的变化规律性。以高温强度为例，对于 W-Mo 合金，Mo 的加入量超过 2.5%（质量分数，余同）时获得明显的强化作用，当 Mo 的加入量为 15%时，合金具有最好的高温强度和耐蚀性能，Mo 含量进一步增加，其强化效果减弱。对于 W-Nb、W-Ta 合金，微量的 Nb、Ta 含量（质量分数超过 3%）就可以产生明显的强化效果。由此可见，Ta、Nb 的固溶强化效果优于 Mo。较为特殊的是，较低浓度铼的加入会引起钨合金的硬度降低，称其为固溶软化。随着铼浓度的增加，固溶软化程度减弱，如图 6-16 所示。

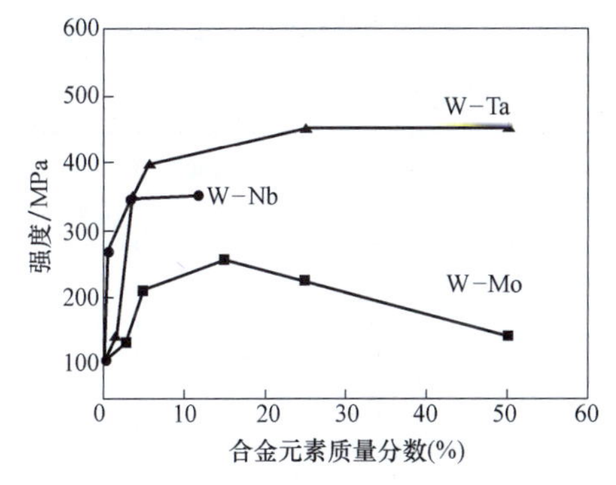

图 6-15　1650℃下钨合金的强度随 Mo、Nb、Ta 含量的变化

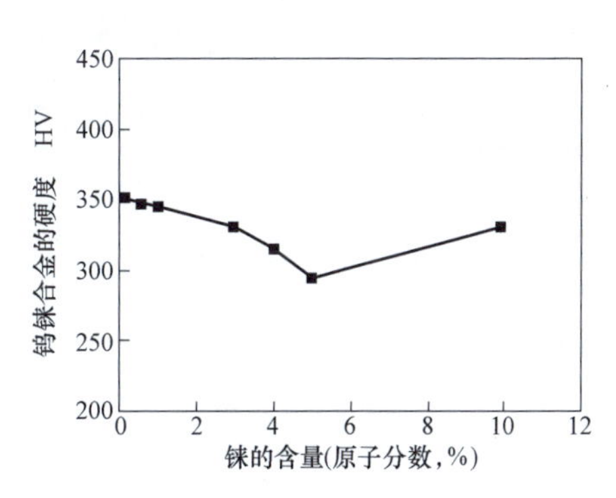

图 6-16　钨铼合金的硬度随铼含量变化的规律

(2) 弥散强化　将一些增强颗粒用粉末冶金的方法加入到钨合金中，使合金中弥散分布一些非共格微小颗粒，产生一定的强化效果。钨合金常用的强化颗粒有氧化物、碳化物、硼化物以及稀土氧化物颗粒，比如 ThO_2、MgO、HfC、TaC、HfC、ZrO_2、Y_2O_3、La_2O_3 等。这些颗粒推迟合金的再结晶和晶粒长大，增加位错运动阻力，从而提高了合金的高温强度和蠕变抗力，降低合金的韧脆转变温度，改善其低温延性。

(3) 掺杂强化（钾泡强化）　为了提高钨丝的抗振性能和抗下垂性能，向钨中掺杂 Al、Si、K 等元素制备成掺杂钨丝。在钨丝制备工艺中，钾元素以钾泡的形式保留下来（钾与钨互不相溶）。钾泡的尺寸为 10~20nm，合金中排列成串的钾泡阻碍晶界移动，并产生钉扎位错而阻碍位错运动，起到强化合金的作用，提高合金的再结晶温度和抗下垂性，这种强化方式称为钾泡强化。

单一强化机制对于提高钨合金的高温强度有限。为了获得优异的高温力学性能，将固溶强化与弥散强化结合的复合强化，可以获得突出的高温稳定性。近年来复合强化备受研究人员重视。

3. 掺杂钨与钨合金的工程应用

钨材料的工业应用比较广泛，常用的钨材料有掺杂钨丝、高密度钨合金、弥散强化型钨合金、钨铜合金、钨铼合金、多孔钨等；此外，钨还用于制造硬质合金等现代机加工工具材料。

(1) 掺杂钨丝　工业上使用的掺杂钨丝有两种。一种是用掺杂 Si、Al、K 氧化物的钨粉（掺杂钨粉）为原料制成的掺杂钨丝，称为抗下垂钨丝，主要用于制造高色温灯灯丝、发射管阴极、电子管阴极、荧光灯灯丝等（我国牌号有 WAl1，WAl2，WAl3）；另一种是掺杂的钨铼粉制成的耐振灯丝，主要用于制作通信用的电子管灯丝和栅极、超高频电子管灯丝、耐振灯泡灯丝等。

(2) 高密度钨合金　高密度钨合金又称钨基重合金，是以钨为基体，添加 Ni、Cu、Fe 等合金元素制成的合金，其密度为 16.5~19.0g/cm^3。工业使用的高密度钨基合金有 W-Ni-Cu 和 W-Ni-Fe 两大体系，前者无磁性，后者有磁性。高密度钨合金通常采用液相烧结工艺制备坯料，再经过塑性加工（锻造和轧制）成形；另一种加工工艺是注射成形技术，属于近净技术，用于生产形状复杂、尺寸精度要求高的零件。我国高密度钨合金的牌号有 W-Ni-Fe 系的 W273、W243、W232；W-Ni-Cu 系的 W173、W152 等。高密度钨合金的主要成分与性能详见表 6-13。W-Ni-Fe 系列合金的性能优于 W-Ni-Cu 合金的性能，因而得到更广泛的应用。

表 6-13　高密度钨合金的主要成分与性能

合金牌号	主要成分(质量分数,%)					状态	抗拉强度/MPa	伸长率(%)	硬度HRE	密度/(g/cm³)
	W	Ni	Fe	Cu	Co					
W273	89~91	6.5~7.5	2.5~3.5			烧结态	600~750	2~5	25~32	17±0.2
						热处理态	800~1000	20~30	25~32	
						加工态	1200~1350	3~6	35~45	
W243	92~94	3.5~4.5	2.5~3.5			烧结态	750~900	5~10	26~34	17.6±0.2
						热处理态	800~1000	10~20	26~34	
						加工态	1100~1250	2~5	34~35	

（续）

合金牌号	主要成分（质量分数）/%					状态	抗拉强度/MPa	伸长率（%）	硬度HRE	密度/(g/cm³)
	W	Ni	Fe	Cu	Co					
W232	94~96	3.0~4.0	1.0~2.0			烧结态	700~850	3~10	26~34	18.0±0.2
						热处理态	800~1000	10~20	26~34	
W222	94~96	1.5~2.5	1.5~2.5	0.2~0.5	0.2~0.5	烧结态	700~850	3~10	26~34	18.0±0.2
W173	89~91	6.5~7.5		2.5~3.5		烧结态	600~750	3~10	25~32	17.0±0.2
W152	92~94	4.5~5.5		1.5~2.5		烧结态	600~800	3~10	25~32	17.0±0.2

高密度钨合金的特点是密度高，吸收高能射线能力强，导电、导热性能好，强度和模量高，抗电蚀和磨损、耐蚀、抗氧化、切削性能好。在工程上主要用于制作平衡配重、武器、射线屏蔽、模具和减振材料。

（3）弥散强化型钨合金　弥散强化型钨合金包括钨-氧化钍合金和钨-稀土氧化物合金，都属于氧化物弥散强化型钨合金。弥散强化型钨合金主要用于制造各种电极和相关用途的阴极材料。

钨-氧化钍合金发展较早，添加2%的氧化钍能显著降低合金的逸出功，提高发射率，电极引弧和强度都优于纯钨，因此用钨-氧化钍合金（钍钨）代替纯钨制造电极材料和电子管材料。我国钨-氧化钍合金牌号为WTh0.7、WTh1.1、WTh1.5，数字表示氧化钍的质量分数（YS/T 659—2007）。钍是天然放射性元素，该合金的缺点是在生产和使用过程中产生放射性污染，各国都在努力研发取代钍钨的电极材料。钨-稀土氧化物又称稀土钨，主要用稀土氧化物强化钨合金，常用的稀土氧化物有CeO_2、La_2O_3、Y_2O_3等，这些稀土氧化物可以单独使用也可以复合添加。稀土氧化物强化钨合金的电子逸出功低于钨-氧化钍合金，具有更稳定的电弧特性和更好的电子发射性能，是取代钍钨合金的理想材料。

因篇幅所限，对于其他类型的钨合金，请读者参阅相关文献。

二、纯钼、钼合金及其工程应用

1. 纯钼的性质

钼的熔点为2620℃，密度是10.2g/cm³，元素符号为Mo。纯钼具有银灰色光泽。钼的晶体结构为体心立方，无同素异构转变。钼的导热、导电性能良好。

纯钼的化学性能比较稳定，在室温下耐多数酸、碱、盐的腐蚀，但是在某些熔融的盐中会迅速溶解，高温下钼与硼、碳、硅、硫等生成化合物。纯钼耐Cu、Sn、K、Li、Na、Ag等熔融金属侵蚀，但是Al、Fe、Sn、Co、Ni等熔融金属会强烈腐蚀纯钼。高温下钼与氧生成挥发性气态三氧化钼，这是制约钼作为高温结构材料的不利因素。

钼的弹性模量为315GPa，再结晶态纯钼的抗拉强度为589~883MPa。纯钼有韧脆转变，夏比冲击试验结果表明纯钼的韧脆转变温度为340~375℃，韧脆转变温度取决于加工状态与微观组织等因素。

2. 钼合金简介

为了提高钼的高温强度、再结晶温度、蠕变抗力等性能，采用掺杂、固溶强化、沉淀强化与弥散强化等技术发展了多种钼合金，满足高温结构材料的性能需求。钼是难熔金属，一般采用粉末冶金技术生产零件和产品，也采用真空熔炼和电子束熔炼技术生产特殊要求的钼产品。

（1）钼钛二元合金 向钼基体中添加少量的 Ti 会形成钼钛合金，合金名义成分为 Mo-0.5Ti，称为 MT 合金。添加 Ti 的质量分数为 0.4%～0.5%，另外还添加质量分数为 0.01%～0.04%的碳。Ti 既溶于钼基体产生固溶强化，又与碳生成碳化物，产生沉淀强化作用。钼钛合金的高温强度、再结晶温度高于纯钼。钼钛合金经过锻造轧制成棒材、板材以及各种锻件，用于制造大功率陶瓷管的阳极、高温加热元件等。

（2）钼钛锆、钼铪锆等多元合金 为了进一步提高钼合金的高温强度和再结晶温度，在钼钛合金的基础上添加锆元素或者以锆代替钛，已形成两个钼合金体系：钼钛锆合金（TZM）和钼铪锆合金（ZHM）。TZM 的成分如下（质量分数）：0.4%～0.5%Ti、0.06%～0.12%Zr、0.01%～0.04%C，Ti 与 Zr 既固溶于钼基体起固溶强化作用，又与碳生成碳化物发挥沉淀强化作用。TZM 的高温强度和再结晶温度高于纯钼。ZHM 的成分为 Mo-Hf-Zr-C，也是通过固溶强化和沉淀强化提高合金的高温强度和再结晶温度。ZHM 的代号和成分如下：ZHM4（Mo-1.2Hf-0.4Zr-0.15C）、ZHM6（Mo-1.5Hf-0.5Zr-0.19C）、ZHM7（Mo-1.8Hf-0.6Zr-0.23C）、ZHM8（Mo-2.1Hf-0.72Zr-0.27C），其中，ZHM6 的综合性能最好，已经规模化生产。

TZM 和 ZHM 用于制造高温结构件和钼顶头，也用于航空航天工业火箭发动机中高温工作的零部件。

（3）钼-稀土氧化物合金 钼-稀土氧化物合金（Mo-REO）是钼与稀土氧化物组成的合金，属于氧化物弥散强化型钼合金，又称稀土钼。常用的稀土氧化物有 Y_2O_3、La_2O_3、CeO_2、Nd_2O_3、Sm_2O_3、Gd_2O_3、Se_2O_3等，其作用是提高钼的强度、抗蠕变性能和钼的再结晶温度，降低合金的韧脆转变温度，改善钼合金的抗下垂性能。稀土氧化物提高钼合金高温拉伸性能的大小顺序为：$La_2O_3>Nd_2O_3>Sm_2O_3>Gd_2O_3>Y_2O_3$。稀土氧化物的添加量（质量分数）低于 3%的称为低稀土钼合金，添加量高于 3%的称为高稀土钼合金。

钼镧合金是通过固-固、液-固、液-液等掺杂方式向钼中添加 La_2O_3氧化物颗粒而形成弥散强化钼合金。研究结果表明，La_2O_3的加入会显著提高钼合金的再结晶温度。纯钼的再结晶温度为 1000～1100℃，添加 0.97%的 La_2O_3可将钼合金的再结晶温度提高到 1700℃。钼合金的强度随氧化镧含量的增加出现先升后降的趋势，在相同的温度下钼镧合金的强度高于纯钼的强度。为了提高钼合金的耐蚀性能，还向钼镧合金添加 0.15%（质量分数）的硅元素，发展了 Mo-Si-La 合金。我国研究人员在钼镧合金的强韧化设计方面取得了重要进展，采用液-液掺杂工艺制备了纳米 La_2O_3颗粒晶内/晶界双层次分布的钼镧合金，不仅进一步提高了合金的强度，更使合金延性大幅提高，实现了强度与延性的同时提高，研究结果获得国内外同行的高度关注。该合金的组织与性能如图 6-17 所示。

低稀土钼镧合金主要用作电火花切割的电极丝，也用作高温结构材料；高稀土钼镧合金作为新型热电子发射阴极材料，有望取代钨钍合金，成为下一代环保无污染的阴极材料。

3. 钼合金的工程应用

钼及钼合金在工程的应用主要有以下几方面：①作为高温结构材料，分为两大类，第一类是钼丝、钼电极、钼舟、钼圆片等，主要用于电子、玻璃、照明等；第二类是钼合金，用于航空航天、高温炉构件与模具材料。②钢铁生产中的合金元素。钼还作为钢的合金化元

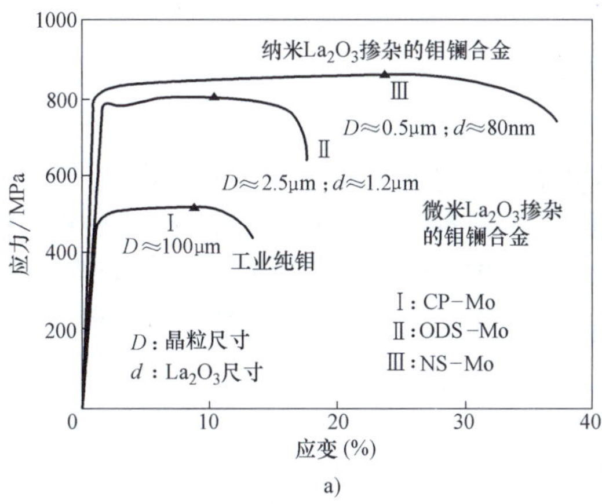

a)

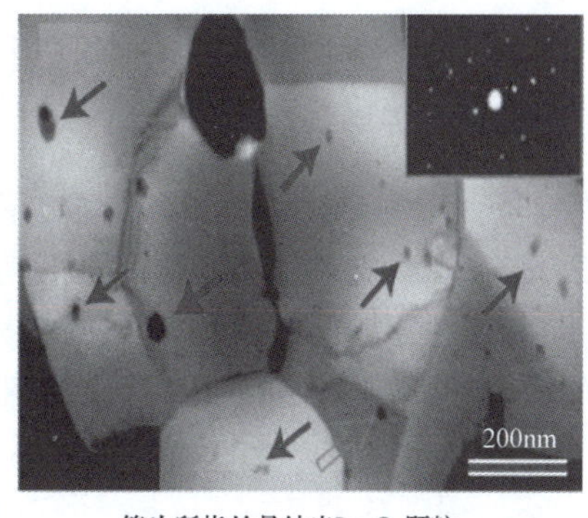

箭头所指的是纳米La_2O_3颗粒

b)

图 6-17　新型钼镧合金的力学性能与微观组织

a）纯钼与钼合金的拉伸应力-应变曲线　b）钼合金晶粒中的纳米 LaO_3 颗粒（实心箭头为晶内颗粒，空心箭头为晶界颗粒）

素，提高钢的强度、耐蚀性、耐磨性等，尤其在不锈钢和高温合金中具有重要的应用。③其他方面应用，比如用于制造催化剂、颜料和固体润滑剂等。表 6-14 给出了典型钼合金的力学性能与产品结构及工程应用。

实际使用的钼材料还有掺杂钼、钼铜合金、钼铼合金、钼钨合金、二硫化钼等，因篇幅所限不再赘述，读者可参阅相关文献。

表 6-14　典型钼合金的力学性能、产品结构及工程应用

	测试温度/℃	抗拉强度/MPa	伸长率(%)	产品结构	应用
Mo-0.5Ti(熔炼)(1.5mm 厚的板材)	室温	902	13.8~16.5	棒材、丝材、板材、箔材、锻件	高温结构材料，如大功率陶瓷管阴极、加热元件、卡头等
	1000	324	16		
	1100	284	15.5		
	1200	179	25		
	1300	93	69		
	1400	80	23.6		
Mo-Ti-Zr-C(TZM 粉末冶金)(0.5mm 厚的板材)	室温	1145~1205	7.5~12.9	板材、棒材	高温结构材料、钼顶头
	1000	696~716	5.16		
	1100	525~586	7.1		
	1200	323~360	9		
	1300	186~210	11.7~13.4		
	1400	137~167	11~16		
Mo-0.60Hf-0.50C	1315	709~840	—	板材、棒材	高温结构材料
	1649	356	—		
Mo-0.99Hf-0.72C	1315	557	—		
Mo-REO(2.6mm 厚的板材)(退火态)	1250	582	10.22	丝材、板材	高温结构材料或阴极材料
	1450	530	9.73		
	1650	508	7.27		
	1850	502	6.98		

三、纯钽、钽合金及其工程应用

1. 纯钽的性质

钽的熔点为2996℃，具有体心立方晶体结构，密度为16.6g/cm^3，元素符号为Ta。常温下钽的化学性质稳定，除氢氟酸外，钽耐多数酸、碱、盐的浸蚀。钽的弹性模量为186GPa（室温），再结晶退火纯钽的抗拉强度为395~483MPa，强度大小与钽锭制备工艺有关。钽的韧脆转变温度低于-196℃，纯钽的塑性好，加工硬化程度低，适合深冷加工，可将钽加工成板材、棒材、丝材和带材等不同规格型号的材料。

2. 钽合金及其工程应用

钽合金主要有钽钨合金和钽铌合金，钨、铌与钽都可以无限互溶，钨、铌起到固溶强化作用。为了提高高温强度，在钽钨合金的基础上添加了铪、铼和碳等元素，形成了钽钨铪合金，其强化机制为固溶强化和沉淀强化。

常用的钽钨合金有Ta-xW（x=2.5~15），钽铌合金有Ta-40Nb，Ta-37.5Nb-2.5W-2Mo，钽钨铪合金有Ta-8W-2Hf(T-111)、Ta-10W-2.5Hf-0.01C(T-222)、Ta-8W-1Re-0.7Hf-0.025C(Astar811c)等，其中Astar811c合金的蠕变性能优于前两种合金。表6-15给出了几种钽合金的室温与高温力学性能及其典型应用。

表6-15　钽合金的力学性能及应用

钽合金	测试温度/℃	屈服强度/MPa	抗拉强度/MPa	伸长率(%)	弹性模量/MPa	产品结构	应用
Ta-10W	21	462	552	25	205	板材、棒材、各种型材	航天器的结构件
	750	276	379	—	150		
	1000	207	303	—	—		
	1600	24	112	87	—		
	1927	62	69	—	—		
Ta-8W-2Hf(T-111)	21	586	690	29	200	板、管、棒、丝材	高温、高强结构材料
	1316	165	255	30	—		
	1980	87	90	36	—		
Ta-10W-2.5Hf-0.01C(T-222)	-196	1207	1276	28	—	板材、棒材、管材、丝材	高温结构材料
	21	800	807	28	200		
	200	517	621	25	—		
	750	331	565	21	—		
	1000	276	552	18	—		
	1649	165	167	20	145		
	1980	97	97	13	—		

钽合金的工程应用有以下几方面：

（1）用于电子工业的电容器　电子工业每年消费的钽占钽总产量的65%~75%，主要用钽做电容器。用于制造电容器的钽丝按照纯度分为Ta1（纯钽丝）和Ta2（掺杂钽丝）。钽

丝用于固体电容器和液体电容器的阳极引线，也可用于制造电子管阳极材料、真空仪器和真空管的吸气材料。

（2）高温结构材料　钽钨合金是良好的高温结构材料，在航空航天领域有重要应用，主要用于小型液体火箭发动机高温结构材料、耐热材料以及防护材料，如 Ta-8W-3.5Hf。

（3）耐蚀领域　钽合金可用于制造化工行业的主要耐蚀零件，比如热交换器、浓缩器、回收装置以及搅拌机械等。对于小型零部件，用钽合金制造；对于大型零件，用爆炸技术将钽-钢制成复合板，较薄的钽作为内衬，耐蚀；厚钢板作为外层，起支撑作用。

（4）原子能、医疗等领域　在原子能工业中，熔融的钚实验反应堆容器及反应堆交换器用钽和钽钨合金制造。另外，钽具有良好的生物相容性，对人体无毒，可用作人体植入材料。

四、铌、铌合金及其工程应用

1. 铌的性质

铌的熔点是 2469℃，密度为 8.66g/cm^3，具有体心立方晶体结构。室温下铌与氧结合生成保护性氧化膜，温度高于 400℃时保护性氧化膜变为非保护性氧化膜，导致铌的氧化速度加快。室温下铌在多种无机盐、有机酸、矿物酸及水溶液中耐蚀，但是氢氟酸、氢氟酸与硝酸混合液可腐蚀铌。在室温下，铌的弹性模量为 122GPa，再结晶铌棒的抗拉强度为 272MPa。铌具有良好的低温塑性，可通过塑性加工制成棒材、丝材、板材以及各种异形件。

铌合金的强化机制主要有固溶强化和沉淀强化。钨、铼、钼是最有效的固溶强化剂，钨与钼还可以提高铌合金的抗氧化性。碳与铌生成两种碳化物：NbC 和 Nb_2C。碳化物发挥沉淀强化作用，但是必须控制碳化物的尺寸和数量。

2. 铌合金及其工程应用

铌合金按其用途可分为结构铌合金、超导铌合金和弹性铌合金。

（1）结构铌合金　结构铌合金按照强度不同分为高强度铌合金、中强度铌合金和低强度高塑性铌合金。钨为主要强化元素，铌合金的强度随着钨的含量增加而增加，高强度铌合金中钨的质量分数高于 15%，还添加了 Hf、Zr、Ta、C 等元素。中等强度铌合金中钨的质量分数不超过 10%，低强度铌合金主要添加了 Zr、V、Hf、Ti 等元素，保证其具有良好的塑性。表 6-16 列出典型铌合金的力学性能与应用领域。

（2）弹性铌合金　弹性铌合金是在铌中添加钛、铝、钼、锆等元素组成的具有特殊弹性性能的合金，其中钛与铝可显著提高合金的弹性极限。铌基合金的特点为无磁性、恒弹性、耐高温、弹性模量低、耐蚀性强，用于精密仪器敏感弹性元件、腐蚀环境中的弹簧元件。目前用于工业领域的弹性铌合金有 Nb-40Ti-5.5Al、Nb-15Ti-4.5Al 等。

（3）超导铌合金　超导铌合金有 NbTi 合金和 Nb_3Sn 金属间化合物，这两种铌材料是常用的超导材料。铌钛合金中钛的质量分数一般为 46%～50%，该合金为体心立方结构，临界转变温度为 9.5K，临界磁场强度 H_{c2} 为 11～11.5T（4.2K）。铌钛超导合金具有良好的塑性，可以冷加工得到线材。Nb_3Sn 是金属间化合物，临界温度为 18.1K，临界磁场强度 H_{c2} 为 26T。Nb_3Sn 金属间化合物脆性大，不易加工，一般用粉末冶金加工成超导产品。

表 6-16　典型铌合金的力学性能及应用领域

铌合金	测试温度/℃	屈服强度/MPa	抗拉强度/MPa	伸长率(%)	产品结构	应用
Nb-1Zr	21	255	345	15	管材、板材、丝材	照明、特种灯具的关键金属元件、弧管、引线端冒
	1093	165	186	–		
	1649	69	83	30		
C-103（Nb-10Hf-1Ti-0.7Zr）（再结晶态）	室温	289	420	25	板材、棒材、锻件、旋压件	宇航高温结构材料
	1093	138	188	45		
	1371	73	89	>70		
	1482	59	66	>70		
	1649	29	34	>70		
Nb-752（Nb-10W-2.5Zr）	室温	437	561	26	板材、棒材、锻件	宇航高温结构材料、热防护材料
	800	276	445	15		
	1093	219	296	20		
	1204	180	231	28		
	1316	125	159	49		
	1427	85	120	51		
D-43（Nb-10W-12Zr-0.1C）	室温	538	676	16	板材、棒材	热防护材料
	1093	269	324	16		
	1204	172	245	18		
	1316	152	176	28		
	1427	90	100	31		
F-48（Nb-15W-5Mo-12Zr-0.1C）	21	706	725	8.8	板材	热防护材料
	1093	255	375	41.3		
	1427	169	184	47.5		
Fs-85（Nb-28Ta-10W-1Zr）（再结晶态）	21	480	520	25	板材	宇航结构材料、热防护材料、液态金属容器
	1093	200	240	29		
	1204	160	170	40		
	1316	110	120	58		
	1427	79	80	78		
	1649	71	73	78		
	1927	42	43	80		

习题与思考题

1. 铝合金是如何分类的？
2. 各类铝合金可通过哪些途径进行强化？
3. 铝合金的热处理的工艺、组织和性能特点是什么？它与钢的淬火、回火有何不同？
4. 铝硅合金为什么具有良好的铸造性能？在变质处理前后其组织与性能有何变化？这类铝合金主要应

用在哪些方面？

5. 变形铝合金包括哪几类铝合金？用 2A01（原 LY1）作铆钉应在何状态下进行铆接？在何时得到强化？

6. 变形镁合金包括哪几类镁合金？它们各自的性能特点是什么？

7. 铸造镁合金分哪几类？它们的性能特点各是什么？

8. 铜合金分哪几类？不同铜合金的强化方法与特点是什么？

9. 黄铜分为几类？分析含 Zn 量对黄铜的组织和性能的影响。

10. 黄铜在何种情况下产生应力腐蚀？如何防止？

11. 青铜如何分类？说明含 Sn 量对锡青铜组织与性能的影响，分析锡青铜的铸造性能特点。

12. 按应用白铜如何分类？所谓“康铜”是什么铜合金，它的性能与应用特点是什么？

13. 钛合金分为几类？钛合金的性能特点与应用是什么？

14. 轴承合金对性能和组织的要求有哪些？

15. 轴承合金常用合金类型有哪些？请为汽轮机、汽车发动机曲轴和机床传动轴选择合适的滑动轴承合金。

16. 指出下列合金的类别，牌号或代号意义及主要用途

（1）ZL102、ZL109、ZL303、ZL401

（2）2A12（原 LY12）、2A70（原 LD7）、3A21（原 LF21）、5A05（原 LF5）

（3）H70、ZCuZn38、ZCuZn16Si4、HPb63-3

（4）ZCuSn5Pb5Zn5、ZCuPb30、ZCuAl9Mn2、QBe2

（5）ZSnSb11Cu6、ZPbSb16Sn16Cu2、ZCuPb15Sn8、ZAlSn6Cu1Ni1

（6）W222、W273、ZHM、Astar811c、C-103

Chapter 7

第七章 高分子材料

高分子材料是以相对分子质量大于 5000 的高分子化合物为主要组分的材料，一些常见的高分子材料的相对分子质量是很大的，如橡胶相对分子质量为 10 万左右，聚乙烯相对分子质量在几万至几百万之间。

高分子材料分有机高分子材料和无机高分子材料。有机高分子材料由相对分子质量大于 10^4 并以碳、氢元素为主的有机化合物组成。它又有天然和合成之分。天然高分子材料如松香、淀粉、蛋白质和天然橡胶等；用人工合成方法制成的高分子材料称为合成高分子材料，如塑料、合成纤维、合成橡胶、合成胶粘剂、涂料等。无机高分子材料则在其分子组成中无碳元素，如硅酸盐材料、玻璃、陶瓷（指它们当中的长分子链）等。

本章主要介绍有机高分子材料的成分、结构与性能之间关系，重点讨论工程塑料、合成橡胶、合成纤维、合成胶粘剂的结构、性能特点和应用。

第一节 概　　述

与金属材料一样，高分子材料的性能也是由其化学成分和结构所决定的。只有了解其化学成分、结构与性能之间关系，掌握它们的本质特点和内在联系，才能合理选择和正确使用。

一、高分子材料的合成

1. 高分子链的组成

虽然高分子化合物的相对分子质量很大，且结构复杂多变，但其化学组成并不复杂，它们是由一种或几种低分子化合物，通过聚合而重复连接成大分子链状结构。因此高分子化合物又称高聚物或聚合物，将聚合形成高分子化合物的低分子化合物称为“单体”，它是人工合成高分子材料的原料。大分子链中的重复结构单元称“链节”，链节的重复数目称“聚合度”。例如，聚氯乙烯是由氯乙烯打开双键，彼此连接起来形成的大分子链，可用下式表示

$$n\ [CH_2{=}CHCl] \longrightarrow \text{[}CH_2{-}CHCl\text{]}_n$$

其中氯乙烯 $[CH_2{=}CHCl]$ 就是聚氯乙烯 $\text{[}CH_2{-}CHCl\text{]}_n$ 的单体，$\text{[}CH_2{-}CHCl\text{]}$ 是聚氯乙烯分子链的链节，n 就是聚合度。

一个大分子的相对分子质量（M_r）是链节相对分子质量（M_{r0}）与聚合度 n 的乘积，即 $M_r = M_{r0} \times n$。高分子材料是由大量大分子链聚集而成，而且这些大分链的长短（即聚合度）并不相同。因此，高分子材料的相对分子质量是不同聚合长度的分子链的相对分子质量的平均值，称为相对平均分子质量（$\overline{M}_r$）。

高分子材料的相对平均分子质量和相对分子质量对其性能有重要影响。$\overline{M}_r$ 越大，高分子材料的粘度越大，强度、硬度越高；反之，则流动性越好。若高分子材料的$\overline{M}_{r0}$相同，而 M_r 的分布不同时，则高分子材料的性能也不同。分布越宽的流动性越好，成型加工温度范围越宽；分布窄的成型性较差，但耐冲击、耐疲劳性等性能好。

当单体一定时，聚合度显著影响聚合物的性能。随聚合度增加，聚合物的相对分子质量增大，其强度和粘度也增高，这样给加工成型带来困难。所以商品高分子材料的聚合度为200~2000，相应的相对分子质量为 $2\times10^4\sim2\times10^5$。

应当指出，并不是任何元素都能生成高分子链，只有元素周期表中ⅢA、ⅣA、ⅤA、ⅥA 和ⅦA 族中一部分非金属元素和类金属元素 B、C、Si、N、P、As、O、S、Se、F 和 Cl 才能形成高分子链。其中 C 是形成有机高分子链的主要元素。

根据组成元素类型，可将高分子链分为三类。

（1）碳链高分子　高分子主链全部是由碳原子以共价键相连接，即—C—C—C—，如聚乙烯、聚丙烯、聚苯乙烯、聚二烯烃等。

（2）杂链高分子　高分子主链除有碳原子外，还有 O、N、S、P 等原子。它们以共价键连接，即　—C—C—O—C—C—，—C—C—N—N—，—C—C—S—C—C—，—C—C—P—C—C—，如聚甲醛、聚碳酸酯、聚酰胺等。

（3）元素链高分子　高分子主链不含碳原子，而是由 Si、O、B、N、S、P 等元素组成，即—Si—O—，—Si—Si—Si—等，如二甲基硅橡胶、氟硅橡胶等。

2. 聚合反应类型及改性

将低分子化合物合成为高分子化合物的基本方法有：加成聚合（简称加聚）和缩合聚合（简称缩聚）两种。

（1）加聚反应　单体经多次相互加成生成高分子化合物的化学反应称为加聚反应。加聚的低分子化合物都是含“双键”的有机化合物，如烯烃和二烯烃等，在加热、光照或化学处理的引发作用下，产生游离基，双键打开，互相连接形成加成反应，如此继续下去，则连成一条大分子链。

加聚反应的特点是：一旦开始，就迅速连续进行，不停留在反应的中间阶段，直到形成最后产品；链节与单体的化学结构相同；没有低分子物质产生。

目前，80%的高分子材料是由加聚反应得到的，如聚烯烃塑料、合成橡胶等。

（2）缩聚反应　由含有两种或两种以上官能团的单体互相缩合聚合生成高聚物的反应称为缩聚反应。可以发生化学反应的官能团，如羟基（OH）、羧基（COOH）、氨基（NH_2）等。

缩聚反应特点是：在形成高聚物同时，有水、氨、卤化氢、醇等低分子物质析出；缩聚反应所得到高聚物具有和单体不同的组成；缩聚可在中间阶段停留得到中间产品。酚醛树脂、环氧树脂、聚酰胺、有机硅树脂均是缩聚产物。

由一种单体合成的高聚物称为均聚物（或均缩聚物），如聚乙烯、聚氯乙烯、尼龙 6 等；由两种或两种以上单体合成的高聚物称共聚物（或共缩聚物），如丙烯腈(A)-丁二烯(B)-苯乙烯（S）共聚物（ABS 塑料）、尼龙 66 等。

为改善和提高高分子材料性能，可利用物理或化学的方法进行高聚物的改性。

物理方法主要是通过加入填料来改变高聚物的物理、力学性能。如加入石墨或二硫化钼

填料提高聚合物的自润滑性；加入石墨、铜粉、银粉填料改善导电性、导热性；加入铁粉、镍粉制成导磁材料；在合成树脂中加入布、石棉、玻璃纤维可制成增强塑料等。

化学改性是通过共聚、共缩聚、共混、复合等方法获得新的性能。如三元共聚的 ABS 塑料，其性能与一种单体形成的均聚物不同，具有很好的综合性能。共聚物就是高聚物的“合金”，这是高聚物改性的重要方法。

二、高分子链的结构与柔性

1. 高分子链的形态

高分子化合物的大分子链，按几何形状一般分为三种：线型、支化型、体型（交联型），如图 7-1 所示。

（1）线型分子链　各链节以共价键连接成线型长链分子，其直径为几个埃（1Å = 0.1nm），而长度可达几千甚至几万埃，像一根长线。但通常不是直线，而是卷曲状或线团状。

（2）支化型分子链　在主链的两侧以共价键连接着相当数量的长短不一的支链，其形状有树枝形、梳形、线团支链形。由于支链的存在影响其结晶度及性能。

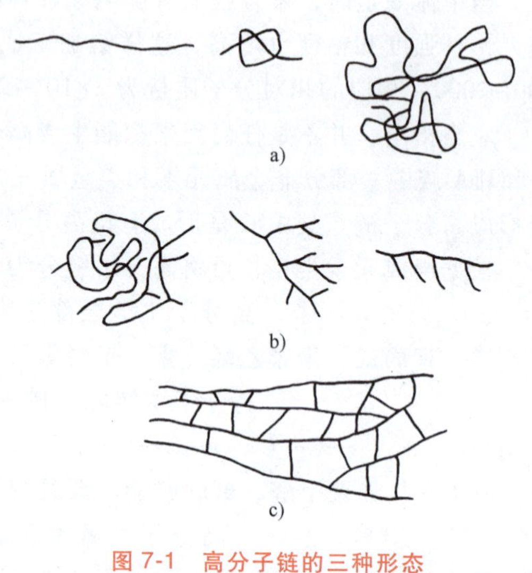

图 7-1　高分子链的三种形态

a）线型　b）支化型　c）体型（网型或交联型）

（3）体型（网型或交联型）分子链　它是在线型或支化型分子链之间，沿横向通过链节以共价键连接起来，产生交联而成的三维（空间）网状大分子。由于网状分子链的形成，使聚合物分子间不易相互流动。

分子链的形态对聚合物性能有显著影响。线型和支化型分子链构成的聚合物称线型聚合物，一般具有高弹性和热塑性；体型分子链构成的聚合物称体型聚合物，一般具有较高的强度和热固性。另外，交联使聚合物产生老化，使聚合物丧失弹性，变硬、变脆。

2. 高分子链的空间构型

高分子链的空间构型是指高分子链中原子或原子团在空间的排列形式，即链结构。

如果高分子链的侧基都是氢原子，如聚乙烯分子链，其排列顺序不影响分子链的空间构型。故只有一种排列方式。即

$$\begin{array}{ccccccccc} & H & & H & & H & & H & \\ & | & & | & & | & & | & \\ - & C & - & C & - & C & - & C & - \\ & | & & | & & | & & | & \\ & H & & H & & H & & H & \end{array}$$

但是，若分子链的侧基有其他原子或原子团，则可能的排列方式将不止一种。以乙烯类聚合物为例，其分子通式如下：

$$\left[\begin{array}{ccccc} & H & & H & \\ & | & & | & \\ - & C & - & C^{*} & - \\ & | & & | & \\ & H & & R & \end{array}\right]_n$$

式中 R 表示为其他原子或原子团，即为不对称取代基，若 R 为氯（Cl），则是聚氯乙烯；若 R 为苯环（ ），则是聚苯乙烯。C^* 为带有不对称取代基的碳原子。取代基 R 沿主链的排列位置不同时，分子链便有不同的空间构型。化学成分相同而具有不同空间构型的现象称为立体异构（类似金属中的同素异构）。图 7-2 为乙烯类聚合物的三种立体异构，即全同立构、间同立构、无规立构。

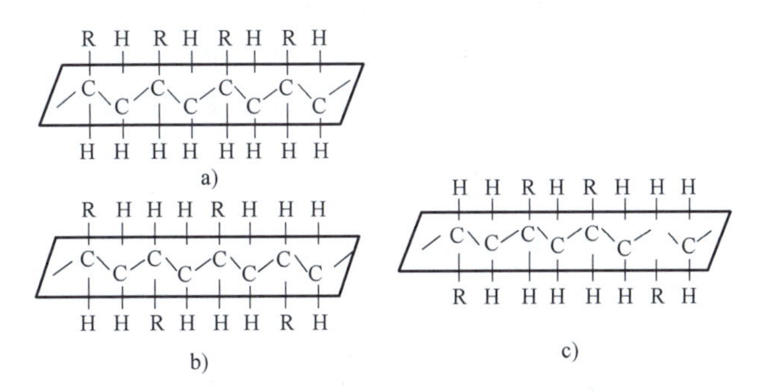

图 7-2　乙烯类聚合物的立体异构

a）全同立构　b）间同立构　c）无规立构

此外，单体成链的连接顺序，还可有不同的排列方法，例如乙烯类聚合物在全同立构中还有头-尾相接的顺式结构

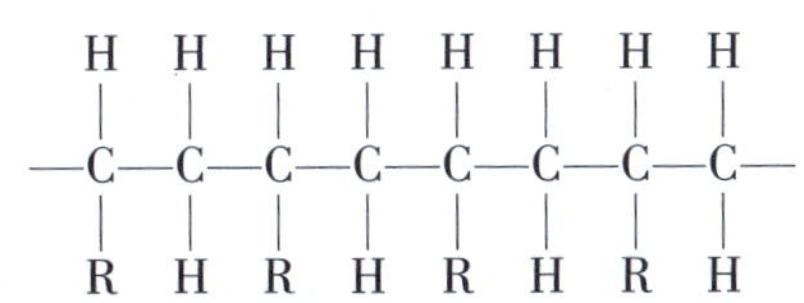

或尾-尾相接的反式结构

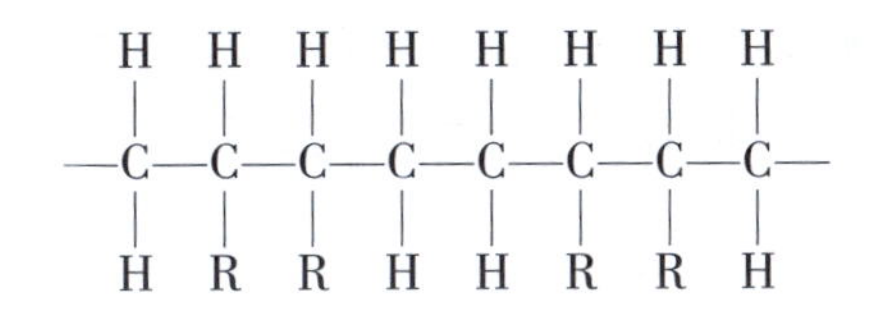

由此可见，聚合物的分子链中如果有不对称取代基，就可能有不同的链结构。分子链的空间构型对聚合物的性能有显著影响。成分相同的聚合物，全同立构和间同立构者容易结晶，具有较好的性能，其硬度、密度和软化温度都较高；而无规立构者不容易结晶，性能较差，易软化。

共聚物的链结构更加复杂。两种单体合成的共聚物，可能有下列四种链结构，如图 7-3 所示的无规共聚、交替共聚、嵌段共聚、接枝共聚。

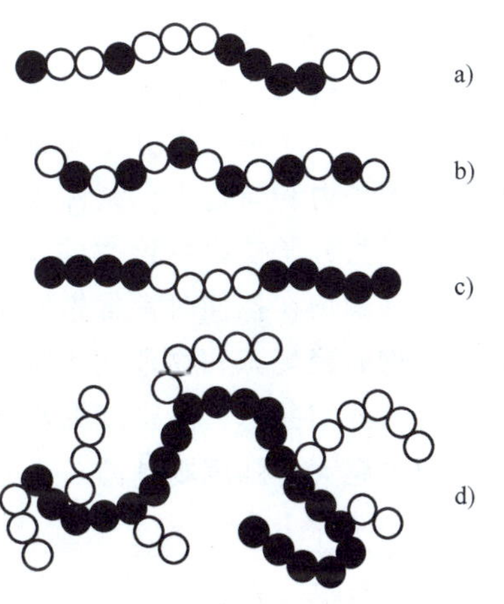

图 7-3　共聚物的链结构

a）无规共聚　b）交替共聚

c）嵌段共聚　d）接枝共聚

3. 高分子链的构象及柔性

聚合物高分子链和其他物质分子一样也在不停地进行热运动，这种运动是单键内旋转引起的。如前所述，大分子链是由成千上万个原子经共价键连接而成，其中以单键连接的原子，由于原子热运动，两个原子可作相对旋转，即在保持键角和键长不变情况下，每个单键可绕邻近单键作旋转，称内旋转。图 7-4 为碳链高分子链的内旋转示意图。图中 $C_1—C_2—C_3—C_4$ 为碳链中的一段。在保持键角

(109°28′) 和键长 (0.154nm) 不变情况下，当 b_1 键内旋转时，b_2 键将沿以 C_2 为顶点的圆锥面旋转。同样，b_2 键内旋转时，b_3 键在以 C_3 为顶点的圆锥面上旋转。这样，三个键组成的链段就会出现许多空间形象，将分子链的空间形象称为高分子链的构象。正是这种极高频率的单键内旋转随时改变着大分子链的形态，使线型高分子链很容易呈卷曲状或线团状。在拉力作用下，可将其伸展拉直，外力去除后，又缩回到原来的卷曲状或线团状。把大分子链的这种特性称为高分子链的柔性。这是聚合物具有弹性的内在原因。

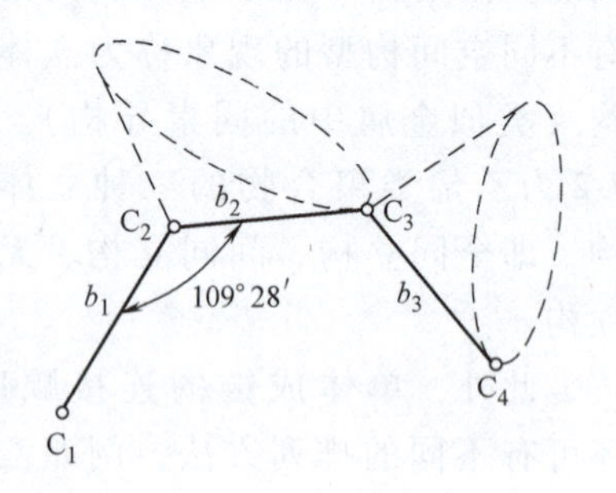

图 7-4 分子链的内旋转示意图

分子链的柔性受很多因素的影响，在化学结构上主要是分子链的主链和侧基的结构特点影响，分子链越长，柔性越好。当分子链由不同元素构成时，由于键能和键长不同，内旋转能力不同，其柔性也不同。当主链全部由单键组成时，碳链柔性最差。当分子链上含有芳杂环（如苯环）时，由于芳杂环不能内旋转，故其柔性差。分子链的主链上所带侧基不同，对分子链的柔性有不同影响。当侧基具有极性时，通常使分子链间的作用力增大，内旋转受到阻碍，使柔性下降。当分子链上带有庞大的原子团侧基（如甲基 CH_3、苯环等）或支链时，内旋转受到阻碍，分子链的柔性很差。例如聚苯乙烯硬而脆，聚乙烯软而韧。

另外，温度升高时，分子热运动加剧，内旋转变得容易，柔性增加。当温度冷却到一定范围时，内旋转就被冻结。总之，分子链内旋转越容易，其柔性越好。分子链的柔性的好坏对聚合物性能影响很大，一般柔性分子链聚合物的强度、硬度和熔点较低，但弹性和韧性好；刚性分子链聚合物则相反，其强度、硬度和熔点较高，而弹性和韧性差。

三、高聚物的聚集态和物理状态

1. 高聚物的结合力

高聚物的大分子中的各原子是由共价键结合起来，这种共价键力称为主价力。它对高聚物的性能，特别是对强度、熔化温度有着重要影响。

大量高分子链通过分子间相互引力聚集在一起而组成高分子材料。高分子链间的引力主要有范德华力和氢键力，统称为次价力。虽然相邻两个高分子链间每对链节所产生的次价力很小，只为分子链内主价力的 1/10～1/100，但大量链节的次价力之和却比主价力大得多。因此，高聚物在拉伸时常常先发生分子链的断裂，而不是分子链之间滑脱。分子间的作用力对高聚物的聚集态和物理性能有很大影响，如乙烯呈气态，而聚乙烯呈固态，其中低密度聚乙烯为部分结晶态，高密度聚乙烯基本上为结晶态。而且高聚物的相对分子质量越大，分子间引力也越大，强度则越高。

2. 高聚物的聚集态

高聚物中大分子的排列和堆砌方式称为高聚物的聚集态。分子链在空间有规则排列称为晶态；分子链在空间无规则排列称为非晶态，亦称无定型态或玻璃态；还有部分分子链在空间规则排列则称为部分晶态。图 7-5 为高聚物的三种聚集态结构。

实际生产中获得完全晶态的高聚物是很困难的。大多数高聚物都是部分晶态或完全非晶态。通常用高聚物中结晶区域所占百分数，即结晶度来表示高聚物的结晶程度。高聚物的结

晶度变化范围很宽，一般为30%~90%，特殊情况下可达98%。高聚物的结晶过程也是由形核和核长大完成。

高聚物的结晶倾向主要与其结构和形态有关，高聚物的化学结构越简单，则越容易结晶。线型分子链比支化型分子链易结晶，体型分子链不易结晶，一般为非晶态；分子链越短，越易结晶；由一种单体组成且侧基小的分子链容易结晶，而由几种单体组成又带庞大侧基，或对称性差的，不容易结晶。例如聚乙烯、聚四氟乙烯及聚酰胺（尼龙）等属晶态或部分晶态聚合物；有机玻璃及聚苯乙烯为非晶态聚合物。此外，温度、冷却速度和拉伸应力都对高聚物的结晶有一定影响。

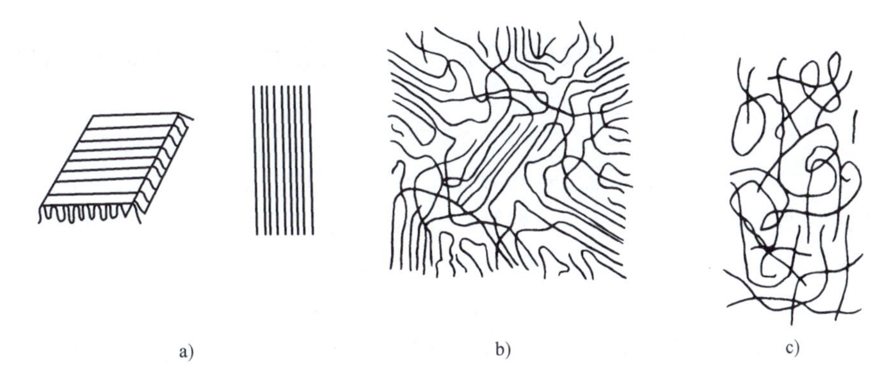

图 7-5　高聚物三种聚集态结构示意图

a）晶态　b）部分晶态　c）非晶态

高聚物的结晶度对其性能有重要影响。晶态高聚物由于结晶使大分子链规则而紧密，分子间引力大，分子链运动困难，故其熔化温度、密度、强度、刚度、耐热性和抗溶性高；非晶态高聚物，由于分子链无规则排列，分子链的活动能力大，故其弹性、伸长率和韧性等性能好；部分晶态高聚物性能介于上述二者之间，且随结晶度增加，则熔化温度、强度、密度、刚度、耐热性和抗溶性均提高，而弹性、伸长率和韧性降低。在实际生产中控制上述影响结晶的诸因素，可以得到不同聚集态的高聚物，满足所需性能要求。

3. 高聚物的物理状态

高聚物与低分子物质不同，在不同温度范围内具有不同的物理状态。线型非晶态高聚物在不同温度下，呈现出三种物理状态：玻璃态、高弹态和粘流态。在恒定载荷作用下，其变形-温度曲线如图7-6所示。图中 T_x 为脆化温度、T_g 为玻璃化温度、T_f 为粘流温度、T_d 为分解温度。

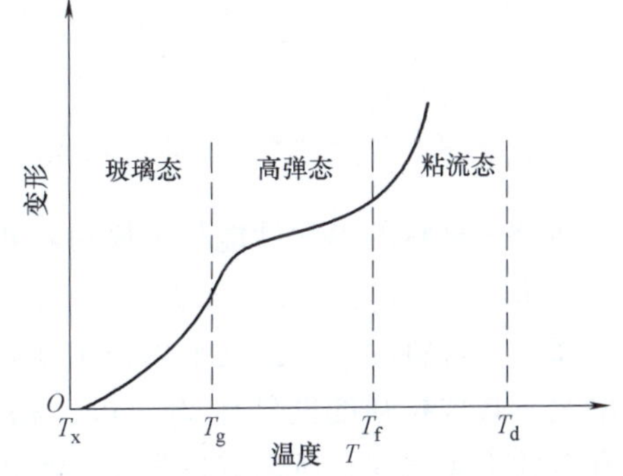

图 7-6　线性非晶态高聚物的变形-温度曲线示意图

（1）玻璃态　$T<T_g$ 时，高聚物处于玻璃态。这是由于温度低，分子热运动能力很弱，高聚物整个分子链和链段都不能运动，处于“冻结”状态，高聚物表现为非晶态固体。

玻璃态高聚物受力时，由于只有主键键长和键角可作微小变化，故只能产生微量瞬时变形，应力与应变成正比，弹性变形量较小（<1%）。

高聚物呈玻璃态，具有较好的力学强度。因此，凡 T_g 高于室温的高聚物均可做结构材料。只有 $T<T_x$ 时，高聚物处于脆性状态时才失去使用价值。

（2）高弹态　$T_g<T<T_f$ 时，高聚物在外力作用下就会产生较大的弹性变形，这种状态称为高弹态。这时由于温度较高，分子热运动能力增大，足以使高分子链段运动，但还不能使整个分子链运动，分子链呈卷曲状态。高弹态高聚物受力时，卷曲链沿外力方向逐渐伸展拉直，产生很大弹性变形，其宏观弹性变形量可高达100%～1000%。外力去除后逐渐回缩到原来的卷曲状态，弹性变形逐渐消失。高弹态是高聚物独有的状态，在室温下处于高弹态的聚合物可以作为弹性材料使用。如通过硫化处理的橡胶。

（3）粘流态　$T>T_f$ 时，高聚物处于粘流态，稍加外力即会产生明显的塑性变形。这时由于温度高，分子热运动加剧，不仅使链段运动，而且能使整个分子链运动，高聚物成为流动的粘液。

粘流态是高聚物加工成型的状态，将高聚物原料加热到粘流态后，通过喷丝、吹塑、注塑、挤压、模铸等方法，制成各种形状的零件、型材、纤维和薄膜等。

高聚物在室温下处于玻璃态的称为塑料，处于高弹态的称为橡胶，处于粘流态的是流动树脂。作为橡胶使用的高聚物，其 T_g 越低越好，这样可以在较低温度时仍不失去弹性；作为塑料使用的高聚物，则 T_g 越高越好，这样在较高温度下仍保持玻璃态。

上面讨论的是线性非晶态高聚物的三种物理状态。对于完全晶态的线型高聚物，则和低分子晶体材料一样没有高弹态；对于部分晶态的线型高聚物，非晶态区处在 T_g 温度以上和晶态区在 T_m（熔点温度）以下，存在一种既韧又硬的皮革态。因此，结晶度对高分子材料的物理状态和性能有显著影响。

对于体型非晶态高聚物，具有网状分子链，其交联点的密度对高聚物的物理状态有重要影响。若交联点密度较小，链段仍可以运动，具有高弹态，弹性好，如轻度硫化的橡胶。若交联点密度很大，则链段不能运动，此时材料的 $T_g=T_f$，高弹态消失，高聚物就与低分子非晶态固体（如玻璃）一样，其性能硬而脆，如酚醛塑料。

高分子材料的物理状态除受化学成分、分子链结构、相对分子质量、结晶度等内在因素影响外，对应力、温度、环境介质等外界条件也很敏感，导致其性能会发生明显变化，在使用高分子材料时应予以足够的重视。

第二节　高分子材料的性能特点

一、高分子材料的力学性能特点

高分子材料的力学性能与金属材料相比具有以下特点：

1. 低强度和较高的比强度

高分子材料的抗拉强度平均为100MPa左右，比金属材料低得多，即使是玻璃纤维增强的尼龙，其抗拉强度也只有200MPa，相当于普通灰铸铁的强度。但是高分子材料的密度小，只有钢的1/4～1/6，所以其比强度并不比某些金属低。

2. 高弹性和低弹性模量

高弹性和低弹性模量是高分子材料所特有的性能。橡胶是典型的高弹性材料，其弹性变

形率为100%~1000%，弹性模量仅为1MPa左右。为防止橡胶产生塑性变形，采用硫化处理，使分子链交联成网状结构。随着硫化程度增加，橡胶的弹性降低，弹性模量增大。

轻度交联的高聚物在 T_g 以上温度具有典型的高弹性，即弹性变形大，弹性模量小，而且弹性随温度升高而增大。但塑料因使用状态为玻璃态，故无高弹性，而其弹性模量也远比金属低，约为金属弹性模量的1/100。

3. 粘弹性

高聚物在外力作用下，同时发生高弹性变形和粘性流动，其变形与时间有关，此种现象称粘弹性。高聚物的粘弹性表现为蠕变、应力松弛和内耗三种现象。

蠕变是在恒定载荷下，应变随时间延长而增加的现象，它反映材料在一定外力作用下的形状稳定性。有些高分子材料在室温下的蠕变很明显，如架空的聚氯乙烯电线套管拉长变弯就是蠕变。对尺寸精度要求高的高聚物零件，为避免因蠕变而早期失效，应选用蠕变抗力高的材料，如聚砜、聚碳酸酯等。

应力松弛与蠕变的本质相同，它是在应变恒定的条件下，舒展的分子链通过热运动发生构象改变，而回缩到稳定的卷曲态，使应力随时间延长而逐渐衰减的现象。例如连接管道的法兰盘中间的硬橡胶密封垫片，经一定时间后由于应力松弛而失去密封性。

内耗是在交变应力作用下，处于高弹态的高分子，当其变形速度跟不上应力变化速度时，就会出现应变滞后应力的现象。这样就使有些能量消耗于材料中分子内摩擦并转化为热能放出，这种由于力学滞后使机械能转化为热能的现象称为内耗。

内耗对橡胶制品不利，加速其老化。例如高速行驶的汽车轮胎，由内耗产生的热量有时可使轮胎温度升高至80~100℃，加速轮胎老化，故应设法减少。但内耗对减振有利，可利用内耗吸收振动能，用于减振的橡胶应有尽可能大的内耗。

4. 高耐磨性

高聚物的硬度比金属低，但耐磨性一般比金属高，尤其塑料更为突出。塑料的摩擦因数小，有些塑料具有自润滑性能，可在干摩擦条件下使用。所以，广泛使用塑料制造轴承、轴套、凸轮等摩擦磨损零件。但橡胶则相反，其摩擦因数大，适宜制造要求较大摩擦因数的耐磨零件如汽车轮胎、制动摩擦件。

二、高分子材料的理化性能特点

高分子材料与金属相比，其物理、化学性能有以下特点：

1. 高绝缘性

高聚物是以共价键结合，不能电离，若无其他杂质存在，则其内部没有离子和自由电子，故其导电能力低、介电常数小、介电耗损低、耐电弧性好，即绝缘性好。因而高分子材料如塑料、橡胶等是电机、电器、电力和电子工业中必不可少的绝缘材料。

2. 低耐热性

高聚物在受热过程中，容易发生链段运动和整个分子链移动，导致材料软化或熔化，使性能变坏，故其耐热性差。对不同高分子材料，其耐热性判据不同。如塑料的耐热性通常用热变形温度来衡量。所谓热变形温度是指塑料能够长时间承受一定载荷而不变形的最高温度，塑料的 T_g 或 T_m 越高，热变形温度也越高，塑料的耐热性也越好；橡胶的耐热性通常用能保持高弹性的最高温度来评定。显然，橡胶的 T_f 越高，使用温度越高，其耐热性越好。

3. 低导热性

高分子材料内部无自由电子，而且分子链相互缠绕在一起，受热不易运动，故导热性差，约为金属的1/100~1/1000。对要求散热的摩擦零件，导热性差是缺点，例如汽车轮胎，因橡胶导热性差，其内耗产生的热量不易散发，引起温度升高而加速老化。但在有些情况下，导热性差又是优点。例如机床塑料手柄、汽车塑料转向盘，使握感良好。塑料和橡胶热水袋可以保温，火箭、导弹可用纤维增强塑料作隔热层等。

4. 高热膨胀性

高分子材料的线膨胀系数大，为金属的3~10倍。这是由于受热时，分子链间缠绕程度降低，分子间结合力减小，分子链柔性增大，使高分子材料加热时产生明显的体积和尺寸增大。因此，在使用带有金属嵌件或与金属件紧密配合的塑料或橡胶制品时，常因线膨胀系数相差过大而造成开裂、脱落和松动等，需要在设计制造时应予以注意。

5. 高化学稳定性

高分子化合物均以共价键结合，不易电离，没有自由电子，又由于分子链缠绕在一起，许多分子链的基团被包裹在里面，使高分子材料的化学稳定性好，在酸、碱等溶液中表现出优异的耐腐蚀性能。被称为“塑料王”的聚四氟乙烯的化学稳定性最好，即使在高温下与浓酸、浓碱、有机溶液、强氧化剂都不起作用，甚至在沸腾的“王水”中也不受腐蚀。

必须指出，某些高聚物与某些特定溶剂相遇时，会发生溶解或分子间隙中吸收某些溶剂分子而产生“溶胀”，使尺寸增大，性能变坏。例如聚碳酸酯会被四氯化碳溶解；聚乙烯在有机溶液中发生溶胀；天然橡胶在油中产生溶胀等。所以在其使用中必须注意避免与会发生溶解或溶胀的溶剂接触。

除以上使用性能之外，高分子材料具有良好的可加工性，尤其在加温加压下可塑成型性能极为优良，可以塑制成各种形状的制品。也可以通过铸造、冲压、焊接、粘接和切削加工等方法制成各种制品。

三、高分子材料的老化及其防止

高分子材料在长期储存和使用过程中，由于受氧、光、热、机械力和微生物等长期作用下，性能逐渐恶化，如失去弹性、出现龟裂、变硬、变脆、变软、变粘、变色，物理性能和力学性能下降等，直到丧失使用价值的现象称为老化。高聚物的老化是一个复杂的化学变化过程，它涉及高分子化合物本身结构和使用条件等原因。目前认为大分子的交联和裂解是引起老化的根本原因。

大分子之间的交联反应使大分子链从线型结构变为体型结构，表现为高分子材料变硬、变脆、出现龟裂等。

大分子链裂解是发生分子链断裂使相对分子质量下降的反应，有化学裂解、热裂解、机械裂解和光裂解等，使高聚物变为低分子物质，其老化表现为变软、变粘、失去刚性，出现蠕变等。

老化是影响高分子材料制品使用寿命的关键问题，对老化必须设法加以防止。目前，防止老化主要有三种措施：①对高分子化合物进行结构改性，提高其稳定性，如采用共聚方法，制得共聚物，可提高抗老化能力，像ABS就是典型的例子；②添加防老化剂，以抑制老化过程，如在高聚物中加入水杨酸酯、二甲苯酮类有机化合物和炭黑，可吸收紫外线防止光老化；③表面处理，在高分子材料表面镀金属（如银、铜、镍等）和喷涂耐老化涂料（如漆、石蜡等）作为保

护层，使材料与空气、光、水分及其他引起老化的介质隔离，以防止老化。

第三节　常用高分子材料

一、常用工程塑料及成型加工

1. 塑料的组成及分类

塑料是以合成树脂为主要成分的有机高分子材料，在适当的温度和压力下能塑制成各种形状规格的制品。

（1）塑料的组成　塑料一般是多种成分的，其中除主要成分树脂外，再加入用来改善性能的各种添加剂，如填充剂、增塑剂、稳定剂、润滑剂、染料、固化剂等。

树脂是塑料的主要成分，起胶粘剂作用，它将塑料的其他部分胶结成一体。树脂的种类、性能及所占的比例，对塑料的类型和性能起着决定性作用。因此，绝大多数塑料是以所用树脂命名，例如聚氯乙烯塑料就是以聚氯乙烯树脂为主要成分的。

有些合成树脂可直接用作塑料，例如，聚乙烯、聚苯乙烯、尼龙、聚碳酸酯等。有些合成树脂不能单独作塑料，必须在其中加入一些添加剂才可以，例如，聚氯乙烯、酚醛树脂、氨基树脂等。一般树脂的质量分数约为30%~70%。

填充剂又称填料，是塑料中重要的添加剂，其加入的主要目的是弥补树脂某些性能不足，以改善塑料的某些性能。例如加入铝粉可提高塑料对光的反射能力及导热性能；加入二硫化钼可提高塑料的自润滑性；加入云母粉可改善塑料的绝缘性能；加入石棉粉可提高耐热性；酚醛树脂中加入木屑可提高机械强度。此外，由于填料比合成树脂便宜，加入填料可以降低塑料的成本。作为填充剂必须与树脂有良好的浸润关系和吸附性，本身性能要稳定。

增塑剂是增加树脂塑性和柔韧性的添加剂，也可以降低塑料的软化温度，使其便于加工成型。增塑剂应溶于树脂而不与树脂发生化学反应，本身不易挥发，在光、热作用下稳定性高，最好是无毒、无色、无味的。常用的增塑剂是液态或低熔点固体有机化合物，其中主要是甲酸酯类、磷酸酯类和氯化石蜡等。

根据塑料种类和性能的不同要求，还可以加入固化剂、稳定剂、着色剂、发泡剂、阻燃剂、防老化剂等不同添加剂。

（2）塑料的分类　到目前为止，投入工业生产的塑料有几百种，常用的有60多种，种类繁多。常用的分类方法有以下两种：

1）按树脂性质分类。根据树脂在加热和冷却时表现的性质，将塑料分为热塑性塑料和热固性塑料两类。

热塑性塑料也称热熔性塑料，主要是由聚合树脂制成，树脂的大分子链具有线型结构。它在加热时软化并熔融，冷却后硬化成型，并可如此多次反复。因此，可以用热塑性塑料的碎屑进行再生和再加工。这类塑料包括聚乙烯、聚氯乙烯、聚丙烯、聚酰胺（尼龙）、ABS、聚甲醛、聚碳酸酯、聚苯乙烯、聚砜、聚四氟乙烯、聚苯醚、聚氯醚等。

热固性塑料大多是以缩聚树脂为基础，加入各种添加剂制成，其树脂的分子链为体型结构。这类塑料在一定条件（如加热、加压）下会发生化学反应，经过一定时间即固化为坚硬的制品。固化后的热固性塑料既不溶于任何溶剂，也不会再熔融（温度过高时则发生分

解)。常用的热固性塑料有酚醛塑料、环氧塑料、呋喃塑料、有机硅塑料等。

2）按塑料应用范围分类。常把塑料分为通用塑料和工程塑料。

通用塑料是指那些产量大、用途广、价格低的常用塑料，主要包括聚乙烯、聚氯乙烯、聚苯乙烯、聚丙烯、酚醛塑料和氨基塑料等。它们的产量占塑料总产量的75%以上，用作日用生活用品、包装材料以及一些小型零件。

工程塑料是指在工程中作结构材料的塑料，这类塑料一般具有较高的机械强度或具备耐高温、耐蚀、耐磨性等良好性能，因而可代替金属作某些机械构件。常用的几种工程塑料有聚碳酸酯、聚酰胺、聚甲醛、聚砜、ABS、聚甲基丙烯酸甲酯、聚四氟乙烯、环氧塑料等。

随着高分子材料的发展，许多塑料通过各种措施加以改性和增强，得到具有特殊性能的特种塑料，如具有高耐蚀性的氟塑料，以及导磁塑料、导电塑料、医用塑料等。

表7-1为常用工程塑料的分子结构式、性能、特点和应用。

表7-1　常用工程塑料的分子结构式、性能、特点和应用

名称（代号）	结构式	密度/（g/cm^3）	抗拉强度/MPa	缺口冲击韧度/（J/cm^2）	特点	应用举例
聚酰胺（尼龙）（PA）	$\left[NH(CH_2)_m—NHCO—(CH_2)_n—2CO \right]_x$	1.14~1.15	55.9~81.4	0.38	坚韧、耐磨、耐疲劳、耐油、耐水、抗霉菌，无毒，吸水性大	轴承、齿轮、凸轮、导板、轮胎帘布等
聚甲醛（POM）	$CH_3—\overset{\overset{}{}}{\underset{\underset{O}{\Vert}}{C}}—O\left[CH_2O \right]_n\underset{\underset{O}{\Vert}}{C}—CH_3$	1.43	58.8	0.75	良好的综合性能，强度、刚度、冲击、疲劳、蠕变等性能均较好，耐磨性好，吸水性小，尺寸稳定性好	轴承、衬套、齿轮、叶轮、阀管道、化工容器等
聚砜（PSF）	（苯环）—C(CH_3)(CH_3)—（苯环）—O—（苯环）—$\overset{O}{\underset{O}{S}}$—（苯环）—O $_n$	1.24	84	0.69~0.79	优良的耐热、耐寒、抗蠕变及尺寸稳定性，耐酸、碱及高温蒸汽，良好的可电镀性	精密齿轮、凸轮、真空泵叶片、仪表壳、仪表盘、印刷电路板等
聚碳酸酯（PC）	（苯环）—C(CH_3)(CH_3)—（苯环）—O— $\overset{O}{\Vert}$ —C—O $_n$	1.2	58.5~68.6	6.3~7.4	突出的冲击韧性，良好的力学性能，尺寸稳定性好，无色透明、吸水性小、耐热性好、不耐碱、酮、芳香烃，有应力开裂倾向	齿轮、齿条、蜗轮、蜗杆，防弹玻璃，电容器等
共聚丙烯腈-丁二烯-苯乙烯（ABS）	$\left[(CH_2—\underset{CN}{CH})_x(CH_2—CH=CH—CH_2)_y$ $(CH_2—\underset{C_6H_5}{CH})_z \right]_n$	1.02~1.08	34.3~61.8	0.6~5.2	较好的综合性能，耐冲击，尺寸稳定性好	齿轮、泵叶轮、轴承、仪表盘、仪表壳、管道、容器、飞机隔音板等

（续）

名称（代号）	结　构　式	密度/(g/cm^3)	抗拉强度/MPa	缺口冲击韧度/(J/cm^2)	特　点	应用举例
聚四氟乙烯（F-4）	$\{CF_2-CF_2\}_n$	2.11～2.19	15.7～30.9	1.6	优异的耐腐蚀、耐老化及电绝缘性，吸水性小，可在 -180～+250℃长期使用。但加热后粘度大，不能注射成型	化工管道泵、内衬、电气设备隔离防护屏等
聚甲基丙烯酸甲酯（有机玻璃）（PMMA）	$\{CH_2-C(CH_3)(COOCH_3)\}_n$	1.19	60～70	1.2～1.3	透明度高，密度小，高强度，韧性好，耐紫外线和防大气老化，但硬度低，耐热性差，易溶于极性有机溶剂	光学镜片、飞机座舱盖、窗玻璃、汽车风窗玻璃、电视屏幕等
酚醛（PF）	OH-苯环—CH_2 $\{$ OH-苯环—$CH_2\}_n$ OH-苯环	1.24～2.0	35～140	0.06～2.17	力学性能变化范围宽，耐热性、耐磨性、耐腐蚀性能好，良好的绝缘性	齿轮、耐酸泵、制动片、仪表外壳、雷达罩等
环氧（EP）	$CH_2-CH-CH_2-O-$（环氧基）苯环$-C(CH_3)_2-$苯环 $[O-CH_2-CH(OH)-CH_2-$ 苯环 $-C(CH_3)_2-$ 苯环 $]_n$	1.1	69	0.44	比强度高，耐热性、耐腐蚀性、绝缘性能好，易于加工成型，但价格昂贵	模具、精密量具、电气和电子元件等

2. 常用热塑性工程塑料

（1）聚酰胺　商品名称为尼龙或锦纶，它是以线型晶态聚酰胺树脂为基的塑料，是最早发现的能承受载荷的热塑性塑料，也是目前机械工业中应用较广泛的一种工程塑料。

尼龙具有较高的强度和韧性，低的摩擦因数，有自润滑性，其耐磨性比青铜好，适于制造耐磨的机器零件，如齿轮、蜗轮、轴承、凸轮、密封圈、耐磨轴套、导板等。但尼龙吸水性较大，影响尺寸稳定性。长期使用的工作温度一般在 100℃以下，当承受较大载荷时，使用温度应降低。

尼龙的发展很快，品种约有几十个品种。常用的有尼龙 6、尼龙 66、尼龙 610、尼龙 1010 等。尼龙后面的数字代表链节中碳原子个数。如尼龙 6 即是由含 6 个碳原子的己内酰胺聚合而成；尼龙 610 表示由两种低分子化合物即含 6 个碳原子的己二胺与含 10 个碳原子的癸二酸缩合而成。

尼龙 1010 是我国独创的一种工程塑料，用蓖麻油作原料，提取癸二胺及癸二酸再缩合而成，成本低、经济效果好。它的特点是自润滑性和耐磨性极好，耐油性好，脆性转化温度低（约在-60℃），机械强度较高，广泛用于机械零件和化工、电气零件。

铸造尼龙（MC 尼龙）也称单体浇铸尼龙，是用己内酰胺单体在强碱催化剂（如 NaOH）和一些助催化剂作用下，用模具直接聚合成型得到制品的毛坯件，由于把聚合和成型过程合在一起，因而成型方便、设备投资少，并易于制造大型机器零件。它的力学性能和物理性能都比尼龙 6 高，可制作几十千克的齿轮、蜗轮、轴承和导轨等。

芳香尼龙是由芳香胺和芳香酸缩合而成。具有耐磨、耐热、耐辐射和突出的电绝缘性能，在 95%相对湿度下不受影响，能在温度 200℃下长期工作，是尼龙中耐热性最好的一种。可用于在高温下的耐磨零件、绝缘材料和宇宙服。

（2）聚甲醛　聚甲醛是继尼龙之后，1959 年投入工业生产的一种高强度工程塑料。它是没有侧基、高密度、高结晶性的线性聚合物，以聚甲醛树脂为基的塑料，结晶度约为 75%，有明显的熔点（180℃）。聚甲醛的耐疲劳性在所有热塑性塑料中是最高的。其弹性模量高于尼龙 66、ABS、聚碳酸酯，同时具有优良的耐磨性和自润滑性，对金属的摩擦因数小。此外，还有好的耐水、耐油、耐化学腐蚀和绝缘性。缺点是热稳定性差、易燃，长期在大气中曝晒会老化。

聚甲醛塑料价格低廉，且综合性能好，故可代替有色金属及合金，并逐步取代尼龙制作各种机器零件，尤其适于制造不允许使用润滑油的齿轮、轴承和衬套等。工业上应用日益广泛。

（3）聚砜　它是以线型非晶态聚砜树脂为基的塑料，它有许多优良性能，最突出的是耐热性好，使用温度最高可达 150～165℃，蠕变抗力高，尺寸稳定性好。聚砜的强度高、弹性模量大，而且随温度升高，力学性能变化缓慢。脆性转变温度低（约为-100℃），所以聚砜的使用温度范围宽。无论在水中还是在190℃的高温下，聚砜均能保持高的介电性能。其缺点是加工性能不够理想，要求在 330～380℃的高温下进行成型加工，而且耐溶剂性能也差。

聚砜可作高强度、耐热、抗蠕变的结构零件、耐腐蚀零件和电气绝缘件，如精密齿轮、凸轮、真空泵叶片，制造各种仪表的壳体、罩等。在电气、电子工业中用作集成电路板、印制电路板、印制线路薄膜等。也可作洗衣机、家庭用具、厨房用具和各种容器。聚砜性能优良且成本低，是一种有发展前途的塑料。

（4）聚碳酸酯　它是以线型部分晶态聚碳酸酯树脂为基的塑料。具有优异的冲击韧度和尺寸稳定性，较好的耐低温性能，使用温度范围为-100～130℃，良好的绝缘性和加工成型性。聚碳酸酯透明，具有高透光率，加入染色剂可染成色彩鲜艳的装饰塑料。缺点是化学稳定性差，易受碱、胺、酮、酯，芳香烃的浸蚀，在四氯化碳中会发生“应力开裂”现象。

聚碳酸酯用途十分广泛，可作机械零件，如齿轮、齿条、蜗轮和仪表零件及外壳，利用其透明性可以作防弹玻璃、灯罩、防护面罩、安全帽、机器防护罩及其他高级绝缘零件。

（5）ABS 塑料　它是以丙烯腈（A）-丁二烯（B）-苯乙烯（S）三元共聚物 ABS 树脂为基的塑料，因此兼有三种组元的特性。聚丙烯具有高的硬度和强度，耐油性和耐蚀性好；聚丁二烯具有高的弹性、韧性和耐冲击的特性；聚苯乙烯具有良好的绝缘性、着色性和成型加工性。所以使 ABS 塑料成为一种“质坚、性韧、刚性大”的优良工程塑料。缺点是耐高温、

耐低温性能差，易燃，不透明。

在ABS树脂生产中三种组元的配比可以调配，树脂的性能也随成分的改变而变化，因而可以制成各种品级的ABS树脂，适应不同需求。

ABS塑料在工业上应用极为广泛，制作收音机、电视机及其他通信装置的外壳，汽车的转向盘、仪表盘，机械中的手柄、齿轮、泵叶轮，各类容器、管道，飞机舱内装饰板、窗框、隔音板等。

(6) 氟塑料　氟塑料是含氟塑料的总称，其中有聚四氟乙烯、聚三氟乙烯和聚全氟乙丙烯等。氟塑料与其他塑料相比，具有更优越的耐蚀性，耐高温、低温，使用温度范围宽，摩擦因数小和有自润滑性，不易老化，是良好的耐辐射和耐低温材料。其中尤以聚四氟乙烯最突出。

聚四氟乙烯是线型晶态高聚物，结晶度为55%~75%，理论熔点为327℃，具有极优越的化学稳定性、热稳定性和良好的电性能。它不受任何化学试剂的浸蚀，即使在高温下的强酸（甚至王水）、强碱、强氧化剂中也不受腐蚀，故有“塑料王”之称。它的热稳定性和耐寒性都好，在-195~250℃范围内长期使用，其力学性能几乎不发生变化。它的摩擦因数小（只有0.04），并有自润滑性。它的吸水性小，在极潮湿的条件下仍能保持良好的绝缘性能，它的介电性能既与频率无关，也不随温度而改变。其缺点是强度较低，尤其是耐压强度不高。在温度高于390℃时，它分解挥发出毒性气体，它的加工成型性较差，加热至450℃，也不会从高弹态变为粘流态，因此不能用注射法成型。

聚四氟乙烯主要用于减摩密封零件，如垫圈、密封圈、密封填料、自润滑轴承、活塞环等。化工工业中的耐腐蚀零件，如管道、内衬材料、泵、过滤器等。电工和无线电技术中，作为良好的绝缘材料，可作高频电缆、电容线圈、电机槽的绝缘，在医疗方面，用它制作代用血管、人工心肺装置，这是由于它对生理过程没有任何作用。

(7) 聚甲基丙烯酸甲酯　它俗称有机玻璃，它的比密度小（1.18），高度透明，透光率为92%，比普通玻璃透光率（88%）还高，具有高强度和韧性，不易破碎，耐紫外线和大气老化，易于成型加工。但其硬度不如普通玻璃高，耐磨性差，易溶于极性有机溶剂，耐热性差，一般使用温度不超过80℃，导热性差，膨胀系数大。

有机玻璃主要用于制作有一定透明度和强度要求的零件，如飞机座舱盖、窗玻璃，仪表外壳，灯罩，光学镜片，汽车风窗玻璃等。在眼科医疗中，常用其制作人工晶状体。由于其着色性好，也常用于各种装饰品和生活用品。

3. 常用热固性工程塑料

(1) 酚醛塑料　它是由酚类和醛类化合物在酸性或碱性催化剂作用下，经缩聚反应而得到的合成树脂，其中由苯酚和甲醛缩聚而成的树脂应用最广。以非晶态酚醛树脂为基，再加入木粉、纸、玻璃布、布、石棉等填料经固化处理而形成交联型热固性塑料。

根据所加填料的不同，酚醛塑料有粉状酚醛塑料，通常称胶木粉（或电木粉），供模压成型用；根据纤维填料不同，纤维状酚醛塑料又分棉纤维酚醛塑料、石棉纤维酚醛塑料、玻璃纤维酚醛塑料等；层压酚醛塑料是由浸渍过液态酚醛树脂的片状填料制成的，根据填料的不同又有纸层酚醛塑料、布层酚醛塑料和玻璃布层酚醛塑料（即玻璃钢）等。

酚醛塑料具有一定机械强度，层压塑料的抗拉强度可达140MPa，刚度大，制品尺寸稳定，有良好的耐热性，可在110~140℃下使用，而且具有较高的耐磨性、耐蚀性及良好的绝缘性。在电器工业中用于制作电器开关、插头、外壳和各种电气绝缘零件，在机械工业中主要制造齿轮、凸轮、带轮、轴承、垫圈、手柄等。此外用它作为化工用耐酸泵、宇航工业中瞬时耐高温和烧蚀的结构材料。

但是酚醛塑料（电木）性脆易碎，抗冲击强度低，在阳光下易变色，因此多作成黑色、棕色或黑绿色。

(2) 环氧塑料　它是以非晶态环氧树脂为基，再加入增塑剂、填料及固化剂等添加剂制成的热固性塑料。具有比强度高，耐热性、耐蚀性、绝缘性和加工成型性好等特点。缺点是成本高，所用的固化剂有毒性。

环氧塑料主要用于制造塑料模具、精密量具和各种绝缘器件，也可以制作层压塑料、浇注塑料等。

4. 常用塑料的成型与加工方法

塑料制品和零件的生产和金属零件一样，根据使用要求进行结构设计、选择树脂品种和添加剂成分，通过成型加工和后续加工，制成一定尺寸和形状的制品或零件。塑料成型是指将原料（树脂与各种添加剂的混合料或压缩粉），在一定温度和压力下塑制成一定形状的制品的过程。塑料加工则是指将成型后的塑料制品再经后续加工（切削、焊接、表面涂覆等）制成成品零件的工艺过程。

目前塑料的成型与加工方法很多，本节仅就主要成型与加工方法作扼要介绍。

(1) 几种常用成型方法

1) 注射成型法。过去又称注塑成型。这种方法是在专门的注射机上进行，如图 7-7 所示。将颗粒或粉状塑料置于注射机的料筒内加热熔融，以推杆或旋转螺杆施加压力，使熔融塑料自料筒末端的喷嘴，以较大的压力和速度注入闭合模具型腔内成型，然后冷却脱模，即可得到所需形状的塑料制品。注射成型是热塑性塑料主要成型方法之一，近来也有用于热固性塑料的成型。此法生产率很高，可以实现高度机械化、自动化生产，制品尺寸精确，可以生产形状复杂、壁薄和带金属嵌件的塑料制品，适用于大批量生产。

2) 模压成型法。是塑料成型中最早的一种方法，如图 7-8 所示。它是将粉状、粒状或片状塑料放在金属模具中加热软化，在液压机的压力下充满模具成型，同时发生交联反应而固化，脱模后即得压塑制品。模压法通常用于热固性塑料的成型，有时也用于热塑性塑料，如聚四氟乙烯由于熔液粘度极高，几乎没有流动性，故也采用模压法成型。模压法特别适用于形状复杂的或带有复杂嵌件的制品，如电器零件、电话机件、收音机外壳、钟壳或生活用具等。

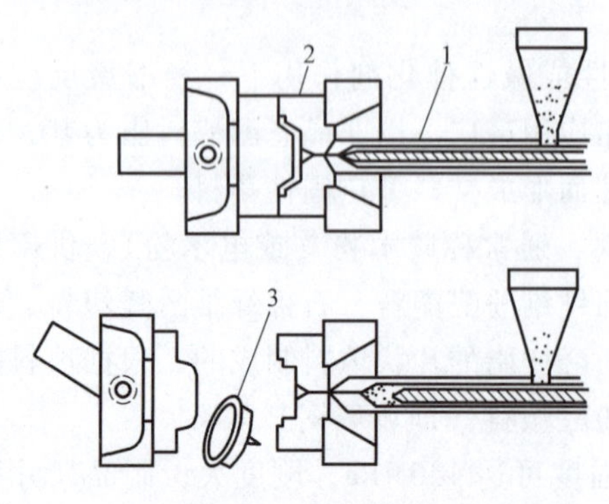

图 7-7　注射成型示意图

1—注射机　2—模具　3—制品

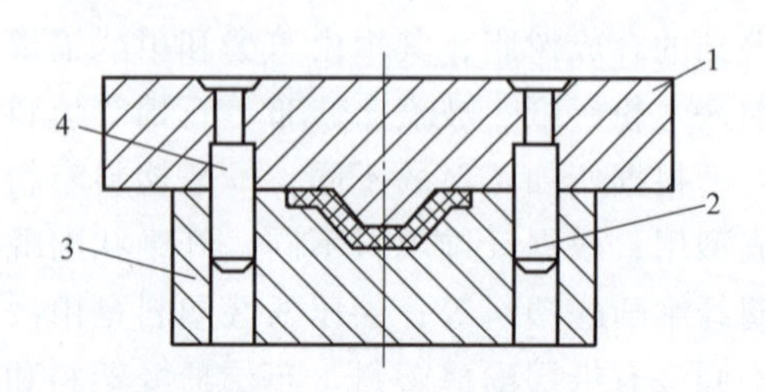

图 7-8　模压成型示意图

1—上模　2、4—导柱　3—下模

3）浇注成型法。又称浇塑法。类似于金属的浇注成型。它有静态铸型、嵌铸型和离心铸型等方式。它是在液态的热固性或热塑性树脂中加入适量的固化剂或催化剂，然后浇入模具型腔中，在常压或低压下，常温或适当加热条件下，固化或冷却凝固成型。这种方法设备简单，操作方便，成本低，便于制作大型制件。但生产周期长，收缩率较大。

4）挤压成型法。又称挤塑成型，它与金属型材挤压的原理相同。将原料放在加压筒内加热软化，用加压筒中的螺旋杆的挤压力，使塑料通过不同型孔或口模连续地挤出，以获得不同形状的型材，如管、棒、条、带、板及各种异型断面型材。挤压成型法用于热塑性塑料各种型材的生产，一般需经二次加工才制成零件。

此外，还有吹塑、层压、真空成型、模压烧结等成型方法，以适应不同品种塑料和制品的需要。

（2）塑料的加工　塑料加工即是塑料成型后的再加工，亦称二次加工，主要工艺方法有机械加工、连接和表面处理。

塑料的机械加工与金属的切削工艺方法与设备相同，只是由于塑料的切削工艺性能与金属不同，因此所用的切削用量等工艺参数与刀具几何形状及操作方法与金属切削有所差异。塑料可以进行车、铣、刨、钻、镗、锉、锯、铰、攻螺纹等。由于塑料的强度、硬度低，导热性差，弹性大，加工时易引起工件变形和开裂分层，因此要求切削刀具的前角与后角要大，刃口锋利，切削时要充分冷却，装夹时不宜过紧，切削速度要高，进给量要小，以获得光洁表面。

塑料型材或零件，通过各种连接方法，可以将小而简单的构件组合成大而复杂的构件。除用机械连接外，主要是用热熔粘接（即焊接）、溶剂粘接或胶粘剂粘接等方法。

塑料零件的表面处理主要是涂覆、浸渍和镀金属，以改变塑料零件的表面性质，提高其抗老化、耐腐蚀能力，也可起着色装饰作用。

5. 几种类型零件的塑料选材

塑料在工业上的应用比金属材料历史要短得多，因此，塑料的选材原则、方法与过程，基本参照金属材料的做法。根据各种塑料的使用和工艺性能特点，结合具体的塑料零件结构设计，进行合理选材，尤应注意工艺和试用试验结果，综合评价，最后确定选材方案。以下介绍几种机械上常用零件的塑料选材。

（1）一般结构件　包括各类机械上的外壳、手柄、手轮、支架，仪器仪表的底座、罩壳、盖板等。这些构件使用时负荷小，通常只要求一定的机械强度和耐热性。因此，一般选用价格低廉、成型性好的塑料，如聚氯乙烯、聚乙烯、聚丙烯、聚苯乙烯、ABS 等。若制品常与热水或蒸汽接触或稍大的壳体构件要求有刚性时，可选用聚碳酸酯、聚砜；如要求透明的零件，可选用有机玻璃、聚苯乙烯或聚碳酸酯等。

（2）普通传动零件　包括机器上的齿轮、凸轮、蜗轮等。这类零件要求有较高的强度、韧性、耐磨性和耐疲劳性及尺寸稳定性。可选用的材料有：尼龙、MC 尼龙、聚甲醛、聚碳酸酯、夹布酚醛、增强增塑聚酯、增强聚丙烯等。如为大型齿轮和蜗轮，可选用 MC 尼龙浇注成型；需要高的疲劳强度时选用聚甲醛；在腐蚀介质中工作的可选用聚氯醚；聚四氟乙烯充填的聚甲醛可用于有重载摩擦的场合。

（3）摩擦零件　主要包括轴承、轴套、导轨和活塞环等，这类零件要求强度一般，但要具有摩擦因数小和良好的自润滑性，要求一定的耐油性和热变形温度，可选用的塑料有：

低压聚乙烯、尼龙1010、MC尼龙、聚氯醚、聚甲醛、聚四氟乙烯。由于塑料的热导率低，线膨胀系数大，因此，只有在低负荷、低速条件下才适宜选用。

(4) 耐蚀零件　主要应用在化工设备上，在其他机械工程结构中应用也甚广。由于不同塑料品种其耐蚀性能各不相同，因此，要依据所接触的不同介质来选择。全塑结构的耐蚀零件，还要求较高的强度和抗热变形的性能。常用的耐蚀塑料有：聚丙烯、硬聚氯乙烯、填充聚四氟乙烯、聚全氟乙丙烯、聚三氟氯乙烯等。还有的耐蚀工程结构采用塑料涂层结构或多种材料的复合结构，既保证了工作面的耐蚀性，又提高了支撑强度和节约材料。通常选用热膨胀系数小、粘附性好的树脂及其玻璃钢作衬里材料。

(5) 电器零件　塑料用作电器零件，主要是利用其优异的绝缘性能（除填充导电性填料的塑料）。用于工频低压下的普通电器元件的塑料有：酚醛塑料、氨基塑料、环氧塑料等；用于高压电器的绝缘材料要求耐压强度高、介电常数小、抗电晕及优良的耐候性，常用的塑料有：交联聚乙烯、聚碳酸酯、氟塑料和环氧塑料等；用于高频设备中的绝缘材料有：聚四氟乙烯、聚全氟乙丙烯及某些纯碳氢的热固性塑料，也可选用聚酰亚胺、有机硅塑料、聚砜、聚丙烯等。

二、常用橡胶材料

1. 橡胶的组成、种类及性能

橡胶是一种具有高弹性的有机高分子材料。橡胶制品主要组分是由生胶、各种配合剂和增强材料三部分组成。

生胶为未加配合剂的橡胶，是橡胶制品的主要组分，使用不同的生胶可以制成不同性能的橡胶制品。

配合剂的加入，可以提高橡胶制品的使用性能和改善加工工艺性能。主要配合剂有硫化剂、硫化促进剂、增塑剂、补强剂、防老化剂、着色剂、增容剂等。每种配合剂都有其特殊作用，如硫化剂使橡胶分子之间产生交联，形成三维网状结构，变为具有高弹性的硫化胶。增塑剂能使橡胶增加塑性，使橡胶易于加工等等。此外，还有能赋予制品特殊性能的其他配合剂，如发泡剂、电性调节剂等。

增强材料主要有各种纤维织品、帘布及钢丝等，其主要作用是增加橡胶制品的强度并限制其变形，如轮胎中的帘布。

橡胶制品生产的基本过程包括：生胶的塑炼、胶料的混炼、压延、压出和制品的硫化。

橡胶按原料来源分为天然橡胶和合成橡胶两大类；按应用范围又分为通用橡胶和特种橡胶两大类。通用橡胶是指用于制造轮胎、工业用品、日常生活用品等量大面广的橡胶；特种橡胶是指用在特殊条件（如高温、低温、酸、碱、油、辐射等）下使用的橡胶制品。常用橡胶的种类、用途和性能如表7-2所示，表中丁基橡胶、氯丁橡胶、乙丙橡胶既属于通用橡胶，又可属于特种橡胶，可见二者之间并无明显的界限。

高弹性是橡胶突出的特性，这与其分子结构有关。橡胶只有经过硫化处理才能使用，因为硫化将橡胶由线型高分子交联成为网状结构，使橡胶的塑性降低、弹性增加、强度提高、耐溶剂性增强，扩大高弹态温度范围。此外，橡胶还具有良好的绝缘性、耐磨性、阻尼性和隔音性。

还可以通过添加各种配合剂或者经化学处理使其改性，以满足某些性能的要求，如耐辐射、导电、导磁等特性。

表 7-2　橡胶的种类、性能和用途

性能	通用橡胶						特种橡胶				
	天然橡胶 NR	丁苯橡胶 SBR	顺丁橡胶 BR	丁基橡胶 HR	氯丁橡胶 CR	乙丙橡胶 EPDM	聚氨酯 UR	丁腈橡胶 NBR	氟橡胶 FPM	硅橡胶	聚硫橡胶
抗拉强度/MPa	25~30	15~20	18~25	17~21	25~27	10~25	20~35	15~30	20~22	4~10	9~15
伸长率	650%~900%	500%~800%	450%~800%	650%~800%	800%~1000%	400%~800%	300%~800%	300%~800%	100%~500%	50%~500%	100%~700%
抗撕性	好	中	中	中	好	好	中	中	中	差	差
使用温度上限/℃	<100	80~120	120	120~170	120~150	150	80	120~170	300	-100~300	80~130
耐磨性	中	好	好	中	中	中	好	中	中	差	差
回弹性	好	中	好	中	中	中	中	中	中	差	差
耐油性		—	—	中	好	—	好	好	好	—	好
耐碱性	—	—	—	好	好	—	差	—	好	—	好
耐老化	—	—	—	好	—	好	—	—	好	—	好
成本	—	高	—	—	高	—	—	—	高	高	
使用性能	高强 绝缘 防震	耐磨	耐磨 耐寒	耐酸碱 气密 防震 绝缘	耐酸 耐碱 耐燃	耐水 绝缘	高强 耐磨	耐油 耐水 气密	耐油 耐酸碱 耐热 真空	耐热 绝缘	耐油 耐酸碱
工业应用举例	通用制品、轮胎	通用制品、胶布、胶板、轮胎	轮胎、耐寒运输带	内胎、水胎、化工衬里、防振品	管道、胶带	汽车配件、散热管、电绝缘件	实心胎胶辊、耐磨件	耐油垫圈、油管	化工衬里、高级密封件、高真空胶件	耐高低温零件、绝缘件	丁腈改性用

2. 天然橡胶

天然橡胶是由橡树流出的胶乳，经过凝固、干燥、加压制成片状生胶，再经硫化处理成为可以使用的橡胶制品。

天然橡胶有较好的弹性，抗拉强度可达25~35MPa，有较好的耐碱性能，是电绝缘体。缺点是耐油和耐溶剂性能差，耐臭氧老化较差，不耐高温，使用温度在-70~110℃范围。天然橡胶广泛用于制造轮胎、胶带、胶管、胶鞋等。

3. 通用合成橡胶

通用合成橡胶品种很多，介绍如下常用的几种。

(1) 丁苯橡胶　它是由丁二烯和苯乙烯共聚而成，是合成橡胶中产量最大的通用橡胶。

丁苯橡胶的品种很多，主要有丁苯-10、丁苯-30、丁苯-50等。短线后的数字表示苯乙烯的含量，一般来说，苯乙烯含量越多，橡胶的硬度、耐磨性、耐蚀性越高，但弹性、耐寒性越差。

丁苯橡胶强度较低，成型性较差，制成的轮胎的弹性不如天然橡胶，但其价格便宜，并能以任何比例与天然橡胶混合。它主要与其他橡胶混合使用，可代替天然橡胶，广泛用于制造轮胎、胶带、胶鞋等。

(2) 顺丁橡胶　它是由丁二烯单体聚合而成。顺丁橡胶的弹性、耐磨性、耐热性、耐寒性均优于天然橡胶，是制造轮胎的优良材料，其缺点是强度较低，加工性能差，抗撕性差。主要用于制造轮胎，也可制作胶带、减振器、耐热胶管、电绝缘制品、V带等。

(3) 氯丁橡胶　它是由氯丁二烯聚合而成。氯丁橡胶不仅具有可与天然橡胶相比拟的高弹性、高绝缘性、较高强度和高耐碱性，并且具有天然橡胶和一般通用橡胶所没有的优良性能，即耐油、耐溶剂、耐氧化、耐老化、耐酸、耐热、耐燃烧、耐挠曲等性能，故有“万能橡胶”之称。缺点是耐寒性差，密度大，生胶稳定性差。

氯丁橡胶应用广泛，由于其耐燃烧，一旦燃烧能放出HCl气体阻止燃烧，故是制造耐燃橡胶制品的主要材料，如制作地下矿井的运输带、风管、电缆包皮等。还可作输送油或腐蚀介质的管道、耐热运输带、高速V带及垫圈。

(4) 乙丙橡胶　它是由乙烯和丙烯共聚而成，乙丙橡胶的原料丰富、价廉、易得。由于其分子链中不含双键，故结构稳定，比其他通用橡胶有更多的优点。它具有优异的抗老化性能，抗臭氧的能力比普通橡胶高百倍以上。绝缘性、耐热性、耐寒性好，使用温度范围宽(-60~150℃)，化学稳定性好，对各种极性化学药品和酸、碱有较大的耐蚀性，但对碳氢化合物的油类稳定性差。主要缺点是硫化速度慢、粘结性差。用于制作轮胎、蒸汽胶管、胶带、耐热运输带、高电压电线包皮等。

4. 特种合成橡胶

特种橡胶种类很多，这里仅介绍常用的以下几种。

(1) 丁腈橡胶　它是由丁二烯和丙烯腈共聚而成，是特种橡胶中产量最大的品种。丁腈橡胶有许多种，其中主要是丁腈-18、丁腈-26、丁腈-40等。数字代表丙烯腈含量，其含量越高，则耐油性、耐溶剂和化学稳定性增加，强度、硬度和耐磨性提高，但耐寒性和弹性降低。丁腈橡胶的突出优点是耐油性好，同时具有高的耐热性、耐磨性、耐老化、耐水、耐碱、耐有机溶剂等优良性能。缺点是耐寒性差，其脆化温度为-10~-20℃，耐酸性差、绝缘性差，不能作绝缘材料。主要用于制作耐油制品，如油箱、贮油槽、输油管、油封、燃料液压泵、耐油输送带等。

(2) 硅橡胶　它是由二甲基硅氧烷与其他有机硅单体共聚而成。由于硅橡胶的分子主链是由硅原子和氧原子以单键连接而成，具有高柔性和高稳定性。

硅橡胶的最大特点是不仅耐高温，而且耐低温，使用温度在-100~350℃范围内保持良好弹性。还有优异的抗老化性能，对臭氧、氧、光和气候的老化抗力大。其绝缘性也很好。缺点是强度和耐磨性低，耐酸碱性也差，而且价格较贵。主要用于飞机和宇航中的密封件、薄膜、胶管等，也用于耐高温的电线、电缆的绝缘层，由于硅橡胶无味无毒，可用于制作食品工业用耐高温制品，医用人工心脏、人工血管等。

(3) 氟橡胶　它是以碳原子为主链、含有氟原子的高聚物。由于含有键能很高的碳氟键，故氟橡胶有很高的化学稳定性。

氟橡胶的突出优点是高的耐蚀性，它在酸、碱、强氧化剂中的耐蚀能力居各类橡胶之首，其耐热性也很好。最高使用温度为300℃，而且强度和硬度较高，抗老化性能强。其缺点是耐寒性差，加工性能不好，价格高。氟橡胶主要用于国防和高科技中，如高真空设备、火箭、导弹、航天飞行器的高级密封件、垫圈、胶管、减振元件等。

三、常用合成纤维

1. 纤维的分类

纤维是指长度与直径之比大于 100 甚至 1000，并具有一定柔韧性的物质。纤维分为两大类：一类是天然纤维，如棉花、羊毛、蚕丝和麻等；另一类是化学纤维，即用天然高聚物或合成高聚物经化学加工而制得的纤维。前者称为人造纤维，后者称为合成纤维。人造纤维若以含有纤维素的天然高聚物如棉短绒、木材、甘蔗渣、芦苇等为原料的，称为再生纤维素纤维；若以含有蛋白质的天然高聚物如玉米、大豆、花生、牛乳酪素等为原料的，称为再生蛋白质纤维。合成纤维根据合成高聚物大分子主链的化学组成，分为杂链纤维和碳链纤维两类。纤维的主要分类如图 7-9 所示。下面简要介绍合成纤维的加工过程及常用合成纤维。

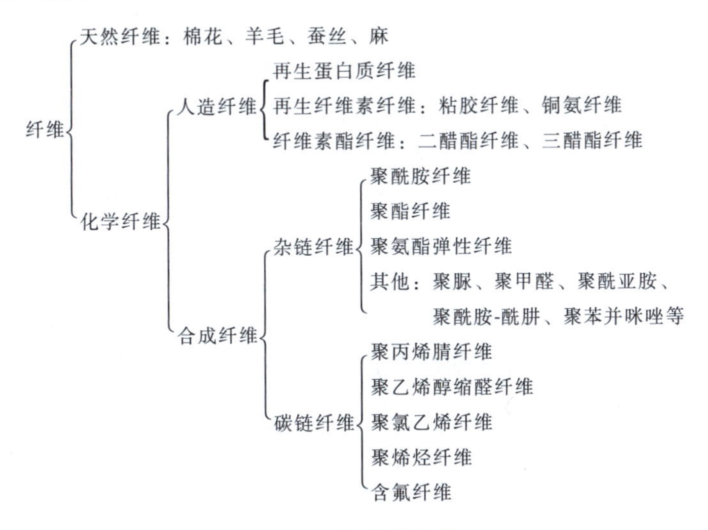

图 7-9　纤维的分类

2. 合成纤维的加工过程

合成纤维加工过程包括纺丝液制备、纺丝及后加工三个基本阶段。

（1）纺丝液制备　以石油、天然气、煤和石灰石等为原料，经过提炼和化学反应合成高聚物，如聚酯、聚酰胺、聚乙烯醇、聚丙烯、聚丙烯腈、聚氯乙烯、聚四氟乙烯等，这些高聚物就是合成纤维的原料，称为成纤高聚物，然后再将成纤高聚物熔融或溶解成粘稠的液体，即为纺丝液。

（2）纺丝　将纺丝液用纺丝泵连续、定量而均匀地从喷丝头小孔中压出，形成为粘稠液细流，再经空气、水或特定的凝固液中凝固成纤维，这个过程称为纺丝。合成纤维常用纺丝方法主要有熔体纺丝法和溶液纺丝法。熔体纺丝法是将高聚物加热熔融制成熔体，并经喷丝头喷成细流，在空气或水中冷却而凝固成纤维；溶液纺丝法是将高聚物溶解于溶剂中制成粘稠溶液，并经喷丝头喷成细流，通过凝固介质而凝固成纤维。在溶液纺丝法中，若凝固介质为液体，称为湿法纺丝；若凝固介质为热空气，称为干法纺丝。

3. 后加工

经纺丝制出的纤维，强度低、尺寸稳定性差，不能直接用于纺织加工制成织物，必须经过一系列后加工工序才能得到结构稳定、性能优良的纤维。后加工随合成纤维品种、纺丝方法和产品要求而异。例如短纤维的后加工包括集束、拉伸、水洗、上油、干燥、热定型、卷曲、切断、打包等一系列工序；长纤维的后加工包括拉伸、加捻、复捻、热定型、络丝、分级、包装等工序；弹力丝和膨体纱等还要进行特殊的后加工。不管哪种后加工，其中主要的工序是拉伸和热定型。

（1）拉伸　拉伸是将纤维导入拉伸机中进行伸长，通常熔纺纤维拉伸伸长3~7倍，湿纺纤维拉伸伸长8~12倍，高强度纤维拉伸伸长高达数十倍。其目的是使纤维的大分子链沿纤维轴向定向平行排列，以提高纤维的强度。例如尼龙的抗拉强度一般为70~80MPa，经拉伸工艺后，其抗拉强度高达470~570MPa。

（2）热定型　热定型是将拉伸后的纤维置于热水、蒸汽或热空气中。其目的是消除纤维的内应力，提高纤维的尺寸稳定性，降低纤维的热水或沸水收缩率，进一步改善纤维的使用性能。

4. 常用合成纤维

和天然纤维相比，合成纤维具有强度高、密度小、弹性好、耐磨、耐酸碱、保暖、不霉烂、不被虫蛀等优点。除广泛用作衣料等生活用品外，在工农业、国防等部门也有许多重要用途，如大量用于汽车和飞机轮胎帘子线、渔网、索桥、船缆、降落伞及绝缘布等，是一种发展迅速的高分子材料，过去20年中每年以20%的增长率发展。

合成纤维品种繁多，大规模生产的约有近40种，其中发展最快、占合成纤维总产量90%以上的是六大纶，即涤纶（聚酯纤维）、锦纶（聚酰胺纤维）、腈纶（聚丙烯腈纤维）、维纶（聚乙烯醇纤维）、丙纶（聚丙烯纤维）、氯纶（聚氯乙烯纤维）。下面简要介绍这六种合成纤维的主要特点和用途。

（1）涤纶　涤纶又称的确良，为聚酯纤维，由聚酯树脂经熔体纺丝和后加工而制成。其主要特点是纤维结晶度高，强度高，弹性好（为棉花的3倍，接近羊毛），弹性模量大，不易变形（即使受力变形也易恢复），抗冲击性能好（为锦纶的5倍），耐磨性好（仅次于锦纶），耐光性、化学稳定性好，吸水性小和电绝缘性好，不发霉、不被虫蛀。由涤纶纤维织成的纺织品抗皱性和保形性好、免熨、易洗易干，这就是涤纶织品畅销的原因，也是涤纶问世仅20多年而发展速度已跃居合成纤维首位的原因。涤纶除大量用作纺织材料外，工业上广泛用于制作运输带、传动带、轮胎帘子线、帆布、绳索、渔网及电器绝缘材料等，医学上还可作人工血管等。

（2）锦纶　锦纶又称尼龙，为聚酰胺纤维，由聚酰胺树脂经熔体纺丝和后加工而制成。其主要特点是密度小，强度高（为棉花的3~4倍），弹性和耐疲劳性好（比棉花高7~8倍），耐磨性好（为棉花的10倍、羊毛的20倍），耐碱性和电绝缘性好，柔软，不发霉，不被虫蛀，染色性好。其缺点是耐酸、耐热、耐光等性能较差，弹性模量低，容易变形，用锦纶做成的服装和针织品不挺括。锦纶除用于制作弹力丝袜和针织内衣、手套外，多用于制作轮胎帘子线、降落伞、宇航飞行服、渔网等。

（3）腈纶　腈纶又称奥纶，为聚丙烯腈纤维，由聚丙烯腈树脂经溶液纺丝和后加工而制成。其主要特点是质量轻，柔软，保暖性好（俗称人造羊毛），密度比羊毛小，强度比羊毛高1~2.5倍，吸湿性小，耐光性好，不发霉，不被虫蛀。其缺点是耐磨性差，受摩擦后表面易起球。腈纶主要用于制作毛线和膨体纱及军用帆布和帐篷、幕布、船帆等织物，还可与羊毛混纺，织成各种衣料。

（4）维纶　维纶又称维尼纶，为聚乙烯醇纤维，由聚乙烯醇树脂经溶液纺丝和后加工制成。其特点是柔软，保暖，吸湿性好（与棉花相近，俗称人造棉），强度较高（为棉花的2倍），耐磨性、耐酸碱性好，透气性好，耐日晒，不发霉，不被虫蛀。其缺点是弹性和抗皱性差，做成的服装外观不挺括。维纶除用于制作针织内衣外，主要用于制成背包、床单、窗帘、帆布、输送带和包装材料等。

（5）丙纶　丙纶为聚丙烯纤维，由聚丙烯树脂经熔体纺丝和后加工而制成。其主要特点是密度小，质量比腈纶还轻，强度高，弹性好（仅次于锦纶），吸湿性小，耐酸碱和耐磨性好。其缺点是耐光性和染色性差。丙纶主要用于制作军用蚊帐、衣料、毛毯、地毯、降落伞、工作服、渔网、医用纱布、手术衣和包装薄膜等。

（6）氯纶　氯纶为聚氯乙烯纤维，由聚氯乙烯树脂经溶液纺丝和后加工制成。氯纶的特点是弹性、耐磨性、保暖性好，不易燃，化学稳定性好，能耐强酸和强碱腐蚀，耐光性、耐水性和电绝缘性好，不发霉，不被虫蛀。其缺点是耐热性差，当温度达65～70℃时纤维开始收缩，故氯纶织物不能用沸水洗涤，也不能接近高温热源。氯纶除制作衣料、针织内衣外，主要用于制作消防防火衣、化工防火和防腐工作服、手套等劳保用品，以及绝缘布、窗帘、地毯、渔网、绳索等。

此外，合成纤维在水利电力工程上的应用也在不断增多，除用作电器绝缘材料外，还可以做成塑料涂层织物用作人工堤坝和反滤层，或做成纤维增强混凝土，提高混凝土的抗裂性和冲击韧性，例如聚丙烯纤维（丙纶）增强混凝土具有较高的抗爆能力和抗冲击性能；也可以用作人工海草和网坝，在海滩上可起缓流促淤作用，从而围垦土地。

常用六种合成纤维的性能和用途如表7-3所示。

表7-3　常用六种合成纤维的性能和用途

化学名称		聚酯纤维	聚酰胺纤维	聚丙烯腈纤维	聚乙烯醇纤维	聚丙烯纤维	聚氯乙烯纤维
商品名称		涤纶（的确良）	锦纶（尼龙）	腈纶（人造毛）	维纶（人造棉）	丙纶	氯纶
产量（占合成纤维的百分数）		>40	30	20	1	5	1
强度	干态	中	优	优	中	优	优
	湿态	中	中	中	中	优	中
相对密度/g·cm^{-3}		1.38	1.14	1.14～1.17	1.26～1.3	0.91	1.39
吸湿率(%)		0.4～0.5	3.5～5	1.2～2.0	4.5～5	0	0
软化温度/℃		238～240	180	190～230	220～230	140～150	60～90
耐磨性		优	最优	差	优	优	中
耐日光性		优	差	最优	优	差	中
耐酸性		优	中	优	中	中	优
耐碱性		优	优	优	优	优	优
特点		挺括不皱、耐冲击、耐疲劳	结实耐用	蓬松耐晒	成本低	轻、坚固	耐磨不易燃
工业应用举例		高级帘子布、渔网、缆绳、帆布	2/3用于工业帘子布、渔网、降落伞、运输带	制作碳纤维及石墨纤维的原料	2/3用于工业帆布、过滤布、渔具、缆绳	军用被服、绳索、渔网、水龙带、合成纸	导火索皮、口罩、帐幕、劳保用品

四、常用合成胶粘剂

1. 胶粘剂的分类

胶粘剂又称胶合剂，它是一种通过粘附作用，使同质或异质材料紧密地结合在一起，并在胶接面上有一定强度的物质。胶粘剂分类方法有两种：①按胶接强度分类，可分为结构型胶粘剂、非结构型胶粘剂及次结构型胶粘剂三类，它们的胶接强度以结构型最高、次结构型次之、非结构型最低；②按主要组成成分分类，可分为有机胶粘剂和无机胶粘剂两大类，其中有机胶粘剂又分为天然胶粘剂（包括动物胶如骨胶、鱼胶、虫胶等和植物胶如树胶、淀粉、松香等）和合成胶粘剂（包括树脂型胶粘剂、橡胶型胶粘剂和混合型胶粘剂）。胶粘剂的主要类型如图 7-10 所示。

合成胶粘剂是以合成高聚物为基料，再加入添加剂如增塑剂及增韧剂、填料、溶剂、稀释剂、稳定剂、偶联剂、防老剂和色料而制得。下面简要介绍常用合成胶粘剂及其选用和胶接工艺。

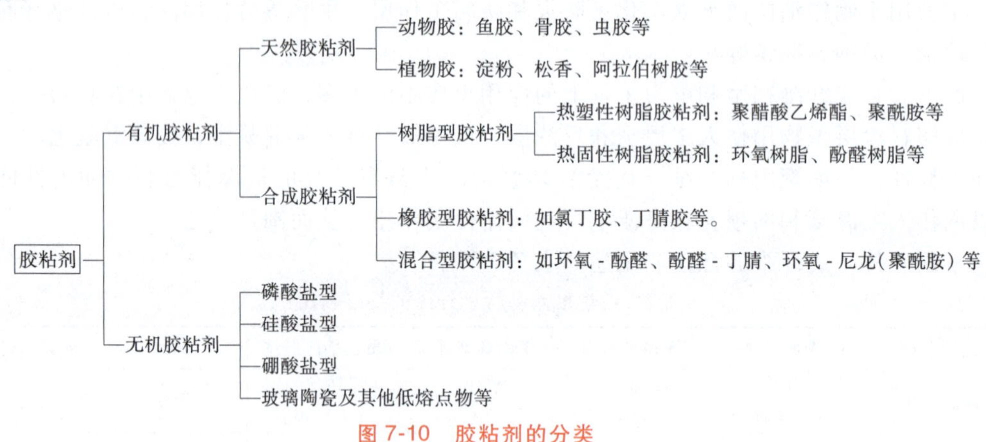

图 7-10 胶粘剂的分类

2. 常用合成胶粘剂

（1）树脂型胶粘剂 它又分为热塑性树脂胶粘剂和热固性树脂胶粘剂。

1）热塑性树脂胶粘剂。热塑性树脂胶粘剂是以热塑性树脂为基料，与溶剂配制成溶液或直接通过熔化的方式而制得。这类胶粘剂的特点是柔韧性好，耐冲击性能好，初粘能力强，使用方便，容易保存。其缺点是耐溶剂性和耐热性较差，强度和抗蠕变性能低。

聚醋酸乙烯酯胶粘剂是一种常用的热塑性树脂胶粘剂，它是以聚醋酸乙烯酯树脂为基料，加入添加剂而制得。可以将其配制成乳液胶粘剂、溶液胶粘剂或直接熔化为热熔胶，其中乳液胶粘剂具有胶接强度好、粘度低、使用方便、无毒、不燃等优点，是最重要、使用最多的一种聚醋酸乙烯酯胶粘剂。这类胶粘剂适宜于胶接多孔性、易吸水的材料，如纸张、木材、纤维织物，也可用于塑料及铝箔等的胶接，在装订、包装、无纺布制造、家具生产以及铺贴瓷砖、塑料地板和墙纸等方面得到广泛应用，是一种用途很广的非结构型胶粘剂。

2）热固性树脂胶粘剂。热固性树脂胶粘剂是以热固性树脂为基料，加入添加剂而制得。使用时加入固化剂，在一定固化条件下通过化学反应或交联成体型结构的胶层来进行胶接。这类胶粘剂的特点是胶接强度高、硬度高、耐热性和耐溶剂性好及抗蠕变性能好。其缺

点是起始胶接力较小，固化时容易产生体积收缩和内应力，需要加入填料以克服这些缺陷。

环氧树脂胶粘剂是一种常用的热固性树脂胶粘剂，它是以环氧树脂为基料的胶粘剂。其特点是粘附力强，对金属、陶瓷、塑料、木材、玻璃等都能胶接，被称为“万能胶”；胶接强度高，不易断裂；化学稳定性和绝缘性好；吸水性小；工艺性能好，固化速度快，收缩率低（<2%）。其缺点是耐热性不高，耐紫外线性能差，部分添加剂有毒。另外，因固化速度快，保存期短，加入固化剂后应尽快使用。环氧树脂胶粘剂常用于胶接各种金属和非金属材料，在机械、电子、化工、航空、建筑等工业部门得到广泛应用。

（2）橡胶类胶粘剂　橡胶类胶粘剂是以合成橡胶（如氯丁橡胶、丁腈橡胶、丁基橡胶、聚硫橡胶）和天然橡胶为基料，再加入添加剂配制成的胶粘剂。这类胶粘剂的特点是弹性好，剥离强度较高。其缺点是抗拉强度和抗剪强度较低，耐热性较差。橡胶类胶粘剂适合于胶接柔软材料以及热膨胀系数相差很大的材料。

橡胶类胶粘剂的典型代表是氯丁橡胶胶粘剂和丁腈橡胶胶粘剂。氯丁橡胶胶粘剂是以氯丁橡胶为基料，再加入填料、硫化剂、溶剂等添加剂配制而成。其特点是粘附性好、耐热性、耐油性、耐化学介质性能较好。其缺点是稳定性差，耐低温性能差。氯丁橡胶胶粘剂为非结构性胶粘剂，主要用于橡胶与橡胶的胶接以及金属与非金属如塑料、橡胶等的胶接；丁腈橡胶胶粘剂是以丁腈橡胶为基料，再加入填料、硫化剂、溶剂等添加剂配制而成。其特点是耐油性好，耐热性、耐化学介质性能良好。适合于金属、塑料、橡胶、木材、织物等多种材料的胶接，在耐油胶接件中应用广泛，更适合于胶接其他胶粘剂难以胶接的聚氯乙烯塑料。

（3）混合型胶粘剂　混合型胶粘剂又称复合型胶粘剂，它是由不同种类的树脂或树脂与橡胶的混合物为基料的胶粘剂。

1）酚醛-聚乙烯醇缩聚胶粘剂。酚醛-聚乙烯醇缩聚胶粘剂简称酚醛-缩醛胶粘剂，它是以甲基酚醛树脂为主体，加入聚乙烯醇缩醛类树脂（如聚乙烯醇缩甲醛、缩丁醛、缩糠醛等）进行改性而成。它不仅具有酚醛树脂和聚乙烯醇缩醛树脂的优点，而且克服了酚醛树脂性脆和聚乙烯醇缩醛树脂耐热性差的缺点，因而表现出良好的综合性能。这类胶粘剂的特点是粘附性强，对金属和非金属都有很好的粘附性；胶接强度高，抗冲击和耐疲劳性能好；耐大气老化和耐水性好。酚醛-聚乙烯醇缩醛胶粘剂适合于胶接金属、陶瓷、玻璃、塑料及木材，是目前最通用的飞机结构胶之一，用于胶接飞机金属结构和蜂窝结构。此外，还适用于胶接汽车车身、制动片、内装饰板 、轴瓦，以及胶接印制电路板和导波元件等，是一种应用广泛的结构型胶粘剂。

近年来在酚醛-缩醛胶粘剂基础上加入环氧树脂，制得酚醉-缩醉-环氧胶粘剂，其胶接强度显著提高，耐热性、耐水性、耐老化性等性能进一步改善，是胶接铝、铜、钢等金属材料及玻璃钢等非金属材料的理想胶粘剂。

2）酚醛-丁腈胶粘剂。酚醛-丁腈胶粘剂是以酚醛树脂和丁腈橡胶为基料的胶粘剂，兼具酚醛树脂的耐热性和丁腈橡胶的柔韧性。其特点是胶接强度高，耐振动、抗冲击、韧性好，耐热性好，耐水、耐油、耐化学介质、耐大气老化等性能好。其缺点是固化条件严格，必须加压、加热才能固化。这类胶粘剂主要用于胶接金属和大部分非金属材料。例如汽车车身、内装饰板、制动片、飞机结构中的轻金属、印制电路板中的铜箔、层压板等的胶接，以及机械设备的修复等。

3. 胶粘剂的选用

胶粘剂的选用应综合考虑胶粘剂的性能，被胶接材料、使用条件、胶接工艺、经济性等方面的因素，合理选用。

(1) 胶粘剂的性能　胶粘剂的性能不仅与基料的性能有关，还与填料、固化剂、稀释剂、增韧剂、防老剂等添加剂的性能和数量有关。因此，不同品种的胶粘剂，其性能差异较大，即使同一基料的胶粘剂，其性能也因添加剂的不同而不同。显然，要做到正确选用胶粘剂，首先必须充分了解胶粘剂的品种、组成和性能参数。

(2) 被胶接材料　被胶接材料包括金属、陶瓷、玻璃、塑料、橡胶、皮革、竹木、织物、软质材料等各类材料。不但同一种胶粘剂对不同材料的粘合力各不相同，而且不同材料对胶粘剂的性能要求各不相同。例如就胶接强度而言，当橡胶与橡胶或橡胶与其他非金属材料胶接时，主要考虑剥离强度；当橡胶与金属胶接时，不仅考虑剥离强度，还要考虑扯裂（劈裂）强度；当金属与金属胶接时，应主要考虑抗拉强度和抗剪强度。因此，对不同被胶接材料所选用的胶粘剂不可能完全一样，必须考虑被胶接材料的种类和性质。

(3) 使用条件　被胶接件的用途和使用环境是选用胶粘剂的重要依据。如果用于受力结构件的胶接，应选用强度高、韧性好、抗蠕变性能优良的结构型胶粘剂，如酚醛-缩醛胶粘剂、酚醛-缩醛-环氧胶粘剂；如果用于一般性胶接和工艺上的定位或机械设备的修补，则可选用非结构型胶粘剂如氯丁橡胶胶粘剂、聚醋酸乙烯酯胶粘剂等；如果用于在特定条件（如高温、低温、导热、导电、导磁等）下使用的被胶接件的胶接，应选用特种胶粘剂如有机硅胶粘剂等。

常用胶粘剂的选择指南如表7-4所示。

表7-4　常用胶粘剂选择指南

胶接剂代号 材料（行）／材料（列）	皮革、织物、软质材料	竹木	热固性塑料	热塑性塑料	橡胶制品	玻璃陶瓷	金属
金属	2,4,3,8	1,4,2,6	1,4,3,7	1,5,4,9	4,8	1,2,3,4 5,7,10	1,2,3,4 5,7,10
玻璃、陶瓷	2,4,3,8	1,3,4	1,2,3,7	1,2,4,5	4,8	1,2,3,4 5,7,10	
橡胶制品	4,8	1,2,4,8	2,3,4,8	1,4,8	4,8		
热塑性塑料	4,9	1,4,9	1,4,5	1,4,5,9			
热固体塑料	2,3,4,9	1,2,4,9	1,4,7,9				
竹木	1,2,4	4,6,7					
皮革、织物、软质材料	4,8						

注：1. 环氧树脂胶；2. 酚醛-缩醛胶；3. 酚醛-丁腈胶；4. 聚氨酯胶；5. 聚丙烯酸酯胶；6. 脲醛树脂胶；7. 不饱和聚酯树脂胶；8. 橡胶胶粘剂；9. 塑料胶粘剂；10. 无机胶粘剂。

4. 胶接工艺

胶接工艺一般包括下面几个工序：

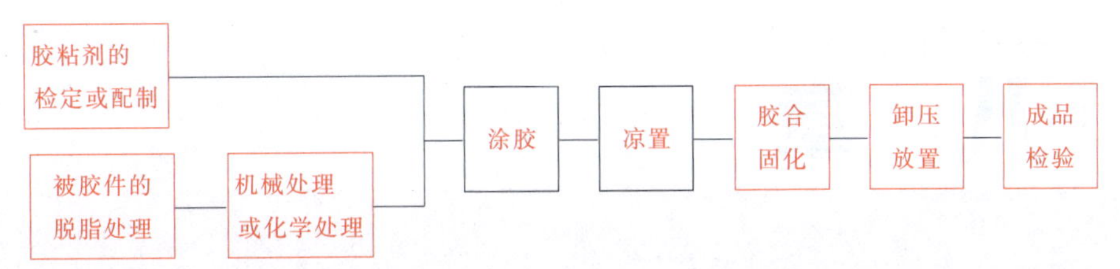

脱脂处理是用有机溶剂除去被胶接件表面的油污；机械处理或化学处理是用喷砂、砂纸打毛或用酸、碱溶液腐蚀等方法去除被胶接件表面的杂物或金属表面氧化皮，这是控制胶接质量的关键工序；涂胶可用刷子或刮板等工具进行，涂胶厚度以0.05~0.15mm为宜；凉置是涂胶后放置一段时间，以使胶粘剂中的溶剂挥发；胶合固化是将凉置好的一对被胶接件进行胶合装配和加热、加压固化，固化条件依胶粘剂的种类而定；卸压放置是将胶合固化后的胶接成品在卸压后再自然放置一段时间（几小时至几十小时）以消除内应力；成品检验是对胶接质量进行检测。

习题与思考题

1. 简述高分子链的结构特点，它们对高聚物性能有何影响？
2. 何谓结晶度？它受哪些因素影响？对高聚物性能有何影响？
3. 塑料与橡胶的本质区别是什么？
4. 简述高分子材料的力学性能、物理性能和化学性能特点。
5. 高聚物的聚合方式有哪几种？各有何特点？
6. 高聚物改性途径有哪些？何谓老化？如何防止高聚物老化？
7. 试述常用工程塑料的种类、性能特点及应用。
8. 试述常用合成橡胶的种类、性能特点及应用。
9. 试述常用合成纤维的种类、性能特点及应用。
10. 试述常用合成胶粘剂的种类、性能特点及应用。如何正确选用胶粘剂？

Chapter 8

第八章

陶瓷材料

第一节 概 述

一、陶瓷材料的分类

陶瓷材料的分类方法很多，按原料来源，可分为普通陶瓷（传统陶瓷）和特种陶瓷（先进陶瓷）。普通陶瓷是以天然的硅酸盐矿物，如黏土、石英、长石等为原料；特种陶瓷是采用高纯超细的人工合成化合物，如 Al_2O_3、ZrO_2、SiC、Si_3N_4 等为原料。按照用途分为民用陶瓷及工业陶瓷，工业陶瓷又可分为结构陶瓷和功能陶瓷。其中，结构陶瓷以材料的力学性能和热学性能为主，包括氧化物陶瓷、氮化物陶瓷、碳化钨陶瓷、玻璃陶瓷等；功能陶瓷是以材料的声、光、电、磁等性能为主，包括压电陶瓷、磁性陶瓷、半导体等。随着科学技术的发展，现已提出结构——功能一体化陶瓷。实际上，结构材料与功能材料研究思路是相互融合的。

二、陶瓷材料的制备

陶瓷材料的制备工艺包括原料的制备、坯料的成型、制品的烧结三大步骤。

1. 原料的制备

陶瓷原料包括天然原料和人工合成原料两大类。其中天然原料是指自然界天然存在的原料，经开发后，一般需要通过筛选、风选、淘洗、研磨以及磁选等过程，分离出适当颗粒度的陶瓷粉体。

人工合成原料一般是指采用化学方法制备自然界不存在的陶瓷原料，主要应用在成分、结构需要严格控制的特种陶瓷领域。目前人工合成原料朝高纯超细的方向发展。

2. 坯料的成型

成型的目的是将陶瓷粉体加工成具有一定形状和尺寸要求的半成品，且具有一定的致密度和强度。

按照制备过程不同，陶瓷的成型可以分为可塑成型、注浆成型、压制成型等方法。

可塑成型时只在坯料中加入水或塑化剂，制成塑性泥料，然后通过挤压、手工或机械加工成型。注浆成型是将陶瓷料浆注入石墨模型中成型，这种方法适用于制造大型、形状复杂、薄壁的产品（图 8-1）。压制成型是指在粉料中放入少量水或塑化剂，然后在模具中施加较高压力成型，该方法适用于形状简单、尺寸不大的制品。

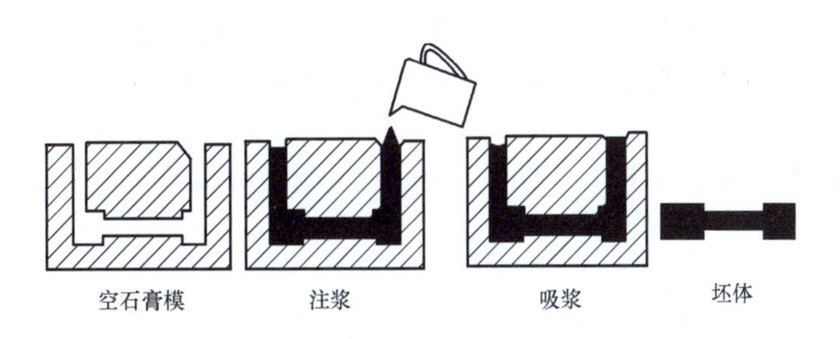

图 8-1 注浆成型示意图

除上述方法之外，还有注射成型、爆炸成型、原位固化成型等方法，这里不再一一介绍。

3. 制品的烧结

粉体经成型后，坯体强度不高，颗粒间只有较小的附着力。要使颗粒间相互结合以获得较高强度，同时需要对坯体进行烧结。

烧结对决定陶瓷材料纤维结构和性能具有重要作用。在烧结过程中，伴随着坯体内所含溶剂、粘合剂、增塑剂等成分的去除，坯体中气孔减少，颗粒结合强度增加、机械强度提高。

烧结可发生在固体之间，也可以在液相的参与下进行，前者称为固相烧结，后者称为液相烧结。烧结主要包括颗粒间接触界面增加形成晶界，气孔不断从坯体内溢出，由连通状态逐渐变成孤立状态并缩小甚至消失，坯体的致密度和强度不断增加，最终形成具有一定几何形状和性能的整体。

三、陶瓷材料的显微结构与性能

1. 陶瓷材料的显微结构

构成陶瓷材料显微结构的最基本要素是晶体相、玻璃相和气孔相（图 8-2）。其中晶相是陶瓷的主要组成相，往往决定着陶瓷的物理、化学性能；玻璃相是一种非晶态低熔点固体相，起粘结晶相、填充气孔、降低烧结温度等作用，陶瓷中的玻璃相可达 20%~60%，陶瓷中的玻璃相经常与晶界相联系。气孔是陶瓷生产过程中不可避免残存下来的，一般会使材料性能降低，但有时为了特殊需要，会有目的的控制气孔的生成。

（1）晶相　它是陶瓷材料的主要组成相，对陶瓷的性能起决定性作用。晶相一般是由离子键和共价键结合而成，常是两种键的混合键。有些晶相如 CaO、MgO、Al_2O_3、ZrO_2 等以离子键为主，属于离子晶体；有些晶相如 Si_3N_4、SiC、BN 等以共价键为主，属于共价晶体。无论哪种晶相都具有各自的晶体结构，最常见的是氧化物结构和硅酸盐结构。

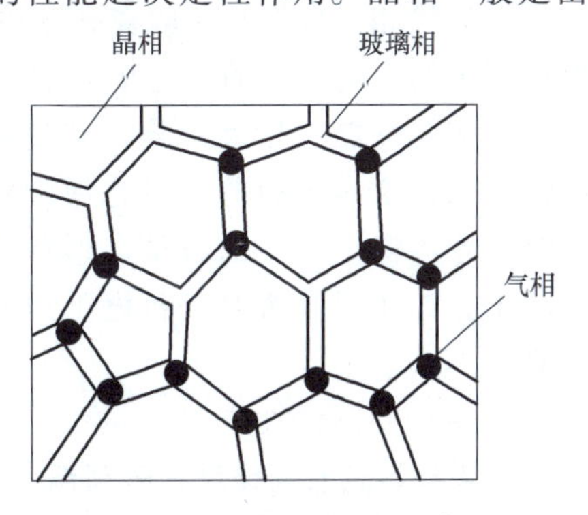

图 8-2 陶瓷显微组织示意图

大多数氧化物结构是氧离子排列成简单立方、面心立方和密排六方晶体结构，金属离子位于间隙中。如 CaO、MgO 为面心立方结构，Al_2O_3 为密排六方结构。

硅酸盐是陶瓷的主要原料，如长石、高岭土、滑石等。这类化合物的化学组成较复杂，但构成这些硅酸盐的基本结构单元都是硅氧四面体（SiO_4），四个氧离子构成四面体，硅离子居四面体间隙中。

和有些金属一样，陶瓷晶相中有些化合物也存在同素异构转变，例如 SiO_2 的同素异构转变如下：

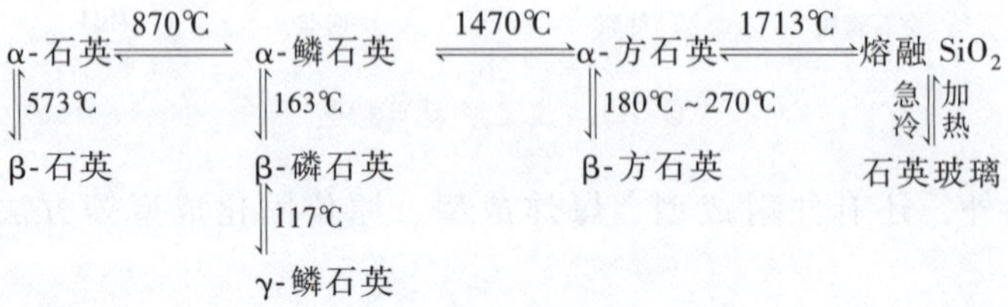

$$\alpha\text{-石英} \xrightleftharpoons{870℃} \alpha\text{-鳞石英} \xrightleftharpoons{1470℃} \alpha\text{-方石英} \xrightleftharpoons{1713℃} \text{熔融 } SiO_2$$

α-石英 ⇅ 573℃ β-石英

α-鳞石英 ⇅ 163℃ β-磷石英 ⇅ 117℃ γ-鳞石英

α-方石英 ⇅ 180℃～270℃ β-方石英

熔融 SiO_2 ⇅（急冷／加热）石英玻璃

因为不同结构晶体的密度不同，所以在同素异构转变过程中总伴随有体积变化，会引起很大的内应力，常会导致陶瓷产品在烧结过程中开裂。有时可利用这种体积变化来粉碎石英岩石。

实际陶瓷晶体中也存在晶体缺陷（点、线、面缺陷）。这些缺陷除加速陶瓷的烧结扩散过程之外，还影响陶瓷性能。如晶界和亚晶界会影响陶瓷的强度，一般晶粒越细，强度越高。例如刚玉陶瓷的晶粒平均尺寸为 200μm 时，其抗弯强度为 74MPa，而平均尺寸为 1.8μm 时，其抗弯强度可高达 570MPa。现代纳米技术的研究和应用，会对陶瓷材料的增强增韧引起更加显著变化。

大多数陶瓷是多相多晶体，这时就将晶相分为主晶相、次晶相、第三晶相等，例如长石瓷的主晶相是莫来石晶体（$3Al_2O_3 \cdot 2SiO_2$），次晶相是石英晶体（SiO_2）。应该指出，陶瓷材料的物理、化学、力学性能主要是由主晶相决定的。

（2）玻璃相　玻璃相是一种非晶态固体，它是在陶瓷烧结时，各组成相与杂质产生一系列物理化学反应后，形成液相，冷却凝固成非晶态玻璃相。玻璃相是陶瓷材料中不可缺少的组成相，其作用是将分散的晶相粘结在一起，降低烧结温度，抑制晶相的晶粒长大和填充气孔。

玻璃相熔点低，热稳定性差，在较低的温度下即开始软化，导致陶瓷在高温下发生蠕变，而且其中常存在一些金属离子而降低陶瓷的绝缘性。因此，工业陶瓷要控制玻璃相的数量，一般不超过 20%～40%。

（3）气相　气相是指陶瓷孔隙中的气体，它是在陶瓷生产过程中不可避免地形成并保留下来的。陶瓷中的气孔率通常约有 5%～10%，并力求气孔细小，呈球形、均匀分布。气孔对陶瓷性能有显著影响，它使陶瓷强度降低，介电损耗增大，电击穿强度下降，绝缘性降低，这是不利的；但它使陶瓷密度减小，并能吸收振动，这是有利的。因此，应控制工业陶瓷中气孔的数量、形状、大小和分布。一般希望尽量降低气孔率，只在某些情况下，如作保温的陶瓷和化工用的过滤多孔陶瓷等，则需要增加气孔率，有时气孔率可高达 60%。

2. 陶瓷材料的性能

陶瓷材料具有高硬度、耐高温、抗氧化、耐蚀以及其他优良的物理、化学性能。

（1）力学性能　陶瓷具有极高的硬度，其硬度大多在 1500HV 以上，氮化硅和立方氮化

硼具有接近金刚石的硬度。而淬火钢为 500~800HV，高聚物都低于 20HV。因此陶瓷的耐磨性好，常用陶瓷作新型的刀具和耐磨零件。

1）强度特点。陶瓷材料由于其内部和表面缺陷（如气孔、微裂纹、位错等）的影响，其抗拉强度低，而且实际强度远低于理论强度（仅为 1/100~1/200）。但抗压强度较高，约为抗拉强度的 10~40 倍。

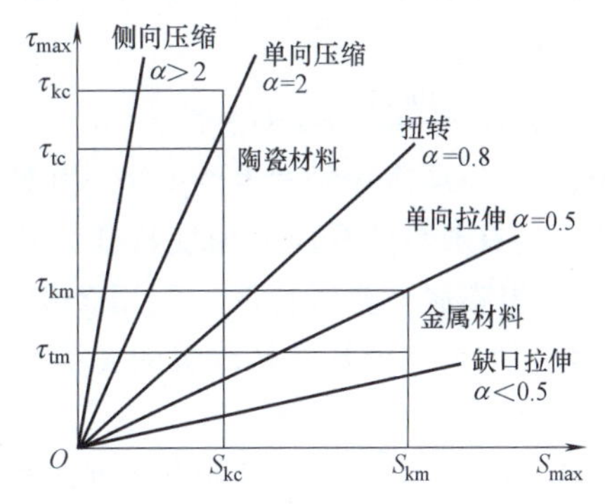

图 8-3　陶瓷材料和金属材料的力学状态图

图 8-3 为典型金属材料（一般正断抗力 S_k >>切断抗力 τ_k）和陶瓷材料（τ_k >>S_k）的力学状态图。

由上图可以看出，在较硬的应力状态下，如拉伸或缺口拉伸（或多向拉伸）的情况下，由于金属的正断抗力（S_{km}）远大于陶瓷的正断抗力（S_{kc}），所以此时金属材料优于陶瓷材料。对于软应力状态，如单向压缩或多向压缩的情况下，在陶瓷材料尚未发生塑性变形前，金属材料早已发生塑性变形或剪切断裂，这说明此时陶瓷材料优于金属材料。因此，为了充分发挥陶瓷材料的潜力，陶瓷应尽可能地在较软的应力状态下服役。

陶瓷具有高弹性模量、高脆性。图 8-4 为陶瓷与金属的室温拉伸应力-应变曲线示意图，由图可知，陶瓷在拉伸时几乎没有塑性变形，在拉应力作用下产生一定的弹性变形后直接脆断。其弹性模量为 1×10^5 ~ 4×10^5 MPa。大多数陶瓷的弹性模量都比金属高。

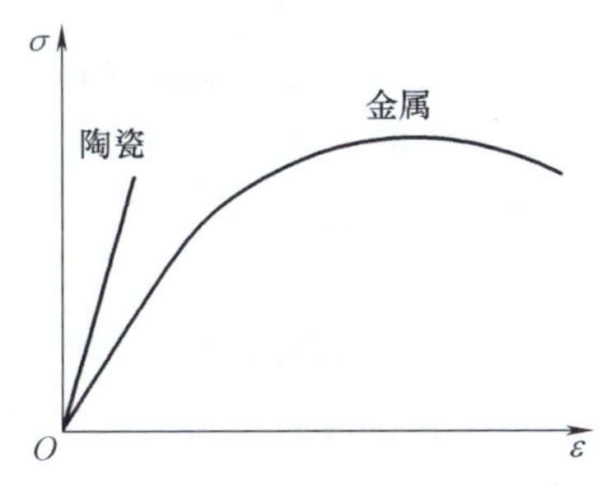

图 8-4　陶瓷与金属的拉伸应力-应变曲线示意图

2）韧性特点。陶瓷是脆性材料，故其冲击韧度、断裂韧度都很低，其断裂韧度约为金属的 1/60~1/100。例如 45 钢的 $K_{IC}\approx 90\text{MPa}\cdot\text{m}^{1/2}$，球墨铸铁的 K_{IC} = 20 ~ 40MPa · $\text{m}^{1/2}$，而氮化硅（Si_3N_4）陶瓷只有 3.5 ~ 5.5 MPa · $\text{m}^{1/2}$。

目前改善陶瓷材料脆性、增加韧性的方法有以下几种：通过晶须或纤维增韧；异相弥散强化增韧；氧化锆相变增韧；显微结构增韧；表面强化和增韧；复合增韧。

① 晶须或纤维增韧。在陶瓷基体中若分散了晶须或纤维状第二相，这种第二相使裂纹转向（图 8-5），导致断裂韧度 K_{IC} 增加，这就是所谓裂纹转向增韧机理。

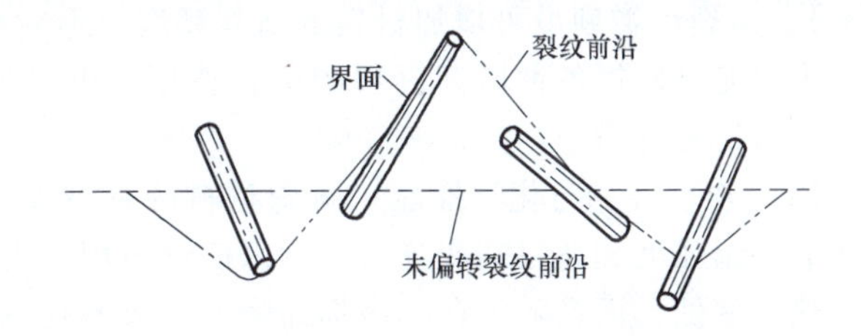

图 8-5　晶须或短纤维引起裂纹转向模型

② 异相弥散强化增韧。基体中引入第二相颗粒，利用基体和第二相之间热膨胀系数和弹性模量的差异，在试样制备的冷却过程中，在颗粒和基体周围产生残留压应力，从而使材料韧性得以提高（图 8-6）。

③ 氧化锆相变增韧。纯 ZrO_2 有 3 种同素异构体结构：立方结构（c 相）、四方结构（t 相）及单斜结构（m 相）。三种同素异构体的转变关系为：

$$m\text{-}ZrO_2 \xrightarrow{1000℃} t\text{-}ZrO_2 \xrightarrow{2370℃} c\text{-}ZrO_2$$

其中，纯 ZrO_2 冷却时发生的 t→m 相变为无扩散型相变，具有典型的马氏体相变特征，并伴随产生约 7% 的体积膨胀。实践证明，利用 ZrO_2 的马氏体相变强化，增韧陶瓷基体是改善陶瓷脆性的有效途径之一。

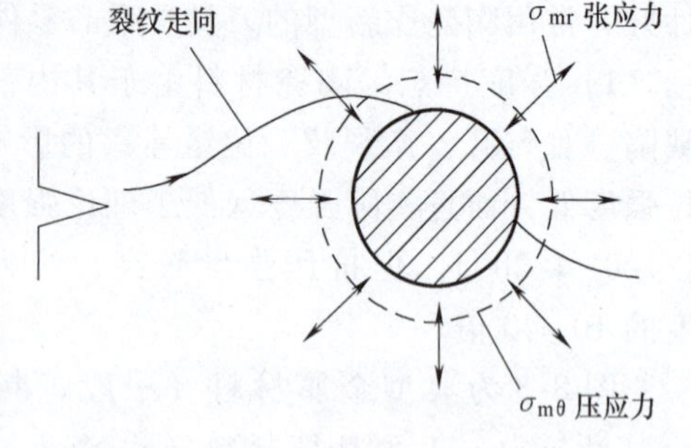

图 8-6　第二相颗粒加入后裂纹偏转及应力分布示意图

④ 显微结构增韧。目前有下列两种方法：

a. 晶粒或颗粒的超细化与纳米化。陶瓷粉料和晶粒的超细化（1μm 以下）及纳米化（nm 数量级）是陶瓷强韧化的根本途径之一。

陶瓷材料的实际断裂强度大大低于理论强度的根本原因，在于陶瓷材料在制备过程中无法避免材料中的气孔和各种缺陷（如裂纹等）。超细化和纳米化是减小陶瓷烧结体中气孔、裂纹的尺寸、数量和不均匀性的最有效的途径。图 8-7 表示了晶粒尺寸与强度的关系。

b. 晶粒形状自补强增韧。有人利用控制工艺因素，使陶瓷晶粒在原位形成具有较大长径比的形貌，起到类似于晶须补强的作用。如控制 Si_3N_4 制备过程中的氮气压，就可得到长径比不同的条状、针状晶粒。这种晶粒对断裂韧度有较大影响。

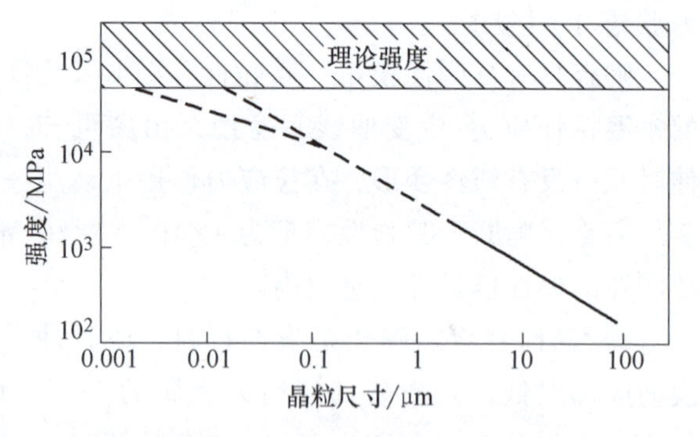

图 8-7　晶粒尺寸和强度的关系

⑤ 表面强化和增韧。陶瓷材料的脆性是由于结构敏感性产生应力集中，断裂常始于表面或接近表面的缺陷处，因此消除表面缺陷是十分重要的。常见的表面强化、增韧方法有以下几种：表面微氢化技术；表面退火处理；离子注入表面改性及其他方法，包括激光表面处理、机械化学抛光等。

⑥ 复合增韧。ZrO_2 的相变增韧，当温度超过 800℃ 时，t→m 相变已不再发生，因此也不再出现相变增韧效应，相变增韧只能应用于较低的温度范围，不适用于高温领域（800℃以上）。微裂纹增韧虽可增加材料的断裂韧度，但对材料强度未必有利，强与韧两者难以兼得。为了充分发挥各种增韧机理的综合作用，可以把两者或两者以上的增韧机理复合在一起，即所谓复合增韧。

（2）物理性能与化学性能　陶瓷材料的熔点高，大多在 2000℃ 以上，使陶瓷具有优于金属的高温强度和高温蠕变抗力，所以广泛应用于工程上的耐高温材料。陶瓷的热膨胀系数小、热导率低，而且随气孔率增加而降低，故多孔或泡沫陶瓷可作为绝热材料。但陶瓷抗热振性都比较差，当温度剧烈变化时容易破裂。

大多数陶瓷具有高电阻率，是良好的绝缘体，因而大量用于制作电气工业中的绝缘子、瓷瓶、套管等。少数陶瓷材料具有半导体性质，如 $BaTiO_3$ 是近年发展起来的半导体陶瓷。

随着科学技术的发展，不断出现各种电性能陶瓷，如压电陶瓷已成为无线电技术和高科技领域不可缺少的材料。

具有特殊光学性能的陶瓷是重要的功能材料，如红宝石（α-Al_2O_3 掺铬离子）、钇铝石榴石、含钕玻璃等是固体激光材料，玻璃纤维可作为光导纤维材料，此外还有用于光电计数、跟踪等自控元件的光敏电阻材料。

磁性瓷又名铁氧体或铁淦氧，它主要是由 Fe_2O_3 和 Mn、Zn 等的氧化物组成的陶瓷材料。磁性陶瓷材料用作磁心、磁带、磁头等。

陶瓷的结构稳定，所以陶瓷的化学稳定性高，抗氧化性优良，在1000℃高温下不会氧化，并对酸、碱、盐有良好的耐蚀性。所以陶瓷在化工工业中应用广泛。有些陶瓷还能抵抗熔融金属的侵蚀，如 Al_2O_3 可制作高温坩埚，又如透明 Al_2O_3 陶瓷可做钠灯管，能承受钠蒸气的强烈腐蚀。

四、陶瓷材料在工程应用中应注意的几个问题

陶瓷材料在工程中能否得到广泛应用，应注意以下几个问题：

1. 脆性大，塑韧性低，安全可靠性差

作为工程材料，安全与可靠性十分重要。目前的先进结构陶瓷，即使经过各种韧化处理，其断裂韧性也只有 $10MPa \cdot m^{1/2}$左右，与一般钢铁材料相比还差一个数量量级，因而其使用过程中安全可靠性是一个必须注意的问题。

对于陶瓷材料脆性大、韧性差的问题，目前的解决方法主要有两方面，①进一步加强基础研究。通过各种新的韧化途径（比如纳米化）进一步提高陶瓷的韧性；②取长补短，一方面充分发挥陶瓷的优良性能，另一方面也要尽量避免它的缺点，比如可以将它们用在残酷的工况条件下（高温、强腐蚀、强磨损），避免服役过程中的冲击和大的拉应力，尽量在压应力下使用，便能充分发挥结构陶瓷的作用，达到其他材料无法胜任的作用。

2. 陶瓷材料的成本与应用

俗话说，“没有金刚钻，不揽瓷器活”这充分说明陶瓷材料难加工的特点，再加上陶瓷材料制备工艺的特殊型，导致其成本较高。比如一台以铸铁制作的柴油机仅数千元，要用全陶瓷做成发动机其成本要提高 2~3 个数量级，这也成为制约先进陶瓷材料应用的瓶颈问题。为了扩大陶瓷材料的应用领域，降低成本成为十分重要的研究课程之一。低成本的高性能原料制备技术、低成本成型与烧结技术称为高性能结构陶瓷产业化的关键技术。

3. 环境协调性

由于陶瓷材料的制备需要高温、高压等条件，且其原料大多为粉体，在制备和使用过程中不可避免地会出现环境污染（如粉尘、气体排放等），对环境造成影响。为此，陶瓷材料在制备和使用过程中的环境协调性也成为人们日益关注的焦点。所谓环境协调性是指资源、能源消耗小、环境污染小、可以再循环或再生利用。

为此，研究和开发新一代具有环境协调性的先进陶瓷材料，降低环境负荷和资源、能源消耗成为目前陶瓷材料发展的方向，比如开发具有低烧结温度的陶瓷材料、具有环境净化功能的陶瓷材料、以固体废弃物为原料制备陶瓷材料等。

第二节　工程结构陶瓷材料

作为机械工程材料，本书主要介绍结构陶瓷和功能陶瓷，其中功能陶瓷在功能材料中介绍。表8-1为常用工程结构陶瓷的种类、性能和应用。

一、普通陶瓷

普通陶瓷是指粘土类陶瓷，它是以粘土、长石、石英为原料配制、烧结而成。其显微结构中主晶相为莫来石晶体，占25%~30%，次晶相SiO_2；玻璃相约为35%~60%，气相一般为1%~3%。

表8-1　常用工程结构陶瓷的种类、性能和应用

名称		密度/(g/cm^3)	抗弯强度/MPa	抗拉强度/MPa	抗压强度/MPa	膨胀系数/$10^{-6}℃^{-1}$	应用举例
普通陶瓷	普通工业陶瓷	2.3~2.4	65~85	26~36	460~680	3~6	绝缘子，绝缘的机械支撑件，静电纺织导纱器
	化工陶瓷	2.1~2.3	30~60	7~12	80~140	4.5~6	受力不大、工作温度低的酸碱容器、反应塔、管道
特种陶瓷	氧化铝瓷	3.2~3.9	250~450	140~250	1200~2500	5~6.7	内燃机火花塞，轴承，化工、石油用泵的密封环，火箭、导弹导流罩，坩埚，热电偶套管，刀具等
	氮化硅瓷 反应烧结 热压烧结	 2.4~2.6 3.10~3.18	 166~206 490~590	 141 150~275	 1200 —	 2.99 3.28	耐磨、耐腐蚀、耐高温零件，如石油、化工泵的密封环，电磁泵管道、阀门，热电偶套管，转子发动机刮片，高温轴承，刀具等
	氮化硼瓷	2.15~2.2	53~109	25 (1000℃)	233~315	1.5~3	坩埚，绝缘零件，高温轴承，玻璃制品成型模等
	氧化镁瓷	3.0~3.6	160~280	60~80	780	13.5	熔炼Fe、Cu、Mo、Mg等金属的坩埚及熔化高纯度U、Th及其合金的坩埚
	氧化铍瓷	2.9	150~200	97~130	800~1620	9.5	高温绝缘电子元件，核反应堆中子减速剂和反射材料，高频电炉坩埚等
	氧化锆瓷	5.5~6.0	1000~1500	140~500	1440~2100	4.5~11	熔炼Pt、Pd、Rh等金属的坩埚、电极等

这类陶瓷质地坚硬，不会氧化生锈，不导电，能耐1200℃高温，加工成型性好，成本低廉。缺点是因含有较多的玻璃相，强度较低，而且在较高温度下玻璃相易软化，故耐高温及绝缘性不及其他陶瓷。

这类陶瓷历史悠久，应用广泛，除日用陶瓷外，工业上主要用于绝缘的电瓷绝缘子和耐酸、碱的容器、反应塔管道等，还可用于受力不大，工作温度在200℃以下的结构零件，如

纺织机械中的导纱零件。

二、特种陶瓷

1. 氧化铝陶瓷

氧化铝陶瓷是以 Al_2O_3 为主要成分，含有少量 SiO_2 的陶瓷。Al_2O_3 为主晶相，根据 Al_2O_3 含量不同，可分为 75 瓷（$w_{Al_2O_3}=75\%$，又称刚玉-莫来石瓷）、95 瓷和 99 瓷，后两者称刚玉瓷。陶瓷中 Al_2O_3 含量越高，玻璃相越少，气孔也越少，其性能越好，但工艺越复杂，成本越高。

氧化铝陶瓷的强度高于普通陶瓷 2~3 倍，甚至 5~6 倍，抗拉强度可达 250MPa。它的硬度很高，仅次于金刚石、碳化硼、立方氮化硼和碳化硅而居第五，有很好的耐磨性。耐高温性能好，刚玉陶瓷可在 1600℃ 的高温下长期工作，有高的蠕变抗力，在空气中最高使用温度为 1980℃。它耐腐蚀性和绝缘性好。缺点是脆性大，抗热振性差，不能承受环境温度的突然变化。

氧化铝陶瓷主要用于制作内燃机的火花塞，火箭、导弹的导流罩，石油化工泵的密封环，耐磨零件，如轴承、纺织机上的导纱器，合成纤维用的喷嘴等，作冶炼金属用的坩埚，由于其具有高的热硬性，所以可用于制造各种切削刀具和拉丝模具等。

2. 氮化硅陶瓷

氮化硅陶瓷是以 Si_3N_4 为主要成分的陶瓷，共价键化合物 Si_3N_4 为主晶相。按生产工艺不同，分为热压烧结氮化硅陶瓷和反应烧结氮化硅陶瓷。热压烧结是以 Si_3N_4 粉为原料，加入少量添加剂，装入石墨模具中，在 1600~1700℃ 高温和 20265~30398kPa 的高压下成型烧结，得到组织致密、气孔率接近零的氮化硅陶瓷。但由于受石墨模具限制，只能加工形状简单的制品。反应烧结是用硅粉或硅粉与 Si_3N_4 粉的混合料，压制成型后，放入渗氮炉中进行渗氮处理，直到所有的硅都形成氮化硅，得到尺寸相当的氮化硅陶瓷制品。但这种制品中有 20%~30% 的气孔，故强度不及热压烧结氮化硅陶瓷，而与 95 瓷相近。

氮化硅陶瓷的硬度高，摩擦因数小（0.1~0.2），并有自润滑性，是极优的耐磨材料；蠕变抗力高，热膨胀系数小，抗热振性能在陶瓷中是最好的；化学稳定性好，除氢氟酸外，能耐各种酸、王水和碱溶液的腐蚀，也能抗熔融金属的侵蚀；此外，由于氮化硅是共价键晶体，既无自由电子也无离子，因此，具有优异的电绝缘性能。

反应烧结氮化硅陶瓷易于加工，性能优异，主要用于耐磨、耐高温。耐腐蚀、形状复杂且尺寸精度高的制品，如石油化工泵的密封环、高温轴承、热电偶套管、燃气轮机转子叶片等；热压烧结氮化硅陶瓷用于制造形状简单的耐磨、耐高温零件和工具，如切削刀具、转子发动机刮片、高温轴承等。

近年来在 Si_3N_4 中添加一定数量的 Al_2O_3 制成新型陶瓷材料，称为赛纶陶瓷。它可用常压烧结法达到接近热压烧结氮化硅的性能，是目前强度最高，具有优异化学稳定性、耐磨性和热稳定性的陶瓷，可发展为重要的工程结构陶瓷。

3. 碳化硅陶瓷

碳化硅陶瓷中主晶相是 SiC，也是共价晶体。与氮化硅陶瓷一样，有反应烧结碳化硅陶瓷和热压烧结碳化硅陶瓷两种。

碳化硅陶瓷的最大优点是高温强度高，在 1400℃ 时，其抗弯强度仍保持在 500~

600MPa，工作温度可达到1600～1700℃，导热性好；其热稳定性、抗蠕变能力、耐磨性、耐蚀性都很好，而且耐放射元素的辐射。

碳化硅是良好的高温结构材料，主要用于制作火箭尾喷管的喷嘴，浇注金属的浇道口、热电偶套管、炉管，燃气轮机叶片，高温轴承，热交换器及核燃料包封材料等。

4. 氮化硼陶瓷

氮化硼陶瓷的主晶相是BN，也是共价晶体，其晶体结构与石墨相似，为六方结构，故有白石墨之称。

氮化硼陶瓷具有良好的耐热性和导热性，其热导率与不锈钢相当，膨胀系数比金属和其他陶瓷低得多，故其抗热振性和热稳定性好；高温绝缘性好，在2000℃仍是绝缘体，是理想的高温绝缘材料和散热材料；化学稳定性高，能抗铁、铝、镍等熔融金属的侵蚀；其硬度较其他陶瓷低，可进行切削加工；有自润滑性，耐磨性好。

氮化硼陶瓷常用于制作热电偶套管，熔炼半导体、金属的坩埚和冶金用高温容器和管道，高温轴承，玻璃制品成型模，高温绝缘材料。此外，由于BN中$w_B=43\%$，有很大的吸收中子截面，可作核反应堆中吸收热中子的控制棒。

此外，还有氧化镁陶瓷、氧化锆陶瓷、氧化铍陶瓷等。特种陶瓷不同种类，各有许多不同的优异性能，在工程结构中应用日益增多。但作为主体结构材料，陶瓷的最大弱点是塑性、韧性差，强度也低，需要进一步研究，扬长避短，增强增韧，为其在工业中的应用开辟更广阔的前景。

第三节　陶瓷材料的强度设计

对于传统的金属材料制品，其材料设计与产品设计是分开的。材料设计由材料科学工作者完成，而产品设计则由机械工作者完成。通常情况下，材料学家对机械设计、制造及其应用考核情况考虑较少，更多地在如何获得具有高性能的材料上下功夫。另一方面，机械工程师则主要关心材料的性能能否满足设计要求，精心设计一件高效、耐用的产品，并不关心材料的设计与制备过程。

一、材料设计过程框图

材料设计一般先由用户（或机械工作者）提出材料性能要求，材料工作者根据已获得的组成—结构—性能—制备工艺关系的知识和经验，进行实验和探索材料的组成（配方）和制备工艺，获得所需性能的材料，并用于某种工程构件或零部件。通过产品的使用考核，如若使用性能达不到设计要求，则需重复上述过程，直至满足要求。这一材料设计过程可以通过图8-8来表示。

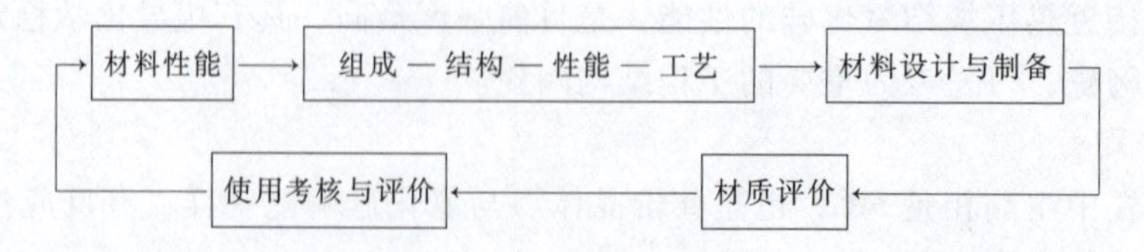

图8-8　材料设计过程框图

二、产品设计过程框图

产品设计主要由机械工作者完成。在产品设计前，首先要了解各种相关材料的性能及如何合理选材，然后进行产品设计与制造。产品制成后，应对各种使用性能进行检验与评价，然后进行应用考核与评价。若使用效果不佳，则需重复上述过程，直至达到要求。这一产品设计过程也可以通过图 8-9 表示。

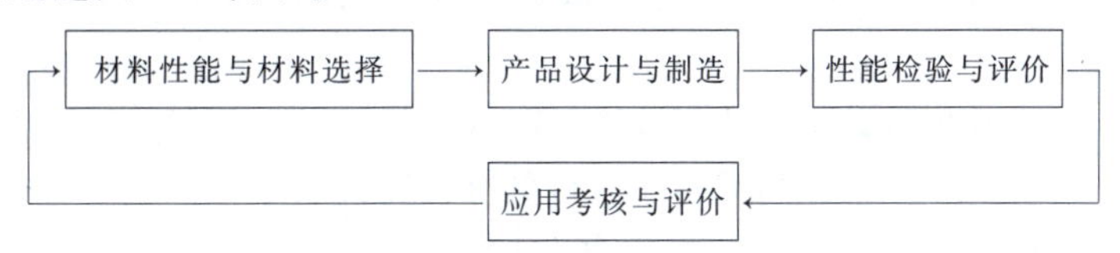

图 8-9　产品设计过程框图

对于陶瓷材料，一般用于十分严酷的特殊工况条件下，这种材料的设计与制造不同于普通金属材料和高分子材料，后者已经有大量不同品种、不同性能、不同形状、规格的商品可供设计者选择。如果仍沿袭传统材料与产品的设计方法，则不仅研究周期长，消耗大量人力、物力，还难以收到较好的效果，应当有一种适合于陶瓷材料的材料设计与制备方法。

三、陶瓷材料与产品的设计思想

近年来，西安交通大学先进陶瓷研究所根据数十年的材料强度研究，特别是先进陶瓷材料强度与材料设计方面的经验，提出了集材料设计与产品设计于一体的新设计思想，并在某些陶瓷材料的设计与应用中取得了成功，该设计思想可用框图 8-10 表示。

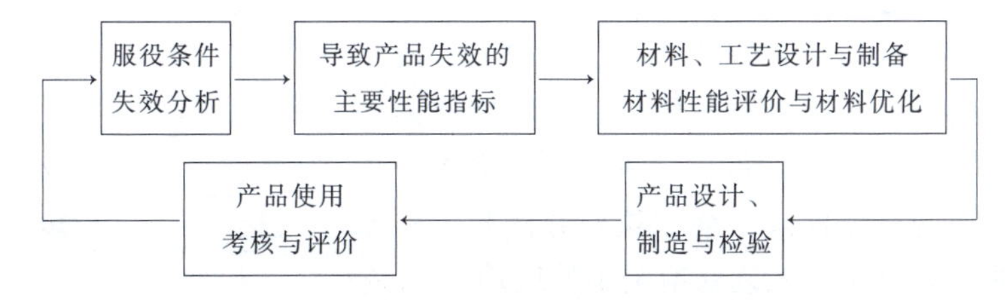

图 8-10　陶瓷材料与产品的设计框图

这一设计思想的要点在于：首先根据材料的实际服役条件，开展失效分析，找出产品早期失效或损伤的主要因素，即材料的主要抗力指标（或性能指标），然后针对如何提高该性能指标进行材料工艺设计与材料制备，并进行性能评价。材料已优化，达到性能要求后，再进行产品设计、制造与使用考核，若达不到理想要求，可以再重复上述过程，直至成功。

随着高新技术的飞速发展，许多在严酷工况条件下使用的特殊材料和产品，难以找到或选用一种通用性强的商品性材料，因此必须开发新材料。在这种情况下，材料开发与产品开发是不可分割的，材料设计与产品设计必须同时进行，这时用户重视的是产品的使用性能，并不是材料本身的性能。

四、实例——多脉冲固体燃料火箭发动机用陶瓷隔舱材料

脉冲固体火箭发动机隔舱（图8-11）处于十分严酷的工况条件下，要求短时间（数十秒内）能耐3000℃以上的高温，并要求在第一级点火燃烧时，能承受2×10^7Pa压力（正向），隔舱材料完好无损，并保持良好的气密性。但当第二级脉冲点火时，要求隔舱在仅受到反向5×10^6Pa压力时，瞬间产生粉碎性破坏，其最大碎片尺寸小于6mm。

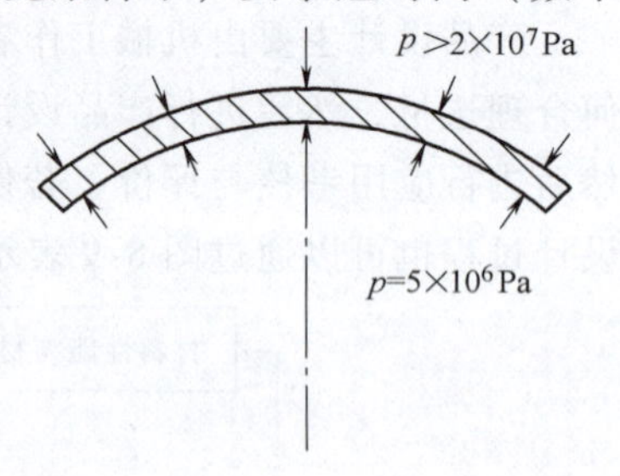

图8-11　火箭发动机用陶瓷隔舱

根据上述服役条件和失效分析，我们开展了深入的机械与材料设计、制造与评价工作。首先利用陶瓷材料具有较高抗压强度和较低抗拉强度的特点，从结构设计上使隔舱正向受压、反向受拉；其次，选择易碎性好又具较高机械强度和热振抗力的材料；而后，从结构上进行等强度设计，使隔舱内部受力分布均匀，一旦应力达到临界值，在材料中很多处同时形成裂纹，达到粉碎性破坏的目的；最终，我们利用有限元方法对隔舱进行了等强度设计和应力应变分析，并选择了强度范围可以通过热处理大幅度变化、易碎性优良的玻璃陶瓷材料。

第四节　金属陶瓷

金属陶瓷是以金属氧化物（如Al_2O_3、ZrO_2等）或金属碳化物（如TiC、WC、TaC、NbC等）为主要成分，再加入适量的金属粉末（如Co、Cr、Fe、Ni、Mo等）通过粉末冶金方法制成，具有某些金属性质的陶瓷。它是制造金属切削刀具、模具和耐磨零件的重要材料。

一、粉末冶金方法及其应用

金属材料一般经过熔炼和铸造方法生产出来，但是对于高熔点的金属和金属化合物，用上述方法制取是很困难和不经济的。20世纪初发展了一种用粉末制备、压制成型并经烧结而制成零件或毛坯，这种方法称为粉末冶金法。其实质是陶瓷生产工艺在冶金中的应用。

粉末冶金不但是一种可以制造具有特殊性能金属材料的加工方法，而且也是一种精密的少、无切屑加工的方法。近年来，粉末冶金技术和生产迅速发展，在机械、高温金属、电器电子行业的应用日益广泛。

1. 粉末冶金法的基本工艺过程

粉末冶金法的基本工艺过程包括制粉、配混料、压型、烧结及后加工处理等工序。图8-12为粉末冶金生产工艺流程。

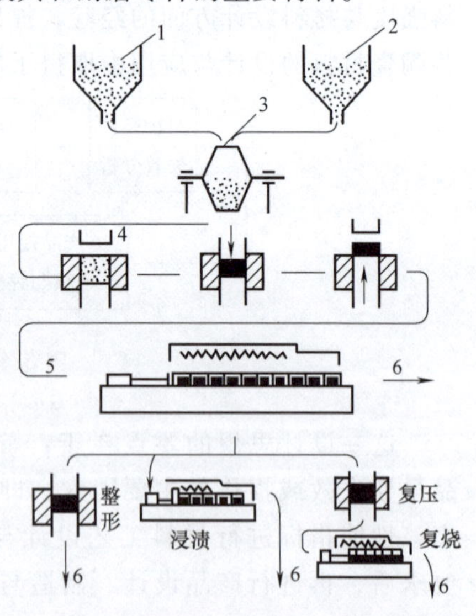

图8-12　粉末冶金生产工艺流程

1—原料粉末　2—添加剂粉末　3—混料
4—压制　5—烧结　6—成品

（1）粉末制备　包括粉末制取、配料、粉料混合等步骤。粉末的纯度、粒度、混合的均匀程度对粉末冶金制品的质量有重要影响。一般粉末越细、越均匀、越纯，性能越好。尤其对硬质合金和陶瓷材料更为重要。当然也使制粉技术难

度更大，成本增高。

（2）压制成型　粉末的压制成型多采用冷压法，即将粉料装入模具型腔内，在压力机下压制成致密的坯体，在压型过程中粉末发生变形或断裂，粉粒挤压得很紧密，在原子间引力和粉粒间咬合下，粉粒结合成型，成为具有一定强度的制品坯体。为了改善粉末的可塑性和成型性，通常在粉料中加入汽油橡胶溶液或石蜡等增塑剂。

（3）烧结　烧结是粉末冶金的关键工序。将压制成型的坯体放入通有保护气氛（煤气、氢等）的高温炉或真空炉中进行烧结，在保持至少有一种组元仍处于固相的烧结温度下，长时间保温，通过扩散、再结晶、化学反应等过程，获得与一般合金相似的组织，并存在一些微小的孔隙的粉末冶金制品。

根据烧结过程中有无液相产生，将烧结分为两类：一类是固相烧结，是在烧结时不形成液相，这种粉末冶金材料，如合金钢（无偏析高速钢等）、烧结铝（$Al-Al_2O_3$）、烧结钨、青铜-石墨、铁-石墨等；另一类是液相烧结，是在烧结时部分形成液相的液、固共存状态，这类粉末冶金材料，如金属陶瓷硬质合金（WC-Co、WC-TiC-Co等）、钢结硬质合金（高速钢-WC、铬钼钢-WC）及其他金属陶瓷（Al_2O_3-Fe、Al_2O_3-Cu）等。一般情况下，烧结后制品便获得所需性能。

（4）后处理加工　为了改善或得到某些性能，有些粉末冶金制品在烧结后还要进行后处理加工，如齿轮、球面轴承等在烧结后再进行冷挤压，以提高制件的密度、尺寸精度等；铁基粉末冶金零件进行淬火处理，以提高硬度；含油轴承进行浸油或浸渍其他液态润滑剂，以减摩和提高耐蚀性。

近年来，粉末冶金技术不断发展，出现热等静压法、热压法和渗透法等，使产品性能和生产效率不断提高。

2. 粉末冶金的应用

粉末冶金的应用主要有以下几个方面：

（1）减摩材料　减摩材料应用最早的是含油轴承。这种滑动轴承利用粉末冶金的多孔性，浸在润滑油中，在毛细作用下，可吸附大量润滑油（一般含油率为12%~30%，质量分数），故含油轴承有自动润滑作用，一般作为中速、轻载的轴承，特别适宜不能经常加油的轴承，如纺织机械、食品机械，家用电器等所用轴承，在汽车、拖拉机、机床中也有应用。常用含油轴承有铁基（如Fe+石墨、Fe+S+石墨等）和铜基（如Cu+Sb+Pb+Zn+石墨等）两大类。

（2）结构材料　它是用碳钢或合金钢的粉末为原料，采用粉末冶金方法制造结构零件。这种制品的精度较高、表面光洁（径向精度2~4级、表面粗糙度Ra1.6~0.20μm），无需或少需切削加工即为成品零件。制品可通过热处理和后处理来提高强度和耐磨性。如制造油泵齿轮、电钻齿轮、凸轮、衬套等及各类仪表零件。它是一种少、无切屑新工艺。

（3）高熔点金属材料　一些高熔点的金属和金属化合物，如W、Mo、WC、TiC等，其熔点都在2000℃以上，用熔炼和铸造方法生产较困难，而且难以保证纯度和冶金质量。高熔点金属可通过粉末冶金生产，如各种金属陶瓷、钨丝及Mo、Ta、Nb等等难熔金属和高温合金。

此外，粉末冶金还用于制造特殊电磁性能材料，如硬磁材料、软磁材料；多孔过滤材料，如空气的过滤、水的净化、液体燃料和润滑油的过滤等；假合金材料，如钨-铜、铜-石墨系等电接触材料。这类材料的组元在液态下互不溶解或各组元的密度相差悬殊，只有用粉末冶金法制取合金。

由于设备和模具的限制，粉末冶金还只能生产尺寸有限和形状不很复杂的制品，烧结零件的韧性较差，生产效率不高，成本较高。

二、金属陶瓷硬质合金

硬质合金是金属陶瓷的一种，它是以金属碳化物（如 WC、TiC、TaC 等）为基体，再加入适量金属粉末（如 Co、Ni、Mo 等）作粘结剂而制成的、具有金属性质的粉末冶金材料。

1. 硬质合金的性能特点

1）高硬度、高热硬性、耐磨性好，这是硬质合金的主要性能特点。由于硬质合金是以高硬度、高耐磨性和高热稳定的碳化物为骨架，起坚硬耐磨作用，所以，在常温下，硬度可达 86~93HRA（相当于 69~81HRC），热硬性可达到900~1000℃。故作切削刀具使用时，其耐磨性、寿命和切削速度都比高速钢显著提高。

2）抗压强度高（可达 6000MPa，高于高速钢），但抗弯强度低（只有高速钢的 1/3~1/2左右）。其弹性模量很高（约为高速钢的 2~3 倍），但它的韧性很差（a_K=2.5~6J/cm^2，约为淬火钢的 30%~50%）。

此外，硬质合金还具有良好的耐蚀性与抗氧化性，热膨胀系数比钢低。

抗弯强度低、脆性大、导热性差是硬质合金的主要缺点，因此在加工、使用过程中要避免冲击和温度急剧变化。

硬质合金由于硬度高，不能用一般的切削方法加工，只有采用电加工（电火花、线切割）和专门的砂轮磨削。一般是将一定形状和规格的硬质合金制品，通过粘结、钎焊或机械装夹等方法，固定在钢制刀体或模具体上使用。

2. 硬质合金的分类、编号和应用

（1）硬质合金分类及编号　常用的硬质合金按成分和性能特点分为三类，其代号、成分与性能见表 8-2。

表 8-2　常用硬质合金的代号、成分和性能

类别	代号①	化学成分 w(%)				物理、力学性能		
		WC	TiC	TaC	Co	密度/(g/cm³)	硬度 HRA ≥	抗弯强度/MPa ≥
钨钴类合金	YG3X	96.5	—	<0.5	3	15.0~15.3	91.5	1100
	YG6	94	—	—	6	14.6~15.0	89.5	1450
	YG6X	93.5	—	<0.5	6	14.6~15.0	91	1400
	YG8	92	—	—	8	14.5~14.9	89	1500
	YG8C	92	—	—	8	14.5~14.9	88	1750
	YG11C	89	—	—	11	14.0~14.4	86.5	2100
	YG15	85	—	—	15	13.9~14.2	87	2100
	YG20C	80	—	—	20	13.4~13.8	82~84	2200
	YG6A	91	—	3	6	14.6~15.0	91.5	1400
	YG8A	91	—	<1.0	8	14.5~14.9	89.5	1500
钨钴钛类合金	YT5	85	5	—	10	12.5~13.2	89	1400
	YT15	79	15	—	6	11.0~11.7	91	1150
	YT30	66	30	—	4	9.3~9.7	92.5	900
通用合金	YW1	84	6	4	6	12.8~13.3	91.5	1200
	YW2	82	6	4	8	12.6~13.0	90.5	1300

① 代号中“X”代表该合金是细颗粒合金；“C”代表粗颗粒合金；不加字的为一般颗粒合金；“A”代表含有少量 TaC 的合金。

1）钨钴类硬质合金是由碳化钨和钴组成。常用代号有 YG3、YG6、YG8 等。代号中“YG”为“硬”“钴”两字的汉语拼音字首，后面的数字表示钴的含量（质量分数×100）。如 YG6 表示 $w_{Co}=6\%$，余量为碳化钨的钨钴类硬质合金。

2）钨钴钛类硬质合金是由碳化钨、碳化钛和钴组成。常用代号有 YT5、YT15、YT30 等，代号中“YT”为“硬”、“钛”两字的汉语拼音字首，后面的数字表示碳化钛的含量（质量分数×100）。如 YT15，表示 $w_{TiC}=15\%$，余量为碳化钨及钴的钨钴钛类硬质合金。

硬质合金中，碳化物含量越多，钴含量越少，则硬质合金的硬度，热硬性及耐磨性越高，但强度及韧性越低。当含钴量相同时，钨钴钛类合金含有碳化钛，故硬度、耐磨性较高；同时，由于这类合金表面形成一层氧化钛薄膜，切削时不易粘刀，故有较高的热硬性。但其强度和韧性比钨钴类合金低。

3）通用硬质合金是在成分中添加碳化钽（TaC）或碳化铌（NbC）取代一部分 TiC。其代号用“硬”和“万”两字汉语拼音字首“YW”加顺序号表示，如 YW1、YW2。它的热硬性高（>1000℃），其他性能介于钨钴类和钨钴钛类之间。它既能加工钢材、又能加工铸铁和有色金属，故称为通用或万能硬质合金。

（2）硬质合金的应用　在机械制造中，硬质合金主要用于制造切削刀具、冷作模具、量具和耐磨零件。

钨钴类硬质合金刀具主要用来切削加工产生断续切屑的脆性材料，如铸铁、有色金属、胶木及其他非金属材料；钨钴钛类硬质合金主要用来切削加工韧性材料，如各种钢。在同类硬质合金中，由于含 Co 量多的硬质合金韧性好些，适宜粗加工，含 Co 量少的适宜精加工。

通用硬质合金既可切削脆性材料，又可切削韧性材料，特别对于不锈钢、耐热钢、高锰钢等难加工的钢材，切削加工效果更好。

硬质合金也用于冷拔模、冷冲模、冷挤压模及冷镦模；在量具的易磨损工作面上镶嵌硬质合金，使量具的使用寿命和可靠性都得到提高；许多耐磨零件，如机床顶尖、无心磨导杠和导板等，也都应用硬质合金。硬质合金是一种贵重的刀具材料。

3. 钢结硬质合金

钢结硬质合金是近年来发展的一种新型硬质合金。它是以一种或几种碳化物（如 WC、TiC 等）为硬化相，以合金钢（如高速钢、铬钼钢）粉末为粘结剂，经配料、压型、烧结而成。

钢结硬质合金具有与钢一样的可加工能力，可以锻造、焊接和热处理。在锻造退火后，硬度约为 40~45HRC，这时能用一般切削方法进行加工。加工成工具后，经过淬火、低温回火后，硬度可达 69~73HRC。用其作刃具，寿命与钨钴类合金差不多，而大大超过合金工具钢。它可以制造各种形状复杂的刀具，如麻花钻、铣刀等，也可以制造在较高温度下工作的模具和耐磨零件。

习题与思考题

1. 何谓陶瓷？陶瓷的组织由哪些相组成？它们对陶瓷性能各有何影响？
2. 陶瓷材料的主要结合键是什么？从结合键角度分析陶瓷材料的性能特点。

3. 简述陶瓷材料的力学性能、物理性能、化学性能特点。
4. 简述常用工程结构陶瓷的种类、性能特点及应用。
5. 何谓金属陶瓷？硬质合金的成分特点是什么？硬质合金最突出的性能是什么？
6. 硬质合金有哪几类？它们的性能及应用特点是什么？
7. 钢结硬质合金的成分、性能及应用特点是什么？
8. 简述陶瓷材料的强度设计理念及其与金属的不同。

Chapter 9

第九章 复合材料

第一节　概　　述

随着航天、航空、电子、原子能、通信技术及机械和化工等工业的发展，对材料性能的要求越来越高，这对单一的金属材料、高分子材料或陶瓷材料来说都是无能为力的。若将这些具有不同性能特点的单一材料复合起来，取长补短，就能满足现代高新技术的需要。

所谓复合材料就是指由两种或两种以上不同性质的材料，通过不同的工艺方法人工合成的多相材料。复合材料既保持组成材料各自的最佳特性，又具有组合后的新特性。如玻璃纤维的断裂能只有 7.5×10^{-4}J，常用树脂为 2.26×10^{-2}J 左右，但由玻璃纤维与热固性树脂组成的复合材料，即热固性玻璃钢的断裂能高达 17.6J，其强度显著高于树脂，而脆性远低于玻璃纤维。可见“复合”已成为改善材料性能的重要手段。因此，复合材料愈来愈引起人们的重视，新型复合材料的研制和应用也愈来愈广泛。

一、复合材料的分类

复合材料是一种多相材料，其种类繁多，详见表 9-1，但目前尚无统一的分类方法。

表 9-1　复合材料的种类

增强体		基体							
		金属	无机非金属				有机材料		
			陶瓷	玻璃	水泥	碳	木材	塑料	橡胶
金属		金属基复合材料	陶瓷基复合材料	金属网嵌玻璃	钢筋水泥	无	无	金属丝增强塑料	金属丝增强橡胶
无机非金属	陶瓷{纤维、粒料}	金属基超硬合金	增强陶瓷	陶瓷增强玻璃	增强水泥	无	无	陶瓷纤维增强塑料	陶瓷纤维增强橡胶
	碳素{纤维、粒料}	碳纤维增强金属	增强陶瓷	碳纤维增强玻璃	增强水泥	碳纤增强碳复合材料	无	碳纤维增强塑料	碳纤、炭黑增强橡胶
	玻璃{纤维、粒料}	无	无	无	增强水泥	无	无	玻璃纤维增强塑料	玻璃纤维增强橡胶
有机材料	木材	无	无	无	水泥木丝板	无	无	纤维板	无
	高聚物纤维	无	无	无	增强水泥	无	塑料合板	高聚物纤维增强塑料	高聚物纤维增强橡胶
	橡胶胶粒	无	无	无	无	无	橡胶合板	高聚物合金	高聚物合金

若按基体相的性质可将复合材料分为如下两类：

非金属基复合材料，如塑料（树脂）基复合材料、橡胶基复合材料、陶瓷基复合材料等。

金属基复合材料，如铝（铝合金）基复合材料、钛（钛合金）基复合材料、铜（铜合金）基复合材料等。

若按增强相的形态可将复合材料分为如下三类：

纤维增强复合材料，如纤维增强塑料（玻璃钢等）、纤维增强橡胶（橡胶轮胎等）、纤维增强陶瓷、纤维增强金属等，其结构示意于图 9-1a 和图 9-1c；

颗粒增强复合材料，如金属陶瓷、弥散强化金属等，其结构示意于图 9-1b；

叠层复合材料，如双层金属（巴氏合金-钢双金属层滑动轴承材料等）、三层复合材料（钢-铜-塑料三层复合无油滑动轴承材料、层合板等），其结构示意于图 9-1d。

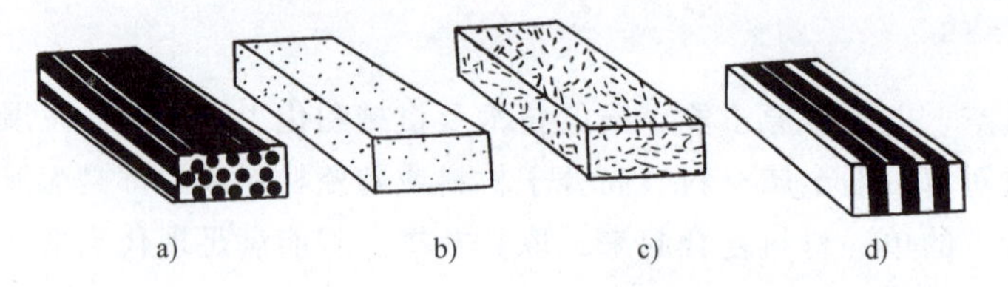

图 9-1　复合材料结构示意图

a）长纤维增强复合材料　b）颗粒增强复合材料　c）短纤维增强复合材料　d）叠层复合材料

在各类复合材料中，纤维增强复合材料应用最广。本章以纤维增强复合材料为重点，并兼顾其他。

二、复合材料的性能特点

1. 比强度和比模量高

比强度（强度/密度）和比模量（弹性模量/密度）是材料承载能力的重要指标。比强度越高，在同样强度下零构件的自重越小；比模量越高，在模量相同条件下零构件的刚度越大。这对要求减轻自重和高速运转的零构件是非常重要的。表 9-2 列出了一些金属材料与纤维增强复合材料性能的比较。由表可见，复合材料都具有较高的比强度和比模量，尤以碳纤维-环氧树脂复合材料最为突出，其比强度为钢的 8 倍，比模量约为钢的 4 倍。

表 9-2　金属材料与纤维增强复合材料性能比较

材料＼性能	密度 /(g/cm^3)	抗拉强度 /$\times 10^3$MPa	拉伸模量 /10^5MPa	比强度 /(10^6Nm/kg)	比模量 /(10^6Nm/kg)
钢	7.8	1.03	2.1	0.13	27
铝	2.8	0.47	0.75	0.17	27
钛	4.5	0.96	1.14	0.21	25
玻璃钢	2.0	1.06	0.4	0.53	20
高强度碳纤维-环氧	1.45	1.5	1.4	1.03	97
高模量碳纤维-环氧	1.6	1.07	2.4	0.67	150
硼纤维-环氧	2.1	1.38	2.1	0.66	100
有机纤维 PRD-环氧	1.4	1.4	0.8	1.0	57
SiC 纤维-环氧	2.2	1.09	1.02	0.5	46
硼纤维-铝	2.65	1.0	2.0	0.38	75

2. 抗疲劳和破断安全性良好

由于纤维复合材料特别是纤维-树脂复合材料对缺口和应力集中敏感性小，而且纤维与基体界面能阻止疲劳裂纹扩展或改变裂纹扩展方向，因此复合材料有较高的疲劳强度（图9-2）。实验表明，碳纤维增强复合材料的疲劳强度可达其抗拉强度的70%～80%，而金属材料的疲劳强度只有其抗拉强度的40%～50%。

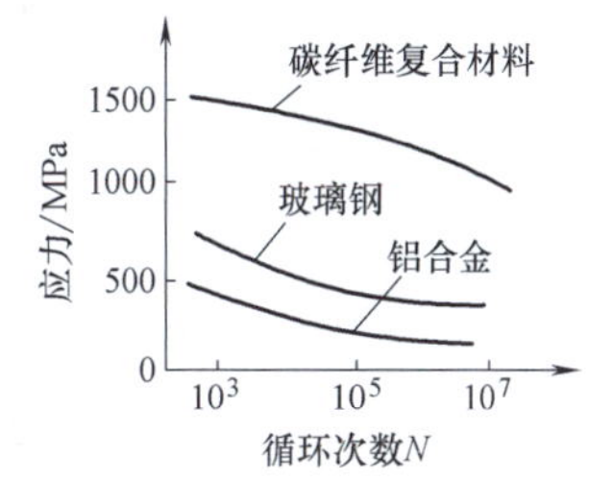

图9-2　三种材料的疲劳强度比较

纤维增强复合材料中有大量独立的纤维，平均每平方厘米面积上有几千到几万根。当构件由于超载或其他原因使少数纤维断裂时，载荷就会重新分配到其他未断的纤维上，构件不致在短期内发生突然破坏，故破断安全性好。

3. 高温性能优良

大多数增强纤维在高温下仍保持高的强度，用其增强金属和树脂时能显著提高耐高温性能。例如铝合金在400℃时弹性模量已降至接近于零，强度也显著降低，而用碳纤维增强后，在此温度下强度和弹性模量基本未变。

4. 减振性能好

由于结构的自振频率与材料比模量的平方根成正比，而复合材料的比模量高，故其自振频率也高，可以避免构件在工作状态下产生共振。另外，纤维与基体界面有吸收振动能量的作用，即使产生了振动也会很快地衰减下来，所以纤维增强复合材料具有很好的减振性能。例如用同样尺寸和形状的梁进行试验，金属材料的梁需9s才能停止振动，而碳纤维复合材料则只需2.5s。

第二节　增强材料及其增强机制

复合材料是一种由基体和增强体组成的多相材料，基体为连续相，而增强体为分散相。用作基体的通常是金属材料、高分子材料和陶瓷材料，它们的成分、组织、性能特点及应用范围在前几章中已作过详细介绍。用作增强体的通常有纤维增强材料、颗粒增强材料和片状增强材料。本节对常用的增强纤维和颗粒材料及其增强机制作简要介绍。

一、增强材料

1. 纤维增强材料

增强材料中增强效果最明显、应用最广泛的是纤维增强材料，主要有玻璃纤维、碳纤维、芳纶纤维、硼纤维、碳化硅纤维和氧化铝纤维等。

（1）玻璃纤维　玻璃纤维是由熔融的玻璃经拉丝而制成的纤维。它的密度为2.4～2.7g/cm³，与铝相近；抗拉强度比块状玻璃高几十倍，比块状高强度合金钢还高；弹性模量比其他人造纤维高5～8倍，但比一般金属低很多；伸长率比其他有机纤维低，一般为3%左右；耐热性较高，软化点为550～580℃，在200～250℃以下受热时强度不变；它有良好的耐蚀性，除氢氟酸、浓碱、浓磷酸外，对其他溶剂有良好的化学稳定性；它不吸水、不燃烧、尺寸稳定、隔热、吸声、绝缘、透过电磁波等。由于其制取方便，价格便宜，是应用最多的增强纤维。常用增强纤维与金属丝的性能对比列于表9-3。

表 9-3 常用增强纤维与金属丝性能对比

材料＼性能	密度 /(g/cm³)	抗拉强度 /×10³MPa	拉伸模量 /×10⁵MPa	比强度 /10⁶(Nm/kg)	比模量 /10⁶(Nm/kg)
无碱玻璃纤维	2.55	3.40	0.71	1.33	28
高强度碳纤维(Ⅱ型)	1.74	2.42	2.16	1.39	124
高模量碳纤维(Ⅰ型)	2.00	2.23	3.75	1.12	188
Kevlar49	1.44	2.80	1.26	1.94	88
硼纤维	2.36	2.75	3.82	1.17	162
SiC 纤维(钨芯)	2.69	3.43	4.80	1.28	178
钢 丝	7.74	4.20	2.00	0.54	26
钨 丝	19.40	4.10	4.10	0.21	21
钼 丝	10.20	2.20	3.60	0.22	35

(2) 碳纤维 碳纤维是将有机纤维（如粘胶纤维、聚丙烯腈纤维、沥青纤维等）在惰性气氛中经高温碳化而制成的 w_C 在90%以上的纤维。其最突出的特点是密度低、强度和模量高。它的密度为 1.33~2.0g/cm³；弹性模量可达 $2.6\times10^5 \sim 4\times10^5$MPa，为玻璃纤维的4~6倍；它的高、低温性能好，在 1500℃以上惰性气体中强度保持不变，在-180℃低温下脆性也不增加；它化学稳定性高，能耐浓盐酸、硫酸、磷酸、苯、丙酮等介质浸蚀；热膨胀系数小，热导率高，导电性、自润滑性好。其缺点是脆性大；易氧化，在 410~450℃空气中即开始氧化；与基体结合力差，须用硝酸或硫酸对纤维进行氧化处理以增强结合力。

(3) 硼纤维 硼纤维是将元素硼用蒸汽沉积的方法沉积到耐热的金属丝——纤芯上制得的一种复合纤维，纤芯常用钨丝。硼纤维熔点高，为 2300℃；具有高强度、高弹性模量，其强度与玻璃纤维相近，而弹性模量远比玻璃纤维高，是无碱玻璃纤维的 5 倍，与碳纤维相当，可达 $3.8\times10^5 \sim 4.9\times10^5$MPa，在无氧条件下 1000℃时其模量也不变。此外，还具有良好的抗氧化性和耐腐蚀性。其缺点是密度较大，直径较粗，生产工艺复杂，成本高，价格昂贵。所以它在复合材料中的应用还不及玻璃纤维和碳纤维广泛。

(4) 芳纶纤维 国外称 Kevlar 纤维，是一种将聚合物溶解在溶剂中，再经纺丝制成的芳香族聚酰胺类纤维。它的最大特点是比强度和比模量高。其密度小，只有 1.45g/cm³；其抗拉强度比玻璃纤维平均高 45%，可达 2.8~3.7GPa；它韧性好，不像碳纤维和玻璃纤维那样脆；耐热性比玻璃纤维好，能在 290℃下长期使用；具有优良的抗疲劳性、耐腐蚀性、绝缘性和加工性，且价格便宜。

(5) 碳化硅纤维 碳化硅纤维是一种高熔点、高强度、高模量的陶瓷纤维，主要用于增强金属和陶瓷。它是以钨丝或碳纤维作纤芯，通过气相沉积法而制得；或用聚碳硅烷纺纱，经烧结而制得。其突出的优点是具有优良的高温强度，在 1100℃时其强度仍高达 2100MPa。

2. 颗粒增强材料

近年来颗粒增强金属基复合材料迅速发展，为适应不同的性能需要选用不同的颗粒作为增强物。主要选用的颗粒增强材料是各种陶瓷颗粒，如 Al_2O_3、SiC、Si_3N_4、WC、TiC、B_4C 及石墨等。陶瓷颗粒性能好、成本低，易于批量生产。常用颗粒增强物的性能如表 9-4 所示。

在聚合物材料中添加不同的填料，构成以填料为分散相、聚合物为连续相的复合材料，可以改善制品的力学性能、耐磨性能、耐热性能、导电性能、导磁性能、耐老化性能等。常用的填料有石墨、炭黑、白炭黑（二氧化硅无定形微粉，白色，具有类似炭黑的增强作用，故称白炭黑）、MgO、SiO_2、MoS_2、Fe_2O_3、云母、高岭土、膨润土、碳酸钙、滑石粉、空心玻璃微珠等。例如炭黑和白炭黑可明显提高橡胶的强度、硬度和弹性模量。对塑料来说，石墨、银粉、铜粉等可改善其导电性；Fe_2O_3 磁粉可改善其导磁性；MoS_2 可提高其自润滑性；空心玻璃微珠不仅可减小其密度还可提高耐热性。

表 9-4　常用颗粒增强物的性能

颗粒名称	密度 /g·cm^{-3}	熔点 /℃	热胀系数 /(10^{-6}/℃)	热导率 /W/(m·K)	硬度 /GPa	抗弯强度 /MPa	弹性模量 /GPa
碳化硅（SiC）	3.21	2700（分解）	4.0	75.31	26.5	400~500	
碳化硼（B_4C）	2.52	2450	5.73		29.4	300~500	360~460
碳化钛（TiC）	4.92	3300	7.4		25.5	500	
氧化铝（Al_2O_3）		2050	9.0				
氮化硅（Si_3N_4）	3.2~3.35	2100（分解）	2.5~3.2	12.55~29.29	19.0	900	330
莫来石（$3Al_2O_3·2SiO_2$）	3.17	1850	4.2		31.9	~1200	
硼化钛（TiB_2）	4.5	2980					

二、增强机制简介

1. 纤维增强

（1）纤维增强机制　对纤维增强复合材料来说，承受载荷的主要是增强纤维。纤维主要通过下列机制起增强作用：

1）纤维是具有强结合键的物质或硬质材料（如玻璃、陶瓷等）。当这些硬质材料为块状时，其内部往往含有较多裂纹，容易断裂，表现出很大的脆性，使键的强度不能充分发挥。如果将这些硬质材料制成细的纤维，则由于尺寸小，其中出现裂纹的几率降低，裂纹的长度也减小，因此脆性明显改善，强度显著提高。

2）纤维处于基体之中，彼此隔离，其表面受到基体的保护，不易遭受损伤，也不易在受载过程中产生裂纹，使承载能力增大。

3）当材料受到较大应力时，一些有裂纹的纤维可能断裂，但基体能阻碍裂纹扩展并改变裂纹扩展方向，图 9-3 所示为纤维断裂后裂纹沿纤维与基体界面扩展的情形，这增加了裂纹扩展路程，从而使材料的强度和韧性提高。

4）当纤维与基体有适当的界面结合强度时，纤维受力断裂后被从基体中拔出，如图 9-4所示，这需克服基体对纤维的粘接力，使材料的断裂强度提高。

图 9-3　纤维断裂后裂纹沿纤维与基体界面扩展

(2) 纤维增强复合条件　并非任何纤维与任何基体的任意复合都能获得增强效果，它们必须满足下列条件：

1) 纤维的强度和弹性模量应远高于基体。因为在产生相等应变的条件下，强度和弹性模量高的能承受的应力也大。

2) 纤维与基体之间应有一定的界面结合强度，这样才能保证基体所承受的载荷能通过界面传递给纤维，并防止脆性断裂。若结合强度过低，纤维犹如基体中的气孔群，不仅无强化作用，反而使整体强度大大降低；但过高的结合强度会使纤维不能从基体中拔出，以致发生脆性断裂。研究表明，表面光滑的纤维与基体的结合强度较小，因此常用空气氧化法或用硝酸对纤维进行处理，使其表面粗糙，以增强与基体的结合力；或用偶联剂涂覆在纤维表面，使纤维与基体以化学键或氢键联成整体。

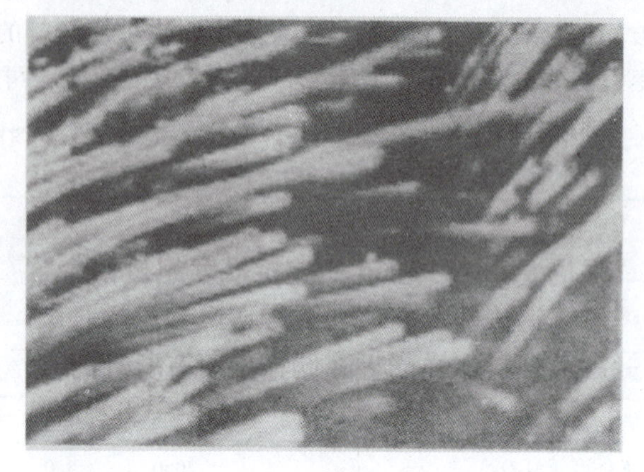
图 9-4　断裂的纤维被从基体中拔出

3) 纤维的排列方向要与构件的受力方向一致，才能发挥增强作用。因为纤维增强复合材料是各向异性的非均质材料，沿纤维方向抗拉强度最高，而垂直纤维方向的抗拉强度最低，所以纤维在基体中的排列与成型构件的受力应合理配合。

4) 纤维与基体的热膨胀系数应匹配，不能相差过大，否则在热胀冷缩过程中会引起纤维与基体结合强度降低。

5) 纤维与基体之间不能发生使结合强度降低的化学反应。

6) 纤维所占的体积分数、纤维长度 L 和直径 d 及长径比 L/d 等必须满足一定要求。一般说来，纤维所占体积分数越高、纤维越长、越细，增强效果越好。

2. 颗粒增强

颗粒增强复合材料是将增强颗粒高度弥散地分布在基体中，使基体主要承受载荷，而增强颗粒阻碍导致基体塑性变形的位错运动（金属基体）或分子链运动（高聚物基体）。增强颗粒的直径大小直接影响增强效果。直径过大（$>0.1\mu m$）容易引起应力集中而使强度降低；直径过小（$<0.01\mu m$）则接近于固溶体结构，不起颗粒增强作用。因此，颗粒直径一般在 $0.01\sim0.1\mu m$ 范围时增强效果最好。金属陶瓷、金属细粒与塑料、炭黑与橡胶、烧结铝等的复合强化均属此类。

第三节　常用复合材料

一、塑料基复合材料

作为机械工程材料，塑料的最大优点是密度小、耐腐蚀、可塑性好、易加工成型，但其最主要的缺点是强度低、弹性模量低、耐热性差。改善其性能最有效的途径是将其制备成复合材料。在塑料基复合材料中，以纤维增强效果最好、发展最快、应用最广。

纤维增强塑料基复合材料常用的增强纤维为玻璃纤维、碳纤维、硼纤维、碳化硅纤维、Kevlar 纤维及其织物、毡等，基体材料为热固性树脂（如不饱和聚酯树脂、环氧树脂、酚醛树脂、呋喃树脂、有机硅树脂等）和热塑性树脂（如尼龙、聚苯乙烯、ABS、聚碳酸酯等）。这类材料的复合与制品的成型是同时完成的，常用的成型方法有手糊法、喷射法、压制法、缠绕成型法、离心成型法和袋压法等。广泛使用的是玻璃纤维增强塑料、碳纤维增强塑料、硼纤维增强塑料、碳化硅纤维增强塑料和 Kevlar 纤维增强塑料。

1. 玻璃纤维增强塑料

玻璃纤维增强塑料也称玻璃钢，按塑料基体性质可分为热塑性玻璃钢和热固性玻璃钢。

（1）热塑性玻璃钢　它是由体积分数为 20%~40%的玻璃纤维与 60%~80%的热塑性树脂组成，具有高强度和高冲击韧性、良好的低温性能及低热膨胀系数。例如 40%玻璃纤维增强尼龙 6、尼龙 66 的抗拉强度超过铝合金；40%玻璃纤维增强聚碳酸酯的热膨胀系数低于不锈钢铸件；玻璃纤维增强聚苯乙烯、聚碳酸酯、尼龙 66 等在-40℃时冲击韧性不但不像一般塑料那样严重降低，反而有所升高。几种热塑性玻璃钢的性能如表 9-5 所列。

表 9-5　几种热塑性玻璃钢的性能

基体材料 \ 性能	密度 /(g/cm^3)	抗拉强度 /MPa	弯曲弹性模量 /10^2MPa	热膨胀系数 /(10^{-5}/℃)
尼龙 66	1.37	182	91	3.24
ABS	1.28	101.5	77	2.88
聚苯乙烯	1.28	94.5	91	3.42
聚碳酸酯	1.43	129.5	84	2.34

（2）热固性玻璃钢　它是由体积分数为 60%~70%玻璃纤维（或玻璃布）与 30%~40%热固性树脂组成，其主要优点是密度小、强度高。它的比强度超过一般高强度钢和铝合金及钛合金，耐腐蚀，绝缘、绝热性好，吸水性低，防磁，微波穿透性好，易于加工成型。其缺点是弹性模量低，只有结构钢的 1/5~1/10，刚性差；耐热性虽比热塑性玻璃钢好，但仍不够高，只能在 300℃以下使用。为了提高性能，可对其进行改性。例如用酚醛树脂与环氧树脂混溶后作基体进行复合，不仅具有环氧树脂的粘结性，降低酚醛树脂的脆性，又保持酚醛树脂的耐热性，因此环氧-酚醛玻璃钢热稳定性好，强度更高；又如有机硅树脂与酚醛树脂混溶后制成的玻璃钢可作耐高温材料。表 9-6 列出几种热固性玻璃钢的性能。

表 9-6　几种热固性玻璃钢的性能

基体材料 \ 性能	密度 /(g/cm^3)	抗拉强度 /MPa	抗压强度 /10^2MPa	抗弯强度 /MPa
聚　酯	1.7~1.9	180~350	210~250	210~350
环　氧	1.8~2.0	70.3~298.5	180~300	70.3~470
酚　醛	1.6~1.85	70~280	100~270	270~1100

玻璃钢主要用于制造要求自重轻的受力构件和要求无磁性、绝缘、耐腐蚀的零件。例如在航天和航空工业中制造雷达罩、直升机机身、飞机螺旋桨、发动机叶轮、火箭导弹发动机壳体和燃料箱等；在船舶工业中用于制造轻型船、艇、舰，因玻璃钢无磁性，用其制造的扫雷艇可避免磁性水雷的袭击；在车辆工业中制造汽车、机车、拖拉机车身、发动机机罩等；在电机电器工业中制造重型发电机护环、大型变压器线圈绝缘筒以及各种绝缘零件等；在石

油化工工业中代替不锈钢制作耐酸、耐碱、耐油的容器、管道和反应釜等。

2. 碳纤维增强塑料

它是由碳纤维与聚酯、酚醛、环氧、聚四氟乙烯等树脂组成的复合材料。这类材料具有低密度、高强度、高弹性模量、高比强度和比模量。例如碳纤维-环氧树脂复合材料的比强度和比模量都超过了铝合金、钢和玻璃钢（见表9-2）。此外，碳纤维增强塑料还具有优良的抗疲劳性能、耐冲击性能、自润滑性、减摩耐磨性、耐腐蚀和耐热性。其缺点是碳纤维与基体结合力低，各向异性严重，垂直纤维方向的强度和弹性模量低。

碳纤维增强塑料的性能优于玻璃钢，主要用于航天和航空工业中制作飞机机身、螺旋桨、尾翼、发动机风扇叶片、卫星壳体、航天飞行器外表面防热层等；在汽车工业中用于制造汽车外壳、发动机壳体等；在机械制造工业中制作轴承、齿轮、磨床磨头、齿轮旋转刀具等；在电机工业中制作大功率发电机护环，代替无磁钢；在化学工业中制作管道、容器等。

3. 硼纤维增强塑料

它主要由硼纤维与环氧、聚酰亚胺等树脂组成，具有高的比强度和比模量、良好的耐热性。例如硼纤维-环氧树脂复合材料的拉伸、压缩、剪切的比强度都高于铝合金和钛合金；其弹性模量为铝合金的3倍，为钛合金的2倍，而比模量则为铝合金和钛合金的4倍。其缺点是各向异性明显，纵向力学性能高，横向性能低，两者相差十几倍到数十倍；此外加工困难，成本昂贵。主要用于航空、航天工业中要求高刚度的结构件，如飞机机身、机翼、轨道飞行器隔离装置接合器等。

4. 碳化硅纤维增强塑料

碳化硅纤维与环氧树脂组成复合材料，具有高的比强度和比模量。其抗拉强度接近碳纤维-环氧树脂复合材料，而抗压强度为后者的2倍。碳化硅-环氧树脂复合材料是一种很有发展前途的新型材料，主要用于宇航器上的结构件，比金属减轻重量30%。还可用它制作飞机的门、降落传动装置箱、机翼等。

5. Kevlar 纤维增强塑料

它是由Kevlar纤维与环氧、聚乙烯、聚碳酸酯、聚酯等树脂组成。其中常用的是Kevlar纤维-环氧树脂复合材料，它的抗拉强度高于玻璃钢，与碳纤维-环氧树脂复合材料相近，且延性好，与金属相似；其耐冲击性超过碳纤维增强塑料；具有优良的疲劳抗力和减振性，其疲劳抗力高于玻璃钢和铝合金，减振能力为钢的8倍，为玻璃钢的4~5倍。主要用于飞机机身、雷达天线罩、火箭发动机外壳、轻型船舰、快艇等。

除了纤维增强塑料以外，还有颗粒增强塑料、薄片增强塑料。前者主要是各种粉末和微粒与塑料复合的产物，虽然这些粒子的增强效果不如纤维增强那样显著，但在改善塑料制品的某些性能和降低成本方面有明显效果。薄片增强塑料主要是用纸张、云母片或玻璃薄片与塑料复合的产物，其增强效果介于纤维增强与粒子增强之间。

二、金属基复合材料

金属是目前机械工程中用量最大的一类材料。它塑性、韧性好，强度、硬度、弹性模量比较高，但仍不能满足要求。虽然热处理、合金化、形变强化等方法可提高其强度和硬度等，但效果是有限的。进一步改善其性能的最好途径是与其他材料进行复合。

1. 纤维增强金属基复合材料

纤维增强金属基复合材料是由高强度高模量的增强纤维与具有较好韧性的低屈服强度的金属组成。常用的增强纤维为硼纤维、碳（石墨）纤维、碳化硅纤维等；常用的基体为铝及铝合金、钛及钛合金、铜及铜合金、银、铅、镁合金和镍合金等。制造方法主要有直接涂覆法（包括等离子喷涂法、离子涂覆法、电镀和化学镀法、化学气相沉积法等）、液态法（包括连续浸渍法、铸造法、液态模锻法等）和固态法（包括扩散粘结法、粉末冶金法、压力加工法等）。

与纤维增强塑料相比，纤维增强金属具有横向力学性能好，层间抗剪强度高，冲击韧性好，高温强度高，耐热性、耐磨性、导电性、导热性好，不吸潮，尺寸稳定，不老化等优点，给航天航空技术的发展带来重大变革。但由于工艺复杂、价格较贵，目前在发展水平和应用规模上还落后于纤维增强塑料基复合材料。

（1）纤维增强铝（或铝合金）基复合材料　研究最成功、应用最广的是硼纤维增强铝基复合材料，它是由硼纤维与纯铝、变形铝合金（铝铜、铝锌合金等）、铸造铝合金（铝铜合金等）组成。由于硼和铝在高温下易形成 AlB_2，与氧易形成 B_2O_3，故在硼纤维表面涂一层 SiC 以提高硼纤维的化学稳定性，这种硼纤维称为 SiC 改性硼纤维或硼矽克。硼纤维-铝（或铝合金）复合材料的性能优于硼纤维-环氧树脂复合材料，也优于铝合金和钛合金。它具有高拉伸模量、高横向模量，高抗压强度、抗剪强度和疲劳强度，其比强度高于钛合金。主要用于飞机或航天器蒙皮、大型壁板、长梁、加强肋，航空发动机叶片等。

碳纤维增强铝基复合材料是由碳（石墨）纤维与钝铝、变形铝合金、铸造铝合金组成。由于碳（石墨）纤维与铝（或铝合金）熔液间的润湿性很差，而且在高温下碳与铝易形成 Al_4C_3，降低复合材料的强度，故最好在碳（石墨）纤维表面蒸镀一层 Ti-B 薄膜，以改善润湿性并防止形成 Al_4C_3。这种复合材料具有高比强度、高比模量，高温强度好，在 500℃时其比强度比钛合金高 1.5 倍，减摩性和导电性好。主要用于制造航天飞机外壳，运载火箭的大直径圆锥段、级间段、接合器、油箱，飞机蒙皮、螺旋桨，涡轮发动机的压气机叶片，重返大气层运载工具的防护罩等，也可用于制造汽车发动机零件（如活塞、气缸头等）和滑动轴承等。

碳化硅纤维增强铝基复合材料是由碳化硅纤维与纯铝、铸造铝合金（铝铜合金等）组成，具有高的比强度、比模量和高硬度。用于制造飞机机身结构件及汽车发动机的活塞、连杆等零件。

（2）纤维增强钛合金基复合材料　这类材料是由硼纤维、碳化硅改性硼纤维或碳化硅纤维与 Ti-6Al-4V 钛合金组成，具有低密度、高强度、高弹性模量、高耐热性、低热膨胀系数等优点，是理想的航天航空用结构材料。例如碳化硅改性硼纤维与 Ti-6Al-4V 组成的复合材料，其密度为 $3.6g/cm^3$，比钛还轻，抗拉强度可达 1.21×10^3MPa，弹性模量达 2.34×10^5MPa，热膨胀系数为 $1.39\times10^{-6}\sim1.75\times10^{-6}$/℃。目前纤维增强钛合金基复合材料还处于研究和试用阶段。

（3）纤维增强铜（或铜合金）基复合材料　这类复合材料主要是由碳（石墨）纤维与铜或铜镍合金组成。为了增强碳（石墨）纤维与基体的结合强度，常在纤维表面镀铜或镀镍后再镀铜。这类复合材料具有高强度、高导电率、低摩擦因数和高耐磨性，以及在一定温度范围内的尺寸稳定性，用于制造高负荷的滑动轴承、集成电路的电刷、滑块等。

2. 颗粒增强金属基复合材料

虽然颗粒的增强效果不如纤维，但复合工艺较简单，价格较便宜。按照增强粒子尺寸大小，颗粒增强金属基复合材料可分为两类：金属陶瓷，其粒子尺寸大于0.1μm；弥散强化合金，其粒子尺寸在0.01~0.1μm范围。

（1）金属陶瓷 金属陶瓷中常用的增强粒子为金属氧化物、碳化物、氮化物等陶瓷粒子，其体积分数通常大于20%。陶瓷粒子耐热性好、硬度高，但其脆性大，一般采用粉末冶金法将陶瓷粒子与韧性金属粘结在一起。这种复合材料既具有陶瓷硬度高、耐热性好的优点，又能承受一定程度的冲击。

典型的金属陶瓷是碳化钨-钴、碳化钛-镍-钼等，即所谓硬质合金。硬质合金不仅被用作切削刀具，还可用于制作耐磨、耐冲击的工模具等，这些在第八章中已作过详细介绍。

SiC颗粒增强铝也是一种性能优异的复合材料，可用来制造卫星及航天用结构件，如卫星支架、结构连接件等；飞机零部件，如纵梁管、液压歧管等；汽车零部件，如驱动轴、制动盘、发动机缸套、衬套和活塞、连杆等。

（2）弥散强化合金 这是一种将少量的（体积分数通常小于20%）、颗粒尺寸极细的增强微粒高度弥散地均匀分布在基体金属中的颗粒增强金属基复合材料。常用的增强相是Al_2O_3、ThO_2、MgO、BeO等氧化物微粒，基体金属主要是铝、铜、钛、铬、镍等。一般采用表面氧化法、内氧化法、机械合金化法、共沉淀法等特殊工艺使增强微粒弥散分布于基体中。由于增强微粒的尺寸及粒子间距都很小，粒子对金属基体中位错运动的阻力更大，因而强化效果更显著，这与沉淀强化合金（如时效强化的铝合金）类似。但沉淀强化合金中的弥散相是在沉淀过程（固溶处理加时效处理）中产生的，当使用温度高于发生沉淀过程的温度时，沉淀相将会粗化甚至重新溶解，使合金的高温强度显著降低。相反，弥散强化合金中的弥散相在合金的固相线温度以下均是保持稳定的，因此，弥散强化合金有更高的高温强度。例如，经形变强化的合金，当温度达到基体金属熔点（T_m）一半，即$0.5T_m$时，其强度便明显降低；固溶强化可以将金属材料的强度维持到$0.6T_m$；沉淀强化可以维持到$0.7T_m$；而弥散强化可以维持到$0.85T_m$。

1）弥散强化铝。弥散强化铝也称烧结铝。它通常采用表面氧化法制备，即首先使片状铝粉的表面氧化成Al_2O_3薄膜，再经压制、烧结和挤压而加工成Al_2O_3增强铝基复合材料。在加工过程中，原始片状粉末表面的氧化铝层破碎成微粒并弥散地分布在铝基体中。烧结铝突出的优点是高温强度好，在300~500℃之间，其强度远远超过其他形变铝合金。烧结铝可以加工成飞机的结构件，如机翼和机身等，还可作发动机的压气机叶轮、高温活塞。在动力机械上可用作大功率柴油机的活塞等。在原子能工业中可用作冷却反应堆中核燃料元件的包套材料。

2）弥散强化铜。铜是良好的导电材料，但在较高温度下强度明显下降，而固溶强化和时效强化又会使其导电性大大降低。用极微小的氧化物（如Al_2O_3、ThO_2、SiO_2、ZrO_2、BeO、Y_2O_3等）与铜复合成弥散强化铜，由于极微小的弥散粒子不妨碍铜的导电性，从而使这种材料既有良好的导电性，又有良好的高温强度。例如$w_{Al_2O_3}$为0.2%~1.1%的Cu-Al_2O_3复合材料，其室温导电率为纯铜的92%~95%，而且在高温下保持适当的硬度和强度。其制备工艺一般是用内氧化法或共沉淀法制取Cu-Al_2O_3合金粉，然后经热挤或锻造成材。弥散强化铜常用作高温下导热、导电体，如制作高功率电子管的电极、焊接机的电极、白炽灯引线、微波管等。

3. 塑料-金属多层复合材料

这类复合材料的典型代表是SF型三层复合材料，其结构如图9-5所示。它是以钢为基

体，烧结铜网或铜球为中间层，塑料为表面层的一种自润滑材料。其整体性能取决于基体，而摩擦磨损性能取决于塑料。中间层系多孔性青铜，其作用是使三层之间有较强的结合力，且一旦塑料磨损露出青铜亦不致磨伤轴。常用于表面层的塑料为聚四氟乙烯（如 SF-1 型）和聚甲醛（如 SF-2 型）。这种复合材料常用作无油润滑滑动轴承，它比用单一的塑料提高承载能力 20 倍，热导率提高 50 倍，热膨胀系数降低 75%，因而提高了尺寸稳定性和耐磨性。适于制作高应力（140MPa）、高温（270℃）及低温（-195℃）和无油润滑条件下的各种滑动轴承，已在汽车、矿山机械、化工机械中应用。

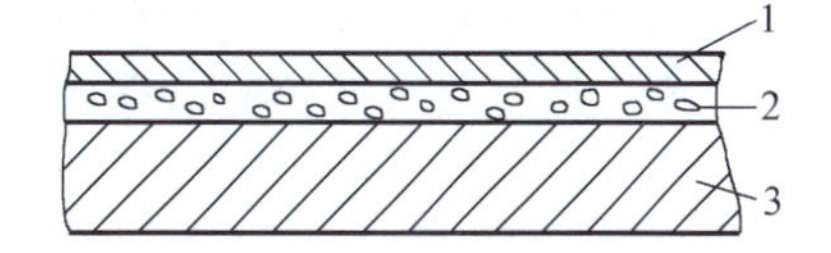

图 9-5　塑料-金属三层复合材料

1—塑料层 0.05~0.3mm　2—多孔性青铜中间层 0.2~0.3mm　3—钢基体

三、橡胶基复合材料

橡胶具有弹性高、减振性好、热导率低、绝缘等优点，但强度和弹性模量低、耐磨性差。为了改善橡胶制品的性能，可用增强纤维或粒子与其复合，制备成纤维增强橡胶和粒子增强橡胶制品。

1. 纤维增强橡胶

纤维增强橡胶制品主要有轮胎、传动带、橡胶管、橡胶布等。这些制品除了应具有轻质高强的性能外，还必须柔软并具有较高弹性。这要求增强纤维具有强度高、伸长率低、耐挠曲、物理性能均匀一致、蠕变性小、与橡胶有良好的粘接性等性能。常用的增强纤维有天然纤维、人造纤维、合成纤维（如尼龙、涤纶、维尼纶等）、玻璃纤维、金属丝（如钢丝帘子线等）。增强纤维与橡胶通常经过素炼、混炼、涂覆、挤出、压延、成型、硫化等工序制备成纤维增强橡胶制品。

轮胎主要由胎面层、缓冲层和胎体帘布层构成，图 9-6 是汽车轮胎的结构示意图。胎面层由耐磨性好的天然橡胶或合成橡胶制成；缓冲层由玻璃纤维帘子线或合成纤维帘子线构成；胎体帘布层由强度较高的尼龙纤维、聚酯纤维或棉纤维纺成的帘子线增强橡胶构成。

汽车及拖拉机上使用的发电机带、水泵带、空气压缩机带等都是纤维增强橡胶传动带。这类传动带多是断面呈梯型的环状胶带，称 V 带，适于槽型带轮使用，依靠梯型两侧面的摩擦力带动从动轮转动。这种传动带的增强层位于胶带中上部，增强层有帘布、线绳、钢丝等，主要承受传动时的牵引力。

机械工程中还经常使用各种增强橡胶软管，如汽车、拖拉机使用的制动软管。增强橡胶管的增强层通常用各种纤维材料或金属材料制成，压力较低的一般采用各种纤维（为棉、麻、人造丝、玻璃纤维、合成纤维等）增强，强度要求较高的一般采用金属材料（如钢丝、钢丝绳等）增强。

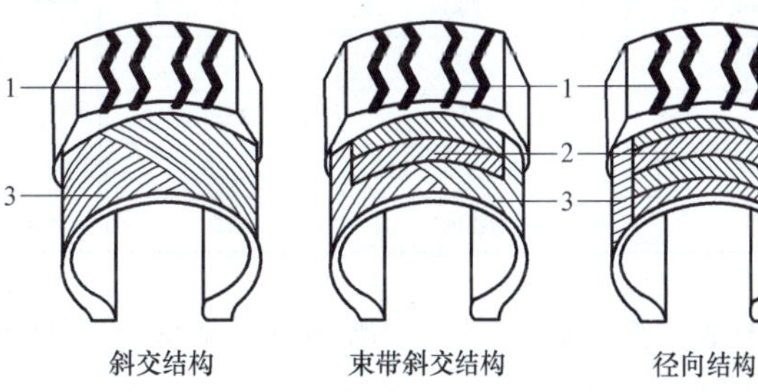

图 9-6　汽车轮胎的结构示意图

1—胎面层　2—缓冲层　3—胎体帘布层

2. 粒子增强橡胶

在橡胶工业中，常使用大量辅助材料改善橡胶的性能。增强效果

最好的是补强剂，如炭黑、白炭黑、氧化锌、活性碳酸钙等。补强剂的细小粒子填充到橡胶分子的网状结构中，形成一种特殊的界面，使橡胶的抗拉强度、撕裂强度、耐磨性都显著提高。表 9-7 是炭黑对橡胶的增强效果。

表 9-7 炭黑对橡胶的增强效果

橡胶类别	硫化后的抗拉强度/MPa		增强效果
	未加炭黑	加炭黑	加炭黑强度/未加炭黑强度
天然橡胶	20~30	30~34.5	1~1.6
氯丁橡胶	15~20	20~28	1~1.8
丁苯橡胶	2~3	15~25	5~12
丁腈橡胶	2~4	15~25	4~12

四、陶瓷基复合材料

陶瓷具有耐高温、抗氧化、耐磨、耐腐蚀、弹性模量高、抗压强度大等优点。但陶瓷脆性大，不能承受剧烈的机械冲击和热冲击。用纤维或粒子与陶瓷制备成复合材料，其韧性明显提高，同时强度和模量也有一定程度提高。虽然目前陶瓷基复合材料仍在研究之中，但已显示出良好的应用前景。

1. 纤维增强陶瓷基复合材料

纤维与陶瓷复合的目的主要是提高陶瓷材料的韧性。所用的纤维主要是碳纤维、Al_2O_3 纤维、SiC 纤维或晶须以及金属纤维等。研究较多的是碳纤维增强无定型二氧化硅、碳纤维增强碳化硅、碳纤维增强氮化硅、碳化硅纤维增强氮化硅、氮化硅纤维增强氧化铝、氧化锆纤维增强氧化锆等。复合方法主要有泥浆浇注法、溶胶-凝胶法、化学气相渗透法等。

纤维增强陶瓷基复合材料不仅保持了原陶瓷材料的优点，而且韧性和强度得到明显提高。表 9-8 是几种陶瓷经碳化硅纤维增强前后的性能比较。由表可见，经碳化硅纤维增强的各种陶瓷材料其断裂韧度和抗弯强度都远高于未增强的陶瓷材料。例如，SiC 增强玻璃的断裂韧度提高了 15 倍，抗弯强度提高了 12 倍。

表 9-8 陶瓷经碳化硅纤维增强前后的性能比较

材料	抗弯强度/MPa	断裂韧度/$MPa \cdot m^{1/2}$	材料	抗弯强度/MPa	断裂韧度/$MPa \cdot m^{1/2}$
Al_2O_3	550	5.5	玻璃-陶瓷	200	2.0
Al_2O_3/SiC	790	8.8	玻璃-陶瓷/SiC	830	17.6
SiC	495	4.4	Si_3N_4(热压)	470	4.4
SiC/SiC	750	25.0	Si_3N_4/SiC 晶须	800	56.0
ZrO	250	5.0	玻璃	62	1.1
ZrO/SiC	450	22	玻璃/SiC	825	17.6

纤维增强陶瓷硬度高、耐磨性好、耐高温，且有一定韧性，可用作切削刀具。例如用碳化硅晶须增强氧化铝刀具切削镍基合金、钢和铸铁零件，进刀量和切削速度都可大大提高，而且使用寿命增加。

纤维增强陶瓷材料还具有比强度和比模量高、韧性好的特点，在军事上和空间技术上有

很好的应用前景。例如，石英纤维增强二氧化硅，碳化硅增强二氧化硅，碳化硼增强石墨，碳、碳化硅或氧化铝纤维增强玻璃等可作导弹的雷达罩、重返空间飞行器的天线窗和鼻锥、装甲、发动机零部件、换热器、汽轮机零部件、轴承和喷嘴等。

陶瓷基复合材料耐蚀性优异，生物相容性好，可用作生物材料，也可用于制作内燃机零部件。

2. 粒子增强陶瓷基复合材料

用粒子与陶瓷复合，可明显改善陶瓷的脆性，提高强度，且工艺简单。研究较多的体系有碳化硅基、氧化铝基和莫来石基，如 SiC-TiC、SiC-ZrB_2、Al_2O_3-TiC、Al_2O_3-SiC、莫来石-ZrO_2 等体系。例如，用 ZrO_2 粒子与莫来石复合后，强度和韧性显著提高，而且还降低烧成温度，见表 9-9。将莫来石-ZrO_2 复合材料用作发动机部件的绝热材料，已引起重视。

表 9-9　莫来石-ZrO_2 复合材料性能

样　品	热压烧结	m-ZrO_2 φ_{ZrO_2}(%)	σ_f/MPa		K_{IC}/MPa·$m^{1/2}$	
			室　温	800℃	室　温	800℃
莫来石①	1650℃ 60min	0	236	274	2.5	3.1
复合物②	1480℃ 80min	88.1	612	440	5.1	4.4

① 莫来石：Al/Si=68/32（质量比）。

② ZrO_2：(Y_2O_3-ZrO_2)：莫来石=25：25：50(体积比)。

习题与思考题

1. 何谓复合材料？都有哪些类型？

2. 复合材料的性能有什么特点？

3. 常用的增强纤维有哪些？比较它们的性能特点。

4. 简述纤维增强机制以及纤维增强复合的条件。

5. 比较玻璃钢、碳纤维增强塑料、硼纤维增强塑料、碳化硅纤维增强塑料、Kevlar 纤维增强塑料的性能特点，并举例说明它们的用途。

6. 与纤维增强塑料相比，纤维增强金属在性能上有何特点？并举例说明它们的用途。

7. 弥散强化铝合金复合材料的增强机制是什么？其性能与时效强化铝合金有何不同，原因何在？有何用途？

8. 举例说明纤维增强橡胶在机械工程中的应用。

9. 为何纤维与陶瓷复合可以提高韧性和强度？陶瓷基复合材料的可能应用有哪些？

Chapter 10

第十章 功能材料

第一节 概述

一、功能材料的重要性

功能材料是指以特殊的电、磁、声、光、热、力、化学及生物学等性能作为主要性能指标的一类材料。自20世纪50年代以来，功能材料在电力技术、电子信息技术、微电子技术、激光技术、空间技术、海洋技术等领域得到广泛应用，新的功能材料不断研制成功。21世纪功能材料将在社会经济发展和国防建设中发挥更加重要的作用。例如，随着锗、硅半导体材料和晶体管及半导体器件的相继研制成功和广泛应用，计算机技术获得了极其迅速的发展。大规模集成电路的问世导致了微型计算机的出现。现在一台微机的功效与当时第一台大型电子管计算机相当，但运算速度快几十倍，体积仅为30万分之一，质量仅为6万分之一。当前，IBM研制的世界上最快的超级计算机的运算能力已达到每秒3万9千亿次。然而，半导体处理器处理速度的进一步提高依然受到硅集成电路器件基本特性的制约。要改善超级计算机系统的性能，最主要的是要提高处理器的主频。超导数字计算机正是这种可以实现大大高于硅器件速度的新型计算机，它能够实现每秒数百万亿次以上的浮点运算能力。据报道，美国科学家目前已研制出只有分子大小的晶体管，为发展新一代分子电子元件做好了准备。又如，当前超高纯玻璃光导纤维、几个原子层厚的半导体材料以及其他新型光电子材料的研究进展，将导致整个信息技术革命；再如，隐身武器将成为21世纪战场的王者兵器之一，隐身材料是实施隐身技术的关键。隐身技术已被广泛应用于飞机、导弹、坦克、舰船等各种武器装备之中，并且已经在海湾战争等战场使用，极大地影响了战役战斗的进程和结局。可以说21世纪的战场上，将会出现大量性能各异的隐身武器及装备，未来战争将不断走向隐身化。当前，过量开采已使石油，煤炭和天然气等主要能源濒临枯竭，必须开发新能源。氢的资源丰富、发热值高（燃烧1kg氢可产生142120kJ热量）、不污染环境（氢燃烧后生成水），是一种非常重要的新能源。然而，开发和利用氢能的主要困难是氢的储存和运输。目前已经研制出的储氢材料为解决这一难题提供了技术保障，可用于氢发动机、空调器、制冷装置、热泵、电池以及各种催化剂等。此外，太阳能是取之不尽用之不竭的最清洁的天然能源，用光电转换材料做成太阳能电池可将光能转换成电能，能量转换率已达15%以上。可以相信，随着各种高性能新型功能材料的不断开发和利用，人类社会将更美好。

二、功能材料的分类

功能材料种类繁多，但目前尚无统一的分类方法。若按化学组成，可分为金属功能材

料、陶瓷功能材料、高分子功能材料及复合功能材料等；按应用领域，可分为电工材料、能源材料、信息材料、光学材料、仪器仪表材料、航空航天材料、生物医学材料及传感器用敏感材料等；按使用性能，则可分为电功能材料、磁功能材料、光功能材料、热功能材料、化学功能材料、生物功能材料、声功能材料、隐形功能材料等。本章重点介绍其中的电功能材料、磁功能材料、热功能材料、光功能材料以及其他几种功能材料。

第二节 电功能材料

电功能材料主要是指利用其电学性能或各种电效应的材料，本节主要介绍其中的半导体材料、超导材料和电接点（触头）材料。

一、半导体材料

1. 半导体的能带

半导体是导电性能介于金属和绝缘体之间并具有负的电阻温度系数的一类材料。根据固体的能带理论，当大量原子结合成晶体时，由于相邻原子的电子云相互交叠，对应于孤立原子中的每一能级都将分裂成有一定能量宽度的能带。能带之间的区域（即带隙）不存在电子能级，称为禁带。对应价电子能级的能带称为价带，在绝对零度下，价带是最高填充的能带，可能被电子填满（即满带），也可能未被填满。价带上面的能带是空带。但是在有限温度下，电子可以从价带热激发到近邻的空带，使它变成部分填充带。最靠近价带的空带称为导带。

金属的能带中都有未被填满的价带，在外场作用下，电子可由价带跃迁到导带，从而形成电流。绝缘体的能带结构是满带与导带之间被一个较宽的禁带所隔开，在常温下几乎很少有电子可以被激发越过禁带，因此电导率很低。半导体的能带结构与绝缘体的相似，但禁带宽度较窄。在不很高的温度下，满带中的电子能够被热激发越过禁带，进入到上面的空带中去而形成自由电子，同时在下面的满带中产生一个空的能级位置，称为空穴，使满带中其他较高能级的电子可以跃迁到这个能级来，也能够参与导电。

2. 典型半导体材料及其应用

典型半导体材料包括元素半导体、化合物半导体和固溶体半导体。

（1）元素半导体　元素半导体有十几种，如 Si、Ge、Se、Te 等，其中最典型的为 Si。在硅中掺入ⅢA 族杂质元素起受主作用，使材料呈 P 型半导体，掺入ⅤA族杂质元素起施主作用而使材料呈 N 型半导体。硅半导体是制造大规模集成电路最关键的材料。将成千上万个分立的晶体管、电阻、电容等元件，采用掩蔽、光刻、扩散等工艺，“雕刻”在一个或几个尺寸很小的晶片上，集结成完整的电路，为各种计测仪器，通信遥控、遥测等设备的可靠性、稳定性和超小型化开辟了广阔前景。

（2）化合物半导体　化合物半导体包括二元化合物，如 GaAs、CdS、SiC、Ges、$AsSe_3$ 等，以及多元化合物，如 $AgGeTe_2$、$AgAsSe_2$、$Cu_2CdSnTe_4$ 等。由砷化镓制备的发光二极管具有发光效率高、低电压、小电流、低功耗、高速响应和高亮度等特性，易与晶体管和集成电路相匹配，用作固体显示器、信号显示、文字数字显示等器件。砷化镓隧道二极管具有高迁移率和短寿命等特性，用于计算机开关时，速度快、时间短。砷化镓是制备场效应晶体管最合适的材料，振荡频率已达数百千兆赫以上，主要用于微波及毫米波放大、振荡、调制和高速逻辑电路等方面。

（3）固溶体半导体　固溶体是由两种或多种元素或化合物相互溶合而成，二元系固溶体半导体如 Bi-Sb，三元系如碲镉汞（$Hg_{1-x}Cd_xTe$）、镓砷磷（$Ga\text{-}As_{1-x}P_x$）等。$Hg_{1-x}Cd_xTe$ 的物理性质随组分 x 的变化可连续地变化，可制成高速响应器件，满足高频调制、外差探测和光通信要求。此外，还适于制作金属-绝缘体-半导体（MIS）或金属-氧化物-半导体（MOS）结构型器件。HgCdTe 还是目前最重要的红外探测器材料，可覆盖 1～25μm 的红外波段，是制备光伏列阵器件、焦平面器件的主要材料。

二、超导材料

材料的电阻随温度降低而减小并最终出现零电阻的现象称为超导电现象，这类材料被称为超导材料。使电阻完全为零的最高温度定义为临界温度 T_c，如水银的 T_c 为 4.2K。近百年来，世界各国竞相开展超导材料的研究，新材料不断被发现，临界温度不断被提高，在各个领域的应用已展现出诱人的广阔前景。

1. 超导体的基本特性

材料进入超导态时，表现出如下几方面的基本特性：

（1）零电阻　在超导态下，导体内的电阻完全为零。零电阻意味着电流在超导线圈内可永久流动，然而，这一电流密度有一定的限度，超过这个限定值超导电性立即消失，这个限定值定义为临界电流密度 J_c。

（2）抗磁性　在超导态下，磁力线不能进入超导体内部，导体内的磁场强度恒为零，感应电流只流过导体表面，超导体的这种性质叫作完全抗磁性，也称迈斯纳（Meissner）效应，其结果导致超导体在磁场中悬浮。然而，这一外磁场强度也有一定限度，超过这个限定值超导电性也会立即消失，这个限定值称为临界磁场强度 H_c。显然，T_c、J_c、H_c 值越高，超导体的使用价值就越大。但是，材料的 T_c、J_c、H_c 值密切相关，构成一个 $T\text{-}H\text{-}J$ 临界面。根据在磁场中的不同特征，超导体被分为第一类和第二类超导体。第一类超导体只有一个临界磁场强度值 H_c，而第二类超导体有两个临界磁场强度 H_{c1} 和 H_{c2}。当磁场小于下临界磁场 H_{c1}时，导体完全处于超导态；当磁场大于上临界磁场 H_{c2}时，导体完全处于正常态；当磁场介于 H_{c1}和 H_{c2}时，导体处于混合态，即一部分处于超导态，另一部分处于正常态，磁力线可穿过正常态区。第二类超导体的特征是有很大的上临界磁场和电流密度，可在强磁场和大电流下工作，为超导体的实际应用提供了条件。

（3）约瑟夫森效应　将 1nm 左右厚的绝缘膜夹在两块超导体中间（或通过点连接及微桥连接）构成弱连接，超导体中的电子可穿过中间的能垒，这一现象称为约瑟夫森效应，这类超导体被称为弱连接超导体，对磁场、电流等的变化极为敏感。约瑟夫森效应的发现为超导电子学的发展及约瑟夫森元件的应用开辟了广阔前景。

2. 超导材料

根据成分特点，超导材料可分为以下几种：

（1）化学元素超导体　在低温常压下，具有超导特性的化学元素共有 26 种：Ti、Zr、Hf、Th、V、Nb、Ta、Pa、Mo、W、U、Te、Re、Ru、Os、Ir、Zn、Cd、Hg、Al、Ge、In、Tl、Sn、Pb、La。它们的临界温度太低（Nb 的最高，也仅为 9.2K），没有多大实用价值。

（2）合金超导体　合金超导体是机械强度最高、应力应变小、磁场强度低、临界电流密度高的超导体，在早期得到实际应用。其中 $GeNb_3$ 的临界温度最高（23.2K）；Ti-Nb 系合金（临界温度 10K）的加工性能好，上临界磁场强度高（12T），是广泛应用的磁性材料。

（3）金属间化合物超导体　金属间化合物超导体的 T_c 和 H_c 一般比合金超导体的高，如 Nb_3Sn 的 T_c 为 18.3K，4.2K 时的 H_{c2} 为 21.5T。但此类超导体的脆性大，不易直接加工成带材或线材。

（4）陶瓷超导体　1986 年出现的陶瓷超导体，使超导材料获得了更高的临界温度，如 YBaCuO（T_c=90K）、BiCrCoCuO（T_c=110K）、TiBaCaCuO（T_c=120K）等。这类在液氮温度（77K）下工作的超导体称为高温超导体，而且 T_c 还在不断提高，从而进入了可望实用化的新时代。

以上研究结果可知高温超导材料都是陶瓷类材料，脆性大，难以加工成线材。要实现超导材料在强电上的应用，设计思路是导线加工成包含有超导体和一种普通金属的复合多丝线材或带材。在众多的超导陶瓷线材的制备方法中，铋系陶瓷粉体银套管轧制法是比较理想的方法。我国已经研制成功百米以上的铋系高温超导线，液氮温度磁场下临界电流 12.7A。我国科研人员正在将高温超导材料用于“磁悬浮+真空”的“超级高铁”设计，第一阶段设计时速为 400 公里，经过技术改进，未来“超级高铁”的时速有望突破 1000 公里。

（5）高分子超导体　高分子材料通常为绝缘体，但在数亿帕气压作用下也可转变为超导体，如四硫富瓦烯四腈代对苯醌二甲烷（TTF-TCNQ）、对双（乙撑二硫基）四硫富瓦烯（BEDT-TTF）等。高分子超导体目前的最高临界温度仅达到 10K。

3. 超导体的应用举例

超导材料的奇异特性，使超导材料有可能在电力、交通、信息、医疗、军事等诸多领域得到广泛应用。超导船、超导磁悬浮列车、超导电动机、超导发电机、超导计算机、超导电力系统、超导核磁共振仪、超导加速器等的设想不断被提出和研制。目前，这些设想已经或正在变为现实。

（1）电力输送与储存　使用正常导体输电时，由于电阻的原因，在送电、变电过程中，大约有 30%的电能损耗在输电线路上。使用零电阻的超导体输电，大大减少了电能损耗，而且省去了变压器和变电所。丹麦已研制成功了用液氮冷却的长 30m、电压等级为 30kV、额定电流为 2kA 的超导电缆，并于 2001 年 5 月首次用于公共电网向用户供电。我国已于 1998 年研制出我国第一根长 1m、1kA 的单相直流高温超导电缆，现正在研制实用型高温超导电缆，可用于电镀厂、发电厂和变电站等短距离传输大电流的场合；使用正常导体输电时，由于电阻，电力是无法储存的。若使用巨大的超导线圈，经供电励磁产生磁场而储存能量，需要时再将能量送回电网或做其他用途，这就是超导磁储能系统（SMES），所储存的能量几乎可以无损耗地储存下去，其转换率可高达 95%。

（2）磁流体发电　普通火力发电要经过化学能→热能→机械能→电能四种能量转换过程，而磁流体发电是将热能直接转变为电能的一种新型发电方式。当高温导电流体（可以是导电的气体，也可以是液态金属）高速通过磁场，在电磁感应的作用下，热能被转换成直流电能。能否在一个大体积内产生强磁场是磁流体发电的关键问题。使用超导磁体则产生的磁场强，损耗小。磁流体发电具有效率高、起动快、环境污染小、结构简单便于制造等优点。美国与苏联合作的 U-25B 磁流体发电装置，于 1977 年 12 月向莫斯科电网供电。

（3）磁悬浮列车　磁悬浮列车分为中低速和高速两种类型，高速磁悬浮列车又分为常导型和超导型两种。常导型也称为常导磁吸型，以德国高速常导磁悬浮列车车型为代表，它是利用直流电磁铁电磁吸力的原理将列车悬起，悬浮空隙较小，一般为 10mm 左右，时速可达 400~500km。与德国合作并由德国供货、2002 年底成功试运行的世界第一条商业运营的高速磁悬浮列车上海示范线就属常导型。超导型磁悬浮列车也称超导磁斥型，以日本 MAGLEV 为代表。把超导磁体的 N 极和 S 极交替地排列在车体上，与地面上的线圈平行，利用电磁排斥力把车体浮起。利用N极和S极的“同性相斥”、“异性相吸”原理就可以把车辆向一个方向推进。其悬浮空隙较大，一般为100mm左右，时速可达500km以上。它虽然采用了超导磁体，但还不是高温超导磁体，在实用上还存在不少问题。2000年12月世界首辆载人高温超导磁悬浮列车“世纪号”在我国诞生，该车全部采用国产钇钡铜氧（YBaCuO）高温超导体块材，在液氮温度工作。在载重5人、总悬浮净质量530kg时，净悬浮高度大于20mm。该车的研制成功标志着我国在高温超导磁悬浮列车研究领域进入世界前列。与普通轮轨列车相比，磁悬浮列车不用轮轨，取消了受电弓，具有低噪声、低能耗、无污染、安全舒适和高速高效的特点，是很有发展前景的新型交通工具。

(4) 超导计算机　利用约瑟夫森效应，在约瑟夫森结上加电源，当电流低于某一个临界值时，绝缘层上不出现电压降，此时结处于超导态；当电流超过临界值时，结呈现电阻，并产生几毫伏的电压降，即转变为正常态。如在结上加一个控制极来控制通过结的电流或利用外加磁场，可使结在两个工作状态之间转换，这就成了典型的超导开关。这种超导器件具有开关速度快、功耗低、集成度高等优点，并可用超导传输线来完成计算机中元器件之间的信号传输，具有无损耗和低色散的特点。利用超导器件，可研制超导计算机，是21世纪超级计算机的发展方向之一。超导计算机具有很高的运算速度和巨大的运算能力（超导RSFQ数字计算机能够实现每秒数百万亿次以上的浮点运算），可用于大型工程计算、长期天气预报、基因分析、模拟核试验、密码破译、战略防御系统等领域，在国民经济和国防建设中都具有广泛应用。

三、电接点（触头）材料

电接点是建立和消除电接触的导电构件，广泛用于电力系统、电器装置，仪器仪表、电信和电子设备等。按照电负荷大小，电接点有强电、中电和弱电之分，相应的制作材料称为强电接点材料、中电接点材料和弱电接点材料。

1. 强电接点材料

电力、电机系统和电器装置中的电接点通常负荷电流较大，一般用合金制作，以满足下列性能要求：低的接触电阻、耐电蚀、耐磨损、高的耐电压强度、良好的灭电弧能力及一定的机械强度等。常用强电接点材料有：空气开关接点材料，主要是银系合金（如Ag-CdO、Ag-Fe、Ag-W、Ag-石墨等）和铜系合金（如Cu-W、Cu-石墨等）；真空开关接点材料，主要有Cu-Bi-Ce、Cu-Fe-Ni-Co-Bi、W-Cu-Bi-Zr合金等。这些合金坚硬而致密，抗电弧熔焊性好。

2. 弱电接点材料

仪器仪表及电子与电讯装置中的各种电接触元件属弱电接点，如微型开关、电位器、印制电路板插座及插头座、集成电路引线框架、导电换向器、连接器、小型继电器等。因工作电负荷（电信号或电功率）和机械负荷（接触压力）都很小，弱电接点材料大多用贵金属合金制作，以提供极好的导电性、极高的化学稳定性、良好的抗电火花烧损性和耐磨性。常用的弱电接点材料主要有Au系、Ag系、Pt系和Pd系四类。Au系合金的化学稳定性最高，多用于弱电流、高可靠性精密接点；Ag系合金主要用于高导电性和弱电流场合；Pt系和Pd系合金用于耐蚀、抗氧化和弱电流场合。

3. 复合接点材料

为了节约价格昂贵的贵金属，并提高力学性能，人们通过一定的工艺将贵金属接点材料

与非贵金属基底材料结合在一起，制成能直接制造接点制品的复合接点材料。用作支承或载体的基底材料主要是铜、镍纯金属及其合金。复合接点材料不仅价格便宜，而且赋予了材料性能设计的灵活性，可制造出电接触性能与力学性能优化结合的接点元件，国外90%以上的弱电接点采用此类材料。

第三节　磁功能材料

磁性材料按磁滞特性可粗略地分为软磁材料和硬磁材料两类，它们的磁滞回线如图10-1所示。本节介绍几种典型的软磁材料和硬磁材料以及磁致伸缩材料。

一、软磁材料

1. 软磁材料的特性

软磁材料是指在外磁场作用下很容易磁化，去掉外磁场时又很容易去磁的磁性材料，其磁滞回线很窄，见图10-1。软磁材料的特点是具有很高的磁导率和高的磁感应强度、低的矫顽力（典型值 $H_c \approx$ 1A/m）、较高电阻、反复磁化和退磁时电能损耗小。

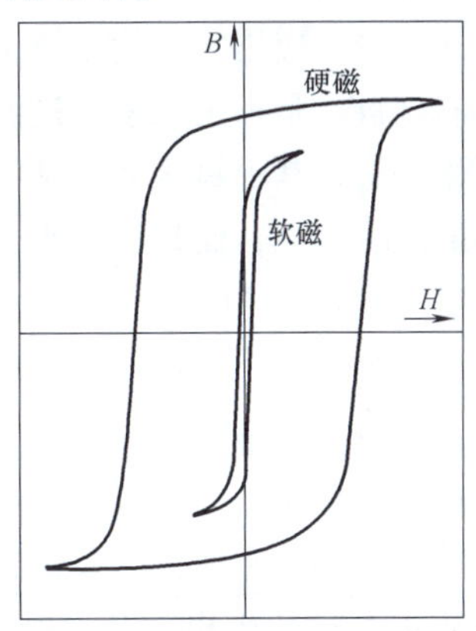

图10-1　软磁材料和硬磁材料的磁滞回线

2. 典型软磁材料及其应用

软磁材料的种类很多，最常用的有电工纯铁、硅钢片、Fe-Al合金、Fe-Ni合金和铁氧体软磁材料等。电工纯铁中 w_C 为0.04%，具有高的饱和磁感应强度、高的磁导率、低的矫顽力、良好的冷加工性能且成本低廉，其缺点是电阻小、铁损大，只适用于直流情况下；硅钢片是 w_{Si} 为0.5%~4.5%的铁硅合金，硅的加入使电阻明显增加、磁性能显著改善，是电力和电信等工业的基础材料，主要用于工频交流电磁器件，其中 w_{Si} 为1%~3%的硅钢片一般用于制造电动机和发电机，而 w_{Si} 为3%~4.5%的硅钢片一般用于制造变压器；在铁中加入 w_{Ni} 为34%~80%的Fe-Ni合金又称坡莫合金，具有极高的磁导率和很小的矫顽力，弱磁场下磁滞损耗相当低，故有较好的高频特性，多用于电子器件的各种铁心和磁屏蔽部件等，但价格昂贵；w_{Al} 为6%~16%的Fe-Al合金具有较高的电阻率、较高的磁导率和矫顽力，磁滞损耗较小，且价格较低，常用于制作在弱磁场中工作的变压器、灵敏继电器和磁放大器等；铁氧体是含铁酸盐的陶瓷磁性材料，根据磁滞回线特征，铁氧体材料可分为软磁材料、硬磁材料和矩磁材料。铁氧体软磁材料是以 Fe_2O_3 为主要成分的复相氧化物，硬而脆。与上述软磁合金相比，它的电阻率极高，涡流损耗小，密度低，磁导率与之大体相当，广泛用于广播、通信和电视工业，是制作磁性天线、中周变压器、增感线圈、电视聚集线圈等的重要材料。

二、硬磁材料

1. 硬磁材料的特性

硬磁材料又称永磁材料，是指那些难于磁化又难于退磁，即经磁化后不再从外部供电也能产生磁场的材料。由图10-1可见，硬磁材料的磁滞回线又宽又高，有较大的矫顽力（典

型值 $H_c \approx 10^4 \sim 10^6 A/m$)，剩磁高，磁饱和感应强度大，磁滞损耗和最大磁能积也大。此外，硬磁材料抗干扰性好，对温度、振动、时间、辐射及其他因素的干扰不敏感。

2. 典型硬磁材料及其应用

硬磁材料的种类繁多，且发展变化很快。典型的硬磁材料主要包括铝镍钴系永磁、铁氧体永磁和稀土系永磁。铝镍钴系永磁主要由 Fe 及 Al、Ni、Co 组成，又称阿尔尼科，有良好的磁特性和热稳定性，剩余磁感应强度高，磁能积大，矫顽力适中，但硬而脆，难以加工，主要用铸造和粉末烧结两种方法成形。添加 Cu、Ti 等元素可进一步提高性能，当对永磁体稳定性有高的要求时，铝镍钴系永磁往往是最佳选择；最重要的铁氧体硬磁材料是钡恒磁 $BaFe_{12}O_{19}$，与金属硬磁材料（如铝镍钴系）相比，其主要优点是电阻大、涡流损失小、成本低，而且耐化学腐蚀，主要应用于磁路系统中作永磁以产生恒稳磁场；稀土系永磁是永磁材料中最新和最高磁性的材料，是稀土元素与过渡族金属 Fe、Co、Cu、Zr 等或非金属元素 B、C、N 等组成的金属间化合物，其中最著名的是钕铁硼永磁合金，号称磁王，具有其他永磁材料所不及的高矫顽力和最大磁能积，而且体积小、重量轻、比功率大、效率高、成本较低。

硬磁材料高的剩磁和矫顽力可使其产生强大的恒定磁场，可以单独使用或组成磁器件，在电动机、发电机、测量仪表、发声装置、接受声装置、固定提升装置、磁性轴承、磁悬浮列车、微波器件、粒子加速器、质谱仪、阴极射线管、医疗设备、真空技术等方面得到日益广泛的应用。例如，一台核磁共振成像仪需用铁氧体永磁材料 100t，改用钕铁硼永磁后，仅需 10t。再如，用稀土永磁体做成油田除蜡器，在油管中形成磁路，原油经过时受磁场作用而有效防止了蜡的析出，从而减少了油井因清蜡停产的次数，大大地提高了产量。永磁材料也是军事、航空和航天系统中的重要部件，美国“发现号”航天飞机送入太空的阿尔法磁谱仪中由 6000 块钕铁硼磁体构成的质量达 2t 的关键部件——AMS 永磁体就是由我国科技人员制造的。

三、磁致伸缩材料

1. 磁致伸缩现象

磁性材料在外磁场作用下，产生伸长或缩短的现象称为磁致伸缩。例如，Fe 随磁场强度增大而伸长，Ni 则是缩短，最后达到饱和。常用磁致伸缩材料室温下的饱和磁致伸缩系数在 $10^{-6} \sim 10^{-8}$ 范围。

2. 常用磁致伸缩材料

常用磁致伸缩材料主要有金属磁致伸缩材料，包括镍、铁镍、铁铝以及铁钴钒合金和铁氧体磁致伸缩材料。纯镍的电阻率低，工作时涡流损耗大，但它具有疲劳强度高、耐蚀性好的优点，主要用在 100W 以下的超声装置中；2%V-49%Co-Fe、8%Al-Fe、46%Ni-Fe 等具有高饱和感应强度和高居里温度，适宜于在大功率下使用；与纯镍相比，13%Al-Fe 合金的饱和磁致伸缩系数大，磁致损耗较小，电阻率高，而且耐大气腐蚀，适合于在较高频率和中等功率下使用；铁氧体磁致伸缩材料由于电阻率很高，能适用于很高的频率，镍锌铁氧体是最常用的铁氧体磁致伸缩材料。

3. 磁致伸缩谐振子及其应用

利用磁性材料的磁致伸缩特性，通过磁致伸缩谐振子，可将电能转换成机械能，或将机械能转换成电能。在用磁致伸缩材料制成的心棒上绕上线圈，将其放在液体介质中，当一定

频率的交流电流流经谐振子线圈时，心棒就因磁致伸缩而发生纵向振动，并以超声波的形式通过液体介质传播出去，频率一般为 5～100kHz。在海洋中，当超声波在传播途中遇到舰艇、船只、鱼群或海底等目标时，就会反射回来，以回波的形式被超声波接收器所接收，从而有可能确定目标的位置。此外，作为超声波发生器，还可用来清洗工件、清洁牙齿、混合牛奶、清除核设备的放射性污染以及实现超声铝焊等。

第四节　热功能材料

随着温度的变化，有些材料的某些物理性能会发生显著变化，如热胀冷缩、出现形状记忆效应或热电效应等，这类材料称为热功能材料。本节介绍其中的膨胀材料、形状记忆材料及测温材料。

一、膨胀材料

1. 材料的热膨胀性

热膨胀是指材料的长度或体积在不加压力时随温度的升高而变大的现象。材料热膨胀的本质是原子间的平均距离随温度的升高而增大，即是由原子的非简谐振动引起的。可以定性地说，材料热膨胀系数的大小与其原子间的结合键强弱有关，结合键越强，则给定温度下的热膨胀系数越小。材料中陶瓷的结合键（离子健和共价键）最强，金属的（金属键）次之，高聚物的（范德华力）最弱，因此它们的热膨胀系数依次增大（其典型的线膨胀系数范围分别为 $0.5\times10^{-6}\sim15\times10^{-6}K^{-1}$，$5\times10^{-6}\sim25\times10^{-6}K^{-1}$，$50\times10^{-6}\sim300\times10^{-6}K^{-1}$）。

2. 常用膨胀材料

所谓膨胀材料是指那些具有特殊膨胀系数的材料。常用膨胀材料包括低膨胀材料、定膨胀材料和热双金属材料。

（1）低膨胀材料　低膨胀材料是热膨胀系数较小的材料，也称因瓦（Invar）合金，见表 10-1。这类合金主要用于精密仪器、标准量具、微波谐振腔、液态空气容器，以保证仪器精度的稳定，测量数据的准确，以及设备的可靠性。

表 10-1　低膨胀合金［因瓦（Invar）合金］

名　称	成　分	晶系	磁性	$\alpha/ ℃^{-1}$	T_c 或 T_N/ ℃
Fe-Ni 因瓦	35Ni-65Fe	立方	铁　磁	1.2×10^{-6}	232
超因瓦	32Ni-64Fe-4Co	立方	铁　磁	0.0	230
不锈因瓦	37Fe-52Co-11Cr	立方	铁　磁	0.0	127
Fe-Pt 因瓦	75Fe-25Pt	立方	铁　磁	-30×10^{-6}	80
Fe-Pd 因瓦	69Fe-31Pd	立方	铁　磁	0.0	340
Cr 基因瓦	94Cr-5.5Fe-0.5Mn	立方	反铁磁性	$\sim1\times10^{-6}$	～45
Mn 基因瓦	α-Mn	立方	反铁磁性	$<10^{-6}$（4.2K）	−178
Gd-Co 因瓦	67Co-33Gd	立方	亚铁磁	$\sim3\times10^{-6}$	～160
Y2Fe17 因瓦	10.5Y-89.5Fe	六方	铁　磁	—	−29
非晶态 Fe-B 因瓦	83Fe-17B	非晶态	铁　磁	$(1\sim2)\times10^{-6}$	～320

注：1. 除指明温度外，α 都是室温值。

2. T_c 为铁磁物质的居里点，T_N（奈耳点）是反铁磁物质的居里点。

（2）定膨胀材料　定膨胀材料是指在某一温度范围内具有一定膨胀系数的材料，也称可伐（Kovar）合金，见表10-2。这类合金主要用来与玻璃、陶瓷等材料相封接，要求与被封接材料的膨胀系数相匹配。

表10-2　定膨胀合金［可伐（Kovar）合金］

名称	成分 w(%)				线膨胀系数 $\alpha/10^{-6}℃^{-1}$				用途
	Ni	Fe	Co	Cr	0~300℃	0~400℃	0~500℃	0~600℃	
4J42	41.5~42.5	余			4.4~5.6	5.4~6.6			与软玻璃、陶瓷封接
4J43	42.5~43.5	余			5.6~6.2	5.6~6.8			杜美丝芯材
4J45	44.5~45.5	余			6.5~7.7	6.5~7.7			与软玻璃、陶瓷封接
4J54	53.5~54.5	余			10.2~11.4	10.2~11.4			与云母封接
4J58	57.5~58.5	余			11.73	11.92	12.07	12.28	精密机床基尺
4J6	41.5~42.5	余		5.5/6.3	7.5~8.5	9.5~10.5			与软玻璃封接
4J28		余		27~29			10.4~11.6		与软玻璃封接
4J29	28.5~29.5	余	16.8~17.5		4.7~5.5	4.6~5.2	5.9~6.4		与硬玻璃封接
4J34	28.5~29.5	余	19.5~20.5		6.2~7.5	6.2~7.6	6.5~7.6	7.8~8.4	与95% Al_2O_3 封接
4J36	36~37	余	5~6	Cu3~4	5.5~6.5	5.6~6.6	7.0~8.0	≤9.5	与95% Al_2O_3 封接

（3）热双金属材料　这是由膨胀系数不同的两种金属片沿层面焊合在一起的叠层复合材料，较高膨胀系数金属层为主动层，较低的为被动层，如5J11热双金属是由Mn75Ni15Cu10（主动层）与Ni36（被动层）组成。受热时，双金属片向被动层弯曲，将热能转换成机械能，可作各种测量和控制仪表的传感元件。

二、形状记忆材料

形状记忆材料是指具有如下特殊性能的一类材料：将具有某种初始形状的制品进行变形后，通过加热等手段处理时，制品又恢复到初始形状。形状记忆材料通常包括形状记忆合金、形状记忆聚合物以及形状记忆陶瓷。

1. 形状记忆原理简介

（1）合金的形状记忆原理　合金的形状记忆功能与其在某一临界温度以上加热后快冷时转变成热弹性马氏体有关。这种热弹性马氏体不像Fe-C合金中的马氏体那样，在加热转变成它的母相（奥氏体）之前即发生分解，而是在加热时直接转变成它的母相，因而它的形状也就恢复成母相的形状，即变形前的初始形状。

（2）聚合物的形状记忆原理　聚合物的形状记忆原理与合金的不同。这种聚合物具有两相结构，即固定相和可逆相。在高于 T_f 的粘流态温度下进行初次成型冷却至低于 T_g 温度使制品变形后，固定相分子链间的缠绕确定了制品的初始形状。然后在高于 T_g、低于 T_f 的温度下，仅可逆相软化，施加外力并冷却至低于 T_g 温度后，制品形状发生了改变，但固定相却处在高应力变形状态。再将变形后的制品加热至高于 T_g 温度时（通常称为热刺激），可逆相软化，而固定相在回复应力作用下，使制品恢复到初始形状。也可通过光刺激、电刺激或化学刺激来产生形状记忆效应。

2. 常用形状记忆材料

（1）形状记忆合金　形状记忆合金可分为镍-钛系、铜系和铁系合金三类。镍-钛系形状记忆合金中，w_{Ni}=54.08%~56.06%的Ti-Ni合金是最早成功应用的实用合金，也是目前用量最大的形状记忆合金，具有很高的抗拉强度和疲劳强度及很好的耐蚀性，而且密度较

小。在 Ti-Ni 基础上，向其中加入其他合金元素，可以形成具有形状记忆效应的 Ti-Ni-Nb、Ti-Ni-Cu、Ti-Ni-Fe、Ti-Ni-Pd、Ti-Ni-Cr 等新型 Ti-Ni 系合金。Ti-Ni 系合金性能优良、可靠性好并与人体有生物相容性，是最有实用前景的形状记忆材料，但成本高、加工困难。铜系形状记忆合金中比较实用的主要是 Cu-Zn-Al 和 Cu-Ni-Al 合金。与 Ti-Ni 合金相比，Cu-Ni-Al 合金加工容易、成本低，但功能要差一些。铁系形状记忆合金有 Fe-Pt、Fe-Pd、Fe-Ni-Co-Ti、Fe-Ni-C、Fe-Mn-Si 及 Fe-Cr-Ni-Mn-Si-Co 等系列合金，成本比镍-钛系和铜系的低得多，且易于加工，具有明显的竞争优势。

（2）形状记忆聚合物　凡是有固定相和可逆相结构的聚合物都具有形状记忆效应，根据其中固定相的种类，可分为热固性和热塑性两类。热固性形状记忆聚合物以反式聚异戊二烯树脂及聚乙烯类结晶性聚合物为代表。反式 1，4-聚异戊二烯树脂可通过硫或氧化物进行交联，交联结构是固定相，结晶相为可逆相。这种聚合物有较大的收缩力和恢复应力。聚乙烯类结晶性聚合物，以过氧化物等进行化学交联或电子辐射交联，交联部分作为一次成型的固定相，结晶的形成和熔化为可逆相，成为具有记忆功能的聚合物。热塑性形状记忆聚合物以聚降冰片烯和苯乙烯-丁二烯共聚物为代表，其固定相是大分子链缠结形成的物理交联或聚合物的结晶部分。例如，日本商品名为阿斯玛的形状记忆聚合物，是以聚苯乙烯单元为固定相，以聚丁二烯单元的结晶相为可逆相；聚氨酯系形状记忆材料既可制成热固性的也可制成热塑性的。此外，聚己丙酯、聚酰胺等都可作为形状记忆材料。

形状记忆聚合物与形状记忆合金的性能有如下显著差异：形状记忆聚合物的密度较小，强度较低，塑、韧性较高，形状恢复可能的允许变形量大，形状恢复的温度范围较窄（在室温附近），形状恢复应力及形状变化所需的外力小，成本低。性能及价格上的差异决定了它们不同的应用场合。

3. 形状记忆材料的应用举例

（1）机械工程方面　形状记忆合金的应用最早是从管接头和紧固件开始的。用形状记忆合金加工成内径比欲连接管的外径小 4%的套管，然后在液氮温度下于马氏体状态将套管扩径约 8%，装配时将这种套管从液氮取出，把欲连接的管子从两端插入。当温度升高至常温时，套管收缩即形成紧固密封。这种连接方式接触紧密、能防渗漏、装配时间短，远胜于焊接，特别适合在航空、航天、核工业及海底输油管道等危险场合和检修工事等方面应用。

（2）生物医学方面　医学上应用的形状记忆合金主要是 Ti-Ni 合金，这种材料对生物体有较好的相容性，可以埋入人体作为移植材料。在生物体内部作固定折断骨架的销、进行内固定接骨的接骨板，由于体温使 Ti-Ni 合金发生相变，形状改变，不但能将两段骨固定住，而且能在相变过程中产生压力，促使断骨愈合。此外，血栓过滤器、脊柱矫形棒、牙齿矫形唇弓丝、脑动脉瘤夹、人工关节、妇女胸罩、避孕器、人工肾微型泵、人造心脏等，都是形状记忆合金在医学方面应用的实例。

（3）空间技术方面　美国宇航局用形状记忆合金制成碗状月面天线，经压缩后装到运载火箭上，发射到月球表面后，通过太阳能加热而恢复原形，成为正常工作的碗状天线。形状记忆合金已成为宇航空间站建造中具有吸引力的材料。

形状记忆材料还可作为制造智能机械及仿生机械的材料，用于机器人元件控制、触觉传感器、机器人手足和筋骨动作部分，还可用来制成各种电器控制开关（如电加热水壶控制器）、自动调节装置（如根据设定温度自动开闭窗户），以及安全报警装置（如液氮泄漏探测器）等。

三、测温材料

温度是需要经常测量的物理量。不同温度下，材料的某些物理性能会发生显著改变，如热胀冷缩、产生电动势、电阻改变等。根据这些特征制成了各种感温元件，如水银温度计、热电偶、热电阻、光学及辐射温度计等。热电偶是应用最多最广的一种测温元件，它是由两种不同材料导线连接成的回路，其感温的基本原理是热电效应。

1. 热电效应简介

同一导线中，当存在温度梯度时，高温度端的自由电子会向低温度端移动，同时产生相应的电动势，称为汤姆逊电动势，大小与两端的温度、温差及材料种类有关。在两种导线构成的回路中，由于两种材料中的自由电子密度不同，在接触面上会发生电子扩散，失去电子的一方呈正电位，获得电子的一方呈负电位。自由电子扩散达动平衡时，另一端形成一定的接触电动势，称为珀尔帖电动势，其大小与两端温差及材料的自由电子密度有关。因此，不同导体构成回路时因两个接点的温度不同所产生的热电动势，决定于构成回路的材料类别和闭合回路中两个接点的温度及温度差，与材料断面大小无关。

2. 常用热电偶

热电偶的种类很多，如铜-康铜、镍铬-康铜、镍铬-镍铝（硅）、铂铑-铂、双铂铑、钨铼、钨-钼、铱铑-铱、石墨-石墨（不同晶型）、碳化硅-石墨、硼-石墨、氧化铬、碳化铌等。其中几种典型的介绍如下：

（1）铜-康铜热电偶 适合的测温范围为-200~400℃，在氧化、还原及惰性气氛中都可使用。它灵敏度高、热电动势稳定、测温精度较高，不但用作普通热电偶，也可用作标准热电偶。

（2）镍铬-镍铝（硅）热电偶 这是一类最通用的热电偶，适于1300℃以下的温度测量。镍铬-镍铝热电偶抗氧化能力强，热电动势稳定性好。在镍铝合金中加少量硅，可提高抗氧化能力，在还原与氧化气氛中输出热电动势均较稳定。

（3）铂铑-铂热电偶 适于1350℃以下温度测量，短期使用可达1600℃。抗氧化能力强，热电特性稳定。在还原气氛中使用时要慎重，因为会引起套管材料中的 Al_2O_3、MgO 及 SiO_2 还原成金属原子并很快向铂或铂铑合金中扩散，从而使热电偶性能变坏。

（4）钨铼热电偶 这是高温测量用热电偶，如 WRe_5-WRe_{20} 适用于2500℃以下温度测量，短期使用可达2800℃。这类热电偶的抗氧化能力差，适于在氩、氮、氦气氛中，真空、干燥氢气或其他有碳存在的还原性气氛中使用。在氧化性气氛中使用时，必须加气密性良好的外保护管。

若超出上述几种热电偶的测温范围，更低的温区可用金铁热电偶（-269~0℃）或低温热电阻（-270~0℃），而更高的温区可用光学高温计、全辐射高温计、红外测温系统及光导纤维等。

第五节 光功能材料

按照用途，光功能材料可分为光介质材料、固体激光材料、固体发光材料、非线性光学材料、电光晶体材料、光导纤维、光学薄膜、弹光与声光材料等。本节仅介绍其中的固体激

光材料和光导纤维。

一、固体激光材料

1. 激光的产生

在外界光子的作用下，材料中的电子从低能级 E_1 跃迁到高能级 E_2，如果这个外界光子的能量为 $h\nu=E_2-E_1$，则原处于 E_2 的电子又返回到 E_1，并放出一个能量为 $h\nu=E_2-E_1$ 的光子，称为受激辐射。这样，与原来的一个光子一起，就有了两个能量都是 $h\nu=E_2-E_1$ 的光子。让这两个光子继续去引发，就可以得到更多的相同能量的光子。然而，要维持连续不断的受激辐射，必须使高能级的原子数大于低能级的原子数，以使受激辐射的几率大于光子被吸收的几率，这是产生激光的必要条件，也叫粒子数反转。即使实现了粒子数反转，产生了激光，它还是短寿命的、微弱的。必须经过光谐振器，使光子不断增殖，最后产生很强的位相相同的单色光，才能实用。

2. 典型固体激光材料

常用的固体激光材料有：掺 Cr^{3+} 的 α-Al_2O_3、掺 Nd^{3+} 的 $Y_3Al_5O_{12}$、掺 Nd^{3+} 的 $CaWO_3$、掺 Nd^{3+} 的 La_2O_2S，以及 CaAlAs 和 InCaAsP 等半导体。

（1）红宝石激光晶体　它以单晶体刚玉（α-Al_2O_3）为基质，掺入 Cr^{3+}激活离子（以实现粒子数反转）所组成。其主要优点是：坚硬、稳定、导热性好、抗破坏能力强，对入射光的吸收特性好。它可产生可见光至红外光波长的激光，不但为人眼可见，而且对于绝大多数各种光敏材料和光电探测元件，也都易于进行探测和定量测量。因此，红宝石激光器广泛应用于激光器基础研究、激光光谱学研究、强光（非线性）光学研究、激光照相与全息技术、激光雷达和测距技术等方面。

（2）钕钇铝石榴石激光晶体　以 $Y_3Al_5O_{12}$作为基质、Nd^{3+}作为激活离子，具有良好的力学、热学和光学性能。它比红宝石晶体的荧光寿命短，荧光谱线窄，工作粒子在激光跃迁高能级上不易得到大量积累，激光储能较低。因此，一般不用来作单次脉冲运转，而适合于作重复脉冲输出运转，重复率可高达每秒几百次，每次输出功率达到百兆瓦以上。钕钇铝石榴石激光晶体是唯一能在常温下连续工作且有较大功率的固体激光器，常用于军用激光测距仪和制导用激光照明器。

二、光导纤维

1. 光纤的基本构造

光纤的基本部分由纤芯和包层构成，其外径约 125～200μm。纤芯用高透明固体材料制成，纤芯外面的包层用折射率较纤芯折射率为低的固体材料制成。为防止光纤表面损伤并提高强度，再在光纤外面制作被覆层。

2. 光在光纤中传输的基本原理

光是利用了光的全反射原理在光纤中传输的。由于纤芯材料的折射率大于包层材料的折射率，当入射角小于某一临界值时，光线在纤芯与包层的界面处就会发生全反射，光将在纤芯中曲折前进，而不会穿出包层，完全避免了传输过程中的折射损耗。具有一定频率、一定偏振状态和传播方向的光波被称为光波的一种模式。单模光纤只能传输某一种模式的光波，它的纤芯直径（3~10μm）比包层的细得多，在大容量、长距离光通信中前景美好。但单模光纤因直径太细而不易制造，使用尚不普遍。虽然多模光纤传输的信息容量较小，但由于纤芯直径较粗，制造工艺较简单，目前仍普遍使用。

3. 常用光纤材料

光纤包层多用折射率较低的石英玻璃、多组分玻璃或塑料制成，而纤芯多用折射率较高的高透明的高二氧化硅玻璃、多组分玻璃或塑料制成。石英玻璃光纤是先采用化学气相沉积法，同时添加氧化物以调节折射率，制成超纯二氧化硅玻璃预制棒，然后再加热拉制成丝。多组分玻璃以石英（SiO_2）为主，还含有氧化钠（Na_2O）、氧化钾（K_2O）等其他氧化物。多组分玻璃光纤采用双坩埚法制作，纤芯材料和包层玻璃料分别填装在内层和外层坩埚里，经过加热熔融拉制成一定直径的细丝，纤芯和包层同时一并形成。光纤被大量地应用在光通信方面，越洋海底光缆已投入使用。此外，高双折射偏振保持光纤、单偏振光纤以及各种传感器用光纤相继出现。

第六节　其他功能材料

其他种类的功能材料还有很多，本节仅介绍其中的敏感材料、储氢材料、隐形材料和声功能材料。

一、敏感材料

按其不同功能，敏感材料可以分为声敏感材料、光敏感材料、电压敏感材料、磁敏感材料、气敏感材料、热敏感材料、湿敏感材料、力敏感材料、电化学敏感材料及生物敏感材料等。

1. 气敏感材料

随所处环境气氛变化，这类材料的电阻会明显改变，俗称“电子鼻”，用以检测环境中气氛的变化。气敏感材料主要是陶瓷，通过表面与被测气体发生作用，其常见的几何形状有薄膜型、厚膜型和多孔烧结体型。气敏感薄膜用化学气相沉积法或溅射法制备，膜厚一般为10^{-2}~10^{-1}μm。厚膜采用浆料丝网漏印烧结法制作，一般膜厚几十微米。

常见的气敏陶瓷主要是各种氧化物陶瓷，其中SnO_2、ZnO、γ-Fe_2O_3、ZrO_2、α-Fe_2O_3、TiO_2等已广泛应用。SnO_2气敏感陶瓷对诸如氢、甲烷、丙烷、乙醇、丙酮、一氧化碳、煤气、天然气等可燃性气体都有较高的灵敏度，通过加入某些活性物质和添加剂，可提高其灵敏度，或改善其烧结、抗老化及吸附性能。ZrO_2主要对氧气敏感，一般用于金属冶炼，如钢水中含氧气量检测，以及汽车和锅炉等燃料混合气体空燃比的控制等方面。γ-Fe_2O_3与还原性气体相遇时，转变为Fe_3O_4，电阻率明显下降，从而具有气敏特性。γ-Fe_2O_3气敏陶瓷主要用于检测异丁烷气体和石油液化气等还原性气氛。ZnO中掺入不同的催化剂以提高灵敏度后，对丁烷和丙烷等气体特别敏感，或对氟利昂气体的敏感性大大提高。

2. 光敏感材料

光敏感材料与光发生作用后，某些性质会发生明显变化以反映光信号的强弱及其携带的信息。这类材料种类很多，如光敏电阻材料、光电池材料和光敏纤维等。光敏电阻材料主要是GaAs、CdS、PbS、PbSe等半导体材料。它们吸收光子后，其载流子浓度发生变化，电阻率明显改变，称之为光电导效应。利用这一效应，可检测可见光和红外光辐射；光照射到半

导体的 PN 结上，PN 结两端会产生电势差，可用高内阻的电压表测量出来，称其为光生伏特效应。利用这一效应，可以制成光电转换元件以探测光信号，还可制造光电池——太阳能电池。硅是较理想的光电池材料，此外，还有硫化镉、碲化镉和砷化镓等薄膜。一些聚合物也具有光电转换功能，如聚乙炔就是很好的太阳能电池材料。与无机材料相比，虽然聚合物的电阻高、耐用性差，但具有成本低、易大量生产和大面积化、可选择吸收太阳光等优点。

3. 声敏感材料

晶体受压或受拉时，其内部电荷发生位移，使原来重合的正、负电荷重心不再重合，在与施力方向相垂直的表面产生束缚电荷，此为正压电效应。与此相反，将一块压电晶体置于外电场中，也会引起晶体的极化，正、负电荷重心的位移将导致晶体变形，这种现象为逆压电效应。利用正压电效应可以接受声波，利用逆压电效应可以发射声波。

常用的压电材料有压电晶体和压电陶瓷两类。石英晶体是最早使用的压电晶体，广泛应用于扩音器、电话、钟表、频率稳定器等领域。酒石酸钾钠、磷酸二氢铵、碘酸锂、钽酸锂、铌酸锂等晶体也是较好的压电晶体。此外，还有在微声技术上应用的 CdS、CdSe、ZnO 等压电半导体材料。常用的压电陶瓷有钛酸钡、钛酸铅、锆钛酸铅等。

利用正、逆压电效应原理的水声换能器是压电材料的一项重要应用，可以接受声波或发射声波，以进行水下观测、通信和探测工作。在超声技术中，利用逆压电效应，可在高驱动电场下产生高强度超声波，用于超声清洗、超声乳化、超声焊接、超声打孔、超声粉碎、超声分散等目的。利用材料的正压电效应，可将机械能转换为电能，产生很高的电压，用作压电点火器，引燃引爆装置、压电开关和小型电源等。

二、储氢材料

由于煤炭、石油、天然气资源日渐枯竭，氢能源的开发利用日益重要。氢的资源丰富、发热值高、不污染环境，但储存和运输难度很大。人们想到了用金属（或合金）储氢。

1. 金属储氢基本原理

在一定温度和压力条件下，许多金属（或合金）能与氢发生反应生成金属氢化物，从而将氢储存起来。金属与氢的反应是一个可逆过程。正向反应，吸氢、放热；逆向反应，释氢、吸热。适当改变温度与压力条件，可使反应按正向、逆向反复进行，实现材料的吸、释氢功能。当降低温度或升高平衡氢压到一定范围时，合金吸氢，生成金属氢化物，同时放热；反之，金属氢化物分解，放出氢气，同时吸热。

2. 储氢合金

虽然许多金属（或合金）都能与氢发生反应生成金属氢化物，但只有那些吸氢能力大、生成热及平衡氢压适当、吸氢和释氢速度快、传热性能好、价格便宜的金属（或合金）才有实用价值。目前已投入使用的储氢合金主要有镁系、稀土系和钛系几类。

（1）镁系储氢合金　镁与镁基合金的储氢量大、重量轻、资源丰富、价格低廉，但分解温度高（250℃以上）、吸释氢速度慢。向 Mg 中添加 Cu 或 Ni，可加快氢化速度，降低氢化物的稳定性，降低释氢温度，但储氢量大大降低。

（2）稀土系储氢合金　稀土系储氢合金的代表是 $LaNi_5$，其主要优点是室温即可活化、吸氢释氢容易、平衡压力低、抗杂质等，但成本高，限制了大规模应用。为了降低成本和改进性能，可用混合稀土取代 $LaNi_5$ 中的 La，以及用其他金属置换部分混合稀土和 Ni，称为多元稀土储氢合金。

（3）钛系储氢合金　钛系储氢合金主要包括钛铁系合金及钛锰系合金。TiFe可在室温与氢反应，室温下的释氢压力不到1MPa，且价格便宜。主要缺点是活化困难，抗杂质气体中毒能力差，反复吸释氢后性能下降。用过渡族金属置换TiFe中的部分Fe，形成三元合金，可改善活化性能。$TiMn_{1.5}$室温下即可活化，吸、释氢性能均较好。向Ti-Mn合金中加入其他合金元素（如Fe、Co、Ni、Mo、Cr、Zr、V等），可改善储氢性能。

3. 储氢合金的应用

（1）储氢容器　储氢合金的储氢密度一般都很高，比标准状态的氢气密度（$9\times10^{-5}g/cm^3$）高几个数量级，甚至比液态氢密度（$7.08\times10^{-2}g/cm^3$）还要高。用储氢合金制作储氢容器，具有重量轻、体积小的优点。例如，在储氢量相同的情况下，用$TiMn_{1.5}$制成储氢容器与高压（15MPa）钢瓶和液氢储存容器相比，三者的质量比为1∶1.4∶0.2，体积比为1∶4∶1.3。此外，用储氢合金储运氢气，不仅安全，没有爆炸危险，而且储存时间长、无损耗。储氢合金还可作为氢能汽车的储氢燃料箱。

（2）氢化物电极　用$LaNi_5$基多元合金制成电极作为负极、$Ni(OH)_2$电极为正极、KOH水溶液为电解质可组成镍-氢电池。与镍-镉电池相比，镍-氢电池的主要特性与之相近，但具有比能量高（为镍-镉电池的1.5~2倍）、对人体无危害（镉有毒）、耐过充放电性能好等优点，且可与镍-镉电池互换。

（3）制备超纯氢　超纯氢在电子工业、光纤生产方面有重要应用。传统的提纯方法成本很高，采用储氢合金生产超纯氢可以显著降低成本。使含有杂质的氢气与储氢合金接触，氢被合金吸收，杂质则被吸附在合金表面；除去杂质后，再使金属氢化物释氢，即可得到超高纯度氢。例如，用混合稀土储氢合金处理含体积分数为$(10\sim100)\times10^{-6}$ O_2、N_2、CO_2、CO、CH_2等杂质的工业氢气，可以获得高于99.9999%的超高纯度氢。

除上述几方面外，储氢合金在金属氢化物热泵、空调与制冷、均衡电场负荷方面也有广阔的应用前景。

三、隐形材料

1. 隐身技术

隐身技术是通过降低武器装备等目标的可探测信息特征，使敌方探测系统难以发现或者发现距离缩短的综合性技术，已被广泛应用于飞机、导弹、坦克、舰船等各种武器装备之中，并已投入战场使用。常用隐身技术有雷达隐身技术、红外隐身技术、电子隐身技术、可见光隐身技术、声波隐身技术等。无论哪种隐身技术，其实现隐身的技术措施不外乎两条途径：隐身外形技术和隐身材料技术。用于隐身技术的材料称为隐形材料，下面仅以雷达隐身技术为例，简单介绍隐身技术中应用的隐形材料。

2. 雷达隐形材料

雷达发射出去的电磁波遇到金属目标时会发生反射，若雷达接收到反射波，目标即被捕捉。因此，要使目标具有隐身能力，就必须减弱雷达所接受的反射波，即减小目标的雷达截面积。雷达截面积与许多因素有关，其中包括目标本身的几何尺寸、形状以及材料等。雷达隐身技术中目前主要使用吸波涂料、吸波结构材料、雷达透波材料和智能蒙皮材料等。雷达吸波涂料是对雷达波吸收能力很强的新型材料，主要有两类：一类是以铁磁性材料为基础制

造而成的涂层材料；另一类是被称为席夫碱基盐的化合物、“铁球”涂料和“超黑色”涂料等性能更好的吸波涂料。美国 F-117A 战斗轰炸机在不同部位使用了放射性同位素涂层、塑料涂层、铁氧化涂层等六种以上涂料。雷达吸波结构材料主要是多层结构的复合材料，基本材料是高电阻率的碳质电阻类和宽频带吸波材料。目前已广泛应用的结构型隐身材料主要有碳纤维/环氧树脂、石墨/热塑性塑料、硼纤维/环氧树脂、石墨/环氧树脂等复合材料。F-117A 战斗轰炸机使用由复合材料与电磁波吸收材料组合成的结构型电磁波吸收材料制造飞机外形，雷达反射面积比普通战斗机减少 95%左右，仅为 0.025m^2，雷达跟踪它的最远距离只有 13km。雷达透射波材料是能够透过雷达波的一类材料，碳纤维/塑料复合材料是一种良好的透波材料。透波材料主要用于制造目标上某些结构简单、内部没有金属构件或设备的组件或部件，以保证让雷达波能从整个目标上透射过去；智能蒙皮材料——纳米材料一直是美国重点研究的隐身材料，将它用在飞机上，可以模拟正在飞跃的地面杂波，从而使飞机表面的雷达特征信号与地面杂波相一致，飞机就变成了一条“电子变色龙”。

四、声功能材料

声功能材料主要用在声发射、声接收、声光转换以及声吸收等方面。如前所述，声的发射与接收利用了材料的压电效应或磁致伸缩原理，所用材料主要有压电晶体、压电陶瓷以及磁致伸缩材料，不再赘述。下面简述吸声材料。

1. 声吸收基本原理

声波入射到任何物体的界面时，一部分透过材料，一部分被材料反射，其余部分被材料吸收。当声波入射到刚性界面，如抹灰的墙或混凝土时，声波大部分被反射回来；而当声波入射到多孔、透气或纤维状材料时，声波会进入材料并引起材料空隙中的空气和纤维振动，一部分声能转化为热能而耗散掉，所以材料有吸声功能。

2. 常用吸声材料

常用吸声材料主要有以下三类：

(1) 无机纤维类　如玻璃丝、玻璃棉、岩棉、矿渣棉及其制品等。玻璃丝毡和玻璃棉具有容重小、不燃、防蛀、耐蚀、耐热、抗冻、隔热等优点，矿渣棉热导率小、防火、耐蚀、价廉，岩棉隔热、价廉、耐热、易成型。

(2) 泡沫塑料类　如氨基甲酸酯、脲醛泡沫塑料等。其优点是质软、热导率小、容重小，缺点是易老化、耐热差、易破碎。

(3) 有机纤维类　棉、麻等植物纤维，如纺织厂的飞花、棉絮、稻草、海草、椰衣、棕丝等制品，经防蛀、防火处理后使用。

此外，建筑中还常使用各种具有微孔的泡沫吸声砖、泡沫混凝土等吸声材料，并具有保温、防潮、耐蚀等功能。

第七节　纳米材料

1959 年，美国物理学家、著名的诺贝尔奖得主 Feynman 在他的一个经典报告“There is plenty of room at the bottom”中首次提出“纳米材料”的概念，今天，纳米材料的发展使得 Feynman 的预言得到实现。

一、纳米材料的概念

纳米（nanometre）与毫米、微米一样，是一个尺度概念（图10-2），是米的十亿分之一，记为nm。

1nm是2~3个金属原子排列在一起的长度，一般病毒的直径为60~250nm，红血球的直径约为2000 nm，头发的直径则为30000~50000nm。

以“纳米”命名的材料最早出现在20世纪80年代，一般认为是德国萨尔大学的Gleiter教授等人首先提出的。1990年7月，在美国巴尔的摩召开了第一届国际纳米科学技术学术会议，正式把纳米材料科学作为材料科学的一个新的分支公布于世。此后，众多的科技人员迅速投身于纳米领域的研究，世界性的纳米热很快形成。

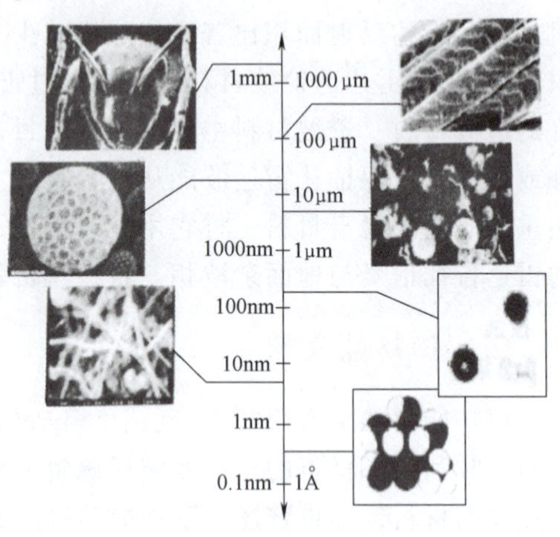

图10-2　物质尺度比较

所谓纳米尺度一般指1~100nm。这是当前材料研究中的一个热点区域。人们普遍感兴趣的纳米材料即指与这个尺度范围相关的各类材料。

（1）该材料至少有一维尺度在纳米范围，即1~100nm　比如材料只有一维方向上是纳米尺度，其余两维方向上相对很大，即宏观看该材料呈膜状，这类材料称之为纳米膜；如果材料有两维尺度在纳米范围，只有一维尺度相对较大，即成线状，则称为纳米线，中空者称为纳米管；如果三维方向上均为纳米尺度则称之为纳米颗粒，他们的集合称为纳米粉。由于从宏观看纳米颗粒在三维方向上都很小，均可忽略不计，故又称之为零维材料。相对应，纳米线、纳米管为一维材料，纳米膜为二维材料。

（2）材料由纳米尺度的微结构组装而成　这类微结构包括纳米尺度的晶体或非晶体颗粒、晶界及气孔等。这样的组装可以得到三维尺度都很大的材料，称为三维纳米材料。

二、纳米材料的特性

由于纳米材料尺度非常小，因而在许多方面展示了通常材料所没有的特性，近年来为人们所广泛关注。其中最重要的就是其表面效应和尺寸效应。

所谓表面效应，是指由于材料比表面积的增大给材料带来的影响。我们知道，在通常的固体材料中，其表面原子所占比例极小，可以忽略不计。但如果粉体颗粒变得很小，这个比例就会急剧上升，导致其表面能迅速增加，而表面能的迅速增加会导致材料许多性能与块材不同。比如纳米粉体的熔点就比同种块材低得多。其原因很简单，所谓材料“熔化”是指组成该材料的原子获得了足够的能量冲破了晶格体系对他们的束缚而进入了一种新的平衡状态——液态。而纳米材料具有很高的表面能，因而它只需要在较低的温度下即可熔化。

所谓尺寸效应是指材料空间尺度的纳米化对其性能的影响。对于大块均质材料来讲，由于材料性能表征的是宏观参量，是由构成材料的无数个原子或离子的种类、特性、配比、结合方式及空间排列等共同的统计作用所决定的，因而我们观察不到材料的性能随尺寸的变

化。但当材料的物理尺度下降到一定程度，比如到纳米级别时，就会产生尺寸效应，主要表现在以下两个方面：

1）当材料的尺度与一些特征物理尺度，如光波波长、磁单畴尺寸、超导态的相干长度或穿透深度相当或更小时，则大块材料所具有的周期性边界条件此时不复存在，导致其声、光、磁、电等特性出现了显著的变化。

2）尺寸对电子能级的影响。当颗粒中所含原子数随着尺寸减小而降低时，费米能级附近的电子能级由准连续态变为离散态。当能级间距大于热能、磁能、静电能、光子能量或超导态的凝聚能时，就导致纳米微粒磁、光、声、热、电以及超导电性与宏观特性显著不同，称为“量子尺寸效应”。

下面从光学、热学、磁学、力学和电学等几个方面较为详细的介绍纳米材料的特性。

1. 特殊的光学性质

随着尺寸变化，物质的颜色也会发生变化。比如较大颗粒的 CaSe 粉末呈现红色，而较小颗粒的 CaSe 粉末呈现黄色；大块金属具有不同颜色的光泽，但当尺寸减少到纳米级时，所有金属微粒都呈现黑色，银白色的铂（白金）变成铂黑，金属铬变为铬黑。这是由于纳米粉体对可见光的反射率极低，通常可抵御 1%，大约几微米的厚度就能完全消光。

利用这个特性可以高效率的将太阳能转换为热能、电能。这种特性还能应用于红外敏感器件、红外隐身技术等。在 1991 年的海湾战争中，美国 F-117A 型隐身战机表面就包覆有大量的纳米颗粒，它们对不同波段的电磁波有强烈的吸收能力，可以欺骗雷达，达到隐身目的。

此外，当材料尺度降低到纳米级时，还会出现“蓝移”和“红移现象。其中“蓝移”是指吸收带移向短波方向（图 10-3）。“红移“是指吸收带移向长波方向。这与纳米材料的量子尺寸效应及表面效应有关。

2. 特殊的热力学性质

如前所述，固体物质在大尺寸时，其熔点是固定的，但其尺度达到纳米级后，其熔点将明显降低，当颗粒小于 10nm 量级时这种降低尤为明显（图 10-4）。利用这一性质 ，可用纳米颗粒的粉体制作火箭固体燃料的催化剂。例如，在火箭发射的固体燃料推进剂中添加质量分数为 1% 的超微铝或镍颗粒，每克燃料的燃烧热可增加 1 倍。

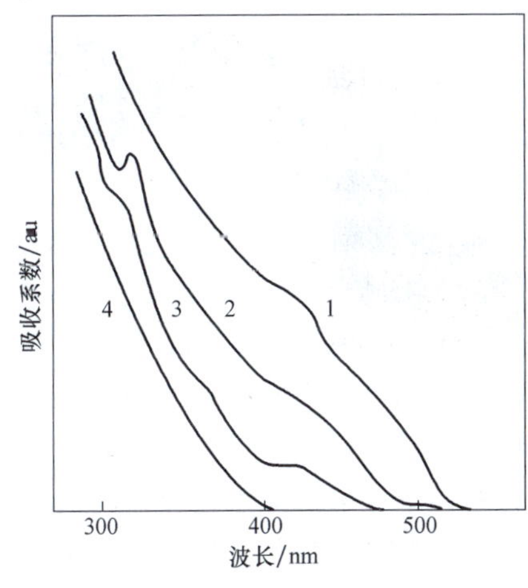

图 10-3　CdS 溶胶微粒在不同尺寸下的吸收谱

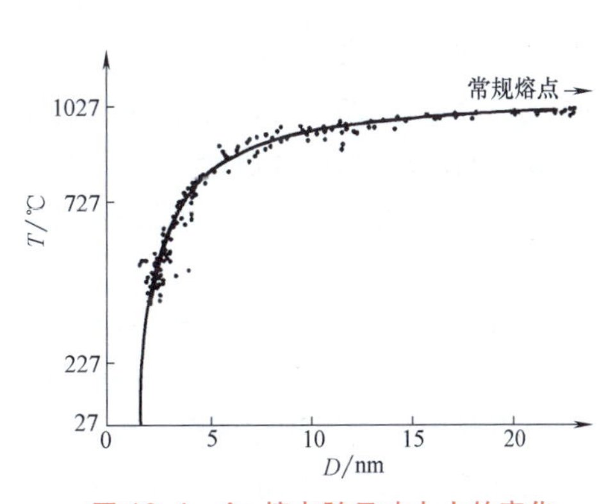

图 10-4　Ag 熔点随尺寸大小的变化

在陶瓷材料及粉末冶金工艺中，常用的方法是将粉末用高压压制成型，在低于物质熔点的温度下进行烧结，使得粉末相互结合成块，密度接近常规材料。纳米颗粒具有巨大的比表面积，使得作为粉体烧结驱动力的表面能剧增，烧结过程中，物质反应接触面积增加，扩散速率增加，扩散路径缩短，利于界面中孔洞的收缩，密度增加。因而在较低温度下就能达到致密化的目的。比如氧化锆陶瓷的致密化烧结温度通常在1600℃左右，而纳米氧化锆陶瓷在1250℃条件下即可达到致密化。

3. 特殊的磁学性质

有些材料从块材到纳米变化时，其磁性会发生很大变化，甚至出现常规粗晶材料所不具备的磁性能。

纳米颗粒尺寸小到一定临界值时进入超顺磁状态。例如，粒径为85nm的镍微粒，其矫顽力很高，而当粒径小于15nm时，其矫顽力接近于零，进入了超顺磁状态，如图10-5所示。

纳米颗粒尺寸高于超顺磁临界尺寸时常呈现高的矫顽力，利用此性质，可以制备高密度磁粉，大量应用于磁带、磁盘和磁卡中。

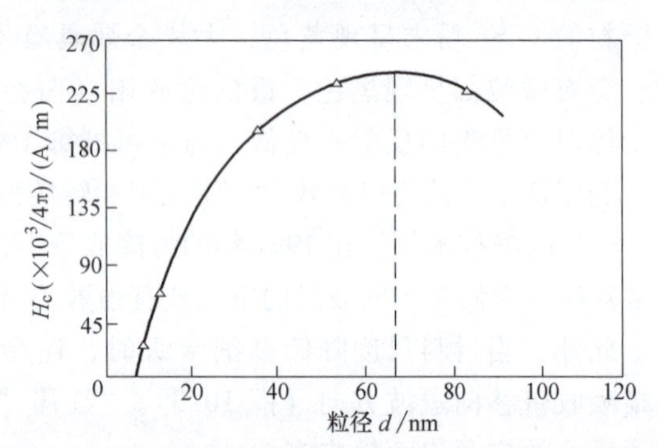

图10-5　Ni微粒的矫顽力 H_c 与粒径 d 的关系曲线

4. 特殊的力学性质

纳米材料的超细晶粒、高浓度晶界以及晶界原子临近状况决定了它具有明显区别于无定形态、普通多晶和单晶的特异性能，被认为是解决陶瓷类脆性材料脆性和提高强度的战略途径。

具有纳米结构的材料强度与粒径成反比。纳米材料的位错密度很低，且难以运动和增殖，这就是纳米晶强化效应。澳大利亚悉尼科技大学的科学家2011年宣布，他们开发出了一种厚度和纸相当、强度比钢还高的石墨烯复合材料。对比实验显示，与普通钢材相比，石墨烯纸在重量上要轻6倍，密度小5~6倍，抗拉强度大10倍，抗弯刚度大13倍（图10-6）。

同时纳米陶瓷由于晶粒细化，晶界数量大幅度增加，扩散性高，可提高陶瓷材料的韧性并产生超塑性。如普通陶瓷只有在1000℃以上，应变速率小于 $10^{-4}s^{-1}$ 时才表现出塑性，而纳米 TiO_2 陶瓷在180℃时塑性变形可达100%，纳米 CaF_2、ZnO在低温下出现了塑性变形。

图10-6　新型石墨烯材料

5. 特殊的电学性质

由于颗粒内的电子运动受到限制，电子能量被量子化了，结果表现为在金属颗粒的两端加上合适电压时，金属颗粒导电；而电压不合适时，金属颗粒不导电。原来是导体的铜等金属，在尺寸减少到几个纳米时就不导电了；而绝缘的 SiO_2 等电阻会大大下降，失去绝缘特点，变得导电了，这就是尺寸诱导金属——绝缘体转变（SIMIT）。

还有一种奇怪的现象，当金属纳米颗粒从外电路得到一个额外电子，金属颗粒具有了负

电性，它的库仑力足以排斥下一个电子从外电路进入到金属颗粒内，从而切断了电流的连续性，这就是所谓的库仑阻塞效应。应用库仑阻塞效应可以开发用一个电子来控制的电子器件，即所谓的单电子器件。单电子器件的尺寸很小，把它们集成起来做成计算机芯片，其容量和计算速度将会大幅度提高。

三、纳米材料的制备

如前所述，纳米材料包含零维（纳米颗粒）、一维（纳米线、纳米带、纳米管）、二维（纳米涂层、薄膜）、三维（纳米固体）四种情况。

1. 纳米粉末的制备方法

利用各种物理和化学的方法都可以制备纳米粉末，如蒸发-冷凝法、机械合金法、化学气相法、化学沉淀法、水热法、溶胶-凝胶法、电解法及高温自蔓延法等。

2. 一维纳米材料的制备方法

一维纳米材料的生长是从气相、液相或固相向另一固相转化，包含成核和长大两个过程。当固相的结构单元，如原子、离子或分子的浓度足够高时，通过均相的成核作用，结构单元集结成小核或团簇，这些团簇作为晶种使之进一步生长形成更大的团簇。制备方法包括化学气相沉积法（CVD）、激光烧蚀法、热蒸发、水热法、溶剂热合成法、溶液固-液相法、模板法及自主装生长等方法。

3. 二维薄膜纳米材料的制备方法

二维薄膜纳米材料的制备方法分为化学方法和物理方法两大类。

（1）化学方法　不同于物理气相沉积，薄膜制备的化学方法是以发生一定的化学反应为前提，这种化学反应可以由热效应引起或者由离子电致分离引起，其具体做法有热氧化生长、化学气相沉积、电镀、化学镀、阳极反应沉积法等。

（2）物理方法　由于CVD方法所得到的薄膜材料是由反应气体通过化学反应实现的，所以对于反应物和生成物的选择具有一定的局限性。同时，化学反应一般需要在较高的温度下进行，基片所处的环境温度一般较高，因而限制了基片材料的选取。而物理气相沉积（PVD）对沉积材料和基片没有特殊的限制。物理气相沉积过程可以概括为三个阶段：从源材料中发射出粒子，离子输送到基片以及离子在基片上凝结、成核、长大、成膜。由于粒子发射可以采用不同的方式，所以物理气相沉积技术呈现出多种不同的形式。目前常用的纳米薄膜的物理气相沉积方法主要有真空蒸发技术、溅射、离子束和离子辅助技术、外延膜沉积技术等。

4. 三维块体纳米材料的制备方法

制备块体纳米材料的方法很多，一般可形象的分为“由小到大”的合成法和“由大到小”的细化法。

“由小到大”的合成法就是首先制备出纳米小颗粒或纳米粉，再通过压制和烧结等工艺获得体纳米材料。这类方法普遍存在的问题是在制备过程中，纳米块体较易被污染，如杂质的引进和难以避免的氧化，块体材料中不致密，存在气孔。

“由大到小”的细化法是将块体粗晶材料通过一些特殊工艺和设备处理使材料结构细化至纳米级，如非晶晶化法、大塑性变形法、急冷法等。这类方法从根本上避免了合成法难以解决的粉末污染和残留孔隙的危害。

四、纳米材料的应用

1. 在电子学方面的应用

纳米技术提供了构筑新一代电子器件的可能性，这些器件中的电子受到量子限域作用，具有更优异的性能。如利用一维纳米材料制备的各种场效应晶体管，如硅纳米线场效应晶体管、锗纳米线场效应晶体管、硅锗纳米线场效应晶体管、碳纳米管场效应晶体管。目前已有研究者研究只需一个电子就可实现开、关状态的单电子碳纳米管场效应晶体管，只有1nm宽、20nm长。由于这种特殊的单电子晶体管只需要一个电子来实现“开”和“关”的状态，相当于计算机中的“0”和“1”，因此单电子碳纳米管场效应晶体管将成为未来分子计算机的理想材料。

纳米材料的发展，还会使得纳米存储器、纳米发电机、量子电器件、量子计算机得到大力发展。

2. 在磁学方面的应用

随着计算机技术的飞速发展，记录的信息量也在不断增加。以超微粒做记录单元，可使记录密度大大提高。纳米磁性材料的磁单畴尺寸、顺磁磁性临界尺寸、交换作用长度等在1~100nm范围内，具有奇异的超顺磁性和高的矫顽力，使其在磁记录介质、磁性液体、磁性药物、吸波材料巨磁电阻中得到广泛应用。

例如，目前已研制成功的具有巨磁电阻效应的读取磁头，将磁盘记录密度提高了17倍，达到$5Gb/in^2$，从而使磁盘在与光盘竞争出重新显示出优势地位。人们利用磁性粒子使药物在人体中的传输更为方便的特点，将磁性粒子制成药物载体，通过静脉注射到体内，在外加磁场作用下，通过纳米颗粒的磁性导航，使其移动到病变部位，达到定向治疗的目的。

3. 在能源领域的应用

纳米粒子由于比表面积大、表面能高，成为新的能源使用方法和制备新能源的主要研究方向之一。纳米能源应用技术的研究主要围绕“纳米储能材料技术”和“纳米节能技术”两大方向发展。主要包括：微小型纳米燃料电池、高效能储电器件、光化学换能系统、纳米热流技术等。

4. 在化工领域的应用

光触媒（Photocatalyst）是近年来媒体中出现频率比较多的一个词，是指一种在光的照射下，自身不起变化，却可以促进化学反应的物质，就像植物光合作用中的叶绿素。光催化可以将低密度的太阳光能转换为高密度的化学能、电能，同时可以直接利用低密度的太阳光降解和矿化水与空气中的各种污染物，所以光催化在环境净化和新能源开发方面具有巨大的潜力。

常用的光触媒有TiO_2、CdS、WO_3、ZnO、ZnS、Fe_2O_3、SnO_2等。其中纳米TiO_2是目前最重要的一种光催化材料，具有催化活性高、化学性质稳定、成本低、无毒等优点，目前被广泛应用于污水处理、空气净化、防雾及自清洁涂层、抗菌材料、光催化分解水等领域（图10-7）。

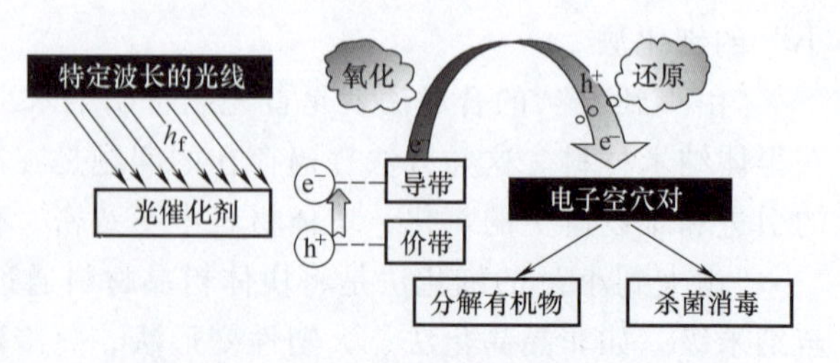

图10-7　光催化净化的基本原理示意图

5. 在生物领域的应用

生物材料（Biomaterials）涉及生命科学及材料科学两大领域，是指对生物体进行诊断、治疗、置换或修复损坏的组织、器官或增进其功能的天然或人造材料。纳米生物材料主要指适合于生物体内应用的纳米材料，本身可以具有生物活性，也可以不具有生物活性，易被生物体接受而不引起不良反应。主要材料为高分子纳米微粒、无机纳米微粒以及具有专一识别、定向诱导功能的组织工程纳米结构生物材料。具体如药物纳米载体和纳米颗粒基因转移技术、纳米生物陶瓷材料、纳米磁性离子、纳米生物复合材料等。

6. 航空航天领域的应用

从纳米材料的特性出发，结合航空航天产品的发展趋势和特点，可以看出纳米材料在航空航天领域具有较好的应用前景。比如将纳米铝粉添加到固体火箭推进剂中，可以加快燃烧速度、改善燃烧效率、提高性能及防止凝结有害金属等作用；利用纳米材料特殊的光学性能，制备纳米吸波材料，从而实现高吸收、宽频段、质轻层薄、红外微波吸收的作用；随着飞行器飞行速度的不断提高，其表面及发动机喷管温度不断提高，对热防护材料提出了越来越高的要求，利用纳米 SiO_2 气凝胶极高的气孔率（80%~99.8%）和极低的气孔尺寸（1~100nm），可实现超级隔热的效果，其热导率仅为 0.012W/(m·K)，低于静态空气[0.024W/(m·K)]的热导率，比相应的无机绝缘材料低 2~3 个数量级。即使在 800℃ 的高温下其热导率才为 0.043W/(m·K)。

习题与思考题

1. 何谓功能材料？举例说明功能材料在国民经济及国防建设等方面的重要性。
2. 简要说明导体、绝缘体和半导体的导电特性与其能带结构的关系；常用半导体材料有哪些类型？
3. 简述超导体的基本特性和超导材料的种类；举例说明超导材料的应用。
4. 常用强接点和弱接点材料有哪些？这两类材料在性能和应用方面有何差异？
5. 何谓软磁材料、硬磁材料及磁致伸缩材料？它们有哪些主要的种类和用途？
6. 材料热膨胀的本质是什么？影响材料热膨胀系数的主要因素是什么？简要说明热膨胀材料的主要类型及应用。
7. 合金与聚合物的形状记忆原理有何不同？常用形状记忆合金有哪些？举例说明形状记忆合金的应用。
8. 简述热电偶的测温原理；不同测温范围所用热电偶有何不同？
9. 简述激光产生的原理以及常用固体激光材料。
10. 简述光导纤维的基本构造以及光在光纤中如何传输。
11. 简述材料对气氛、光、声产生敏感的原理；列举这些不同敏感材料的种类及应用。
12. 材料储氢和释氢的基本原理是什么？简述储氢合金的种类及应用。
13. 简要说明隐身飞机如何对雷达进行隐形。

Chapter 11

第十一章

零件的选材及工艺路线

掌握各种工程材料的特性，正确地选择和使用材料是对从事机械设计与制造的工程技术人员的基本要求，因为机器零件的设计不只是结构设计，还应包括材料的选用与工艺路线的制订。不少设计人员有一种倾向，只重视产品结构设计，而把选材看成是一种简单而不太重要的任务，以为只要参考同类零件或类似零件选用类似材料，或者根据简单计算和查阅一下材料性能手册所提供的数据，找出一种通用材料，便可万无一失。实际上许多机器的重大质量事故都来源于材料问题，因此掌握选材方法的要领，了解正确选材的过程是十分必要和有实际意义的。

第一节　常用力学性能指标在选材中的意义

在第一章中已介绍了机械零件的失效方式和防止失效的性能指标。但一般手册中给出的材料性能大多限于常用力学性能，即弹性模量 E、硬度（HBW、HRC）、屈服强度（R_{eL}、$R_{p0.2}$）、抗拉强度 R_m、断后伸长率 A、断面收缩率 Z、冲击韧度 a_K 或冲击吸收能量 A_K，这些性能指标在选材中具有一定实际意义，但也有一定局限性。

一、刚度和弹性指标

1. 刚度指标

如第一章所述，刚度是指零（构）件在受力时抵抗弹性变形的能力。当零（构）件尺寸和外加载荷一定时，材料的弹性模量 E 或切变模量 G 就代表零（构）件的刚度。因此，弹性模量 E 或切变模量 G 是刚度设计时选材的重要依据。例如一根轴承受弯曲载荷，其弹性挠曲变形 $\Delta l=\dfrac{4l^3F}{Et^3}$，在轴的长度 l 和截面尺寸 t 及外加载荷 F 相同的情况下，如选用钢、铝合金、聚苯乙烯这三种材料进行比较，它们的弹性模量 E 分别为 21×10^4MPa、7×10^4MPa、0.35×10^4MPa，则三者的弹性挠曲变形量 Δl 之比为 1∶3∶60，也就是说，若钢轴的弹性挠曲变形为 1cm，则铝合金轴为 3cm，而聚苯乙烯轴为 60cm，显然选用钢轴最合适，其刚度最好。但是如果要在给定的弹性变形量下，要求零件重量最轻，则这时就不能单纯按照弹性模量 E 或切变模量 G 来选材了，而必须按照比刚度进行选材。比刚度不仅与材料的弹性模量 E 或切变模量 G 及密度有关，还与加载方式有关，如表 11-1 所示。由表可见，在不同加载方式下，比刚度可分别以 E/ρ、$E^{1/2}/\rho$、$E^{1/3}/\rho$ 等表示。例如，飞机机翼为平板受弯曲的情况，由表 11-1 可知其比刚度以 $E^{1/3}/\rho$ 来度量，若选用钢和铝合金进行比较，尽管钢的弹

性模量 E 为铝合金的 3 倍，但钢的密度为 7.8g/cm^3、铝合金的密度为 2.7 g/cm^3，此时钢的比刚度为 0.76，而铝合金则为 1.5，即铝合金的比刚度为钢的 2 倍，因此飞机机翼应选用铝合金制造。

2. 弹性指标

表 11-1　加载方式对杆件的比刚度和比强度的影响

加载方式	比刚度	比屈服强度	比脆断强度
拉棒	E/ρ	R_{eL}/ρ	K_{IC}/ρ
扭转棒或管	$G^{1/2}/\rho$	$R_{eL}^{2/3}/\rho$	$K_{IC}^{3/2}/\rho$
受弯的杆或管子、细长杆受压	$E^{1/2}/\rho$	$R_{eL}^{2/3}/\rho$	
板的弯曲	$E^{1/3}/\rho$	$R_{eL}^{1/2}/\rho$	$K_{IC}^{1/2}/\rho$
板的纵向受压	$E^{1/3}/\rho$	$R_{eL}^{1/2}/\rho$	
圆柱缸体受内压或旋转缸体	E/ρ	R_{eL}/ρ	K_{IC}/ρ
球体受内压	$E(1-\upsilon)/\rho$	R_{eL}/ρ	K_{IC}/ρ

注：K_{IC}为断裂韧度；E 为弹性模量；G 为切变模量；ρ 为密度；υ 为泊松比。

如第一章所述，弹性是指材料弹性变形的大小，用弹性能 $u=\frac{1}{2}\frac{\sigma_e^2}{E}$表示。显然材料的弹性极限 σ_e 越高和弹性模量 E 越低，则弹性能越大，零（构）件的弹性越好。因此，弹性极限 σ_e 和弹性模量 E（或切变模量 G）是设计弹性零（构）件应考虑的基本性能。例如弹簧，其主要功能是起缓冲、减振和传递力的作用，因此要求弹簧既要有高的弹性（即要能吸收较多的弹性变形能），又不能发生塑性变形，这就要求材料应具有尽可能高的 σ_e^2/E 或 R_{eL}^2/E（因为弹性极限测定不方便，故以屈服强度 R_{eL}代替 σ_e）。虽然较低的弹性模量 E 对增加弹性能有利，但低弹性模量的材料如塑料、橡胶、低熔点金属，其屈服强度低，因此工程结构中的弹簧都选用弹性模量较大、弹性极限或屈服强度较高的材料。例如汽车板簧，选用合金弹簧钢并经淬火+中温回火获得尽可能高的弹性极限和屈服强度。此外，碳纤维复合材料也是汽车板簧的理想材料，其屈服强度高、密度小、重量轻，但成本太高，目前尚未广泛应用。

二、硬度和强度指标

1. 硬度指标

硬度是工业生产上控制和检查零件质量最常用的检验方法。由于压入法硬度（HBW、HRC 等）是材料抵抗局部塑性变形能力的性能指标，因此硬度与材料其他力学性能之间必然存在一定关系。例如金属材料的布氏硬度 HBW 与抗拉强度 R_m 在一定硬度范围内数值上存在线性关系，即 $R_m=k$HBW，不同金属材料有不同 k 值，如钢铁材料和铝合金 k 值约为 1/3，铜及其合金约为 0.40~0.55。因此可以通过硬度预示材料的其他力学性能。对于刀具、冷成形模具和黏着磨损或磨粒磨损失效的零件，其磨损抗力和材料的硬度成正比，硬度是决定耐磨性的主要性能指标。对于承受接触疲劳载荷的零件如齿轮、滚动轴承等，在一定硬度范围内提高硬度对减轻麻点剥落是有效的。同时由于硬度测量非常简单，且基本不损坏零件，所以硬度常作为金属零件的质量检验指标。在一定的处理工艺下，只要硬度达到了规定

的要求，其他性能也基本达到要求。但是应该指出，用硬度作为控制材料性能的指标时，必须对处理工艺做出明确的规定。因为同样的硬度可以通过不同的处理工艺得到。例如45钢制造的车床主轴要求硬度为220～240HBW，通过调质和正火处理都可达到，但调质处理后轴的综合力学性能好，其寿命比正火处理的主轴高。因此，设计零件时在图样上除注明材料外，还必须注明热处理技术条件，即采用的热处理工艺和热处理后达到的硬度，考虑到材料成分、工艺操作等因素的波动，硬度应有一定范围，用HRC表示时其波动幅度为5个HRC左右，用HBW表示时，为20～40个HBW。例如45钢车床主轴的热处理技术条件为调质220～240HBW。对于零件局部区域（如车床主轴轴颈）的热处理技术条件直接标注在需要局部处理的部位，并用细实线标注处理部位（图11-1a）。对于渗碳零件，还应标注渗碳层深度（图11-1b）。

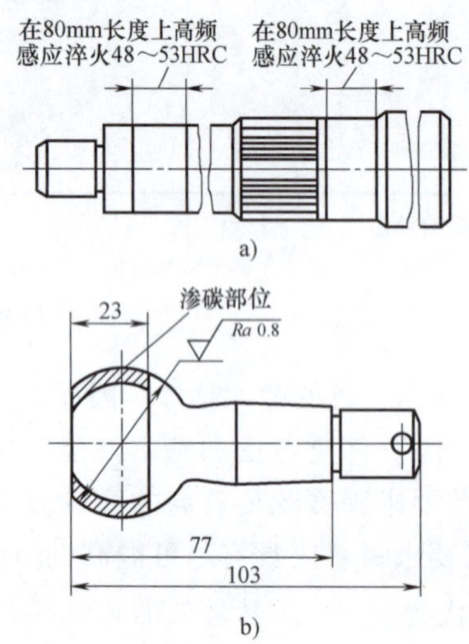

调质 220～240HBW

名　　称	主　　轴
材料	45 钢

渗碳 0.8～1.0mm
淬火回火 58～62HRC

名　　称	球头销
材料	20CrMnTi

图 11-1　热处理技术条件标注图例

a）45钢主轴　b）20CrMnTi钢球头销

2. 强度指标

（1）屈服强度 R_{eL}　R_{eL}是在强度设计中用得最多的性能指标，设计中规定零件的工作应力 σ 必须小于许用应力 $[\sigma]$，即 $\sigma \leqslant [\sigma]=R_{eL}/k$，式中 k 为安全系数。按此式似乎材料的屈服强度 R_{eL}越高，承载能力越大，零件的寿命越长。实际上不能一概而论。对于纯剪或纯拉的零件，屈服强度具有重要意义，例如螺钉或螺栓，R_{eL}可直接作为设计的依据，并取 $k=1.1\sim1.3$；对于承受交变接触应力的零件，由于表面经热处理强化（渗碳、渗氮、感应淬火等），疲劳裂纹多发生在表面硬化层和心部交界处，因而适当提高零件心部屈服强度对提高接触疲劳性能有利，这类零件除要求表面高硬度外，还要求有一定的心部屈服强度；对于低应力脆断的零件，其承载能力已不是由材料的屈服强度来控制，而是决定于材料的韧性，此时就应适当地降低材料的屈服强度；对于承受弯曲和扭转的轴类零件，由于工作应力表层最高，心部趋于零，因此只要求一定的淬硬层深度，对于零件心部的屈服强度不需做过高要求。

（2）抗拉强度 R_m　R_m 对塑性低的材料如铸铁、冷拔高碳钢丝和脆性材料如陶瓷、白口铸铁等制作的零件有直接意义，设计时以抗拉强度确定许用应力，即 $[\sigma]=R_m/k$（k 为安全系数）。而对于塑性材料制作的零件，虽然抗拉强度在设计中没有直接意义，但由于大多

数断裂事故都是由疲劳断裂引起的，疲劳强度 σ_{-1} 与抗拉强度 R_m 有一定的比例关系。对于钢，当 R_m<1400MPa 时，$\sigma_{-1}/R_m=0.5$；对灰铸铁，$\sigma_{-1}/R_m=0.4$；对有色金属，$\sigma_{-1}/R_m=0.3\sim0.4$。由于拉伸试验比疲劳试验容易得多，所以通常以抗拉强度来衡量材料疲劳强度的高低，提高材料的抗拉强度对零件抵抗高周疲劳断裂有利。此外，抗拉强度对材料的成分和组织很敏感。若材料的成分或热处理工艺不同，有时尽管硬度相同，但抗拉强度也不同，因此可用抗拉强度作为两种不同材料或同一材料两种不同热处理状态的性能比较的指标，这样可以弥补硬度作为检验指标的不足。

三、塑性和冲击韧度指标

1. 塑性指标

塑性指标 A、Z 是材料产生塑性变形使应力重新分布而减小应力集中的能力的度量。设计零件时要求材料达到一定的 A、Z 值。但 A、Z 数值的大小只能表示在单向拉伸应力状态下的塑性，不能表示复杂应力状态下的塑性，即不能反映应力集中、工作温度、零件尺寸对断裂强度的影响，因此不能可靠地避免零件脆断。例如受拉伸的螺钉或螺栓应考虑螺纹根部的应力集中以及装配时钉孔的不对中及少量的偏斜，其断裂强度的高低决定于缺口根部的塑性，这种缺口塑性是不能以光滑试棒单向拉伸时所测得的塑性来代替的。因此标准件厂在螺钉或螺栓成品检验时都必须随机抽样对螺钉或螺栓实物进行偏斜拉伸试验。

2. 冲击韧度指标

冲击韧度指标 A_K 或 a_K 表征在有缺口时材料塑性变形的能力，反映了应力集中和复杂应力状态下材料的塑性，而且对温度很敏感，正好弥补了 A、Z 的不足。例如普通结构钢的光滑试棒在液氮（-196℃）中拉伸时的 A、Z 值相当高，但冲击韧度值已很低。因此材料的冲击韧度 A_K 或 a_K 比塑性 A、Z 更能反映实际零件的情况。在设计中，对于脆断是主要危险的零件，冲击韧度是判断材料脆断抗力的重要性能指标。其缺点是 A_K 或 a_K 不能定量地用于设计，只能凭经验提出对冲击韧度值的要求。若过分地追求高的冲击韧度值，结果会造成零件笨重和材料浪费。而且有时即使采用了高的冲击韧度值，也不能可靠地保证零（构）件不发生脆断。尤其对于中低强度材料制造的大型零件和高强度材料制造的焊接构件，由于其中存在冶金缺陷和焊接裂纹，此时，仅以冲击韧度值已不能评定零件脆断倾向的大小。例如 20 世纪 50 年代美国北极星式导弹固体燃料发动机壳体采用了屈服强度为 1400MPa 的高强度钢，并且经过了一系列冲击韧度检验，但却在点火时就发生脆性断裂。

应该指出，上述常用力学性能指标在选材中具有一定局限性。因为实际零件的几何形状和尺寸以及受力情况与国标中所规定的标准试样和试验载荷情况差别很大，所以常用力学性能往往不能真实地反映材料性能，因而不能满足各种具体零件的使用性能要求。设计者应随时注意材料性能试验方法的发展，从理论与实际经验的结合上尽可能选择合理的性能指标并充分理解这样做的限度。

第二节　断裂韧度在选材中的意义

一些高强度钢制造的构件和中低强度钢制造的大锻件，例如导弹的零部件、石油化工压力容器、锅炉、汽轮机转子等，在材料制备和冷、热加工过程中不可避免地会产生一些缺陷和裂纹，严重时将导致发生低应力脆断。如果将断裂力学应用于这类零件的设计中，根据断裂韧度 K_{IC} 选材，则既可保证发挥材料强度的最大潜力，又可以避免发生低应力脆断。例如火箭发动机壳体用高强度薄钢板焊接制成。为了减轻自重，应选择能承受较高工作应力即许用应力 $[\sigma]=1200\text{MPa}$ 的钢材；为了防止强度不足，安全系数 k 取 1.5，按公式 $[\sigma]=R_{eL}/k$ 计算，选用了 R_{eL} 为 1800MPa 的超高强度钢。壳体在打压试验时，在应力 σ 远低于工作应力 $[\sigma]$ 的情况下发生爆裂。依照经典设计思想，认为安全系数太小，于是加大安全系数，选用了强度更高的钢，但爆裂发生在更低的应力下。经断口分析，发现断裂从焊缝中微小半椭圆形裂纹处开始，根据断裂力学计算，平板表面半椭圆形裂纹前沿应力场强度因子表达式为 $K_I=1.5\sigma a^{1/2}$。如果工作应力为 1200MPa，裂纹长度为 1.5mm，计算出 K_I 为 $67\text{MPa}\cdot\text{m}^{1/2}$，则壳体材料的断裂韧度 K_{IC} 应在 $68\text{MPa}\cdot\text{m}^{1/2}$ 以上才能防止脆断。上述屈服强度为 1800MPa 的超高强度钢的断裂韧度 K_{IC} 值为 $50\sim60\text{MPa}\cdot\text{m}^{1/2}$，此时 $K_{IC}<K_I$，因而发生脆断。若增大安全系数，选用更高强度的钢，其断裂韧度值更低（低于 $50\text{MPa}\cdot\text{m}^{1/2}$），只需更低的应力即可使裂纹前沿的 K_I 值超过材料的 K_{IC} 值而发生脆断，因而其断裂发生在更低的应力下。相反，若把安全系数降至 1.1（对火箭的情况是允许的），则可选择屈服强度降低到 1300MPa 左右的钢，这种钢的 K_{IC} 值可以达到 $93\text{MPa}\cdot\text{m}^{1/2}$ 左右，计算出最大工作应力 σ_c 为 1600MPa，它大大超过钢的屈服强度，更超过壳体的工作应力 $[\sigma]$，此时 $K_I<K_{IC}$、$[\sigma]<\sigma_c$，既满足强度要求，又不会发生低应力脆断，故壳体选用一般低合金高强度钢就能满足性能要求，而且成本显著降低。由此说明，对于含裂纹的构件，当低应力脆断为主要危险时，其承载能力已不是由屈服强度所控制，而是取决于材料的断裂韧度，必须应用断裂力学方法进行选材，才能确保安全。

第三节　零件实物性能试验的重要性

上面讨论的力学性能指标是在实验室小试棒上测得的。由于结构设计和加工工艺对性能有显著影响，所以材料的实验室性能和真实零件的性能有时会有很大差异，小试样试验的性能好，做成的零件的寿命未必高，现以疲劳强度为例加以说明。

一、结构设计对性能的影响

如果零件结构设计上有尖角、油孔、键槽、过小的过渡圆角等不合理处，则这些地方会存在应力集中，使零件的性能低于实验室小试样所测的性能。表 11-2 为正火 45 钢试样、轴及压配合轴弯曲疲劳极限的比较。由表可见，未压配合时，光滑轴与开卸载槽轴的疲劳极限为 240MPa，均低于试样的疲劳极限（280MPa）。压配合后，光滑轴的疲劳极限显著降低，只有 91MPa，而开卸载槽轴的疲劳极限为 155MPa。显然压配合处有很大应力集中，使疲劳极限降低。若改进设计，在轴上开一卸载槽，则能显著减小应力集中，可改善压配合件的疲劳强度。

表 11-2　正火 45 钢试样、轴及压配合轴弯曲疲劳极限的比较

试　　件	光滑试样	未压配合的轴		压　配　合　轴	
		光　滑　轴	开卸载槽轴	光　滑　轴	开卸载槽轴
弯曲疲劳极限/MPa	280	240	240	91	155

凸轮轴是柴油机喷油泵的重要零件，由低碳合金钢制造，其一侧为锥形驱动端，锥面上有一个半月形键槽，根部为直角（图 11-2a）。技术条件规定凸轮轴的凸轮部位必须进行渗碳淬火，而驱动端部位不允许渗碳淬火。凸轮轴在工作时，驱动端发生疲劳断裂，裂纹起源于键槽受拉力的根部（图 11-2b）。为了解决凸轮轴驱动端断裂问题，采取如下措施：

1）改变结构，把锥面和键槽结构改为平面法兰连接，能有效地防止驱动端疲劳断裂，并已在大功率船用柴油机上应用，取得良好的效果。但此方法必须改造原有工装设备和流水线，投资大。

2）不改变结构，只需将键槽根部处直角改为 $R>0.5$mm的圆角以减小应力集中，并将原工艺凸轮轴的局部渗碳淬火改为整体渗碳淬火，使锥面和键槽根部也获得高碳马氏体薄层及大的残留压应力，显著提高驱动端的疲劳强度（表 11-3），可有效地防止驱动端疲劳断裂。此方法简单易行，不需改造原有工装设备，值得推广。

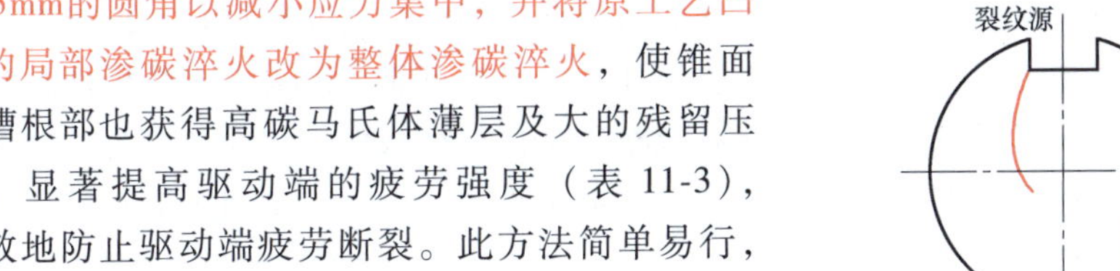

图 11-2　凸轮轴驱动端的形状及疲劳裂纹源
a）凸轮轴驱动端形状　b）疲劳裂纹源

二、加工工艺对性能的影响

由于加工工艺不良产生的缺陷，如锻造、热处理、焊接产生的过热、过烧、氧化、脱碳、裂纹，机加工产生的刀痕及磨削裂纹等，都会使零件的性能降低。例如调质 40Cr 钢制汽车半轴，由模锻而成，由于锻造时脱碳，其弯曲疲劳强度只有 91～102MPa，远远低于试样的疲劳强度。若将脱碳层磨掉，则疲劳强度可上升至 420～490MPa（表 11-4），可见零件表面脱碳对疲劳强度影响十分显著。对于承受交变扭转或交变弯曲载荷的零件，如弹簧、齿轮、轴、气阀等，一旦产生表面脱碳，可用喷丸强化方法来提高疲劳强度。例如汽车上的气门弹簧经喷丸后其疲劳强度可提高 50%，钢板弹簧喷丸后的使用寿命可提高 2.5～3 倍；压缩机阀片喷丸后寿命提高 3 倍。零件经喷丸后表面形成位错强化和压应力状态。

表 11-3　凸轮轴驱动端两种结构、工艺的性能对比

结构和工艺	疲劳极限/MPa	表层残留压应力/MPa
键槽直角，未渗碳淬火	32	-20～-30
键槽圆角，渗碳淬火	56～68	-70～-90

表 11-4　调质 40Cr 钢试样、汽车半轴弯曲疲劳强度比较

试　样	光　滑　试　样		半　轴	
	未脱碳	脱　碳	未脱碳	脱　碳
弯曲疲劳极限/MPa	546	245	420～490	91～102

零件结构设计和加工工艺对于其他性能也有类似的影响，通常零件的性能（强度、塑性、韧性等）总是低于实验室试样的性能，因此对重要的零件必须进行实物性能试验，如

台架试验或装机试验。

第四节　材料强度、塑性与韧性的合理配合

传统的零件设计方法首先是以材料的强度指标 $R_{p0.2}$、R_m 或 σ_{-1} 为依据进行强度计算，然后考虑零件在油孔、键槽、尖角等处有应力集中和工作时会遇到难以预料的过载或偶然的冲击等情况，再凭经验对材料的塑性、韧性提出一定要求。通常材料的强度与塑性、韧性是相互矛盾的，强度高则塑性、韧性低。大多数情况下，设计人员为了确保安全，防止零件发生脆断，通常规定较高的 A、Z 和 a_K 或 A_K 值，而牺牲强度。这样必然加大零件尺寸，致使零件笨重；或者选用强度和塑性、韧性都很好的高级合金钢或其他高级材料，致使零件成本增加，浪费材料。而过高的塑性、韧性未必能保证零件安全可靠，因为大多数机件的断裂是由高周疲劳引起的，因强度不足而发生早期疲劳断裂时，往往塑性、韧性尚有余。例如柴油机的曲轴、连杆和万能铣床的主轴，过去为了追求高的塑性、韧性，选用45钢制造并经调质处理，以获得优良的综合力学性能，但失效分析结果表明，这类零件的断裂方式大多为疲劳断裂，不必追求高的塑性、韧性。改用球墨铸铁制造，完全满足性能要求，简化了加工工序，降低了成本。又如铆接风枪的铆钉窝，用高碳钢制造。过去为了追求高的冲击韧度，将铆钉窝进行整体调质处理，然后再两端局部淬火和低温回火，使用中其腰部因强度不够而发生疲劳断裂，寿命很低。改用整体淬火和低温回火后，虽然塑性、韧性较低，而其寿命却显著提高。其他像凿岩机活塞、十字槽螺钉冲头之类承受多次冲击的零件，采用高碳钢淬火和低温回火后强度、硬度较高，而塑性、韧性较低，但都具有很高的使用寿命。再如1t、5t、10t模锻锤锤杆，由35CrMo钢制造，过去因考虑其承受较大的冲击载荷而追求高的塑性、韧性，采用调质处理，使用中发生疲劳断裂，寿命很低。后改为淬火和中温回火，使表面硬度由原来的26HRC提高到40～45HRC，因而强度也提高了，锤杆寿命提高3～20倍以上。上述例子说明，由于传统的设计思想过分追求塑性、韧性，使零件普遍塑性、韧性有余而强度不足，故寿命不高。若适当降低对塑性、韧性的要求而提高强度，则会使零件寿命大幅度提高。但也不能走向另一个极端，认为强度越高越好。对于含裂纹的零构件，应适当降低强度，提高塑性、韧性，例如火箭发动机壳体，过分追求强度，反而使其寿命降低。

综上所述，材料的强度、塑性、韧性必须合理配合。对于以高周疲劳断裂为主要危险的零件，在 R_m<1400MPa 范围内，材料的强度越高，其疲劳强度也越高，则零件的寿命越高，因此提高材料强度，适当降低塑性、韧性，对提高零件寿命有利。而且这类中低强度材料的断裂韧度较高，除工作在低温环境或尺寸较大的零件外，一般不易发生低应力脆断，故可以用工作应力 $\sigma \leqslant R_{p0.2}/k$ 来计算和选材，提高屈服强度可以提高零件的允许工作应力和减轻零件的重量。若 R_m>1400MPa，由于这类材料的强度对缺口、表面加工质量、热加工缺陷、冶金质量等都很敏感，随强度增加，其疲劳寿命反而降低。对于以低应力脆断为主要危险的零件，如中低强度钢制造的汽轮机转子、发电机转子、大型轧辊、低温或高压化工容器以及高强度钢制造的火箭发动机壳体等，其韧性比强度更重要，应该用断裂韧度来选材，即 $K_I = Y\sigma a^{1/2} < K_{IC}$。适当增加材料的塑性、韧性，牺牲强度对提高零件寿命有利。总之，应从零件的实际工作情况出发，使材料的强度、塑性、韧性合理配合。

第五节　选材方法

在工程结构和机械零件的设计与制造过程中，合理地选择材料是十分重要的。所选材料的使用性能应能适应零（构）件的工作条件，使其经久耐用，而且要求有较好的加工工艺性能和经济性。本节从材料的使用性能、工艺性能和经济性三方面来讨论选材的基本原则。

一、根据材料的使用性能选材

所谓使用性能是材料在零件工作过程中所应具备的性能（包括力学性能、物理性能、化学性能），它是选材最主要的依据。不同零件所要求的使用性能是不同的，如有的零件要求高强度，有的要求高弹性，有的要求耐腐蚀，有的要求耐高温，有的要求绝缘性等。即使同一零件，有时不同部位所要求的性能也不同，例如齿轮，齿面要求高硬度，而心部则要求一定强度和塑性、韧性。因此在选材时，首先必须准确地判断零件所要求的使用性能，然后再确定所选材料的主要性能指标及具体数值并进行选材。具体方法如下：

1. 分析零件的工作条件，确定使用性能

工作条件分析包括：①零件的受力情况，如载荷类型（静载、交变载荷、冲击载荷）、载荷形式（拉伸、压缩、扭转、剪切、弯曲）、载荷大小及分布情况（均匀分布或有较大的局部应力集中），力学上用有限元方法可以相当准确地计算出零件各部位的应力大小；②零件的工作环境（温度和介质）；③零件的特殊性能要求，如电性能、磁性能、热性能、密度、颜色等。在工作条件分析基础上确定零件的使用性能，例如静载时，材料对弹性或塑性变形的抗力是主要使用性能；交变载荷时，疲劳抗力是主要使用性能等。

由于上述分析带有一定的预估性质，总会对零件实际工作条件下某些因素估计不足，甚至因忽略某些因素而产生一定的偏差。

2. 进行失效分析，确定零件的主要使用性能

如第一章所述，零件失效方式是多种多样的，根据零件承受载荷的类型和外界条件及失效的特点，可将失效分为三大类，即过量变形、断裂、表面损伤，如图 11-3 所示。失效分析的目的就是要找出产生失效的主导因素，为较准确地确定零件主要使用性能提供经过实践检验的可靠依据。例如长期以来，人们认为发动机曲轴的主要使用性能是高的冲击抗力和耐磨性，必须选用 45 钢制造。而失效分析结果表明，曲轴的失效方式主要是疲劳断裂，其主要使用性能应是疲劳抗力。所以，以疲劳强度为主要失效抗力指标来设计、制造曲轴，其质量和寿命显著提高，而且可以选用价格便宜的球墨铸铁来制造。

失效分析的基本步骤如下：

1）收集失效零件的残骸并拍照记录失效实况，找出失效的发源部位或能反映失效的性质或特点的地方，然后在该部位取样。这是失效分析中最关键的一步，也是非常费力、费时的工作，但这一步必须做到。

2）详细查询并记录、整理失效零件的有关资料，如设计图样、实际加工工艺过程及尺寸、使用情况等，对失效零件从设计、加工、使用各方面进行全面分析。

3）对所选试样进行宏观（用肉眼或立体显微镜）及微观（用高倍的光学或电子显微镜）的断口分析，以及必要的金相剖面分析，确定失效的发源点及失效方式。这是失效分

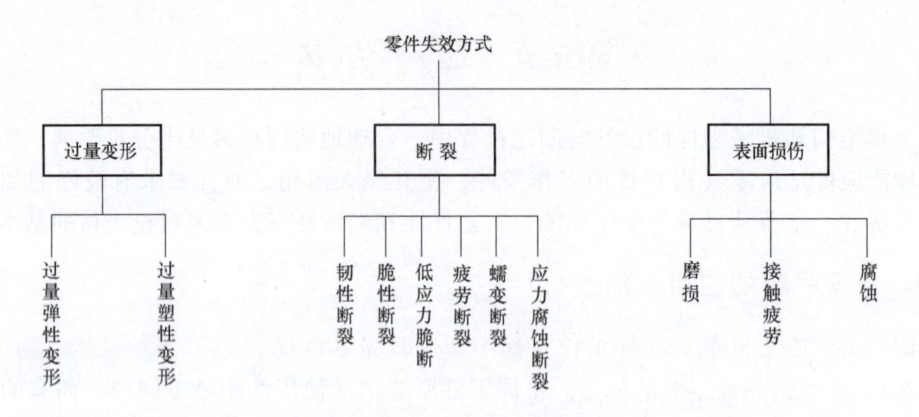

图 11-3 零件失效方式

析中的另一个关键步骤，它一方面告诉人们零件失效的精确地点和应该在该处测定哪些数据；另一方面可以指示出可能的失效原因，例如若断口为沿晶断裂，则应该是材料、加工或介质作用的问题，而与结构设计的关系不大。

4）对所选试样进行成分、组织和性能的分析与测试，包括：检验材料成分是否符合要求，分析失效零件上的腐蚀产物、磨屑的成分；检验材料有无内部或表面裂纹和缺陷及材料的组织是否正常；测定与失效方式有关的各项性能指标，与设计时所依据的性能指标数值作比较。

5）某些重要、关键零部件如大型发电机转子、高压容器等，需要进行断裂力学计算，以便于确定失效的原因。

6）综合各方面资料，判断和确定失效的具体原因，提出改进措施，写出报告。

3. 从零件使用性能要求提出对材料性能（力学性能、物理性能、化学性能）的要求

在零件工作条件和失效方式分析的基础上明确了零件的使用性能要求以后，并不能马上按此进行选材，还要把使用性能的要求，通过分析、计算转化成某些可测量的实验室性能指标和具体数值，再按这些性能指标数据查找手册中各类材料的性能数据和大致应用范围进行选材。必须指出，一般手册中给出的材料性能大多限于常规力学性能 R_{eL}、R_m、A、Z、A_K 或 a_K、HRC 或 HBW。对于非常规力学性能如断裂韧度及腐蚀介质中的力学性能等，可通过模拟试验取得数据，或从有关专门资料上查到相应数据进行选材。盲目地根据常规力学性能数据来代替非常规力学性能数据，无法做到合理选材，甚至会导致零件早期损坏。此外，手册中材料的性能数据是在一定试样尺寸、一定成分范围和一定加工、处理条件下得到的，选材时必须注意这些因素对性能的影响。

除了根据力学性能选材之外，对于在高温和腐蚀介质中工作的零件还要求材料具有优良的化学稳定性，即抗氧化性和耐腐蚀性；此外，有些零件要求具有特殊性能，如电性能（导电性或绝缘性）、磁性能（顺磁、逆磁、铁磁、软磁、硬磁）、热性能（导热性、热膨胀性）和密度小等。这时就应根据材料的物理性能和化学性能进行选材。例如要求零件具有高导电性和导热性，则应选铜、铝等金属材料；要求零件具有好的绝缘性，则应选高分子材料和陶瓷材料；要求零件耐腐蚀或抗氧化，则应选不锈钢或耐热钢、耐蚀合金或高温合金和陶瓷材料；要求零件防磁，则应选奥氏体不锈钢或铜及铜合金等；要求零件质量轻，则应选

铝合金、钛合金和纤维增强复合材料等。

二、根据材料的工艺性能选材

材料的工艺性能表示材料加工的难易程度。任何零件都是由所选材料通过一定的加工工艺制造出来的，因此材料的工艺性能的好坏也是选材时必须考虑的重要问题。所选材料应具有好的工艺性能，即工艺简单，加工成形容易，能源消耗少，材料利用率高，产品质量好（变形小、尺寸精度高、表面光洁、组织均匀致密）。而零件对所选材料的工艺性能的要求，与其制造的加工工艺路线有关。现将陶瓷材料、高分子材料、金属材料的工艺性能概括如下：

1. 陶瓷材料的工艺性能

陶瓷零件的加工工艺路线为：

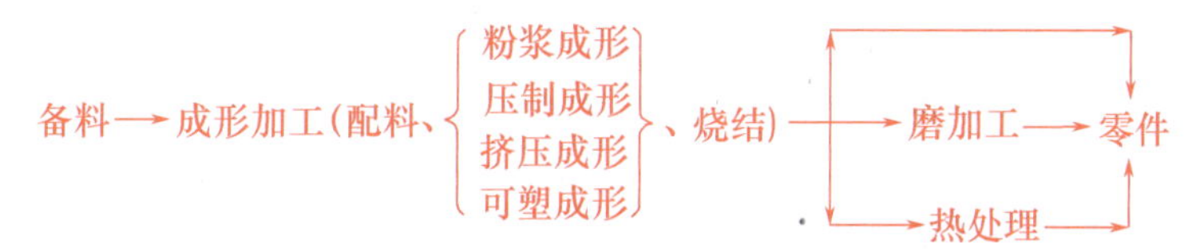

由上述工艺路线可见，陶瓷材料制造零件的加工工艺路线比较简单，对材料的工艺性能要求不高。其主要工艺是成形。根据零件形状、尺寸精度和性能要求不同，采用不同的成形方法。通常粉浆成形适合于形状复杂零件和薄壁件，但密度低，尺寸精度低、生产率低；压制成形适合于形状复杂零件，密度高、强度高、尺寸精度高，但成本高；挤压成形适合于形状对称的厚壁零件，成本低，生产率高，但不能做薄壁零件或形状不对称的零件；可塑成形适合于尺寸精度高、形状复杂的零件，但成本高。另外，陶瓷材料切削加工性能差，除氮化硼陶瓷外，其他所有陶瓷均不能进行切削加工，只能用碳化硅或金刚石砂轮磨加工。

2. 高分子材料的工艺性能

高分子材料制造零件的加工工艺路线为：

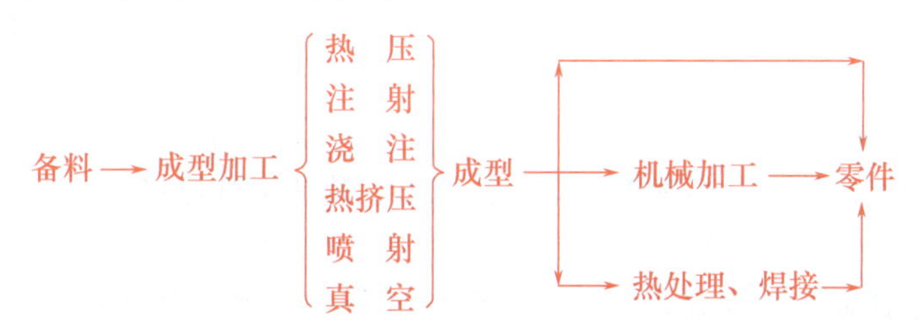

由上述工艺路线可见，高分子材料零件的加工工艺路线也比较简单，对材料的工艺性能的要求也不高。其主要工艺是成型加工，成型方法也较多，其中喷射、热挤压、真空成型只适用于热塑性塑料，其他方法既适用于热塑性塑料也适用于热固性塑料。热压成型和喷射成型可以制造形状复杂零件，且表面粗糙度小、尺寸精度高，但模具费用大。另外，高分子材料的切削加工性较好，与金属基本相同。但由于高分子材料的导热性差，在切削过程中易使工件温度急剧升高而使工件软化（热塑性塑料）或烧焦（热固性塑料）。

3. 金属材料的工艺性能

（1）金属零件的加工工艺路线　按零件的形状及性能要求可以有不同的加工工艺路线，大致分为三类：

1）性能要求不高的一般零件，如铸铁件、碳钢件等，加工工艺路线为：

备料→毛坯成形加工（铸造或锻造）→热处理（正火或退火）→机械加工→零件

2）性能要求较高的零件，如合金钢和高强度铝合金零件，加工工艺路线为：

备料→毛坯成形加工（铸造或锻造）→热处理（正火或退火）→粗加工（车、铣、刨等）→热处理（淬火+回火或固溶+时效处理或表面热处理）→精加工（磨削）→零件

3）尺寸精度要求高的精密零件，如合金钢制造的精密丝杠、镗杆、液压泵精密偶件等，加工工艺路线为：

备料→热处理（正火或退火）→粗加工（车、铣、刨等）→热处理（淬火+回火或固溶+时效处理）→精加工（粗磨）→表面化学热处理（渗氮或渗碳）或稳定化处理（去应力退火）→精磨→稳定化处理（去应力退火）→零件

由上述工艺路线可见，用金属材料制造零件时，加工工艺路线较复杂，故对材料工艺性能的要求较高。

（2）金属材料的工艺性能

1）铸造性能。主要指流动性、收缩、偏析、吸气性等。接近共晶成分的合金铸造性能最好，因此用于铸造成形的材料成分一般都接近共晶成分，如铸铁、硅铝明等。铸造性能较好的金属材料有铸铁、铸钢、铸造铝合金和铜合金等，铸造铝合金和铜合金的铸造性能优于铸铁和铸钢，而铸铁又优于铸钢。

2）压力加工性能。压力加工分为热压力加工（如锻造、热轧、热挤压等）和冷压力加工（如冷冲压、冷轧、冷镦、冷挤压等）。压力加工性能主要指冷、热压力加工时的塑性和变形抗力及可热加工的温度范围，抗氧化性和加热、冷却要求等。形变铝合金和铜合金、低碳钢和低碳合金钢的塑性好，有较好的冷压力加工性能，铸铁和铸造铝合金完全不能进行冷、热压力加工，高碳高合金钢如高速钢、高铬钢等不能进行冷压力加工，其热加工性能也较差，高温合金的热加工性能更差。

3）机械加工性能。主要指切削加工性、磨削加工性等。铝及铝合金的机械加工性能较好，钢中以易切削钢的切削加工性能最好，而奥氏体不锈钢及高碳高合金的高速钢的切削加工性能较差。

4）焊接性能。主要指焊缝区形成冷裂或热裂及气孔的倾向。铝合金和铜合金焊接性能不好，低碳钢的焊接性能好，高碳钢的焊接性能差，铸铁很难焊接。

5）热处理工艺性能。主要指加热温度范围、氧化和脱碳倾向、淬透性、变形开裂倾向等。大多数钢和铝合金、钛合金都可以进行热处理强化，铜合金只有少数能进行热处理强化。对于需热处理强化的金属材料，尤其是钢，热处理工艺性能特别重要。合金钢的热处理工艺性能比碳钢好，故结构形状复杂或尺寸较大且强度要求高的重要零件都用合金钢制造。

综上所述，零件从毛坯直至加工成合格成品的全部过程是一个整体，只有使所有加工工艺过程都符合设计要求，才能制成高质量的零件，达到所要求的使用性能。此外，在大批量生产时，有时工艺性能可以成为选材的决定因素。有些材料的使用性能好，但由于工艺性能差而限制其应用。例如24SiMnWV钢拟作为20CrMnTi钢的代用材料，虽然前者力学性能较后者为优，但因正火后硬度较高，切削加工性差，故不能用于制作大批量生产的零件。相反，有些材料使用性能不是很好，例如易切削钢，但因其切削加工性好，适于自动机床大批量生产，故常用于制作受力不大的普通标准件（螺栓、螺母、销子等）。

三、根据材料的经济性选材

在满足使用性能的前提下，经济性也是选材必须考虑的重要因素。选材的经济性不只是指选用的材料价格便宜，更重要的是要使生产零件的总成本降低。零件的总成本包括制造成本（材料价格、零件自重、零件的加工费、试验研究费）和附加成本（零件的寿命，即更换零件和停机损失费及维修费）。各类材料的国际市场价格见表 11-5，尽管材料价格时有变化，但仍可作为相对比较的参考。在保证零件使用性能前提下，尽量选用价格便宜的材料，可降低零件总成本。但有时选用性能好的材料，虽然其价格较贵，但由于零件自重减轻，使用寿命延长，维修费用减少，反而是经济的。例如汽车用钢板，若将低碳优质碳素结构钢改为低碳低合金结构钢，虽然钢的成本提高，但由于钢的强度提高，钢板厚度可以减薄，用材总量减少，汽车自重减小，寿命提高，油耗减少，维修费减少，因此总成本反而降低。此外，选材时还应考虑国家资源和生产、供应情况，所选材料应符合我国资源情况，来源丰富且材料种类尽量少而集中，便于采购和管理。由于我国 Ni、Cr、Co 资源缺少，应尽量选用不含或少含这类元素的钢或合金。

表 11-5　材料价格

材　料	价格/美元·t^{-1}	材　料	价格/美元·t^{-1}
工业用金刚石	900 000 000	MgO	1990
铂	26 000 000	Al_2O_3	1110~1760
金	19 100 000	锌，加工的板材、棒材、管材	950~1740
银	1 140 000	锌锭	733
硼-环氧树脂复合材料（基体占成本 60%，纤维占 40%）	330 000	铝，加工的板材、棒材、管材	1100~1670
		铝锭	961
CFRP（基体占成本 30%，纤维占 60%）①	200 000	环氧树脂	1650
		玻璃	1500
Co/WC 金属陶瓷（即硬质合金）	66 000	泡沫塑料	880~1430
钨	26 000	天然橡胶	1430
钴	17 200	聚丙烯	1280
钛合金	10190~12700	聚乙烯（高密度）	1250
聚酰亚胺	10100	聚苯乙烯	1330
镍	7031	硬木	1300
有机玻璃	5300	聚乙烯（低密度）	1210
高速钢	3995	SiC	440~770
尼龙 66	3289	聚氯乙烯	790
GFRP（基体占成本 60%，纤维占 40%）②	2400~3300	胶合板	750
		低合金钢	385~550
不锈钢	2400~3100	低碳钢，加工的角钢、板材、棒材	440~480
铜，加工的板材、管材、棒材	2253~2990	铸铁	260
铜锭	2253	钢锭	238
聚碳酸酯	2550	软木	431
铝合金，加工的板材、棒材	2000~2440	钢筋混凝土（梁、柱、板）	275~297
铝合金锭	2000	燃油	200
黄铜，加工的板材、管材、棒材	1650~2336	煤	84
黄铜锭	1505	水泥	53

① 碳纤维增强环氧树脂复合材料。

② 玻璃纤维增强聚酯树脂复合材料。

四、实例分析

1. 梁的选材

梁是工程结构和机械设备中的构件，如桥梁、汽车纵梁和横梁、飞机大梁等。其主要失效方式为弯曲变形和断裂。设计时要求其有一定的刚度和强度。现以图 11-4 的方形截面悬臂梁为例进行选材分析。

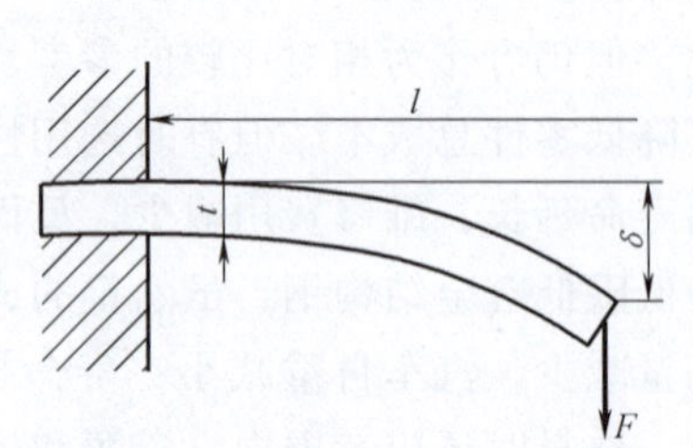

图 11-4　悬臂梁在外力作用下的弹性挠曲变形

设梁的长度为 l、载荷为 F、允许的最大弹性挠度为 δ_c，分别进行刚度设计和强度设计，确定梁的截面尺寸 t 和质量 M，并根据不同需要进行选材。

刚度设计时，规定 $\delta_{max} \leqslant \delta_c$。由材料力学可知，梁的自由端的最大弹性挠度 δ_{max} 为

$$\delta_{max}=\frac{4Fl^3}{Et^4}$$

则

$$\frac{4Fl^3}{Et^4} \leqslant \delta_c$$

由此可以求出梁的截面尺寸 t 为

$$t=\left(\frac{4Fl^3}{\delta_c}\right)^{1/4}E^{-1/4}$$

由于式中 F、l、δ_c 由设计技术要求所规定，为固定值。因此梁的截面尺寸 t 仅与材料的弹性模量 E 有关，即 t 与 $E^{-1/4}$ 成正比。

另外，梁的质量 M 为

$$M=t^2 l\rho=\left(\frac{4Fl^3}{\delta_c}\right)^{1/2}lE^{-1/2}\rho$$

式中，ρ 为材料的密度。因此梁的质量 M 与材料的弹性模量 E 和密度 ρ 有关，即 M 与 $E^{-1/2}\rho$ 成正比。

强度设计时，规定 $\sigma_{max} \leqslant [\sigma]$。由材料力学可知，梁上所受的最大工作应力 σ_{max} 为

$$\sigma_{max}=\frac{6Fl}{t^3}$$

一般取材料的屈服点 R_{eL} 为最大许用应力 $[\sigma]$，则

$$\frac{6Fl}{t^3} \leqslant R_{eL}$$

由此可以求出梁的截面尺寸 t 为

$$t=(6Fl)^{1/3}R_{eL}^{-1/3}$$

而梁的质量 M 为

$$M=t^2 l\rho=(6Fl)^{2/3}lR_{eL}^{-2/3}\rho$$

由此可见，梁的截面尺寸 t 与材料的屈服点 R_{eL} 有关，即 t 与 $R_{eL}^{-1/3}$ 成正比；梁的质量 M 与材料的屈服点 R_{eL} 和密度 ρ 有关，即 M 与 $R_{eL}^{-2/3}\rho$ 成正比。

考虑材料费　$p=\bar{p}M$（$\bar{p}$ 为材料单位质量的价格），则

刚度设计时　$p=\bar{p}M=\left(\frac{4Fl^3}{\delta_c}\right)^{1/2}l\,\bar{p}E^{-1/2}\rho$

强度设计时　$p=\bar{p}M=(6Fl)^{2/3}l\,\bar{p}R_{eL}^{-2/3}\rho$

显然，材料费 p 与材料的单价 $\bar{p}$、弹性模量 E、屈服点 R_{eL}、密度 ρ 有关，即 p 与 $\bar{p}E^{-1/2}\rho$ 或 $\bar{p}R_{eL}^{-2/3}\rho$ 成正比。

综上所述，若要求梁的截面尺寸小，则应尽量选用 E 高或 R_{eL} 高的材料；若要求梁的质量轻，则应尽量选用 $E^{-1/2}\rho$ 小或 $R_{eL}^{-2/3}\rho$ 小的材料；若要求材料费低，则应尽量选用 $\bar{p}E^{-1/2}\rho$ 小或 $\bar{p}R_{eL}^{-2/3}\rho$ 小的材料。

表 11-6 列出了梁的几种候选材料的有关数据，其中 $E^{-1/4}$、$E^{-1/2}\rho$、$\bar{p}E^{-1/2}\rho$ 和 $R_{eL}^{-1/3}$、$R_{eL}^{-2/3}\rho$、$\bar{p}R_{eL}^{-2/3}\rho$ 分别反映了在同样设计技术条件下进行刚度和强度设计时，几种候选材料制成方形梁的截面尺寸 t、质量 M 和材料费 p 的相对值。由表可见，若要求梁的截面尺寸小，则应选低合金钢和碳纤维复合材料（CFRP），其次为铝合金；若要求梁的质量轻，则应选碳纤维复合材料和木材，其次为铝合金和玻璃纤维复合材料（GFRP）；若要求梁的造价低，则应选木材和钢筋混凝土，其次为低合金钢。但在实际选材时应当注意，在满足刚度和强度要求的前提下，应综合考虑梁的截面尺寸、质量和造价以及工艺性能，并根据不同情况作出抉择。

表 11-6　梁的几种候选材料的有关数据

材　料	密度 ρ /(g/cm³)	弹性模量 E /GPa	屈服强度 R_{eL}/MPa	单价 $\bar{p}$ /(美元/t)	刚度设计数据			强度设计数据		
					$E^{-1/4}$	$E^{-1/2}\rho$	$\bar{p}E^{-1/2}\rho$	$R_{eL}^{-1/3}$	$R_{eL}^{-2/3}\rho$	$\bar{p}R_{eL}^{-2/3}\rho$
木　　材	0.6	12	40	430	0.54	0.17	73.1	0.29	0.051	21.93
钢筋混凝土	2.9	48	410	290	0.38	0.42	121.6	0.135	0.053	15.35
低合金钢	7.8	210	800	450	0.26	0.54	243	0.108	0.090	40.5
铝 合 金	2.7	73	500	2300	0.34	0.32	736	0.126	0.043	98.5
CFRP①	1.5	170	1000	200000	0.28	0.12	24000	0.10	0.015	3000
GFRP②	2.5	40	600	3300	0.40	0.40	1326	0.118	0.035	115.5
尼龙 66	1.2	2	75	3289	0.84	0.81	2664	0.237	0.065	213.8

① 碳纤维增强环氧树脂复合材料。
② 玻璃纤维增强聚酯树脂复合材料。

在实际工程结构中，木材和钢筋混凝土造价低，适合制作房梁；低合金钢强度高、刚度高，工艺性能好，成本低，适合制作汽车大梁、桥梁、自行车梁；铝合金比刚度高、比强度高，虽然价格比钢贵，工艺性能比钢差，但质量轻，适合制作飞机大梁、机翼、机身和赛车梁、车身；纤维增强复合材料，特别是碳纤维复合材料（CFRP）具有最好的强度、刚度和比强度、比刚度，质量轻，尺寸小，是制作梁的最佳材料，但价格昂贵，目前只能用在十分重要的场合，如先进战斗机和直升机的大梁、机翼、机身，赛车的大梁和车身，高尔夫球棒、网球拍、赛艇、划船桨等。玻璃纤维复合材料（GFRP）的弹性模量较低，尺寸较大，并不适合制作刚度要求高的梁；尼龙的弹性模量很低，屈服强度不高，用它制作梁时，其尺寸和质量在候选材料中最大，但工艺性能好，可以制成变截面梁，在刚度要求不高的短梁中的应用逐渐增多。

2. 汽车车身的选材

随着燃料费日益上涨，如何减少汽车行驶中的燃料消耗已成为汽车设计和制造者面临的重要问题。研究表明，汽车行驶中的燃料消耗与汽车自重成正比，汽车自重减轻50%，就可使燃料消耗节约50%。而汽车车身的质量约占汽车总质量的60%，因此减小汽车车身尺寸和选用质量较轻的材料可以有效地减小汽车自重。

车身设计时必须满足刚度要求和强度要求。图11-5为车身在受力时发生弹性变形（图11-5a）和屈服塑性变形（图11-5b）的情况。设车身长度为 l，宽度为 b，在力 F 作用下允许的最大弹性挠曲为 δ_c。刚度设计时，规定 $\delta_{max} \leqslant \delta_c$。根据材料力学，车身在力 F 作用下的最大弹性挠曲 δ_{max} 为

$$\delta_{max} = \frac{Fl^3}{4Ebt^3}$$

则

$$\frac{Fl^3}{4Ebt^3} \leqslant \delta_c$$

由此可以求出车身厚度 t 为

$$t = \left(\frac{Fl^3}{4b\delta_c}\right)^{1/3} E^{-1/3}$$

由于式中 F、l、b、δ_c 由设计技术要求所决定，为固定值，因此车身厚度 t 仅与材料的弹性模量 E 有关，即 t 与 $E^{-1/3}$ 成正比。

车身质量 M 为

$$M = btl\rho = \left(\frac{Fb^2l^6}{4\delta_c}\right)^{1/3} E^{-1/3}\rho$$

式中，ρ 为材料的密度。由上式可见，车身质量 M 与材料的弹性模量 E 和密度 ρ 有关，即 M 与 $E^{-1/3}\rho$ 成正比。

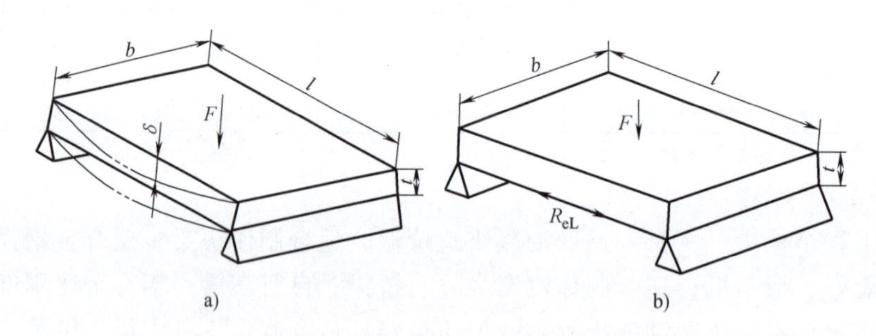

图11-5　车身弹性变形和屈服塑性变形示意图

a）弹性变形　b）屈服塑性变形

强度设计时，规定 $\sigma_{max} \leqslant [\sigma] = \sigma_s$。根据材料力学，车身在力 F 作用下所受的最大应力 σ_{max} 为

$$\sigma_{max} = \frac{3Fl}{2bt^2}$$

则

$$\frac{3Fl}{2bt^2} \leqslant \sigma_s$$

由此可以求出车身厚度 t 为

$$t=\left(\frac{3Fl}{2b}\right)^{1/2}\sigma_s^{-1/2}$$

车身质量 M 为

$$M=btl\rho=\left(\frac{3Fbl^3}{2}\right)^{1/2}\sigma_s^{-1/2}\rho$$

由此可见，车身厚度 t 只与屈服点 R_{eL} 有关，即 t 与 $R_{eL}^{-1/2}$ 成正比；车身质量 M 与材料屈服点 R_{eL} 和密度 ρ 有关，即 M 与 $\sigma_s^{-1/2}\rho$ 成正比。

另外，材料费　$p=\bar{p}M$

刚度设计时　$p=\bar{p}M=\left(\frac{Fb^2l^6}{4\delta_c}\right)^{1/3}\bar{p}E^{-1/3}\rho$

强度设计时　$p=\bar{p}M=\left(\frac{3Fbl^3}{2}\right)^{1/2}\bar{p}\sigma_s^{-1/2}\rho$

显然，车身材料费 p 与材料的单价 $\bar{p}$、弹性模量 E、屈服点 R_{eL}、密度 ρ 有关，即 p 与 $\bar{p}E^{-1/3}\rho$ 或 $\bar{p}\sigma_s^{-1/2}\rho$ 成正比。

综上所述，若要车身厚度小，则应尽量选用 E 或 R_{eL} 高的材料；若要车身质量轻，则应尽量选用 $E^{-1/3}\rho$ 或 $\sigma_s^{-1/2}\rho$ 小的材料；若要车身的造价低，则应尽量选用 $\bar{p}E^{-1/3}\rho$ 或 $\bar{p}R_{eL}^{-1/2}\rho$ 小的材料。

表 11-7 列出了汽车车身几种候选材料的有关数据，其中 $E^{-1/3}$、$E^{-1/3}\rho$、$\bar{p}E^{-1/3}\rho$ 和 $\sigma_s^{-1/2}$、$\sigma_s^{-1/2}\rho$、$\bar{p}\sigma_s^{-1/2}\rho$ 分别反映了在同样设计技术条件下进行刚度和强度设计时，几种候选材料制成车身的厚度 t、质量 M 和材料费 p 的相对值。由表可见，碳纤维复合材料（CFRP）的比刚度、比强度最高，尺寸小、质量轻，是汽车车身的首选材料，但由于其价格昂贵，很少应用；玻璃纤维复合材料（GFRP）虽然价格较贵，但由于其质量轻，而且已经有了成批生产玻璃纤维的方法，并已在赛车和小客车上应用，从长远看，玻璃纤维复合材料（GFRP）是制造车身的最佳材料；铝合金与低合金钢相比，虽然铝合金的比刚度和比强度较高，但由于其工艺性能差（塑性和加工硬化能力低，不易冷加工成形，焊接性能差）且成本较高，使其不能大量生产车身。因此目前汽车车身主要是用低碳低合金钢制造，铝合金只用于赛车车身。

表 11-7　汽车车身几种候选材料的有关数据

材　料	密度 ρ /(g/cm³)	弹性模量 E /GPa	屈服强度 $R_{p0.2}$/MPa	单价 $\bar{p}$ /(美元/t)	刚度设计数据			强度设计数据		
					$E^{-1/3}$	$E^{-1/3}\rho$	$\bar{p}E^{-1/3}\rho$	$\sigma_s^{-1/2}$	$\sigma_s^{-1/2}\rho$	$\bar{p}\sigma_s^{-1/2}\rho$
CFRP	1.5	170	1000	200000	0.18	0.27	54000	0.032	0.047	9400
GFRP	2.5	40	600	3300	0.29	0.73	2409	0.041	0.102	336.6
低合金钢	7.8	210	800	450	0.17	1.31	589.5	0.035	0.276	124
铝合金	2.7	73	500	2300	0.24	0.65	1495	0.045	0.120	276

第六节　典型零件选材及工艺路线

金属材料、高分子材料、陶瓷材料是三类最主要的工程材料。高分子材料的强度、刚度、韧性较低，一般不能用于制作重要的机器零件，但其弹性好、减振性及耐磨性或减摩性好、密度小，适于制作受力小、减振、耐磨、密封零件，如轻载传动齿轮、轴承、密封垫圈、轮胎等；陶瓷材料硬而脆，也不能制作重要的受力构件，但它具有好的热硬性和化学稳定性，可用于制作高温下工作的零件和耐磨、耐蚀零件，如切削刀具、燃烧器喷嘴、石油化工容器等；金属材料具有优良的综合力学性能，其强度、塑性、韧性好，可用于制作重要的机器零件和工程结构，仍然是机械工程中应用最广的材料，尤以钢铁材料使用更为普遍；复合材料虽然具有最优良的性能，但由于其价格昂贵，除了在航空、航天、船舶等国防工业中的重要结构件上有所应用外，在一般机械工业中很少应用。故本节仅就钢铁材料制成的几种典型零件的选材及工艺路线进行分析。

一、齿轮

1. 齿轮的工作条件、失效方式及性能要求

（1）工作条件和失效方式　齿轮是应用很广的机械零件，主要起传递转矩、变速或改变传力方向的作用。其工作条件是：①传递转矩时齿根部承受较大的交变弯曲应力；②齿啮合时齿面承受较大的接触压应力并受强烈的摩擦和磨损；③换档、起动、制动或啮合不均匀时承受一定冲击力。

齿轮的失效方式主要是齿的折断（包括疲劳断裂和冲击过载断裂）和齿面损伤（包括接触疲劳麻点剥落和过度磨损）。

（2）性能要求　根据齿轮的工作条件和失效方式，齿轮材料应具有如下性能：①高的弯曲疲劳强度，防止轮齿疲劳断裂；②足够高的齿心强度和韧性，防止轮齿过载断裂；③足够高的齿面接触疲劳强度和高的硬度及耐磨性，防止齿面损伤；④较好的工艺性能，如切削加工性好，热处理变形小或变形有一定规律，过热倾向小，有一定淬透性等。

2. 齿轮的选材及热处理

（1）机床齿轮　机床齿轮工作平稳无强烈冲击，负荷不大，转速中等，对齿轮心部强度和韧性的要求不高，一般选用40或45钢制造。经正火或调质处理后再经高频感应加热表面淬火，齿面硬度可达52HRC左右，齿心硬度为220~250HBW，完全可以满足性能要求。对于一部分性能要求较高的齿轮，可用中碳低合金钢（如40Cr、40MnB、45Mn2等）制造，齿面硬度提高到58HRC左右，心部强度和韧性也有所提高。

机床齿轮的加工工艺路线为：

下料 → 锻造 → 正火 → 粗加工 → 调质 → 半精加工 → 高频感应加热表面淬火+低温回火 → 精磨 → 成品

正火处理可使组织均匀化，消除锻造应力，调整硬度改善切削加工性。对于一般齿轮，正火也可作为高频感应加热表面淬火前的最后热处理工序；调质处理可使齿轮具有较高的综合力学性能，提高齿心的强度和韧性使齿轮能承受较大的弯曲应力和冲击载荷，并减小淬火变形；高频感应加热表面淬火可提高齿轮表面硬度和耐磨性，提高齿面接触疲劳强度；低温回火是在不降低表面硬度的情况下消除淬火应力、防止产生磨削裂纹和提高轮齿抗冲击的

能力。

(2) 汽车、拖拉机齿轮　汽车、拖拉机齿轮的工作条件比机床齿轮恶劣，受力较大，超载与起动、制动和变速时受冲击频繁，对耐磨性、弯曲疲劳强度、接触疲劳强度、心部强度和韧性等性能的要求均较高，用中碳钢或中碳低合金钢经高频感应加热表面淬火已不能保证使用性能。选用合金渗碳钢（20CrMnTi、20CrMnMo、20MnVB）较为适宜。这类钢经正火处理后再经渗碳、淬火+低温回火处理，表面硬度可达58~62HRC，心部硬度为35~45HRC。

汽车、拖拉机齿轮的加工工艺路线为：

下料→锻造→正火→机械加工→渗碳、淬火+低温回火→喷丸→磨加工→成品

正火处理可使组织均匀，调整硬度改善切削加工性；渗碳是提高齿面碳的质量分数(0.8%~1.05%)；淬火可提高齿面硬度并获得一定淬硬层深度（0.8~1.3mm），提高齿面耐磨性和接触疲劳强度；低温回火的作用是消除淬火应力，防止磨削裂纹，提高冲击抗力；喷丸处理可提高齿面硬度约1~3个HRC单位，增加表面残留压应力，从而提高接触疲劳强度。

二、轴

1. 轴的工作条件、失效方式及性能要求

(1) 工作条件和失效方式　轴是机械中广泛使用的重要结构件，其主要作用是支承传动零件并传递转矩，它的工作条件为：①承受交变扭转载荷、交变弯曲载荷或拉-压载荷；②局部（轴颈、花键等处）承受摩擦和磨损；③特殊条件下受温度或介质作用。

轴的失效方式主要是疲劳断裂和轴颈处磨损，有时也发生冲击过载断裂，个别情况下发生塑性变形或腐蚀失效。

(2) 性能要求　根据轴的工作条件及失效方式，轴的材料应具有如下性能：①高的疲劳强度，防止轴疲劳断裂；②优良的综合力学性能，即较高的屈服强度和抗拉强度、较高的韧性，防止塑性变形及过载或冲击载荷作用下的折断和扭断；③局部承受摩擦的部位具有高硬度和耐磨性，防止磨损失效；④在特殊条件下工作的轴的材料应具有特殊性能，如蠕变抗力、耐腐蚀性等。

2. 轴的选材及热处理

(1) 机床主轴　机床主轴承受中等扭转-弯曲复合载荷，转速中等并承受一定冲击载荷。大多选用45钢制造，经调质处理后轴颈及锥孔处再进行表面淬火。载荷较大时选用40Cr钢制造。

机床主轴的工艺路线为：

下料→锻造→正火→粗加工→调质→半精加工→局部表面淬火+低温回火→精磨→成品

正火处理可细化组织，调整硬度改善切削加工性；调质处理可获得高的综合力学性能和疲劳强度；局部表面淬火及低温回火可获得局部高硬度和耐磨性。

对于有些机床主轴例如万能铣床主轴，也可用球墨铸铁代替45钢来制造。对于要求高精度、高尺寸稳定性及耐磨性的主轴例如镗床主轴，往往用38CrMoAlA钢制造，经调质处理后再进行渗氮处理。

(2) 内燃机曲轴　曲轴是内燃机中形状复杂而又重要的零件之一，它在工作时受气缸中周期性变化的气体压力、曲柄连杆机构的惯性力、扭转和弯曲应力及扭转振动和冲击力的

作用。根据内燃机转速不同，选用不同材料。通常低速内燃机曲轴选用正火态的45钢或球墨铸铁制造；中速内燃机曲轴选用调质态45钢或球墨铸铁、调质态中碳低合金钢40Cr、45Mn2、50Mn2等制造；高速内燃机曲轴选用高强度合金钢35CrMo、42CrMo、18Cr2Ni4WA等制造。

内燃机曲轴的工艺路线为：

下料→锻造→正火→粗加工→调质→半精加工→轴颈表面淬火+低温回火→精磨→成品

各热处理工序的作用与上述机床主轴相同。

近年来常采用球墨铸铁代替45钢制造曲轴，其工艺路线为：

熔炼→铸造→正火+高温回火→机械加工→轴颈表面淬火+低温回火→成品

这种曲轴质量的关键是铸造质量，首先要保证球化良好并无铸造缺陷，然后再经正火增加组织中的珠光体含量和细化珠光体片，以提高其强度、硬度和耐磨性；高温回火的目的是消除正火风冷所造成的内应力。

（3）汽轮机主轴　汽轮机主轴尺寸大，工作负荷大，受弯矩、转矩及离心力和温度的联合作用，工作条件恶劣。其失效方式主要是蠕变变形和由内部缺陷（如白点、夹杂物、焊接裂纹等）引起的低应力脆断或疲劳断裂和应力腐蚀断裂。因此汽轮机主轴对材料性能的要求除应有较高的强度及足够的塑性和韧性外，还要求锻件中不出现较大的夹杂物、氢引起的微裂纹（白点）及焊接裂纹。对于在500℃以上工作的主轴还要求材料有一定的高温强度。根据汽轮机功率和主轴工作温度选用不同材料。对于工作温度在450℃以下的主轴，不必考虑高温强度，若汽轮机功率较小（<12000kW），主轴尺寸较小，可选用45钢；若汽轮机功率较大（>12000kW），主轴尺寸较大，必须选用35CrMo钢，以提高淬透性。对于工作温度在500℃以上的主轴，由于汽轮机功率大，可达125000kW以上，要求较高的高温强度，应选用合金结构钢制造，一般高、中压主轴选用25CrMoVA或27Cr2MoVA钢，低压主轴选用15CrMoV或17CrMoV钢。对于燃气轮机主轴，由于工作温度更高，要求材料具有更高的高温强度，一般选用合金结构钢20Cr3MoWV（<540℃）、铁基高温合金Cr14Ni26MoTi（GH2132）（<650℃）和Cr14Ni35MoWTiAl（GH2135）（<680℃）。

汽轮机主轴的工艺路线为：

钢锭→锻造→第一次正火→去氢处理→第二次正火→高温回火→机械加工→成品

第一次正火可消除锻造应力，使组织均匀；去氢处理的目的是使氢自锻件中扩散出去，防止产生白点；第二次正火是为了获得细片状珠光体，提高高温强度；高温回火可消除正火应力，并使合金元素V、Ti充分进入碳化物中，而使Mo充分溶入铁素体中，进一步提高高温强度。

三、汽轮机叶片

1. 叶片的工作条件、失效方式及性能要求

（1）工作条件和失效方式　叶片是汽轮机的“心脏”，它直接起着将蒸汽或燃气的热能转变为机械能的作用。其工作条件为：①受蒸汽和燃气弯矩的作用；②受中、高压过热蒸汽的冲刷或湿蒸汽的电化学腐蚀或高温燃气的氧化和腐蚀；③受湿蒸汽中的水滴或燃气中杂质的磨损；④由于外界干扰力的频率和叶片的自振频率相等而产生的共振力的作用。

叶片的失效方式为蠕变变形、断裂（包括振动疲劳、应力腐蚀、蠕变疲劳及热疲劳）

和表面损伤（包括氧化、电化学腐蚀和磨损）。

（2）性能要求　根据叶片的工作条件和失效方式，叶片材料应具有如下性能：①高的室温强度、塑性和韧性及高温强度，防止蠕变变形和疲劳断裂；②化学稳定性好，防止氧化和电化学腐蚀及应力腐蚀断裂；③导热性好，热膨胀系数小，抗热疲劳断裂；④耐磨性好，抗冲刷磨损和机械磨损；⑤减振性好，抗共振疲劳断裂；⑥由于叶片数量多、成形工艺复杂，要求材料具有良好的冷、热加工性能，以利于大批生产，提高生产率和降低成本。

2. 叶片的选材及热处理

叶片材料的选择取决于工作温度。对于中、低压汽轮机，叶片工作温度不高（<500℃），蠕变不是主要问题，其失效方式主要是共振疲劳断裂和应力腐蚀断裂，除了在结构设计上避免共振以外，应选用减振性好的 1Cr13 和 2Cr13 马氏体不锈钢。前级叶片在过热蒸汽中工作，温度较高（450~475℃），但腐蚀不明显，常选用 1Cr13 钢，但该钢铬的含量高，不宜采用。近年来的运行经验证明，中压汽轮机的过热蒸汽段叶片可采用低合金钢 20CrMo 钢渗氮、镀硬铬或堆焊硬质合金，而中间级叶片，温度和腐蚀问题都不突出，受力也适中，可选用 20CrMo、25Mn2V 钢；对于高压汽轮机，叶片工作温度在 500℃以上，蠕变抗力成为决定因素，1Cr13 钢已不能满足热强性的要求，应选用奥氏体耐热钢 1Cr18Ni9Ti。工作温度低于 600℃的高压汽轮机叶片也可以选用马氏体耐热钢 15Cr11MoV、15Cr12WMoV、15Cr12WMoVNbB、18Cr12WMoVNb。对于燃气轮机叶片，因工作温度更高，蠕变是主要问题，其失效方式为蠕变变形、蠕变断裂和蠕变疲劳或热疲劳断裂，对材料热强性的要求更高。当叶片工作温度低于 650℃时选用奥氏体耐热钢 1Cr17Ni13W、1Cr14Ni18W2NbBRE。在 700~750℃时，选用铁基高温合金 Cr14Ni40MoWTiAl（GH2135）。在 750~950℃时，选用镍基高温合金 Ni80Cr20（GH3030）。而工作温度高于 950℃的燃气轮机叶片材料正在研制之中。一种是复合材料，用难熔的 TaC、NbC 等碳化物纤维（直径约为 1μm）作为增强纤维加在定向结晶的镍基合金中，其工作温度可达 1050℃；另一种是陶瓷材料，选用 SiC 或 Si_3N_4 陶瓷，因它们的热强性高，直到 1300℃仍保持很高的蠕变抗力，热导率比镍基合金高，而热膨胀系数比镍基合金低，只是其韧性太低，约为镍基合金的 1/25，因而限制了它们的应用。

汽轮机后级叶片工艺路线为：

下料→模锻→退火→机械加工→调质→热整形→去应力退火→机械加工叶片根→镀硬铬→抛光→磁粉探伤→成品

退火是为了消除锻造应力，细化组织，改善切削加工性；调质可保证叶片有好的综合力学性能和高温强度；热整形可提高叶片精度，校正热处理变形；去应力退火的目的是消除热整形应力；镀硬铬可提高抗氧化性和耐腐蚀性。

近年来燃气轮机叶片采用镍基高温合金通过精密铸造定向结晶成形，寿命显著提高。此外，为了减少叶片材料消耗，还采用了辊锻、高速锤热挤压、精密模锻、爆炸成形等新工艺。

习题与思考题

1. 简述常用力学性能指标在选材中的意义。
2. 简述断裂韧度在选材中的意义。
3. 设计人员怎样才能做到对材料的强度、塑性、韧性提出合理要求？

4. 设计人员在选材时应考虑哪些原则？如何才能做到合理选材？

5. 今有一储存液化气的压力容器，工作温度为-196℃，试回答下列问题，并说明理由。

（1）低温压力容器要求材料具有哪些力学性能？

（2）在下列材料中选择何种材料较合适？

①低合金高强度钢；②奥氏体不锈钢；③形变铝合金；④加工黄铜；⑤钛合金；⑥工程塑料。

6. 选择下列零件的材料并说明理由；制订加工工艺路线并说明各热处理工序的作用：

①机床主轴；②镗床镗杆；③燃气轮机主轴；④汽车、拖拉机曲轴；⑤中压汽轮机后级叶片；⑥钟表齿轮；⑦内燃机的火花塞；⑧赛艇艇身。

Chapter 12

第十二章 工程材料在典型机械和生物医学上的应用

第一节 工程材料在汽车上的应用

汽车主要结构分为四部分：①发动机（包括缸体、缸盖、活塞、连杆、曲轴及配气、燃料供给、润滑、冷却等系统）；②底盘（包括传动系统——离合器、变速箱、后桥等，行驶系统——车架、车轮等，转向系统——转向盘、转向蜗杆等）；③车身（包括驾驶室、车厢等）；④电气设备（包括电源、起动、点火、照明、信号、控制等）。因此，一部汽车要包含上万个零（构）件，而这些零（构）件又是由各种不同材料所制成，其中钢铁材料约占72%~85%，有色金属材料约占1%~6%，非金属材料（塑料、橡胶、陶瓷、非金属基复合材料）约占14%~18%。显然，汽车用材仍以金属材料为主，非金属材料也占一定比例，而且这个比例随汽车类型（轿车、客车、货车、赛车）的变化和新型材料的应用而在一定范围内变动。下面简要介绍工程材料在汽车典型零（构）件上的应用。

一、金属材料在汽车典型零（构）件上的应用

1. 缸体、缸盖和缸套

（1）缸体　缸体是发动机的骨架和外壳，在其内部安装着发动机的主要零件如活塞、连杆、曲轴等，为了保证这些零件的安全可靠性，缸体不允许产生过量变形，缸体材料应具有足够的刚度和强度及良好的铸造性能，且价格低廉。因此缸体材料常选用灰铸铁如HT200。对于某些发动机如赛车发动机，为减轻自重，则其缸体选用铸造铝合金如ZAlSi9Mg（ZL104）制造。

（2）缸盖　缸盖主要用来封闭气缸构成燃烧室。为了保证缸盖在高温、高压及机械载荷联合作用下不出现变形和裂纹，保持密封性，缸盖材料应具有高的导热性和足够的高温强度及良好的铸造性。因此缸盖材料常选用铸造铝合金如ZAlSi9Mg（ZL104）、灰铸铁如HT200和合金铸铁如高磷铸铁或硼铸铁。

（3）缸套　缸套是镶在气缸内壁的圆筒形零件，它与活塞相接触，其内壁受到强烈的摩擦，为了减小缸套的磨损，缸套材料应具有高的耐磨性。常用的缸套材料为耐磨合金铸铁如高磷铸铁、硼铸铁。为了进一步提高缸套的耐磨性，常对其内壁进行表面淬火（如感应加热淬火、激光淬火）、镀铬或喷涂耐磨合金。

2. 活塞、活塞销和活塞环

活塞、活塞销和活塞环构成活塞组，与气缸或气缸套、缸盖配合形成一个容积可变化的

密闭空间，以完成内燃机的工作过程。活塞组在高温、高压燃气中以高速在气缸和气缸套内作往复运动，工作条件十分苛刻。为了防止活塞组磨损、变形和断裂，活塞材料应具有高的高温强度和导热性，良好的耐磨性、耐蚀性，低膨胀系数和低密度及良好的铸造性和切削加工性。常用的活塞材料为铸造铝硅合金，如ZAlSi12Cu1（ZL109）和ZAlSi9Cu2Mg（ZL111），并经固溶处理和人工时效处理以提高硬度。活塞销材料应具有足够的刚度和强度，较高的疲劳强度和冲击韧性及表面耐磨性。常用的活塞销材料为20钢及合金渗碳钢20Cr、20CrMnTi等，经渗碳或氮碳共渗后进行淬火、低温回火处理，以提高表面硬度和强度。活塞环材料应具有高的耐磨性，足够的韧性，良好的耐热性、导热性及良好的铸造性和切削加工性。常用的活塞环材料为灰铸铁如HT200、HT250及合金铸铁如高磷铸铁、磷铜钛铸铁、铬钼铜铸铁。为了提高活塞环表面耐磨性，应进行表面处理，如镀多孔性铬、磷化、热喷涂耐磨合金、激光淬火等。

3. 连杆、曲轴和半轴

（1）连杆　连杆连接着活塞和曲轴，将活塞的往复运动变为曲轴的旋转运动，并把作用在活塞上的力传给曲轴，因此连杆是在交变拉应力和弯曲应力的作用下工作。为了防止连杆过量变形和疲劳断裂，连杆材料应具有较高的屈服强度、抗拉强度和疲劳强度及足够的刚度和韧性。常用的连杆材料为45钢和合金调质钢40Cr、40MnB等，并经调质处理。

（2）曲轴　曲轴的作用是输出发动机的功率并驱动底盘的传动系统运动，受弯曲、扭转、拉压等交变应力和冲击力、摩擦力的作用。为了防止曲轴疲劳断裂和减小轴颈磨损，曲轴材料应具有较高的抗拉强度和疲劳强度及足够的刚度和韧性。常用曲轴材料为45钢或球墨铸铁QT600—3及合金调质钢40Cr、35CrMo、45Mn2等经调质处理。为了减小轴颈磨损，轴颈部位应进行表面淬火，并选用铅锑轴承合金如ZPbSb16Sn16Cu2、ZPbSb15Sn5作轴瓦或轴衬。

（3）半轴　半轴直接驱动车轮转动，工作时承受交变扭转力矩和交变弯曲载荷以及一定的冲击载荷。为了防止半轴疲劳断裂和花键齿磨损，半轴材料应具有较高的抗拉强度、抗弯强度、疲劳强度及较好的韧性。常用的半轴材料为合金调质钢40Cr、40MnB、40CrMnMo、40CrNiMo等经调质处理后进行喷丸强化或滚压强化处理。为减小花键齿磨损，应对花键部位进行表面淬火。

4. 气门和气门弹簧

（1）气门　气门的主要作用是开启、关闭进气道和排气道，工作时承受较大的机械负荷和热负荷。为了防止气门座翘曲、气门头部变形、气门座面烧蚀，气门材料应具有较高的高温强度和耐蚀性、耐磨性。由于进、排气门的工作条件不同，排气门工作温度高达650~850℃，因此进、排气门应选用不同的材料。通常进气门材料选用合金调质钢40Cr、35CrMo、38CrSi等并经调质处理；排气门材料选用马氏体耐热钢4Cr9Si2、4Cr10Si2Mo和奥氏体耐热钢4Cr14Ni14W2Mo并经正火处理。前者工作温度可达550~650℃，后者工作温度可达650~900℃。

（2）气门弹簧　气门弹簧的作用是使气门开启和关闭，工作时承受交变应力，为了防止其疲劳断裂，气门弹簧材料应具有较高的屈服强度和屈强比（$R_{p0.2}/R_m$）及疲劳强度、良好的抗氧化和耐腐蚀性。常用的气门弹簧材料为50CrV，经淬火和中温回火，并进行表面喷丸强化。

5. 板簧

板簧的作用是缓冲和吸振，减小汽车行驶过程中的冲击和振动，承受较大的交变应力和冲击载荷。为了防止板簧过量弹性变形和塑性变形及疲劳断裂，板簧材料应具有较高的弹性极限、屈服强度和屈强比及高的疲劳强度。板簧的常用材料为合金弹簧钢 60Si2Mn、50CrMnA、70Si3MnA，经淬火、中温回火，并进行表面喷丸强化。

6. 齿轮

齿轮的作用是将发动机的动力传递给半轴，推动汽车行驶。齿轮承受较大的交变弯曲应力、冲击力、接触压应力和摩擦力。为了防止齿面磨损和接触疲劳剥落及齿根部疲劳断裂，齿轮材料应具有较高的屈服强度、弯曲疲劳强度、接触疲劳强度和足够的韧性。常用的齿轮材料为合金渗碳钢 20Cr、20CrMnTi、20CrMo 20CrMnMo 等。对于受力不大的齿轮也可选用 20、35、40、45、40Cr 等钢种或灰铸铁 HT150、HT200 制造。为了提高齿轮的接触疲劳强度和耐磨性，受力大的重要齿轮必须进行渗碳或氮碳共渗、淬火、低温回火及喷丸处理。汽车齿轮的常用材料及热处理如表 12-1 所示。

表 12-1 汽车齿轮常用材料及热处理

齿轮类型	材　料	热处理
变速箱和分动箱齿轮	20CrMnTi 20CrMo 20CrMnMo	渗碳、淬火、低温回火
驱动桥圆柱、锥齿轮，差速器行星齿轮，半轴齿轮		
曲轴正时齿轮	35、40、45、40Cr	正火或调质
凸轮轴齿轮	HT150、HT200	正火
起动机齿轮	15Cr、20Cr、20CrMo 20CrMnMo、20CrMnTi	渗碳、淬火、低温回火
里程表齿轮	20	氮碳共渗、淬火、低温回火

7. 车身、纵梁、挡板等冷冲压零件

这些零件要求材料应具有足够的强度和塑性、韧性及良好的冲压性能。常用的材料为低碳结构钢 08、20、25 和低合金高强度结构钢 Q295、Q345、Q390 的热轧钢板和冷轧钢板。热轧钢板用于制造纵梁、保险杠、制动盘等；冷轧钢板用于制造轿车车身、驾驶室、发动机罩等。

8. 螺栓、铆钉等冷镦零件

螺栓和铆钉等冷镦零件的作用是连接、紧固、定位和密封汽车各零部件。不同螺栓所处的应力状态不同，有的承受弯曲或切应力，有的承受交变拉应力和压应力，有的承受冲击力，有的同时承受上述几种应力。因此，应根据螺栓的受力状态进行合理选材。通常重要螺栓如连杆螺栓和缸盖螺栓选用 40Cr 钢制造并经调质处理，或选用 15MnVB 钢制造并经淬火、低温回火；普通螺栓选用 35 钢制造并经调质处理或冷镦后经再结晶退火；木螺栓和铆钉选用 10、15 低碳钢制造，前者冷镦后直接使用，后者冷镦后进行再结晶退火。

二、其他工程材料在汽车典型零（构）件上的应用

1. 塑料

塑料用于制作汽车的内装饰件和有些受力较小的零（构）件。

(1) 内装饰件　内装饰件主要有座垫、头枕、扶手、车门内板、顶棚衬里、地毯、仪表板、控制箱等。内装饰件材料应具有高的吸振性、耐磨性、耐蚀性、绝缘性和低的导热性，以达到安全、舒适、美观、耐用的目的。常用的内装饰件材料为通用塑料如聚氨酯、聚乙烯、聚氯乙烯、聚丙烯等。

(2) 受力较小的零（构）件　汽车上受力较小的零（构）件主要有车轮罩、滤清器、正时齿轮、水泵壳、水泵叶轮、油泵叶轮、暖风器叶轮、风扇、刮水器齿轮、前照灯壳、轴承保持架、速度表齿轮、软管、钢板弹簧吊耳内衬套、熔丝盒、通风隔栅、灯座等。制作这些零（构）件的材料应具有足够的强度和室温抗蠕变性及尺寸稳定性，常用的材料为工程塑料，如ABS、聚酰胺（尼龙）、聚甲醛、聚酯等。塑料在汽车零（构）件上的应用举例如表12-2所示。

表12-2　塑料在汽车零（构）件上的应用举例

名称(代号)	汽车典型零(构)件
聚氨酯(PU)	坐垫、头枕、扶手、仪表板、保险杠、挡泥板、发动机罩等
聚乙烯(PE)	汽油箱、挡泥板、转向盘等
聚氯乙烯(PVC)	坐垫、车门内板、地毯等
聚苯乙烯(PS)	仪表外壳、灯罩、电器零件如开关、插座等
聚丙烯(PP)	转向盘、仪表板、保险杠、加速踏板、蓄电池壳、空气滤清器、冷却风扇、风扇护罩、散热器隔栅、分电器盖、灯罩、电线包皮
共聚丙烯腈-丁二烯-苯乙烯(ABS)	车轮罩、保险杠、垫板、镜框、控制箱、手柄、喇叭盖、后端板、收音机壳、杂物箱、暖风壳等
聚酰胺(PA)	汽油滤清器、空气滤清器、正时齿轮、水泵壳、水泵叶轮、风扇、刮水器齿轮、前照灯罩、百叶窗、轴承保持架、熔丝盒、速度表齿轮、制动液罐、通风软管、制动软管、冷却液软管、离合器液压软管、输油软管等
聚甲醛(POM)	排气阀门、空调器阀门、水泵叶轮、暖风器叶轮、轴套、行星齿轮和半轴垫片、钢板弹簧吊耳衬套、轴承保持架、电器开关、仪表小齿轮、手柄、门销等
饱和聚酯(PBT)	后窗通风格栅、车尾板通风隔栅、挡泥板、灯座、车牌支架、分电器盖、点火线圈架、开关、插座、冷却风扇、雨刷器杆、油泵叶轮和壳体、镜架、手柄等

2. 橡胶

橡胶是汽车用的一种重要材料，主要用于制作轮胎、软管、密封件、减振垫等。这些零（构）件要求材料具有高弹性、高减振性、高气密性、高耐磨性和良好的抗撕裂性、抗湿滑性。汽车常用橡胶为天然橡胶和合成橡胶，如丁苯橡胶、顺丁橡胶、丁基橡胶。

轮胎是汽车的主要橡胶件，它实际上是由橡胶基复合材料（详见第九章）制成。轮胎材料主要成分为生胶（天然橡胶或合成橡胶）、纤维（棉、尼龙、聚酯、玻璃等纤维和钢丝）和炭黑，其中生胶约占轮胎材料总质量的50%，通常轿车轮胎的生胶以合成橡胶为主，载货汽车轮胎的生胶以天然橡胶为主。

3. 陶瓷材料

众所周知，汽车发动机的火花塞是由Al_2O_3陶瓷制成的。近年来，随着国际上石油价格不断上涨，降低汽车行驶时的燃料消耗率越来越受到汽车设计者和制造者的重视。利用陶瓷

材料耐高温、耐磨损、耐腐蚀的特性制造发动机的某些零（构）件，可以提高发动机的功率、降低燃料消耗。国外已研制成功绝热发动机，用 Si_3N_4、ZrO_2、SiC 等陶瓷材料制造发动机的活塞、活塞环、气缸套、燃烧室、气门头、气门座、气门挺杆、气门导管、排气道、进气道、机械密封及涡轮增压器的叶片、涡轮盘、隔热板、轴承等零（构）件，使发动机的功率提高 10%，燃料消耗降低 30%；还研制成功 ZrO_2 或 SiC 陶瓷凸轮轴镶片和 Si_3N_4 陶瓷摇臂镶块，分别镶嵌在钢制凸轮轴滑动部位和铝合金制摇臂与凸轮接触部位，能显著提高凸轮轴和摇臂寿命。

此外，利用陶瓷的绝缘性、介电性、压电性等特性制作汽车陶瓷传感器，已成为汽车电子化的重要方面。

4. 复合材料

如前所述，橡胶基复合材料已用于制作汽车轮胎和制动管；为了减轻汽车自重，减少燃料消耗，已将碳纤维增强聚酯塑料的复合材料（CFRP）和玻璃纤维增强聚酯塑料的复合材料（GFRP）分别用于制造汽车大梁和车身，并已在赛车上应用；塑料-金属多层复合材料（详见第九章）已用于制作连杆滑动轴承，不需加润滑油，靠表层聚四氟乙烯或聚甲醛塑料自润滑。

第二节　工程材料在机床上的应用

机床是车床、铣床、刨床、磨床、镗床、钻床等的总称。机床主要结构由下列四部分组成：①运动源——电动机等；②传动系统（包括主传动系统、进给传动系统和辅助传动系统）——链轮、带轮、齿轮变速箱或直流电动机或液压传动装置、主轴和轴承、丝杠和螺母、蜗轮和蜗杆、凸轮、弹簧、刀具等；③支承件和导轨——支承件包括床身、立柱、横梁、摇臂、底座、工作台、箱体等；④操纵机构——手轮、手柄、液压阀、电气开关和按钮等。据统计，机床所用材料中钢铁材料约占 95%，有色金属材料约占 4.5%，塑料占 0.5%。下面简要介绍工程材料在机床典型零（构）件上的应用。

一、金属材料在机床典型零（构）件上的应用

1. 支承件和导轨

（1）支承件　支承件用于支承机床各部件，受拉伸、压缩、弯曲、扭转、振动等力的作用，易产生变形和振动，而支承件的微小变形和振动都会影响被加工零（构）件的精度。因此，支承件材料应具有足够的刚度和强度及良好的抗振性和加工性能。支承件如床身、立柱、横梁、摇臂、底座、工作台、箱体等常选用灰铸铁如 HT200、HT250 铸造而成；对于大型机床的支承件则选用低碳钢焊接而成。例如卧式铣床的床身和立柱、龙门式镗铣床的床身和横梁、重型立式车床的横梁等常选用普通碳素结构钢 Q215、Q235、Q255 等钢板焊接而成，并用扁钢或角钢作加强肋。

（2）导轨　导轨在机床中的作用是导向和承载，运动的一方叫动导轨，不动的一方叫支承导轨。为了防止导轨变形和磨损，导轨材料应具有足够刚度和强度及高的耐磨性和良好的工艺性。常用导轨材料为灰铸铁如 HT200、HT300。对于精密机床导轨常选用耐磨合金铸铁如高磷铸铁、磷铜钛铸铁及钒钛铸铁。为了提高铸铁导轨的耐磨性，需对导轨进行表面淬

火如感应加热表面淬火、电接触加热表面淬火。对于耐磨性要求较高的导轨如数控机床的动导轨，常采用镶钢导轨，即将45钢或40Cr钢导轨经淬火和低温回火后或将20Cr、20CrMnTi钢导轨经渗碳、淬火和低温回火后镶装在灰铸铁床身上，其耐磨性比灰铸铁导轨提高5～10倍。对于重型机床的动导轨常选用有色金属镶装导轨，与铸铁支承导轨搭配，常用的有色金属为铸造锡青铜ZCuSn5Pb5Zn5、铸造铝青铜ZCuAl9Mn2和铸造锌合金ZZnAl10Cu5Mg。对于中、小型精密机床和数控机床的动导轨常选用塑料-金属多层复合材料（详见第九章），塑料为表面层，起自润滑作用，常用的塑料为聚酰胺（尼龙）、酚醛、环氧、聚四氟乙烯。

2. 齿轮

齿轮在机床中的作用是传递动力、改变运动速度和方向。和汽车齿轮相比，机床齿轮工作平稳，无强烈的冲击，载荷不大，转速中等，对齿轮心部强度要求不高，根据齿轮的不同工作条件选用不同材料。对于防护和润滑条件差的低速开式齿轮，常选用灰铸铁HT250、HT300、HT400，也可选用普通碳素结构钢Q235、Q255、Q275，但只能制作小齿轮。对于大多数闭式齿轮，常选用中碳钢40、45钢制造，经正火或调质处理后再进行高频感应加热表面淬火。对于高速、重载荷或尺寸较大、传动精度高的闭式齿轮常选用合金调质钢35CrMo、40Cr、45MnB，经调质处理后再经高频感应加热表面淬火。对于高速、重载荷、受冲击的闭式齿轮，常选用合金渗碳钢20Cr、20Mn2B、20CrMnTi、20SiMnVB，经渗碳、淬火、低温回火处理。机床齿轮常用钢铁材料及热处理和应用举例如表12-3所示。

表12-3　机床齿轮常用材料及热处理和应用举例

材料类别	牌　号	热处理	应用举例
灰铸铁	HT250、HT300、HT350	正火	低速、低载、冲击小的开式齿轮
球墨铸铁	QT450—5	正火	形状复杂或尺寸较大的不重要闭式齿轮
可锻铸铁	KTZ 450—5、KTZ 500—4	石墨化退火	形状复杂或尺寸较大的不重要闭式齿轮
普通碳素结构钢	Q235、Q255、Q275	正火	低速、低载、冲击力小的开式小齿轮或不重要的闭式齿轮
优质碳素结构钢	15	渗碳、淬火+低温回火	低载、高耐磨性齿轮
	40、45	正火或调质+高频淬火	大多数闭式齿轮，如车床和钻床变速箱次要齿轮、磨床砂轮箱齿轮
合金调质钢	40Cr、42SiMn、45MnB	调质+高频淬火	中速、中载、冲击较小的机床变速箱齿轮
	35CrMo、40Cr、42SiMn、40MnB	调质+高频淬火	速度不大、中等载荷、传动精度高、要求一定耐磨性的大齿轮，如铣刀工作面变速箱齿轮、立车齿轮
	38CrMoAlA 38CrAl	调质+渗氮	高速、重载、形状复杂、要求热处理变形小的齿轮，如精密机床中的重要齿轮
合金渗碳钢	20Cr、20Mn2B、20CrMnTi、20SiMnVB	渗碳、淬火+低温回火	高速、重载齿轮，如机床变速箱齿轮、精密机床主轴传动齿轮、进给齿轮、分度机变速齿轮、立式车床上的重要齿轮

3. 主轴和主轴轴承

（1）主轴　主轴是机床在工作时直接带动刀具或工件进行切削和表面成形运动的旋转轴，承受弯曲、扭转复合应力和摩擦力的作用。为了防止主轴变形和磨损，要求主轴材料应

具有优良的综合力学性能，即较高的强度、塑性和韧性。机床主轴常用材料分别为：一般机床主轴选用45钢经调质处理，并在主轴端部锥孔定心轴颈或定心圆锥面等部位进行表面淬火；载荷较大的重要机床主轴选用40Cr、45Mn2、45MnB经调质处理后进行局部表面淬火；受冲击载荷较大的机床主轴选用20Cr钢经渗碳、淬火、低温回火处理；精密机床主轴如高精度磨床的砂轮主轴、镗床和坐标镗床的主轴等选用38CrMoAlA钢经调质处理后再进行渗氮处理。机床主轴常用钢及热处理和应用举例如表12-4所示。

表12-4　机床主轴常用钢及热处理和应用举例

钢牌号	热处理	应用举例
45	淬火+低温回火或调质(或正火)+局部表面淬火	龙门铣床主轴、立式铣床主轴、小立式车床主轴、重型车床主轴
40Cr 40MnB 40MnVB	淬火+低温回火或调质+局部表面淬火	滚齿机床主轴、组合机床主轴、铣床主轴、磨床砂轮主轴
45Mn2	正火+局部表面淬火	重型机床主轴
65Mn	调质+局部表面淬火	磨床主轴
GCr15、9Mn2V	调质+局部表面淬火	磨床砂轮主轴
38CrMoAlA	调质+渗氮	高精度磨床砂轮主轴、镗杆、坐标镗床主轴、多轴自动车床中心轴
20CrMnTi	渗碳、淬火+低温回火	齿轮磨床主轴、精密车床主轴

（2）主轴轴承　主轴轴承用于支撑主轴作旋转运动，承受较大的接触压应力和摩擦力。根据对主轴旋转精度、刚度、承载能力及转速等方面的要求选择主轴轴承类型。主轴轴承分为滚动轴承和滑动轴承两大类。滚动轴承主要在较高精度、中等转速和较大载荷或高转速和轻载荷、小冲击力情况下使用，如精密车床、铣床、坐标镗床、落地镗床、摇臂钻床、内圆磨床等的主轴轴承。

1）滚动轴承。滚动轴承是由滚动体、内外圈、保持架组成的标准组件，可以根据机床的不同工作条件进行选用。滚动轴承在工作时承受较高的交变载荷，滚动体与内外圈滚道的接触压应力较大。因此，滚动体和内外圈的材料应具有高的硬度和耐磨性、高的弹性极限和疲劳强度以及足够的韧性。为此，滚动体和内外圈材料选用轴承钢GCr4、GCr15、GCr15SiMn、GSiMoMnV，经淬火和低温回火后进行磨削和抛光。而保持架对材料的性能要求较低，通常采用低碳钢如08、10钢薄板冲压成形。若在特殊情况下，如要有耐腐蚀要求则保持架材料应选用铜合金，如铝黄铜HAl60-1-1、锡青铜QSn4-4-4等；如要求质量轻则保持架材料应选用变形铝合金2A01、2A11、5A05、5B05等，或塑料如聚酰胺、聚甲醛、ABS等。

2）滑动轴承。滑动轴承主要在高精度、高速重载和大冲击力情况下使用，如万能磨床、精密车床等。滑动轴承常用材料为铜基轴承合金，如铸造锡青铜ZCuSn5Pb5Zn5、ZCuSn10P1等，也可用灰铸铁如HT250、HT350等。

4. 丝杠和螺母

丝杠和螺母是机床进给机构中的一对螺旋传动件，它们可以把回转运动变为直线运动，也可以把直线运动变为回转运动。为了保持机床的加工精度，丝杠材料应具有高的刚度和强度及高硬度和耐磨性。常用丝杠材料为碳钢40、45、T10A和合金钢40Cr、65Mn，经淬火和低温回火；螺母材料应具有高耐磨性，常用螺母材料为锡青铜ZCuSn5Pb5Zn5、ZCuSn10P1。

5. 凸轮和滚子

凸轮和滚子是机床进给系统或操纵系统的一对传动件，在专用机床和自动化机床上常采用凸轮机构来实现进给和快速运动。进给系统中的凸轮和滚子材料应具有足够的强度和较高的耐磨性，常选用45钢、40Cr钢经调质处理后进行感应加热表面淬火。尺寸较大的凸轮（直径大于300mm或厚度大于30mm），常选用灰铸铁HT200、HT250、HT300或耐磨铸铁如高磷铸铁、铬钼铜铸铁。操纵系统中的凸轮和滚子，由于载荷较小，可用工程塑料或塑料基复合材料制造。

6. 蜗轮和蜗杆

蜗轮和蜗杆也是机床进给系统中的一对传动件，其啮合情况与齿轮和齿条啮合相似。对于低速运转的开式蜗轮传动，其失效形式为齿根断裂和齿面磨损；对于一般闭式蜗轮传动，其失效形式为齿根断裂或齿面接触疲劳剥落；对于长期高速运转的闭式蜗轮传动，往往会因齿侧面的滑动导致齿面发热而胶合破坏。由于蜗轮和蜗杆的转速相差大，蜗杆受磨损的机会比蜗轮大得多，因此蜗轮和蜗杆应选用不同材料。常用蜗轮材料有铸造锡青铜、铸造铝青铜和灰铸铁，对于滑动速度较高的蜗轮选用铸造锡青铜ZCuSn10P1、ZCuSn6Pb6Zn3和铸造铝青铜ZCuAl9Mn4；对于滑动速度小、性能要求不高的蜗轮则选用灰铸铁HT150、HT200、HT250等。常用蜗杆材料为中、低碳的碳钢和合金钢。对于滑动速度较高的蜗杆选用15、20、15Cr、20Cr钢经渗碳、淬火和低温回火，或选用45、40Cr钢经调质处理后再进行高频感应加热表面淬火；对于滑动速度中等的蜗杆选用45、50、40Cr钢经调质处理；对于滑动速度小的蜗杆选用普通碳钢Q275制造。

7. 螺栓

螺栓为螺纹联接件，承受拉应力，其主要失效形式为塑性变形，对于经常拆卸的螺栓还会出现磨损。通常，机床地脚螺栓不需经常拆卸，常选用普通碳钢Q235、Q255、Q275制造，不需进行热处理。而机床主轴法兰联接螺栓经常拆卸，其表面应具有高的耐磨性，常选用35、45钢制造，经调质处理后对螺栓头部再进行氮碳共渗和淬火、低温回火，以提高耐磨性。

8. 弹簧

弹簧在机床及其夹具中的主要作用是定位和夹紧，其受力较小。螺旋弹簧常用材料为65、70钢冷拔钢丝，经冷卷成形后进行去应力退火；离合器簧片材料为65Mn钢冷轧薄钢板，经冲压成形。

9. 刀具

机床刀具用于被加工零件的切削加工成形，在工作过程中承受弯曲或扭转、摩擦、冲击、振动等力的作用。为了减少刀具的磨损和断裂，刀具材料应具有高硬度、高耐磨性、良好的强韧性，在高速切削条件下使用的刀具材料还应具有高的热硬性。常用的刀具材料有碳素工具钢如T10、T10A、T12、T12A，用于制造形状简单、低速或手用刀具，如手锯锯条、丝锥、板牙、锉刀、刨刀、钻头等；低合金工具钢如9Mn2V、9SiCr、Cr2、CrWMn等，用于制造形状复杂、低速切削刀具，如丝锥、板牙、车刀、铣刀、括刀、铰刀、拉刀等；高速钢如W18Cr4V、95W18Cr4V、W6Mo5Cr4V2、W6Mo5Cr4V2Al、W18Cr4VCo10等，用于制造

高速切削的车刀、刨刀、钻头、铣刀及形状复杂的拉刀，其中 W18Cr4VCo10 则用于制造截面尺寸大、形状简单、切削难加工材料的车刀、钻头等；硬质合金如 YG6、YG8、YT15、YT30、YW1、YW2 等用于制造高速强力切削和难加工材料切削的切削刀具的刀头；陶瓷如热压 Si_3N_4、立方 BN 等，用于制造形状简单（如正方形、等边三角形）的刀片，对淬火低温回火钢、冷硬铸铁等高硬度难加工材料制成的零件进行半精加工和精加工。

10. 装饰件

机床上的装饰件主要指控制面板、标牌、底板及箱体等，要求耐磨损、耐腐蚀、美观、耐用。装饰件常用的材料为不锈钢，如马氏体不锈钢 12Cr13 和奥氏体不锈钢 06Cr19Ni10；黄铜如 H62、H68；铝及铝合金，如工业纯铝 1200，变形铝合金 2A11、2A12、3A21、5A05、5B05；工程塑料和塑料基复合材料用于制作机床控制箱壳体和面板、容器等，将在下面详细介绍。

二、其他工程材料在机床典型零（构）件上的应用

机床上常用的其他工程材料主要是塑料和塑料基复合材料、橡胶和橡胶基复合材料及陶瓷材料。

1. 塑料和塑料基复合材料

塑料颜色鲜艳、不锈蚀、成本低，其复合材料力学性能好，在机床上已得到应用。塑料及其复合材料主要用于制作滑动轴承、凸轮和滚子、手柄、电气开关、箱体和面板等，常用塑料有聚乙烯、聚丙烯、聚酰胺、ABS、聚甲醛、聚四氟乙烯。例如聚乙烯、聚丙烯绝缘性好，用于制作电气开关、导线包皮、套管等；ABS 塑料易电镀，用于制作控制箱壳体和面板；聚甲醛硬度较高、韧性好，用于制作容器、管道等；玻璃纤维增强聚乙烯复合材料强度高、耐水性好，用于制作转矩变换器和干燥器的壳体；聚四氟乙烯为基的塑料-金属多层复合材料强度高、摩擦因数小，用于制作润滑条件差或无油润滑条件下的机床主轴滑动轴承、凸轮和滚子，还可用于制作数控机床和集成电路制版机的导轨。这种导轨可以保证较高的重复定位精度和满足微量爬行的要求。

2. 橡胶和橡胶基复合材料

橡胶和橡胶基复合材料弹性好，用于制作机床的胶带和密封垫圈，例如 V 带就是由橡胶基复合材料制成的。

3. 陶瓷材料

如前所述，Si_3N_4 和 BN 陶瓷在机床上用于制作形状简单的不重磨刀片，将其装夹在夹具中对难加工材料制成的零件进行半精加工和精加工；Al_2O_3 陶瓷用于制作电源开关熔丝插头和插座。

第三节　工程材料在热能设备上的应用

热能设备是指将热能变为电能的设备。在火力发电中，将燃料（包括煤、石油、天然气）通过锅炉（化学能转化为热能）——→汽轮机（热能转化为机械能）——→发电机（机械能转化为电能），最后转换成电能；在核能发电中，将燃料（^{235}U、^{233}U、^{239}Pu）通过核反应堆（核能转化为热能）——→汽轮机（热能转化为机械能）——→发电机（机械能转化为电能），

最后转化为电能。因此，热能设备包括锅炉、反应堆、汽轮机和发电机，其中锅炉、反应堆和汽轮机都是在高温、高压和腐蚀介质作用下长期运行，对材料性能的要求很高，使用的结构材料除少量优质碳素结构钢外，主要是合金钢。下面简要介绍工程材料在锅炉、反应堆和汽轮机上的应用。

一、工程材料在锅炉典型零（构）件上的应用

锅炉是火力发电厂三大主要设备之一，其作用是将水变成高温高压蒸汽。锅炉按蒸汽出口压力分为低压锅炉（2.5MPa 以下）、中压锅炉（3.9MPa）、高压锅炉（10MPa）、超高压锅炉（14MPa）、亚临界压力锅炉（15.7～19.6MPa）、超临界压力锅炉（在临界压力22.1MPa 以上），其中低压锅炉为工业锅炉，中压以上的锅炉为电站锅炉。

锅炉主要零（构）件包括锅筒（曾称汽包）或锅壳、集箱、水冷壁、锅炉管束、过热器和再热器、省煤器、空气预热器、蒸汽管道、烟气道、烟风道、炉膛（燃烧室）、阀门、法兰和螺栓及排渣设备等，其中水冷壁、锅炉管束、过热器和再热器、省煤器、空气预热器构成了锅炉的受热面，它们都是由无缝钢管焊接而成。水冷壁是布置在炉膛四周的大量水管，构成辐射受热面，其作用是吸收炉膛高温烟气辐射热，使水汽化，产生汽水混合物，同时保护炉墙免受高温作用。锅炉管束是安装在炉膛出口后面的对流受热面，它与锅筒相通，通过高温烟气的对流传热，进一步使水汽化。过热器是安装在烟道高温区的对流受热面和安装在炉顶的辐射受热面，其作用是将从锅筒出来的饱和蒸汽进一步加热到一定温度变成过热蒸汽，以满足发电或工业生产的需要。再热器是在高参数电站锅炉中为了减少汽轮机尾部的蒸汽的湿度，以及进一步提高电站的热效率而采用的中间再热系统，即将汽轮机高压缸的排气再回到锅炉中加热到高温，然后再送到汽轮机的中压缸及低压缸中膨胀做功，这个再加热的部件称为再热器。过热器和再热器是锅炉所有受热面中工作条件最为恶劣的构件。省煤器是一组平行蛇形管，布置在烟道尾部低温区，为对流受热面，其作用是利用锅炉尾部烟气的热量来加热锅炉给水，以降低烟气温度提高锅炉效率，减少燃料消耗。空气预热器布置在烟道排烟口处，其作用是利用排烟气的热量来加热空气，以向炉膛供热风提高炉温，加快燃料的着火和燃烧，减少热损失，同时降低排烟温度。锅筒是容纳水和蒸汽的筒形受压容器，其作用是贮存锅水和蒸汽，并进行汽水分离过程，同时是连接省煤器、水冷壁管、锅炉管束和过热器的枢纽，构成水的自然循环回路。下面简要介绍锅炉管道、锅筒、法兰和螺栓的用材。

1. 锅炉管道

锅炉管道包括受热面管道（过热器管和再热器管、水冷壁管、省煤器管、空气预热器管等）和蒸汽管道（主蒸汽管道、蒸汽管道、联箱管、连接管等），这些管道在高温、高压和腐蚀介质中长期工作，易产生蠕变变形、氧化、腐蚀（如硫腐蚀、蒸汽腐蚀等）和断裂（如碱脆、氢脆、应力腐蚀断裂等），要求管道材料应具有足够高的蠕变极限和持久强度、高的抗氧化性和耐腐蚀性、良好的组织稳定性和焊接性能。锅炉管道常用材料为低碳优质碳素结构钢和合金结构钢及耐热钢。根据管道工作温度不同，选择不同材料。通常，水冷壁管、省煤器管、空气预热器管和壁温≤500℃的过热器管、再热器管及壁温≤450℃的蒸汽管道，选用优质碳素结构钢 20A 和 20g；壁温≤550℃的过热器管、再热器管和壁温≤510℃的蒸汽管道，选用合金结构钢，12CrMo、15CrMo 等；壁温≤580℃的过热器管、再热器管和壁温≤540℃的蒸汽管道，选用合金结构钢 12CrMoV、15CrMoV 等；壁温≤600℃的过热器管、

再热器管和壁温≤550℃的蒸汽管道，选用合金结构钢12Cr2MoWVB、12Cr2MoVSiVTiB、12Cr3MoVSiTiB等和马氏体耐热钢15Cr12WMoVA、15Cr11MoVA等；壁温>650℃的过热器管、再热器管和壁温>600℃的蒸汽管道，选用奥氏体耐热钢1Cr18Ni9Ti、1Cr20Ni14Si2等。

2. 锅炉锅筒（曾称汽包）

锅炉锅筒是在350℃以下的高压状态下工作，长期受内压、冲击、疲劳载荷作用及受水和蒸汽的腐蚀。为了保证锅炉安全运行不发生锅筒爆裂，锅筒材料应具有较高的室温和中温强度，良好的塑性和韧性及抗大气和水蒸气腐蚀，较低的缺口敏感性和良好的焊接性能。锅筒常用的材料为锅炉专用钢（牌号后注明“锅”字的汉语拼音字首“g”），根据锅筒内压不同选择不同的材料。通常低压锅筒选用12Mng、16Mng、15MnVg；中高压锅筒选用14MnMoVg、14MnMoVBREg；高压锅筒选用14MnMoVBg、18MnMoNbg。另外，目前国内生产的高压、超高压、亚临界压力系列的50MW、100MW、200MW、300MW、600MW容量电站锅炉的锅筒大多采用德国生产的19Mn6、BHW35和美国生产的SA—299厚钢板制造，并经正火和高温回火处理。这三种钢的化学成分如表12-5所示。

表12-5　19Mn6、BHW35、SA—299化学成分

钢号	化学成分 w(%)								
	C	Si	Mn	P	S	Ni	Cr	Mo	Nb
19Mn6	0.15～0.22	0.30～0.60	1.00～1.60	≤0.035	≤0.030	≤0.30	≤0.25	≤0.10	
BHW35	≤0.15	0.10～0.50	1.00～1.60	≤0.025	≤0.025	0.60～1.00	0.20～0.40	0.20～0.40	0.005～0.020
SA—299	0.22～0.25	0.30左右	1.35～1.45	≤0.015	≤0.015				
	≤0.30	0.15～0.40	0.90～1.50	≤0.035	≤0.040	≤0.25	≤0.25	≤0.08	

3. 法兰和螺栓

在动力装置（如锅炉、汽轮机）中常采用各种法兰、螺栓联接，它们一般是在高温高应力下工作，为了防止法兰和螺栓的过量塑性变形和应力腐蚀断裂，法兰和螺栓材料应具有高的蠕变极限和高温强度及良好的抗大气和蒸汽腐蚀性。法兰常用的材料为耐热铸铁，如中硅球墨铸铁、高铝球墨铸铁和高铬球墨铸铁；螺栓常用的材料为合金调质钢，如35CrMo和40CrNiMo等，经调质处理。

二、工程材料在核反应堆典型零（构）件上的应用

在核电厂，核反应堆是将核能转变成热能使水变为高温、高压蒸汽的装置。核反应堆由下列几部分组成：①堆芯（包括燃料组件、控制棒组件及辅助装置）；②冷却剂系统（包括反应堆压力容器、蒸汽发生器、冷却剂泵、一回路管道及辅助系统、水压和水位稳压器）；③安全壳；④堆外测量系统（包括堆芯温度、水位、中子通量和堆外中子通量的测量）；⑤反应堆温度、功率控制系统；⑥安全保护系统。下面简要介绍堆芯和冷却系统常用材料。

1. 核燃料

核反应堆所产生的能量来源于装在燃料棒内的核燃料的裂变。作为核燃料中可裂变的物质有铀（^{235}U、^{233}U）和钚（^{239}Pu），它们可以以纯金属、合金、陶瓷形式存在，目前使用

最广的核燃料是铀合金（U-Mo 系、U-Cr 系、U-Zr 系、U-Nb 系等），如 U-12Mo 合金、U-5Zr-1.5Nb 合金和陶瓷（UO_2、UC、UN）。通常核燃料是做成芯块装在包壳中构成燃料棒，由若干根燃料棒排列成燃料组件。例如广东大亚湾核电站压水堆燃料棒长 3.852m，包壳壁厚 0.57mm，内装 271 块直径 8.19mm、高度 13.5mm 的 UO_2 芯块，17×17 根燃料棒排列成燃料组件。燃料组件是堆芯的核心部件。

2. 减速材料（慢化剂）

在热中子反应堆中慢化剂的作用是使裂变中子慢化而变成热中子。慢化剂分为固体慢化剂和液体慢化剂两大类。固体慢化剂应具有一定强度，中子吸收截面小，优良的耐蚀性能，高密度，良好的导热性、热稳定性和辐照稳定性；液体慢化剂应具有低熔点（在室温以下）和高温下低蒸汽压，高密度，不腐蚀结构材料，良好的导热性、热稳定性和辐照稳定性。常用的固体慢化剂为石墨、铍及氧化铍；常用的液体慢化剂为普通水和重水。

3. 冷却材料（载热剂或冷却剂）

冷却剂的作用是降低堆芯温度保证反应堆连续安全运行，同时将热量传递给蒸汽发生器产生饱和蒸汽以供给二次回路驱动汽轮机。冷却剂有液体冷却剂和气体冷却剂两类，它们应具有高导热性、比热容大、唧送功率低、和结构材料的相容性好、良好的热稳定性和辐照稳定性。常用的液体冷却剂有水、重水和液态金属（钠、钾、铋、钠-钾合金及铅-铋合金）；常用的气体冷却剂为 CO_2、空气、氦（He）气等。

4. 控制材料（又称毒物）

控制材料的作用是控制堆芯剩余反应性即控制堆芯没有毒物时的反应性，以满足反应堆长期运行的需要，并使反应堆在整个堆芯寿命期内保持平坦的功率分布，同时在反应堆出现事故时能迅速安全的停堆。控制材料应具有很大的中子吸收截面，较长的吸收寿命，高辐照稳定性、热稳定性、环境相容性，适当的强度和塑性，低成本。对于化学毒物应能溶于冷却剂中。常用的控制材料有铪（Hf）、镉（Cd）、银-铟-镉（Ag-In-Cd）合金、含硼材料（包括碳化硼 B_4C、硼不锈钢、硼玻璃、硼酸等）、稀土氧化物（包括氧化铕 EuO、氧化镝 DyO 等）。

控制棒是反应堆中常用的控制元件，它是将控制材料芯块装在薄壁包壳管中。若干控制棒构成控制棒组件，按其功能分为控制棒组（包括功率补偿棒组和温度调节棒组）和停堆棒组。例如在大亚湾核电站中，其反应堆共有控制棒组件 49 个（第一循环）和 53 个（其余循环），其中黑体棒组件 37 个（第一循环）和其余循环 41 个，灰体棒组件 12 个。黑体棒控制材料是银-铟-镉（80Ag-15In-5Cd）合金，灰体棒控制材料是含硼 AISI304 不锈钢（06Cr19Ni10B），它们的包壳材料均为 AISI304 不锈钢（06Cr19Ni10）。

5. 结构材料

反应堆结构材料包括堆芯结构（吊篮、定位格架、导向管等）、燃料包壳、控制棒包壳、压力容器、蒸汽发生器及一回路管道等构件所用的材料，它们是在辐照条件下长期运行，尤其是堆芯结构材料、燃料包壳材料、控制棒包壳材料和压力容器材料受快中子的辐照，会使材料的强度升高，而塑性、韧性大大降低。因此，反应堆结构材料应具有适当的强度和高的塑性、韧性，优良的辐照稳定性和热稳定性，对压力容器材料还要求优良的焊接性能和低的中子辐照脆化敏感性。

堆芯结构材料、燃料包壳材料、控制棒包壳材料常选用奥氏体不锈钢 06Cr19Ni10（AISI304）、022Cr19Ni10（AISI304L）、0Cr17Ni13Mn2Mo2（AISI316）、022Cr17Ni12Mo2（AISI316L）、06Cr18Ni11Nb

(AISI347)；锆合金：锆-锡合金如锆-2合金（Zr-1.2~1.7Sn-0.07~0.20Fe-0.05~0.15Cr-0.03~0.08Ni）、锆-4合金（Zr-1.20~1.70Sn-0.18~0.24Fe-0.07~0.13Cr-<0.007Ni）和锆-铌合金如Zr-2.5Nb合金、Zr-2.5Nb-0.5Cu合金；镍基合金：镍-铜合金（Monel合金）如Monel K-500（Ni-29.5Cu）、Ni-28Cu-1.5Mn、Ni-28~34Cu-≤2.0Mn-≤2.5Fe等合金，镍-铬-铁合金（Inconel合金）如Inconel718（Ni-19Cr-18.5Fe-5.1Nb-3.0Mo-0.9Ti）、Inconel706（Ni-16Cr-37.6Fe-2.9Nb-1.8Ti-0.2Al-0.003B）、NS113、NS315、NS331。对于高温气冷和高温液态金属冷却反应堆，堆芯结构材料和包壳材料常选用钼基合金如钼-钛合金（Mo-0.5Ti-0.01~0.03C）、钼-钛-锆合金（Mo-1.27Ti-0.29Zr-0.3C）、钼-铌合金（Mo-1.45Nb-0.25C）；铌基合金如铌-锆合金（Nb-1Zr）、铌-钒-钼-锆合金（Nb-5V-5Mo-1Zr）、铌-钽-钨-锆合金（Nb-28Ta-10.5W-0.9Zr）、铌-钨-锆合金（Nb-10W-1Zr-0.1C）；钒基合金如钒-铬-铁-锆合金（V-9.11Cr-3.27Fe-1.33Zr-0.053C）、钒-铬-钽-锆合金（V-8.49Cr-9.85Ta-1.24Zr-0.05C）、钒-铁-铌-锆合金（V-6.36Fe-5.3Nb-1.3Zr-0.05C）。

压力容器常用的材料为奥氏体不锈钢06Cr19Ni10、06Cr18Ni11Ti、022Cr17Ni12Mo2等。此外，为了降低成本，对于水冷反应堆还可以使用18MnMoNbR等压力容器专用钢，但必须在其内壁加奥氏体不锈钢内衬，以防止辐照损伤，引起压力容器爆裂。

一回路管道材料为奥氏体不锈钢06Cr19Ni10、022Cr19Ni10、0Cr17Ni13Mn2Mo、022Cr17Ni12Mo2。

蒸汽发生器外壳常用的材料为奥氏体不锈钢06Cr19Ni10、022Cr19Ni10、0Cr17Ni13Mn2Mo2、022Cr17Ni12Mo2，其中U形管选用镍-铬-铁合金（Inconel合金）和镍-铜合金（Monel合金）。

大亚湾核电站反应堆中，堆芯结构材料和燃料包壳材料为锆-4合金，控制棒包壳材料、一回路管道材料均为AISI304不锈钢，蒸汽发生器U形管材料为Inconel690（镍-铬-铁-铌-钛）合金，压力容器和蒸汽发生器外壳材料为AISI316不锈钢。

三、工程材料在汽轮机典型零（构）件上的应用

汽轮机是热电厂和核电站将热能转变为机械能的装置。由电站锅炉或核反应堆产生的过热蒸汽通过蒸汽管道输送到汽轮机做功，使热能转变为机械能。汽轮机主要零（构）件包括叶片（动叶片和静叶片）、转子（主轴和叶轮）、静子（气缸、隔板、蒸汽室、阀门）。

1. 汽轮机叶片

叶片是汽轮机中将高温、高压蒸汽流的动能转换为有用功的重要零件，分为动叶片和静叶片，与转子相连接并一起转动的叶片为动叶片，与静子相连接处于不动状态的叶片称为静叶片。汽轮机的叶片，特别是动叶片的工作条件十分恶劣，受高温、应力、介质的联合作用，一台汽轮机有几千个叶片，只要有一个叶片断裂，就会造成严重事故。因此，叶片材料应具有足够的室温强度和高的蠕变极限和持久强度，良好的减振性、耐腐蚀性及抗冲蚀。常用的汽轮机叶片材料为耐热钢和高温合金，应根据叶片工作温度，选择不同材料。通常工作温度<500℃的叶片选用马氏体耐热钢12Cr13、20Cr13；工作温度在560~600℃的叶片选用马氏体耐热钢15Cr11MoV、15Cr12WMoV、15Cr12WMoVNbB、18Cr12WMoVNb；工作温度在600~650℃的叶片选用奥氏体耐热钢1Cr17Ni13W、1Cr14Ni18W2NbBRE；工作温度在700~750℃的叶片选用铁基高温合金GH2135（Cr14Ni40MoWTiAl）；工作温度在750~950℃的叶

片选用镍基高温合金 GH3030（Ni80Cr20）、GH4037（Ni70Cr15W-6Mo3VTi2Al2BCe）、GH4049（Ni58Cr10Co15W6Mo5-VTiAl4BCe）；工作温度高于950℃的叶片材料正在研究之中，目前研究的材料有两类：一类是复合材料，用 TaC 或 NbC 纤维增强镍基高温合金，工作温度可达1050℃；另一类是陶瓷材料，选用 SiC 或 Si_3N_4 陶瓷，工作温度可达1300℃以上。

2. 汽轮机转子（主轴和叶轮）

汽轮机转子是主轴和叶轮的组合部件，叶轮装配在主轴上，叶轮将叶片受高压蒸汽的喷射所产生的转动力矩传到主轴上使主轴转动。转子在工作时，主轴承受弯曲、扭转复合应力和热应力、振动力、冲击力；叶轮受离心力、热应力、振动力的联合作用。为了防止转子（主轴和叶轮）的疲劳断裂和过量蠕变变形，转子（主轴和叶轮）材料应具有优良的综合力学性能，即强度高、塑性和韧性好，高的蠕变极限和持久强度，良好的抗氧化性、抗蒸汽腐蚀性、组织稳定性及焊接性能。转子（主轴和叶轮）材料主要是合金结构钢和铁基高温合金，个别情况使用中碳钢，根据转子（主轴和叶轮）的工作温度和汽轮机的功率选择不同材料。通常，工作温度<450℃时，若功率<12000kW，转子（主轴和叶轮）选用45钢，若功率>12000kW，则选用35CrMo钢；工作温度<520℃、功率>125000kW时，高中压转子（主轴和叶轮）选用合金结构钢25CrMoVA、27Cr2MoVA，低压转子（主轴和叶轮）选用合金结构钢15CrMoV、17CrMoV；工作温度<540℃的转子（主轴和叶轮）选用合金结构钢20Cr3MoWV；工作温度<650℃的转子（主轴和叶轮）选用铁基高温合金 GH2132（Cr14Ni26MoTi）；工作温度<680℃的转子（主轴和叶轮）选用铁基高温合金 GH2135（Cr14Ni35MoWTiAl）。

3. 汽轮机静子

汽轮机静子由气缸、隔板、蒸汽室、阀门等零（构）件组成，这些零（构）件处于高温、高压及一定的温度差、压力差条件下长期工作，要求材料应具有足够高的室温力学性能、较高的高温强度和抗热疲劳性能、良好的抗氧化性、耐蚀性及工艺性能。常用气缸、隔板、阀门材料为灰铸铁、高强度耐热铸铁、碳钢、合金结构钢，根据静子工作温度选用不同材料。工作温度<425℃的气缸、隔板、阀门选用灰铸铁、铬钼合金铸铁、ZG230—450（原ZG25）；工作温度<500℃的气缸、隔板、阀门选用ZG20CrMo；工作温度<540℃的气缸、隔板、阀门选用ZG20CrMoV；工作温度<565℃的气缸、隔板、阀门选用ZG15Cr1Mo1V。例如我国125000kW高压中间再热双缸双排气凝气式汽轮机，其低压缸选用铬钼合金铸铁，中压排气缸选用ZG230—450（原ZG25），高、中压外缸选用ZG20CrMo，高、中压内缸选用ZG15Cr1Mo1V。

第四节　工程材料在仪器仪表上的应用

仪器仪表由壳体、面板、传动件（包括齿轮、蜗轮和蜗杆、凸轮和滚子、轴和轴承）、弹簧、紧固件、电子元器件等零（构）件组成，除满足使用性能外，还要求外表美观大方、小巧轻便。由于壳体和内部零（构）件大多在轻载荷下工作，对强度要求不高，但对耐蚀性、耐磨性、精度和装饰性要求很高。仪器仪表常用的材料为碳钢、合金钢、有色金属及其合金和工程塑料。本节主要介绍工程材料在仪器仪表典型零（构）件上的应用。

一、金属材料在仪器仪表典型零（构）件上的应用

1. 壳体

仪器仪表的壳体包括底盘或箱体和面板，是仪器仪表的外罩。为了防止壳体变形和磨损、锈蚀，要求壳体材料应具有足够的强度和刚度，高的耐磨性和耐蚀性，良好的冲压性能。一般仪器仪表壳体选用普通低碳钢如 Q195、Q215、Q235，为了防锈和装饰，壳体表面必须喷涂油漆；重要的仪器仪表壳体选用工业纯铝 1200，变形铝合金 3A21、5A05、5B05，黄铜 H62、H65，以及不锈钢 12Cr13、12Cr18Ni9、06Cr19Ni11Ti。例如电梯控制面板及箱体常选用 1Cr18Ni9Ti 不锈钢制造，耐蚀耐磨，经久耐用，美观大方。

2. 轴

轴是仪器仪表中的重要零件之一，一切回旋运动的零件都必须装在轴上才能实现其运动。仪器仪表中的轴一般受力较小，要求材料具有一定强度和足够的刚度及较高的耐磨性，特殊情况下要求耐腐蚀和防磁。对于一般仪器仪表中的轴常选用普通碳素结构钢 Q235、Q275；对于要求耐磨性高的轴选用碳素工具钢 T8A、T10A；对于要求防磁的轴选用黄铜 HPb61-1、HAl60-1-1 和青铜 QSn6. 5-0. 1；对于要求耐腐蚀的轴选用不锈钢 20Cr13 和 40Cr13。

3. 凸轮和滚子

凸轮是一个具有曲线轮廓或凹槽的零件，通常作连续等速运动，带动滚子按预定运动规律作直线往复运动或摆动。仪器仪表中的凸轮和滚子材料应具有足够的强度和较高的刚度及耐磨性。仪器仪表中凸轮和滚子常选用 45 钢和合金调质钢 40Cr，经调质处理后进行表面淬火。

4. 齿轮

齿轮传动是仪器仪表中应用广泛的传动机构，其主要作用是传递两轴之间的运动和转矩、变换运动方式，即将转动变为移动或将移动变为转动、变速。仪器仪表中齿轮材料应具有足够的强度和刚度、良好的韧性及高耐磨性、耐蚀性和防磁性。对于一般的仪器仪表齿轮选用碳素钢 Q275 和 45 钢，经正火或调质处理；对于耐腐蚀和防磁的齿轮常选用青铜如铝青铜 QAl11-6-6，硅青铜 QSi3-1，铍青铜 QBe1. 7、QBe1. 9、QBe2，钛青铜 QTi3. 5、QTi3. 5-0. 2、QTi6-1。

5. 摩擦轮

摩擦传动是借助于摩擦力来传递动力和转矩，是仪器仪表中的一种传动方式。摩擦轮材料应具有高弹性模量和高摩擦因数、小的吸湿性。在仪器仪表中用中碳钢 40、45 或灰铸铁 HT250、HT300 制作主动轮，用布质酚醛层压板、橡胶、压制石棉等材料作从动轮的轮面材料。

6. 带轮和传动带

带轮传动是仪器仪表中的重要传动机构，它是靠带轮与传动带间的摩擦力来进行传动或靠带上的孔与带轮上的轮齿啮合来进行传动。要求带轮与传动带间要有高的摩擦因数。常用带轮材料为铝合金如变形铝合金 2A11、2A12、7A04，铝黄铜 HAl60-1-1；传动带材料为铍青铜和磷青铜（用于精度要求高的情况），丝棉线、锦纶丝带和锦纶绳（用于精度要求低的情况），齿孔带材料为涤纶带或三醋酸纤维素带。

7. 蜗轮和蜗杆

蜗轮、蜗杆传动用于传递两相错轴之间的运动和转矩。仪器仪表中蜗轮和蜗杆材料应具有足够的强度、较高的刚度，良好的减摩、耐磨、耐蚀性和抗胶合的能力。常用蜗轮、蜗杆材料有青铜如锡青铜 QSn0.5-0.1、铝青铜 QAl11-6-6、硅青铜 QSi3-1。

8. 弹性元件

仪器仪表中的弹性元件包括簧片、平面蜗卷弹簧、螺旋弹簧、压力弹簧管、波纹管、膜片。弹性元件的主要作用是把某些物理量（如力、压力、温度等）的变化转变成弹性元件的弹性变形以实施测量，或储存和释放能量，或定位。弹性元件材料应具有高的弹性极限和屈强比 R_{eL}/R_m，高疲劳强度。特殊弹性元件的材料还应具有耐蚀性、热强性和防磁性。仪器仪表中的弹性元件受力轻、尺寸小，通常都用冷拔丝材或冷轧带材经冷成形制作。常用的弹性元件材料有碳钢 65、70，用于制作尺寸小的调压、调速弹簧及测力弹簧；65Mn、50CrVA，用于制作中压表压力弹簧管、螺旋弹簧、簧片、蜗卷弹簧等弹性元件；不锈钢 06Cr19Ni10、12Cr18Ni9，用于制作防磁、耐蚀和耐高温的弹性元件；铜合金如黄铜 H65、H70，锡青铜 QSn6.5-0.1、QSn6.5-0.4，铝青铜 QAl5、QAl7 等，用于制作继电器簧片及防磁、耐蚀弹性元件；铍青铜 QBe1.7、QBe1.9、QBe2 用于制作高级精密弹簧、膜片、钟表游丝等防磁和耐蚀弹性元件。

二、工程塑料及其复合材料在仪器仪表典型零（构）件上的应用

工程塑料及其复合材料具有良好的力学性能，耐腐蚀，颜色鲜艳，易加工成型，成本低，在仪器仪表中广泛用于制作轻载及要求质量轻的壳体、轴、齿轮、凸轮、蜗轮和蜗杆、滑动轴承等。常用的工程塑料为 ABS、尼龙、聚酯、聚甲醛、聚碳酸酯、聚四氟乙烯、酚醛等塑料；常用的复合材料为玻璃纤维增强尼龙、玻璃纤维增强聚酯、玻璃纤维增强聚乙烯、玻璃纤维增强聚苯乙烯等塑料基复合材料。

关于在仪器仪表中常用到的功能材料，如半导体材料、电接点材料、磁性材料、膨胀材料、测温材料、激光材料、敏感材料等，已在第十章中介绍，这里不再重复。

第五节　工程材料在石油化工设备上的应用

石油化工设备主要由压力容器、塔器、反应器、热交换器、管道和法兰联接件等零（构）件组成。这些零（构）件大多数都处于腐蚀介质甚至是强腐蚀或易燃、易爆、剧毒介质中，并在高温或低温、高压或高真空等条件下运行，工作条件十分恶劣。例如强酸、强碱生产装置中的反应器、管道及贮罐等处于强腐蚀性介质中；合成氨装置中的合成塔，其工作压力为 30MPa，一段和二段转化炉的温度在 900℃ 以上；高压聚乙烯生产装置中的反应器，其工作压力为 130~250MPa，蒸汽裂解管的壁温高达 1100℃；深冷分离、空气分离、液化天然气贮存等压力容器，其使用温度在-30℃以下。零（构）件的不同使用条件对材料性能有不同的要求，如有的要求良好的力学性能和加工工艺性能，有的要求耐高温或耐低温，有的要求优良的耐腐蚀性能等。石油化工设备主要使用的材料为合金钢、有色金属及其合金、陶瓷、高分子材料及其复合材料。下面简要介绍上述工程材料在石油化工设备典型零（构）件上的应用。

一、金属材料在石油化工设备典型零（构）件上的应用

1. 压力容器

所谓压力容器是指同时满足下列三个条件：①最高工作压力≥0.1MPa；②内直径≥0.5m且容积≥0.125m^3；③介质为气体和液化气体或最高工作温度大于等于标准沸点的液体的各种贮存器。它是石油化工设备中的重要构件，如低、高压乙烯气体贮槽，压缩空气贮罐，液化气体如液氧、液氮、液氢、液氟、液氯、液氨等的贮罐，炼油装置和贮运系统的圆筒贮罐，石油液化气的球形贮罐等。为了防止压力容器爆裂，压力容器材料应具有较高的屈服强度和抗拉强度，高的塑性和韧性，较低的缺口敏感性，优良的焊接性能。高温压力容器材料还应具有足够的蠕变极限和持久强度，腐蚀介质的压力容器材料还应具有优良的耐蚀性。应根据压力容器中工作介质的状态（温度、压力和介质的腐蚀性等）来选择相应的材料。工作温度≤450℃、工作压力≤5.9MPa、介质无腐蚀性的压力容器选用碳素结构钢20、20R；工作温度≤500℃的压力容器选用低合金结构钢16MnR、15MnVR、15MnVNR、18MnMoNbR；工作温度>500℃的压力容器选用合金结构钢15CrMo、12Cr1MoV、12Cr2MoWSiVTiB、12Cr3MoVSiTiB和奥氏体耐热钢07Cr19Ni11Ti、06Cr18Ni11Ti；工作温度≤-40℃的压力容器选用低温钢16MnDR、09Mn2VDR、06MnNbDR，镍钢（w_{Ni}分别为2.25%、3.5%、9.0%）和奥氏体不锈钢06Cr19Ni10、12Cr18Ni9、06Cr19Ni10、07Cr19Ni11Ti；耐腐蚀压力容器选用奥氏体不锈钢07Cr19Ni11Ti、07Cr18Ni11Nb、06Cr18Ni11Ti、022Cr17Ni12Mo2。

近年来，α型钛合金TA7和（α+β）型钛合金TC4已用于制作耐腐蚀耐低温的高压压力容器。

2. 塔器和反应器

塔器由塔体和塔内构件组成。它是炼油、化工、化肥生产装置中用于气-气、气-液、液-液两相接触进行传质过程的构件。根据传质过程的不同，塔器有合成塔、反应塔、蒸馏塔、裂解塔、吸收塔、解吸塔、洗涤塔等；反应器是炼油、化工、化肥生产装置中用于在一定压力条件下进行化学反应的构件。例如在年产30万t合成氨大型化肥生产装置中，N_2和H_2的合成反应是在压力为24MPa的合成塔内完成的；又如在石油炼制过程中，原料油加氢、脱硫和裂化反应是在压力为20~30MPa、温度为300~450℃的反应器中实现的；再如年产18万t低密度聚乙烯生产装置中，乙烯原料气的聚合反应是在压力为100~150MPa的反应器内进行的。由于塔器和反应器是在高温、高压、腐蚀性介质中运行，要求材料应具有高的耐腐蚀性、抗氧化性和热强性。常用塔器和反应器材料为铁素体不锈钢06Cr13Al、10Cr17；奥氏体不锈钢12Cr18Ni9、06Cr18Ni11Ti、022Cr17Ni12Mo2；奥氏体耐热钢06Cr23Ni13、16Cr25Ni20Si2、16Cr20Ni14Si2、06Cr15Ni25Ti2MoAlVB等。对于某些强度和耐热性要求不高的塔器如空气分离的蒸馏塔，可以选用变形铝合金3A21制造。

3. 热交换器

热交换器是炼油、化工、化肥生产装置中用于维持反应温度和利用废热而进行传热过程（如加热、冷凝、蒸发等）的部件。根据使用目的的不同，热交换器有加热器、冷却器、蒸发器、重沸器等形式。热交换器材料应具有高的导热性、抗氧化性、耐热性和耐蚀性。常用的热交换器材料有铁素体耐热钢1Cr13Si3、1Cr25Si2；工业纯铝1070A、1060，变形铝合金3A21、5A05、5B05；工业纯铜T1、T2，黄铜H85、H80、H68、H62。

金属材料在石油化工设备上的应用举例如表12-6所示。

表12-6　金属材料在石油化工设备上的应用举例

材料类别	牌　号	应用举例
低合金结构钢	16MnR、15MnVR、15MnVNR、18MnMoNbR	工作温度≤500℃、工作压力≤5.9MPa的压力容器及管道
合金结构钢	15CrMo、12Cr1MoV、12Cr2MoWSiVTiB、12Cr3MoVSiTiB	工作温度>500℃的压力容器及管道、炼油厂高压加氢装置管道、甲醇合成塔、合成氨的合成塔及进、出塔管道
低温钢	16MnDR、09Mn2DR、06MnNbDR 低碳镍钢(w_{Ni}为2.25%、3.5%、9.0%)	-40~-70℃低温压力容器及管道 -70~-196℃低温压力容器及管道
不锈钢	马氏体钢:12Cr13、20Cr13 铁素体钢:10Cr17、10Cr28、1Cr27Mo2Ti 奥氏体钢:06Cr19Ni10、12Cr18Ni9、022Cr19Ni10、06Cr18Ni11Nb、07Cr18Ni11Ti、022Cr17Ni12Mo2	受力不大、弱腐蚀介质中的阀件、螺栓、小轴 硝酸生产装置中的吸收塔、热交换器、贮槽、管道、醋酸和合成纤维生产设备零件 -196~-269℃低温压力容器、氨合成塔塔体及塔内构件和管道
耐蚀合金	Monel K—500、Inconel718、NS312、NS315	苛性碱蒸发器、有机合成反应器
耐热钢	铁素体钢:06Cr13Al、10Cr17、1Cr13Si3、1Cr25Si2 奥氏体钢:06Cr15Ni25Ti2MoAlVB、06Cr23Ni13、16Cr25Ni20Si2、16Cr20Ni14Si2	石油裂解管、紧固件、高压加氢反应器，加热炉管、热交换器、反应塔塔体及塔内构件 石油、化工、化肥厂热交换器、热裂解管、高温加热炉管
铜及铜合金	工业纯铜:T1、T2 黄铜:H62、H68、H80、H85 青铜:ZCuSn10P1、ZCuSn10Pb5	有机合成、有机酸生产装置中的蒸发器、蛇管 深冷设备的筒体、管件、法兰、螺母 硫酸、有机酸、碱溶液中工作的泵外壳、阀门、齿轮、轴瓦、蜗轮
铝及铝合金	工业纯铝:1070A、1060 变形铝合金:3A21、5A05、5B05	硝酸、石油精炼、橡胶硫化、含硫药剂生产设备中的反应器、热交换器、槽车和管件 硝酸、石油精炼、橡胶硫化以及含硫药剂生产装置中的空气分离蒸馏塔、热交换器、容器
钛及钛合金	工业纯钛:TA1、TA2、TA3 钛合金:α型钛合金TA7、(α+β)型钛合金TC4	强酸、强碱及食盐等生产装置中的反应塔、反应器、热交换器 耐蚀、耐低温高压压力容器

二、非金属材料在石油化工设备典型零（构）件上的应用

非金属材料具有优良的耐腐蚀性能，是石油化工设备上必不可少的材料。除用作密封材料、保温材料、金属设备保护衬里之外，由于制造工艺的不断改进，非金属材料强度不断提高，现在非金属材料已用于制造石油化工生产中的容器、贮槽、塔设备、反应器、热交换器、阀、泵以及管道等零（构）件。石油化工设备中常用的非金属材料有玻璃、化工陶瓷、花岗岩、化工搪瓷、塑料及其复合材料。

(1) 玻璃　石油化工设备中常用的玻璃为硼-硅酸玻璃（耐热玻璃）和石英玻璃，用于制造管道、反应器、热交换器、蒸馏塔三通接头等零（构）件。

(2) 化工陶瓷　化工陶瓷化学稳定性高，除对氢氟酸、强碱和热磷酸外，对各种介质都是耐蚀的。它广泛用于制造常压或低压容器、塔器、泵、阀、管道、设备衬里等零（构）件。

（3）花岗岩　花岗岩是天然耐酸材料，除氢氟酸和高温磷酸外，它在硫酸、硝酸、盐酸中均有良好的耐蚀性，用于制造硫酸、硝酸、盐酸生产装置中的吸收塔、反应塔、电解槽和酸碱贮槽。

（4）化工搪瓷　它是由含硅量最高的耐酸瓷釉喷涂在碳钢（Q215、Q235）或铸铁（HT150）构件表面经焙烧后，在金属表面形成的致密、耐腐蚀的玻璃质薄层。化工搪瓷除氢氟酸、强碱、热磷酸外，在大多数无机酸、有机酸、有机溶剂中都有很好的耐蚀性。用于制造合成纤维、合成塑料及制药设备中防铁离子污染的聚合釜、搅拌反应釜、管道、泵及阀门等零（构）件的表面搪层。

（5）塑料　塑料耐蚀性好，能耐强酸、强碱，在石油化工设备中得到广泛应用。塑料品种很多，在石油化工生产装置中常用的有聚氯乙烯、聚丙烯、聚四氟乙烯、酚醛等塑料。

1）聚氯乙烯。聚氯乙烯包括硬聚氯乙烯和软聚氯乙烯。硬聚氯乙烯用于制造硝酸吸收塔、氧化塔，氯气干燥塔、冷却塔、净化塔，盐酸吸收塔，氯化汞反应塔，烷基磺酰氯反应塔，氯化氢尾气吸收室，盐酸高位槽，盐酸、硝酸、硫酸贮槽和管道；软聚氯乙烯用于制作密封垫圈、密封垫片、软管和大型容器的衬里。

2）聚丙烯。聚丙烯用于制造硫酸、硝酸、盐酸、醋酸及氢氧化钠溶液的贮槽和管道。

3）聚四氟乙烯。聚四氟乙烯用于制作耐高温、耐强酸（包括王水和氢氟酸）、耐强碱、耐强氧化剂和溶剂的容器、热交换器、管道、密封元件、无油润滑轴承、活塞及设备衬里。

4）酚醛。酚醛用于制作耐酸的搅拌器、管道、阀门及设备衬里。

（6）塑料基复合材料　塑料基复合材料强度高、耐蚀性好。石油化工设备中常用的塑料基复合材料为玻璃纤维增强聚酯复合材料（又称聚酯玻璃钢）、玻璃纤维增强环氧复合材料（又称环氧玻璃钢）、玻璃纤维增强酚醛复合材料（又称酚醛玻璃钢）。用于制作贮槽、冷却塔、风机、贮罐、管道、阀门等零（构）件；也可制作大型构件的衬里材料，如尿素造粒塔、硫铵吸收塔、大型半地下盐酸贮槽等的衬里；还可以用作外部增强材料，即将玻璃钢包裹在陶瓷管、石墨管、硬聚氯乙烯管的外面，以提高它们的强度。例如在硬聚氯乙烯管外用树脂（聚酯、环氧、酚醛）作胶料，以玻璃布（或玻璃带）作增强材料，制成玻璃钢外部增强硬聚氯乙烯管，用于制作管径为100mm的室外盐酸气的真空管道，管架间距离为7m，长期使用无变形、无膨胀节，增强效果显著。

第六节　工程材料在航空航天器上的应用

航空航天器是指在大气层飞行或在大气层外的宇宙中飞行的飞行器，前者称为航空器，后者称为航天器。航空航天器包括航空飞机、火箭、导弹、人造地球卫星、宇宙飞船、航天飞机等。航空飞机是装有活塞式或喷气式发动机的飞行器，它飞行时，除携带有必要的燃料剂外，还必须从大气中摄取必要的助燃剂，因而航空飞机只能在稠密的大气层中飞行；火箭是依靠火箭发动机推进的一种飞行器，它携带有飞行时所必需的燃料剂和氧化剂，因而火箭既可以在大气层中飞行，也可以在无大气存在的星际空间飞行；导弹是一种装有战斗部（弹头）的无人驾驶的可控飞行器，它既可以装置火箭发动机飞出大气层航行，也可以装置喷气发动机在大气层中飞行；人造地球卫星、宇宙飞船、航天飞机是由火箭送入预定轨道在星际间飞行的飞行器。不管哪种航空航天器，它们都是由结构系统、动力装置系统、控制系统几部分组成。结构系统包括机翼（即航空飞机、航天飞机、有翼导弹的机翼）、机体（即航空、航天飞机的机身，火箭的箭体，导弹的弹体，人造地球卫星的星体、宇宙飞船的船体）、尾舵（即航空飞机和导弹的尾舵）以及航空飞机的起落架等；动力装置系统包括发动机和推进器及燃料剂和助燃剂供应系统；控制系统包括雷达、操纵机构、机械传动装置、电器电子设备装置、电源系统、姿态控制系统、轨道控制系统、数据管理系统和返回系统。对于载人航空航天器还包括生命保障系统、环境控制系统和应急救生系统。下面只简要介绍工程材料在航空航天器机翼和机体、航空发动机和火箭发动机主要零（构）件上的应用。

一、工程材料在机翼、机体和防热层上的应用

1. 机翼和机体

机翼的主要功能是产生升力以支持航空航天器在飞行中的重力和实现机动飞行；机体是航空航天器的骨架，用于安装和支撑航空航天器的各种仪器设备、动力装置，承受有效载荷（如人员、货物等）及起飞、降落或运载器发射和空间飞行时的各种力学环境和空间环境的作用。机翼和机体由大梁、桁条、加强肋、隔框、蒙皮等构件组成，要求材料具有足够的强度和刚度，密度小，比强度、比刚度高，航天器还要求材料耐高温和耐低温。常用的机翼和机体材料有：①铝合金如变形铝合金2A11、2A12、2A14、2A70、7A04、7A09，铸造铝合金ZAlSi7Mg（ZL101）、ZAlSi9Cu2Mg（ZL111）、ZAlSi5Zn1Mg（ZL115）、ZAlCu5Mn（ZL201），铝锂合金如2090（Al-1.9～2.6Li-2.4～3.0Cu-<0.05Mg-0.08～0.15Zr）、8090（Al-2.3～2.6Li-1.0～1.6Cu-0.6～1.3Mg-0.08～0.16Zr）；②镁合金如MB8、ZM1；③钛合金如TA7、TC4；④纤维增强塑料复合材料如玻璃纤维增强聚乙烯、玻璃纤维增强聚苯乙烯、玻璃纤维增强尼龙、碳纤维增强环氧、硼纤维增强聚酯、硼纤维增强环氧等复合材料。

2. 防热层

导弹、火箭、宇宙飞船、航天飞机在大气层中高速飞行时产生的高温对机体材料有严重的烧蚀作用，因此在这些航天器表面都要覆盖防热层。导弹、火箭表面常用的防热层材料为玻璃纤维增强塑料复合材料，如玻璃纤维增强酚醛-石棉塑料、玻璃纤维增强酚醛-有机硅塑料、玻璃纤维增强环氧-酚醛-酚醛球塑料；对于载人飞船指挥舱（又称座舱或返回舱）和航天飞机轨道器（即机体）在完成航天任务后要返回大地，在重返大气层时要经受1260℃的高温，其表面防热层要求更高，否则，如此高的温度会使机翼和机体烧损，造成机毁人亡的重大事故。例如2003年2月1日美国“哥伦比亚”号航天飞机在使用21次之后由于飞机左翼前部5块隔热瓦脱落，导致飞机解体并坠毁，机上7名航天员不幸遇难。目前，载人飞船指挥舱是采用全烧蚀防热结构。该防热结构由烧蚀层、不锈钢背壁、隔热层组成。烧蚀层是在酚醛和环氧树脂中添加石英纤维和酚醛小球的一种复合材料，具有密度低、热导率小、抗拉强度高、比热容大等优点，能有效抵抗再入大气层时的高温；不锈钢背壁采用奥氏体不锈钢（如022Cr17Ni12Mo2等）蜂窝结构，以提高防热结构的强度，抵御再入大气层时巨大的过载和急剧增加的气流冲刷力；隔热层采用密度很低的超细石英纤维，填充在烧蚀层与不锈钢蜂窝背壁之间及不锈钢蜂窝背壁与机体铝合金蒙皮之间，以减小烧蚀层向内的传热，这种防热结构能有效保护指挥舱铝合金结构不受高温影响；航天飞机轨道器（即机体）的防热层根据轨道器外表面的不同温度采用不同防热材料。轨道器的机翼前缘和鼻锥区再入大气层时温度高达1260℃，采用石墨纤维布增强碳化树脂基体而形成的碳-碳复合材料；机体上部

和两侧及机翼上部的部分区域，温度不超过353℃，采用聚芳酰胺纤维毡作绝热材料；轨道器其他区域温度在353~1260℃范围内，采用SiO_2纤维编织成2万多个陶瓷片（称隔热瓦）覆盖在机体表面约70%的面积上。这种防热系统使轨道器铝合金外表面温度不高于180℃，完全可以保证轨道器重复使用（航天飞机轨道器设计允许重复使用100次）。

二、工程材料在航空发动机和火箭发动机典型零（构）件上的应用

航空器（航空飞机和飞航导弹）上使用的发动机是燃气涡轮发动机。燃气涡轮发动机由燃烧室、导向器、涡轮叶片、转子（即涡轮盘和涡轮轴）、油箱、压气机、输送系统、壳体等部件组成；航天器（人造卫星、宇宙飞船、航天飞机、弹道式导弹等）上使用的发动机为火箭发动机和推力器。火箭发动机由推力室（包括火焰筒、加力燃烧室、喷管）、推进剂（液氢和液氧或煤油和液氧或混肼和四氧化二氮）贮箱、输送系统、发动机壳体等部件组成。推进剂在燃烧室（火焰筒）中燃烧，生成高温高压燃气，通过喷管并在喷管中膨胀，然后高速喷出产生很大推力。它能够将导弹、人造卫星、宇宙飞船、航天飞机、空间站发射到预定轨道，这就成为运载火箭。如果这种高速喷出的高温高压燃气喷射到涡轮叶片上，就成为火箭涡轮发动机，也可称为燃气涡轮发动机或火箭发动机。下面简要介绍工程材料在航空涡轮发动机和火箭发动机主要零（构）件燃烧室（火焰筒）、导向器、涡轮盘、涡轮轴、发动机壳体、喷管上的应用。

1. 燃烧室（火焰筒）

燃烧室（火焰筒）是发动机各部件中温度最高的区域。燃气温度高达1500~2000℃时，室壁温度可达800℃以上，局部区域可达1100℃。因此，燃烧室材料应具有高的抗氧化和抗燃气腐蚀的能力、足够的高温持久强度、良好的抗热疲劳性能和组织稳定性、较小的线膨胀系数及良好的工艺性能。燃烧室材料有铁基高温合金GH1140，镍基高温合金GH3030、GH3090、GH3018、GH3128、GH3170和TD-Ni（Ni-2%ThO_2）以及TD-NiCr（Ni-20%Cr-2%ThO_2）等。

2. 导向器

导向器又称导向叶片，是涡轮发动机中热冲击最大的零件之一，其失效方式为热应力引起的扭曲、温度剧烈变化引起的热疲劳裂纹及局部的烧伤。导向器材料应具有足够的高温持久强度、良好的抗热疲劳性能和抗热振性、较高的抗氧化性和抗燃气腐蚀性。导向器常用的材料为精密铸造高温合金K214、K232、K403、K406、K417、K418、K423B等。

3. 涡轮叶片

涡轮叶片是航空、航天涡轮发动机上最关键的零件之一，也是最重要的转动部件，在高温下受离心力、振动力、热应力、燃气冲刷力的作用，其工作条件最为恶劣。涡轮叶片材料应具有高的抗氧化性和耐蚀性，很高的蠕变极限和持久强度，良好的疲劳和热疲劳抗力及高温组织稳定性和工艺性。常用的涡轮叶片材料为镍基高温合金GH4033、GH4037、GH4049、GH4118、GH4143、GH4220等。近20多年来随着铸造工艺的发展，普遍采用精密铸造、定向凝固、单晶凝固等方法铸造叶片。叶片常用的铸造镍基合金有K403、K405、K417、K418、DZ3、DZ22等。随着燃气涡轮进口温度的提高，国外先进航空燃气涡轮发动机采用单晶涡轮叶片，使用温度提高到1100~1150℃，我国已研制成功DD402和DD3单晶合金。常用镍基高温合金的化学成分及其主要用途如表12-7所示。

表 12-7　常用镍基高温合金化学成分及其主要用途

序号	合金牌号	化学成分 w(%)														主要用途
		C	Cr	Ni	Co	W	Mo	Al	Ti	Fe	Nb	V	B	Zr	其他	
1	GH3030	≤0.12	19.0～22.0	余				≤0.15	0.15～0.35	≤1.0						用于800°C以下的燃烧室，加力燃烧室，该合金可用GH3140替代
2	GH4145	≤0.08	14/17	余	≤1.0			0.4～1.0	2.25～2.75	5.0～7.0	Nb+Ta 0.7～1.2					用于600°C以下工作的航空发动机和燃气轮机弹性承力件，如：密封片、高温弹簧等
3	GH4169	0.045	19.09	余			3.25	0.88	0.83	18.0	Nb+Ta 5.08		0.005			用作350～750°C工作的抗氧化热强材料等
4	GH3039	≤0.08	19.0～22.0	余			1.80～2.30	0.35～0.75	0.35～0.37	≤3.0	0.90～1.30					用于850°C以下的火焰筒及加力燃烧室等材料
5	GH3333	≤0.08	24～27	44～47	2.5～4.0	2.5～4.0	2.5～4.0	≤0.2	≤0.2	余	≤0.2		≤0.006			用于900°C以下长期工作的燃气涡轮火焰筒等
6	GH3044	≤0.10	23.5～26.5	余		13.0～16.0	<1.5	≤0.50	0.30～0.70	≤4.0						用作航空发动机的燃烧室和加力燃烧室等
7	GH3128	≤0.05	19.0～22.0	余		7.5～9.0	7.5～9.0	0.4～0.8	0.4～0.8	≤1.0			0.005	0.04	Ce0.05	用于950°C工作的涡轮发动机的燃烧室，加力燃烧室等零件
8	GH4141	0.06～0.12	18.0～20.0	余	10.0～12.0		9.0～10.5	1.4～2.0	2.9～3.5	≤5.0			0.003～0.01			发动机对流式，或发散冷却式导向叶片和工作叶片的外壳等
9	GH3170	≤0.06	18～22	余	15～22	18～21		≤0.5					0.005	0.1～0.2	La0.1～0.3	用于航空发动机燃烧室和加力燃烧室等高温承力件
10	GH4033	≤0.06	19.0～22.0	余				0.55～0.95	2.2～2.7	≤1.0			≤0.01		Ce≤0.01	用于700°C的涡轮叶片和750°C的涡轮盘等材料
11	GH4133	≤0.07	19～22	余				0.7～1.2	2.5～3.0	≤1.5	1.15～1.65		≤0.01			用作700～750°C工作的涡轮盘或叶片材料
12	GH4180	0.04～0.10	18.0～21.0	余	≤2.0			1.0～1.8	1.8～2.7	≤1.5			≤0.008			用于750°C以下工作的涡轮叶片和700°C以下工作的涡轮盘等零件

13	GH4037	≤0.10	13.0~16.0	余		5.0~7.0	2.0~4.0	1.7~2.3	1.8~2.3	≤0.5		0.1~0.5	≤0.02		Ce≤0.02	用于800~850°C涡轮叶片材料
14	GH4146	≤0.15	13.0~20.0	余	13.0~20.0		3.5~5.0	2.5~3.25	2.5~3.25	≤4.0			≤0.01			用于工作温度870°C左右的燃气涡轮叶片等
15	GH4049	≤0.07	9.5~11.0	余	14.0~16.0	5.0~6.0	4.5~5.5	3.7~4.4	1.4~1.9	≤1.5		0.2~0.5	0.015~0.025		Ce0.02	用于900°C的燃气涡轮工作叶片及其他受力较大的高温部件
16	GH4151	0.05~0.11	9.5~10.0	余	15.0~16.5	6.0~7.5	2.5~3.1	5.7~6.2		<0.7	1.95~2.35		0.012~0.02	0.03~0.05	Ce0.02	用于950°C的燃气涡轮工作叶片
17	GH4118	≤0.20	14.0~16.0	余	13.5~15.5		3.0~5.0	4.5~5.0	3.5~4.5	≤1.0			0.01~0.025	≤0.15		用于工作温度950°C以下的涡轮叶片
18	GH4710	0.05~0.10	16.5~19.5	余	13.5~16.0	1.0~2.0	2.5~3.5	2.0~3.0	4.5~5.5	≤1.0			0.01~0.03	0.05		用于980°C以下使用的燃气涡轮工作叶片和涡轮盘、整体涡轮盘、后轴等
19	GH4738	0.03~0.10	18.0~21.0	余	12.0~15.0		3.5~5.0	1.2~1.6	2.75~3.25	≤2.0			0.003~0.03	0.02~0.08		用于815°C以下工作的涡轮叶片、涡轮盘和压气机盘等
20	GH4698	≤0.08	13~16	余			2.8~3.2	1.3~1.7	2.35~2.75	≤2.0	1.8~2.2		≤0.005		Ce≤0.005	用于550~800°C的涡轮盘
21	GH4220	≤0.08	9.0~12.0	余	14.0~15.0	5.0~6.5	5.0~7.0	3.9~4.8	2.2~2.9	≤3.0		0.2~0.8	≤0.02		Mg微量	用于900~950°C的涡轮工作叶片
22	K406	0.1~0.2	14.0~17.0	余			4.5~6.0	3.25~4.0	2.0~3.0	<5.0			0.05~0.10			用于750~850°C的燃气涡轮叶片、导向叶片和其他高温受力部件
23	K401	≤0.1	14.0~17.0	余		7.0~10.0		4.5~5.5	1.4~2.0				≤0.12			用于900°C以下的涡轮导向器叶片
24	K418	0.08~0.16	11.5~13.5	余			3.8~4.8	5.5~6.4	0.5~0.1	≤1.0	1.8~2.5		0.005~0.02	0.06~0.15		用于950°C以下的涡轮导向叶片和工作叶片以及整体铸造涡轮和整体导向器

（续）

序号	合金牌号	化学成分 w(%)													主要用途
		C	Cr	Ni	Co	W	Mo	Al	Ti	Fe	Nb	V	B	Zr	其他	
25	K438	0.1～0.2	15.7～16.3	余	8.0～9.0	2.4～2.8	1.5～2.0	3.2～3.7	3.0～3.5		0.6～1.1		0.005～0.015	0.05～0.15	Ta1.5～2.0	主要用作工业和海上燃气轮机涡轮叶片及导向叶片等
26	K423	0.11～0.18	15.0～16.5	余	9.0～11.0		7.5～9.0	3.8～4.5	3.3～3.8	≤0.5			0.005～0.015		N<0.5	可用于制造900°C以下使用的燃气涡轮导向叶片
27	K403	0.11～0.18	10.0～12.0	余	4.5～6.0	4.8～5.5	3.8～4.5	5.3～5.9	2.3～2.9	≤2.0			0.01～0.03	0.1	Ce0.01～0.03	可用作900～1000°C工作的燃气涡轮导向叶片和800°C以下工作的涡轮叶片
28	K405	0.10～0.18	9.5～11.0	余	9.5～10.5	4.5～5.2	3.5～4.2	5.0～5.8	2.0～2.9	≤1.0			0.015～0.026	0.05～0.10	Ce0.01	用作制作工作温度950°C以下的燃气涡轮工作叶片
29	K409	0.08～0.13	7.5～8.5	余	9.5～10.5	≤0.10	5.75～6.25	5.75～6.25	0.8～1.2	≤0.35	≤0.10	≤0.10	0.01～0.02	0.05～0.10	Ta4.0～4.5	用作900～950°C长期使用的燃气涡轮工作叶片和导向叶片
30	K417	0.13～0.22	8.5～9.5	余	14.0～16.0		2.5～3.5	4.8～5.7	4.7～5.3	≤1.0		0.6～0.9	0.010～0.022	0.05～0.09		用于950°C以下工作的空心涡轮叶片和导向叶片
31	K417G	0.13～0.22	8.5～9.5	余	9.0～11.0		2.5～3.5	4.8～5.7	4.1～4.7	≤1.0		0.6～0.9	0.013～0.024	0.05～0.09		用于900°C长期工作的燃气涡轮发动机涡轮转子叶片
32	DZ5	0.05～0.12	10.0～11.0	余	9.5～10.5	4.5～5.2	3.5～4.2	5.0～6.0	2.0～3.0				0.015～0.030	0.1		用于制作980°C以下工作的航空发动机和工业燃气轮机的涡轮叶片和导向叶片
33	DZ3	0.08～0.13	10.0～11.0	余	4.5～6.0	4.8～5.5	3.8～4.8	5.3～6.0	2.3～3.2	≤2.0			0.015	0.01	Ce<0.01	适用于980～1000°C工作的航空发动机和工业燃气轮机的涡轮叶片和导向叶片
34	K4002	0.13～0.17	8.0～10.0	余	9.0～11.0	9.0～11.0	≤0.5	5.25～5.75	1.25～1.75	≤0.5			0.01～0.02	0.03～0.08	Ta2.25～2.75 Hf1.3～1.7	用于800～1040°C工作的燃气涡轮工作叶片，也可用作整铸涡轮
35	K419	0.09～0.14	5.5～6.5	余	11.0～13.0	9.5～10.7	1.7～2.3	5.2～5.7	1.1～1.5		2.5～3.5		0.05～0.10	0.03～0.08		用于850～1000°C工作的涡轮叶片和1050°C工作的导向叶片

4. 涡轮盘

涡轮盘工作时承受拉伸、扭转、弯曲应力及交变应力的作用，同时轮盘径向存在较大的温度差，引起很大热应力，例如航空发动机涡轮盘轮缘温度为550~650℃，而轮心温度只有300℃左右。为了防止涡轮盘塑性变形和开裂，涡轮盘材料应具有高的屈服强度和蠕变极限，良好的疲劳极限和热疲劳抗力，足够的塑性和韧性，较小的缺口敏感性，小的线膨胀系数，一定的抗氧化、耐蚀性能，良好的工艺性能。常用的涡轮盘材料为铁基、镍基高温合金GH2132、GH2135、GH2901、GH4033A、GH4698。近年来采用粉末冶金工艺生产涡轮盘，粉末涡轮盘合金具有组织均匀、晶粒细小、强度高、塑性好等优点，是现代先进航空发动机上使用的理想涡轮盘合金。

5. 涡轮轴和转子

涡轮发动机的涡轮轴和转子是发动机功率输出的重要零件，承受弯曲和扭转的交变应力及冲击力，要求材料应具有足够的强度和刚度及韧性。常用涡轮轴和转子的材料有：①高强度和超高强度钢30CrMnSiA、30CrMnSiNi2A、40CrMnSiMoVA、40CrNiMoA、34CrNi3MoA、43Cr5NiMoVA；②耐热钢12Cr13（马氏体钢）、16Cr25Ni（铁素体钢）、06Cr25Ni20（奥氏体钢）、0Cr12Ni20Ti3AlB（沉淀硬化钢）；③钛合金TB2，高温合金GH2038A、GH4169；④镍基耐蚀合金Monel K-500、Inconel718等。

6. 发动机壳体

发动机壳体是发动机的承力构件。壳体材料应具有足够的强度和刚度、密度小、比强度和比刚度高、工艺性能好。壳体常用的材料有：①变形铝合金2A14、2A50、2A70；②钛合金TC4；③高强度和超高强度钢40CrNiMoA、34CrNi3MoA、43Cr5NiMoVA、35Cr5MoSiV、Ni18Co9Mo5TiAl。

7. 喷管和喷嘴

如前所述，火箭发动机的推进剂在燃烧室（火焰筒）中燃烧后产生高温高压燃气，经过喷管膨胀后以高速喷出。因此，喷管和喷嘴材料应具有优异的高温强度和耐燃气腐蚀性。此外，喷嘴材料还应具有优良的耐高速燃气冲刷磨损的能力，高温合金已不能满足要求，必须采用钼基、钨基、钽基、铌基难熔合金和金属陶瓷材料。常用的火箭发动机喷管材料为镍基高温合金GH3030、GH4220等；喷嘴材料为铌基难熔合金Nb-5Hf、钨基金属陶瓷W-Cr-Al_2O_3等。

综上所述，航空航天器常用的材料为高强度钢和超高强度钢，不锈钢和镍基耐蚀合金，耐热钢和高温合金，铝合金、镁合金和钛合金，陶瓷材料和难熔合金，塑料基复合材料。

第七节　工程材料在生物医学上的应用

一、生物医学材料的生物相容性和安全性

在上面讨论工程材料在典型机械上的应用时，主要考虑材料的力学性能如强度、硬度、塑性、韧性、耐高温、耐低温、耐磨损、耐冲击等，以及材料的物理性能如导电性、导热性、磁性、光学性能等和化学性能如耐腐蚀、抗老化等。而工程材料在生物医学上的应用除要考虑材料的力学性能、物理性能和化学性能之外，更重要的是要考虑材料的生物相容性。

生物相容性是指生物医学材料与生物体的相互适应性，即生物医学材料植入体不受生物体免疫系统的攻击，如不发生排异反应、不产生肿胀和疼痛等，以及生物医学材料植入体对生物体无损害作用，如无毒性、组织不发炎、不致畸、不发生癌变等。

1. 生物医学材料的生物相容性

生物相容性包括组织相容性和血液相容性。

（1）组织相容性　它是指植入材料不能对周围组织产生毒副作用，特别是不能诱发组织致畸和基因病变；同时，植入体周围的组织液也不能对植入材料产生强烈的腐蚀作用和排异反应。具体表现为植入材料与生物体结缔组织中的胶原结合成为一体，并能保持长时间稳定牢固的结合。例如埋植试验证明聚甲基丙烯酸甲酯（PMMA，俗称有机玻璃）的组织相容性好，试样制成片状并植入组织中，经一段时间后，在材料周围有纤维细胞的增殖并逐渐慢慢地增厚，大约3个月后纤维包膜增厚达0.15～0.20mm，使得材料在生物体内保留下来，随后两年未见包膜有明显的变化。因此，PMMA用于制造眼睛的人工晶状体。

材料组织相容性主要取决于成分、结构和化学稳定性。

（2）血液相容性　它是指材料与血液接触时无溶血和凝血作用，不形成血栓，不破坏血液成分或不改变血液生理环境。无论是短期体外移植物如人工肺、人工肾、输血导管等，或是长期原位移植物如人工血管、人工心脏等，它们都与血液直接接触，这就要求移植物的材料必须具有良好的血液相容性，这样才能确保人工器官植入体内完成其替代某一受损组织的生理功能。

另外，植入材料的力学性能也要与人体组织相匹配。若强度过低导致植入材料发生断裂失稳；硬度过低则使植入材料磨损，磨损产生的颗粒进入淋巴系统后诱发炎症；强度和硬度过高则对周围组织可能产生破坏，使植入部位难以愈合，甚至引发其他病变。例如不锈钢人工关节植入后，关节头可能使关节腔软骨磨损，关节柄则又可能因疲劳而断裂留在骨髓腔中。

2. 生物医学材料的安全性——生物相容性评价

对长期植入物或永久植入物必须严格进行生物相容性评价。根据国际标准ISO 10993的内容，结合我国实际，1998年制定了生物相容性国家标准GB/T 16886。根据该标准，我国生物相容性评价内容包括下列16项。

（1）溶血试验评价　它是利用生物材料或其浸提液做体外试验，测定细胞溶解和血红蛋白游离的程度，对生物材料的体外溶血性能进行评价。

（2）细胞毒性试验评价　它是利用体外细胞培养法来评价生物材料的潜在细胞毒性。

（3）急性全身毒性评价　它是将生物材料或其浸提液通过动物静脉或腹腔注入动物体内，观察不同时间动物存活状态、毒性表现如死亡动物数量等进行评价。

（4）过敏试验评价　它是将生物材料或其浸提液与豚鼠皮肤接触，检测有无引起皮肤过敏的潜在性。

（5）刺激试验评价　它是利用生物材料或其浸提液与完整的皮肤、结合膜、粘膜在规定的时间内接触，评价该种生物材料对皮肤、结合膜、粘膜的刺激作用，即对皮肤、眼结膜、口腔粘膜的刺激作用。

（6）植入试验评价　它是将生物材料植入体内的皮下、肌肉、骨骼内经不同时间（90天、180天、360天）后，通过肉眼、光学显微镜和电子显微镜观察组织反应。

（7）热原试验评价　它是将一定量的生物材料或其浸提液由静脉注入兔子体内，在规定时间内观察体温变化，以确定浸提液中含热原量是否符合人体应用要求。

（8）血液相容性试验评价　用生物材料与血液接触，以观察溶血、血栓形成和血浆蛋白、补体系统酶与血液有形成分的作用。

（9）皮内反应试验评价　将生物材料浸提液注入肌肉内评价组织对生物材料浸提液的局部作用。

（10）生物降解试验评价　生物材料存在潜在的可吸收或降解时，该试验可测定材料或其浸提液可滤沥物和降解产物的吸收、分布、生物转化和消除过程。

（11）遗传毒性试验评价　利用哺乳动物或非哺乳动物体外细胞培养技术，测定材料引起的基因突变、染色体畸变或对 DNA 的影响。也可以通过动物体内的微核试验、哺乳类动物骨髓遗传毒性试验、哺乳类动物生殖细胞遗传试验等技术检测遗传毒性。

（12）致癌性试验评价　通过测试可用于 Ames 试验的标准试验菌株的突变率来考察生物材料的致癌性。

（13）生殖和发育毒性试验评价　通过生物材料或其浸提液对实验动物的生殖功能，包括不育、流产、死胎、胚胎生长发育等和出生后的初期生长发育等检测潜在影响。

（14）亚急性毒性试验评价　利用生物材料或其浸提液植入动物体内，观察动物寿命的10%时间内（大白鼠要在 90 天内）毒性反应。

（15）慢性毒性试验评价　利用生物材料或其浸提液植入动物体内，观察动物寿命的10%时间以上的毒性反应。

（16）药物动力学试验评价　测定生物材料或其浸提液的吸收代谢过程、分布、生物转化、产物降解和有毒的可浸提成分。

经过上述生物相容性评价体系和严格管理的生物医学材料可被批准广泛应用于临床，实践证明此类材料近期安全且疗效好。然而，这并不说明材料永久或终身是安全有效的，需要临床医师在应用中不断进行永久性评价，如发现问题，应立即停止使用。例如以前隆胸是将硅凝胶直接注射到体内，引起感染和疼痛，1960 年宣布禁止使用这种手术。

二、生物医学材料的分类

根据不同的分类标准，生物医学材料可以分为不同类型，如图 12-1 所示。下面简单介绍按生物性能将生物医学材料分为的生物惰性材料、生物活性材料、生物降解材料和生物复合材料四类。

1. 生物惰性材料

生物惰性材料是指在生物体中能够保持稳定，不发生或仅发生微弱生化反应的生物医学材料。它主要包括生物惰性陶瓷，如氧化铝（Al_2O_3）、氧化锆（ZrO_2）、氮化硅（Si_3N_4）、玻璃陶瓷（SiO_2-CaO-Na_2O-P_2O_5-MgO-K_2O）、医用碳素材料；医用金属及合金，如金、银、银-汞合金、不锈钢（06Cr17Ni12Mo2）、钛及钛合金（Ti-6Al-4V）、Co-Cr 合金、Ni-Ti 形状记忆合金）。由于生物惰性材料在肌体内基本上不发生生化反应，因此它与组织间的结合是靠组织长入其粗糙不平的表面形成机械嵌合，即形态的结合。生物惰性材料植入肌体后其形态和结构一般不会发生改变，力学性能稳定，是目前人体承受力的硬组织（如骨关节、牙齿等）替换和修复中应用最广的材料。

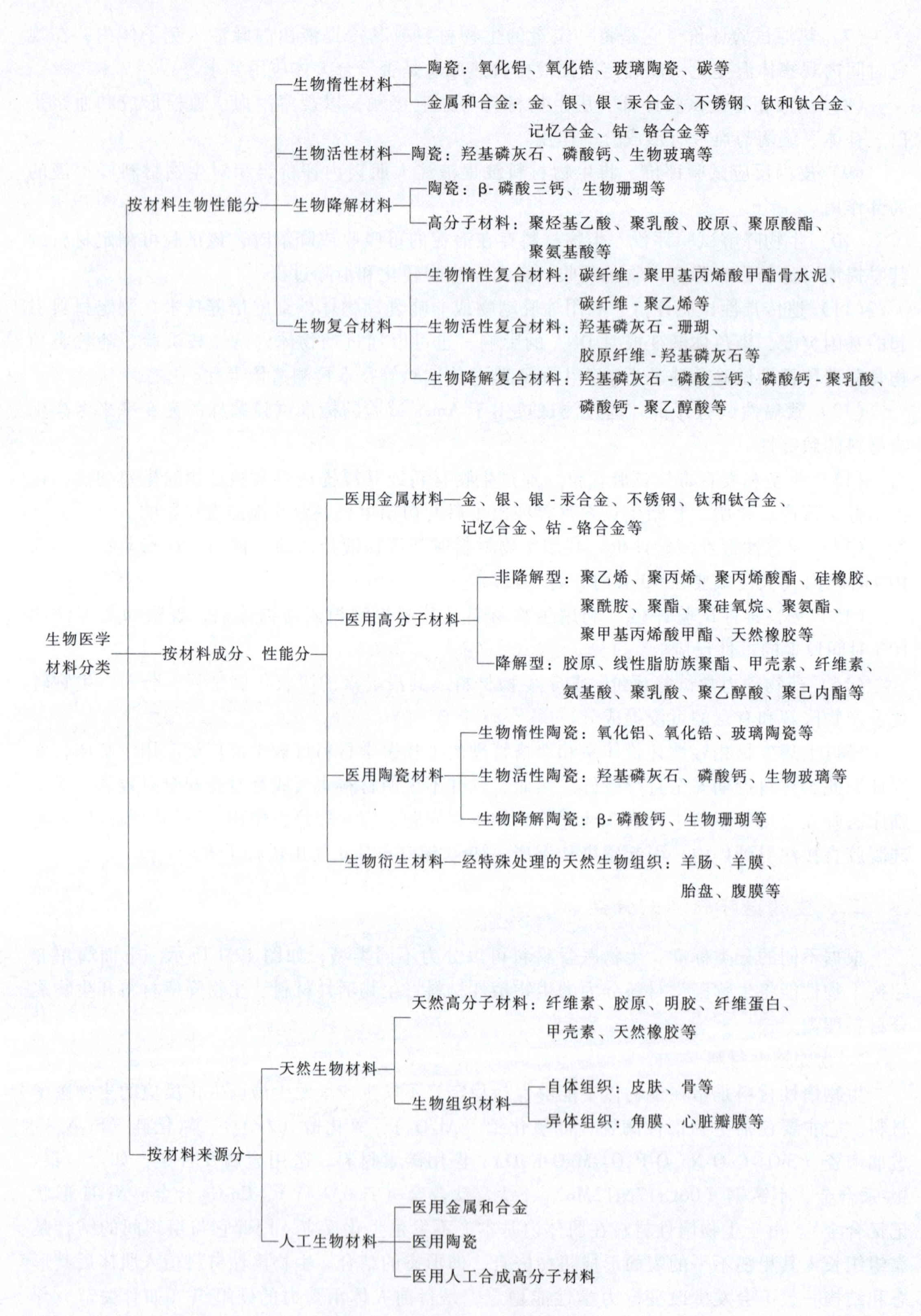

图 12-1　生物医学材料分类

2. 生物活性材料

生物活性材料是指在生物体中能与周围组织发生不同程度生化反应的生物医学材料，具有增加细胞活性、促进新组织生长的能力。其主要有羟基磷灰石、磷酸钙骨水泥、磷酸钙陶瓷纤维、生物玻璃（SiO_2-CaO-Na_2O-P_2O_5）等。羟基磷灰石是一种典型的生物活性材料，是人体骨的主要无机成分，当将其植入体内时，不仅能引导成骨，而且能与折骨形成骨性结合，在肌肉、韧带或皮下种植时，能与组织密切结合，无炎症或刺激反应，具有优异的组织相容性。

生物活性材料主要用于骨组织的修复和替换。

3. 生物降解材料

生物降解材料是指在生物体中能够不断发生降解且降解产物能被生物体所吸收或排出体外的生物医学材料。其主要包括生物降解陶瓷（β-磷酸三钙、生物珊瑚等）和生物降解高分子材料（胶原、线性脂肪族聚酯、甲壳素、纤维素、氨基酸、聚乳酸等）。前者主要用于修复良性骨肿瘤或瘤样病变手术刮除后所致缺损；后者主要作为药物载体和组织工程支架材料以及骨科内固定器件。

4. 生物复合材料

生物复合材料是由两种或两种以上不同生物医学材料复合而成的生物医学材料。其包括金属基、高分子基、陶瓷基三类复合材料。根据材料在生物体内发生生化反应的程度，生物复合材料又分为生物惰性复合材料（如碳纤维-聚甲基丙烯酸甲酯骨水泥、碳纤维-聚乙烯等）、生物活性复合材料（如羟基磷灰石-珊瑚、胶原纤维-羟基磷灰石、Al_2O_3 颗粒-羟基磷灰石、羟基磷灰石-钛合金等）和生物降解复合材料（如羟基磷灰石-磷酸三钙、磷酸三钙-聚乳酸、磷酸三钙-聚乙醇等）。此类材料主要用于骨组织（如四肢骨、股骨、颅骨、髋关节、膝关节、肩关节、踝关节、上颚骨、下颚骨等）和牙齿等硬组织的替换与修复。

三、工程材料在生物软组织和硬组织上的应用

1. 工程材料在生物软组织上的应用

生物软组织有很多种，这里只介绍工程材料在缝合线、人工皮肤、颚面植入体、眼和耳植入体、人工乳房、人工血管、人工心脏瓣膜、人工肺膜、人工肾脏透析膜等植入体上的应用。

（1）缝合线　缝合线用于外科手术切口的缝合。缝合线材料必须满足下列要求：①组织相容性好；②有一定的强度、摩擦因数、伸长率、柔软性和弹性；③易于消毒灭菌；④缝合和打结方便。缝合线常用的材料有：天然高分子材料如动物肠线、蚕丝和棉花丝线；人工合成高分子材料如聚酰胺（尼龙）、聚酯（涤纶）、聚乙烯、聚丙烯（丙纶）、聚丙烯腈（腈纶）、聚乙烯醇酸、聚乳酸等；金属材料如不锈钢（1Cr18Ni9Ti）纤维、Ni-Ti 记忆合金纤维、金属钽纤维等。其中动物肠线、聚乙烯醇酸、聚乳酸为可吸收缝合线，伤口愈合后自动被肌体吸收，不需再拆除；蚕丝、棉花丝线、聚酰胺、聚酯、聚乙烯、聚丙烯、聚丙烯腈、不锈钢纤维、Ni-Ti 记忆合金纤维、金属钽纤维为不可吸收缝合线，伤口愈合后必须将其拆除。另外，不锈钢纤维，Ni-Ti 记忆合金纤维、金属钽纤维的缝合强度高，主要用于剖腹产、肠内手术及骨折手术中产生的大型手术切口的缝合。

（2）人工皮肤　皮肤由表皮和真皮组成，表皮为上皮组织，真皮为结缔组织。皮肤在

肌体中的主要作用是：①调节体液平衡；②保持肌体内环境的稳定；③调节体温；④防御细菌侵入。皮肤受到物理创伤或化学物质破坏时，常会造成皮肤的损伤。人工皮肤在治疗皮肤损伤过程中仅是作为一种暂时性的创面保护覆盖材料。人工皮肤必须满足下列条件：①有良好的透气性及透气性；②有防御功能，对细菌有过滤作用。③与皮下组织有较好的亲和性；④不引起刺激和不良反应，并能促进创面的愈合。目前在临床上应用的皮肤修复材料有：天然皮肤，包括自体皮、异体皮、异种皮和动物组织（羊膜、胎盘、腹膜等）；人工皮肤，包括天然高分子材料（明胶、甲壳素等）和合成高分子材料（聚酰胺、聚酯、硅橡胶、聚氨酯等）。一般来说，自体皮肤移植疗效最好。但是如果烧伤创面很大，不可能提供足够的自体皮肤，则选用异体皮肤或异种皮肤移植。对于严重烧伤的患者，选用高分子材料制成的人工皮肤对烧伤创面进行覆盖，可以防止体液、血浆蛋白、电解质等物质丢失，也可以防御细菌对肌体的浸入，减少烧伤创面和全身的感染，为烧伤创面的彻底愈合提供了必要条件。

（3）颚面植入体　颚面植入是指由于上颚、下颚或脸部因手术、外伤引起的损害或缺损而采用人工替代植入以实现组织整形、机能修复及整容重建的技术。颚面软组织材料应满足如下要求：①色泽和成分与患者组织相符。②力学性能、化学性能稳定，不变形，不变色，对组织不产生腐蚀；③易于加工制造。颚面软组织常用材料为高分子材料如聚氯乙烯和盐酸（5%~20%）聚合物、聚甲基甲烯腈、硅酯及聚乙烯醇橡胶等，而牙龈、颏等口内软组织常用材料为硅橡胶、聚甲基丙烯酸甲酯。对于上颚、下颚及面骨缺损等硬组织则用钽、钛及Co-Cr合金等金属材料来修复。

（4）眼、耳植入体　用于眼科的生物医学材料必须具备以下条件：①良好的生物相容性，与组织有较高的亲和力，有舒适感；②具有透气性和湿润性；③具有良好的光学性质，折射率与角膜接近；④有一定的机械强度，易于加工。

1）人工角膜。严重的角膜病变和角膜损伤会使患者致盲。为了重见光明必须进行角膜移植手术。角膜移植有同种异体角膜移植和人工角膜移植两种。虽然同种异体角膜移植治疗效果较为理想，但异体角膜来源有限。而人工角膜可以满足临床的需要，为眼盲患者带来复明的希望。

人工角膜由光柱和支架组成。光柱构成光学透明中心，因此光柱材料必须具有较好的光学性能和良好的组织相容性。常用的材料有聚甲基丙烯酸甲酯、硅橡胶、聚乙烯醇共聚体、水凝胶等；支架材料应具有支持光学部分的功能，同时又能与角膜组织形成永久性的固定。常用的材料有多孔聚四氟乙烯、氟碳化合物、碳纤维、水凝胶和聚酯纤维。

2）人工晶状体和人工玻璃体。晶状体是富有弹性的双凸透镜状透明体，它是眼球屈光系统的主要组成部分。玻璃体是无色透明的胶状物质，可支撑视网膜，两者均有屈光作用。人工晶状体材料为聚甲基丙烯酸甲酯（PMMA），其支架材料为聚酰胺（尼龙）、聚丙烯（丙纶）。人工玻璃体材料为聚乙烯醇水凝胶。

3）耳植入体（听小骨、蜗形耳）。耳硬化症可以改变耳骨组织而引起传导性失聪；中耳炎可引起小骨链（锤骨、砧骨、镫骨）部分损害或全部损害。利用耳植入体（听小骨、蜗形耳）可以治愈上述病症。耳植入体（听小骨、蜗形耳）常用的材料有聚四氟乙烯、聚乙烯、硅橡胶、不锈钢和金属钽、聚四氟乙烯-碳复合材料、多孔聚乙烯-碳复合材料。

（5）人工乳房　为了帮助那些采用乳房切除手术的乳腺癌患者或胸部有不对称缺陷的患者恢复体形，常采用人工乳房假体植入。人工乳房材料应具有优良的组织相容性和高弹

性，且无毒、无排异反应。早期人工乳房是采用聚乙烯制造的海绵体，然而随软组织内生长不断长入其空隙后，会随时间延长而钙化，使人工乳房失去弹性，导致所谓玛瑙胸。后来改用硅橡胶袋内装有硅凝胶和聚合物网孔，有助于组织内生长，因此成为人们广泛接受的乳房假体。但自 1992 年后，发现硅凝胶渗漏会引起急性炎症，所以硅凝胶作为隆胸手术中的乳房假体材料已逐步给予限制，新的乳房假体材料正在研究中，不久将会应用于临床。

（6）人工血管　血管植入已应用于各种心血管疾病治疗。血管材料应具有优良的血液相容性、化学稳定性和弹性。目前血管植入体主要有生物血管和人工血管。

生物血管包括同种血管和异种血管。同种血管一般使用自体血管如大隐动脉、胸廓内动脉、颈静脉等，虽然这类血管较为理想，但来源有限；异种血管一般使用牛、猪的各种血管，虽然来源丰富，但存在免疫排异反应、术后并发症、形成血栓、钙化等问题。因此生物血管在临床上应用受到一定限制。

目前广泛应用的是人工血管，它主要由高分子材料制成。人工血管常用的材料有聚酰胺、聚酯、聚四氟乙烯、聚丙烯酸、聚丙烯腈和硅橡胶等。

（7）人工心脏瓣膜　心脏是肌体血液循环的动力装置。人类心脏有两个心房和两个心室，由于高的压力使左心房瓣膜较右心房瓣膜更频繁地开放和闭合，其中最重要的是主动脉的瓣膜，因为它是血液流经全身后最后通过的门径。心脏瓣膜病是常见的心脏病，心脏瓣膜置换术是治疗心脏瓣膜病的有效方法。

目前临床上应用的人工心脏瓣膜有生物瓣膜和机械瓣膜两大类。

生物瓣膜包括同种生物瓣膜和异种生物瓣膜。同种生物瓣膜是采用他人的心脏瓣膜；异种生物瓣膜是采用猪的心脏瓣膜和其他动物的半月瓣膜或其他组织薄膜如牛心包、猪主动脉等，按照人类瓣膜结构制成，然后镶在特制的瓣膜支架上。生物瓣膜具有良好的流体力学特性和生物相容性，优异的抗凝血性能，植入生物瓣膜后不需进行抗凝血治疗，故受到广泛重视。但生物瓣膜容易钙化，耐久性较差，一般使用寿命只有 8~12 年，需再次手术置换。

机械瓣膜性能稳定，具有很好的耐久性，使用寿命长，可望达到 30~50 年。但其血液相容性不够理想，血栓形成较明显，患者植入后还需终身服用抗凝血药物。机械瓣膜由瓣膜、瓣膜架、阀、缝合环组成。常用的瓣膜材料有热解碳、聚丙烯、聚氯乙烯、聚氨酯；瓣膜架材料为 Co-Cr 合金、钛合金（Ti-6Al-4V）；阀材料为硅橡胶、硅酮胶、天然橡胶；缝合环材料为聚四氟乙烯。

（8）人工肺膜　肺脏在肌体内具有为血液提供氧气并排出二氧化碳的作用，以保证肌体氧的充足，维持肌体的新陈代谢和功能活动。人工肺膜除了具有生物医学材料所需的性能之外，还要求具有下列性能：①有良好的透气性，使氧气能与血液接触，实现气体弥散而溶解于血液中，同时将血液中的二氧化碳交换出来；②有过滤作用，将血液中的气泡（气态氧）滤掉。常用的人工肺膜材料有硅酮胶、聚四氟乙烯、聚丙烯。

（9）人工肾脏透析膜　肾脏基本功能是通过肾小球的过滤作用排除血液中的代谢产物如尿素、氨酸酐、钠离子、钾离子、葡萄糖、糖醛酸等。如果肾功能一旦衰竭，肌体中的代谢产物将无法排出而引起尿中毒。对于肾功能衰竭患者的主要治疗手段是肾移植或通过人工肾对血液进行净化，清除血液中的有害物质。透析膜是人工肾的主要组成部分，血液通过透析膜即半透膜来实现血液净化。透析膜材料除满足生物医学材料所具备的性能外，还要求材料对物质有选择通透性，即只有对人体有害的小分子物质可以通过，而营养物质（如大分子血浆蛋白等）则不能通过，这样就可以实现血液净化。人工肾脏透析膜材料为高分子材料如聚乙烯醇、聚甲基丙烯酸甲酯、聚丙烯腈、聚酰胺、聚丙二烯等。

2. 工程材料在生物硬组织上的应用

硬组织主要指骨组织和牙组织。

（1）骨组织植入体　骨组织具有一定的强度、弹性和韧性，起支撑作用。骨损伤和骨缺损是临床上常见的病症。骨修复材料必须具备好的组织相容性和血液相容性，同时与修复组织的力学性能必须匹配。骨修复材料有医用金属材料、医用陶瓷材料、医用高分子材料和医用复合材料。下面简要介绍工程材料在骨组织植入体上的应用。

1）金属丝、内固定钉、螺钉、接骨板、髓内钉。它们是骨修复中应用最广的植入体。金属丝用于将断骨碎块扣在一起，也可用在关节替换或长骨的错位或螺旋型折裂修复中，起连接和固定作用；内固定钉用于断骨固定；螺钉用于断骨碎块彼此间的固定，以及金属板与断骨的连接；接骨板用于断骨骨端结合；髓内钉用于固定长骨的断块，可隐蔽地嵌入骨髓腔内。上述植入体要求材料具有足够的强度、塑性和韧性以及良好的耐蚀性。常用的材料为奥氏体不锈钢（如 06Cr17Ni12Mo2）、Co-Cr 合金、金属钽、钛合金（Ti-6Al-4V）。

2）髋关节、膝关节。人体髋关节和膝关节通过其很大的表面积来承受载荷，载荷的振动大部分被软骨组织以下的小梁骨组织所吸收，而它又能够利用其粘性和伸缩性的特性将载荷转移。髋关节、膝关节材料除满足生物相容性外，还应具有足够的强度和硬度。常用的材料为聚甲基丙烯酸甲酯（PMMA）骨水泥、钛合金（Ti-6Al-4V）、Co-Cr 合金、不锈钢-聚乙烯复合材料、钴铬合金-聚乙烯复合材料。另外，Al_2O_3、ZrO_2 生物惰性陶瓷可作为髋关节假体的关节头。

3）其他骨组织。其他骨组织包括四肢骨、颅骨、上颚骨、下颚骨、面骨、踝骨、股骨、指骨、肩关节、踝关节、指关节等。常用的材料有钛合金（Ti-6Al-4V）、Co-Cr 合金、Ni-Ti 形状记忆合金、生物活性陶瓷（如羟基磷灰石、磷酸三钙、玻璃陶瓷、磷酸钙骨水泥等）。应该指出，尽管金属材料具有一定的生物相容性，但本身缺乏活性，与骨组织键合较难。而且绝大多数医用金属材料弹性模量均高于骨组织，易造成骨应力吸收引起植入体松动。所以医用金属材料在临床应用上有一定的局限性。而生物活性陶瓷在组成和结构上与自然骨盐相似，具有高的抗压强度，是骨组织的主要承力者，并有良好的生物相容性，耐蚀性好，植入肌体内不仅安全、无毒，而且能够与自然骨形成强的骨键合，一旦细胞附着、伸展，即可产生骨基质胶原，并进一步矿化形成骨组织。此外，生物活性陶瓷还具有骨引导作用，为新骨的形成提供支架（人工核心），使新的骨组织在其表面不断生成。因此，生物活性陶瓷是理想的硬组织修复材料、骨填充材料和组织支架材料，在临床上得到广泛应用。

（2）牙组织植入体　牙齿有咀嚼食物和辅助语言、发音的作用。牙齿材料必须满足下列条件：①具有良好的组织相容性，对牙齿组织和口腔粘膜无危害；②具有较高的硬度、抗拉强度、抗压强度和一定的塑性、韧性及较好的耐磨性和抗疲劳性能；③具有良好的化学稳定性，在口腔内长期植入不受唾液、食物、细菌、酶等分解，不易老化；④色泽稳定，不易变色或褪色；⑤形状、尺寸稳定；⑥粘结性好；⑦能进行 X 射线照影；⑧操作简便。牙组织常用的材料有金属材料如钛和钛合金（Ti-6Al-4V 和 Ti-5Mo-5V-8Cr-3Al）、不锈钢、Ni-Ti 形状记忆合金、金、银、银-汞合金；陶瓷材料如氧化锆（ZrO_2）、铝酸钙、羟基磷灰石、生物玻璃（Al_2O_3-B_2O_5-SiO_2）、磷酸钙牙水泥等；高分子材料如聚甲基丙烯酸甲酯、环氧树

脂；复合材料如 SiO_2 颗粒-甲基丙烯酸树脂。牙组织常用的材料如表 12-8 所示。

表 12-8　牙组织常用材料

牙组织名称	常用材料	用　途
下颌骨、牙槽骨	氧化锆、铝酸钙、磷酸三钙、羟基磷灰石、生物玻璃	修补或重建
人工牙根	钛合金、钛表面喷涂羟基磷灰石	种植假牙
牙套	聚甲基丙烯酸甲酯、氧化锆、铝酸钙、金属烤瓷、金、不锈钢	镶牙
牙托	聚甲基丙烯酸甲酯、环氧树脂、硅橡胶、聚丙烯酸酯	固定假牙
龋齿	聚甲基丙烯酸甲酯自凝胶、丙烯酸系复合树脂、银-汞合金、磷酸钙牙水泥	填补龋齿洞裂沟
畸形牙	不锈钢丝、镍-钛记忆合金	矫形

习题与思考题

1. 选择下列汽车零（构）件的材料，写出它们的牌号或代号，并说明选材理由。

①缸体和缸盖；②半轴和半轴齿轮；③气门和气门弹簧；④车身和纵梁；⑤汽油箱和输油软管；⑥轮胎。

2. 选择下列机床零（构）件的材料，写出它们的牌号或代号，并说明选材理由。

①床身和导轨；②滚动轴承和滑动轴承；③凸轮和滚子；④蜗轮和蜗杆；⑤车刀和拉刀。

3. 选择下列热能设备零（构）件的材料，写出它们的牌号或代号，并说明选材理由。

①锅炉水冷壁管、过热器管和锅筒；②核反应堆燃料棒、控制棒、压力容器和一回路管道；③汽轮机叶片、主轴和叶轮、气缸和隔板。

4. 选择下列仪器仪表零（构）件的材料，写出它们的牌号或代号，并说明选材理由。

①齿轮；②摩擦轮；③带轮和传动带；④蜗轮和蜗杆；⑤弹性元件；⑥壳体。

5. 选择下列石油化工设备零（构）件的材料，写出它们的牌号或代号，并说明选材理由。

①压力容器；②塔器和反应器；③热交换器；④管道。

6. 选择下列航空航天器零（构）件的材料，写出它们的牌号或代号，并说明选材理由。

①机翼和机体；②燃烧室（火焰筒）；③涡轮叶片、涡轮盘和涡轮轴；④喷管和喷嘴；⑤防热层。

7. 选择下列软组织植入体的材料，写出材料名称，并说明选材理由。

①缝合线；②人工皮肤；③人工角膜；④人工晶状体；⑤人工血管；⑥人工心脏瓣膜；⑦人工肺膜；⑧人工肾脏透析膜。

8. 选择下列硬组织植入体的材料，写出材料名称，并说明选材理由。

①金属丝和接骨板；②下颌骨和牙槽骨；③牙套；④龋齿；⑤畸形齿。

参 考 文 献

[1] 沈莲. 机械工程材料 [M]. 2版. 北京：机械工业出版社，2003.

[2] 沈莲. 机械工程材料 [M]. 北京：机械工业出版社，1999.

[3] 沈莲. 机械工程材料 [M]. 3版. 北京：机械工业出版社，2007.

[4] 沈莲，柴惠芬，石德珂. 机械工程材料与设计选材 [M]. 西安：西安交通大学出版社，1996.

[5] 束德林. 金属力学性能 [M]. 2版. 北京：机械工业出版社，1995.

[6] Murakami Y. Metal Fatigue：Effect of Small Defects and Nonmetallic Inclusions [M]. Oxford：Elsevier Science Ltd. 2002.

[7] Schaffer J P，Saxena A，Antolovich S D，et al. The Science and Design of Engineering Materials (Second Edition) [M]. New York：The McGraw-Hill Companies，Inc.，1999.

[8] Porter D A，Eastevling K E. Phase Transformation in Metals and Alloys [M]. 2nd ed. London：Published Chapman and Hall，1992.

[9] John V B. Introduction to Engineering Materials [M]. 3rd ed. London：Macmillan Education Ltd，1992.

[10] Anderson J C，Leaver K D，Rawlings R D，et al. Materials Science [M]. 4th ed. Suffolk：Edmundsbury Press Ltd. 1990.

[11] Herakovich C T，Tarnopol' skll Y M. Structures and Design [M]. Amsterdam：Elsevier Science Publishers，1989.

[12] Cornish E H. Materials and the Designer [M]. Cambridge：Cambridge University，1987.

[13] Ashby M F，Jones D R H. Engineering Materials 2 [M]. Oxford：Pergamon Press，1986.

[14] Arzamasov B. Materials Science [M]. Moscow：Mir Publishers，1989.

[15] 石德珂，沈莲. 材料科学基础 [M]. 西安：西安交通大学出版社，1995.

[16] 张栋，钟培道，陶春虎，等. 失效分析 [M]. 北京：国防工业出版社，2004.

[17] 布鲁克斯，考霍莱. 工程材料的失效分析 [M]. 谢斐娟. 孙家骧，译. 北京：机械工业出版社，2003.

[18] 胡斌. 图表细说元器件及实用电路 [M]. 北京：电子工业出版社，2005.

[19] 胡立光，谢希文. 钢的热处理 [M]. 西安：西北工业大学出版社，1993.

[20] 马登杰，韩立民. 真空热处理原理与工艺 [M]. 北京：机械工业出版社，1988.

[21] 王笑天. 金属材料学 [M]. 北京：机械工业出版社，1987.

[22] 陶岚琴，王道胤. 机械工程材料简明教程 [M]. 北京：北京理工大学出版社，1991.

[23] 《有色金属科学技术》编委会. 有色金属科学技术 [M]. 北京：冶金工业出版社，1990.

[24] 万嘉里. 机电工程金属手册 [M]. 上海：上海科技出版社，1990.

[25] 陈贻瑞，王建. 基础材料与新材料 [M]. 天津：天津大学出版社，1994.

[26] 张国定，赵昌正. 金属基复合材料 [M]. 上海：上海交通大学出版社，1996.

[27] 植村益次，牧广. 高性能复合材料最新技术 [M]. 贾丽霞，白淳兵，译. 北京：中国建筑工业出版社，1989.

[28] 周祖福. 复合材料学 [M]. 武汉：武汉工业大学出版社，1995.

[29] 张继世，刘江. 金属表面工艺 [M]. 北京：机械工业出版社，1995.

[30] 赵文轸. 金属材料表面新技术 [M]. 西安：西安交通大学出版社，1992.

[31] 汪泓宏，田民波. 离子束表面强化 [M]. 北京：机械工业出版社，1992.

[32] 陈宝清. 离子镀及溅射技术 [M]. 北京：国防工业出版社，1990.

[33] 殷景华，王雅珍，鞠刚. 功能材料概论 [M]. 哈尔滨：哈尔滨工业大学出版社，1999.
[34] 李成功，姚熹，等. 当代社会经济的先导——新材料 [M]. 北京：新华出版社，1992.
[35] 朱张校. 工程材料 [M]. 5 版. 北京：清华大学出版社，2011.
[36] 谢希文，过梅丽. 材料科学基础 [M]. 北京：北京航空航天大学出版社，1999.
[37] 吴维琍，庄和铃. 机械工程材料 [M]. 上海：上海交通大学出版社，1988.
[38] 张小诚. 新型材料与表面改性技术 [M]. 广州：华南理工大学出版社，1990.
[39] 王章忠. 机械工程材料 [M]. 2 版. 北京：机械工业出版社，2007.
[40] 尹邦跃. 纳米时代——现实与梦想 [M]. 北京：中国轻工业出版社，2001.
[41] 宋效军，李大刚，安虎成. 隐身技术与无形战争 [M]. 北京：军事谊文出版社，2001.
[42] 王晓敏. 工程材料学 [M]. 北京：机械工业出版社，1999.
[43] 何承荣. 十种常用有色金属材料手册 [M]. 北京：中国物资出版社，1998.
[44] 张留成. 高分子材料导论 [M]. 北京：化学工业出版社，1993.
[45] 金国栋，等. 汽车概论 [M]. 北京：机械工业出版社，1998.
[46] 黄鹤汀. 金属切削机床：上册、下册 [M]. 北京：机械工业出版社，1998.
[47] 章燕谋. 锅炉与压力容器用钢 [M]. 西安：西安交通大学出版社，1997.
[48] 濮继龙. 大亚湾核电站运行教程：上册 [M]. 北京：原子能出版社，1999.
[49] 庞振基，黄其圣. 精密机械设计 [M]. 北京：机械工业出版社，2000.
[50] 傅玉华，周汉平，等. 石油化工设备腐蚀与防治 [M]. 北京：机械工业出版社，1997.
[51] 黄乾尧，李汉康，等. 高温合金 [M]. 北京：冶金工业出版社，2000.
[52] 刘庆楣. 飞航导弹结构设计 [M]. 北京：宇航出版社，1995.
[53] 林聪榕，徐飞. 世界航天武器装备 [M]. 长沙：国防科技大学出版社，2001.
[54] 冯端，师昌绪，刘治国. 材料科学导论 [M]. 北京：化学工业出版社，2002.
[55] 阮建明，邹俭鹏，黄伯云. 生物材料学 [M]. 北京：科学出版社，2004.
[56] 徐晓宙. 生物材料学 [M]. 北京：科学出版社，2006.
[57] 郭子政，时东陆. 纳米材料和器件导论 [M]. 2 版. 北京：清华大学出版社，2010.
[58] 陈敬忠，刘剑洪，孙学良，等. 纳米材料科学导论 [M]. 2 版. 北京：高等教育出版社，2010.
[59] Ranjbartoreh A R，Wang B，Shen X，et al. Advanced mechanical properties of graphene paper [J]. Journal of Applied Physics，2011，109 (1)：666-668.
[60] 殷为宏，汤慧萍. 难熔金属材料与工程应用 [M]. 北京：冶金工业出版社. 2012.
[61] 王发展，等. 钨材料及其加工 [M]. 北京：冶金工业出版社，2008.
[62] 徐克玷. 钼的材料科学与工程 [M]. 北京：冶金工业出版社，2014.
[63] G Liu，G J Zhang，et al. Nanostractured high-Strength molybdenum alloys with unprecedented tensile ductility [J]. Nature Materials，2013，12 (4)：344-350.